大学数学学习指导系列

数学分析学习指导

裘兆泰　王承国　章仰文 编

科 学 出 版 社

北 京

内 容 简 介

本书是数学分析课程的学习指导书,主要介绍单变量微积分.全书按课程内容顺序编排,每章由"概念辨析与问题讨论"和"解题分析"两部分组成.前一部分着重于对基本概念与相关问题的分析,以及对重要内容的进一步讨论;后一部分总结和归纳了解题要点,着重于分析解题的思路与方法.书中有些思想和方法是作者多年教学实践经验的总结.对现行教材中未能深入讨论的一些重要内容,书中也做了补充介绍.

本书可作为数学专业学生、自学读者的学习指导书,也可作为考研复习用书及数学分析习题课的教学参考书.

图书在版编目(CIP)数据

数学分析学习指导/裘兆泰,王承国,章仰文编 .—北京:科学出版社, 2004

(大学数学学习指导系列)

ISBN 978-7-03-012219-3

Ⅰ. 数… Ⅱ.①裘…②王…③章… Ⅲ. 数学分析－高等学校－教学参考资料 Ⅳ.O17

中国版本图书馆 CIP 数据核字(2003)第 087368 号

责任编辑:杨 波 姚莉丽/责任校对:宋玲玲
责任印制:张 伟/封面设计:黄华斌

科 学 出 版 社 出版

北京东黄城根北街 16 号
邮政编码:100717
http://www.sciencep.com

北京虎彩文化传播有限公司 印刷
科学出版社发行 各地新华书店经销

*

2004 年 1 月第 一 版 开本:B5(720×1000)
2022 年 3 月第十四次印刷 印张:24
字数:458 000

定价:65.00 元

(如有印装质量问题,我社负责调换)

前　言

数学分析是近代数学的基础,也是现代科学技术中应用最为广泛的一门学科.作为高校数学专业最重要的入门课程之一,它对于后续课程的学习,乃至于对学生素质的训练与培养起着举足轻重的作用.

本书的编者长年从事数学分析课程教学,在教学实践中感到极其需要一本从概念到方法上对学习者有指导作用的参考书,以弥补课堂教学的不足,同时也是为了培养学生自学能力、科学思维能力以及独立分析和解决问题的能力.

基于这一目的,我们编写了这本学习指导书,主要阐述数学分析中的基本概念及常用方法与技巧,也适当介绍了一些新思想、新内容、新成果.我们力求使本书具有以下几个特点:

1. 针对性.教学上的重点和学生学习中的难点是本书编写的主要内容.对学生通常感到困难的重要概念及相关问题,我们尽可能做了深入的剖析和比较,对一些重点内容做了进一步讲解,特别是对初学者普遍感到困难的证明问题,从解题思想的建立到思路的逐步展开做了分析介绍,许多问题给出了多种解决途径.我们希望这对启发读者思路,培养学习能力会有所帮助.

2. 新颖性.相当一部分的内容是我们近年来收集和积累的典型例题和问题,有些选自本校和其他重点高校同类课程的考试题、考研题和竞赛题.我们尽可能使问题有新意,题型有特色.在方法上则引进和吸收了近年来发表的研究新成果,也有些属于编者长期教学实践的总结.

3. 普适性.本书起点不高,凡正在学习数学分析课程的读者都能看懂,因此具有广泛的适用性,这也正是我们所希望的.而我们更希望能在帮助读者理解、掌握有关内容和有关方法的同时,着重于引导和启发读者如何思考问题、分析问题和解决问题,从而一步步将内容引向深入.我们采用题型带思路的写法,以期起到触类旁通、举一反三的效果.书中有一部分问题和习题具有一定难度,可供有兴趣的读者思考.事实上,我们编写这本书的目的不仅是想为在学读者提供一本学习指导书,也希望能对准备考研或参加竞赛的同学提供帮助,同时给正在开设数学分析习题课的老师们提供参考资料.

尽管想法很多,编者们也竭力而为之,但限于学识与经验,仍难免挂一漏万.书中的错误与失当之处也自然难免,敬请专家与读者不吝指正,以便修改使之臻于完善.

本书由裘兆泰、王承国、章仰文三位同志合作编写.初稿完成后,由裘兆泰同志负责对全书作文字加工与格式统一.

　　本书编写过程中得到上海交通大学数学系领导及同事的关心与支持,在此谨表示衷心的感谢.

编　者

2002 年 10 月

于上海交通大学

数学符号表

N　自然数集

Z　整数集

R　实数集

$U(x_0,\delta)$　点 x_0 的 δ 邻域, $U(x_0,\delta)=\{x\mid x\in(x_0-\delta,x_0+\delta)\}$

$U^\circ(x_0,\delta)$　点 x_0 的空心 δ 邻域, $U^\circ(x_0,\delta)=U(x_0,\delta)\setminus\{x_0\}$

$U(x_0)$　点 x_0 的某一邻域

$\in$　属于

$\forall$　任意给出的

$\Rightarrow$　由此推出, 蕴含

$\triangleq$　记为, 定义为

$x\to x_0^-(x\to x_0^+)$　x 小于(大于)x_0 并趋于 x_0; x 左(右)趋向于 x_0

$f(x_0-0)(f(x_0+0))$　$f(x)$ 在点 x_0 处的左(右)极限

$\xrightarrow{D}$　在数集 D 上收敛于

$\xrightarrow{D}$　在数集 D 上一致收敛于

$C[a,b]$　区间 $[a,b]$ 上的全体连续函数

$D[a,b]$　区间 $[a,b]$ 上的全体可导函数

$R[a,b]$　区间 $[a,b]$ 上的全体可积函数

$T\subset[a,b]$　对区间 $[a,b]$ 的某种分法 $T:a=x_0<x_1<\cdots<x_n=b$

$\|T\|$　分法 T 的细度, $\|T\|=\max\limits_{1\leqslant k\leqslant n}\{\Delta x_k\}$

$T=T'\cup T''$　分法 T' 与 T'' 的共同加细分法, 将 T' 与 T'' 的分点合并作为 $[a,b]$ 分点的新分法

$\xi(T)$ 或 ξ　分法 T 下的介点集, $\xi(T)=\{\xi_1,\xi_2,\cdots,\xi_n\}$, $\xi_k\in[x_{k-1},x_k]$, $k=1$, $2,\cdots,n$.

目　　录

第1章　极限与连续初论

1.1　数　列　极　限

1.1.1　概念辨析与问题讨论

1. 数列极限定义为什么要用 ε-N 语言叙述？

若数列 $\{x_n\}$ 以 a 为极限,从直观上看是表示当数列通项 x_n 的下标 n 无限增大时,x_n 无限逼近常数 a. 这是对数列极限一种形象化的定性叙述,但它并不能准确、严密地定量描述数列的极限过程. 如果要问:何谓"无限增大"？ 何谓"无限逼近"？ 如何分析和估计 x_n 与 a 逼近的"精度"？ 这就不是用上面这些模糊的叙述所能解释清楚的.

数列 $\{x_n\}$ 以 a 为极限的严格定义是:$\forall\, \varepsilon>0$,$\exists\, N\in\mathbf{N}$,使得 $\forall\, n>N$ 有

$$|\,x_n-a\,|<\varepsilon. \tag{1.1.1}$$

这一定义准确而深刻地阐述了"当 n 无限增大时,x_n 无限逼近常数 a"这一数列的极限过程,并对逼近的"精度"给出了量化的估计. 可以这样理解:对于我们事先任意给出的一个精度 $\varepsilon(\forall\, \varepsilon)$,(1.1.1)表明了当 n 在无限增大过程中存在某一"时刻"($\exists\, N$),只要在这一"时刻"之后($\forall\, n>N$),就可保证所有的 x_n 与常数 a 两者间逼近的精度小于 $\varepsilon(|\,x_n-a\,|<\varepsilon)$.

从数列极限的定义来看,这里的 ε 事实上具有两重性:一是它的任意性,ε 不依赖于其他任何量,它必须事先任意给出,也正是由于这种任意性说明了 x_n 可以无限逼近常数 a;二是它的相对固定性,当 ε 一旦给出,就认为暂时固定,以便利用这一暂时固定的 ε 确定相应的 N,换句话说,N 取值的大小依赖于事先给出的 ε.

对于初学数学分析的读者来说,用 ε-N 语言叙述的数列极限定义看起来很抽象,往往感到难以准确地把握,而且在具体应用时也会出现不少问题:有关定义的叙述既不能多写,又不能少写,甚至将所叙述内容的前后次序颠倒一下都会导致概念性错误. 因此,学习数学分析特别要提倡多看(书)、多思、多练,要通过对实例的剖析和实践训练,提升对定义与概念的认识、理解和掌握,逐步培养自己的数学抽象能力和严密的思维与推理能力,这既是学好数学分析的必要前提,也是数学训练最重要的目的.

2. 数列极限 $\lim\limits_{n\to\infty} x_n=a$ 有哪些常用的等价定义？

在分析证明中,数列极限 $\lim\limits_{n\to\infty} x_n=a$ 常用的等价定义有以下几个:

Ⅰ　$\forall\,\varepsilon(0<\varepsilon<1)$，$\exists\,N\in\mathbf{N}$，使得 $\forall\,n>N$ 有 $|x_n-a|<\varepsilon$；

Ⅱ　$\forall\,\varepsilon>0$，$\exists\,N\in\mathbf{N}$，使得 $\forall\,n>N$ 有 $|x_n-a|<C\varepsilon(C>0$ 为常数$)$；

Ⅲ　$\forall\,\varepsilon>0$，$\exists\,N\in\mathbf{N}$，使得 $\forall\,n>N$ 有 $|x_n-a|<\varepsilon^k$（或 $\varepsilon^{\frac{1}{k}}$，$k\in\mathbf{N}$）；

Ⅳ　$\forall\,\varepsilon>0$，数列 $\{x_n\}$ 中只有有限项在 $U(a,\varepsilon)$ 之外.

命题的等价性证明通常采用循环证法，也可以采用命题之间相互对证的方法. 本例所涉及的证明都不困难，可作为初学者的基本训练题. 这里我们以由定义 Ⅱ 证原定义为例，说明按定义证明极限问题的基本要点，可供读者参考.

由 Ⅱ $\Rightarrow$ 原定义. $\forall\,\varepsilon>0$，令 $\varepsilon'=\dfrac{\varepsilon}{C}$. 对 $\varepsilon'>0$，由 Ⅱ 可知 $\exists\,N\in\mathbf{N}$，使得 $\forall\,n>N$ 有

$$|x_n-a|<C\varepsilon'=\varepsilon.$$

3. 按定义论证数列极限问题常用的两种放大方法.

用 ε-N 方法论证数列极限的关键是对 $\forall\,\varepsilon>0$，找出相应的 $N=N(\varepsilon)$，使当 $n>N$ 时恒有 $|x_n-a|<\varepsilon$ 成立.

为了方便地求出所需的 N，对 $|x_n-a|$ 常采用放大的方法.

(1) 适当放大. 若有

$$|x_n-a|\leqslant\varphi_1(n)\leqslant\varphi_2(n)\leqslant\cdots\leqslant\varphi(n),$$

则要使 $|x_n-a|<\varepsilon$，事实上只要 $\varphi(n)<\varepsilon$ 就行了. 一般经放大后的 $\varphi(n)$ 形式相对简单，从 $\varphi(n)<\varepsilon$ 中比较容易解出 n. 由此即可得出相应的 $N=N(\varepsilon)$.

(2) 条件放大. 若在 $n>N_0$ 的条件下有

$$|x_n-a|\leqslant\psi_1(n)\leqslant\psi_2(n)\leqslant\cdots\leqslant\psi(n),$$

再由 $\psi(n)<\varepsilon$ 解出 n，得到相应的 N_1. 此时应取 $N=\max(N_0,N_1)$，才能保证当 $n>N$ 时 $|x_n-a|<\varepsilon$ 成立.

应该注意的是：第一，无论是用适当放大方法或条件放大方法，都要求最后的 $\varphi(n)$ 或 $\psi(n)$ 形式简单，并且必须仍然是一个趋于 0 的序列；第二，要熟悉一些常用的不等式，以便在进行放大时灵活应用(见 1.1.1 节第 4 部分).

4. 几个重要的不等式.

在数列极限证明中，为了对逼近的精度进行估计，通常要采用放大的方法. 这时，不等式就是一种重要的工具. 下面介绍的是三个最基本和最常用的不等式.

(1) **Bernoulli 不等式**　当 $a\geqslant-2$ 时，对 $\forall\,n\in\mathbf{N}$ 有

$$(1+a)^n\geqslant1+na.$$

(2) **Schwarz 不等式**　对 $\forall\,a_k,b_k,k=1,2,\cdots,n$，有

$$\left(\sum_{k=1}^{n} a_k b_k\right)^2 \leqslant \left(\sum_{k=1}^{n} |a_k b_k|\right)^2 \leqslant \sum_{k=1}^{n} a_k^2 \sum_{k=1}^{n} b_k^2.$$

（3）**AG 不等式**（算术平均-几何平均不等式）　对 $\forall\, a_k \geqslant 0, k=1,2,\cdots,n$, 有

$$\frac{1}{n}\sum_{k=1}^{n} a_k \geqslant \left(\prod_{k=1}^{n} a_k\right)^{\frac{1}{n}}.$$

熟悉和掌握一些基本和重要的不等式，往往能使极限证明更方便和清晰. 例如，要证明 $\lim\limits_{n\to\infty}\sqrt[n]{n}=1$, 就可以利用 AG 不等式得出一个很简洁的证法：因为

$$1 \leqslant \sqrt[n]{n} = \sqrt[n]{\underbrace{1\cdot 1\cdots 1}_{n-2\uparrow}\cdot\sqrt{n}\cdot\sqrt{n}} \leqslant \frac{n-2+2\sqrt{n}}{n}$$

$$= 1 + \frac{2(\sqrt{n}-1)}{n} < 1 + \frac{2}{\sqrt{n}},$$

于是有

$$0 \leqslant \sqrt[n]{n}-1 < \frac{2}{\sqrt{n}}, \quad \forall\, n \in \mathbf{N},$$

对 $\forall\, \varepsilon > 0$, 取 $N = \left[\dfrac{4}{\varepsilon^2}\right] + 1$, 则对 $\forall\, n > N$, 就有

$$|\sqrt[n]{n}-1| < \frac{2}{\sqrt{n}} < \varepsilon,$$

也即有 $\lim\limits_{n\to\infty}\sqrt[n]{n}=1$.

5. Cauchy 收敛准则在极限证明中的作用.

如所熟知，数列的 Cauchy 收敛准则是数列收敛的等价命题，它也是判断数列敛散性的重要理论依据.

数列的 Cauchy 收敛准则两种常用的形式是：$\forall\, \varepsilon > 0, \exists\, N \in \mathbf{N}$, 使得

$$|x_m - x_n| < \varepsilon, \quad \forall\, m,n > N,$$

或者

$$|x_{n+p} - x_n| < \varepsilon, \quad \forall\, n > N, \forall\, p \in \mathbf{N}.$$

可以看出，Cauchy 收敛准则是从数列自身特征出发得出的命题，不需要其他附加条件. 在数学分析的后续内容中，还会有各种形式的 Cauchy 收敛准则（如函数极限、定积分与广义积分、数项级数与函数级数等），它的思想将贯穿于数学分析课程的始终. 因此有些数学分析教材上称 Cauchy 收敛准则为"数学分析中头等重要的定理"，确实也恰如其分.

尽管用 Cauchy 收敛准则判定数列极限时并没有提供计算极限的方法，但它的长处也正在于此——在论证极限问题时不需要事先知道极限值. 事实上，在许多理

论问题中,极限的存在与否要比计算极限值重要得多.

用 Cauchy 收敛准则论证数列收敛时通常也采用放大的方法. 类似于前述按定义论证数列极限的做法(见 1.1.1 节第 3 部分),我们有

$$| x_m - x_n | \leqslant \varphi_1(n) \leqslant \varphi_2(n) \leqslant \cdots \leqslant \varphi(n), \tag{1.1.2}$$

或者

$$| x_{n+p} - x_n | \leqslant \psi_1(n) \leqslant \psi_2(n) \leqslant \cdots \leqslant \psi(n). \tag{1.1.3}$$

对于事先任意给出的 $\varepsilon > 0$,同样可以从 $\varphi(n) < \varepsilon$ 或者 $\psi(n) < \varepsilon$ 中确定所需要的 N. 但读者应该注意,无论用哪种形式的 Cauchy 收敛准则,按命题要求所确定的 N 只能与 ε 有关,而与其他变量无关. 因此,在经放大后(1.1.2)中最后一项 $\varphi(n)$ 不能含"m";而(1.1.3)中最后一项 $\psi(n)$ 不能含"p",且 $\varphi(n)$,$\psi(n)$ 都必须是以 0 为极限的序列.

6. 考虑下列说法是否能作为数列 $\{ x_n\}$ 收敛的充要条件:

Ⅰ　$\forall \varepsilon > 0, \forall p \in \mathbf{N}, \exists N \in \mathbf{N},$使得 $\forall n > N$ 有 $| x_{n+p} - x_n | < \varepsilon$;

Ⅱ　$\forall \varepsilon > 0, \exists N, p \in \mathbf{N},$使得 $\forall n > N$ 有 $| x_{n+p} - x_n | < \varepsilon$;

Ⅲ　$\forall \varepsilon > 0, \forall n, p \in \mathbf{N}$ 有 $| x_{n+p} - x_n | < \varepsilon.$

上述三种说法都不能作为数列 $\{ x_n\}$ 收敛的充要条件.

先看 Ⅰ. 可令 $x_n = 1 + \dfrac{1}{2} + \cdots + \dfrac{1}{n}, n \in \mathbf{N}.$ 这是一个发散数列,但对 $\forall \varepsilon > 0$ 及 $\forall p \in \mathbf{N},$当 n 充分大时总有

$$| x_{n+p} - x_n | = \frac{1}{n+p} + \frac{1}{n+p-1} + \cdots + \frac{1}{n+1} < \frac{p}{n+1} < \varepsilon.$$

顺便说明 Ⅰ 的另一种提法是:对每个 $p \in \mathbf{N},$都有 $\lim\limits_{n \to \infty}(x_{n+p} - x_n) = 0,$是否能保证数列 $\{ x_n\}$ 必定收敛?

这种说法之所以不能保证数列 $\{ x_n\}$ 收敛,关键是 $\lim\limits_{n \to \infty}(x_{n+p} - x_n) = 0$ 对于 p 而言并不是一致的. 它的含义是指对任意给出的 $\varepsilon > 0$ 和每个固定的 $p \in \mathbf{N},$只要 n 充分大($n > N$)时,就有 $| x_{n+p} - x_n | < \varepsilon$ 成立. 这里所取的 N 不但与 ε 有关,一般还与 p 有关.

再看 Ⅱ. 只要令 $x_n = \dfrac{1 - (-1)^n}{2}, n \in \mathbf{N},$可见 $\{ x_n\}$ 是发散的. 但若取 $p = 2,$则总有

$$| x_{n+p} - x_n | = 0, \quad \forall n \in \mathbf{N}.$$

对于 Ⅲ. 显然是数列 $\{ x_n\}$ 收敛的充分条件,但并不是必要条件,能满足提法 Ⅲ 要求的数列 $\{ x_n\}$ 只能是常数数列.

7. 从子列收敛条件构造数列的几个问题.

收敛数列的任何一个子列均收敛,而发散数列中仍可能有收敛子列,这是熟知的事实.现在的问题是:在已知子列满足一定的收敛条件下,"倒过来"构造原数列.

首先考虑,是否能构造数列$\{x_n\}$,使$\{x_n\}$有 $m(m=2,3,\cdots)$个子列,趋向于m个不同的极限?

再考虑,是否能构造数列$\{x_n\}$,使$\{x_n\}$有无穷多个子列,趋向于无穷多个不同的极限?

进一步考虑,是否能构造数列$\{x_n\}$,使$\{x_n\}$中有子列可趋向于$[0,1]$上的任意实数?

第一个问题不难解决,例如我们令数列$\{x_n\}$为

$$1,2,\cdots,m,1,2,\cdots,m,\cdots,1,2,\cdots,m,\cdots$$

可以看出$\{x_n\}$中有 m 个子列,分别趋向于$1,2,\cdots,m$.

借用这一思想可构造满足后一问题要求的数列$\{x_n\}$.先列出如下数表

$$1,2,3,4,\cdots$$
$$1,2,3,4,\cdots$$
$$1,2,3,4,\cdots$$
$$\cdots\cdots\cdots\cdots\cdots$$

然后按次对角线方向从右上方到左下方顺序取项,组成数列$\{x_n\}$:

$$1,2,1,3,2,1,4,3,2,1,\cdots$$

这个数列中含无穷多项1,无穷多项2,等等.因此它有无穷多个子列,可趋向于任意一个自然数.

类似地,对最后一个问题可考虑如下数表

$$\frac{1}{2},\frac{1}{3},\frac{1}{4},\frac{1}{5},\cdots$$

$$\frac{2}{3},\frac{2}{5},\frac{2}{7},\frac{2}{9},\cdots$$

$$\frac{3}{4},\frac{3}{5},\frac{3}{7},\frac{3}{8},\cdots$$

$$\cdots\cdots\cdots\cdots\cdots$$

仍按对角线方法取项,组成数列$\{x_n\}$:

$$\frac{1}{2},\frac{1}{3},\frac{2}{3},\frac{1}{4},\frac{2}{5},\frac{3}{4},\cdots$$

若 x_0 为$(0,1)$内有理数,记 $x_0=\dfrac{p}{q}$($p,q\in\mathbf{N}$且互质,$p<q$),则在$\{x_n\}$中可

以找到一个以 x_0 为极限的子列 $\{x_{n_k}\}$. 例如可取

$$x_{n_k} = \frac{p}{q} + \frac{1}{k} = \frac{pk+q}{qk}, \quad k = 2,3,\cdots$$

当 k 充分大时总可以使 $x_{n_k} \in (0,1)$, 且有 $\lim_{k\to\infty} x_{n_k} = \frac{p}{q}$.

若 x_0 为 $(0,1)$ 内无理数, 记 x_0 的无限不循环十进制小数表示式为 $x_0 = 0.$
$\beta_1\beta_2\cdots\beta_k\cdots$, 则在 $\{x_n\}$ 中可找到有理数子列 $\{x'_{n_k}\}$:

$$x'_{n_k} = \frac{\beta_1}{10} + \frac{\beta_2}{10^2} + \cdots + \frac{\beta_k}{10^k}, \quad k \in \mathbf{N},$$

使 $\lim_{k\to\infty} x'_{n_k} = x_0$.

若 $x_0 = 0$ 或 1, 只要分别取 $x_{n_k} = \frac{1}{k}$ 或 $x_{n_k} = \frac{k-1}{k}(k=2,3,\cdots)$ 就行了.

8. 考虑由下列条件是否能推出数列 $\{x_n\}$ 收敛?

Ⅰ $\{x_n\}$ 的两个子列 $\{x_{n_k}^{(1)}\}$, $\{x_{n_k}^{(2)}\}$ 均收敛, 并有相同的极限, 其中 $\{n_k^{(1)}\}\bigcap$
$\{n_k^{(2)}\}=\varnothing$ 且 $\{n_k^{(1)}\}\bigcup\{n_k^{(2)}\}=\mathbf{N}$.

Ⅱ $\{x_n\}$ 的 m 个子列 $\{x_{n_k}^{(1)}\}$, $\{x_{n_k}^{(2)}\}$, $\cdots$, $\{x_{n_k}^{(m)}\}$ 均收敛, 并有相同的极限, 其
中 $\{n_k^{(s)}\}\bigcap\{n_k^{(t)}\}=\varnothing(s,t=1,2,\cdots,m;s\neq t)$ 且 $\bigcup_{i=1}^{m}\{n_k^{(i)}\}=\mathbf{N}$.

Ⅲ $\{x_n\}$ 的无穷多个子列 $\{x_{n_k}^{(1)}\}$, $\{x_{n_k}^{(2)}\}$, $\cdots$ 均收敛, 并有相同的极限, 其中
$\{n_k^{(s)}\}\bigcap\{n_k^{(t)}\}=\varnothing(s,t=1,2,\cdots;s\neq t)$ 且 $\bigcup_{i=1}^{\infty}\{n_k^{(i)}\}=\mathbf{N}$.

Ⅰ 中的条件充分, 可以推出数列 $\{x_n\}$ 收敛. 事实上, 若有 $\lim_{k\to\infty} x_{n_k}^{(1)} = \lim_{k\to\infty} x_{n_k}^{(2)} =$
a, 则 $\forall\,\varepsilon>0$, $\exists\,K_1, K_2\in\mathbf{N}$, 使得

$$|x_{n_k}^{(1)} - a| < \varepsilon, \forall\,k > K_1 \quad 及 \quad |x_{n_k}^{(2)} - a| < \varepsilon, \forall\,k > K_2.$$

取 $N=\max\{n_{K_1}, n_{K_2}\}$, 则对 $\forall\,n>N$,

若 $n\in\{n_k^{(1)}\}$, 必有某个 $n_k^{(1)} = n > N \geqslant n_{K_1}$, 使得 $|x_n - a| < \varepsilon$;

若 $n\in\{n_k^{(2)}\}$, 必有某个 $n_k^{(2)} = n > N \geqslant n_{K_2}$, 使得 $|x_n - a| < \varepsilon$.

从而有 $\lim_{n\to\infty} x_n = a$ 成立.

顺便指出, Ⅰ 的一个常用特例是: 若数列 $\{x_n\}$ 的奇子列 $\{x_{2n-1}\}$ 与偶子列 $\{x_{2n}\}$
均收敛, 并有相同极限, 则 $\{x_n\}$ 必收敛.

条件 Ⅱ 是条件 Ⅰ 的自然推广, 不再赘述.

对于 Ⅲ, 要注意对数列 $\{x_n\}$ 的子列拆分从有限多个转变成为无穷多个, 情况

已有质的变化,不再能保证$\{x_n\}$的收敛性必定成立. 例如,令$\{x_n\}$为

$$1,0,1,0,0,1,0,0,0,\cdots,1,\underbrace{0,0,\cdots,0}_{n\uparrow},\cdots$$

则总可以将数列$\{x_n\}$拆分成无穷多个满足要求的子列:

$$x_{n_k}^{(1)}:1,0,0,\cdots,0,\cdots$$

$$x_{n_k}^{(2)}:1,0,0,\cdots,0,\cdots$$

$$\cdots\cdots\cdots\cdots\cdots$$

$$x_{n_k}^{(i)}:1,0,0,\cdots,0,\cdots$$

$$\cdots\cdots\cdots\cdots\cdots$$

此时恒有$\lim\limits_{k\to\infty}x_{n_k}^{(i)}=0(i\in\mathbf{N})$,但$\lim\limits_{n\to\infty}x_n$并不存在.

9. 关于单调子列的存在性.

命题 1.1.1 任意数列$\{x_n\}$中必存在单调子列$\{x_{n_k}\}$.

对上述命题先要说明两点:①并没有明确要求子列$\{x_{n_k}\}$必定为单调递增或是单调递减. 事实上这两种可能性都存在,这要看数列$\{x_n\}$本身的结构如何;②考虑子列$\{x_{n_k}\}$的单调性时,可以忽略前面的有限项,只要从某项起子列具有单调性就行了.

现在对数列$\{x_n\}$分情况讨论.

1° 若$\{x_n\}$中无最大项,可任取 $n_1\in\mathbf{N}$,对于 x_{n_1},$\exists n_2>n_1$,使得

$$x_{n_2}>x_{n_1};$$

类似地,对 x_{n_2},$\exists n_3>n_2$,使得

$$x_{n_3}>x_{n_2};$$

如此继续,便得出$\{x_n\}$中严格递增的子列$\{x_{n_k}\}$.

2° 若$\{x_n\}$中有最大项,记最大项为 x_{n_1},考虑数集$\{x_n\mid n>n_1\}$,设它仍有最大项(否则回到情况 1°),记最大项为 x_{n_2},显见 $n_2>n_1$ 且

$$x_{n_2}\leqslant x_{n_1};$$

再考虑数集$\{x_n\mid n>n_2\}$. 如此继续,便得出$\{x_n\}$中的递减子列$\{x_{n_k}\}$.

这一命题的证明手法值得注意,它通过具体构造出满足要求的子列$\{x_{n_k}\}$从而达到证明的目的,故可称之为"构造性证明". 在构造子列时既要保证其符合单调性要求,同时还必须保证下标序号严格递增,即要有

$$n_1 < n_2 < \cdots < n_k < \cdots$$

我们顺便还得到一个十分有用的结果:若$\{x_n\}$为有界数列,则$\{x_n\}$中必存在收敛子列.这一命题称之为"致密性定理".

1.1.2　解题分析

1.1.2.1　用 ε-N 方法论证数列极限问题

在用 ε-N 方法论证数列极限问题时,适当地采用放大技巧和灵活应用不等式是解决问题的关键(见 1.1.1 节第 3 部分与第 4 部分),同时也应记得一些常用的极限式,例如

$$\lim_{n\to\infty} \sqrt[n]{n} = 1, \qquad \lim_{n\to\infty} \sqrt[n]{a} = 1 \quad (a > 0)$$

等,在某些问题中能起到简化证明的作用.下面几个例子都说明了这一点.

例 1.1.1　设 $x_n > 0$, $n \in \mathbf{N}$, $\lim\limits_{n\to\infty} \sqrt[n]{x_n} = a < 1$,证明 $\lim\limits_{n\to\infty} x_n = 0$.

分析　按题设条件,$\forall\, \varepsilon > 0$,$\exists\, N \in \mathbf{N}$,使得 $\forall\, n > N$ 有

$$|\sqrt[n]{x_n} - a| < \varepsilon \;\Rightarrow\; 0 < \sqrt[n]{x_n} < a + \varepsilon \;\Rightarrow\; 0 < x_n < (a + \varepsilon)^n.$$

$\{(a+\varepsilon)^n\}$是否为趋于 0 的数列? 现 $0 \leqslant a < 1$,因此当 ε 充分小时,总可以使 $0 < a + \varepsilon < 1$.但必须先要界定 ε 的大小,使 $a + \varepsilon$ 确实成为一个小于 1 的正常数.

证明　因 $\lim\limits_{n\to\infty} \sqrt[n]{x_n} = a < 1$,令 $\varepsilon_0 = \dfrac{1-a}{2} > 0$,$\exists\, N_0 \in \mathbf{N}$,使得 $\forall\, n > N_0$ 有

$$\left|\sqrt[n]{x_n} - a\right| < \frac{1-a}{2} \;\Rightarrow\; 0 < \sqrt[n]{x_n} < \frac{1+a}{2} \;\Rightarrow\; 0 < x_n < \left(\frac{1+a}{2}\right)^n.$$

记 $\dfrac{1+a}{2} = q \,(0 < q < 1)$,因 $\lim\limits_{n\to\infty} q^n = 0$,故 $\forall\, \varepsilon > 0$,$\exists\, N_1 \in \mathbf{N}$,使得 $\forall\, n > N_1$ 有

$$0 < q^n < \varepsilon.$$

取 $N = \max(N_0, N_1)$,则对 $\forall\, n > N$ 有

$$|x_n| < q^n < \varepsilon,$$

也即有 $\lim\limits_{n\to\infty} x_n = 0$.

例 1.1.2　证明

(1) $\lim\limits_{n\to\infty} \dfrac{n^k}{a^n} = 0$ 　$(a > 1, k \in \mathbf{N})$;

(2) $\lim\limits_{n\to\infty} \dfrac{\ln n}{n^\alpha} = 0$ 　$(\alpha > 0)$.

证明　(1) 先考虑 $k = 1$ 的情况,即证 $\lim\limits_{n\to\infty} \dfrac{n}{a^n} = 0$.

因 $a>1$,记 $a=1+\lambda$ （$\lambda>0$）,则有

$$0<\frac{n}{a^n}=\frac{n}{(1+\lambda)^n}=\frac{n}{1+n\lambda+\frac{n(n-1)}{2}\lambda^2+\cdots+\lambda^n}$$

$$<\frac{2}{(n-1)\lambda^2}\quad（n\geqslant 2）.$$

对 $\forall\,\varepsilon>0$,令 $\frac{2}{(n-1)\lambda^2}<\varepsilon$,可得出 $n>\frac{2}{\varepsilon\lambda^2}+1$. 只要取 $N=\max\left(\left[\frac{2}{\varepsilon\lambda^2}\right]+1,2\right)$,则 $\forall\,n>N$ 有

$$0<\frac{n}{a^n}<\frac{2}{(n-1)\lambda^2}<\varepsilon.$$

再考虑一般情况. 注意到 $a^{\frac{1}{k}}>1$ （$a>1$）,而 $\frac{n^k}{a^n}=\left[\frac{n}{(a^{\frac{1}{k}})^n}\right]^k$,则由上述证明可知 $\forall\,\varepsilon>0,\exists\,N\in\mathbf{N}$,使得 $\forall\,n>N$ 有

$$0<\frac{n}{(a^{\frac{1}{k}})^n}<\varepsilon\quad\Rightarrow\quad 0<\frac{n^k}{a^n}<\varepsilon^k,$$

也即有 $\lim\limits_{n\to\infty}\dfrac{n^k}{a^n}=0$(见 1.1.1 节第 2 部分).

（2）因为 $e>2$,于是 $\forall\,n\in\mathbf{N}$ 有

$$e^n>(1+1)^n\geqslant 1+n>n\quad\Rightarrow\quad n>\ln n.$$

由此得出

$$0\leqslant\frac{\ln n}{n^\alpha}=\frac{\frac{2}{\alpha}\ln n^{\frac{\alpha}{2}}}{n^\alpha}<\frac{\frac{2}{\alpha}\ln([n^{\frac{\alpha}{2}}]+1)}{n^\alpha}$$

$$<\frac{\frac{2}{\alpha}([n^{\frac{\alpha}{2}}]+1)}{n^\alpha}\leqslant\frac{\frac{2}{\alpha}\cdot 2[n^{\frac{\alpha}{2}}]}{n^\alpha}\leqslant\frac{\frac{4}{\alpha}\cdot n^{\frac{\alpha}{2}}}{n^\alpha}=\frac{4}{\alpha n^{\frac{\alpha}{2}}}.$$

对 $\forall\,\varepsilon>0$,令 $\frac{4}{\alpha n^{\frac{\alpha}{2}}}<\varepsilon$,可得出 $n>\left(\frac{4}{\alpha\varepsilon}\right)^{\frac{2}{\alpha}}$. 只要取 $N=\left[\left(\frac{4}{\alpha\varepsilon}\right)^{\frac{2}{\alpha}}\right]+1$,则 $\forall\,n>N$ 有

$$0\leqslant\frac{\ln n}{n^\alpha}<\frac{4}{\alpha n^{\frac{\alpha}{2}}}<\varepsilon,$$

也即有 $\lim\limits_{n\to\infty}\dfrac{\ln n}{n^\alpha}=0$（$\alpha>0$）.

上述证法对放大技巧的要求较强,如果考虑 $\alpha=1$ 的特别情况（即证 $\lim\limits_{n\to\infty}\dfrac{\ln n}{n}=$

0),我们可利用极限式 $\lim\limits_{n\to\infty}\sqrt[n]{n}=1$ 得出另一种简洁的证法:

因为 $\lim\limits_{n\to\infty}\sqrt[n]{n}=1$,于是 $\forall\ \varepsilon>0$,考虑 $e^{\varepsilon}-1>0$,$\exists\ N\in\mathbf{N}$,使得 $\forall\ n>N$ 有

$$|\sqrt[n]{n}-1|<e^{\varepsilon}-1 \quad\Rightarrow\quad 0\leqslant\sqrt[n]{n}<1+(e^{\varepsilon}-1)=e^{\varepsilon},$$

两边同时取对数就有

$$0\leqslant\frac{\ln n}{n}<\varepsilon,$$

也即有 $\lim\limits_{n\to\infty}\dfrac{\ln n}{n}=0$.

例 1.1.3 证明 $\lim\limits_{n\to\infty}\sin n$ 不存在.

分析 要证数列 $\{x_n\}$ 极限不存在,按定义应说明对 $\forall\ a\in\mathbf{R}$,$\exists\ \varepsilon_0>0$,$\forall\ N\in\mathbf{N}$,$\exists\ n>N$,使 $|x_n-a|\geqslant\varepsilon_0$.

事实上我们只要考虑 $-1\leqslant a\leqslant1$,为方便计可先假定 $0\leqslant a\leqslant1$. 若令 $\varepsilon_0=\dfrac{1}{2}>0$,则无论 N 取何自然数,我们总可以适当选取 $n>N$,使 $-1<\sin n<-\dfrac{1}{2}$(例如取 $\left(2N\pi+\dfrac{3}{2}\pi\right)-\dfrac{\pi}{6}<n<\left(2N\pi+\dfrac{3}{2}\pi\right)+\dfrac{\pi}{6}$),从而就有 $|\sin n-a|>\dfrac{1}{2}$.

证法一 不妨设 $0\leqslant a\leqslant1$($-1\leqslant a<0$ 时同样可证). 考虑 $\varepsilon_0=\dfrac{1}{2}>0$,对 $\forall\ N\in\mathbf{N}$,取 $n=\left[\left(2N\pi+\dfrac{3}{2}\pi\right)+\dfrac{\pi}{6}\right]$,则 $n>N$,且由

$$\left(2N\pi+\dfrac{3}{2}\pi\right)-\dfrac{\pi}{6}<n<\left(2N\pi+\dfrac{3}{2}\pi\right)+\dfrac{\pi}{6} \quad\Rightarrow\quad -1<\sin n<-\dfrac{1}{2},$$

于是有

$$|\sin n-a|>\dfrac{1}{2}=\varepsilon_0.$$

如果利用数列极限的四则运算性质,还可以用反证法证明这一结果.

证法二 用反证法. 倘若有 $\lim\limits_{n\to\infty}\sin n=a$,则 $\lim\limits_{n\to\infty}\sin(n+2)=a$. 于是

$$\lim\limits_{n\to\infty}[\sin(n+2)-\sin n]=2\lim\limits_{n\to\infty}\sin1\cos(n+1)=0,$$

也即有 $\lim\limits_{n\to\infty}\cos n=0$. 从而

$$\lim\limits_{n\to\infty}\sin2n=2\lim\limits_{n\to\infty}\sin n\cos n=0.$$

因 $\lim\limits_{n\to\infty}\sin n$ 存在,故有 $\lim\limits_{n\to\infty}\sin n=\lim\limits_{n\to\infty}\sin2n=0$. 由此得出

$$1=\lim\limits_{n\to\infty}(\sin^2 n+\cos^2 n)=\lim\limits_{n\to\infty}\sin^2 n+\lim\limits_{n\to\infty}\cos^2 n=0.$$

显见矛盾.

下面进一步讨论极限的论证问题.

例 1.1.4 设 $\lim\limits_{n\to\infty} x_n = a$,证明 $\lim\limits_{n\to\infty}\dfrac{x_1 + x_2 + \cdots + x_n}{n} = a$.

分析 要证 $\forall\,\varepsilon > 0$,$\exists\,N \in \mathbf{N}$,使得 $\forall\,n > N$ 有

$$\left|\frac{x_1 + x_2 + \cdots + x_n}{n} - a\right| < \varepsilon.$$

现采用适当放大的方法,有

$$\left|\frac{x_1 + x_2 + \cdots + x_n}{n} - a\right| = \left|\frac{(x_1 - a) + (x_2 - a) + \cdots + (x_n - a)}{n}\right|$$

$$\leqslant \frac{|x_1 - a| + |x_2 - a| + \cdots + |x_n - a|}{n}. \tag{1.1.4}$$

由条件可知 $\forall\,\varepsilon > 0$,$\exists\,N \in \mathbf{N}$,使得 $\forall\,n > N$ 有 $|x_n - a| < \varepsilon$,但是,从(1.1.4)的最后一项中分析,至少存在两点困难:

第一,当 $n \to \infty$ 时,$|x_1 - a| + |x_2 - a| + \cdots + |x_n - a|$ 的项数无限增加,并不是固定值;

第二,对 $\forall\,\varepsilon > 0$,只有当 $n > N$ 时才有 $|x_n - a| < \varepsilon$,而前 N 项就未必能保证这一点.

为了突破这两个难点,应将前 N 项与后面 $n > N$ 的那些项分开,拆成两部分考虑.设法证明当 n 充分大时这前后两部分都能任意小.

证明 因 $\lim\limits_{n\to\infty} x_n = a$,故 $\forall\,\varepsilon > 0$,$\exists\,N_1 \in \mathbf{N}$,使得 $\forall\,n > N_1$ 有 $|x_n - a| < \varepsilon$. 于是

$$\left|\frac{x_1 + x_2 + \cdots + x_n}{n} - a\right|$$

$$\leqslant \frac{|x_1 - a| + \cdots + |x_{N_1} - a|}{n} + \frac{|x_{N_1+1} - a| + \cdots + |x_n - a|}{n}$$

$$< \frac{c}{n} + \frac{n - N_1}{n}\varepsilon = \frac{c}{n} + \left(1 - \frac{N_1}{n}\right)\varepsilon$$

$$< \frac{c}{n} + \varepsilon,$$

其中 $c = |x_1 - a| + \cdots + |x_{N_1} - a|$ 为非负常数. 因 $\lim\limits_{n\to\infty}\dfrac{c}{n} = 0$,故对上述 $\varepsilon > 0$,$\exists\,N_2 \in \mathbf{N}$,使得 $\forall\,n > N_2$ 有 $\dfrac{c}{n} < \varepsilon$. 取 $N = \max(N_1, N_2)$,则 $\forall\,n > N$ 有

$$\left|\frac{x_1 + x_2 + \cdots + x_n}{n} - a\right| < \varepsilon + \varepsilon = 2\varepsilon,$$

也即有 $\lim\limits_{n\to\infty}\dfrac{x_1+x_2+\cdots+x_n}{n}=a$.

顺便说明,当 $a=\pm\infty$ 时命题的结论也是成立的,读者不妨自己写出证明. 但它的逆命题不成立,反例是

$$x_n=(-1)^{n-1},\qquad n\in\mathbf{N}.$$

显见有 $\lim\limits_{n\to\infty}\dfrac{x_1+x_2+\cdots+x_n}{n}=0$,但 $\lim\limits_{n\to\infty}x_n$ 不存在.

不过,倘若条件加强为"$\{x_n\}$ 为单调数列",则由 $\lim\limits_{n\to\infty}\dfrac{x_1+x_2+\cdots+x_n}{n}=a$ 可推出 $\lim\limits_{n\to\infty}x_n=a$(见习题一第 3 题).

此例是一个重要的极限公式,称为 Cauchy 第一定理,用途很广泛. 例如,我们可用它方便地验证

$$\lim_{n\to\infty}\frac{1+\dfrac{1}{2}+\cdots+\dfrac{1}{n}}{n}=0,\qquad \lim_{n\to\infty}\frac{1+\sqrt{2}+\cdots+\sqrt[n]{n}}{n}=1,$$

等等. 又若 $\lim\limits_{n\to\infty}x_n=a$,$\lim\limits_{n\to\infty}y_n=b$,还可验证

$$\lim_{n\to\infty}\frac{x_1y_n+x_2y_{n-1}+\cdots+x_ny_1}{n}=ab.$$

作为 Cauchy 第一定理的应用,我们先证明下面的命题.

例 1.1.5　若 $x_n>0$,$n\in\mathbf{N}$,$\lim\limits_{n\to\infty}x_n=a$,证明 $\lim\limits_{n\to\infty}\sqrt[n]{\prod\limits_{k=1}^{n}x_k}=a$.

证明　利用算术平均-几何平均-调和平均不等式,有

$$\frac{n}{\dfrac{1}{x_1}+\dfrac{1}{x_2}+\cdots+\dfrac{1}{x_n}}\leqslant\sqrt[n]{x_1x_2\cdots x_n}\leqslant\frac{x_1+x_2+\cdots+x_n}{n},\qquad n\in\mathbf{N}.$$

现因 $x_n>0$,$n\in\mathbf{N}$ 可知 $a\geqslant0$.

若 $a=0$,则 $\lim\limits_{n\to\infty}\dfrac{1}{x_n}=+\infty$. 由 Cauchy 第一定理有

$$\lim_{n\to\infty}\frac{\dfrac{1}{x_1}+\dfrac{1}{x_2}+\cdots+\dfrac{1}{x_n}}{n}=+\infty\quad\Rightarrow\quad \lim_{n\to\infty}\frac{n}{\dfrac{1}{x_1}+\dfrac{1}{x_2}+\cdots+\dfrac{1}{x_n}}=0.$$

同时又有 $\lim\limits_{n\to\infty}\dfrac{x_1+x_2+\cdots+x_n}{n}=0$,再用迫敛性定理就有 $\lim\limits_{n\to\infty}\sqrt[n]{\prod\limits_{k=1}^{n}x_k}=a$.

若 $a>0$,则 $\lim\limits_{n\to\infty}\dfrac{1}{x_n}=\dfrac{1}{a}$. 于是

$$\lim_{n\to\infty}\frac{x_1+x_2+\cdots+x_n}{n}=a,\qquad \lim_{n\to\infty}\frac{\dfrac{1}{x_1}+\dfrac{1}{x_2}+\cdots+\dfrac{1}{x_n}}{n}=\frac{1}{a}.$$

仍然用迫敛性定理即可得证.

顺便带出下面一个重要命题——Cauchy 第二定理.

例 1.1.6 设 $x_n>0,n\in\mathbf{N}.\ \lim\limits_{n\to\infty}\dfrac{x_{n+1}}{x_n}=a$,证明 $\lim\limits_{n\to\infty}\sqrt[n]{x_n}=a$($a$ 为有限常数或 $+\infty$).

分析 我们只说明 $a<+\infty$ 情况的证明思想.

为确定计可记 $x_0=1$,并将 $\sqrt[n]{x_n}$ 表示为 $\sqrt[n]{\dfrac{x_1}{x_0}\cdot\dfrac{x_2}{x_1}\cdot\cdots\cdot\dfrac{x_n}{x_{n-1}}}$,再用上例结果即可.

例 1.1.7 设 $x_n=\underbrace{\sqrt[n]{\left[\alpha\left[\alpha\cdots\left[\alpha\right]\cdots\right]\right]}}_{n\,\text{个}},\ n\in\mathbf{N}(\alpha>0)$.证明数列 $\{x_n\}$ 收敛并求其极限值.

分析 当 $0<\alpha<1$ 时,$x_n=0,\forall\,n\in\mathbf{N}$;当 $1\leqslant\alpha<2$ 时,$x_n=1,\forall\,n\in\mathbf{N}.$ 这两种情况的结论都很显然.

当 $\alpha\geqslant2$ 时,猜测应有 $\lim\limits_{n\to\infty}x_n=\alpha.$ 为了能利用 Cauchy 第二定理的结果,我们记 $x_n=\sqrt[n]{b_n}$. 则有

$$\lim_{n\to\infty}x_n=\lim_{n\to\infty}\sqrt[n]{b_n}=\lim_{n\to\infty}\frac{b_{n+1}}{b_n}.\qquad(1.1.5)$$

分析 $(1.1.5)$ 最后一项中的 $\dfrac{b_{n+1}}{b_n}$,因为 $b_{n+1}=[\alpha b_n]$,而从方括号函数性质可知,对 $\forall\,n\in\mathbf{N}$ 有

$$0\leqslant\alpha b_n-[\alpha b_n]=\alpha b_n-b_{n+1}<1\ \Rightarrow\ 0\leqslant\alpha-\frac{b_{n+1}}{b_n}<\frac{1}{b_n}.$$

剩下的工作是设法证明 $\dfrac{1}{b_n}\to0$ $(n\to\infty)$,或是 $b_n=x_n^n\to+\infty$ $(n\to\infty)$,这已经不困难了.

值得指出的是,证明 Cauchy 第一定理的思想方法——拆分方法本身也是一种处理数列极限问题的有效手段. 我们看下面两个例子.

例 1.1.8 设数列 $\{x_n\}$ 满足条件 $\lim\limits_{n\to\infty}(x_n-x_{n-2})=0$,证明 $\lim\limits_{n\to\infty}\dfrac{x_n-x_{n-1}}{n}=0.$

分析 在题设条件下,$\forall\,\varepsilon>0,\exists\,N_1\in\mathbf{N}$,使得 $\forall\,n>N_1$ 有 $|x_n-x_{n-2}|<\varepsilon.$ 由

$$|x_n-x_{n-1}|\leqslant|x_n-x_{n-2}|+|x_{n-1}-x_{n-2}|,$$

不难推出

$$| x_n - x_{n-1} | \leqslant | x_n - x_{n-2} | + | x_{n-1} - x_{n-3} | + \cdots + | x_{N_1+1} - x_{N_1-1} |$$

$$+ | x_{N_1} - x_{N_1-1} | .$$

将上式右端拆分成两部分——前 $n-N_1$ 项与最后单独的一项,同除 n 后,分别说明这两部分都可以小于 ε 就行了.

例 1.1.9　设数列 $\{b_n\}$ 递减且非负,$\lim\limits_{n \to \infty} b_n = b$. 若有

$$a_{n,k} = \frac{2^k}{2^{n+1}-1}, \quad k = 0,1,\cdots,n; \ n = 0,1,2,\cdots$$

$$S_n = a_{n,0} b_0 + a_{n,1} b_1 + \cdots + a_{n,n} b_n, \quad n \in \mathbf{N}.$$

证明 $\lim\limits_{n \to \infty} S_n = b$.

分析　对于

$$| S_n - b | = | a_{n,0}(b_0 - b) + a_{n,1}(b_1 - b) + \cdots + a_{n,n}(b_n - b) | ,$$

考虑以第 p 项($p<n$)为界将其拆分为两部分,再分别放大后分析.

利用 $\{b_n\}$ 的递减非负性,可将前一部分中的 $b_0 - b, b_1 - b, \cdots, b_p - b$ 全部用统一的常数 b_0 代替使其放大,而后一部分中的 $b_{p+1} - b, b_{p+2} - b, \cdots, b_n - b$ 都改写成首项 $b_{p+1} - b$ 也使其放大.这样,对前后两部分中各项保留的系数 $a_{n,k}$($k=0$, $1,2,\cdots,n$)就可以用等比级数方法分段求和.

对 $\forall \varepsilon > 0$,当 p 充分大时总可以使后一部分中的 $| b_{p+1} - b | < \dfrac{\varepsilon}{2}$,再取 n 充分大,使前一部分中的和式也小于 $\dfrac{\varepsilon}{2}$.

证明　对 $\forall p \in \mathbf{N}$($p<n$),

$$| S_n - b | = | a_{n,0}(b_0 - b) + a_{n,1}(b_1 - b) + \cdots + a_{n,n}(b_n - b) |$$

$$\leqslant | a_{n,0}(b_0 - b) + a_{n,1}(b_1 - b) + \cdots + a_{n,p}(b_p - b) |$$

$$+ | a_{n,p+1}(b_{p+1} - b) + a_{n,p+2}(b_{p+2} - b) + \cdots + a_{n,n}(b_n - b) | ,$$

由 $\{b_n\}$ 的递减非负性,有

$$| a_{n,0}(b_0 - b) + \cdots + a_{n,p}(b_p - b) |$$

$$\leqslant (a_{n,0} + \cdots + a_{n,p}) b_0 = \left[\frac{2^0}{2^{n+1}-1} + \cdots + \frac{2^p}{2^{n+1}-1} \right] b_0$$

$$= \frac{2^{p+1}-1}{2^{n+1}-1} b_0 .$$

而

$$| a_{n,p+1}(b_{p+1} - b) + \cdots + a_{n,n}(b_n - b) |$$

$$\leqslant (a_{n,p+1} + \cdots + a_{n,n}) | b_{p+1} - b | = \left(\frac{2^{p+1}}{2^{n+1} - 1} + \cdots + \frac{2^n}{2^{n+1} - 1} \right) | b_{p+1} - b |$$

$$< | b_{p+1} - b |.$$

由条件 $\forall \varepsilon > 0$, $\exists p \in \mathbf{N}$, 使得 $| b_{p+1} - b | < \dfrac{\varepsilon}{2}$. 对上述 $\varepsilon > 0$, $\exists N > p$, 使得

$$\frac{2^{p+1} - 1}{2^{n+1} - 1} b_0 < \frac{\varepsilon}{2}, \quad \forall n > N,$$

于是有

$$| S_n - b | < \frac{\varepsilon}{2} + \frac{\varepsilon}{2} = \varepsilon,$$

即 $\lim\limits_{n \to \infty} S_n = b$.

此例证明中对数列通项采用了拆分的典型手法, 思路是可取的. 但证明的叙述显得冗长, 因此不能说这是一种很好的方法. 如果应用 Stolz 定理的结论(见 1.3 节), 可以将此例的证明写得非常简洁.

下面是几个与子列有关的极限论证问题. 子列极限证明与数列极限证明并无本质上的区别, 容易搞错的是子列的下标表示. 要清楚对子列而言其本身的序号是 k, 极限过程为 $k \to \infty$, 同时它的下标序列 $\{n_k\}$ 严格递增趋于正无穷, 并满足 $n_k \geqslant k$ ($k \in \mathbf{N}$).

例 1.1.10 设 $\{x_n\}$ 为单调数列, 证明 $\lim\limits_{n \to \infty} x_n = a$ 的充要条件是 $\exists \{x_{n_k}\} \subset \{x_n\}$, 使 $\lim\limits_{k \to \infty} x_{n_k} = a$.

证明 只证充分性. 为确定计不妨设数列 $\{x_n\}$ 单调递增.

由条件 $\forall \varepsilon > 0$, $\exists K \in \mathbf{N}$, 使得 $\forall k \geqslant K$ 有

$$a - \varepsilon < x_{n_k} < a + \varepsilon.$$

因 $\{x_n\}$ 递增, 故当 $n > n_K$ 时总有

$$x_n \geqslant x_{n_K} > a - \varepsilon. \tag{1.1.6}$$

另一方面, 由于 $\{n_K\}$ 趋于正无穷, 对 $\forall n > n_K$, 必 $\exists n_K'$, 使 $n_K' \geqslant n > n_K$, 此时又有

$$x_n \leqslant x_{n_K'} < a + \varepsilon, \tag{1.1.7}$$

由(1.1.6), (1.1.7)知应取 $N = n_K$, 则 $\forall n > N$ 有

$$| x_n - a | < \varepsilon,$$

也即有 $\lim\limits_{n \to \infty} x_n = a$.

此例的结论可作为命题使用(见例 1.1.16).

例 1.1.11　设 $x_n > 0, n \in \mathbf{N}, \lim\limits_{n \to \infty} x_n = 0$. 证明数列 $\{x_n\}$ 中存在严格递减的子列 $\{x_{n_k}\}$，使 $\lim\limits_{k \to \infty} x_{n_k} = 0$.

分析　由 $\lim\limits_{n \to \infty} x_n = 0$ 的条件可先令 $\varepsilon_1 = 1$，找出子列中第一项 x_{n_1}，使 $0 < x_{n_1} < 1$.

为了使后续的 $x_{n_2}, x_{n_3}, \cdots$ 都能满足要求，应考虑两点：

1°　要保证子列下标 $\{n_k\}$ 的严格递增性. 因此，在确定 x_{n_1} 后，应从数集 $\{x_n \mid n > n_1\}$ 中找 x_{n_2}；从数集 $\{x_n \mid n > n_2\}$ 中找 $x_{n_3}, \cdots$.

2°　要保证子列本身严格递减且趋于零. 这可用 "ε" 来控制. 例如，令 $\varepsilon_2 = \min\left\{x_{n_1}, \dfrac{1}{2}\right\}$，使 $0 < x_{n_2} < \varepsilon_2$；$\varepsilon_3 = \min\left\{x_{n_2}, \dfrac{1}{3}\right\}$，使 $0 < x_{n_3} < \varepsilon_3, \cdots$.

例 1.1.12　设 $x_n > 0, n \in \mathbf{N}$. $\lim\limits_{n \to \infty} \dfrac{x_n}{x_{n+1} + x_{n+2}} = 0$，证明数列 $\{x_n\}$ 无界.

证明　只要证明数列 $\{x_n\}$ 中存在趋于无穷大的子列就行了.

对 $\varepsilon_0 = \dfrac{1}{4}, \exists\, N \in \mathbf{N}$，使得 $\forall\, n \geqslant N$ 有

$$\frac{x_n}{x_{n+1} + x_{n+2}} < \frac{1}{4} \quad \Rightarrow \quad x_n < \frac{1}{4}(x_{n+1} + x_{n+2}).$$

特别地，有 $x_N < \dfrac{1}{4}(x_{N+1}, x_{N+2})$，从而必有 $\max(x_{N+1}, x_{N+2}) > 2x_N$. 若记 x_{N+1}，x_{N+2} 中的较大项为 x_{n_1}，则有 $x_{n_1} > 2x_N$.

又由 $\max(x_{n_1+1}, x_{n_1+2}) > 2x_{n_1}$，再记其中较大项为 x_{n_2}，则有

$$x_{n_2} > 2x_{n_1} > 2^2 x_N.$$

如此继续，得到子列 $\{x_{n_k}\}$ 满足

$$x_{n_k} > 2^k x_N \to +\infty \quad (k \to \infty).$$

1.1.2.2　证明数列极限的其他方法

1. 利用迫敛性定理.

命题 1.1.2　设数列 $\{x_n\}, \{y_n\}, \{z_n\}$ 满足不等式

$$y_n \leqslant x_n \leqslant z_n, \quad \forall\, n > N_0,$$

且 $\lim\limits_{n \to \infty} y_n = \lim\limits_{n \to \infty} z_n = a$，则有 $\lim\limits_{n \to \infty} x_n = a$.

一般地，当数列 $\{x_n\}$ 的极限不易直接求出时，可对 $\{x_n\}$ 作适当放大及缩小，构成新数列 $\{y_n\}, \{z_n\}$，要求 $\{y_n\}, \{z_n\}$ 均收敛，极限值相同而且比较容易计算其

极限.

例 1.1.13 证明数列 $\{x_n\}$ 收敛,并求其极限值.

(1) $x_n = \sum\limits_{k=n^2}^{(n+1)^2} \dfrac{1}{\sqrt{k}}$, $n \in \mathbf{N}$;

(2) $x_n = \sqrt[n]{\dfrac{(2n-1)!!}{(2n)!!}}$, $n \in \mathbf{N}$.

分析 (1) x_n 共含 $2n+2$ 项,其中的最大项、最小项分别是 $\dfrac{1}{\sqrt{n^2}} = \dfrac{1}{n}$ 与

$\dfrac{1}{\sqrt{(n+1)^2}} = \dfrac{1}{n+1}$,可见有

$$\frac{2n+2}{n+1} \leqslant x_n \leqslant \frac{2n+2}{n}, \quad n \in \mathbf{N},$$

而显见 $\lim\limits_{n\to\infty} \dfrac{2n+2}{n+1} = \lim\limits_{n\to\infty} \dfrac{2n+2}{n} = 2$.

也可以换一种证法(仍然用迫敛性定理). 对 $\forall k \in \mathbf{N}$,有

$$\sqrt{k+1} + \sqrt{k} > 2\sqrt{k} > \sqrt{k} + \sqrt{k-1} \Rightarrow \frac{1}{\sqrt{k+1}+\sqrt{k}} < \frac{1}{2\sqrt{k}} < \frac{1}{\sqrt{k}+\sqrt{k-1}}.$$

于是有

$$2\sqrt{k+1} - 2\sqrt{k} < \frac{1}{\sqrt{k}} < 2\sqrt{k} - 2\sqrt{k-1}.$$

在上式中分别令 $k = n^2, n^2+1, \cdots, (n+1)^2$,相加就有

$$2\sqrt{(n+1)^2+1} - 2\sqrt{n^2} < \sum_{k=n^2}^{(n+1)^2} \frac{1}{\sqrt{k}} < 2\sqrt{(n+1)^2} - 2\sqrt{n^2-1}.$$

不难验证当 $n \to \infty$ 时左右两端极限均为 2.

(2) 用数学归纳法可验证不等式

$$\frac{1}{2\sqrt{n}} < \frac{(2n-1)!!}{(2n)!!} < \frac{1}{\sqrt{2n+1}}, \quad n = 2,3,4,\cdots$$

这是求此例极限值的关键.

上述不等式的证明其实另有简单的处理方法. 例如要证右端的不等式成立,只要注意到对 $\forall k \in \mathbf{N}$,有 $\dfrac{k}{k+1} < \dfrac{k+1}{k+2}$,就有

$$\frac{1 \cdot 3 \cdot 5 \cdot \cdots \cdot (2n-1)}{2 \cdot 4 \cdot 6 \cdot \cdots \cdot (2n)} < \frac{2 \cdot 4 \cdot 6 \cdot \cdots \cdot (2n)}{1 \cdot 3 \cdot 5 \cdot \cdots \cdot (2n-1)(2n+1)},$$

对角相乘即得出

$$\left[\frac{1\cdot 3\cdot 5\cdot\cdots\cdot(2n-1)}{2\cdot 4\cdot 6\cdot\cdots\cdot(2n)}\right]^2 < \frac{1}{2n+1} \quad\Rightarrow\quad \frac{(2n-1)!!}{(2n)!!} < \frac{1}{\sqrt{2n+1}}.$$

例 1.1.14 设 $\lim\limits_{n\to\infty} x_n = a$，证明

(1) $\lim\limits_{n\to\infty} \dfrac{[nx_n]}{n} = a$；

(2) 若 $x_n > 0$，$n\in\mathbf{N}$ 且 $a > 0$，则 $\lim\limits_{n\to\infty}\sqrt[n]{x_n} = 1$.

分析 (1) 对 $\forall\, x\in\mathbf{R}$，由方括号函数的性质有 $x-1 < [x] \leqslant x$，用在此处便有

$$nx_n - 1 < [nx_n] \leqslant nx_n, \quad n\in\mathbf{N}.$$

再用迫敛性定理便可得证.

(2) 利用 $\lim\limits_{n\to\infty} x_n = a > 0$ 的条件说明当 n 充分大时 $\{x_n\}$ 有正的上界与下界.

例 1.1.15 设 $x_n > 0$，$n\in\mathbf{N}$，$\lim\limits_{n\to\infty}\dfrac{x_1+x_2+\cdots+x_n}{n} = a > 0$，证明

$$\lim_{n\to\infty}\frac{x_1^p + x_2^p + \cdots + x_n^p}{n^p} = 0, \quad p > 1.$$

证明 记 $p = 1 + \alpha\,(\alpha > 0)$，有

$$\frac{x_1^p + x_2^p + \cdots + x_n^p}{n^p} = \frac{1}{n^\alpha}\cdot\frac{x_1\cdot x_1^\alpha + x_2\cdot x_2^\alpha + \cdots + x_n\cdot x_n^\alpha}{n}.$$

若 $\{x_n\}$ 有界，可记 $0 < x_n \leqslant M$，$n\in\mathbf{N}$，则有

$$0 \leqslant \frac{x_1^p + x_2^p + \cdots + x_n^p}{n^p} \leqslant \left(\frac{M}{n}\right)^\alpha \frac{x_1 + x_2 + \cdots + x_n}{n}.$$

因为 $\lim\limits_{n\to\infty}\left(\dfrac{M}{n}\right)^\alpha = 0$，而 $\lim\limits_{n\to\infty}\dfrac{x_1+x_2+\cdots+x_n}{n} = a$，结论显然是成立的.

若 $\{x_n\}$ 无界，可取 $M_{k(n)} = \max\limits_{1\leqslant i\leqslant n}\{x_i\}$，其中 $k(n)$ 是 $x_1, x_2, \cdots, x_n$ 中最大项的序号，则当 $n\to\infty$ 时必有 $k(n)\to\infty$，以及

$$0 \leqslant \frac{x_1^p + x_2^p + \cdots + x_n^p}{n^p} \leqslant \left(\frac{M_{k(n)}}{n}\right)^\alpha \frac{x_1 + x_2 + \cdots + x_n}{n}.$$

现 $\lim\limits_{n\to\infty} M_{k(n)} = +\infty$，因此应证 $\lim\limits_{n\to\infty}\left(\dfrac{M_{k(n)}}{n}\right)^\alpha = 0$.

利用题设条件首先得出

$$\frac{x_n}{n} = \frac{\sum\limits_{k=1}^{n} x_k}{n} - \frac{n-1}{n}\cdot\frac{\sum\limits_{k=1}^{n-1} x_k}{n-1} \to 0 \quad (n\to\infty).$$

从而有 $\lim\limits_{n\to\infty}\dfrac{M_{k(n)}}{k(n)} = 0$. 而

$$0 < \frac{M_{k(n)}}{n} \leqslant \frac{M_{k(n)}}{k(n)}, \quad n \in \mathbf{N},$$

故必有 $\lim\limits_{n \to \infty} \left[\frac{M_{k(n)}}{n}\right]^{\alpha} = 0$. 可见结论仍然成立.

2. 利用单调有界定理.

命题 1.1.3 单调递增(或递减)有上界(或下界)的数列必定收敛.

验证数列 $\{x_n\}$ 的有界性,通常用放大、缩小技巧,自然也会用到一些重要的不等式,例如 AG 不等式等.

验证数列 $\{x_n\}$ 的单调性,可考察是否有 $\frac{x_{n+1}}{x_n} \geqslant 1$(或 $\leqslant 1$),或者考察 $x_{n+1} - x_n$ 的符号. 但是,若不是特别强调必须证出 $\{x_n\}$ 递增或递减,而只是想要知道 $\{x_n\}$ 是否"单调",其实还可以考察 $x_{n+2} - x_{n+1}$ 与 $x_{n+1} - x_n$ 是否对 $\forall n \in \mathbf{N}$ 保持同号.

对于用递推形式定义的数列,单调有界定理经常是判敛的首选方法.

例 1.1.16 设 $x_n = 1 + \frac{1}{2^{\alpha}} + \cdots + \frac{1}{n^{\alpha}}$,$n \in \mathbf{N}$. 证明当 $\alpha \leqslant 1$ 时 $\{x_n\}$ 发散;当 $\alpha > 1$ 时 $\{x_n\}$ 收敛.

分析 对前一问,只须证 $x_n = 1 + \frac{1}{2} + \cdots + \frac{1}{n}$ 发散($\alpha = 1$ 的情况). 由 $\{x_n\}$ 的递增性,故应证 $\{x_n\}$ 无上界.

对后一问,可证 $\{x_n\}$ 中有一递增有界子列 $\{x_{n_k}\}$,再由 $\{x_{n_k}\}$ 的收敛性说明 $\{x_n\}$ 也收敛(见例 1.1.10).

证明 (1) 先证明数列

$$x_n = 1 + \frac{1}{2} + \cdots + \frac{1}{n}, \quad n \in \mathbf{N}$$

发散. 对 $\forall n \in \mathbf{N}$,有

$$x_{2n} - x_n = \frac{1}{n+1} + \frac{1}{n+2} + \cdots + \frac{1}{2n} \geqslant \frac{n}{2n} = \frac{1}{2}.$$

用数学归纳法可证

$$x_{2^k} \geqslant 1 + \frac{k}{2} \to +\infty \quad (k \to \infty).$$

从而 $\{x_n\}$ 为无界数列,必定发散.

现因当 $\alpha \leqslant 1$ 时有 $\frac{1}{k^{\alpha}} \geqslant \frac{1}{k}$ $(k = 1, 2, \cdots, n)$,故数列

$$x_n = 1 + \frac{1}{2^{\alpha}} + \cdots + \frac{1}{n^{\alpha}}$$

必定递增无界，从而也是发散的.

（2）考虑

$$x_3 = 1 + \frac{1}{2^a} + \frac{1}{3^a} < 1 + \frac{2}{2^a} = 1 + \frac{1}{2^{a-1}},$$

$$x_7 = x_3 + \frac{1}{4^a} + \cdots + \frac{1}{7^a} < 1 + \frac{1}{2^{a-1}} + \frac{4}{4^a}$$

$$= 1 + \frac{1}{2^{a-1}} + \frac{1}{4^{a-1}} = 1 + \frac{1}{2^{a-1}} + \left[\frac{1}{2^{a-1}}\right]^2,$$

$$x_{15} = x_7 + \frac{1}{8^a} + \cdots + \frac{1}{15^a} < x_7 + \frac{8}{8^a}$$

$$= 1 + \frac{1}{2^{a-1}} + \left[\frac{1}{2^{a-1}}\right]^2 + \left[\frac{1}{2^{a-1}}\right]^3,$$

$$\cdots\cdots\cdots\cdots$$

一般地，我们有

$$x_{2^k-1} < 1 + \frac{1}{2^{a-1}} + \cdots + \left[\frac{1}{2^{a-1}}\right]^k < \frac{1}{1 - \frac{1}{2^{a-1}}} = \frac{2^{a-1}}{2^{a-1}-1} \quad (a > 1).$$

可见 $\{x_{2^k-1}\}$ 递增有上界，从而收敛.现因递增数列 $\{x_n\}$ 中有收敛子列 $\{x_{2^k-1}\}$，故 $\{x_n\}$ 必定也收敛.

例 1.1.17　设 $x_1 > 0$，$x_{n+1} = \frac{1}{3}\left[2x_n + \frac{a}{x_n^2}\right]$ （$a > 0$），$n \in \mathbf{N}$.证明数列 $\{x_n\}$ 收敛并求其极限值.

分析　显见 $x_n > 0$，$x \in \mathbf{N}$.进一步，用 AG 不等式可验证 $\{x_n\}$ 有下界 $\sqrt[3]{a}$.然后再证明 $\{x_n\}$ 的单调递减性.

证明　由 $x_1 > 0$ 可知 $x_n > 0$，$n \in \mathbf{N}$.利用 AG 不等式有

$$x_{n+1} = \frac{1}{3}\left[x_n + x_n + \frac{a}{x_n^2}\right] \geqslant \sqrt[3]{x_n x_n \frac{a}{x_n^2}} = \sqrt[3]{a}, \quad n \in \mathbf{N}.$$

由此得出

$$x_{n+1} = \frac{1}{3}\left[2x_n + \frac{a}{x_n^2}\right] = \frac{2x_n^3 + a}{3x_n^2} \leqslant \frac{3x_n^3}{3x_n^2} = x_n, \quad n = 2, 3, \cdots$$

从而数列 $\{x_n\}$ 递减有下界，必定收敛.可记 $\lim\limits_{n \to \infty} x_n = x$.

在递推关系式 $x_{n+1} = \frac{1}{3}\left[2x_n + \frac{a}{x_n^2}\right]$ 两端同时令 $n \to \infty$，有

$$x = \frac{1}{3}\left[2x + \frac{a}{x^2}\right] \quad \Rightarrow \quad x^3 = a.$$

故 $x=\sqrt[3]{a}$,也即有 $\lim\limits_{n\to\infty}x_n=\sqrt[3]{a}$.

用同样方法,读者不难推证下面的问题.

例 1.1.18 设 $a>0,x_1>a^{\frac{1}{p}}$ ($p\in\mathbf{N}$). 又

$$x_{n+1}=\frac{p-1}{p}x_n+\frac{a}{p}x_n^{1-p}, \quad n\in\mathbf{N}.$$

证明数列 $\{x_n\}$ 收敛并求其极限值.

分析 在此例中可证 $\{x_n\}$ 单调递减并有下界 $a^{\frac{1}{p}}$.

例 1.1.19 设 $x_1>x_2>0,x_{n+2}=\sqrt{x_{n+1}x_n}$, $n\in\mathbf{N}$. 证明数列 $\{x_n\}$ 收敛并求其极限值.

分析 可以看出这一数列不具有单调性.事实上有

$$x_3=\sqrt{x_2x_1}>x_2, \quad x_4=\sqrt{x_3x_2}<x_3,\cdots$$

一般地可验证

$$x_{2n+1}>x_{2n}, \qquad x_{2n}<x_{2n-1}, \qquad n\in\mathbf{N}.$$

但进一步分析可得出 $\{x_n\}$ 的奇子列 $\{x_{2n-1}\}$ 与偶子列 $\{x_{2n}\}$ 分别具有单调性.因此,应证明 $\{x_{2n-1}\}$ 与 $\{x_{2n}\}$ 都收敛,且极限值相同,从而推出数列 $\{x_n\}$ 收敛.

证明 因 $x_1>x_2>0$,于是有

$$x_3=\sqrt{x_2x_1}>x_2, \qquad x_4=\sqrt{x_3x_2}<x_3.$$

用数学归纳法可证

$$x_{2n+1}>x_{2n}, \qquad x_{2n}<x_{2n-1}, \qquad n\in\mathbf{N}. \qquad (1.1.8)$$

由此得出

$$x_{2n+1}-x_{2n-1}=\sqrt{x_{2n}x_{2n-1}}-x_{2n-1}<0.$$

因此奇子列 $\{x_{2n-1}\}$ 单调递减.同理可证偶子列 $\{x_{2n}\}$ 单调递增,也即有

$$x_1>x_3>\cdots>x_{2n-1}>\cdots$$

$$x_2<x_4<\cdots<x_{2n}<\cdots$$

利用 (1.1.8) 就有

$$x_{2n-1}>x_{2n}>x_2, \qquad x_{2n}<x_{2n+1}<x_1, \qquad n\in\mathbf{N}.$$

于是 $\{x_{2n-1}\}$ 与 $\{x_{2n}\}$ 均为单调有界数列,必都收敛.可记

$$\lim_{n\to\infty}x_{2n-1}=\alpha, \qquad \lim_{n\to\infty}x_{2n}=\beta.$$

仍由 (1.1.8) 可看出必有 $\alpha>0,\beta>0$.在递推关系式

$$x_{2n-1}=\sqrt{x_{2n-2}x_{2n-3}}, \qquad x_{2n}=\sqrt{x_{2n-1}x_{2n-2}}$$

两端同时令 $n \to \infty$，就有

$$\alpha = \sqrt{\beta \alpha}, \beta = \sqrt{\alpha \beta} \quad \Rightarrow \quad \alpha = \beta.$$

从而数列 $\{x_n\}$ 收敛，可记 $\lim\limits_{n \to \infty} x_n = a$.

由 $x_n = \sqrt{x_{n-1} x_{n-2}}$, $n = 3, 4, \cdots$ 可知，$x_n^2 = x_{n-1} x_{n-2}$，于是有

$$x_n^2 x_{n-1} = x_{n-1}^2 x_{n-2} = \cdots = x_2^2 x_1.$$

两端同时令 $n \to \infty$，就有

$$a^3 = x_2^2 x_1 \quad \Rightarrow \quad a = \sqrt[3]{x_2^2 x_1}.$$

也即有 $\lim\limits_{n \to \infty} x_n = \sqrt[3]{x_2^2 x_1}$.

类似地可考虑以下问题.

例 1.1.20 设 $0 < a < 1$, $x_1 = \dfrac{a}{2}$, $x_{n+1} = \dfrac{a}{2} - \dfrac{x_n^2}{2}$, $n \in \mathbf{N}$. 证明数列 $\{x_n\}$ 收敛并求其极限值.

分析 可证 $\{x_{2n-1}\}$ 与 $\{x_{2n}\}$ 分别单调有界，并且具有相同的极限值 $-1 + \sqrt{1+a}$.

例 1.1.21 设 $0 < x_1 \leqslant \sqrt{c}$, $x_{n+1} = \dfrac{c(1 + x_n)}{c + x_n}$ $(c > 1)$. 证明数列 $\{x_n\}$ 收敛并求其极限值.

证明 由条件 $0 < x_1 \leqslant \sqrt{c}$，若设 $0 < x_k \leqslant \sqrt{c}$，则有

$$0 < x_{k+1} = \frac{c(1 + x_k)}{c + x_k} = c - \frac{c(c-1)}{c + x_k} \leqslant c - \frac{c(c-1)}{c + \sqrt{c}} = \sqrt{c}.$$

由归纳法可知 $0 < x_n \leqslant \sqrt{c}$, $n \in \mathbf{N}$. 又

$$x_{n+1} - x_n = \frac{c(1 + x_n)}{c + x_n} - x_n = \frac{c - x_n^2}{c + x_n} > 0, \tag{1.1.9}$$

于是 $\{x_n\}$ 单调递增有上界，从而数列 $\{x_n\}$ 收敛. 记 $\lim\limits_{n \to \infty} x_n = a$，在递推公式两端同时令 $n \to \infty$，就有

$$a = \frac{c(1 + a)}{c + a} \quad \Rightarrow \quad a = \sqrt{c}.$$

也即有 $\lim\limits_{n \to \infty} x_n = \sqrt{c}$.

以上所介绍的只是最常见的典型证法. 对于此题，我们不妨进一步展开，作更深入的讨论.

首先，若取消 $x_1 \leqslant \sqrt{c}$ 的限制，数列 $\{x_n\}$ 的收敛性结论是否仍然成立？

证明$\{x_n\}$的有界性并无困难. 因为有

$$0 < x_{n+1} = \frac{c(1+x_n)}{c+x_n} < \frac{c(c+x_n)}{c+x_n} = c, \quad n \in \mathbf{N},$$

进一步,从(1.1.9)可以看出$\{x_n\}$的单调性与常数$\sqrt{c}$有关. 前面已经证明,当$0 < x_1 \leqslant \sqrt{c}$时$\{x_n\}$单调递增;同样可以证明,当$x_1 > \sqrt{c}$时,对$\forall n \in \mathbf{N}$有$\sqrt{c} < x_n < c$,从而$\{x_n\}$单调递减.

其次要说明,证明$\{x_n\}$单调性的方法可简化. 事实上我们只关心数列$\{x_n\}$是否单调,至于它到底是递增还是递减并不重要. 因此只要考察$x_{n+2} - x_{n+1}$与$x_{n+1} - x_n$是否保持同号就行了,由

$$x_{n+2} - x_{n+1} = \frac{c - x_{n+1}^2}{c + x_{n+1}} = \frac{c - \left[\frac{c(1+x_n)}{c+x_n}\right]^2}{c + \frac{c(1+x_n)}{c+x_n}}$$

$$= \frac{(c-1)(c-x_n^2)}{(c+x_n)(c+1+2x_n)},$$

于是有

$$\frac{x_{n+2} - x_{n+1}}{x_{n+1} - x_n} = \frac{\dfrac{(c-1)(c-x_n^2)}{(c+x_n)(c+1+2x_n)}}{\dfrac{c-x_n^2}{c+x_n}} = \frac{c-1}{c+1+2x_n} > 0, \quad n \in \mathbf{N}.$$

可见数列$\{x_n\}$必定是单调的.

再进一步,若改用 Cauchy 收敛准则来判敛,我们甚至可以不用去考虑数列$\{x_n\}$是否单调.

因$x_n > 0$, $n \in \mathbf{N}$. 我们有

$$|x_{n+1} - x_n| = \left|\frac{c(1+x_n)}{c+x_n} - \frac{c(1+x_{n-1})}{c+x_{n-1}}\right| = \left|\frac{c(c-1)(x_n - x_{n-1})}{(c+x_n)(c+x_{n-1})}\right|$$

$$\leqslant \left(1 - \frac{1}{c}\right)|x_n - x_{n-1}| \triangleq \lambda |x_n - x_{n-1}| = \cdots$$

$$\leqslant \lambda^{n-1} |x_2 - x_1|,$$

其中$\lambda = 1 - \dfrac{1}{c}$($0 < \lambda < 1$). 于是对$\forall n, p \in \mathbf{N}$,有

$$|x_{n+p} - x_n| \leqslant |x_{n+p} - x_{n+p-1}| + |x_{n+p-1} - x_{n+p-2}| + \cdots + |x_{n+1} - x_n|$$

$$\leqslant (\lambda^{n+p-2} + \lambda^{n+p-3} + \cdots + \lambda^{n-1})|x_2 - x_1|$$

$$< \frac{\lambda^{n-1}}{1-\lambda} \mid x_2 - x_1 \mid.$$

因 $\lim\limits_{n \to \infty} \frac{\lambda^{n-1}}{1-\lambda} = 0 (0 < \lambda < 1)$，故 $\forall \varepsilon > 0, \exists N \in \mathbf{N}$，使得 $\forall n > N$ 有 $\frac{\lambda^{n-1}}{1-\lambda} < \varepsilon$，此时对 $\forall p \in \mathbf{N}$ 即有

$$\mid x_{n+p} - x_n \mid < \varepsilon \mid x_2 - x_1 \mid.$$

由 Cauchy 收敛准则可知数列 $\{x_n\}$ 收敛，再由递推公式计算其极限值.

其实，更好的方法是直接判敛并同时求出极限值. 事实上如果数列 $\{x_n\}$ 是收敛的，不难验证其极限值为 $\sqrt{c}$. 因 $x_n > 0, n \in \mathbf{N}$，不妨考虑

$$\begin{aligned}
\mid x_n - \sqrt{c} \mid &= \left| \frac{c(1+x_{n-1})}{c+x_{n-1}} - \sqrt{c} \right| = \left| \frac{(c-\sqrt{c})(x_{n-1}-\sqrt{c})}{c+x_{n-1}} \right| \\
&\leqslant \left[1 - \frac{1}{\sqrt{c}} \right] \mid x_{n-1} - \sqrt{c} \mid \triangleq \lambda \mid x_{n-1} - \sqrt{c} \mid = \cdots \\
&\leqslant \lambda^{n-1} \mid x_1 - \sqrt{c} \mid,
\end{aligned}$$

其中 $\lambda = 1 - \frac{1}{\sqrt{c}} (0 < \lambda < 1)$. 令 $n \to \infty$，有

$$\lim\limits_{n \to \infty} \mid x_n - \sqrt{c} \mid = 0,$$

也即有 $\lim\limits_{n \to \infty} x_n = \sqrt{c}$.

3. 利用 Cauchy 收敛准则.

命题 1.1.4 数列 $\{x_n\}$ 收敛的充要条件是：$\forall \varepsilon > 0, \exists N \in \mathbf{N}$，使得

$$\mid x_m - x_n \mid < \varepsilon, \forall m, n > N \quad \text{或} \quad \mid x_{n+p} - x_n \mid < \varepsilon, \forall n > N, \forall p \in \mathbf{N}.$$

数列 $\{x_n\}$ 的单调有界是其收敛的充分条件，但并不是必要条件. 如果数列本身不具有单调性或难以判定其单调性，这一定理就显得无能为力. 而 Cauchy 收敛准则的长处正在于它不需要任何附加条件，只考虑数列自身的特征. 因此，在这种情况下通常可试用 Cauchy 收敛准则判敛.

有关 Cauchy 收敛准则的应用说明可参见 1.1.1 节第 5 部分.

例 1.1.22 称 $x = y_0 + \varepsilon \sin x (0 < \varepsilon < 1)$ 为 Kepler 方程. 设 $x_0 = y_0$，

$$x_n = y_0 + \varepsilon \sin x_{n-1}, \qquad n \in \mathbf{N}.$$

证明数列 $\{x_n\}$ 收敛.

分析 先考虑 $\mid x_{n+1} - x_n \mid$. 利用不等式 $\mid \sin x \mid \leqslant \mid x \mid, x \in \mathbf{R}$，不难推出

$$\mid x_{n+1} - x_n \mid \leqslant \varepsilon \mid x_n - x_{n-1} \mid \leqslant \cdots \leqslant \varepsilon^n \mid x_1 - x_0 \mid.$$

再看 $\mid x_{n+p} - x_n \mid$，就有

$$| x_{n+p} - x_n | \leqslant | x_{n+p} - x_{n+p-1} | + | x_{n+p-1} - x_{n+p-2} | + \cdots + | x_{n+1} - x_n |$$

$$\leqslant (\varepsilon^n + \varepsilon^{n+1} + \cdots + \varepsilon^{n+p-1}) | x_1 - x_0 |$$

$$< \frac{| x_1 - x_0 |}{1 - \varepsilon} \varepsilon^n \quad (0 < \varepsilon < 1), \tag{1.1.10}$$

从(1.1.10)中可确定满足 Cauchy 收敛准则要求的 $N \in \mathbf{N}$.

读者应注意,经放大后的(1.1.10)不含变量 p.

例 1.1.23 设 $\exists M > 0$,对 $\forall n \in \mathbf{N}$,有

$$| x_2 - x_1 | + | x_3 - x_2 | + \cdots + | x_n - x_{n-1} | < M.$$

证明数列 $\{ x_n \}$ 收敛.

分析 若记 $y_n = | x_2 - x_1 | + | x_3 - x_2 | + \cdots + | x_n - x_{n-1} |$, $n \in \mathbf{N}$,显见 $\{ y_n \}$ 单调递增有上界,从而数列 $\{ y_n \}$ 收敛. 而对 $\forall n, p \in \mathbf{N}$,有

$$| x_{n+p} - x_n | \leqslant | x_{n+1} - x_n | + | x_{n+2} - x_{n+1} | + \cdots + | x_{n+p} - x_{n+p-1} |$$

$$= y_{n+p} - y_n.$$

例 1.1.24 设数列 $\{ x_n \}$ 满足条件

$$\lim_{n \to \infty} \frac{x_1 + x_2 + \cdots + x_n}{n} = a < + \infty,$$

证明 $\lim\limits_{n \to \infty} \dfrac{x_n}{n} = 0$.

证明 由 Cauchy 收敛准则可知,$\forall \varepsilon (0 < \varepsilon < 1)$,$\exists N_1 \in \mathbf{N}$,使得 $\forall n > N_1$ 有

$$\left| \frac{x_1 + x_2 + \cdots + x_n}{n} - \frac{x_1 + x_2 + \cdots + x_{n+1}}{n+1} \right| < \varepsilon.$$

即

$$\left| \frac{x_1 + x_2 + \cdots + x_n - n x_{n+1}}{n (n + 1)} \right| = \left| \frac{x_1 + x_2 + \cdots + x_n}{n (n + 1)} - \frac{x_{n+1}}{n+1} \right| < \varepsilon,$$

或

$$\frac{x_1 + x_2 + \cdots + x_n}{n (n + 1)} - \varepsilon < \frac{x_{n+1}}{n+1} < \frac{x_1 + x_2 + \cdots + x_n}{n (n + 1)} + \varepsilon.$$

另一方面,由题设条件可知 $\exists N_2 \in \mathbf{N}$,使得 $\forall n > N_2$ 有

$$a - \varepsilon < \frac{x_1 + x_2 + \cdots + x_n}{n} < a + \varepsilon.$$

于是有

$$\frac{1}{n+1} (a - \varepsilon) - \varepsilon < \frac{x_{n+1}}{n+1} < \frac{1}{n+1} (a + \varepsilon) + \varepsilon.$$

当 n 充分大时($\forall\, n > N_3$),还有 $\dfrac{a+\varepsilon}{n+1} < \varepsilon, \dfrac{a-\varepsilon}{n+1} > -\varepsilon$.

现取 $N = \max(N_1, N_2, N_3)$,则对 $\forall\, n > N$ 有

$$-2\varepsilon < \frac{x_{n+1}}{n+1} < 2\varepsilon.$$

也即有 $\lim\limits_{n\to\infty} \dfrac{x_n}{n} = 0$.

上述证法综合应用了数列极限定义和 Cauchy 收敛准则,因此有一定的难度. 但事实上此题有非常简单的处理方法,我们只要看

$$\frac{x_n}{n} = \frac{x_1 + x_2 + \cdots + x_n}{n} - \frac{x_1 + x_2 + \cdots + x_{n-1}}{n}$$

$$= \frac{x_1 + x_2 + \cdots + x_n}{n} - \frac{n-1}{n} \cdot \frac{x_1 + x_2 + \cdots + x_{n-1}}{n-1}.$$

当 $n \to \infty$ 时,等式右端的两项均趋于 a,从而必有 $\lim\limits_{n\to\infty} \dfrac{x_n}{n} = 0$.

4. 数列极限证明的杂例.

数列极限的论证手法多种多样,很难找到某种固定的"套路",一般应根据具体问题作具体分析. 除了前面所介绍的一些常用方法外,下面再举出几个例子,有些是方法比较独特,有些是综合性比较强.

例 1.1.25 设数列 $\{x_n\}$ 满足 $(2-x_n)x_{n+1} = 1$,证明 $\{x_n\}$ 收敛并求其极限值.

分析 此例原本可归于用单调有界定理处理的问题一类,通常采用的方法是对 x_1 的取值分情况讨论.

首先有 $x_1 \neq 2$. 当 $x_1 = 1$ 时,显然 $x_n = 1, \forall\, n \in \mathbf{N}$;当 $x_1 < 1$ 时可证 $\{x_n\}$ 单调递增有上界;当 $x_1 > 2$ 时必有 $x_2 < 1$,于是回到上一种情况;最后,当 $1 < x_1 < 2$ 时可证必定存在某个 $x_k > 2$,从而 $x_{k+1} < 1$,仍然回到前面情况.

上面的证法虽然不失严密,但过于繁复. 若注意到数列 $\{x_n\}$ 收敛,则极限必定为 1,可改用下面的简化证法.

证明 不妨设 $x_n \neq 1, \forall\, n \in \mathbf{N}$. 考虑

$$x_{n+1} - 1 = \frac{1}{2-x_n} - 1 = \frac{x_n - 1}{2 - x_n}.$$

即

$$\frac{1}{x_{n+1}-1} = \frac{2-x_n}{x_n-1} = \frac{1}{x_n-1} - 1$$

$$= \frac{1}{x_{n-1}-1} - 2 = \cdots = \frac{1}{x_1-1} - n, \quad n \in \mathbf{N}.$$

于是得出

$$\lim_{n\to\infty}(x_{n+1}-1)=\lim_{n\to\infty}\frac{1}{\dfrac{1}{x_1-1}-n}=0.$$

也即有 $\lim\limits_{n\to\infty}x_n=1$.

例 1.1.26 设 $x_1=x_2=1$,$x_{n+1}=x_n+x_{n-1}$,$n=2,3,\cdots$.证明数列 $\left\{\dfrac{x_n}{x_{n+1}}\right\}$ 收敛并求其极限值.

证法一 满足上述条件的数列称之为 Fibonacci 数列.对于熟悉 Fibonacci 数列一般表达式的读者来说,此例很容易解决.由

$$x_n=\frac{1}{\sqrt{5}}\left[\left(\frac{1+\sqrt{5}}{2}\right)^n-\left(\frac{1-\sqrt{5}}{2}\right)^n\right],\quad n\in\mathbf{N},\qquad(1.1.11)$$

得出

$$\frac{x_{n+1}}{x_n}=\frac{\left(\dfrac{1+\sqrt{5}}{2}\right)^{n+1}-\left(\dfrac{1-\sqrt{5}}{2}\right)^{n+1}}{\left(\dfrac{1+\sqrt{5}}{2}\right)^n-\left(\dfrac{1-\sqrt{5}}{2}\right)^n}=\frac{1+\sqrt{5}}{2}\frac{1-r^{n+1}}{1-r^n},$$

其中 $r=\dfrac{1-\sqrt{5}}{1+\sqrt{5}}=\dfrac{\sqrt{5}-3}{2}$.显见 $0<r<1$,于是有

$$\lim_{n\to\infty}\frac{x_{n+1}}{x_n}=\frac{1+\sqrt{5}}{2}\quad\Rightarrow\quad\lim_{n\to\infty}\frac{x_n}{x_{n+1}}=\frac{\sqrt{5}-1}{2}.$$

证法二 对于不熟悉(1.1.11)结果的读者,可考虑用 Cauchy 收敛准则判敛.

因为对 $\forall\,n\in\mathbf{N}$,有

$$\left|\frac{x_{n+1}}{x_{n+2}}-\frac{x_n}{x_{n+1}}\right|=\left|\frac{x_{n+1}^2-x_{n+2}\,x_n}{x_{n+2}\,x_{n+1}}\right|=\left|\frac{x_{n+1}^2-(x_{n+1}+x_n)\,x_n}{x_{n+2}\,x_{n+1}}\right|$$

$$=\left|\frac{x_n^2-x_{n+1}(x_{n+1}-x_n)}{x_{n+2}\,x_{n+1}}\right|=\left|\frac{x_n^2-x_{n+1}\,x_{n-1}}{x_{n+2}\,x_{n+1}}\right|$$

$$=\cdots=\left|\frac{x_2^2-x_3\,x_1}{x_{n+2}\,x_{n+1}}\right|=\frac{1}{x_{n+2}\,x_{n+1}}.$$

由数列定义可知 $x_n\geqslant n-1$,$n\in\mathbf{N}$.故有

$$\left|\frac{x_{n+1}}{x_{n+2}}-\frac{x_n}{x_{n+1}}\right|=\frac{1}{x_{n+2}\,x_{n+1}}\leqslant\frac{1}{n(n+1)}.$$

于是对 $\forall\,n,p\in\mathbf{N}$,有

$$\left|\frac{x_{n+p}}{x_{n+p+1}}-\frac{x_n}{x_{n+1}}\right|\leqslant\left|\frac{x_{n+p}}{x_{n+p+1}}-\frac{x_{n+p-1}}{x_{n+p}}\right|+\left|\frac{x_{n+p-1}}{x_{n+p}}-\frac{n_{n+p-2}}{x_{n+p-1}}\right|+\cdots+\left|\frac{x_{n+1}}{x_{n+2}}-\frac{x_n}{x_{n+1}}\right|$$

$$\leqslant \frac{1}{n(n+1)} + \frac{1}{(n+1)(n+2)} + \cdots + \frac{1}{(n+p-1)(n+p)}$$

$$= \left[\frac{1}{n} - \frac{1}{n+1}\right] + \left[\frac{1}{n+1} - \frac{1}{n+2}\right] + \cdots + \left[\frac{1}{n+p-1} - \frac{1}{n+p}\right]$$

$$= \frac{1}{n} - \frac{1}{n+p} < \frac{1}{n}.$$

$\forall\, \varepsilon > 0$, 取 $N = \left[\dfrac{1}{\varepsilon}\right] + 1$, 则对 $\forall\, n > N, \forall\, p \in \mathbf{N}$, 有

$$\left|\frac{x_{n+p}}{x_{n+p+1}} - \frac{x_n}{x_{n+1}}\right| < \frac{1}{n} < \varepsilon.$$

由 Cauchy 收敛准则可知 $\left\{\dfrac{x_n}{x_{n+1}}\right\}$ 收敛. 可记 $\lim\limits_{n\to\infty}\dfrac{x_n}{x_{n+1}} = a$.

在递推关系式 $x_{n+1} = x_n + x_{n-1}$ 两边同除 x_{n+1}, 并令 $n \to \infty$, 就有

$$1 = a + a^2 \quad \Rightarrow \quad a = \frac{\sqrt{5}-1}{2}\,(舍去负值),$$

也即有 $\lim\limits_{n\to\infty}\dfrac{x_n}{x_{n+1}} = \dfrac{\sqrt{5}-1}{2}$.

例 1.1.27　设 $x_1 = b$, $x_{n+1} = x_n^2 + (1-2a)x_n + a^2$, $n \in \mathbf{N}$. 问 a, b 取何值时数列 $\{x_n\}$ 收敛？在收敛条件下求其极限值.

分析　由 $x_{n+1} = x_n + (x_n - a)^2$ 可知, $\{x_n\}$ 单调递增. 若 $\{x_n\}$ 收敛不难计算 $\lim\limits_{n\to\infty} x_n = a$.

如果存在某个 $x_N > a$, 则 $\forall\, n > N$ 有 $x_n \geqslant x_N > a$, 说明 $\{x_n\}$ 不可能收敛于 a. 因此应有 $b = x_1 \leqslant x_n \leqslant a$.

再注意到只有当 $a-1 \leqslant x_n \leqslant a$ 时, 二次三项式 $x_n^2 + (1-2a)x_n + a^2$ 之值不超过 a, 故又有 $a-1 \leqslant b \leqslant a$; 反之, 当 $a-1 \leqslant b \leqslant a$ 时, 因有 $x_n \geqslant x_{n-1} \geqslant \cdots \geqslant x_1 = b$, 故有 $0 \leqslant a - x_n \leqslant 1$. 此时又有

$$x_{n+1} = x_n + (x_n - a)^2 \leqslant x_n + (a - x_n) = a, \quad n \in \mathbf{N},$$

从而 $\{x_n\}$ 单调递增有上界. 因此 a, b 的取值必须满足 $a-1 \leqslant b \leqslant a$.

例 1.1.28　设数列 $\{x_n\}$ 由方程 $x_n^3 + 2x_n + \dfrac{1}{n} = 0$, $n \in \mathbf{N}$ 的实根定义, 证明数列 $\{nx_n\}$ 收敛并求其极限值.

分析　不难看出方程 $x_n^3 + 2x_n + \dfrac{1}{n} = 0$ 的实根必定位于 $(-1, 0)$ 内. 事实上我们还可以证明对每个确定的 $n \in \mathbf{N}$, 上述方程在 $\mathbf{R}$ 上有且仅有一个实根. 如果能进一步验证 $\{x_n\}$ 的单调性, 则首先可说明数列 $\{x_n\}$ 是收敛的, 再由方程本身得出

$$nx_n = -\frac{1}{x_n^3 + 2}, x \in \mathbf{N}, 从而说明数列\{nx_n\}也是收敛的.$$

证明 由条件必有 $x_n < 0$, $n \in \mathbf{N}$. 往证数列$\{x_n\}$单调递增.

令 $f(x) = x^3 + 2x$, 则 $f(x)$ 在 $\mathbf{R}$ 上严格递增. 事实上, 对 $\forall x_1, x_2 \in \mathbf{R}(x_1 < x_2)$, 我们有

$$\begin{aligned}
f(x_2) - f(x_1) &= x_2^3 + 2x_2 - (x_1^3 + 2x_1) \\
&= (x_2 - x_1)(x_2^2 + x_2 x_1 + x_1^2) + 2(x_2 - x_1) \\
&= (x_2 - x_1)\left[\left(x_2 + \frac{1}{2}x_1\right)^2 + \frac{3}{4}x_1^2 + 2\right] > 0.
\end{aligned}$$

若 $\exists n_0 \in \mathbf{N}$, 使 $x_{n_0+1} < x_{n_0}$, 由 $f(x)$ 的严格递增性有

$$x_{n_0+1}^3 + 2x_{n_0+1} < x_{n_0}^3 + 2x_{n_0} \quad \Rightarrow \quad \frac{1}{n_0 + 1} > \frac{1}{n_0}.$$

显见矛盾. 于是数列$\{x_n\}$单调递增有上界, 必定收敛. 可记 $\lim\limits_{n \to \infty} x_n = a$.

在方程式两边同时令 $n \to \infty$, 就有 $a = 0$. 于是

$$\lim_{n \to \infty} nx_n = \lim_{n \to \infty}\left(-\frac{1}{x_n^3 + 2}\right) = -\frac{1}{2}.$$

更好的方法是: 对 $\forall n \in \mathbf{N}$, 显见有 $x_n < 0$. 于是由

$$2x_n = -\frac{1}{n} - x_n^3 > -\frac{1}{n} \quad \Rightarrow \quad -\frac{1}{2n} < x_n < 0, \quad n \in \mathbf{N},$$

由此立得 $\lim\limits_{n \to \infty} x_n = 0$. 从而

$$\lim_{n \to \infty} nx_n = \lim_{n \to \infty}\left(-\frac{1}{x_n^3 + 2}\right) = -\frac{1}{2}.$$

1.2 确界与确界原理

1.2.1 概念辨析与问题讨论

1. 关于上、下确界的两个重要命题.

命题 1.2.1 单调有界数列必收敛. 且若数列$\{x_n\}$为单调递增有上界时, 有

$$\lim_{n \to \infty} x_n = \sup\{x_n\}.$$

若数列$\{x_n\}$为单调递减有下界时, 有

$$\lim_{n \to \infty} x_n = \inf\{x_n\}.$$

命题 1.2.2 设数集 $E \subset \mathbf{R}$, $\beta \notin E$. 则 $\beta = \sup E$ 的充要条件是

(i) 对 $\forall x \in E$, 有 $\beta > x$;

(ii) E 中存在严格递增数列 $\{x_n\}$，使 $\lim\limits_{n\to\infty} x_n = \beta$.

前一个命题即是单调有界定理，在上一节中已指出它在证明数列极限存在性方面有广泛的应用. 该命题的证明在一般分析教材中都能找到，我们不再赘述，这里只说明后一个命题.

先说明充分性. 由条件可知 $\forall x \in E$，有 $x < \beta$. 又因为数列 $\{x_n\}$ 严格递增且 $\lim\limits_{n\to\infty} x_n = \beta$，故 $\forall \varepsilon > 0$，$\exists N \in \mathbf{N}$，使得 $\forall n \geqslant N$ 有

$$| x_n - \beta | < \varepsilon \quad \Rightarrow \quad x_n > \beta - \varepsilon.$$

特别地，有 $x_N > \beta - \varepsilon$，于是有 $\beta = \sup E$.

再说明必要性. 因为 $\beta = \sup E$，故 $\forall x \in E$，有 $x \leqslant \beta$. 但此式中等号不能成立，否则必有 $\beta \in E$，与条件矛盾.

现令 $\varepsilon_1 = 1$，按上确界定义可知 $\exists x_1 \in E$，使得

$$\beta - \varepsilon_1 < x_1 < \beta;$$

再令 $\varepsilon_2 = \min\left[\dfrac{1}{2}, \beta - x_1\right]$，则 $\exists x_2 \in E(x_2 > x_1)$，使得

$$\beta - \varepsilon_2 < x_2 < \beta;$$

一般地，可令 $\varepsilon_n = \min\left[\dfrac{1}{n}, \ \beta - x_{n-1}\right]$，则 $\exists x_n \in E(x_n > x_{n-1})$，使得

$$\beta - \varepsilon_n < x_n < \beta.$$

如此继续，得出 E 中严格递增数列 $\{x_n\}$，且满足

$$| x_n - \beta | < \varepsilon_n \leqslant \dfrac{1}{n} \quad \Rightarrow \quad \lim_{n\to\infty} x_n = \beta.$$

对于数集的下确界 ($\alpha \notin E$, $\alpha = \inf E$) 也有类似的命题.

值得指出，利用这两个命题的结论可以方便地计算出一些数集的上、下确界. 例如，分别计算数集

$$E_1 = \left\{ \left[1 + \frac{1}{n}\right]^n \right\}, \qquad E_2 = \{\sin x + \arctan x \mid x \in \mathbf{R}\}$$

的上确界.

对于 E_1，因已知数列 $\left\{\left[1 + \dfrac{1}{n}\right]^n\right\}$ 单调递增且 $\lim\limits_{n\to\infty}\left[1 + \dfrac{1}{n}\right]^n = \mathrm{e}$，故由命题 1.2.1 的结论有 $\sup E_1 = \mathrm{e}$.

对于 E_2，因对 $\forall x \in \mathbf{R}$，有 $\sin x + \arctan x < 1 + \dfrac{\pi}{2}$，又若取 $x_n = 2n\pi + \dfrac{1}{2}\pi$，$n \in \mathbf{N}$，则数列 $\{x_n\}$ 严格递增，且有

$$\lim_{n\to\infty}\left[\sin\left(2n\pi + \frac{1}{2}\pi\right) + \arctan\left(2n\pi + \frac{1}{2}\pi\right)\right] = 1 + \frac{\pi}{2}.$$

故由命题 1.2.2 的结论有 $\sup E_2 = 1 + \dfrac{\pi}{2}$.

2. 上、下确界的几个基本性质.

(1) 设 X, Y 均为非空有界数集, c 是常数, 定义

$$X + Y = \{ x + y \mid x \in X, y \in Y \},$$
$$- X = \{ - x \mid x \in X \},$$
$$cX = \{ cx \mid x \in X \},$$
$$XY = \{ xy \mid x \in X, y \in Y \}.$$

则有

$1°$ $\inf X + \inf Y = \inf\{ X + Y \}, \sup X + \sup Y = \sup\{ X + Y \}$;

$2°$ $\inf\{ - X \} = - \sup X, \sup\{ - X \} = - \inf X$;

$3°$ 若 $c \geqslant 0$, X 中数均非负, 则

$$c \cdot \inf X = \inf\{ cX \}, \qquad c \cdot \sup X = \sup\{ cX \};$$

$4°$ 若 X, Y 中数均非负, 则

$$\inf X \cdot \inf Y = \inf\{ XY \}, \qquad \sup X \cdot \sup Y = \sup\{ XY \};$$

$5°$ 若 $X \subset Y$, 则

$$\inf Y \leqslant \sup X \leqslant \sup Y, \qquad \inf Y \leqslant \inf X \leqslant \sup Y.$$

我们选证 $2°$ 和 $5°$. 先看 $2°$ 中的后一个等式.

记 $\inf X = \alpha$, 则 $\forall x \in X$ 有 $x \geqslant \alpha$. 又对 $\forall \varepsilon > 0, \exists x_0 \in X$, 使得

$$x_0 < \alpha + \varepsilon.$$

于是 $\forall (- x) \in - X$, 有 $- x \leqslant - \alpha$. 对上述 $\varepsilon > 0, \exists (- x_0) \in - X$, 使得

$$- x_0 > - (\alpha + \varepsilon) = - \alpha - \varepsilon.$$

按上确界定义即有 $- \alpha = \sup X$. 也即

$$- \inf X = \sup\{ - X \}.$$

我们也可以用下列方法证明这条性质.

因 $\sup\{ - X \}$ 为 $- X$ 的上确界, 故 $\forall (- x) \in - X$ 有

$$\sup\{ - X \} \geqslant - x \quad \Rightarrow \quad - \sup\{ - X \} \leqslant x.$$

上式表示 $- \sup\{ - X \}$ 为数集 X 的一个下界, 而 $\inf X$ 为 X 的最大下界, 所以有

$$- \sup\{ - X \} \leqslant \inf X \quad \Rightarrow \quad \sup\{ - X \} \geqslant - \inf X. \qquad (1.2.1)$$

另一方面, 因 $\inf X$ 为 X 的下确界, 故 $\forall x \in X$ 有

$$\inf X \leqslant x \quad \Rightarrow \quad - \inf X \geqslant - x.$$

而当 $x \in X$ 时, 有 $- x \in - X$. 故上式表示 $- \inf X$ 为数集 $- X$ 的一个上界, 又

$\sup\{-X\}$ 是 $-X$ 的最小上界,所以

$$-\inf X \geqslant \sup\{-X\}. \tag{1.2.2}$$

联立(1.2.1),(1.2.2)即有 $\sup\{-X\}=-\inf X$.

后一种证法在证明确界不等式时特别有用,可以使叙述显得十分简洁.

同理可证明另一个确界等式.

再看 5°. 我们证明 $\sup X \leqslant \sup Y$,用反证法.

记 $\sup X=\beta_1$,$\sup Y=\beta_2$. 若 $\beta_1 > \beta_2$,可令 $\varepsilon_0=\beta_1-\beta_2>0$,由上确界定义可知 $\exists\ x_0 \in X$,使得 $x_0>\beta_1-\varepsilon_0=\beta_2$. 现因 $X \subset Y$,故 $x_0 \in Y$,但由上确界定义可知必有 $x_0 \leqslant \beta_2$,从而导致矛盾.

其余几个确界不等式的证法是类似的.

(2) 设 $\{x_n\}$,$\{y_n\}$ 均为有界数列,则成立不等式

$$\inf\{x_n\}+\inf\{y_n\}\leqslant\inf\{x_n+y_n\}\leqslant\begin{cases}\inf\{x_n\}+\sup\{y_n\}\\\sup\{x_n\}+\inf\{y_n\}\end{cases}$$

$$\leqslant\sup\{x_n+y_n\}\leqslant\sup\{x_n\}+\sup\{y_n\}.$$

若 $x_n,y_n(n\in\mathbf{N})$ 均非负,则还有

$$\inf\{x_n\}\cdot\inf\{y_n\}\leqslant\inf\{x_ny_n\}\leqslant\begin{cases}\inf\{x_n\}\cdot\sup\{y_n\}\\\sup\{x_n\}\cdot\inf\{y_n\}\end{cases}$$

$$\leqslant\sup\{x_ny_n\}\leqslant\sup\{x_n\}\cdot\sup\{y_n\}.$$

我们只证明 $\inf\{x_n+y_n\}\leqslant\inf\{x_n\}+\sup\{y_n\}$. 对 $\forall\ n\in\mathbf{N}$,有

$$\inf\{x_n+y_n\}\leqslant x_n+y_n\leqslant x_n+\sup\{y_n\},$$

或即

$$\inf\{x_n+y_n\}-\sup\{y_n\}\leqslant x_n.$$

上式说明 $\inf\{x_n+y_n\}-\sup\{y_n\}$ 是数列 $\{x_n\}$ 的一个下界,而 $\inf\{x_n\}$ 是 $\{x_n\}$ 的最大下界,故有

$$\inf\{x_n+y_n\}-\sup\{y_n\}\leqslant\inf\{x_n\},$$

移项即得证.

1.2.2 解题分析

例 1.2.1 设 $f(x)$ 为 $[a,b]$ 上的有界函数,称

$$w=\sup_{x\in[a,b]}\{f(x)\}-\inf_{x\in[a,b]}\{f(x)\}$$

为 $f(x)$ 在 $[a,b]$ 上的振幅,证明 $w=\sup\limits_{x,y\in[a,b]}\{|f(x)-f(y)|\}$.

分析 应证明

$$\sup_{x\in[a,b]}\{f(x)\} - \inf_{x\in[a,b]}\{f(x)\} \leqslant \sup_{x,y\in[a,b]}\{|f(x)-f(y)|\}$$

$$\leqslant \sup_{x\in[a,b]}\{f(x)\} - \inf_{x\in[a,b]}\{f(x)\}.$$

右端的不等式是容易得出的,对左端的不等式则可利用上、下确界的基本性质推证.

证明 因对 $\forall\, x,y\in[a,b]$,有

$$|f(x)-f(y)| \leqslant \sup_{x\in[a,b]}\{f(x)\} - \inf_{x\in[a,b]}\{f(x)\},$$

从而

$$\sup_{x,y\in[a,b]}\{|f(x)-f(y)|\} \leqslant \sup_{x\in[a,b]}\{f(x)\} - \inf_{x\in[a,b]}\{f(x)\}. \quad (1.2.3)$$

另一方面,由上、下确界基本性质又有

$$\sup_{x,y\in[a,b]}\{|f(x)-f(y)|\} \geqslant \sup_{x,y\in[a,b]}\{f(x)-f(y)\}$$

$$= \sup_{x\in[a,b]}\{f(x)\} + \sup_{y\in[a,b]}\{-f(y)\}$$

$$= \sup_{x\in[a,b]}\{f(x)\} - \inf_{y\in[a,b]}\{f(y)\}, \quad (1.2.4)$$

将(1.2.3),(1.2.4)联立即得证.

例 1.2.2 设数列 $\{x_n\}$ 收敛,证明 $\{x_n\}$ 的上、下确界中至少可达到一个.

证明 若 $\{x_n\}$ 为常数列,结论显然是成立的;若 $\{x_n\}$ 不为常数列,因收敛数列必有界,故其上、下确界均存在且有限,可记

$$\inf\{x_n\} = \alpha, \qquad \sup\{x_n\} = \beta.$$

再令 $\lim\limits_{n\to\infty} x_n = x_0$,则有 $\alpha \leqslant x_0 \leqslant \beta$.

若 $\alpha < x_0 < \beta$,取充分小的 $\varepsilon_0 > 0$,使 $\alpha, \beta \notin U(x_0,\varepsilon_0)$. 由极限定义 $\exists\, N\in \mathbf{N}$,使得 $\forall\, n>N$ 有 $x_n\in U(x_0,\varepsilon_0)$,从而 $U(x_0,\varepsilon_0)$ 外只含有数列 $\{x_n\}$ 中至多有限项,此时必有

$$\min_{1\leqslant k\leqslant N}\{x_k\} = \alpha, \qquad \max_{1\leqslant k\leqslant N}\{x_k\} = \beta.$$

否则与上、下确界的定义不合. 从而此时数列 $\{x_n\}$ 同时达到上、下确界.

若 $x_0 = \alpha$(或 $x_0 = \beta$),同样可证数列 $\{x_n\}$ 必可达到其上确界(或下确界).

例 1.2.3 设非负数集 E 满足下列条件:

(i) $\sup E = \beta < 1$;

(ii) $\forall\, x,y\in E$,当 $x < y$ 时有 $\dfrac{x}{y}\in E$.

证明必有 $\beta\in E$.

分析 考虑用反证法. 若 $\beta\notin E$,则 E 中存在严格递增数列 $\{x_n\}$,使 $\lim\limits_{n\to\infty} x_n =$

β, 因此有 $\dfrac{x_n}{x_{n+1}} \in E$, $\forall\, n \in \mathbf{N}$. 在适当选取 ε_0 后, 设法利用确界定义证明 $\exists\, N \in \mathbf{N}$, 使 $\dfrac{x_N}{x_{N+1}} > \beta$. 从而导致矛盾.

证明　用反证法. 若 $\beta \notin E$, 则 $\exists\, \{x_n\} \subset E$ 严格递增且有 $\lim\limits_{n \to \infty} x_n = \beta$.

由假设条件应有 $0 < \beta < 1$, 故 $\beta^2 < \beta$. 令 $0 < \varepsilon_0 < \beta - \beta^2$, 则 $\dfrac{\beta - \varepsilon_0}{\beta} > \beta$. 又由极限定义及上确界定义可知, 对上述 $\varepsilon_0 > 0$, $\exists\, N \in \mathbf{N}$, 使得 $\forall\, n \geqslant N$ 有

$$\beta - \varepsilon_0 < x_n < \beta \quad \Rightarrow \quad y \triangleq \frac{x_N}{x_{N+1}} > \frac{\beta - \varepsilon_0}{\beta} > \beta.$$

而由条件 (ii) 应有 $y \in E$, 从而 $y < \beta$, 推出矛盾.

例 1.2.4　设 $f(x)$ 是定义在 $X \subset \mathbf{R}$ 上的周期函数, 定义数集

$$E = \{ T \mid T > 0 \text{ 为 } f(x) \text{ 的周期} \}.$$

证明或者有 $\inf E = 0$, 或者有 $\inf E \in E$.

分析　仍考虑用反证法. 若 $\alpha = \inf E > 0$ 且 $\alpha \notin E$, 则 E 中存在严格递减数列 $\{T_n\}$, 使 $\lim\limits_{n \to \infty} T_n = \alpha$. 从而 $\exists\, T_{n_1} \in E$, 使得 $\alpha < T_{n_1} < 2\alpha$, 又 $\exists\, T_{n_2} \in E$, 使得

$$\alpha < T_{n_2} < T_{n_1} \quad \Rightarrow \quad 0 < T_{n_1} - T_{n_2} < \alpha.$$

剩下的只要证明 $(T_{n_1} - T_{n_2}) \in E$ 即可推出矛盾.

例 1.2.5　设数列 $\{x_n\}$ 满足条件

$$0 \leqslant x_{n+m} \leqslant x_n + x_m, \quad \forall\, n, m \in \mathbf{N},$$

证明数列 $\{x_n\}$ 收敛.

证明　由条件 $\forall\, n \in \mathbf{N}$, 有

$$0 \leqslant x_n \leqslant x_1 + x_{n-1} \leqslant \cdots \leqslant n x_1 \quad \Rightarrow \quad 0 \leqslant \frac{x_n}{n} \leqslant x_1,$$

故数列 $\left\{ \dfrac{x_n}{n} \right\}$ 非空有界, 必有下确界, 记为 $\alpha = \inf\left\{ \dfrac{x_n}{n} \right\}$.

往证 $\lim\limits_{n \to \infty} \dfrac{x_n}{n} = \alpha$. 对 $\forall\, \varepsilon > 0$, $\exists\, N_0 \in \mathbf{N}$, 使得 $\alpha \leqslant \dfrac{x_{N_0}}{N_0} < \alpha + \varepsilon$, 而对 $\forall\, n > N_0$, 可记 $n = q N_0 + r$, 其中 $q \in \mathbf{N}$, $r = 0, 1 \cdots, N_0 - 1$. 于是有

$$\frac{x_n}{n} = \frac{x_{q N_0 + r}}{q N_0 + r} \leqslant \frac{q x_{N_0} + x_r}{q N_0 + r} = \frac{x_{N_0}}{N_0} \cdot \frac{q N_0}{q N_0 + r} + \frac{x_r}{n}$$

$$\leqslant \frac{x_{N_0}}{N_0} + \frac{x_r}{n} < \alpha + \varepsilon + \frac{x_r}{n}.$$

因 $\lim\limits_{n\to\infty}\dfrac{x_r}{n}=0$,故对上述 $\varepsilon>0$,$\exists N_1\in\mathbf{N}$,使得 $\forall n>N_1$ 有 $\dfrac{x_r}{n}<\varepsilon$. 取 $N=\max(N_0,N_1)$,就有

$$\alpha\leqslant\frac{x_n}{n}<\alpha+2\varepsilon,\quad\forall n>N,$$

也即有 $\lim\limits_{n\to\infty}\dfrac{x_n}{n}=\alpha$.

读者不难仿照此例的证明思想解决下列问题.

(1) 设数列 $\{x_n\}$ 满足条件

$$0\leqslant x_{n+m}\leqslant x_n x_m,\quad\forall n,m\in\mathbf{N},$$

则数列 $\{\sqrt[n]{x_n}\}$ 收敛.

(2) 设数列 $\{x_n\}$ 满足条件

$$x_n+x_m-1\leqslant x_{n+m}\leqslant x_n+x_m+1,\quad\forall n,m\in\mathbf{N},$$

则数列 $\left\{\dfrac{x_n}{n}\right\}$ 收敛.

顺便指出,若利用上、下极限的工具,则可避免使用 ε 语言的麻烦叙述,从而将此例的证明过程写得较为简洁(见 2.2.2.3 节).

在 1.7 节及 2.1 节中,我们还将着重介绍用确界原理证明问题的思想与方法.

1.3 Stolz 定理及其应用

Stolz 定理在处理 $\dfrac{0}{0}$ 型及 $\dfrac{\infty}{\infty}$ 型数列极限时有很重要的应用,但一般的数学分析教材中对这一定理介绍不多,故在此做一补充.

1.3.1 基本定理

定理 1.3.1 $\left[\text{Stolz 定理},\dfrac{0}{0}\text{型}\right]$ 设数列 $\{y_n\}$ 严格递减,且

$$\lim_{n\to\infty}x_n=\lim_{n\to\infty}y_n=0,$$

则当 $\lim\limits_{n\to\infty}\dfrac{x_n-x_{n+1}}{y_n-y_{n+1}}$ 存在(有限常数或 $\pm\infty$)时,$\lim\limits_{n\to\infty}\dfrac{x_n}{y_n}$ 也存在,且

$$\lim_{n\to\infty}\frac{x_n}{y_n}=\lim_{n\to\infty}\frac{x_n-x_{n+1}}{y_n-y_{n+1}}.$$

证明 1° 设 $\lim\limits_{n\to\infty}\dfrac{x_n-x_{n+1}}{y_n-y_{n+1}}=A<+\infty$,则 $\forall\varepsilon>0$,$\exists N\in\mathbf{N}$,使得 $\forall n\geqslant N$ 有

$$\left| \frac{x_n - x_{n+1}}{y_n - y_{n+1}} - A \right| < \varepsilon \quad \Rightarrow \quad A - \varepsilon < \frac{x_n - x_{n+1}}{y_n - y_{n+1}} < A + \varepsilon.$$

因 $y_n > y_{n+1}$，$n \in \mathbf{N}$，于是当 $n \geqslant N$ 时有

$$(A - \varepsilon)(y_n - y_{n+1}) < x_n - x_{n+1} < (A + \varepsilon)(y_n - y_{n+1}),$$

$$(A - \varepsilon)(y_{n+1} - y_{n+2}) < x_{n+1} - x_{n+2} < (A + \varepsilon)(y_{n+1} - y_{n+2}),$$

$$\cdots\cdots\cdots\cdots$$

$$(A - \varepsilon)(y_{n+p-1} - y_{n+p}) < x_{n+p-1} - x_{n+p} < (A + \varepsilon)(y_{n+p-1} - y_{n+p}).$$

相加即得

$$(A - \varepsilon)(y_n - y_{n+p}) < x_n - x_{n+p} < (A + \varepsilon)(y_n - y_{n+p}).$$

令 $p \to \infty$，由条件 $\lim\limits_{p \to \infty} x_{n+p} = \lim\limits_{p \to \infty} y_{n+p} = 0$，于是对 $\forall\, n \in \mathbf{N}$，有

$$(A - \varepsilon)y_n \leqslant x_n \leqslant (A + \varepsilon)y_n.$$

显见 $y_n > 0$，$n \in \mathbf{N}$，故又有

$$A - \varepsilon \leqslant \frac{x_n}{y_n} \leqslant A + \varepsilon.$$

由此即得 $\lim\limits_{n \to \infty} \dfrac{x_n}{y_n} = A$.

2° 设 $\lim\limits_{n \to \infty} \dfrac{x_n - x_{n+1}}{y_n - y_{n+1}} = +\infty$，则 $\forall\, G > 0$，$\exists\, N \in \mathbf{N}$，使得 $\forall\, n > N$ 有

$$\frac{x_n - x_{n+1}}{y_n - y_{n+1}} > G \quad \Rightarrow \quad x_n - x_{n+1} > G(y_n - y_{n+1}).$$

以下证明步骤与 1° 相同，读者可自行补全.

$\lim\limits_{n \to \infty} \dfrac{x_n - x_{n+1}}{y_n - y_{n+1}} = -\infty$ 的情况与 2° 类似，不再赘述.

定理 1.3.2（Stolz 定理，$\dfrac{\infty}{\infty}$ 型）　设数列 $\{y_n\}$ 严格递增，且

$$\lim\limits_{n \to \infty} y_n = +\infty,$$

则当 $\lim\limits_{n \to \infty} \dfrac{x_{n+1} - x_n}{y_{n+1} - y_n}$ 存在（有限常数或 $\pm\infty$）时，$\lim\limits_{n \to \infty} \dfrac{x_n}{y_n}$ 也存在，且

$$\lim\limits_{n \to \infty} \frac{x_n}{y_n} = \lim\limits_{n \to \infty} \frac{x_{n+1} - x_n}{y_{n+1} - y_n}.$$

证明　1° 设 $\lim\limits_{n \to \infty} \dfrac{x_{n+1} - x_n}{y_{n+1} - y_n} = 0$，则 $\forall\, \varepsilon > 0$，$\exists\, N_1 \in \mathbf{N}$，使得 $\forall\, n > N_1$ 有

$$\left| x_{n+1} - x_n \right| < \varepsilon(y_{n+1} - y_n).$$

注意到 $\lim\limits_{n\to\infty} y_n = +\infty$, 因此可假定有 $y_{N_1} > 0$. 于是

$$| x_{n+1} - x_{N_1} | \leqslant | x_{n+1} - x_n | + | x_n - x_{n-1} | + \cdots + | x_{N_1+1} - x_{N_1} |$$

$$< \varepsilon(y_{n+1} - y_n) + \varepsilon(y_n - y_{n-1}) + \cdots + \varepsilon(y_{N_1+1} - y_{N_1})$$

$$= \varepsilon(y_{n+1} - y_{N_1}).$$

而

$$\frac{x_{n+1}}{y_{n+1}} = \frac{x_{n+1} - x_{N_1}}{y_{n+1} - y_{N_1}} \cdot \frac{y_{n+1} - y_{N_1}}{y_{n+1}} + \frac{x_{N_1}}{y_{n+1}},$$

对上述 $\varepsilon > 0$, $\exists N > N_1$, 使得 $\forall n > N$ 有 $\left| \dfrac{x_{N_1}}{y_{n+1}} \right| < \varepsilon$. 从而有

$$\left| \frac{x_{n+1}}{y_{n+1}} \right| \leqslant \left| \frac{x_{n+1} - x_{N_1}}{y_{n+1} - y_{N_1}} \right| \left(1 - \frac{y_{N_1}}{y_{n+1}} \right) + \left| \frac{x_{N_1}}{y_{n+1}} \right| < \left| \frac{x_{n+1} - x_{N_1}}{y_{n+1} - y_{N_1}} \right| + \left| \frac{x_{N_1}}{y_{n+1}} \right|$$

$$< \varepsilon + \varepsilon = 2\varepsilon.$$

由此即得 $\lim\limits_{n\to\infty} \dfrac{x_n}{y_n} = 0$.

$2°$ 设 $\lim\limits_{n\to\infty} \dfrac{x_{n+1} - x_n}{y_{n+1} - y_n} = A < +\infty$ ($A \neq 0$). 若令 $x'_n = x_n - Ay_n$, $n \in \mathbf{N}$, 则有

$$\lim\limits_{n\to\infty} \frac{x'_{n+1} - x'_n}{y_{n+1} - y_n} = \lim\limits_{n\to\infty} \left(\frac{x_{n+1} - x_n}{y_{n+1} - y_n} - A \right) = A - A = 0.$$

从而由 $\lim\limits_{n\to\infty} \dfrac{x'_n}{y_n} = 0$ 得出

$$\lim\limits_{n\to\infty} \frac{x_n}{y_n} = \lim\limits_{n\to\infty} \left(\frac{x'_n}{y_n} + A \right) = A.$$

$3°$ 设 $\lim\limits_{n\to\infty} \dfrac{x_{n+1} - x_n}{y_{n+1} - y_n} = +\infty$, 则必 $\exists N \in \mathbf{N}$, 使得 $\forall n > N$ 有 $x_{n+1} - x_n > y_{n+1} - y_n > 0$, 可见 $\{ x_n \}$ 也是严格递增数列. 再由 $x_n - x_N > y_n - y_N$ 可知必有 $\lim\limits_{n\to\infty} x_n = +\infty$. 由此可知

$$\lim\limits_{n\to\infty} \frac{y_n}{x_n} = \lim\limits_{n\to\infty} \frac{y_n - y_{n-1}}{x_n - x_{n-1}} = 0 \quad \Rightarrow \quad \lim\limits_{n\to\infty} \frac{x_n}{y_n} = +\infty.$$

$\lim\limits_{n\to\infty} \dfrac{x_{n+1} - x_n}{y_{n+1} - y_n} = -\infty$ 的情况与 $3°$ 类似, 不再赘述.

在上述 Stolz 定理中, 条件要求 $\lim\limits_{n\to\infty} \dfrac{x_{n+1} - x_n}{y_{n+1} - y_n}$ 存在, 其极限值可以是有限常数

或 $\pm\infty$, 但若是 $\lim\limits_{n\to\infty}\dfrac{x_{n+1}-x_n}{y_{n+1}-y_n}=\infty$, 一般推不出 $\lim\limits_{n\to\infty}\dfrac{x_n}{y_n}=\infty$.

以定理 1.3.2 为例, 我们取 $x_n=(-1)^{n-1}n$, $y_n=n$, $n\in\mathbf{N}$. 此时有 $\lim\limits_{n\to\infty}\dfrac{x_{n+1}-x_n}{y_{n+1}-y_n}=\infty$, 但数列 $\left\{\dfrac{x_n}{y_n}\right\}$ 为

$$1,-1,1,-1,\cdots,1,-1,\cdots$$

显见 $\lim\limits_{n\to\infty}\dfrac{x_n}{y_n}$ 不存在.

在应用 Stolz 定理时, 还要注意定理的条件虽然充分但却并不必要. 换句话说, 若 $\lim\limits_{n\to\infty}\dfrac{x_{n+1}-x_n}{y_{n+1}-y_n}$ 不存在, 并不表示 $\lim\limits_{n\to\infty}\dfrac{x_n}{y_n}$ 也不存在. 考虑如下的反例, 取

$$x_n=1-2+3-4+\cdots+(-1)^{n-1}n,\qquad y_n=n^2,\qquad n\in\mathbf{N}.$$

读者可自行验证 $\lim\limits_{n\to\infty}\dfrac{x_{n+1}-x_n}{y_{n+1}-y_n}$ 不存在, 但却有 $\lim\limits_{n\to\infty}\dfrac{x_n}{y_n}=0$.

1.3.2 应用举例

例 1.3.1 计算极限

(1) $\lim\limits_{n\to\infty}\dfrac{\sqrt{1}+\sqrt{2}+\cdots+\sqrt{n}}{n\sqrt{n}}$;   (2) $\lim\limits_{n\to\infty}\dfrac{1^p+2^p+\cdots+n^p}{n^{p+1}}$ ($p\in\mathbf{N}$).

分析 (1) 可令 $x_n=\sqrt{1}+\sqrt{2}+\cdots+\sqrt{n}$, $y_n=n\sqrt{n}$, $n\in\mathbf{N}$, 则 $\{y_n\}$ 严格递增且 $\lim\limits_{n\to\infty}y_n=+\infty$. 由定理 1.3.2 有

$$\text{原式}=\lim_{n\to\infty}\frac{x_n}{y_n}=\lim_{n\to\infty}\frac{x_{n+1}-x_n}{y_{n+1}-y_n}=\lim_{n\to\infty}\frac{\sqrt{n+1}}{(n+1)\sqrt{n+1}-n\sqrt{n}}$$

$$=\lim_{n\to\infty}\frac{\sqrt{n+1}\,[(n+1)\sqrt{n+1}+n\sqrt{n}]}{(n+1)^3-n^3}$$

$$=\lim_{n\to\infty}\frac{(n+1)^2+n\sqrt{n(n+1)}}{3n^2+3n+1}=\frac{3}{2}.$$

(2) 可令 $x_n=1^p+2^p+\cdots+n^p$, $y_n=n^{p+1}$, $n\in\mathbf{N}$, 用定理 1.3.2 类似可计算得出极限值为 $\dfrac{1}{p+1}$ ($p\in\mathbf{N}$).

一些以前要利用不等式缩放技巧并按定义证明的极限问题, 现在也可以借助于 Stolz 定理简单地处理.

例 1.3.2 证明

(1) $\lim\limits_{n\to\infty}\dfrac{\ln n}{n}=0$; (2) $\lim\limits_{n\to\infty}\dfrac{n^k}{a^n}=0$ ($a>1$, $k\in\mathbf{N}$).

分析 对前一个极限只要直接用定理 1.3.2;对后一个极限可连续使用 Stolz 定理 k 次,直到分子成为常数项.

下面进一步介绍 Stolz 定理的应用.

例 1.3.3 设 $\{x_n\}$ 为正数列,且 $\lim\limits_{n\to\infty}x_n=a$,证明

$$\lim_{n\to\infty}(x_n+\lambda x_{n-1}+\lambda^2 x_{n-2}+\cdots+\lambda^n x_0)=\frac{a}{1-\lambda}\quad(0<\lambda<1).$$

证明 为方便使用 Stolz 定理,先令 $\dfrac{1}{\lambda}=p>1$,则数列 $\{p^n\}$ 严格递增,且 $\lim\limits_{n\to\infty}p^n=+\infty$. 于是由定理 1.3.2 有

$$原式=\lim_{n\to\infty}\frac{x_0+px_1+p^2 x_2+\cdots+p^n x_n}{p^n}=\lim_{n\to\infty}\frac{p^{n+1}\cdot x_{n+1}}{p^{n+1}-p^n}$$

$$=\frac{p}{p-1}\lim_{n\to\infty}x_{n+1}=\frac{p}{p-1}\,a=\frac{a}{1-\lambda}.$$

例 1.3.4 设 $A_n=\sum\limits_{k=1}^{n}x_k$,且 $\lim\limits_{n\to\infty}A_n$ 存在,$\{p_n\}$ 为单调递增的正数列,$\lim\limits_{n\to\infty}p_n=+\infty$. 证明

$$\lim_{n\to\infty}\frac{p_1 x_1+p_2 x_2+\cdots+p_n x_n}{p_n}=0.$$

分析 可先作代换 $x_k=A_k-A_{k-1}$,$k=1,2,\cdots,n$,再用 Stolz 定理.

例 1.3.5 设 $0<x_1<1$,$x_{n+1}=x_n(1-x_n)$,$n\in\mathbf{N}$. 证明 $\lim\limits_{n\to\infty}nx_n=1$.

分析 应先证明数列 $\{x_n\}$ 严格递减且有下界,由此即可得出 $\lim\limits_{n\to\infty}x_n=0$. 再用 Stolz 定理计算 $\lim\limits_{n\to\infty}nx_n$. 我们只说明后一部分.

因 $\{x_n\}$ 严格递减趋于 0,故 $\left\{\dfrac{1}{x_n}\right\}$ 严格递增趋于 $+\infty$. 于是由 Stolz 定理有

$$\lim_{n\to\infty}nx_n=\lim_{n\to\infty}\frac{n}{\dfrac{1}{x_n}}=\lim_{n\to\infty}\frac{1}{\dfrac{1}{x_{n+1}}-\dfrac{1}{x_n}}=\lim_{n\to\infty}\frac{x_{n+1}\,x_n}{x_n-x_{n+1}}$$

$$=\lim_{n\to\infty}\frac{x_{n+1}\,x_n}{x_n^2}=\lim_{n\to\infty}\frac{x_n(1-x_n)}{x_n}$$

$$=\lim_{n\to\infty}(1-x_n)=1.$$

注 我们用 Stolz 定理重证例 1.1.9.设数列 $\{b_n\}$ 非负递减,且 $\lim\limits_{n\to\infty}b_n=b$. 设

$$a_{n,k}=\frac{2^k}{2^{n+1}-1},\quad k=0,1,2,\cdots,n;\ n=0,1,2,\cdots$$

$$S_n = a_{n,0} b_0 + a_{n,1} b_1 + \cdots + a_{n,n} b_n.$$

证明 $\lim\limits_{n\to\infty} S_n = b$.

证明　将 S_n 改写为

$$S_n = \frac{b_0 + 2 b_1 + \cdots + 2^n b_n}{2^{n+1} - 1}, \quad n \in \mathbf{N}.$$

令 $x_n = b_0 + 2 b_1 + \cdots + 2^n b_n$, $y_n = 2^{n+1} - 1$, $n \in \mathbf{N}$. 显见 $\{y_n\}$ 严格递增趋 $+\infty$. 由定理 1.3.2 即有

$$\lim_{n\to\infty} S_n = \lim_{n\to\infty} \frac{x_n}{y_n} = \lim_{n\to\infty} \frac{x_{n+1} - x_n}{y_{n+1} - y_n}$$

$$= \lim_{n\to\infty} \frac{2^{n+1} b_{n+1}}{2^{n+2} - 2^{n+1}} = \lim_{n\to\infty} b_{n+1}$$

$$= b.$$

1.4　函　数　极　限

1.4.1　概念辨析与问题讨论

1. 在函数极限 $\lim\limits_{x\to x_0} f(x)$ 的定义中, 为什么要限定 $x \neq x_0$?

函数 $f(x)$ 在 $x \to x_0$ 时有极限 A, 这一定义式用 ε-δ 语言可叙述为

$\forall \varepsilon > 0$, $\exists \delta > 0$, 使得 $\forall x(0 < |x - x_0| < \delta)$ 有 $|f(x) - A| < \varepsilon$.

上面的叙述形式上与数列极限 $\lim\limits_{n\to\infty} x_n = a$ 的 ε-N 语言叙述有许多类似之处, 它们都反映了当一个变量(n 或 x)在以某种确定的方式($n \to \infty$ 或 $x \to x_0$)变化时, 所对应的另一个变量(数列或函数)对某一常数具有无限趋向性. 但在函数极限定义中更强调了 $f(x)$ 在 $x \to x_0$ 时的极限值与 $f(x)$ 在点 x_0 处的取值无关, 也即要排除 $x = x_0$ 的情况.

这是因为有些函数 $f(x)$ 在 $x \to x_0$ 时可以趋于某一常数 A, 但 $f(x_0) \neq A$. 例如函数

$$f(x) = \begin{cases} 1, & x \neq 0, \\ 0, & x = 0. \end{cases}$$

当 $x \to 0$ 时明显有 $f(x) \to 1$, 但 $f(0) = 0 \neq 1$. 此外, 也有些函数 $f(x)$ 在点 x_0 处并无定义, 但当 $x \to x_0$ 时 $f(x)$ 却有确定的极限值. 例如函数 $f(x) = x\sin\frac{1}{x}$ 在 $x = 0$ 处无定义, 但当 $x \to 0$ 时却有 $f(x) \to 0$.

由此可见, 如果不限定 $x \neq x_0$(或者换句话说是将函数极限定义式中的

"$0<|x-x_0|<\delta$"改为"$|x-x_0|<\delta$"),上面所说的这两个函数都将因为不符合定义而认为它们在 $x\to 0$ 时不存在极限,这显然不合理,也将使函数极限定义失去数学定义应有的普适性.

2. 函数极限 $\lim\limits_{x\to x_0}f(x)=A$ 的定义能否改成如下形式:

$\forall\varepsilon>0,\exists\delta>0$,使得 $\forall x(0<|x-x_0|<\varepsilon\delta)$ 有 $|f(x)-A|<\varepsilon$,

或者

$\forall\varepsilon>0,\exists\delta>0$,使得 $\forall x(0<|x-x_0|<\delta)$ 有 $|f(x)-A|<\varepsilon\delta$.

前一个叙述可以作为极限 $\lim\limits_{x\to x_0}f(x)=A$ 的等价定义.先看必要性.若考虑 $\forall\varepsilon(0<\varepsilon<1)$,则总有 $0<\varepsilon\delta<\delta$;再看充分性.对 $\forall\varepsilon>0$,可取 $\delta'=\varepsilon\delta>0$,则当 $0<|x-x_0|<\delta'$ 时,就有 $|f(x)-A|<\varepsilon$.

不过应该说明这一等价定义的实际应用价值并不大,更多地是用于帮助对基本概念的分析与思考.

后一个叙述则不能作为等价定义.考虑函数

$$f(x)=\begin{cases}1, & x\text{ 为有理数},\\ 0, & x\text{ 为无理数}.\end{cases}$$

显见对 $\forall x_0\in\mathbf{R}$,$\lim\limits_{x\to x_0}f(x)$ 均不存在.但若记 $A=0$,对 $\forall\varepsilon>0$,只要取 $\delta=\dfrac{2}{\varepsilon}>0$,则 $\varepsilon\delta=2$,从而当 $0<|x-x_0|<\delta$ 时,总有

$$|f(x)-A|=|f(x)|\leqslant 1<\varepsilon\delta.$$

3. 若 f,g 为可复合函数,且 $\lim\limits_{u\to u_0}f(u)=A$,$\lim\limits_{x\to x_0}g(x)=u_0$,是否必定有 $\lim\limits_{x\to x_0}f(g(x))=A$?

这一断语未必成立.反例是函数

$$f(u)=\begin{cases}1, & u\neq 0,\\ 0, & u=0,\end{cases}\qquad g(x)=x\sin\frac{1}{x},\ x\neq 0,$$

则有 $\lim\limits_{u\to 0}f(u)=1$,$\lim\limits_{x\to 0}g(x)=0$.但是

$$f(g(x))=\begin{cases}1, & x\neq 0,\ x\neq\dfrac{1}{n\pi},\\ 0, & x=\dfrac{1}{n\pi},n=\pm 1,\pm 2,\cdots\end{cases}$$

在 $x\to 0$ 时极限不存在.

这里要说明的是上述反例的构造思想.如前面所说,在函数极限 $\lim\limits_{u\to u_0}f(u)=A$ 的定义中,我们只考虑 $f(u)$ 在 $u\to u_0$ 时的变化趋势,而不考虑 $f(u)$ 在点 u_0 处的取值情

况. 构造上述反例正是利用了这一点(此例中 $u_0 = 0$, $x_0 = 0$). 注意到内函数 $g(x) = x\sin\dfrac{1}{x}$ 在 $x \to 0$ 时可以无穷多次取到 0, 于是外函数 $f(u)$ 在 $u \to 0$ 时可以无穷多次成为 $f(0)$, 但 $f(0)$ 取值又不同于 $\lim\limits_{u \to 0} f(u)$ 的取值, 从而导致 $\lim\limits_{x \to x_0} f(g(x))$ 不存在.

出于同一思想, 我们还可以构造出其他的反例. 例如考虑函数

$$f(u) = \begin{cases} 1, & u \neq 0, \\ 0, & u = 0, \end{cases} \qquad g(x) = \begin{cases} \dfrac{1}{q}, & x = \dfrac{p}{q}(p, q \text{ 为互质整数}), \\ 0, & x \text{ 为无理数}. \end{cases}$$

同样可以验证 $\lim\limits_{u \to 0} f(u)$, $\lim\limits_{x \to 0} g(x)$ 均存在, 但 $\lim\limits_{x \to 0} f(g(x))$ 不存在.

自然要问: 需要添加什么条件, 才能保证复合函数极限 $\lim\limits_{x \to x_0} f(g(x))$ 存在? 一般性的结论是: 若 $\lim\limits_{u \to u_0} f(u) = A$, $\lim\limits_{x \to x_0} g(x) = u_0$, 且在点 x_0 的某邻域内 $g(x) \neq u_0$ ($x \neq x_0$), 则有 $\lim\limits_{x \to x_0} f(g(x)) = A$.

相关证明请看下一问题.

4. 关于函数极限的 Heine 归结原理.

我们以 $x \to x_0$ 的极限过程为例说明.

定理 1.4.1(Heine 归结原理)　函数极限 $\lim\limits_{x \to x_0} f(x)$ 存在的充要条件是: $\forall \{x_n\}$ ($x_n \to x_0$, $x_n \neq x_0$, $n \in \mathbf{N}$), 相应函数列极限 $\lim\limits_{n \to \infty} f(x_n)$ 都存在且相等.

首先指出, Heine 归结原理中的充分性条件可以减弱. 只须要求“$\lim\limits_{n \to \infty} f(x_n)$ 都存在”, 则 $\lim\limits_{n \to \infty} f(x_n)$ 必定都相等. 这可以用反证法证明. 倘若不然, 不妨设有两数列 $\{x_n^{(1)}\}$, $\{x_n^{(2)}\}$, 满足

$$x_n^{(1)} \to x_0, \qquad x_n^{(2)} \to x_0 \quad (n \to \infty) \quad (x_n^{(1)}, x_n^{(2)} \neq x_0, n \in \mathbf{N}),$$

但有

$$\lim_{n \to \infty} f(x_n^{(1)}) = A_1, \qquad \lim_{n \to \infty} f(x_n^{(2)}) = A_2 \quad (A_1 \neq A_2).$$

现构造新数列 $\{x_n\}$ 为

$$x_1^{(1)}, x_1^{(2)}, x_2^{(1)}, x_2^{(2)}, \cdots, x_n^{(1)}, x_n^{(2)}, \cdots$$

则有 $x_n \to x_0$ ($n \to \infty$), 且 $x_n \neq x_0$ ($n \in \mathbf{N}$). 但相应函数列 $\{f(x_n)\}$ 的奇偶子列 $\{f(x_n^{(1)})\}$ 与 $\{f(x_n^{(2)})\}$ 分别趋于两个不同的极限值 A_1, A_2, 故 $\lim\limits_{n \to \infty} f(x_n)$ 不存在, 这与已知条件是矛盾的.

其次, Heine 归结原理揭示了离散变量(数列)与连续变量(函数)之间的内在关系, 说明在一定条件下函数极限与数列极限可以相互转化. 因此, 利用定理必要性的逆否命题, 可以方便地验证某些函数极限不存在; 而利用定理的充分性, 又可

以借用数列极限的现成结果来论证函数极限问题.

我们举两个例子说明.

定理 1.4.2(复合函数的极限) 若 $\lim\limits_{u\to u_0} f(u)=A$, $\lim\limits_{x\to x_0} g(x)=u_0$ 且在点 x_0 的某邻域内 $g(x)\neq u_0(x\neq x_0)$,则有 $\lim\limits_{x\to x_0} f(g(x))=A$.

考虑 $\forall\{x_n\}(x_n\to x_0,\ x_n\neq x_0,\ n\in\mathbf{N})$,由条件当 n 充分大时有

$$g(x_n)\neq u_0\quad\text{且}\quad g(x_n)\to u_0\quad(n\to\infty).$$

从而得出 $\lim\limits_{n\to\infty} f(g(x_n))=A$. 由 Heine 归结原理的充分性即有 $\lim\limits_{x\to x_0} f(g(x))=A$.

定理 1.4.3(函数极限的迫敛性定理) 若在点 x_0 的某邻域内有 $g(x)\leqslant f(x)\leqslant h(x)$,且

$$\lim\limits_{x\to x_0} g(x)=\lim\limits_{x\to x_0} h(x)=A,$$

则有 $\lim\limits_{x\to x_0} f(x)=A$.

考虑 $\forall\{x_n\}(x_n\to x_0,\ x_n\neq x_0,\ n\in\mathbf{N})$. 由条件当 n 充分大时有

$$g(x_n)\leqslant f(x_n)\leqslant h(x_n).$$

现因 $g(x)\to A, h(x)\to A(x\to x_0)$,由 Heine 归结原理必要性有

$$g(x_n)\to A,\qquad h(x_n)\to A\quad(n\to\infty).$$

利用数列极限的迫敛性定理可知应有 $\lim\limits_{n\to\infty} f(x_n)=A$,再由 Heine 归结原理充分性得出 $\lim\limits_{x\to x_0} f(x)=A$.

1.4.2 解题分析

1.4.2.1 按定义论证函数极限问题

对函数极限而言,由自变量 x 不同的变化过程(趋于有限常数或趋于无穷),相应的极限定义叙述方式也不尽相同,从而有所谓"ε-δ"论证方法(适用于 $x\to x_0$ 情况)及"ε-X"论证方法(适用于 $x\to\infty$ 情况).下面分别予以介绍.

例 1.4.1 设函数 $f(x)\geqslant 0$ 且 $\lim\limits_{x\to x_0} f(x)=A$,证明

(1) $\lim\limits_{x\to x_0}\sqrt{f(x)}=\sqrt{A}$;

(2) 若 $A>0$,则有 $\lim\limits_{x\to x_0}\dfrac{1}{f^2(x)}=\dfrac{1}{A^2}$.

分析 在前一问中,考虑

$$|\sqrt{f(x)}-\sqrt{A}|=\frac{|f(x)-A|}{\sqrt{f(x)}+\sqrt{A}}.$$

若去除分母中的变量 $\sqrt{f(x)}$,对上式进行放大,则由已知条件已明显可使用极限定义证明结论成立.但分母中余下的常数项 $\sqrt{A}$ 不能为 0,否则分式无意义,故应区分 A=0 及 A>0 两种情况讨论.

在后一问中,有

$$\left| \frac{1}{f^2(x)} - \frac{1}{A^2} \right| = \frac{|f(x)+A| \cdot |f(x)-A|}{f^2(x)A^2}.$$

为能使用极限定义,应对上式进行适当放大,使 $|f(x)-A|$ 前的乘积项(含分母部分)成为常数.这就要求在点 x_0 的某一邻域内找出 $f(x)$ 正的下界和上界,从而可将分母中的 $f(x)$ 缩小,而将分子中的 $f(x)$ 放大.

$f(x)$ 正的上、下界应从条件 $\lim\limits_{x \to x_0} f(x) = A > 0$ 中分析确定.

证明　(1) 因 $f(x) \geqslant 0$,故 $A \geqslant 0$.

若 A=0. 由条件 $\forall \varepsilon > 0$,$\exists \delta > 0$,使得 $\forall x(0 < |x-x_0| < \delta)$ 有

$$0 \leqslant f(x) < \varepsilon^2 \quad \Rightarrow \quad 0 \leqslant \sqrt{f(x)} < \varepsilon.$$

也即有 $\lim\limits_{x \to x_0} \sqrt{f(x)} = \sqrt{A} = 0$.

若 A>0,因 $\lim\limits_{x \to x_0} f(x) = A$,故 $\exists \delta_1 > 0$,使得 $\forall x(0 < |x-x_0| < \delta_1)$ 有

$$|f(x)-A| < A \quad \Rightarrow \quad 0 < f(x) < 2A.$$

仍由条件对 $\forall \varepsilon > 0$,$\exists \delta_2 > 0$,使得 $\forall x(0 < |x-x_0| < \delta_2)$ 有

$$|f(x)-A| < \sqrt{A}\varepsilon.$$

取 $\delta = \min(\delta_1, \delta_2) > 0$,则对 $\forall x(0 < |x-x_0| < \delta)$,有

$$\left| \sqrt{f(x)} - \sqrt{A} \right| = \frac{|f(x)-A|}{\sqrt{f(x)}+\sqrt{A}} \leqslant \frac{|f(x)-A|}{\sqrt{A}} < \frac{\sqrt{A}\varepsilon}{\sqrt{A}} = \varepsilon.$$

也即有 $\lim\limits_{x \to x_0} \sqrt{f(x)} = \sqrt{A}$.

(2) 由条件对 $\varepsilon_0 = \frac{A}{2} > 0$,$\exists \delta_0 > 0$,使得 $\forall x(0 < |x-x_0| < \delta_0)$ 有

$$|f(x)-A| < \frac{A}{2} \quad \Rightarrow \quad \frac{A}{2} < f(x) < \frac{3}{2}A.$$

仍由条件对 $\forall \varepsilon > 0$,$\exists \delta_1 > 0$,使得 $\forall x(0 < |x-x_0| < \delta_1)$ 有

$$|f(x)-A| < \frac{A^3}{10}\varepsilon.$$

取 $\delta = \min(\delta_0, \delta_1)$,则对 $\forall x(0 < |x-x_0| < \delta)$,有

$$\left| \frac{1}{f^2(x)} - \frac{1}{A^2} \right| = \frac{|f(x)+A| \cdot |f(x)-A|}{f^2(x)A^2}$$

$$\leqslant \frac{(\mid f(x)\mid + A)\cdot\mid f(x)-A\mid}{f^2(x)A^2}$$

$$\leqslant \frac{\frac{5}{2}A\mid f(x)-A\mid}{\frac{1}{4}A^4}=\frac{10}{A^3}\mid f(x)-A\mid < \varepsilon.$$

也即有 $\lim\limits_{x\to x_0}\dfrac{1}{f^2(x)}=\dfrac{1}{A^2}$.

例 1.4.2 设 $A_n\subset[0,1]$ 为有限数集 $(n\in\mathbf{N})$,当 $n\neq m$ 时 $A_n\bigcap A_m=\varnothing$. 定义

$$f(x)=\begin{cases}\dfrac{1}{n}, & \text{当 } x\in A_n \text{ 时}(n\in\mathbf{N}),\\[2mm]0, & \text{当 } x\in[0,1]\setminus\bigcup\limits_{n=1}^{\infty}A_n \text{ 时}.\end{cases}$$

证明对 $\forall\, x_0\in[0,1]$,有 $\lim\limits_{x\to x_0}f(x)=0$.

分析 对 $\forall\,\varepsilon>0$,要找 $\delta>0$,使当 $x\in U^\circ(x_0,\delta)$ 时,有

$$\mid f(x)-0\mid\leqslant\frac{1}{n}<\varepsilon.$$

可以这样考虑:对任意给出的 $\varepsilon>0$,能使 $\dfrac{1}{n}\geqslant\varepsilon$ 的 n 至多只有有限个,从而这样的数集 A_n 也至多只有有限个,而每个 A_n 均为有限数集,因此在 $[0,1]$ 上只有有限个数(不考虑点 x_0 本身)能使 $\mid f(x)\mid\geqslant\varepsilon$. 记这有限个数为

$$x_1,x_2,\cdots,x_m.$$

可见若要使 $x\in U^\circ(x_0,\delta)$ 时有 $\mid f(x)\mid<\varepsilon$,只要取 $\delta=\min\{\mid x_1-x_0\mid,\mid x_2-x_0\mid,\cdots,\mid x_m-x_0\mid\}$ 就行了.

用同样的思想读者不难证明:Riemann 函数 $R(x)$ 在 $[0,1]$ 上的任一点处极限存在,且极限值均为 0.

例 1.4.3 设函数 $f(x)$ 在点 x_0 的某邻域 I 内有定义,且对 $\forall\{x_n\}\subset I(x_n\to x_0,x_n\neq x_0,\ 0<\mid x_{n+1}-x_0\mid<\mid x_n-x_0\mid,\ n\in\mathbf{N})$,有 $\lim\limits_{n\to\infty}f(x_n)=A$,证明 $\lim\limits_{x\to x_0}f(x)=A$.

分析 事实上,若不考虑"$0<\mid x_{n+1}-x_0\mid<\mid x_n-x_0\mid$"这一点,上面所给出的即为 Heine 归结原理的充分条件,结论自然是成立的. 而条件"$0<\mid x_{n+1}-x_0\mid<\mid x_n-x_0\mid$"无非是说明数列 $\{x_n\}$ 中的项严格地"靠近" x_0. 证明的关键是:倘若结论不成立,我们能否构造出这样一个严格"靠近" x_0 的数列 $\{x_n\}$,使得 $\lim\limits_{n\to\infty}f(x_n)\neq A$?

1.4.2.2 证明函数极限的其他方法

前面介绍了从定义出发的函数极限论证方法. 在数学证明中,如果能借用已知定理或命题的现成结论,自然要比从定义出发论证来得方便和简洁. 函数极限证明问题中通常用到的定理和方法主要有以下几种:

Heine 归结原理;

Cauchy 收敛准则;

函数极限性质(如迫敛性等);

单侧极限,熟知的命题是

$$\lim_{x \to x_0} f(x) \text{ 存在} \Leftrightarrow \lim_{x \to x_0^-} f(x) \text{ 与} \lim_{x \to x_0^+} f(x) \text{ 均存在且相等},$$

$$\lim_{x \to \infty} f(x) \text{ 存在} \Leftrightarrow \lim_{x \to +\infty} f(x) \text{ 与} \lim_{x \to -\infty} f(x) \text{ 均存在且相等}.$$

例 1.4.4 设函数 $f(x)$ 在 $(0, +\infty)$ 上满足 $f(x^2) = f(x)$,且

$$\lim_{x \to 0^+} f(x) = \lim_{x \to +\infty} f(x) = f(1).$$

证明 $f(x) = f(1)$, $\forall x \in (0, +\infty)$.

分析 应区分 $x \in (0,1)$ 及 $x \in (1, +\infty)$ 的不同情况.

若 $x \in (0,1)$,由条件应有

$$f(x) = f(x^2) = \cdots = f(x^{2^n}), \quad n \in \mathbf{N}.$$

而 $\lim\limits_{n \to \infty} x^{2^n} = 0 (0 < x < 1)$,利用 Heine 归结原理即得

$$f(x) = \lim_{n \to \infty} f(x^{2^n}) = \lim_{x \to 0^+} f(x) = f(1).$$

若 $x \in (1, +\infty)$ 可类似处理.

例 1.4.5 设函数 $f(x)$ 在 $(0, +\infty)$ 上单调递增,且 $\lim\limits_{x \to +\infty} \dfrac{f(2x)}{f(x)} = 1$. 证明对 $\forall a > 0$ 有

$$\lim_{x \to +\infty} \frac{f(ax)}{f(x)} = 1.$$

证明 对参数 a 分情况讨论.

1° 当 $1 \leqslant a \leqslant 2$ 时,由 $f(x)$ 的单调递增性有

$$1 = \frac{f(x)}{f(x)} \leqslant \frac{f(ax)}{f(x)} \leqslant \frac{f(2x)}{f(x)} \to 1 \quad (x \to +\infty).$$

用迫敛性定理得出 $\lim\limits_{x \to +\infty} \dfrac{f(ax)}{f(x)} = 1$.

2° 当 $a > 2$ 时,先考虑 $2 < a \leqslant 4$. 因

$$\frac{f(2x)}{f(x)} \leqslant \frac{f(ax)}{f(x)} = \frac{f\left[2 \cdot \frac{a}{2}x\right]}{f\left[\frac{a}{2}x\right]} \cdot \frac{f\left[\frac{a}{2}x\right]}{f(x)},$$

注意到 $1 < \frac{a}{2} \leqslant 2$，故由 1° 的结论有 $\lim\limits_{x \to +\infty} \dfrac{f\left[\frac{a}{2}x\right]}{f(x)} = 1$. 再用迫敛性定理可知此时结论也成立.

由此不难推广到 $\forall a > 2$ 的情况.

3° 当 $0 < a < 1$ 时，$\exists n \in \mathbf{N}$，使得 $1 < 2^n a \leqslant 2$. 而

$$\frac{f(ax)}{f(x)} = \frac{f(ax)}{f(2ax)} \cdot \frac{f(2ax)}{f(2^2 ax)} \cdots \frac{f(2^n ax)}{f(x)}, \qquad (1.4.1)$$

由

$$\lim_{x \to +\infty} \frac{f(2x)}{f(x)} = 1 \quad \Rightarrow \quad \lim_{x \to +\infty} \frac{f(x)}{f(2x)} = 1,$$

仍由 1° 的结论有 $\lim\limits_{x \to +\infty} \dfrac{f(2^n ax)}{f(x)} = 1$. 在 (1.4.1) 两端令 $x \to +\infty$ 即得证.

例 1.4.6 设函数 $f(x)$ 在 $[a, b]$ 上单调递增，且 $f:[a, b] \to [f(a), f(b)]$，证明

$$\lim_{x \to x_0} f(x) = f(x_0), \quad \forall x_0 \in [a, b].$$

分析 关键是证明单调有界函数单侧极限的存在性，也即先要证明对 $\forall x_0 \in (a, b)$，

$$\lim_{x \to x_0^+} f(x) \quad \text{与} \quad \lim_{x \to x_0^-} f(x)$$

均存在 (分别记为 α 与 β)，然后再验证 $\alpha = \beta = f(x_0)$.

读者在学习了函数连续性概念后将会知道，这一结论事实上说明如果单调函数 $f(x)$ 将区间映射成区间，则 $f(x)$ 必定是区间上的连续函数.

证明 1° 由条件对 $\forall x_0 \in (a, b)$，$f(x)$ 在 $[a, x_0)$ 上有界. 由确界原理可记 $\beta = \sup\limits_{x \in [a, x_0)} \{f(x)\}$. 往证 $\lim\limits_{x \to x_0^-} f(x) = \beta$.

$\forall \varepsilon > 0$，由上确界定义可知 $\exists x_1 \in [a, x_0)$，使

$$f(x_1) > \beta - \varepsilon.$$

因 $f(x)$ 单调递增，于是 $\forall x(x_1 < x < x_0)$，均有

$$f(x) > \beta - \varepsilon.$$

令 $\delta = x_0 - x_1 > 0$，则 $\forall x(x_0 - \delta < x < x_0)$，有

$$\beta - \varepsilon < f(x) \leqslant \beta < \beta + \varepsilon,$$

也即有 $\lim\limits_{x \to x_0^-} f(x) = \beta$.

同理可证 $\lim\limits_{x \to x_0^+} f(x)$ 也存在(记为 α).

2° 再证 $\alpha = \beta = f(x_0)$. 由条件应有

$$\beta \leqslant f(x_0) \leqslant \alpha.$$

若上式中至少有一个等号不能成立,为方便计不妨设 $\beta = f(x_0) < \alpha$. 现因 $f(x)$ 单调递增,故有

$$f(x) \leqslant \beta, \quad \forall x \in [a, x_0]; \qquad f(x) \geqslant \alpha, \forall x \in (x_0, b].$$

这与条件 $f:[a,b] \to [f(a), f(b)]$ 矛盾,从而必定有

$$\lim_{x \to x_0^-} f(x) = \lim_{x \to x_0^+} f(x) = f(x_0).$$

即 $\lim\limits_{x \to x_0} f(x) = f(x_0)$.

当 $x_0 = a$ 或 $x_0 = b$ 时,可只讨论右极限或左极限.

最后介绍一个函数极限与数列极限的综合性证明问题.

例 1.4.7 设 $\lim\limits_{x \to 0} \dfrac{f(x)}{x} = 1$,又 $x_n = \sum\limits_{k=1}^{n} f\left(\dfrac{2k-1}{n^2}\right)$, $n \in \mathbf{N}$. 证明 $\lim\limits_{n \to \infty} x_n = 1$.

证明　注意到 $1 = \sum\limits_{k=1}^{n} \dfrac{2k-1}{n^2}$. 考虑

$$|x_n - 1| = \left| \sum_{k=1}^{n} f\left(\frac{2k-1}{n^2}\right) - \sum_{k=1}^{n} \frac{2k-1}{n^2} \right|$$

$$\leqslant \sum_{k=1}^{n} \left| f\left(\frac{2k-1}{n^2}\right) - \frac{2k-1}{n^2} \right| = \sum_{k=1}^{n} \left| \frac{f\left(\dfrac{2k-1}{n^2}\right)}{\dfrac{2k-1}{n^2}} - 1 \right| \cdot \frac{2k-1}{n^2},$$

只要证明 $\forall \varepsilon > 0$, $\exists N \in \mathbf{N}$,使得 $\forall n > N$ 有

$$\left| \frac{f\left(\dfrac{2k-1}{n^2}\right)}{\dfrac{2k-1}{n^2}} - 1 \right| < \varepsilon \quad \Rightarrow \quad |x_n - 1| < \sum_{k=1}^{n} \frac{2k-1}{n^2} \varepsilon = \varepsilon. \quad (1.4.2)$$

而由条件 $\lim\limits_{x \to 0} \dfrac{f(x)}{x} = 1$ 可知 $\forall \varepsilon > 0$, $\exists \delta > 0$, $\forall x(0 < |x| < \delta)$,有

$$\left| \frac{f(x)}{x} - 1 \right| < \varepsilon.$$

因此,只要令 $N = \left[\dfrac{2}{\delta}\right] + 1$,则对 $\forall n > N$ 有 $0 < \dfrac{2k-1}{n^2} < \delta$, $k = 1, 2, \cdots, n$. 此时即

有(1.4.2)成立,也即有 $\lim\limits_{n\to\infty} x_n=1$.

1.5　无穷小及其应用

1.5.1　概念辨析与问题讨论

1. 无穷小的等价代换.

在计算函数乘积或商的极限时,可以将其中任何一个因式用它的等价因式来替换.这就是熟知的无穷小等价代换命题.

命题 1.5.1　设当 $x\to x_0$ 时 $\alpha(x),\beta(x)$ 均为无穷小量,且 $\alpha(x)\sim\beta(x)$.则有

(1) $\lim\limits_{x\to x_0}\alpha(x)f(x)=\lim\limits_{x\to x_0}\beta(x)f(x)$;

(2) $\lim\limits_{x\to x_0}\dfrac{\alpha(x)f(x)}{g(x)}=\lim\limits_{x\to x_0}\dfrac{\beta(x)f(x)}{g(x)}$;

(3) $\lim\limits_{x\to x_0}\dfrac{f(x)}{\alpha(x)g(x)}=\lim\limits_{x\to x_0}\dfrac{f(x)}{\beta(x)g(x)}$.

要求所论函数在 $U^\circ(x_0)$ 内有定义,作为分母的函数在 $U^\circ(x_0)$ 内恒不为 0,且上述各式左端极限存在.

利用常见的等价关系式(当 $x\to0$ 时)

$$\sin x\sim x;\qquad \tan x\sim x;\qquad 1-\cos x\sim\frac{1}{2}x^2;$$

$$\mathrm{e}^x-1\sim x;\quad \ln(1+x)\sim x;\quad (1+x)^\lambda-1\sim\lambda x$$

可以简化某些极限问题的计算.例如

$$\lim_{x\to0}\frac{\sqrt{1+x^2}-1}{2\sin^2 x}=\lim_{x\to0}\frac{\frac{1}{2}x^2}{2x^2}=\frac{1}{4},$$

$$\lim_{x\to0}\frac{\ln^2(1+x)}{1-\cos x}=\lim_{x\to0}\frac{x^2}{\frac{1}{2}x^2}=2,$$

等等.

在用等价代换计算极限时,一般都要强调限定对"乘积因式"的等价代换,对于非乘积因式,有反例表明这样的"代换"会导致错误的结果,从而是行不通的.例如,计算极限

$$\lim_{x\to0}\frac{\sin x-\tan x+x^3}{x^3}.$$

若考虑用"等价代换",认为由 $\sin x\sim x,\tan x\sim x\,(x\to0)$,可将分子部分进行

替换,便会得出

$$原式 = \lim_{x \to 0} \frac{x - x + x^3}{x^3} = \lim_{x \to 0} \frac{x^3}{x^3} = 1.$$

但事实上按极限运算法则,我们有

$$原式 = \lim_{x \to 0}\left(1 + \frac{\sin x - \tan x}{x^3}\right) = 1 - \lim_{x \to 0} \frac{\sin x(1 - \cos x)}{x^3 \cos x}$$

$$= 1 - \lim_{x \to 0} \frac{\sin x}{x} \cdot \frac{1 - \cos x}{x^2} \cdot \frac{1}{\cos x} = 1 - \frac{1}{2} = \frac{1}{2}.$$

很显然,前一种计算方法是错误的.问题就在于当 $x \to 0$ 时,$\sin x - \tan x + x^3$ 并不是 x^3 的等价无穷小量.

自然会想到,如果 $\alpha, \overline{\alpha}, \beta, \overline{\beta}$ 均为同一极限过程中的无穷小量,并且 $\alpha \sim \overline{\alpha}, \beta \sim \overline{\beta}$,在什么条件下才能保证有 $\alpha + \beta \sim \overline{\alpha} + \overline{\beta}$?

这里我们介绍一个推广的命题:在上述条件下,只要 $\lim\limits_{x \to x_0} \dfrac{\beta}{\alpha}$ 存在且不等于 -1,则必有

$$\alpha + \beta \sim \overline{\alpha} + \overline{\beta} \quad (x \to x_0).$$

证明及其应用见例 1.5.1.

2. 在计算 $x \to 0$ 的极限问题时,是否可用 $x^2 \sin \dfrac{1}{x}$ 代换 $\sin\left(x^2 \sin \dfrac{1}{x}\right)$?

必须指出,这样的"等价代换"不能成立.因为,我们考虑

$$\alpha(x) \sim \beta(x)(x \to x_0) \quad 或 \quad \lim_{x \to x_0} \frac{\alpha(x)}{\beta(x)} = 1.$$

首先要求作为分母的函数 $\beta(x)$ 在 $x = 0$ 的某空心邻域内恒不为 0.但现在 $\beta(x) = x^2 \sin \dfrac{1}{x}$,当取 $x_n = \dfrac{1}{n\pi}$,$n \in \mathbf{N}$ 时,则有 $\beta(x_n) = 0$.因 $\lim\limits_{n \to \infty} x_n = 0$,可见在 $x = 0$ 的任意邻域内总有 $\beta(x)$ 的零点.由此不难判断下面的计算方法是完全错误的(尽管结果正确)

$$\lim_{x \to 0} \frac{\sin\left(x^2 \sin \dfrac{1}{x}\right)}{x} = \lim_{x \to 0} \frac{x^2 \sin \dfrac{1}{x}}{x} = \lim_{x \to 0} x \sin \frac{1}{x} = 0.$$

3. 关于记号"o"与"O"的说明.

设函数 $f(x), g(x), x \in U^\circ(x_0)$,且 $g(x) \neq 0$.

(1) 若 $\lim\limits_{x \to x_0} \dfrac{f(x)}{g(x)} = 0$,可记 $f(x) = o(g(x))(x \to x_0)$.很显然,当 $f(x), g(x)$ 在 $x \to x_0$ 时均为无穷小量时,则 $f(x)$ 是 $g(x)$ 在 $x \to x_0$ 时的高阶无穷小.

(2) 若 $\exists M > 0$,使得 $|f(x)| \leqslant M|g(x)|$,$x \in U^\circ(x_0)$,可记 $f(x) =$

$O(g(x))(x \to x_0)$，即 $f(x)$ 与 $g(x)$ 之比在 $x \to x_0$ 时有界.

特别地，$f(x) = o(1)(x \to x_0)$ 表示 $f(x)$ 是 $x \to x_0$ 时的无穷小量；$f(x) = O(1)(x \to x_0)$ 表示 $f(x)$ 是 $x \to x_0$ 时的有界量.

例如有

$$\sin(x^2) = o\left(x^{\frac{3}{2}}\right) \quad (x \to 0), \qquad x^{\frac{3}{2}}\sin\frac{1}{x} = o(x) \quad (x \to 0),$$

$$1 - \cos x = O(x^2) \quad (x \to 0), \qquad x\sin x = O(x) \quad (x \to 0),$$

等等.

对记号"o"与"O"，我们做以下几点说明：

第一，在"o"与"O"定义式中的"$=$"应理解为"逻辑相等". 换句话说，$f(x) = o(g(x))(x \to x_0)$ 不等价于 $o(g(x)) = f(x)(x \to x_0)$. 同样地，$f(x) = O(g(x))$ $(x \to x_0)$ 也不等价于 $O(g(x)) = f(x)(x \to x_0)$.

第二，"$o(g(x))$"与"$O(g(x))$"并不具体代表某一个函数，它只表示某一类函数(或函数的某一种性态). 换句话说，若有 $f(x) = o(g(x))(x \to x_0)$，则凡是与 $g(x)$ 之比在 $x \to x_0$ 时极限为 0 的函数都可以记成 $o(g(x))$. 例如，在 $x \to 0$ 时就有

$$x^2 = o(x), \qquad x\sin x = o(x), \qquad 1 - \cos x = o(x),$$

等等.

第三，关系式

$$o(1) + o(1) = o(1)(x \to x_0), \quad o(1) + O(1) = O(1)(x \to x_0),$$

$$O(1) + O(1) = O(1)(x \to x_0)$$

均有明确的意义. 当 $x \to x_0$ 时，前一式表示两个无穷小量之和仍为无穷小量，中间一式表示无穷小量与有界量之和仍为有界量，而后一式表示两个有界量之和仍为有界量. 但上述关系式不能按一般的四则运算法则进行所谓"运算". 例如，对关系式 $O(1) + O(1) = O(1)(x \to x_0)$，就不能认为两端可以"消去"$O(1)$ 而得出 $O(1) = 0$.

第四，"o"与"O"的若干运算法则.

设 $\lim\limits_{x \to x_0} f(x) = \lim\limits_{x \to x_0} g(x) = 0$，则当 $x \to x_0$ 时有

1° $o[f(x)] \cdot o[g(x)] = o[f(x)g(x)]$；

2° $O[f(x)] \cdot O[g(x)] = O[f(x)g(x)]$；

3° $o[f(x)] \cdot O[f(x)] = o[f(x)]$；

4° $o[f(x)] + o[f(x)] = o[f(x)]$；

5° $O[f(x)] + O[f(x)] = O[f(x)]$；

6° $o[f(x)] + O[f(x)] = O[f(x)]$;

7° $o\{O[f(x)]\} = o[f(x)]$;

8° $O\{o[f(x)]\} = o[f(x)]$.

以上性质均不难证明,读者可作为练习自行完成.

1.5.2　解题分析

例 1.5.1(无穷小等价代换命题的推广)　设 $\alpha, \overline{\alpha}, \beta, \overline{\beta}$ 均为 $x \to x_0$ 时的无穷小量,且 $\alpha \sim \overline{\alpha}, \beta \sim \overline{\beta}$ 而 $\lim\limits_{x \to x_0} \dfrac{\beta}{\alpha}$ 存在且不等于 -1,则有

$$\alpha + \beta \sim \overline{\alpha} + \overline{\beta} \quad (x \to x_0).$$

证明　应证

$$\lim_{x \to x_0} \left(1 - \frac{\overline{\alpha} + \overline{\beta}}{\alpha + \beta}\right) = 0 \quad \text{或} \quad \lim_{x \to x_0} \frac{\alpha + \beta - (\overline{\alpha} + \overline{\beta})}{\alpha + \beta} = 0.$$

因为

$$\frac{\alpha + \beta - (\overline{\alpha} + \overline{\beta})}{\alpha + \beta} = \frac{\alpha - \overline{\alpha}}{\alpha + \beta} + \frac{\beta - \overline{\beta}}{\alpha + \beta},$$

现已知 $\lim\limits_{x \to x_0} \dfrac{\beta}{\alpha} \neq -1$,从而有

$$\lim_{x \to x_0} \frac{\alpha - \overline{\alpha}}{\alpha + \beta} = \lim_{x \to x_0} \frac{\alpha - \overline{\alpha}}{\alpha\left(1 + \dfrac{\beta}{\alpha}\right)} = \frac{1 - \lim\limits_{x \to x_0} \dfrac{\overline{\alpha}}{\alpha}}{1 + \lim\limits_{x \to x_0} \dfrac{\beta}{\alpha}} = 0,$$

$$\lim_{x \to x_0} \frac{\beta - \overline{\beta}}{\alpha + \beta} = \lim_{x \to x_0} \frac{\beta - \overline{\beta}}{\beta\left(\dfrac{\alpha}{\beta} + 1\right)} = \frac{1 - \lim\limits_{x \to x_0} \dfrac{\overline{\beta}}{\beta}}{1 + \lim\limits_{x \to x_0} \dfrac{\alpha}{\beta}} = 0.$$

由此可见结论成立.

顺便说明,上述命题中的条件" $\lim\limits_{x \to x_0} \dfrac{\beta}{\alpha} \neq -1$ "可改为" $\lim\limits_{x \to x_0} \dfrac{\overline{\beta}}{\overline{\alpha}} \neq -1$ ",结论不变,同时还可以看出,在命题条件下,只要 α, β(或者 $\overline{\alpha}, \overline{\beta}$)同号,则必定有 $\alpha + \beta \sim \overline{\alpha} + \overline{\beta}$.

我们还有更进一步的结果:设 $\alpha_k, \overline{\alpha}_k$ $(k = 1, 2, \cdots, n)$ 均为 $x \to x_0$ 时的无穷小量,且有 $\alpha_1 \sim \overline{\alpha}_1, \alpha_2 \sim \overline{\alpha}_2, \cdots, \alpha_n \sim \overline{\alpha}_n$. 而

$$\lim_{x \to x_0} \frac{\alpha_1}{\alpha_2} \neq -1, \lim_{x \to x_0} \frac{\alpha_1 + \alpha_2}{\alpha_3} \neq -1, \cdots, \lim_{x \to x_0} \frac{\alpha_1 + \alpha_2 + \cdots + \alpha_{n-1}}{\alpha_n} \neq -1,$$

则有

$$\alpha_1 + \alpha_2 + \cdots + \alpha_n \sim \overline{\alpha_1} + \overline{\alpha_2} + \cdots + \overline{\alpha_n} \quad (x \to x_0, n \geqslant 3).$$

用数学归纳法不难验证这一推广结论,证明留给读者完成.

下面不妨看几个用推广的无穷小等价代换命题处理的极限计算实例.

例 1.5.2 计算极限

(1) $\lim\limits_{x \to 0} \dfrac{\sqrt{1 + \tan x} - \sqrt{1 - \sin x}}{e^x - 1}$；   (2) $\lim\limits_{x \to 0} \dfrac{\sin(\sin x) + \sin 2x}{\tan x - 3\arctan 2x}$.

解 (1) 当 $x \to 0$ 时,有

$$\sqrt{1 + \tan x} - 1 \sim \frac{1}{2}\tan x \sim \frac{1}{2}x, \quad 1 - \sqrt{1 - \sin x} \sim \frac{1}{2}\sin x \sim \frac{1}{2}x.$$

且 $\lim\limits_{x \to 0} \dfrac{\dfrac{1}{2}x}{\dfrac{1}{2}x} = 1 \neq -1$. 于是

$$原式 = \lim_{x \to 0} \frac{(\sqrt{1 + \tan x} - 1) + (1 - \sqrt{1 - \sin x})}{e^x - 1}$$

$$= \lim_{x \to 0} \frac{\dfrac{1}{2}x + \dfrac{1}{2}x}{x} = 1.$$

(2) 当 $x \to 0$ 时,有

$$\sin(\sin x) \sim x, \quad \sin 2x \sim 2x, \quad \tan x \sim x, \quad -3\arctan 2x \sim -6x,$$

且

$$\lim_{x \to 0} \frac{\sin(\sin x)}{\sin 2x} = \frac{1}{2} \neq -1, \quad \lim_{x \to 0} \frac{x}{-6x} = -\frac{1}{6} \neq -1.$$

于是

$$原式 = \lim_{x \to 0} \frac{x + 2x}{x + (-6x)} = -\frac{3}{5}.$$

例 1.5.3 设 $\{x_n\}$ 为正数列,且

$$x_1 + 2x_2 + \cdots + nx_n = O(\sqrt{n}) \quad (n \to \infty).$$

证明 $(x_1 x_2 \cdots x_n)^{\frac{1}{n}} = o\left(\dfrac{1}{\sqrt{n}}\right) \quad (n \to \infty)$.

分析 由条件 $\exists M > 0$ 及 $N \in \mathbf{N}$,使得 $\forall n > N$ 有

$$\left| \frac{x_1 + 2x_2 + \cdots + nx_n}{\sqrt{n}} \right| \leqslant M.$$

为证明 $\lim\limits_{n \to \infty} \sqrt{n}(x_1 x_2 \cdots x_n)^{\frac{1}{n}} = 0$,可利用迫敛性定理. 考虑

$$0 < \sqrt[n]{x_1 x_2 \cdots x_n} = \sqrt[n]{(1 \cdot x_1)(2 \cdot x_2) \cdots (n x_n)} \cdot \frac{1}{\sqrt[n]{n!}}$$

$$\leqslant \frac{x_1 + 2 x_2 + \cdots + n x_n}{n} \cdot \frac{1}{\sqrt[n]{n!}},$$

从而对 $\forall\, n > N$ 有

$$0 < \sqrt{n}\,(x_1 x_2 \cdots x_n)^{\frac{1}{n}} \leqslant \frac{x_1 + 2 x_2 + \cdots + n x_n}{\sqrt{n}} \cdot \frac{1}{\sqrt[n]{n!}} \leqslant \frac{M}{\sqrt[n]{n!}}.$$

再令 $n \to \infty$ 即得证.

例 1.5.4   设函数 $f(x)$, $x \in (0,1)$ 满足条件 $f(x) \to 0\,(x \to 0^+)$ 及 $f(x) - f\left(\dfrac{x}{2}\right) = o(x)$, $(x \to 0^+)$, 证明 $f(x) = o(x)\,(x \to 0^+)$.

分析   从条件 $\displaystyle\lim_{x \to 0} \frac{f(x) - f\left(\dfrac{x}{2}\right)}{x} = 0$ 出发, 考虑用类似于 Stolz 定理的证明方法 (见定理 1.3.1) 处理此例.

证明   由条件 $\forall\, \varepsilon > 0$, $\exists\, \delta > 0$, 使得 $\forall\, x \in (0, \delta)$ 有

$$\left| \frac{f(x) - f\left(\dfrac{x}{2}\right)}{x} \right| < \frac{\varepsilon}{2} \quad \Rightarrow \quad -\frac{\varepsilon}{2} x < f(x) - f\left(\frac{x}{2}\right) < \frac{\varepsilon}{2} x.$$

从而对 $\forall\, x \in (0, \delta)$, 有

$$-\frac{\varepsilon}{2} x < f(x) - f\left(\frac{x}{2}\right) < \frac{\varepsilon}{2} x,$$

$$-\frac{\varepsilon}{2^2} x < f\left(\frac{x}{2}\right) - f\left(\frac{x}{2^2}\right) < \frac{\varepsilon}{2^2} x,$$

$$\cdots\cdots\cdots\cdots\cdots$$

$$-\frac{\varepsilon}{2^n} x < f\left(\frac{x}{2^{n-1}}\right) - f\left(\frac{x}{2^n}\right) < \frac{\varepsilon}{2^n} x,$$

各式相加即得

$$-\varepsilon x < f(x) - f\left(\frac{x}{2^n}\right) < \varepsilon x.$$

注意到 $\displaystyle\lim_{x \to 0^+} f(x) = 0$, 在上式中令 $n \to \infty$, 就有

$$-\varepsilon x \leqslant f(x) \leqslant \varepsilon x \quad \Rightarrow \quad -\varepsilon \leqslant \frac{f(x)}{x} \leqslant \varepsilon, \quad \forall\, x \in (0, \delta).$$

从而得到 $\displaystyle\lim_{x \to 0^+} \frac{f(x)}{x} = 0$, 也即有 $f(x) = o(x)\,(x \to 0^+)$.

用同样的思想，可以解决以下问题.

例 1.5.5　设函数 $f(x)$ 定义在 $[a, +\infty)$ 上，且在 $[a, +\infty)$ 的任一子区间上 $f(x)$ 有界. 若

$$\lim_{x \to +\infty} [f(x+1) - f(x)] = A,$$

证明 $\lim\limits_{x \to +\infty} \dfrac{f(x)}{x} = A$.

分析　按上题证法可得出 $\forall\, \varepsilon > 0, \exists\, X > a$，使得 $\forall\, x_0\,(X < x_0 \leqslant X+1)$ 有

$$n(A - \varepsilon) < f(x_0 + n) - f(x_0) < n(A + \varepsilon).$$

对充分大的 x，总可令 $x = x_0 + n$. 上式同除以 x 后再令 $x \to +\infty$ 即得证.

例 1.5.6　设 $\{x_n\}$ 为正数列，且 $\lim\limits_{n \to \infty} n\left(\dfrac{x_n}{x_{n+1}} - 1\right) = \lambda$，证明 $x_n = o\left(\dfrac{1}{n^{\lambda - \varepsilon}}\right)$（$\varepsilon > 0$）.

分析　希望能证对 $\varepsilon > 0, \exists\, \varepsilon_1\,(0 < \varepsilon_1 < \varepsilon)$，使得

$$x_n = O\left(\frac{1}{n^{\lambda - \varepsilon_1}}\right) \quad (n \to \infty).$$

因为 $0 < \varepsilon_1 < \varepsilon$，可得 $x_n = o\left(\dfrac{1}{n^{\lambda - \varepsilon}}\right)$（$n \to \infty$）. 我们从题设条件出发，对 $\dfrac{x_n}{x_{n+1}}$ 之比值进行估计.

证明　由条件

$$\lim_{n \to \infty} n\left(\frac{x_n}{x_{n+1}} - 1\right) = \lambda \quad \Rightarrow \quad \frac{x_n}{x_{n+1}} = 1 + \frac{\lambda}{n} + o\left(\frac{1}{n}\right) \quad (n \to \infty).$$

对 $\varepsilon > 0$，考虑 $\varepsilon_1\,(0 < \varepsilon_1 < \varepsilon)$. 由

$$\left(1 + \frac{1}{n}\right)^{\lambda - \varepsilon_1} - 1 \sim \frac{\lambda - \varepsilon_1}{n} \quad \Rightarrow \quad \left(1 + \frac{1}{n}\right)^{\lambda - \varepsilon_1} = 1 + \frac{\lambda - \varepsilon_1}{n} + o\left(\frac{1}{n}\right) \quad (n \to \infty).$$

从而当 n 充分大（不妨设 $\forall\, n \geqslant N$）时必有

$$\frac{x_n}{x_{n+1}} > \left(1 + \frac{1}{n}\right)^{\lambda - \varepsilon_1}.$$

由此得出

$$\frac{x_N}{x_{N+1}} > \left(1 + \frac{1}{N}\right)^{\lambda - \varepsilon_1}, \frac{x_{N+1}}{x_{N+2}} > \left(1 + \frac{1}{N+1}\right)^{\lambda - \varepsilon_1}, \cdots, \frac{x_{N+p-1}}{x_{N+p}} > \left(1 + \frac{1}{N+p-1}\right)^{\lambda - \varepsilon_1}.$$

各式相乘得

$$\frac{x_N}{x_{N+p}} > \left(\frac{N+p}{N}\right)^{\lambda - \varepsilon_1} \quad \Rightarrow \quad x_{N+p} < x_N N^{\lambda - \varepsilon_1}\left(\frac{1}{N+p}\right)^{\lambda - \varepsilon_1}.$$

现固定 N,令 $p \to \infty$,就有 $x_n = O\left(\dfrac{1}{n^{\lambda - \varepsilon_1}}\right)$ ($n \to \infty$). 注意到 $0 < \varepsilon_1 < \varepsilon$,故最后得出
$x_n = o\left(\dfrac{1}{n^{\lambda - \varepsilon}}\right)$ ($n \to \infty$).

1.6　连续与一致连续

1.6.1　概念辨析与问题讨论

1. 函数的"点连续".

所谓函数的"点连续",是指函数 $f(x)$ 在某点 x_0 处连续,它反映了函数的某种局部性态.

如所熟知,函数 $f(x)$ 在点 x_0 处连续应同时满足以下三个条件:

(i) $f(x)$ 在点 x_0 的某邻域内有定义;

(ii) $\lim\limits_{x \to x_0} f(x)$ 存在;

(iii) $\lim\limits_{x \to x_0} f(x) = f(x_0)$.

对于一个在点 x_0 处连续的函数 $f(x)$ 而言,它可以给我们提供不少有用的信息.

第一,它说明两种不同的运算"lim"与"f"可以交换次序. 换句话说,极限运算可以"通过"函数记号,即

$$\lim_{x \to x_0} f(x) = f(x_0) = f\left(\lim_{x \to x_0} x\right).$$

这给函数极限的计算带来不少方便.

第二,它说明函数的局部性态可控. 对于一般函数 $f(x)$ 来说,知道 $f(x_0)$ 的数值并不能以此判断 $f(x)$ 在点 x_0 近旁的性态,甚至不能估计 $f(x)$ 在点 x_0 近旁的取值范围. 但如果 $f(x)$ 在点 x_0 处连续,则 $f(x)$ 在点 x_0 某一邻域内的函数值将受到 $f(x_0)$ 的约束和控制.

从定义式可看出,当 x 充分靠近 x_0 时,$f(x)$ 的函数值将充分靠近 $f(x_0)$,从而 $f(x)$ 在点 x_0 的某邻域内必定有界. 更进一步,当 $f(x_0) \neq 0$ 时,$f(x)$ 与 $f(x_0)$ 在点 x_0 的某邻域内必定保持同号.

以上两条分别称为连续函数的"局部有界性"和"局部保号性",这是与函数"点连续"有关的两条重要性质,在证明与函数连续性有关的问题时,常常会用到这两条性质.

2. 若函数 $f(x)$ 在点 x_0 的某邻域内有定义,且满足

$$\lim_{\Delta x \to 0} [f(x_0 + \Delta x) - f(x_0 - \Delta x)] = 0, \tag{1.6.1}$$

则 $f(x)$ 是否必定在点 x_0 处连续?

这一断语未必成立. 注意(1.6.1)与连续性定义中的极限式

$$\lim_{\Delta x \to 0}\left[f(x_0 + \Delta x) - f(x_0)\right] = 0$$

是有区别的. 为方便计, 不妨考虑 $x_0 = 0$ 的情况. 事实上, 只要 $f(x)$ 为偶函数, 则不管 $f(x_0)$ 取值如何, 我们总有 $f(\Delta x) = f(-\Delta x)$. 例如令

$$f(x) = \begin{cases} 1, & x \neq 0, \\ 0, & x = 0. \end{cases}$$

则显见有 $\lim\limits_{\Delta x \to 0}\left[f(\Delta x) - f(-\Delta x)\right] = 0$, 但 $f(x)$ 在 $x = 0$ 处是不连续的.

3. 关于复合函数的连续性.

如所熟知, 当外函数 $f(u)$ 在 $u = u_0$ 处连续, 内函数 $u = g(x)$ 在 $x = x_0$ 处连续时($u_0 = g(x_0)$), 复合函数 $f(g(x))$ 在 $x = x_0$ 处连续. 这是复合函数连续性的一个重要结论. 但定理的条件充分而并非必要. 当 $f(u)$ 在 $u = u_0$ 处和 $g(x)$ 在 $x = x_0$ 处不同时连续时, 关于 $f(g(x))$ 在 $x = x_0$ 处的连续与否可以得出各种不同的结果. 下面试举几例. 例如, 令

$$f(u) = 1, \qquad g(x) = \begin{cases} 1, & x \text{ 为有理数,} \\ 0, & x \text{ 为无理数.} \end{cases}$$

显见 $f(u)$ 在 $u = 0$ 处连续, $g(x)$ 在 $x = 0$ 处不连续, 但复合函数 $f(g(x)) = 1$ 在 **R** 上处处连续.

又令

$$f(u) = \begin{cases} 1, u \text{ 为有理数,} \\ 0, u \text{ 为无理数,} \end{cases} \qquad g(x) = \begin{cases} \dfrac{1}{q}, & x = \dfrac{p}{q}(p, q \in \mathbf{Z} \text{ 且互质}, q > 0), \\ 1, & x = 0, 1, \\ 0, & x \text{ 为无理数.} \end{cases}$$

显见 $f(u)$ 在 $u = 0$ 处不连续, $g(x)$ 在 $x = 0$ 处也不连续, 但复合函数 $f(g(x)) = 1$, 在 **R** 上处处连续.

当然, 这两个反例决不能说明 $g(x)$ 在 $x = x_0$ 处连续的条件可以去除. 再看一个例子: 令

$$f(u) = \begin{cases} u^2, & u \leqslant 1, \\ 2 - u, & u > 1, \end{cases} \qquad g(x) = \begin{cases} x, & x \leqslant 1, \\ x + 1, & x > 1. \end{cases}$$

显见 $f(u)$ 在 $u = 1$ 处连续, $g(x)$ 在 $x = 1$ 处不连续, 复合函数

$$f(g(x)) = \begin{cases} x^2, & x \leqslant 1, \\ 1 - x, & x > 1 \end{cases}$$

在 $x=1$ 处不连续.

其余情况的各种例子可参见文献[9].

现在退一步.如果将"$f(g(x))$ 在 $x=x_0$ 处连续"的结论减弱为"$\lim\limits_{x\to x_0} f(g(x))$ 存在",试问相应的 f 与 g 应满足什么条件?

一般地,我们有以下的命题.

命题 1.6.1 设函数 f 与 g 可复合,且满足下列条件之一:

$1°$ $f(u)$ 在 $u=u_0$ 处连续,而 $\lim\limits_{x\to x_0} g(x)=u_0$,或者

$2°$ $\lim\limits_{u\to u_0} f(u)$ 存在,而 $\lim\limits_{x\to x_0} g(x)=u_0$,且对 $\forall x\in U°(x_0)$ 有 $g(x)\neq u_0$.则有

$$\lim_{x\to x_0} f(g(x)) = \lim_{u\to u_0} f(u).$$

这一命题具有重要的意义.通常我们在计算函数极限时所用的变量代换法,其实正是借助于这一命题的结果.例如,为了计算 $\lim\limits_{x\to x_0} f(g(x))$,先作代换 $u=g(x)$,并利用 $\lim\limits_{x\to x_0} g(x)=u_0$.从而将问题转化为计算极限 $\lim\limits_{u\to u_0} f(u)$.

但必须指出,这样的变量代换必须满足一定条件,要看其是否符合上述命题的要求,不考虑条件而随意作"代换"可能会导致完全错误的结果(见习题一第17题).

4. 函数 $f(x)$ 在区间 I 上一致连续与 $f(x)$ 在 I 上满足 Lipschitz 条件有何关系?

函数 $f(x)$ 在区间 I 上满足 Lipschitz 条件是指:$\exists L>0$,对 $\forall x,y\in I$,有

$$|f(x)-f(y)|\leqslant L|x-y|. \tag{1.6.2}$$

很显然,凡满足 Lipschitz 条件的函数 $f(x)$ 在 I 上必定是一致连续的;但在 I 上的一致连续函数 $f(x)$ 未必能保证有(1.6.2)成立.反例是:考虑函数 $f(x)=\sqrt{x}$, $x\in[0,+\infty)$.按定义可验证 $f(x)$ 在 $[0,+\infty)$ 上一致连续,但对 $\forall L>0$,总有

$$\frac{1}{2L} = \left|f\left(\frac{1}{4L^2}\right)-f(0)\right| > L\left|\frac{1}{4L^2}-0\right| = \frac{1}{4L}.$$

5. 若函数 $f(x)\in C[a,+\infty)$,且在 $[a,+\infty)$ 上有界,$f(x)$ 是否必在 $[a,+\infty)$ 上一致连续?

这一断言未必能成立.考虑函数 $f(x)=\sin(x^2)$, $x\in[0,+\infty)$,则 $f(x)\in C[0,+\infty)$ 且在 $[0,+\infty)$ 上有界,但 $f(x)$ 在 $[0,+\infty)$ 上不一致连续.事实上,若令 $\varepsilon_0=\dfrac{1}{2}>0$,总可取 $x'_n=\sqrt{n\pi+\dfrac{\pi}{2}}$, $x''_n=\sqrt{n\pi}$, $n\in\mathbf{N}$,使

$$| x_n' - x_n'' | = \left| \sqrt{n\pi + \frac{\pi}{2}} - \sqrt{n\pi} \right| = \frac{\frac{\pi}{2}}{\sqrt{n\pi + \frac{\pi}{2}} + \sqrt{n\pi}} \to 0 \quad (n \to \infty).$$

但是

$$| f(x_n') - f(x_n'') | = \left| \sin\left(n\pi + \frac{\pi}{2} \right) - \sin n\pi \right| = 1 > \varepsilon_0, \quad \forall n \in \mathbf{N}.$$

顺便说明,如果将无穷区间 $[a, +\infty)$ 的条件改为有限开区间 (a, b),结论也未必成立.反例是 $f(x) = \sin \frac{1}{x}$,$x \in (0, 1)$.

不过,若条件加强为"$f(x)$ 连续且单调有界",则无论在有限开区间或无穷区间上,都可以证明 $f(x)$ 必定是一致连续的.例如,在有限开区间 (a, b) 情况下,由 $f(x)$ 的单调有界性可知单侧极限

$$\lim_{x \to a^+} f(x) \quad 与 \quad \lim_{x \to b^-} f(x)$$

均存在,故 $f(x)$ 在 (a, b) 内必定一致连续(参见命题 1.6.3).

6. 关于"一致连续"几个常用的充要条件.

命题 1.6.2 函数 $f(x)$ 在区间 I 上一致连续的充要条件是:对 $\forall \{x_n'\}, \{x_n''\} \subset I$,当 $\lim_{n \to \infty} (x_n' - x_n'') = 0$ 时,有

$$\lim_{n \to \infty} [f(x_n') - f(x_n'')] = 0.$$

命题 1.6.3 设函数 $f(x) \in C(a, b)$,则 $f(x)$ 在 (a, b) 内一致连续的充要条件是:$\lim_{x \to a^+} f(x)$ 与 $\lim_{x \to b^-} f(x)$ 均存在.

命题 1.6.4 函数 $f(x)$ 在有界区间 I 上一致连续的充要条件是:当 $\{x_n\}$ 为 I 上任意一个 Cauchy 数列时,$\{f(x_n)\}$ 也是 Cauchy 数列.

注 $\{x_n\}$ 为 Cauchy 数列是指:$\forall \varepsilon > 0$,$\exists N \in \mathbf{N}$,使得 $\forall n, m > N$ 有 $| x_n - x_m | < \varepsilon$.

命题 1.6.5 函数 $f(x)$ 在区间 I 上一致连续的充要条件是:$f(x)$ 在 I 上连续模 $w(\delta) = \sup\limits_{\substack{\forall x', x'' \in I \\ |x' - x''| < \delta}} | f(x') - f(x'') |$ 的极限 $\lim_{\delta \to 0^+} w(\delta) = 0$.

我们选证命题 1.6.2,命题 1.6.3 和 1.6.5 可作为练习,而命题 1.6.4 的充分性证明要用到致密性定理,读者可参见例 2.1.4.

命题 1.6.2 的证明 1° 必要性.由条件 $\forall \varepsilon > 0$,$\exists \delta > 0$,使得 $\forall x', x'' \in I(| x' - x'' | < \delta)$ 有

$$| f(x') - f(x'') | < \varepsilon.$$

现因 $\lim_{n \to \infty} (x_n' - x_n'') = 0$,故对上述 $\delta > 0$,$\exists N \in \mathbf{N}$,使得 $\forall n > N$ 有 $| x_n' - x_n'' | < \delta$.

此时有

$$| f(x_n') - f(x_n'') | < \varepsilon \quad \Rightarrow \quad \lim_{n \to \infty} [f(x_n') - f(x_n'')] = 0.$$

2° 充分性. 用反证法. 若 $f(x)$ 在 I 上不一致连续, 则 $\exists\ \varepsilon_0 > 0, \forall\ \delta > 0, \exists\ x'$, $x'' \in I(| x' - x''| < \delta)$, 使得

$$| f(x') - f(x'') | \geqslant \varepsilon_0.$$

取 $\delta_n = \dfrac{1}{n}(n \in \mathbf{N})$, 则相应 $\exists\ x_n', x_n'' \in I\left(| x_n' - x_n''| < \dfrac{1}{n}\right)$, 使

$$| f(x_n') - f(x_n'') | \geqslant \varepsilon_0.$$

可见有 $\lim\limits_{n \to \infty} (x_n' - x_n'') = 0$, 而 $\lim\limits_{n \to \infty} [f(x_n') - f(x_n'')] \neq 0$, 与条件矛盾.

1.6.2　解题分析

1.6.2.1　函数 $f(x)$ 连续性的证明

1. 按连续性定义验证.

证明函数 $f(x)$ 在区间 I 上的连续性, 即对 $\forall\ x_0 \in I$, 验证 $f(x)$ 在点 x_0 处连续. 按连续性定义, 应证 $\forall\ \varepsilon > 0, \exists\ \delta > 0$, 对 $\forall\ x(| x - x_0| < \delta)$, 有

$$| f(x) - f(x_0) | < \varepsilon. \tag{1.6.3}$$

证明的要点是对所给的"ε"必须找出相应的"δ", 使(1.6.3)成立.

例 1.6.1　证明 $[0,1]$ 上的 Riemann 函数

$$R(x) = \begin{cases} \dfrac{1}{q}, & x = \dfrac{p}{q}(p, q \in \mathbf{N} \text{ 且互质}, p < q), \\ 0, & x \text{ 为无理数}, \\ 1, & x = 0, 1 \end{cases}$$

在 $[0,1]$ 上的任一无理点处连续, 而在任一有理点处间断.

分析　对 $\forall\ x_0 \in [0,1]$, 当 x_0 为无理数时, $R(x_0) = 0$; 当 $x_0 = \dfrac{p}{q}$ 时, $R(x_0) = \dfrac{1}{q} \neq 0$. 因此, 只要证明 $\forall\ x_0 \in [0,1]$, 恒有 $\lim\limits_{x \to x_0} R(x) = 0$ 就行了.

证明　$\forall\ \varepsilon > 0$, 满足 $\dfrac{1}{q} \geqslant \varepsilon\left(\text{或 } q \leqslant \dfrac{1}{\varepsilon}\right)$ 的 q 值至多有限个, 从而使 p, q 互质且 $p < q$ 的 p 值也至多有限个. 因此在 $[0,1]$ 上至多只有有限个有理点 $\dfrac{p}{q}$, 可使 $R\left(\dfrac{p}{q}\right) = \dfrac{1}{q} \geqslant \varepsilon$. 记这些点为

$$x_1, x_2, \cdots, x_m.$$

令 $\delta = \min(\mid x_k - x_0 \mid, x_k \neq x_0, k = 1, 2, \cdots, m)$，则 $\delta > 0$，且对 $\forall x (0 < \mid x - x_0 \mid < \delta)$，有

$$\mid R(x) - 0 \mid = R(x) \leqslant \frac{1}{q} < \varepsilon,$$

即总有 $\lim\limits_{x \to x_0} R(x) = 0$ 成立. 从而 $R(x)$ 在 $[0, 1]$ 上的任一无理点处连续，而在任一有理点处间断.

注 完全类似地，读者可证明以下问题：设函数

$$f(x) = \begin{cases} \dfrac{1}{p + q}, & x = \dfrac{p}{q} (p, q \in \mathbf{N} \text{ 且互质}), \\ 0, & x \text{ 为正无理数.} \end{cases}$$

则 $f(x)$ 在正无理点处连续，而在正有理点处间断.

例 1.6.2 设函数 $f(x)$ 在 $(x_0 - \Delta, x_0 + \Delta)(\Delta > 0)$ 内有界，定义

$$\begin{aligned} M(\delta) &= \sup\{f(x) \mid x \in (x_0 - \delta, x_0 + \delta)\} \\ m(\delta) &= \inf\{f(x) \mid x \in (x_0 - \delta, x_0 + \delta)\} \end{aligned} \qquad (0 < \delta \leqslant \Delta).$$

证明

(1) $\lim\limits_{\delta \to 0^+} M(\delta)$ 与 $\lim\limits_{\delta \to 0^+} m(\delta)$ 均存在（分别记为 M, m）；

(2) $f(x)$ 在点 x_0 处连续的充要条件是 $M = m$.

证明 (1) 由条件可知 $M(\delta), m(\delta)$ 均为有界函数，且 $M(\delta)$ 随 δ 减少而减少，$m(\delta)$ 随 δ 减少而增加，故 $\lim\limits_{\delta \to 0^+} M(\delta)$ 与 $\lim\limits_{\delta \to 0^+} m(\delta)$ 均存在（记为 M, m）.

(2) 充分性. 若 $M = m$，则 $\forall \varepsilon > 0$，$\exists \delta > 0$ 使得

$$M(\delta) - m(\delta) < \varepsilon.$$

而当 $x \in (x_0 - \delta, x_0 + \delta)$ 时，总有 $m(\delta) \leqslant f(x) \leqslant M(\delta)$. 故有

$$\mid f(x) - f(x_0) \mid \leqslant M(\delta) - m(\delta) < \varepsilon.$$

即 $\lim\limits_{x \to x_0} f(x) = f(x_0)$，从而 $f(x)$ 在点 x_0 处连续.

必要性. 若 $f(x)$ 在点 x_0 处连续，则 $\forall \varepsilon > 0$，$\exists \delta > 0$，使得 $\forall x \in (x_0 - \delta, x_0 + \delta)$ 有

$$\mid f(x) - f(x_0) \mid < \varepsilon \quad \Rightarrow \quad f(x_0) - \varepsilon < f(x) < f(x_0) + \varepsilon.$$

于是有 $M(\delta) \leqslant f(x_0) + \varepsilon, m(\delta) \geqslant f(x_0) - \varepsilon$. 由此得出

$$M \leqslant M(\delta) \leqslant f(x_0) + \varepsilon, \qquad m \geqslant m(\delta) \geqslant f(x_0) - \varepsilon.$$

由 ε 的任意性即有 $M \leqslant m$.

另一方面，由 M, m 定义可知应有 $M \geqslant m$，从而必定成立 $M = m$.

2. 验证 $f(x)$ 在点 x_0 处既左连续又右连续.

函数 $f(x)$ 在点 x_0 处连续的充要条件是 $f(x)$ 在点 x_0 处既左连续又右连续, 即证明

$$\lim_{x \to x_0^-} f(x) = \lim_{x \to x_0^+} f(x) = f(x_0).$$

这也是证明函数点连续的常用方法之一.

例 1.6.3 设函数 $f(x)$ 在 (a,b) 内至多只有第一类间断点, 且

$$f\left[\frac{x+y}{2}\right] \leqslant \frac{f(x)+f(y)}{2}, \quad \forall\, x,y \in (a,b).$$

证明 $f(x) \in C(a,b)$.

分析 对 $\forall\, x_0 \in (a,b)$, 因 $f(x)$ 在 (a,b) 内至多只有第一类间断点, 故可记 $\lim\limits_{x \to x_0^+} f(x) = A, \lim\limits_{x \to x_0^-} f(x) = B$, 要证 $A = B = f(x_0)$.

可取定 $x = x_0$, 分别令 $y > x_0$ 且 $y \to x_0$ 以及 $y < x_0$ 且 $y \to x_0$, 由此推出 $A \leqslant f(x_0)$ 及 $B \leqslant f(x_0)$.

为能进一步得出 $A \geqslant f(x_0)$ 及 $B \geqslant f(x_0)$, 自然应考虑将题设条件中不等式的左端取成 $f(x_0)$. 为此, 可再令 $x = x_0 + h, y = x_0 - h$, 并使 $h \to 0^+$.

例 1.6.4 设函数 $f(x)$ 在 $(0,1)$ 内定义, 且 $e^x f(x), e^{-f(x)}$ 在 $(0,1)$ 内均单调递增, 证明 $f(x) \in C(0,1)$.

证明 要证 $\forall\, x_0 \in (0,1)$, 有 $\lim\limits_{x \to x_0} f(x) = f(x_0)$. 即要证

$$\lim_{x \to x_0^-} f(x) = \lim_{x \to x_0^+} f(x) = f(x_0).$$

先看 $f(x)$ 在点 x_0 处左、右极限的存在性. 由 $e^{-f(x)}$ 单调递增性, 故当 $x > x_0$ 时有 $e^{-f(x)} \geqslant e^{-f(x_0)}$, 即

$$e^{f(x_0)} \geqslant e^{f(x)} \quad \Rightarrow \quad f(x_0) \geqslant f(x). \tag{1.6.4}$$

注意到 x, x_0 可任取, 上式表明 $f(x)$ 为单调递减函数, 而单调函数在 $\forall\, x_0 \in (0,1)$ 处左、右极限都存在, 即 $f(x_0 - 0), f(x_0 + 0)$ 存在.

再由 $e^x f(x)$ 单调递增性, 故当 $x > x_0$ 时有 $e^x f(x) \geqslant e^{x_0} f(x_0)$. 令 $x \to x_0^+$, 就有

$$e^{x_0} f(x_0 + 0) \geqslant e^{x_0} f(x_0) \quad \Rightarrow \quad f(x_0 + 0) \geqslant f(x_0).$$

而在 (1.6.4) 中若令 $x \to x_0^+$, 又可得出 $f(x_0) \geqslant f(x_0 + 0)$. 从而必有 $f(x_0 + 0) = f(x_0)$.

同理可得到 $f(x_0 - 0) = f(x_0)$.

例 1.6.5 设函数 $f(x) \in C[a,b]$, 记

$$m(x) = \inf_{t \in [a, x]} \{f(t)\}, \qquad \mathrm{M}(x) = \sup_{t \in [a, x]} \{f(t)\}.$$

证明 $m(x), \mathrm{M}(x) \in \mathrm{C}[a, b]$.

证明 我们以 $m(x)$ 为例说明,对 $\forall x_0 \in (a, b)$,要证 $m(x)$ 在点 x_0 处既左连续又右连续.

先看左连续性.因 $f(x) \in \mathrm{C}[a, x_0]$,故 $f(x)$ 在 $[a, x_0]$ 上必有最小值 m_{x_0},不妨设最小值在点 x_0 处取到(若有 $m_{x_0} = f(x_1)$,而 $a \leqslant x_1 < x_0$,则当 $x_1 \leqslant x \leqslant x_0$ 时恒有 $m(x) = m_{x_0}$,可见此时 $m(x)$ 在点 x_0 处必左连续).于是 $\forall \varepsilon > 0, \exists \delta > 0$,使得 $\forall x(x_0 - \delta < x < x_0)$ 有

$$f(x) < f(x_0) + \varepsilon = m_{x_0} + \varepsilon \quad \Rightarrow \quad m(x) \leqslant m_{x_0} + \varepsilon.$$

从而得出

$$m_{x_0} \leqslant m(x) \leqslant m_{x_0} + \varepsilon, \quad \forall x(x_0 - \delta < x < x_0).$$

也即有 $\lim\limits_{x \to x_0^-} m(x) = m_{x_0} = f(x_0)$.

再看右连续性.仍记 m_{x_0} 为 $f(x)$ 在 $[a, x_0]$ 上的最小值,则 $\forall \varepsilon > 0, \exists \delta > 0$,使得 $\forall x(x_0 < x < x_0 + \delta)$ 有

$$f(x) > f(x_0) - \varepsilon \geqslant m_{x_0} - \varepsilon.$$

由此又可得出 $m(x) \geqslant m_{x_0} - \varepsilon, \forall x(x_0 < x < x_0 + \delta)$,现因 $m(x)$ 为单调递减函数,故当 $x_0 < x < x_0 + \delta$ 时必有

$$m_{x_0} \geqslant m(x) \geqslant m_{x_0} - \varepsilon.$$

也即有 $\lim\limits_{x \to x_0^+} m(x) = m_{x_0} = f(x_0)$.

综上所述,可知 $m(x)$ 在点 x_0 处连续.

当 $x_0 = a$ 或 b 时,只要证明 $f(x)$ 在点 x_0 处右连续或左连续就行了.

3. 用连续函数的运算性质验证.

我们这里所说的连续函数运算性质主要是指连续函数的四则运算性质和复合运算性质.

四则运算 若函数 $f(x), g(x)$ 均在点 x_0 处连续,则 $f(x) \pm g(x)$,$f(x)g(x)$ 以及 $\dfrac{f(x)}{g(x)}(g(x_0) \neq 0)$ 均在点 x_0 处连续.

复合运算 若函数 $f(u)$ 在点 u_0 处连续,$u = g(x)$ 在点 x_0 处连续($u_0 = g(x_0)$),则复合函数 $f(g(x))$ 在点 x_0 处连续.

此外,当函数 $f(x)$ 在点 x_0 处连续时,不难验证 $|f(x)|$ 在点 x_0 处也是连续

的.

利用连续函数的上述运算性质验证函数连续性也是一种很有效的方法,有时可使证明的叙述变得十分简洁.

例 1.6.6   设函数 $f(x)$ 连续,记

$$g(x) = \begin{cases} -c, & \text{当 } f(x) < -c \text{ 时} \\ f(x), & \text{当 } |f(x)| \leqslant c \text{ 时} \\ c, & \text{当 } f(x) > c \text{ 时} \end{cases} \quad (c > 0).$$

证明 $g(x)$ 也是连续函数.

证法一   用连续性定义证明.

对 $\forall\, x_0 \in \mathbf{R}$,当 $|f(x_0)| \neq c$ 时显见 $g(x)$ 在点 x_0 处连续,我们只考虑 $|f(x_0)| = c$ 的情况.

当 $f(x_0) = c$ 时,有 $g(x_0) = c$. 因 $f(x)$ 在点 x_0 处连续,故 $\forall\, \varepsilon > 0$,$\exists\, \delta > 0$,使得 $\forall\, x(|x - x_0| < \delta)$ 有

$$|f(x) - f(x_0)| < \varepsilon.$$

不失一般性,由 $f(x)$ 的连续性及 $g(x)$ 的定义式,总可令 $-c < g(x) \leqslant c$,$\forall\, x \in U(x_0, \delta)$. 若 $g(x) = c$,则有

$$|g(x) - g(x_0)| = |c - c| = 0 < \varepsilon;$$

若 $|g(x)| < c$,则 $g(x) = f(x)$. 于是也有

$$|g(x) - g(x_0)| = |f(x) - f(x_0)| < \varepsilon.$$

即 $g(x)$ 在点 x_0 处连续.

同理可证当 $f(x_0) = -c$ 时,$g(x)$ 在点 x_0 处也连续.

证法二   用连续函数的复合运算性质证明.

令

$$F(x) = \begin{cases} -c, & \text{当 } x < -c \text{ 时,} \\ x, & \text{当 } |x| \leqslant c \text{ 时,} \\ c, & \text{当 } x > c \text{ 时.} \end{cases}$$

显见 $F(x)$ 在 $\mathbf{R}$ 上处处连续,又由条件 $f(x)$ 连续,故复合函数 $F(f(x)) = g(x)$ 也连续.

证法三   用连续函数的四则运算性质证明.

因对 $\forall\, x \in \mathbf{R}$ 有

$$g(x) = \frac{|f(x) + c| - |f(x) - c|}{2},$$

而 $|f(x) + c|$,$|f(x) - c|$ 均连续,故 $g(x)$ 也连续.

后两种证法借用了连续函数运算性质的有关结论,显然比第一种证法(按定义验证)简便多了.

1.6.2.2 函数 $f(x)$ 在区间 I 上一致连续性的证明

所谓函数 $f(x)$ 在区间 I(有限或无穷)上一致连续是指:$\forall \varepsilon > 0, \exists \delta > 0$,$\forall x', x'' \in I(|x' - x''| < \delta)$,有

$$|f(x') - f(x'')| < \varepsilon.$$

证明函数的一致连续性一般可按定义验证,或者证明 $f(x)$ 在区间 I 上满足 Lipschitz 条件(见 1.6.1 节第 4 部分).

由函数一致连续性的定义不难得到其否命题(在区间 I 上不一致连续)的确切说法,这是指:$\exists \varepsilon_0 > 0, \forall \delta > 0, \exists x'_\delta, x''_\delta \in I(|x'_\delta - x''_\delta| < \delta)$,而

$$|f(x'_\delta) - f(x''_\delta)| \geqslant \varepsilon_0.$$

若取 $\delta_n = \dfrac{1}{n}$,则相应有 $x'_n, x''_n \in I$,使 $|x'_n - x''_n| < \dfrac{1}{n}(n \in \mathbf{N})$,而

$$|f(x'_n) - f(x''_n)| \geqslant \varepsilon_0.$$

因此,函数 $f(x)$ 在区间 I 上不一致连续可以用数列的语言叙述为:$\exists \varepsilon_0 > 0$ 和数列 $\{x'_n\}, \{x''_n\} \subset I$,使 $\lim\limits_{n \to \infty}(x'_n - x''_n) = 0$ 而

$$|f(x'_n) - f(x''_n)| \geqslant \varepsilon_0, \quad \forall n \in \mathbf{N}.$$

例 1.6.7 证明函数 $f(x) = \dfrac{1}{x}\sin\dfrac{1}{x}$ 在 $(a, +\infty)(a > 0)$ 上一致连续,而在 $(0, a)$ 内不一致连续.

分析 1° 只要证明 $f(x)$ 在 $(a, +\infty)$ 上满足 Lipschitz 条件. 对 $\forall x', x'' \in (a, +\infty)$,考虑

$$|f(x') - f(x'')|$$

$$= \left|\frac{1}{x'}\sin\frac{1}{x'} - \frac{1}{x''}\sin\frac{1}{x''}\right|$$

$$\leqslant \left|\frac{1}{x'} - \frac{1}{x''}\right|\left|\sin\frac{1}{x'}\right| + \left|\frac{1}{x''}\right|\left|\sin\frac{1}{x'} - \sin\frac{1}{x''}\right|$$

$$\leqslant \left|\frac{1}{x'} - \frac{1}{x''}\right| + \left|\frac{1}{x''}\right|\left|2\cos\frac{\dfrac{1}{x'} + \dfrac{1}{x''}}{2} \cdot \sin\frac{\dfrac{1}{x'} - \dfrac{1}{x''}}{2}\right|$$

$$\leqslant \left|\frac{1}{x'} - \frac{1}{x''}\right| + \frac{2}{|x''|}\left|\frac{\dfrac{1}{x'} - \dfrac{1}{x''}}{2}\right| = \left(1 + \frac{1}{|x''|}\right)\left|\frac{1}{x'} - \frac{1}{x''}\right|$$

$$= \left(1 + \frac{1}{|x''|}\right) \frac{|x' - x''|}{|x'x''|} \leqslant \left(1 + \frac{1}{a}\right) \frac{1}{a^2} |x' - x''|$$

$$\triangleq L |x' - x''|,$$

其中 $L = \left(1 + \frac{1}{a}\right) \frac{1}{a^2} > 0$ 为常数. 对 $\forall \varepsilon > 0$, 只要取 $\delta = \dfrac{\varepsilon}{L}$ 即得证.

2° 从上面论证过程可看出当 $a \to 0^+$ 时将导致 $L \to +\infty$, 从而 $\delta \to 0$. 可见破坏 $f(x)$ 一致连续性的是在区间的左端点 $x = 0$ 处. 因此, 证明 $f(x)$ 在 $(0, a)$ 内不一致连续时应考虑取 $x'_n \to 0, x''_n \to 0 (n \to \infty)$, 并使得 $|f(x'_n) - f(x''_n)|$ 不小于某一确定的正常数. 例如, 可令 $\varepsilon_0 = \dfrac{1}{2}$, 再取

$$x'_n = \frac{1}{n\pi - \frac{\pi}{2}}, \qquad x''_n = \frac{1}{n\pi + \frac{\pi}{2}}, \qquad n \in \mathbf{N},$$

则当 n 充分大时总有 $\{x'_n\}, \{x''_n\} \subset (0, a)$, 同时不难验证上述要求都能得到满足.

顺便说明, 后一半证明还可以简化. 注意到连续函数 $f(x)$ 在开区间 (a, b) 内一致连续的充要条件是 $\lim\limits_{x \to a^+} f(x)$ 与 $\lim\limits_{x \to b^-} f(x)$ 都存在 (见命题 1.6.3), 因此只要证明极限 $\lim\limits_{x \to 0^+} \dfrac{1}{x} \sin \dfrac{1}{x}$ 不存在就行了.

例 1.6.8   设函数 $f(x)$ 在 $[a, +\infty)(a > 0)$ 上满足 Lipschitz 条件, 即 $\exists L > 0$, 对 $\forall x', x'' \in [a, +\infty)$, 有

$$|f(x') - f(x'')| \leqslant L |x' - x''|.$$

证明 $\dfrac{f(x)}{x}$ 在 $[a, +\infty)$ 上一致连续.

分析   对 $\forall x', x'' \in [a, +\infty)$, 考虑

$$\left| \frac{f(x')}{x'} - \frac{f(x'')}{x''} \right| \leqslant \left| \frac{f(x')}{x'} - \frac{f(x'')}{x'} \right| + \left| \frac{f(x'')}{x'} - \frac{f(x'')}{x''} \right|$$

$$\leqslant \frac{1}{x'} |f(x') - f(x'')| + \frac{|f(x'')|}{x'x''} |x' - x''|$$

$$\leqslant \frac{L}{x'} |x' - x''| + \frac{|f(x'')|}{x'x''} |x' - x''|. \qquad (1.6.5)$$

因 $x', x'' \geqslant a > 0$, 自然想到可以将分母中的 x', x'' 改换成常数 a, 如果能进一步说明 $f(x)$ 在 $[a, +\infty)$ 上有界, 则问题已经解决.

但事实上这是不可能的: 由 $f(x)$ 在 $[a, +\infty)$ 上一致连续决推不出 $f(x)$ 在 $[a, +\infty)$ 上有界. 不过, 我们可以将 (1.6.5) 改写为

$$\frac{L}{x'} \mid x' - x'' \mid + \left| \frac{f(x'')}{x''} \right| \cdot \frac{1}{x'} \mid x' - x'' \mid .$$

在题设条件下,不妨退一步考虑:能否证明 $\frac{f(x)}{x}$ 在 $[a, +\infty)$ 上有界?请读者自行思考.

1.6.2.3 其他证明问题

例 1.6.9 证明 **R** 上非常值连续的周期函数必有最小正周期.

分析 很显然,若去除"连续"这一条件,则结论未必成立.例如定义在 **R** 上的 Dirichlet 函数就是一个现成的反例.

可以想见,若周期函数 $f(x)$ 有最小正周期 T_0,则 T_0 必定是所有正周期的下确界;反之,若 $f(x)$ 全体正周期的下确界仍是一个正周期,它自然是最小正周期. 因此要证:

1° $\inf\{T \mid T > 0$ 为 $f(x)$ 的正周期$\}$存在(记为 T_0);

2° T_0 仍然是 $f(x)$ 的周期;

3° $T_0 > 0$.

证明 令

$$E = \{T \mid T > 0 \text{ 为 } f(x) \text{ 的正周期}\}.$$

则 E 非空且有下界.由确界原理可记 $T_0 = \inf E$.

往证 T_0 是 $f(x)$ 的周期.用反证法.倘若不然,则必有 $T_0 \notin E$,从而 $\exists \{T_n\} \subset E$,使得 $T_n \to T_0 (n \to \infty)$.利用 $f(x)$ 的连续性,对 $\forall x \in \mathbf{R}$ 就有

$$f(x + T_0) = f(x + \lim_{n \to \infty} T_n) = \lim_{n \to \infty} f(x + T_n) = f(x).$$

说明 T_0 是 $f(x)$ 的一个周期,这与反证法假设不合.

最后证明 $T_0 > 0$.显见有 $T_0 \geq 0$,要证 $T_0 \neq 0$.若 $T_0 = 0$,则 $T_0 \notin E$,从而 $\exists \{T_n\} \subset E$,使得 $T_n \to 0 (n \to \infty)$.由此可推出对 $\forall x \in \mathbf{R}$,有 $f(x) = f(0)$(常数),仍用反证法.

事实上,若 $\exists x_0 \in \mathbf{R}$,而 $f(x_0) \neq f(0)$.由 $f(x)$ 在点 x_0 处连续可知 $\exists \delta_0 > 0$,使得

$$f(x) \neq f(0), \quad \forall x \in U(x_0, \delta_0).$$

在上述 $\{T_n\}$ 中取 $T_{n_0} (0 < T_{n_0} < 2\delta_0)$,则总有 $k \in \mathbf{N}$,使 $kT_{n_0} \in U(x_0, \delta_0)$.此时即有

$$f(0) = f(kT_{n_0}) \neq f(0).$$

显见矛盾.但 $f(x)$ 在 **R** 上恒为常数又与题设条件不合,故必定有 $T_0 > 0$.

例 1.6.10 设函数 $f(x)$ 在 $[0,+\infty)$ 上一致连续,且对 $\forall\, x>0$,有 $\lim\limits_{n\to\infty} f(x+n)=0\,(n\in\mathbf{N})$. 证明 $\lim\limits_{x\to+\infty} f(x)=0$.

分析 要证 $\forall\, \varepsilon>0$,$\exists\, X>0$,使得 $\forall\, x>X$ 有 $|f(x)|<\varepsilon$. 条件中已给出 $\lim\limits_{n\to\infty} f(x+n)=0$,问题是如何将 $n\to\infty$ 的离散型极限问题转化为 $x\to+\infty$ 的连续型极限问题.

对充分大的 $x>0$,我们总可以选取 $n\in\mathbf{N}$ 和 $x'(0<x'<1)$,使

$$|f(x)|\leqslant|f(x)-f(x'+n)|+|f(x'+n)|.$$

对上式右端前一个绝对值,只要 $x-(x'+n)$ 充分小,利用 $f(x)$ 在 $[0,+\infty)$ 上的一致连续性,总可以使此项小于事先给出的 $\dfrac{\varepsilon}{2}$;而对后一个绝对值,当固定 x' 时,相应有 $N_{x'}\in\mathbf{N}$,只要 $n\geqslant N_{x'}$ 也可以使此项小于 $\dfrac{\varepsilon}{2}$. 但是,当 x 变动时 x' 也随之变动,这样的 $N_{x'}$ 事实上有无穷多个,未必能从中找出最大的那一个作为公共的 "N".

为了解决这一矛盾. 我们将区间 $[0,1]$ 作 p 等分,插入分点 $x_k=\dfrac{k}{p}$, $k=1$, $2,\cdots,p-1$,并使得小区间的长度足够小,能满足一致连续性中对于 "δ" 的要求. 而对每个 x_k,相应有 $N_k\in\mathbf{N}(k=1,2,\cdots,p)$,只要取 $N=\max(N_1,N_2,\cdots,N_p)$,则对 $\forall\, n\geqslant N$ 总能保证

$$|f(x_k+n)|<\dfrac{\varepsilon}{2},\quad k=1,2,\cdots,p$$

成立. 这样,当 $\forall\, x>N$ 时,总可以选取 $n\geqslant N$ 及 $x_k\in(0,1)$,使 $|x-(x_k+n)|<\delta$,且有

$$|f(x)|\leqslant|f(x)-f(x_k+n)|+|f(x_k+n)|.$$

证明 由条件 $f(x)$ 在 $[0,+\infty)$ 上一致连续,故 $\forall\, \varepsilon>0$,$\exists\, \delta>0$,使得 $\forall\, x'$, $x''\in[0,+\infty)(|x'-x''|<\delta)$ 有

$$|f(x')-f(x'')|<\dfrac{\varepsilon}{2}.$$

对 $[0,1]$ 作 p 等分,分点为

$$0=x_0<x_1<\cdots<x_p=1,$$

且使 $\Delta x_k=x_k-x_{k-1}<\delta(k=1,2,\cdots,p)$. 又因为 $\lim\limits_{n\to\infty} f(x+n)=0$. 对上述 $\varepsilon>0$,$\exists\, N_k\in\mathbf{N}$,使得 $\forall\, n\geqslant N_k$ 有

$$|f(x_k+n)|<\dfrac{\varepsilon}{2},\quad k=1,2,\cdots,p.$$

现取 $N = \max(N_1, N_2, \cdots, N_p)$,则对 $\forall\ x > N$,$\exists\ n \geqslant N$ 及 $x_k \in (0,1)$,使 $|x - (x_k + n)| < \delta$,此时有

$$|f(x)| \leqslant |f(x) - f(x_k + n)| + |f(x_k + n)|$$

$$< \frac{\varepsilon}{2} + \frac{\varepsilon}{2} = \varepsilon.$$

也即有 $\lim\limits_{x \to +\infty} f(x) = 0$.

例 1.6.11 设函数 $f(x)$ 在 $[0, +\infty)$ 上一致连续,证明对 $\forall\ \alpha > 0$,有

$$\lim_{x \to +\infty} \frac{f(x)}{x^{1+\alpha}} = 0.$$

证明 关键是证明一致连续函数 $f(x)$ 在无穷区间 $[0, +\infty)$ 上具有"线性有界性",即 $\exists\ A, B > 0$,使得

$$|f(x)| \leqslant Ax + B, \quad \forall\ x \in [0, +\infty). \tag{1.6.6}$$

由一致连续性条件,对 $\varepsilon_0 = 1$,$\exists\ \delta_0 > 0$,使得 $\forall\ x', x'' \in [0, +\infty)(|x' - x''| < \delta_0)$ 有

$$|f(x') - f(x'')| < 1.$$

为了确定 (1.6.6) 中的常数 A, B,对 $\forall\ x > 0$,将 $[0, x]$ 作 n 等分. 分点为 $x_k = \dfrac{k}{n} x$,$k = 1, 2, \cdots, n-1$. 我们总可以适当选取 n,使 $\dfrac{x}{n} < \delta_0$(保证小区间长度小于上述 δ_0),而 $\dfrac{x}{n-1} \geqslant \delta_0 \left(\text{使得 } n \leqslant \dfrac{x}{\delta_0} + 1\right)$. 于是有

$$|f(x)| - |f(0)| \leqslant |f(x) - f(0)|$$

$$\leqslant \left|f(x) - f\left[\frac{n-1}{n}x\right]\right| + \left|f\left[\frac{n-1}{n}x\right] - f\left[\frac{n-2}{n}x\right]\right| + \cdots + \left|f\left[\frac{x}{n}\right] - f(0)\right|$$

$$< 1 + 1 + \cdots + 1 = n \leqslant \frac{x}{\delta_0} + 1.$$

从而得出

$$\left|f(x)\right| < \frac{x}{\delta_0} + 1 + \left|f(0)\right|.$$

只要取 $A = \dfrac{1}{\delta_0}$,$B = 1 + |f(0)|$,即有 (1.6.6) 成立.

只要在 (1.6.6) 两端同除 $x^{1+\alpha}(\alpha > 0)$ 并令 $x \to +\infty$ 即得证.

最后介绍两个函数方程的问题.

例 1.6.12 设函数 $f(x) \in C(\mathbf{R})$,且对 $\forall\ x, y \in \mathbf{R}$,有

$$f(x + y) = f(x) + f(y). \tag{1.6.7}$$

证明 $f(x)=f(1)x, \forall\, x\in\mathbf{R}.$

证明　用数学归纳法不难得出对 $\forall\, x\in\mathbf{R}$ 和 $\forall\, n\in\mathbf{N}$,有

$$f(nx) = nf(x).$$

若以 $\dfrac{x}{n}$ 代替 x,就有

$$f\left(\frac{x}{n}\right) = \frac{1}{n}f(x).$$

再以 $y=0$ 代入(1.6.7),又有

$$f(0 + x) = f(0) + f(x) \quad\Rightarrow\quad f(0) = 0.$$

若令 $y=-x$,可得出

$$f(x+(-x)) = f(x) + f(-x) = f(0) = 0,$$

即有 $f(x)=-f(-x).$ 于是对 $\forall\, p\in\mathbf{Z}, q\in\mathbf{N}$,总有

$$f\left(\frac{px}{q}\right) = \frac{1}{q}f(px) = \frac{p}{q}f(x)$$

成立.换句话说,对任意有理数 α,恒有

$$f(\alpha x) = \alpha f(x), \qquad \forall\, x \in \mathbf{R}.$$

令 $x=1$,就有 $f(\alpha)=f(1)\alpha.$

再设 $\beta\in\mathbf{R}$ 为无理数,则总可取有理数列 $\{\alpha_n\}$,使 $\alpha_n \to \beta\,(n\to\infty)$. 因为 $f(x)\in C(\mathbf{R})$,从而得出

$$f(\beta) = \lim_{n\to\infty} f(\alpha_n) = \lim_{n\to\infty} f(1)\alpha_n = f(1)\beta.$$

综上所述,即有 $f(x)=f(1)x,\ \forall\, x\in\mathbf{R}.$

函数方程的求解(或证明)问题一般都比较麻烦,不过如果能在适当的变换下,将所给的函数方程转化为熟悉的形式,从而可以"套用"已知的结果,往往可使求解(或证明)过程大为简化,这自然是一种行之有效的好方法.

请看下一个例题.

例 1.6.13　设函数 $f(x)$ 在 $\mathbf{R}$ 上单调,且对 $\forall\, x,y\in\mathbf{R}$,有

$$f\left(\frac{x+y}{2}\right) = \frac{f(x)+f(y)}{2}.$$

证明 $f(x)=[f(1)-f(0)]x+f(0), \forall\, x\in\mathbf{R}.$

分析　设法利用例 1.6.3 得出 $f(x)\in C(\mathbf{R})$. 若令 $g(x)=f(x)-f(0)$,则同样有 $g(x)\in C(\mathbf{R})$.自然想到对 $g(x)$ 而言是否会满足(1.6.7),从而能利用上例的结果推出 $g(x)=g(1)x$?

1.7 闭区间上连续函数的性质

1.7.1 概念辨析与问题讨论

1. 若函数 $f(x)$ 在区间 $[a,b]$ 上具有介值性(即其值域构成闭区间),是否能保证 $f(x)$ 在 $[a,b]$ 上连续?

这一断言未必成立. 例如

$$f(x) = \begin{cases} -x-1, & -1 \leqslant x \leqslant 0, \\ x, & 0 < x \leqslant 1. \end{cases}$$

可见 $f(x)$ 在 $[-1,1]$ 上的值域是 $[-1,1]$ 但 $f(x)$ 在 $x=0$ 处不连续.

我们甚至可以构造出在 $[a,b]$ 上处处不连续的函数 $f(x)$, 其值域仍然是一个闭区间. 例如, 令

$$f(x) = \begin{cases} x, & x \text{ 为}[-1,1]\text{ 上的有理数, 但 } x \neq 0,1, \\ -x, & x \text{ 为}[-1,1]\text{ 上的无理数}, \\ 1, & x = 0, \\ 0, & x = 1. \end{cases}$$

则 $f(x)$ 在 $[-1,1]$ 上可取到最大值 1 及最小值 -1, 以及介于 -1 与 1 之间的任意实数, 但 $f(x)$ 在 $[-1,1]$ 上处处不连续.

不过, 如果加强条件 " $f(x)$ 在 $[a,b]$ 上单调", 则结论必定成立(参见例 1.4.6).

2. 若函数 $f(x)$ 在 $[a,b]$ 上有定义, 在 (a,b) 内连续, 且 $\lim\limits_{x \to a^+} f(x)$ 与 $\lim\limits_{x \to b^-} f(x)$ 均存在, 是否能保证 $f(x)$ 在 $[a,b]$ 上取到最值?

我们以最小值为例, 说明这一断言未必成立. 反例是

$$f(x) = \begin{cases} x, & 0 < x \leqslant 1, \\ 1, & x = 0. \end{cases}$$

事实上, 这一提法与"闭区间上连续函数的最值定理"之区别在于函数 $f(x)$ 只在开区间 (a,b) 内连续. 因此, 若最值可在区间内部取到时, 结论自然是对的. 倘若不然, 则需要考察 $f(x)$ 在区间端点处的取值情况. 如果有 $\lim\limits_{x \to a^+} f(x) \leqslant \lim\limits_{x \to b^-} f(x)$ 且 $f(a) > \lim\limits_{x \to a^+} f(x)$ (或 $\lim\limits_{x \to a^+} f(x) \geqslant \lim\limits_{x \to b^-} f(x)$ 且 $f(b) > \lim\limits_{x \to b^-} f(x)$), 则 $f(x)$ 在 $[a,b]$ 上不能取到最小值. 上述反例正是基于这一思想构造的.

3. 设函数 $f(x) \in C(a,b)$, (a,b 为有限常数或 $\pm\infty$), 若

$$\lim\limits_{x \to a^+} f(x) = l_1, \qquad \lim\limits_{x \to b^-} f(x) = l_2$$

且 $l_1 l_2 < 0$,是否能保证 $f(x)$ 在 (a,b) 内必有零点?

无论 a,b 为有限常数或 $\pm\infty$,上述断言均能成立.

当 a,b 为有限常数时,可定义

$$F_1(x) = \begin{cases} l_1, & x = a, \\ f(x), & a < x < b, \\ l_2, & x = b. \end{cases}$$

则 $F_1(x) \in C[a,b]$,且有 $F_1(a)F_1(b) = l_1 l_2 < 0$. 由闭区间上连续函数的零点存在定理可知 $\exists x_0 \in (a,b)$,使 $F(x_0) = 0$,此时即有 $f(x_0) = 0$.

当 a,b 中至少有一个为 ∞ 时(不妨设 $b = +\infty$,且 $l_2 > 0$),由 $\lim\limits_{x \to +\infty} f(x) = l_2 > 0$,不难得出必定 $\exists b' > a$,使 $f(b') > \dfrac{l_2}{2} > 0$. 类似可定义

$$F_2(x) = \begin{cases} l_1, & x = a, \\ f(x), & a < x < b', \\ f(b'), & x = b'. \end{cases}$$

则 $F_2(x)$ 在 $(a,b') \subset (a,+\infty)$ 内必有零点,从而 $f(x)$ 在 $(a,+\infty)$ 上也有零点.

顺便指出,这一构造辅助函数的思想方法,在证明 $f(x)$ 在有限开区间 (a,b) 内一致连续时曾经用过(见命题 1.6.3).

1.7.2　解题分析

1.7.2.1　闭区间上连续函数性质的证明

一般教材中将这部分内容放在实数连续性定理之后介绍.因描述实数连续性有 6 个等价命题,故不同的教材所采用的证明手法不尽相同,但多数是采用区间套定理、致密性定理或有限覆盖定理来证明.我们这里不准备比较不同证法的繁简难易,只是想说明若采用读者早已熟悉的确界原理作为证明工具,事实上也不失为一个简洁同时又易于理解的好方法.

用确界原理证明闭区间上连续函数的性质(有界性、零点存在性、一致连续性等),一般应先构造满足某种条件的数集,说明数集确界存在,再进一步验证确界点即为所求点(如零点存在性证明);或确界点本身也属于该数集,同时又成为区间的另一个端点(如有界性证明、一致连续性证明等).

请看下面几个例题.

例 1.7.1(零点存在性)　设函数 $f(x) \in C[a,b]$,且 $f(a)f(b) < 0$ 则 $\exists \xi \in (a,b)$,使 $f(\xi) = 0$.

证明　不妨设 $f(a) < 0$, $f(b) > 0$.令

$$E = \{x \mid f(x) < 0, x \in [a,b]\}.$$

因 $f(a)<0$，故 E 非空且有上界 b，于是由确界原理可知 $\exists \xi = \sup E \in [a,b]$.

往证 $f(\xi)=0$，且 $\xi \in (a,b)$. 用反证法.

若 $f(\xi)<0$，则 $\xi \in [a,b)$. 由连续函数的局部保号性可知，$\exists \beta \in (\xi,b)$，使得 $f(x)<0, \forall x \in [\xi,\beta]$. 这与 ξ 为 E 的上确界矛盾；

若 $f(\xi)>0$，则 $\xi \in (a,b]$. 仍由连续函数的局部保号性可知，$\exists \alpha \in (a,\xi)$，使得 $f(x)>0, \forall x \in (\alpha,\xi]$. 这又与 ξ 为 E 的最小上界矛盾.

综上所述，必有 $f(\xi)=0$，而 $f(a),f(b) \neq 0$，故有 $\xi \in (a,b)$.

例 1.7.2(一致连续性) 设函数 $f(x) \in C[a,b]$，则 $f(x)$ 在 $[a,b]$ 上一致连续.

证明 1° 由条件 $f(x)$ 在 $x=a$ 处连续，故 $\forall \varepsilon > 0, \exists \delta(0<\delta<b-a)$，使得 $\forall x \in [a,a+\delta]$ 有 $|f(x)-f(a)|<\dfrac{\varepsilon}{2}$，于是，对 $\forall x',x'' \in [a,a+\delta](|x'-x''|<\delta)$，均有

$$|f(x')-f(x'')| \leqslant |f(x')-f(a)| + |f(x'')-f(a)| < \varepsilon.$$

令

$$E = \{x \in (a,b] \mid \forall x',x'' \in [a,x](|x'-x''|<\delta) \text{ 有 } |f(x')-f(x'')| < \varepsilon\}.$$

由前面证明可知 $a+\delta \in E$，故 E 非空且有上界 b. 于是由确界原理可知 $\exists \beta = \sup E \in (a,b]$.

2° 再证 $\beta \in E$. 因 $f(x)$ 在 $x=\beta$ 处连续，故对上述 $\varepsilon > 0, \exists \delta_\beta(0<\delta_\beta<b-\beta)$，依照 1° 的证法得出 $\forall x',x'' \in [\beta-\delta_\beta,\beta]$ 有

$$|f(x')-f(x'')| < \varepsilon. \tag{1.7.1}$$

由上确界定义，$\exists \alpha \in E(\beta-\delta_\beta<\alpha\leqslant\beta)$，从而必有 $\delta_\alpha>0$，对 $\forall x',x'' \in [a,\alpha](|x'-x''|<\delta_\alpha)$，有 (1.7.1) 成立. 取 $\delta = \min(\delta_\alpha,\delta_\beta)$，则可得出 $f(x)$ 在 $[a,\beta]$ 上一致连续，即 $\beta \in E$.

3° 最后证明 $\beta=b$，用反证法. 若 $\beta<b$，仿照 2° 的证法可得出 $\exists \delta_\beta>0$，使 $f(x)$ 在 $[a,\beta+\delta_\beta]$ 上一致连续，这与 $\beta=\sup E$ 矛盾.

例 1.7.3(有界性) 设函数 $f(x) \in C[a,b]$，则 $f(x)$ 在 $[a,b]$ 上有界.

分析 可令

$$E = \{x \mid f(x) \text{ 在}[a,b] \text{ 上有界}, x \in (a,b]\}.$$

利用 $f(x)$ 在点 $x=a$ 处连续，从而在点 a 的某(右)邻域内局部有界这一性质，不难判定数集 E 非空且有上界 b，由此可记 $\beta = \sup E \in (a,b]$. 仿上题再证明 $\beta \in E$ 且 $\beta=b$.

1.7.2.2 闭区间上连续函数性质的应用

例 1.7.4 设函数 $f(x) \in C(\mathbf{R})$，$\lim\limits_{x \to \infty} f(x) = +\infty$. 证明 $f(x)$ 在 $\mathbf{R}$ 上可取到最小值.

分析 如所熟知，定义在有限闭区间上的连续函数必能取到最小值. 但现在条件给出的是 $f(x) \in C(\mathbf{R})$，这一结论未必成立. 故关键是要将无穷区间的问题"转移"到有限闭区间上来考虑.

考虑常数 $f(0)$. 利用条件 $\lim\limits_{x \to \pm\infty} f(x) = +\infty$ 可以看出必定存在 $a < 0$ 及 $b > 0$，使对 $\forall\, x \in (-\infty, a] \bigcup [b, +\infty)$ 都有

$$f(x) \geqslant f(0)$$

成立. 由此不难判定 $f(x)$ 在有限闭区间 $[a, b]$ 上的最小值即为所求.

类似的问题是：若函数 $f(x) \in C(\mathbf{R})$，且 $\lim\limits_{x \to \infty} f(x) = A$（常数），则 $f(x)$ 在 $\mathbf{R}$ 上至少可取到最大值与最小值中的一个.

例 1.7.5 设函数 $f(x)$ 在 $\mathbf{R}$ 上定义，且具有介值性：即对 $\forall\, a, b \in \mathbf{R}$，若有 $f(a) < \lambda < f(b)$，则必存在 $x \in (a, b)$（或 (b, a)），使 $f(x) = \lambda$. 现假定满足 $f(x) = \lambda$ 的 x 值惟一，证明 $f(x) \in C(\mathbf{R})$.

证明 用反证法. 若 $f(x)$ 在点 x_0 处不连续，则至少在某侧不连续（不妨设为右不连续）. 于是 $\exists\, \varepsilon_0 > 0$ 和严格递减数列 $\{x_n\}$（$x_n > x_0$，$x_n \to x_0$，$n \to \infty$），使

$$|f(x_n) - f(x_0)| > \varepsilon_0, \quad \forall\, n \in \mathbf{N}.$$

从而又有子列 $\{x_{n_k}\} \subset \{x_n\}$，使得

$$f(x_{n_k}) > f(x_0) + \varepsilon_0 \quad (\text{或}\ f(x_{n_k}) < f(x_0) - \varepsilon_0), \quad \forall\, k \in \mathbf{N}.$$

为方便计，不妨设所选子列即数列 $\{x_n\}$ 自身，也即有

$$f(x_n) > f(x_0) + \varepsilon_0 > f(x_0), \quad \forall\, n \in \mathbf{N}.$$

由 $f(x)$ 的介值性可知，$\exists\, \xi_n \in (x_0, x_n)$，使得 $f(\xi_n) = f(x_0) + \varepsilon_0$，$\forall\, n \in \mathbf{N}$，且这样的 ξ_n 必有无穷多个，否则与 $x_n \to x_0$（$n \to \infty$）矛盾，但这一结果又与题设条件不合.

顺便说明，从上面的证明过程可以看出：此例条件中"满足 $f(x) = \lambda$ 的 x 值惟一"可改为"满足 $f(x) = \lambda$ 的 x 值只有有限个"，结论仍然是成立的.

例 1.7.6 设函数 $f(x)$ 在 $[a, b]$ 上定义，且 $f(x)$ 的每个值恰好取到两次，证明 $f(x)$ 在 $[a, b]$ 上必不连续.

分析 用反证法. 若 $f(x) \in C[a, b]$，由条件 $f(x)$ 在 $[a, b]$ 上可在两处取到最大值，两处取到最小值. 因此，这四处最值点中至少有两处在 (a, b) 内，不失一般

性,可记

$$f(x_0) = f(x'_0) = \max_{x \in [a,b]} \{f(x)\}, \quad a < x_0 < x'_0 \leqslant b.$$

现在 (a,b) 内取三点 $x_1, x_2, x_3 (x_1 < x_0 < x_2 < x_3 < x'_0)$. 记 $A = \max(f(x_1),$ $f(x_2), f(x_3))$. 从几何图形上明显可以看出,(a,b) 内至少有三处 $f(x)$ 取值相同且都等于 A,这与题设条件矛盾. 用介值定理不难写出完整的证明.

此题更一般的结论是:当 n 为偶数时,不存在 $[a,b]$ 上对每个值恰好取 n 次的连续函数;当 n 为奇数时,必存在 $f(x) \in C(\mathbf{R})$,使 $f(x)$ 的每个值恰好取 n 次.

例 1.7.7 设函数 $f(x) \in C(a,b)$,若 $\exists \{x_n\}, \{y_n\} \subset (a,b)$,满足

$$\lim_{n \to \infty} x_n = \lim_{n \to \infty} y_n = a,$$

且有 $\lim\limits_{n \to \infty} f(x_n) = A, \lim\limits_{n \to \infty} f(y_n) = B$,则对 $\forall \lambda (\lambda$ 介于 A,B 之间),证明存在 $\{z_n\} \subset (a,b)$,使 $\lim\limits_{n \to \infty} z_n = a$ 且 $\lim\limits_{n \to \infty} f(z_n) = \lambda$.

分析 不失一般性可令 $A < \lambda < B$. 利用函数极限的局部保号性,可证当 n 充分大时恒有 $f(x_n) < \lambda$,而 $f(y_n) > \lambda$. 只要在闭区间 $[x_n, y_n] \subset (a,b)$(或 $[y_n, x_n] \subset (a,b)$)上应用连续函数的介值定理,则此时总可以找到介于 x_n, y_n 之间的 z_n,使得 $f(z_n) = \lambda$ 恒成立.

下面是一个平面几何中的面积分割问题.

例 1.7.8 平面上有给定的三角形 ABC 及直线 l,证明必存在一条与 l 平行的直线,平分三角形 ABC 的面积.

分析 这一问题完全可以用纯几何的方法解决,也可以用实数连续性定理中的"区间套定理"加以证明. 不过最简洁和直观的方法,是借用闭区间上连续函数的性质. 关键是设法将所考虑的面积表示为闭区间上的连续函数,然后用介值定理直接得出结论.

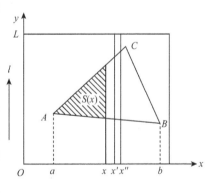

图 1.1

我们取 l 方向为 y 轴正方向并建立坐标系(如图 1.1). 适当取 $L > 0$,使三角形 ABC 完全含于矩形域内,若以 $S(x)$ 表示阴影部分面积,则对 $\forall x', x'' \in [a,b]$,有

$$|S(x') - S(x'')| \leqslant L|x' - x''|.$$

可见 $S(x)$ 在 $[a,b]$ 上满足 Lipschitz 条件,从而 $S(x) \in C[a,b]$.

例 1.7.9 设函数 $f(x) \in C[0,1], f(0) = f(1)$. 证明对 $\forall n \in \mathbf{N}, \exists x_n \in [0, 1]$,使

$$f(x_n) = f\left(x_n + \frac{1}{n}\right).$$

分析　这类问题通常需要构造辅助函数:将所求点 x_n 改为变量 x,令 $F(x)$ $= f(x) - f\left(x + \frac{1}{n}\right)$,证明 $F(x)$ 在 $[0,1]$ 上有零点.

因 $f(x) \in C[0,1]$,故有 $F(x) \in C\left[0, 1 - \frac{1}{n}\right]$. 自然想到应考察 $F(0)$ 与 $F\left(1 - \frac{1}{n}\right)$ 是否反号? 但就此题而言,这样分析尚得不出所需结果.

转而考虑用反证法. 若 $F(x)$ 在 $\left[0, 1 - \frac{1}{n}\right]$ 上恒不为 0,则 $F(x)$ 在 $\left[0, 1 - \frac{1}{n}\right]$ 上必保持同号. 不妨设 $F(x) > 0$,$x \in \left[0, 1 - \frac{1}{n}\right]$. 于是对 $k = 0, 1, \cdots,$ $n - 1$,有

$$F\left(\frac{k}{n}\right) > 0 \quad \Rightarrow \quad f\left(\frac{k}{n}\right) > f\left(\frac{k+1}{n}\right).$$

由此可推出 $f(0) > f\left(\frac{1}{n}\right) > \cdots > f(1)$,可见与题设条件是矛盾的.

例 1.7.10　设周期函数 $f(x) \in C(\mathbf{R})$ 且以 $T > 0$ 为其周期,证明 $f(x)$ 在 $\mathbf{R}$ 上一致连续.

分析　定义在 $\mathbf{R}$ 上的连续函数未必一致连续,但有限闭区间上的连续函数必定一致连续. 因此,分析此例的一个基本思想是利用 $f(x)$ 的周期性将任意远处的两点 x', x'' "拖回" 到闭区间 $[-T, T]$ 上来考虑. 当 x', x'' 两点间距离不超出 δ 时,$[-T, T]$ 上相应两点 y', y'' ($x' = y' + nT$,$x'' = y'' + nT$,$n \in \mathbf{Z}$) 间距离也不会超出 δ,而 $|f(x') - f(x'')|$ 与 $|f(y') - f(y'')|$ 之值必定是相同的.

证明　因 $f(x) \in C(\mathbf{R})$,故 $f(x)$ 在 $[-T, T]$ ($T > 0$) 上一致连续. 于是 $\forall \varepsilon > 0$,$\exists \delta (0 < \delta < T)$,使得 $\forall y'$, $y'' \in [-T, T] (|y' - y''| < \delta)$ 有
$$|f(y') - f(y'')| < \varepsilon.$$

对 $\forall x'$, $x'' \in \mathbf{R} (|x' - x''| < \delta)$,由 $f(x)$ 的周期性必 $\exists y'$, $y'' \in [-T, T]$ 以及 $n \in \mathbf{Z}$,使得 $x' = nT + y'$,$x'' = nT + y''$. 此时有 $|y' - y''| < \delta$,于是
$$\begin{aligned}|f(x') - f(x'')| &= |f(nT + y') - f(nT + y'')| \\ &= |f(y') - f(y'')| < \varepsilon.\end{aligned}$$

从而 $f(x)$ 在 $\mathbf{R}$ 上一致连续.

顺便指出,此例的结论是有用的. 例如考虑下列问题:证明函数 $f(x) = \sin^3 x + \sin(x^3)$ 不是 $\mathbf{R}$ 上的周期函数. 若按函数的非周期性定义去判断证明,问题将变得十分繁复. 事实上按此例的结论我们只要验证 $f(x)$ 在 $\mathbf{R}$ 上不一致连续就行了,

也即找出 $\mathbf{R}$ 上的两个数列 $\{x_n^{(1)}\}$, $\{x_n^{(2)}\}$, 使 $\lim\limits_{n\to\infty}(x_n^{(1)}-x_n^{(2)})=0$, 但 $\lim\limits_{n\to\infty}[f(x_n^{(1)})-f(x_n^{(2)})]\neq0$ (见命题 1.6.2). 根据函数 $f(x)$ 的具体特点, 可取

$$x_n^{(1)}=\sqrt[3]{2n\pi+\frac{\pi}{2}}, \qquad x_n^{(2)}=\sqrt[3]{2n\pi-\frac{\pi}{2}}, \qquad n\in\mathbf{N}.$$

具体证明留给读者完成.

1.7.2.3 不动点问题

不动点理论的内涵极其丰富, 其内容可涉及数学分析、泛函分析、概率统计等, 这里我们只介绍数学分析中有关不动点的一些最基本、最典型的问题, 这些问题就其处理手法及所用工具来看, 大部分是可以归入连续函数范围内的, 所以放在这一节中讨论. 其中的个别问题要用到实数连续性定理(如致密性定理)的结论(如例 1.7.13 的分析说明), 读者可暂时跳过这一内容不看, 等学完后续有关知识后再回过头来阅读.

我们从最基本的不动点问题说起.

例 1.7.11 设函数 $f(x)$ 在 $\mathbf{R}$ 上满足 Lipschitz 条件, 即对 $\forall x, y\in\mathbf{R}$, 有

$$|f(x)-f(y)|\leqslant L|x-y| \qquad (0<L<1).$$

证明 $f(x)$ 在 $\mathbf{R}$ 上存在惟一不动点 x_0, 使 $f(x_0)=x_0$.

分析 $f(x)$ 在 $\mathbf{R}$ 上满足 Lipschitz 条件, 说明 $f(x)$ 在 $\mathbf{R}$ 上连续(且一致连续). 不动点 x_0 应如何确定? 一般地, 可任取 $x_1\in\mathbf{R}$, 并通过递推形式构造数列 $\{x_n\}$:

$$x_{n+1}=f(x_n), \qquad n\in\mathbf{N}.$$

只要能证明数列 $\{x_n\}$ 收敛(记为 $\lim\limits_{n\to\infty}x_n=x_0$), 不难验证这个极限点 x_0 即为所要找的不动点.

证明惟一性通常用反证法.

例 1.7.12 设 $f(x)$ 在 $\mathbf{R}$ 上严格递减, 且满足条件

$$|f(x)-f(y)|<|x-y| \qquad (\forall x, y\in\mathbf{R}, x\neq y).$$

对任意 $x_1\in\mathbf{R}$, 令 $x_{n+1}=f(x_n)$, $n\in\mathbf{N}$. 证明数列 $\{x_n\}$ 收敛于 $f(x)$ 在 $\mathbf{R}$ 上的不动点 x_0.

分析 不妨假设 $x_2<x_1$, 则可得出

$$f(x_2)>f(x_1) \quad\Rightarrow\quad x_3>x_2.$$

于是又有 $x_4<x_3$, $x_5>x_4$, …. 可见数列 $\{x_n\}$ 并不具有单调性.

我们猜测: $\{x_n\}$ 的奇、偶子列 $\{x_{2n-1}\}$ 与 $\{x_{2n}\}$ 是否分别具有单调性?

先看 $\{x_{2n-1}\}$. 事实上, 只要有 $x_3<x_1$, 就不难进一步用归纳法得出

$$x_{2n-2} < x_{2n} < x_{2n+1} < x_{2n-1}, \qquad n \in \mathbf{N}.$$

从而$\{x_{2n-1}\}$与$\{x_{2n}\}$分别单调有界. 而 $x_3 < x_1$ 这一点可以用反证法及题设条件证明.

剩下的还要说明数列$\{x_n\}$本身收敛且收敛于 $f(x)$ 在 $\mathbf{R}$ 上的不动点. 再利用 $f(x)$ 在 $\mathbf{R}$ 上的连续性得出所要结果.

例 1.7.13　设 $f : \mathbf{R} \to \mathbf{R}$ 是连续映射, 若 $\exists a \in \mathbf{R}$ 和 $M > 0$, 使得 $\forall n \in \mathbf{N}$ 成立

$$|f^n(a)| \triangleq |\underbrace{f \circ f \circ \cdots \circ f}_{n\text{重}}(a)| \leqslant M,$$

证明 f 在 $\mathbf{R}$ 上有不动点 x_0.

分析　自然想到用递推方法构造数列$\{x_n\}$: 令 $x_1 = a$,

$$x_{n+1} = f(x_n) = f^n(a), \qquad n \in \mathbf{N}.$$

因$\{x_n\}$有界, 于是$\{x_n\}$中存在收敛子列 $x_{n_k} = f(x_{n_k-1}) = f^{n_k-1}(a)$, $k \in \mathbf{N}$, 记 $\lim\limits_{k \to \infty} x_{n_k} = x_0$. 令 $k \to \infty$ 并利用 f 的连续性, 似乎已能得出 $x_0 = f(x_0)$.

但上面的证法是有问题的. 问题是我们虽已得出 $\lim\limits_{k \to \infty} x_{n_k} = x_0$, 但并不能保证就有 $\lim\limits_{k \to \infty} x_{n_k-1} = x_0$. 从所给条件中也证不出这一点.

为了避免这一矛盾, 改用反证法试一试: 假设 $\forall x \in \mathbf{R}$ 都不是 f 的不动点, 会导致什么矛盾?

证明　用反证法. 倘若 $\forall x \in \mathbf{R}$ 都不是 f 的不动点, 由 f 的连续性, 对 $\forall x \in \mathbf{R}$ 恒有

$$f(x) > x \quad \text{或} \quad f(x) < x.$$

否则只要令 $F(x) = f(x) - x$, 容易说明 $F(x)$ 在 $\mathbf{R}$ 上必有零点, 从而 $f(x)$ 在 $\mathbf{R}$ 上有不动点.

不妨设 $f(x) > x$, $x \in \mathbf{R}$. 令 $x_1 = a$, $x_{n+1} = f(x_n) = f^n(a)$, $n \in \mathbf{N}$. 由条件 $|f^n(a)| \leqslant M$, $\forall n \in \mathbf{N}$ 可知数列$\{x_n\}$有界. 又由

$$x_{n+1} = f(x_n) > x_n, \quad n \in \mathbf{N}$$

可知$\{x_n\}$严格递增, 从而$\{x_n\}$收敛. 可记 $\lim\limits_{n \to \infty} x_n = x_0$. 只要在 $x_{n+1} = f(x_n)$ 两端令 $n \to \infty$, 利用 f 的连续性就有 $x_0 = f(x_0)$. 但这与反证法假设"f 在 $\mathbf{R}$ 上无不动点"矛盾.

例 1.7.14　设 $f : [0,1] \to [0,1]$ 为连续映射, $f(0) = 0$, $f(1) = 1$, 且 $\exists n \in \mathbf{N}$ 使

$$\underbrace{f \circ f \circ \cdots \circ f}_{n\text{重}}(x) = x, \quad \forall x \in [0,1].$$

证明 $f(x) = x$, $x \in [0,1]$.

分析　这是一个恒等映射问题, 有一定的难度, 我们可以分成几步考虑:

1° 首先简化原命题,将条件改为"由 $f(f(x))=x$,证明 $f(x)=x$(其余不变)".只要证出这第一步,不难由归纳法得出最终结论.

2° 为了得到 1°的结果,只要证明 $f(x)$ 单调即可.事实上当 $f(x)$ 具有单调性时,若 $f(x)\geqslant x$,则有

$$x = f(f(x)) \geqslant f(x) \quad \Rightarrow \quad x = f(x);$$

若 $f(x)\leqslant x$,又有

$$x = f(f(x)) \leqslant f(x) \quad \Rightarrow \quad x = f(x).$$

可见总有 $x=f(x)$ 成立.

3° 证明 $f(x)$ 的单调递增性可用反证法.倘若不然,则 $\exists x_1, x_2 \in [0,1]$ $(x_1 < x_2)$,使得 $f(x_1) > f(x_2)$,而 $f(X)\subset[0,1]$ 且 $f(x)$ 在 $[0,1]$ 上具有介值性,故必 $\exists x_3 (x_2 < x_3 \leqslant 1)$,使得 $f(x_3)=f(x_1)$.但由条件有

$$x_1 = f(f(x_1)) = f(f(x_3)) = x_3.$$

这与假设条件 $x_1 < x_2 < x_3$ 矛盾.

4° 再用归纳法证明一般性结论.

习 题 一

1. 设数列 $\{x_n\}$ 有三个子列 $\{x_{2k}\}$,$\{x_{2k+1}\}$ 及 $\{x_{3k}\}$ 收敛,证明 $\{x_n\}$ 必收敛.

2. 设 $\lim\limits_{n\to\infty} x_n = +\infty$,证明数列 $\{x_n\}$ 中有最小项.

3. 设 $\{x_n\}$ 为单调数列,$\lim\limits_{n\to\infty}\dfrac{x_1+x_2+\cdots+x_n}{n}=a$,证明 $\lim\limits_{n\to\infty} x_n=a$.

4. 设 $x_1=a>0$,$x_{n+1}=\dfrac{a}{1+x_n}$,$n\in\mathbf{N}$. 证明数列 $\{x_n\}$ 收敛并求其极限值.

5. 设 $x_1>\sqrt{a}(a>1)$,$x_{n+1}=\dfrac{a+x_n}{1+x_n}$,$n\in\mathbf{N}$,证明数列 $\{x_n\}$ 收敛并求其极限值.

6. 设 $x_1=a$,$x_2=b$,$x_{n+1}=\dfrac{x_n+x_{n-1}}{2}$,$n=2,3,\cdots$,证明数列 $\{x_n\}$ 收敛并求其极限值.

7. 设 $x_1=\ln a(a>0)$,$x_{n+1}=x_n+\ln(a-x_n)$,$n\in\mathbf{N}$. 证明数列 $\{x_n\}$ 收敛并求其极限值.

8. 设数列 $\{x_n\}$ 满足条件 $0<x_n<1$,且

$$(1-x_n)x_{n+1} > \frac{1}{4}, \qquad n\in\mathbf{N}.$$

证明数列 $\{x_n\}$ 收敛并求其极限值.

9. 设函数 $f(x)$ 在 $[a,b]$ 上严格递增,数列 $\{x_n\}\subset(a,b)$. 若 $\lim\limits_{n\to\infty} f(x_n)=f(a)$,证明 $\lim\limits_{n\to\infty} x_n=a$.

10. 设数列 $\{x_n\}$,$\{y_n\}$ 满足关系

$$y_{n+1} = x_n + ax_{n+1}, \qquad n\in\mathbf{N},$$

(1) 若 $|a|>1$,证明当 $\{y_n\}$ 收敛时,$\{x_n\}$ 也收敛;

(2) 若 $|a| \leqslant 1$, 上述结论是否仍成立?

11. 设 $\lim\limits_{n \to \infty} x_n = a$, $y_n = \dfrac{1}{2^n}(x_0 + c_n^1 x_1 + \cdots + c_n^n x_n)$, $n \in \mathbf{N}$. 证明数列 $\{y_n\}$ 收敛并求其极限值.

12. 设 $x_n = 1 + \dfrac{1}{2} + \cdots + \dfrac{1}{n} - \ln n$, $n \in \mathbf{N}$. 证明数列 $\{x_n\}$ 收敛. 由此计算

(1) $\lim\limits_{n \to \infty} \left(1 - \dfrac{1}{2} + \dfrac{1}{3} - \dfrac{1}{4} + \cdots + (-1)^{n-1}\dfrac{1}{n}\right)$;

(2) $\lim\limits_{n \to \infty} \left(\dfrac{1}{n+1} + \dfrac{1}{n+2} + \cdots + \dfrac{1}{2n}\right)$.

提示: 先证明对 $\forall\, n \in \mathbf{N}$, 有 $\dfrac{1}{n+1} < \ln\left(1 + \dfrac{1}{n}\right) < \dfrac{1}{n}$.

13. 设 $\lim\limits_{n \to \infty}(x_1 + x_2 + \cdots + x_n)$ 存在, 证明

(1) $\lim\limits_{n \to \infty} \dfrac{x_1 + 2x_2 + \cdots + nx_n}{n} = 0$;

(2) $\lim\limits_{n \to \infty}(n!\ x_1 x_2 \cdots x_n)^{\frac{1}{n}} = 0$　$(x_k > 0,\ k = 1, 2, \cdots, n)$.

14. 设 $x_1 > 0$, $x_{n+1} = \ln(1 + x_n)$, $n \in \mathbf{N}$. 证明 $\lim\limits_{n \to \infty} nx_n = 2$.

15. 设函数 $f(x)$ 在 $(0, +\infty)$ 上满足关系式
$$f(2x) = f(x), \qquad x > 0,$$
且 $\lim\limits_{x \to +\infty} f(x)$ 存在, 证明 $f(x)$ 恒为常数.

16. 设 $f(x)$ 是 $\mathbf{R}$ 上的周期函数, 若 $\lim\limits_{x \to \infty} f(x) = 0$, 证明 $f(x) = 0$, $x \in \mathbf{R}$.

17. 设函数 f, g 可复合, 且 $\lim\limits_{u \to u_0} f(u) = A$, $\lim\limits_{x \to x_0} g(x) = u_0$ $(u = g(x))$. 证明下列结果中至少有一个成立:

(1) $\lim\limits_{x \to x_0} f(g(x)) = A$;

(2) $\lim\limits_{x \to x_0} f(g(x)) = f(u_0)$;

(3) $\lim\limits_{x \to x_0} f(g(x))$ 不存在.

18. 设 $a, b > 1$, 函数 $f: \mathbf{R} \to \mathbf{R}$ 在点 $x = 0$ 的某邻域内有界, 且对 $\forall\, x \in \mathbf{R}$, 有 $f(ax) = bf(x)$. 证明 $\lim\limits_{x \to 0} f(x) = f(0)$.

19. 设 $f(x) \in C[a, b]$, 对 $[a, b]$ 上任意两个有理数 $r_1, r_2\ (r_1 < r_2)$, 有 $f(r_1) \leqslant f(r_2)$. 证明 $f(x)$ 在 $[a, b]$ 上单调递增.

20. 设函数 $f(x)$ 只有可去间断点, 定义 $g(x) = \lim\limits_{t \to x} f(t)$, 证明 $g(x) \in C(\mathbf{R})$.

21. 设函数 $f(x)$ 在 $\mathbf{R}$ 上单调递增, 定义 $g(x) = f(x+0)$, 证明 $g(x)$ 在 $\mathbf{R}$ 上右连续.

22. 设函数 $f(x)$ 在 $\mathbf{R}$ 上定义且具有介值性, 当 r 为 $\mathbf{R}$ 上有理数时, 对 $\forall\, \{x_n\}\, (x_n \to x)$, 若 $\lim\limits_{n \to \infty} f(x_n) = r$, 就有 $f(x) = r$. 证明 $f(x) \in C(\mathbf{R})$.

23. 设 $f(x) \in C(\mathbf{R})$, 且 $\lim\limits_{x \to \infty} f(f(x)) = \infty$, 证明 $\lim\limits_{x \to \infty} f(x) = \infty$.

24. 设 $f(x) \in C(\mathbf{R})$, $\lim\limits_{x \to \infty} f(x) = +\infty$, 且 $\exists\, x_0 = \min\limits_{x \in \mathbf{R}} f(x)$, 使得 $f(x_0) < x_0$. 证明 $f(f(x))$ 至少在两点处取最小值.

25. 设 $f(x) \in C(a, +\infty)$ 且有界,证明对 $\forall T \in \mathbf{R}$, $\exists \{x_n\} \subset (a, +\infty)$ $(x_n \to +\infty)$,使

$$\lim_{n \to \infty} [f(x_n + T) - f(x_n)] = 0.$$

26. 若 E 为有限点集,或 E 为无限点集但其中任一收敛点列 $\{x_n\}$ 的聚点仍属于 E,则称 E 为闭集. 证明闭区间上连续函数的零点构成闭集.

27. 设 $f(x) \in C(a, b)$,$f^2(x)$ 在 (a, b) 内一致连续. 证明 $f(x)$ 在 (a, b) 内也一致连续.

28. 设 E 为非空数集,令

$$f(x) = \inf_{\alpha \in E} \left\{ |x - \alpha| \,\Big|\, x \in \mathbf{R} \right\}.$$

证明 $f(x)$ 在 $\mathbf{R}$ 上一致连续.

29. (1) 设有闭区间列 $\{[a_n, b_n]\}$ $(a_n > 0, a_n \to +\infty)$. 若 $[a_n, b_n]$ 上每点都具有性质 P,证明 $\exists \alpha \in \mathbf{R}$,使数列 $\{n\alpha\}$ 中必有子列 $\{n_k \alpha\}$,使每点 $n_k \alpha$ 都具有性质 P;

(2) 设 $f(x) \in C[0, +\infty)$,对 $\forall \alpha > 0$,有 $\lim_{n \to \infty} f(n\alpha) = 0$,证明 $\lim_{x \to +\infty} f(x) = 0$.

第 2 章　极限与连续续论

2.1　实数连续性定理

2.1.1　概念辨析与问题讨论

1. 关于区间套定理与有限覆盖定理的应用.

区间套定理通常用于将函数在某一闭区间上成立的性质归结为在某点邻域内的局部性质,体现了将"整体"收缩为"局部"的特点.因此,它所证明的结论通常涉及到"某一点"的问题.例如闭区间上连续函数的零点存在性问题,有界数列存在收敛子列(子列极限点存在)问题等.

用区间套定理证明问题的关键是构造满足特定要求的闭区间列,这样的闭区间列应符合如下条件:

①一个套一个;

②区间长度收缩到 0;

③函数在每个区间上都具有相同的某一性质.

这样,由区间套定理可"套"出一个公共点,并验证这个点(或函数在含该点的某邻域内)满足某种要求.

有限覆盖定理的作用与区间套定理正好相反,它是把函数在每点某邻域内的局部性质,拓展为函数在闭区间上所共有的性质,体现了由"局部"推广到"整体"的特点.因此,它所证明的结论通常涉及到全区间的问题.例如由函数在闭区间上连续(逐点连续)推出函数在闭区间上一致连续;由函数在区间 I 上每点处严格递增(函数 $f(x)$ 在点 x_0 处严格递增,是指: $\exists \delta_0 > 0$, $\forall x(0 < |x - x_0| < \delta)$ 有 $[f(x) - f(x_0)] \cdot (x - x_0) > 0$),推出函数在区间 I 上严格递增等.

区间套定理与有限覆盖定理看来所起的作用截然不同,但事实上它们只是同一事物的两个方面,可以互相转化.因为从反证法的观点看,局部(点)的反面便成了整体(区间),反之也一样.

例如考虑这样的问题:若 $f(x)$ 在 $[a,b]$ 上定义且恒取正值, $\forall x' \in [a,b]$, $\lim\limits_{x \to x'} f(x) = A' > 0$,则 $f(x)$ 在 $[a,b]$ 上必有正的下界.

正面证法自然可用有限覆盖定理:对 $\forall x' \in [a,b]$,构造邻域 $U(x', \delta')$,使 $f(x)$ 在 $U(x', \delta')$ 内有正的下界(局部性质),再利用有限覆盖定理,将无穷多个正下界转化为有限个正下界,然后从中找出最小的那个,这便是 $f(x)$ 在 $[a,b]$ 上的正下界.

但我们也可以用区间套定理来反证:若 $f(x)$ 在 $[a,b]$ 上无正的下界(整体性质),取 $M_1=1$,对分区间 $[a,b]$ 后,至少有一个子区间上 $f(x)$ 在某处取值小于 1. 若令 $M_n=\dfrac{1}{n}$,$n\in\mathbf{N}$. 则在 n 次等分区间后,总可使某一子区间上 $f(x)$ 在某处取值小于 $\dfrac{1}{n}$. 这样,由区间套定理"套"出一点 $x_0\in[a,b]$,可验证在该点处必有 $f(x_0)=0$,从而推出矛盾.

2. 关于聚点与聚点原理.

设 E 为非空数集,称 a 是 $E\subset\mathbf{R}$ 的聚点,是指:$\forall\,\varepsilon>0$,$U°(a,\varepsilon)\bigcap E\neq\varnothing$,即 a 的任一邻域 $U(a)$ 内至少含有一个异于 a 且属于 E 的点.

很显然,当 E 为有限集时,E 必无聚点.

注意数集的聚点与数列的极限点是两个不同的概念. 聚点是对数集而言,说明该点的任一空心邻域内凝聚着数集 E 中的点;而极限点是对数列而言,数列的极限值即为极限点.

在数列中,我们将下标不同的项当作是不同的项(尽管它们的数值可能相同),但在数集中,相同数值的项只能当作一个元素(点)看待. 例如常数列 $\{x_n\}$:

$$a,\ a,\ a,\cdots,a,\cdots$$

显然有极限点 a,但从数集观点看所有的相同常数 a 只能当作一项,故它没有聚点. 可以证明,当收敛数列 $\{x_n\}\subset E$ 且 $\{x_n\}$ 中有无穷多项相异时,则数集 E 必有聚点,且聚点即为 $\{x_n\}$ 的极限点;反之,若将数列 $\{x_n\}$ 看做是数集 E,且 E 有聚点,则相应的数列 $\{x_n\}$ 未必收敛. 例如,考虑数集 E:

$$1,\frac{1}{2},3,\ \frac{1}{4},\cdots,2n-1,\ \frac{1}{2n},\cdots$$

可见常数 0 是数集 E 的聚点,但相应的数列 $\{x_n\}$:

$$x_{2n-1}=2n-1,x_{2n}=\frac{1}{2n},\ n\in\mathbf{N}$$

却并不收敛.

关于聚点存在性的一个重要结果是所谓聚点定理:有界无穷数集 E 必有聚点. 用区间套定理或有限覆盖定理都不难证明这一命题,证明的思想与证明致密性定理是相仿的,读者不妨作为练习,自己写出具体的证明.

3. 聚点的等价性定义.

"常数 a 为数集 E 的聚点"有以下三个等价性定义:

Ⅰ $\forall\,\varepsilon>0$,在 $U(a,\varepsilon)$ 内含有 E 内无穷多个点;

Ⅱ $\forall\,\varepsilon>0$,在 $U°(a,\varepsilon)$ 内含有 E 内至少一个点;

Ⅲ $\exists\,\{x_n\}\subset E(x_n\neq x_m,\ n\neq m)$,使得 $\lim\limits_{n\to\infty}x_n=a$.

由Ⅰ证Ⅱ是显见的,按极限定义也不难由Ⅲ证Ⅰ.我们只说明由Ⅱ证Ⅲ.

由Ⅱ,$\forall\,\varepsilon>0$,$\exists\,x\in U^{\circ}(a,\varepsilon)\bigcap E$.

取 $\varepsilon_1=1$,$\exists\,x_1\in U^{\circ}(a,\varepsilon_1)\bigcap E$;

取 $\varepsilon_2=\min\left[\dfrac{1}{2},\,|\,a-x_1\,|\right]>0$,$\exists\,x_2\in U^{\circ}(a,\varepsilon_2)\bigcap E$;

············

取 $\varepsilon_n=\min\left[\dfrac{1}{2^{n-1}},\,|\,a-x_{n-1}\,|\right]>0$,$\exists\,x_n\in U^{\circ}(a,\varepsilon_n)\bigcap E$;

············

由 $x_n(n\in\mathbf{N})$ 取法可知 $\{x_n\}\subset E(x_n\neq x_m,n\neq m)$,且有 $\lim\limits_{n\to\infty}x_n=a$ 成立.

4. 有限覆盖定理的另一种形式——Lebesgue 引理.

引理 2.1.1(Lebesgue 引理)　设开区间集 G 是 $[a,b]$ 的开覆盖,则 $\exists\,l>0$,对 $\forall\,x\in[a,b]$,$U(x,l)$ 必能被 G 中某一开区间覆盖(称 l 为 Lebesgue 数).

证明请参见例 2.1.9.

有限覆盖定理和 Lebesgue 引理实质上是同一问题的两个方面.有限覆盖定理涉及到覆盖闭区间的开区间个数,而 Lebesgue 引理则涉及到覆盖闭区间的开区间长度,但可以证明这两者事实上是完全等价的.这两个命题用途各有所异,为针对不同问题选择不同工具提供了契机.

5. 实数连续性定理的等价性证明.

实数连续性定理一般是指以下 6 个定理:

Ⅰ 确界原理;　　　Ⅱ 单调有界定理;

Ⅲ 区间套定理;　　Ⅳ 有限覆盖定理;

Ⅴ 致密性定理;　　Ⅵ Cauchy 收敛准则.

这 6 个定理相互等价.换句话说,若以其中任何一个定理为基础,都可以证出其余 5 个,因此总共可得出 30 个问题.从理论上来说这样做是完全可行的,但事实上这 30 个问题证明的繁易程度大不一样,有些有相当的难度,有些技巧性较强.通常较为简洁的处理方法是采用循环证明,比如按上述命题的序号由Ⅰ⇒Ⅱ⇒Ⅲ⇒Ⅳ⇒Ⅴ⇒Ⅵ⇒Ⅰ(见文献[9]).在本节中我们将另外给出几个各具特色的等价性证明.

由Ⅰ⇒Ⅳ,见例 2.1.2;由Ⅳ⇒Ⅴ,见例 2.1.7;由Ⅳ⇒Ⅲ,见例 2.1.8;由Ⅲ⇒Ⅵ,见例 2.1.10.

2.1.2　解题分析

2.1.2.1　确界原理应用举例

应用确界原理的要点是适当构造具有某种性质的数集,其上确界(或下确界)

通常就是符合要求的点(如例 2.1.1),或者证明确界点本身也属于该数集,并可延拓为区间端点(如例 2.1.2).

例 2.1.1 设函数 $f(x)$ 在 $[a,b]$ 上单调递增,且 $a<f(a)<f(b)<b$,证明 $\exists\, x_0\in(a,b)$,使 $f(x_0)=x_0$.

分析 通常用区间套定理证明.将区间 $[a,b]$ 二等分,若 $f\left(\dfrac{a+b}{2}\right)=\dfrac{a+b}{2}$,则命题已证;若 $f\left(\dfrac{a+b}{2}\right)>\dfrac{a+b}{2}$,取 $\left[\dfrac{a+b}{2},b\right]\triangleq[a_1,b_1]$,否则取另一半为 $[a_1,b_1]$.如此继续,得出闭区间列 $\{[a_n,b_n]\}$,可以验证所"套"出的一点 x_0 必满足条件.

现在换一个思路,改用确界原理证明.记
$$E=\{x\mid f(x)>x,\ x\in[a,b]\}.$$
由条件 $a\in E$,故 E 非空具有上界 b.由确界原理可记 $x_0=\sup E$.为了证明 $f(x_0)=x_0$,应证同时有 $f(x_0)\geqslant x_0$ 及 $f(x_0)\leqslant x_0$ 成立.

证明 记 $E=\{x\mid f(x)>x,\ x\in[a,b]\}$.因 $a\in E$,故 E 非空且有上界 b,从而必有上确界,可记 $x_0=\sup E$.

往证 $f(x_0)=x_0$.对 $\forall\, x\in E$,有 $x\leqslant x_0$,而 $f(x)$ 单调递增,故 $f(x)\leqslant f(x_0)$.又 $x\in E$,故有 $x<f(x)\leqslant f(x_0)$,即 $f(x_0)$ 为 E 的一个上界,从而有 $x_0\leqslant f(x_0)$.

另一方面,由于 $f(x)$ 单调递增,于是有
$$a<x_0\leqslant f(x_0)\leqslant f(b)<b.$$
由此得出 $f(x_0)\leqslant f(f(x_0))$,即 $f(x_0)\in E$.而 $x_0=\sup E$,故又有 $f(x_0)\leqslant x_0$.合之即有 $f(x_0)=x_0$,$x_0\in(a,b)$ 成立.

例 2.1.2 用确界原理证明有限覆盖定理.

分析 设开区间集 G 是 $[a,b]$ 的一个开覆盖,要证 $[a,b]$ 可被 G 中有限个开区间所覆盖.因此,可令
$$E=\{x\mid[a,x]\ 可被\ G\ 有限覆盖,a<x\leqslant b\}.$$
首先说明 E 非空.因为 $a\in(\alpha,\beta)\in G$,因此必 $\exists\, x>a$,使 $x\in(\alpha,\beta)$,于是 $[a,x]$ 为 (α,β) 所覆盖.又 E 有上界 b,从而必有上确界,可记 $x_0=\sup E\leqslant b$.

仿照例 1.7.2 的方法,应再证 $x_0\in E$ 且 $x_0=b$.

2.1.2.2 致密性定理应用举例

致密性定理用途很广泛,证明思想也较为简洁,应用时通常采用反证手法.容易产生的差错往往是由于对子列概念的理解含糊不清,导致对子列下标记号的叙述与书写上混乱,这一点应予以注意.

例 2.1.3　设函数 $f(x) \in C[a, b]$，且有惟一最值点 $x_0 \in [a, b]$，若有数列 $\{x_n\} \subset [a, b]$ 且 $\lim\limits_{n \to \infty} f(x_n) = f(x_0)$，证明 $\lim\limits_{n \to \infty} x_n = x_0$.

证明　用反证法. 若 $\lim\limits_{n \to \infty} x_n \neq x_0$，则 $\exists \varepsilon_0 > 0$ 以及 $\{x_{n_k}\} \subset \{x_n\}$，使

$$|x_{n_k} - x_0| \geqslant \varepsilon_0, \quad \forall k \in \mathbf{N}.$$

现 $\{x_{n_k}\} \subset [a, b]$ 为有界数列，由致密性定理可知 $\{x_{n_k}\}$ 必有收敛子列. 为方便计不妨设其收敛子列即为 $\{x_{n_k}\}$ 自身，并记

$$\lim_{k \to \infty} x_{n_k} = x_1 \in [a, b].$$

由 $\{x_{n_k}\}$ 的构造可知 $x_1 \neq x_0$. 再由 $f(x) \in C[a, b]$，故有

$$f(x_0) = \lim_{n \to \infty} f(x_n) = \lim_{k \to \infty} f(x_{n_k}) = f(x_1).$$

这与 x_0 为 $f(x)$ 在 $[a, b]$ 上惟一最值点矛盾，从而必有 $\lim\limits_{n \to \infty} x_n = x_0$.

例 2.1.4　证明函数 $f(x)$ 在有界区间 I 上一致连续的充要条件是：当 $\{x_n\}$ 为 I 上任意一个 Cauchy 列时，$\{f(x_n)\}$ 也是 Cauchy 列.

证明　必要性可由一致连续性定义出发，参见命题 1.6.2 写出证明，此处略. 我们只证明充分性，用反证法.

若 $f(x)$ 在 I 上不一致连续，则 $\exists \varepsilon_0 > 0$，取 $\delta_n = \dfrac{1}{n}$ $(n \in \mathbf{N})$，相应地 $\exists x'_n$，$x''_n \in I\left[|x'_n - x''_n| < \dfrac{1}{n}\right]$，使

$$|f(x'_n) - f(x''_n)| \geqslant \varepsilon_0, \quad \forall n \in \mathbf{N}.$$

因 $\{x'_n\} \subset I$（有界），由致密性定理可知 $\{x'_n\}$ 中有收敛子列 $\{x_{n'_k}\}$，记 $\lim\limits_{k \to \infty} x_{n'_k} = x_0 \in I$. 由

$$|x_{n''_k} - x_0| \leqslant |x_{n''_k} - x_{n'_k}| + |x_{n'_k} - x_0|$$

$$< \frac{1}{n_k} + |x_{n'_k} - x_0| \to 0 \quad (k \to \infty),$$

故又有 $\lim\limits_{k \to \infty} x_{n''_k} = x_0$.

将两收敛子列 $\{x_{n'_k}\}$，$\{x_{n''_k}\}$ 的项交替取出构成新数列 $\{x_{n'_k}, x_{n''_k}\}$，显然此数列仍收敛于 x_0，故它必为 Cauchy 列. 但因为

$$|f(x_{n'_k}) - f(x_{n''_k})| \geqslant \varepsilon_0, \quad \forall k \in \mathbf{N},$$

可见 $\{f(x_{n'_k}), f(x_{n''_k})\}$ 不是 Cauchy 列，推出矛盾.

例 2.1.5　设 $\{x_n\}$ 为有界数列但不收敛，证明 $\exists \{x_{n'_k}\}$，$\{x_{n''_k}\} \subset \{x_n\}$，使

$$\lim_{k\to\infty} x_{n'_k} = \alpha, \qquad \lim_{k\to\infty} x_{n''_k} = \beta,$$

而 $\alpha \neq \beta$.

分析 不妨设 $\{x_n\} \subset [a, b]$,由致密性定理可知 $\exists \{x_{n'_k}\} \subset \{x_n\}$,使 $\lim_{k\to\infty} x_{n'_k} = \alpha$.

为了找出另一个收敛子列 $\{x_{n''_k}\}$,使其收敛于 $\beta(\alpha \neq \beta)$,我们可考虑:是否存在点 α 的某一 ε_0 邻域 $U(\alpha, \varepsilon_0) \subset [a, b]$,使得在 $[a, b] \setminus U(\alpha, \varepsilon_0)$ 上仍有 $\{x_n\}$ 中的无穷多项,这样就可以对这无穷多项再一次用致密性定理.

说明这一点并不困难,只要利用反证法思想和数列极限定义就行了.读者可自行写出证明.

例 2.1.6 设 $f:[0,1] \to [0,1]$ 为连续映射,$x_1 \in [0,1]$. 令

$$x_{n+1} = f(x_n), \quad n \in \mathbf{N}.$$

证明数列 $\{x_n\}$ 收敛的充要条件是 $\lim_{n\to\infty}(x_{n+1} - x_n) = 0$.

证明 只证充分性,用反证法.

1° 若 $\{x_n\} \subset [0,1]$ 为发散数列,则 $\exists \{x_{n'_k}\}, \{x_{n''_k}\} \subset \{x_n\}$ 使得

$$\lim_{k\to\infty} x_{n'_k} = \alpha, \qquad \lim_{k\to\infty} x_{n''_k} = \beta,$$

且 $\alpha \neq \beta$(见上题结论),不妨设 $0 \leqslant \alpha < \beta \leqslant 1$. 由 f 的连续性可知有 $f(\alpha) = \alpha, f(\beta) = \beta$.

往证对 $\forall x \in [\alpha, \beta]$ 均有 $f(x) = x$,仍用反证法. 倘若不然,则 $\exists x_0 \in (\alpha, \beta)$,使得 $f(x_0) \neq x_0$,不妨设 $f(x_0) < x_0$(若 $f(x_0) > x_0$,同样可证). 因 $f(x)$ 在点 x_0 处连续,故 $\exists \delta > 0$,使得

$$f(x) < x, \quad \forall x \in (x_0 - \delta, x_0 + \delta) \subset (\alpha, \beta). \tag{2.1.1}$$

由条件 $\lim_{n\to\infty}(x_{n+1} - x_n) = 0$,对上述 $\delta > 0$,$\exists N \in \mathbf{N}$,使得 $\forall n > N$ 有

$$|f^n(x) - f^{n+1}(x)| < \delta.$$

这里记 $f^n(x) \triangleq f(x_n) = x_{n+1}, \quad n \in \mathbf{N}$.

注意到 β 是 $\{x_n\}$ 的子列极限,故总存在 $n > N$ 使得

$$f^n(x) = x_{n+1} > x_0.$$

记 n_0 是满足上述条件的最小正整数,则有

$$f^{n_0-1}(x) = x_{n_0} < x_0 < x_{n_0+1} = f^{n_0}(x). \tag{2.1.2}$$

现因 $|f^{n_0}(x) - f^{n_0-1}(x)| < \delta$,由(2.1.1)又得出

$$f^{n_0-1}(x) = x_{n_0} > f^{n_0}(x).$$

这与(2.1.2)矛盾.

　　2° 再说明 1°中结论的不合理性.

　　若对 $\forall x \in [\alpha, \beta]$ 有 $f(x) = x$,则 $\forall x_N \in \{x_n\}$（$N \in \mathbf{N}$）必有 $x_N \notin [\alpha, \beta]$. 否则就有

$$x_{n+1} = f(x_n) = x_N, \quad \forall n > N.$$

这与 α, β 分别为$\{x_n\}$的子列极限矛盾.因此必定是$\{x_n\} \subset [0, \alpha) \cup (\beta, 1]$.

　　往证当 n 充分大时,只能有 $\forall x_n \in [0, \alpha)$（或 $\forall x_n \in (\beta, 1]$）. 倘若不然,则 $[0, \alpha)$ 与 $(\beta, 1]$ 中均含有$\{x_n\}$中无穷多项,于是对 $\forall N \in \mathbf{N}, \exists n > N$,使得 $x_n \in [0, \alpha)$ 而 $x_{n+1} \in (\beta, 1]$（或者 $x_n \in (\beta, 1]$ 而 $x_{n+1} \in [0, \alpha)$）,如此便有

$$|x_{n+1} - x_n| \geqslant \beta - \alpha.$$

这与题设条件 $\lim\limits_{n \to \infty}(x_{n+1} - x_n) = 0$ 矛盾.

　　现不妨设当 n 充分大时 $\forall x_n \in [0, \alpha)$,但这又与 β 为$\{x_n\}$的某一子列极限矛盾.

　　综上所述,可知在题设条件下数列$\{x_n\}$必定收敛.

2.1.2.3　有限覆盖定理应用举例

　　例 2.1.7　用有限覆盖定理证明致密性定理.

　　分析　用有限覆盖定理证明问题通常是由"点"（局部）的条件得出"面"（整体）的结论,而致密性定理的结论"存在收敛子列"属于"点"类问题,因此应考虑用反证法.现不妨设 $\{x_n\} \subset [a, b]$ 为有界数列,若 $\{x_n\}$ 中无任何收敛子列,即对 $\forall x' \in [a, b]$,$\{x_n\}$ 中无子列收敛于 x'.

　　更确切地说,这表示 $\forall x' \in [a, b], \exists \delta_{x'} > 0$,使 $U(x', \delta_{x'})$ 内只含$\{x_n\}$中至多有限项(这一点应予以证明.事实上,若 $\exists x_0 \in [a, b]$,对 $\forall \delta > 0$,在 $U(x_0, \delta)$ 内都含有$\{x_n\}$中的无穷多项,则可证$\{x_n\}$必有子列收敛于 x_0). 有了这一反证法假设,再用有限覆盖定理不难推出矛盾——区间$[a, b]$上只含$\{x_n\}$中至多有限项.

　　例 2.1.8　用有限覆盖定理证明区间套定理.

　　证明　用反证法. 设 $\{[a_n, b_n]\}$ 为闭区间套,但对 $\forall x' \in [a_1, b_1]$,至少 $\exists k \in \mathbf{N}$,使 $x' \notin [a_k, b_k]$,从而 $\exists \delta_{x'} > 0$,使 $U(x', \delta_{x'}) \cap [a_k, b_k] = \varnothing$.

　　现因 $G = \{U(x', \delta_{x'}) \mid x' \in [a, b]\}$ 是$[a_1, b_1]$的一个开覆盖,故 G 中有限个开区间即可完全覆盖$[a_1, b_1]$,记为

$$G^* = \{U(x_i, \delta_i) \mid 1 \leqslant i \leqslant n\},$$

其中 $U(x_i, \delta_i) \cap [a_{k_i}, b_{k_i}] = \varnothing \quad (i = 1, 2, \cdots, n; k_i \geqslant 2)$.

令 $k_0 = \max(k_1, k_2, \cdots, k_n)$，则 $\bigcap\limits_{i=1}^{n} [a_{k_i}, b_{k_i}] = [a_{k_0}, b_{k_0}]$. 于是对 $\forall i (1 \leqslant i \leqslant n)$，都有 $U(x_i, \delta_i) \bigcap [a_{k_0}, b_{k_0}] = \varnothing$. 由此得出

$$G^* \bigcap [a_{k_0}, b_{k_0}] = (\bigcup\limits_{i=1}^{n} U(x_i, \delta_i)) \bigcap [a_{k_0}, b_{k_0}] = \varnothing.$$

这与 G^* 为 $[a_1, b_1]$ 的开覆盖条件矛盾.

例 2.1.9 设开区间集 G 为 $[a, b]$ 的开覆盖,则 $\exists l > 0$,对 $\forall x \in [a, b]$, $U(x, l)$ 必能被 G 中某一开区间覆盖.

证明 由有限覆盖定理可知,G 中有限个开区间即可覆盖 $[a, b]$,记为

$$G^* = \{ U(\alpha_i, \beta_i) \mid 1 \leqslant i \leqslant n \}.$$

现得 $a, b, \alpha_i, \beta_i (1 \leqslant i \leqslant n)$ 按从小到大顺序重排(相同点合为一个),并记为

$$c_1 < c_2 < \cdots < c_p. \tag{2.1.3}$$

令 $l = \dfrac{1}{2} \min\limits_{1 \leqslant i \leqslant p-1} (c_{i+1} - c_i)$,对 $\forall x \in [a, b]$,考虑 $U(x, l)$.

1° 若 $U(x, l)$ 内不含 (2.1.3) 中的点,因 G^* 覆盖 $[a, b]$,故必 $\exists i (1 \leqslant i \leqslant n)$,使 $x \in (\alpha_i, \beta_i)$,从而 $U(x, l) \subset (\alpha_i, \beta_i)$.

2° 若 $U(x, l)$ 内含 (2.1.3) 中的点,由 l 取法可知应至多只含其中一个点,记为 $c_k (1 \leqslant k \leqslant p)$. 现因 $|c_k - x| < l$,故必有 $c_k \in [a, b]$. 于是 $\exists j (1 \leqslant j \leqslant n)$,使 $c_k \in (a_j, b_j)$.而因为 $U(x, l)$ 内上述点 c_k 至多只有一个,故有 $U(x, l) \subset (a_j, b_j)$.

说明 此命题称为 Lebesgue 引理(见 2.1.1 节第 4 部分).在 2.2 节中我们将给出它的另一种证法(见例 2.2.4).

2.1.2.4 区间套定理应用举例

区间套定理本身较为直观,但往往带来冗长的叙述.应用时应注意保证使区间套中的每个区间都具有相同的特性,至于说一般证法中常用的对闭区间 $[a, b]$ 二等分方法并不是本质问题.下面先看两个区间套定理的应用实例,前一个是对区间作三等分法;而后一个则是对函数的值域进行分割.

例 2.1.10 用区间套定理证明 Cauchy 收敛准则.

证明 利用 Cauchy 收敛准则的条件先证明数列 $\{x_n\}$ 有界(略),记为 $\{x_n\} \subset [a, b]$.

用 c, d 将 $[a, b]$ 三等分,则左、右两侧小区间中至少有一个(不妨设为 $[a, b]$)至多只含 $\{x_n\}$ 中有限项.倘若不然,对 $\forall N \in \mathbf{N}$,总有 $m, n > N$,使得

$$|x_m - x_n| \geqslant d - c.$$

这与 Cauchy 收敛准则条件矛盾.

取 $[c,b] \triangleq [a_1,b_1]$,则 $\exists N_1 \in \mathbf{N}$,使得 $\forall n > N_1$ 有 $x_n \in [a_1,b_1]$,…. 如此继续,得出闭区间列 $\{[a_k,b_k]\}$,满足

(i) $[a_k,b_k] \supset [a_{k+1},b_{k+1}]$,$\forall k \in \mathbf{N}$;

(ii) $b_k - a_k = \left(\dfrac{2}{3}\right)^k (b-a) \to 0$,$k \to \infty$;

(iii) $\exists N_k \in \mathbf{N}$,使得 $\forall n > N_k$ 有 $x_n \in [a_k,b_k]$　　$(k \in \mathbf{N})$.

由区间套定理可知,必惟一存在 $\xi \in [a_1,b_1]$,且有

$$\lim_{k \to \infty} a_k = \lim_{k \to \infty} b_k = \xi.$$

于是 $\forall \varepsilon > 0$,$\exists K \in \mathbf{N}$,使 $[a_K,b_K] \subset U(\xi,\varepsilon)$. 由上述条件(iii),可令 $N = N_K$,则 $\forall n > N$,有

$$x_n \in [a_K,b_K] \subset U(\xi,\varepsilon) \quad \Rightarrow \quad |x_n - \xi| < \varepsilon.$$

也即有 $\lim\limits_{n \to \infty} x_n = \xi$.

例 2.1.11　设函数 $f(x) \in C[0,+\infty)$ 且有界,对 $\forall \lambda \in \mathbf{R}$,$f(x) = \lambda$ 在 $[0,+\infty)$ 上至多只有有限个实根,证明 $\lim\limits_{x \to +\infty} f(x)$ 存在.

分析　因 $f(x)$ 在 $[0,+\infty)$ 上有界,不妨记为

$$m < f(x) < M, \quad \forall x \in [0,+\infty).$$

将 $[m,M]$ 二等分,则当 x 充分大时($x > X_1 \geqslant 0$),$f(x)$ 必完全位于 $\left[m,\dfrac{m+M}{2}\right]$ $\left(\text{或完全位于} \left[\dfrac{m+M}{2},M\right]\right)$ 内. 倘若不然,因有条件 $f(x) \in C[0,+\infty)$,由介值定理可知 $f(x) = \dfrac{m+M}{2}$ 在 $[0,+\infty)$ 上将有无穷多个实根,与假设条件不合.

记上述小区间为 $[m_1,M_1]$,再将 $[m_1,M_1]$ 二等分,…. 如此继续,便得出闭区间列 $\{[m_n,M_n]\}$,由区间套定理可"套"出一点 $\xi \in [m_n,M_n]$,$\forall n \in \mathbf{N}$. 再证明 $\lim\limits_{x \to +\infty} f(x) = \xi$ 就行了.

例 2.1.12　设函数 $f(x) \in C[a,b]$,且 $f(x)$ 在 $[a,b]$ 上处处取极值,证明 $f(x)$ 必为常数.

分析　结论明显具有整体性. 因此,若考虑用区间套定理证明,应采用反证法,设法"套"出一点 x_0,并使 $f(x)$ 在点 x_0 处不取极值.

证明　用反证法. 若 $f(x)$ 在 $[a,b]$ 上不恒为常数,则至少 $\exists a_1,b_1 \in [a,b]$ $(a_1 < b_1)$,使 $f(a_1) \neq f(b_1)$. 不妨设 $f(a_1) < f(b_1)$. 利用闭区间上连续函数的介值性可找到 $a_2,b_2 (a_1 < a_2 < b_2 < b_1)$,使

$$f(a_1) < f(a_2) < f(b_2) < f(b_1) \quad 且 \quad b_2 - a_2 \leqslant \frac{1}{2}(b_1 - a_1).$$

如此继续,得出闭区间列$\{[a_n, b_n]\}$,满足

(i) $[a_n, b_n] \supset [a_{n+1}, b_{n+1}]$, $\forall n \in \mathbf{N}$;

(ii) $b_n - a_n = \dfrac{1}{2^n}(b-a) \to 0 (n \to \infty)$;

(iii) $\{f(a_n)\}$严格递增,而$\{f(b_n)\}$严格递减,且有

$$f(a_n) < f(b_n), \quad \forall n \in \mathbf{N}.$$

由区间套定理可知惟一存在 $x_0 \in [a_n, b_n]$,使

$$\lim_{n \to \infty} a_n = \lim_{n \to \infty} b_n = x_0 \in (a, b).$$

同时成立

$$f(a_n) < f(x_0) < f(b_n), \quad \forall n \in \mathbf{N}.$$

可见 x_0 不是 $f(x)$ 的局部极值点,这与题设条件矛盾.

下面一个有趣的问题是关于实数理论的. 我们来证明任一闭区间$[a, b]$上的实数不可排列. 换句话说,$[a, b]$上的全体实数不可能以任何一种方式排成数列$\{x_n\}$. 这个结论对开区间或无穷区间上的实数自然也成立,称之为"实数不可列".

例 2.1.13 证明任一闭区间$[a, b]$上的全体实数不可列.

分析 仍考虑用反证法. 若$[a, b]$上的全体实数可排列,记为

$$x_1, x_2, \cdots, x_n, \cdots$$

证明的基本思想是通过适当分割区间,每次按顺序将$\{x_n\}$中的一项"抛弃"在所选取的区间之外. 这样,最后由区间套定理所"套"出的一点 x_0 必定不属于$\{x_n\}$,从而导致矛盾.

证明 用反证法. 若$[a, b]$上的全体实数可排列,记为

$$x_1, x_2, \cdots, x_n, \cdots$$

则$[a, b] = \bigcup\limits_{n=1}^{\infty} \{x_n\}$.

现将$[a, b]$三等分,则其中至少有一个小区间不含 x_1,记此区间为$[a_1, b_1]$,即有 $x_1 \notin [a_1, b_1]$. 再将$[a_1, b_1]$三等分,其中至少有一个小区间不含 x_2,记此区间为$[a_2, b_2]$. 于是有

$$\{x_1, x_2\} \notin [a_2, b_2] \quad 且 \quad [a_2, b_2] \subset [a_1, b_1].$$

如此继续,得出闭区间列$\{[a_n, b_n]\}$,满足

(i) $[a_n, b_n] \supset [a_{n+1}, b_{n+1}], \quad \forall n \in \mathbf{N}$;

(ii) $b_n - a_n = \dfrac{1}{3^n}(b-a) \to 0 \quad (n \to \infty)$；

(iii) $\{x_1, x_2, \cdots, x_n\} \not\subset [a_n, b_n]$，$n \in \mathbf{N}$.

由区间套定理可知,惟一存在点 $x_0 \in \bigcap\limits_{n=1}^{\infty}[a_n, b_n]$, $x_0 \in [a, b]$,但 $x_0 \neq x_n$, $\forall n \in \mathbf{N}$. 从而

$$x_0 \not\in \{x_1, x_2, \cdots, x_n, \cdots\}.$$

也即有 $x_0 \not\in [a, b]$,推出矛盾.

实数连续性的 6 大定理既然相互等价,在具体应用时必定导致证明方法上的灵活性和多样性. 对于具体某一问题的分析证明,我们自然应寻找最简洁的途径,但从开拓思路的角度看,为了加深对相关定理的理解、熟悉和掌握,不妨可考虑用不同的工具、不同的方法处理同一个问题. 即所谓"一题多解".

例 2.1.14　设函数 $f(x)$ 在 $[a, b]$ 上只有第一类间断点(可以有无穷多个),证明 $f(x)$ 在 $[a, b]$ 上有界.

分析　我们对此题给出不同证法的分析思路.

证法一　用致密性定理作反证. 若 $f(x)$ 在 $[a, b]$ 上无界,则对 $\forall n \in \mathbf{N}$,可找出 $x_n \in [a, b]$,使得 $|f(x_n)| > n$.

因 $\{x_n\} \subset [a, b]$ 为有界数列,故其必有收敛子列 $\{x_{n_k}\}$,可记为

$$\lim_{k \to \infty} x_{n_k} = x_0 \in [a, b].$$

可证明当 $x \to x_0$ 时 $f(x)$ 无界,从而点 x_0 不是 $f(x)$ 在 $[a, b]$ 上的第一类间断点.

证法二　用确界原理证明. 构造数集

$$E = \{x \mid f(x) \text{ 在 } [a, b] \text{ 上有界}, a < x \leqslant b\}.$$

因 $\lim\limits_{x \to a^+} f(x)$ 存在,可知 $f(x)$ 在点 $x = a$ 的某右邻域 $(a, a + \delta)$ 内有界. 任取 $x \in (a, a + \delta)$,则 $f(x)$ 在 $[a, x]$ 上有界,从而数集 E 非空,且有上界 b,故其必有上确界. 可记为 $\beta = \sup E$.

再证明 $\beta = b$ 且 $\beta \in E$ 就行了.

证法三　用区间套定理作反证. 用二等分区间法构造区间套 $\{[a_n, b_n]\}$,使 $f(x)$ 在每个 $[a_n, b_n]$ $(n \in \mathbf{N})$ 上均无界. 由区间套定理可"套"出一点 $x_0 \in [a, b]$,可证明当 $x \to x_0$ 时 $f(x)$ 无界.

证法四　用有限覆盖定理证明. 对 $\forall x' \in [a, b]$,先证 $\exists \delta' > 0$,使 $f(x)$ 在 $U(x', \delta')$ 内有界. 再利用有限覆盖定理,将无穷多个"界"转化为有限个"界"来处理,其中最大的那个就是 $f(x)$ 在 $[a, b]$ 上的"界".

2.2 上、下极限

2.2.1 概念辨析与问题讨论

1. 为什么要引进数列的上、下极限概念？

数列的上、下极限概念就其本质来说,仍属于极限论范畴,但是上、下极限与极限又有明显的区别.它的引进提供了另一种描述数列极限的方法,为论证数列极限问题开辟了一条新的途径.

首先,从上、下极限的定义来看不难得出结论:任何有界数列必存在上、下极限(我们暂不考虑上、下极限为±∞的情况),因此,当所给数列不具有单调性,或不易于判断其是否满足 Cauchy 收敛准则时,可以改用上、下极限的处理方法来分析判敛.

其次,从上、下极限的应用来看,它的证明思想通常较为简洁,一般不采用繁复的 ε-N 语言叙述,只要适当运用不等式进行放缩,最后证明数列的上极限等于下极限,则数列必定收敛.同样,若要证明数列发散,只要证明它的上、下极限不相等就行了.

2. 数列上、下极限的等价定义.

数列的上、下极限可分别按确界极限、子列极限和 ε 语言描述.下面给出数列上、下极限的等价定义(以上极限为例).

Ⅰ 数列 $\{x_n\}$ 的上极限为 β,即有

$$\varlimsup_{n\to\infty} x_n = \lim_{n\to\infty} \sup_{k\geqslant n}\{x_k\} = \beta;$$

Ⅱ $\forall \varepsilon > 0$,数列 $\{x_n\}$ 中大于 $\beta+\varepsilon$ 的项至多只有有限个,而大于 $\beta-\varepsilon$ 的项必有无限多个;

Ⅲ $\exists\{x_{n_k}\}\subset\{x_n\}$,使 $\lim\limits_{k\to\infty} x_{n_k} = \beta$,而对 $\{x_n\}$ 中任何一个收敛子列 $\{x_{n'_k}\}$,都有

$$\lim_{k\to\infty} x_{n'_k} = \beta' \leqslant \beta.$$

证明可参见 2.2.2.1 节.

3. 数列上、下极限的基本性质.

设 $\{x_n\}, \{y_n\}$ 均为有界数列,则有

1° $\varliminf\limits_{n\to\infty}(-x_n) = -\varlimsup\limits_{n\to\infty} x_n$, $\varlimsup\limits_{n\to\infty}(-x_n) = -\varliminf\limits_{n\to\infty} x_n$;

2° $\forall\{x_{n_k}\}\subset\{x_n\}$,有

$$\varliminf_{k\to\infty} x_{n_k} \geqslant \varliminf_{n\to\infty} x_n, \qquad \varlimsup_{k\to\infty} x_{n_k} \leqslant \varlimsup_{n\to\infty} x_n;$$

3° 若 $x_n \leqslant y_n$, $n \in \mathbf{N}$,则

$$\varliminf_{n \to \infty} x_n \leqslant \varliminf_{n \to \infty} y_n, \qquad \varlimsup_{n \to \infty} x_n \leqslant \varlimsup_{n \to \infty} x;$$

4° $\varliminf_{n \to \infty} x_n + \varliminf_{n \to \infty} y_n \leqslant \varliminf_{n \to \infty} (x_n + y_n) \leqslant \begin{cases} \varliminf\limits_{n \to \infty} x_n + \varlimsup\limits_{n \to \infty} y_n \\ \varlimsup\limits_{n \to \infty} x_n + \varliminf\limits_{n \to \infty} y_n \end{cases}$

$$\leqslant \varlimsup_{n \to \infty} (x_n + y_n) \leqslant \varlimsup_{n \to \infty} x_n + \varlimsup_{n \to \infty} y_n;$$

5° 若 $x_n \geqslant 0, y_n \geqslant 0$, $n \in \mathbf{N}$,则

$$\varliminf_{n \to \infty} x_n \cdot \varliminf_{n \to \infty} y_n \leqslant \varliminf_{n \to \infty} (x_n y_n) \leqslant \begin{cases} \varliminf\limits_{n \to \infty} x_n \cdot \varlimsup\limits_{n \to \infty} y_n \\ \varlimsup\limits_{n \to \infty} x_n \cdot \varliminf\limits_{n \to \infty} y_n \end{cases}$$

$$\leqslant \varlimsup_{n \to \infty} (x_n y_n) \leqslant \varlimsup_{n \to \infty} x_n \cdot \varlimsup_{n \to \infty} y_n.$$

上述性质 2°～5°均可利用上、下确界的相应性质(见 1.2.1 节第 2 部分)简单推出,我们只说明性质 1°,并以 $\varliminf\limits_{n \to \infty} (-x_n) = -\varlimsup\limits_{n \to \infty} x_n$ 为例.

记 $\varlimsup\limits_{n \to \infty} x_n = \alpha$,由等价定义 Ⅱ 可知 $\forall \varepsilon > 0$,数列 $\{x_n\}$ 中大于 $\alpha + \varepsilon$ 的项至多有限个,而大于 $\alpha - \varepsilon$ 的项必有无限多个. 换句话说,数列 $\{-x_n\}$ 中小于 $-\alpha - \varepsilon$ 的项至多有限个,而小于 $-\alpha + \varepsilon$ 的项必有无限多个,也即有

$$\varliminf_{n \to \infty} (-x_n) = -\alpha \quad \Rightarrow \quad \varliminf_{n \to \infty} (-x_n) = -\varlimsup_{n \to \infty} x_n.$$

顺便指出,在性质 4°中若条件加强为"数列 $\{x_n\}$ 收敛",则不难推出下面一个有用的结果:

$$\varliminf_{n \to \infty} (x_n + y_n) = \lim_{n \to \infty} x_n + \varliminf_{n \to \infty} y_n,$$

$$\varlimsup_{n \to \infty} (x_n + y_n) = \lim_{n \to \infty} x_n + \varlimsup_{n \to \infty} y_n.$$

4. 关于函数的上、下极限.

由数列的上、下极限概念可平行地推出函数的上、下极限概念,它也有三个等价定义,下面做一简单介绍(以上极限为例).

设函数 $f(x)$ 在数集 E 上定义,x_0 为 E 的聚点,$f(x)$ 在点 x_0 某邻域内有界,则以下定义等价:

Ⅰ 函数 $f(x)$ 在点 x_0 处的上极限为 A,即有

$$\varlimsup_{x \to x_0} f(x) = \lim_{\delta \to 0^+} \sup_{\substack{0 < |x - x_0| < \delta \\ x \in E}} \{f(x)\} = \inf_{\delta > 0} \sup_{\substack{0 < |x - x_0| < \delta \\ x \in E}} \{f(x)\} = A.$$

Ⅱ $\forall \varepsilon > 0, \exists \delta > 0$,使得 $\forall x \in E (0 < |x - x_0| < \delta)$ 有 $f(x) < A + \varepsilon$. 又对 $\forall \delta > 0, \exists x \in E (0 < |x - x_0| < \delta)$,使得 $f(x) > A - \varepsilon$.

Ⅲ $\exists \{x_n\} \subset E(x_n \neq x_0, \ x_n \to x_0, \ n \to \infty)$,使 $\lim\limits_{n \to \infty} f(x_n) = A$,而对任何一个收敛于 x_0 的数列 $\{x_n'\}(x_n' \neq x_0, \ n \in \mathbf{N})$,当函数列 $\{f(x_n')\}$ 收敛时均有

$$\lim_{n \to \infty} f(x_n') = A' \leqslant A.$$

函数上、下极限定义的等价性证明及有关性质介绍可参见文献[6],此处略.

2.2.2 解题分析

2.2.2.1 数列上、下极限定义的等价性证明

我们以上极限为例说明,有关命题的序号见 2.2.1 节第 2 部分.

证明 Ⅰ⟹Ⅱ. 用反证法. 若 $\exists \varepsilon_1 > 0$,使 $\{x_n\}$ 中大于 $\beta - \varepsilon_1$ 的项只有有限项,不妨记其中下标最大的一个为 x_N,于是有

$$x_n \leqslant \beta - \varepsilon_1, \ \forall n > N \quad \Rightarrow \quad \sup_{k \geqslant n}\{x_k\} \leqslant \beta - \varepsilon, \ \forall n > N.$$

由此得出

$$\varlimsup_{n \to \infty} x_n = \lim_{n \to \infty} \sup_{k \geqslant n}\{x_k\} \leqslant \beta - \varepsilon_1 < \beta.$$

这与条件Ⅰ矛盾.

又若 $\exists \varepsilon_2 > 0$,使 $\{x_n\}$ 中大于 $\beta + \varepsilon_2$ 的项有无穷多个,则可证

$$\sup_{k \geqslant n}\{x_k\} \geqslant \beta + \varepsilon_2 \quad \Rightarrow \quad \varlimsup_{n \to \infty} x_n \geqslant \beta + \varepsilon_2 > \beta.$$

同样与条件Ⅰ矛盾.

Ⅱ⟹Ⅲ. 由条件令 $\varepsilon_1 = 1$,$\exists n_1 \in \mathbf{N}$,使得

$$\beta - 1 < x_{n_1} < \beta + 1;$$

数列 $\{x_n \mid n > n_1\}$ 仍满足条件Ⅲ,再令 $\varepsilon_2 = \dfrac{1}{2}$,$\exists n_2 \in \mathbf{N}(n_2 > n_1)$,使得

$$\beta - \frac{1}{2} < x_{n_2} < \beta + \frac{1}{2};$$

如此继续,则有 $\{x_{n_k}\} \subset \{x_n\}$,使得 $\forall k \in \mathbf{N}$,

$$\beta - \frac{1}{k} < x_{n_k} < \beta + \frac{1}{k} \quad \Rightarrow \quad \lim_{k \to \infty} x_{n_k} = \beta.$$

再证 β 是所有子列极限中的最大者,用反证法. 倘若不然,则 $\exists \beta' > \beta$ 和 $\{x_{n_k'}\} \subset \{x_n\}$,使 $\lim\limits_{k \to \infty} x_{n_k'} = \beta'$. 于是对 $\varepsilon_0 = \dfrac{1}{2}(\beta' - \beta) > 0$,$\exists K \in \mathbf{N}$,使得 $\forall k > K$ 有

$$|x_{n_k'} - \beta'| < \varepsilon_0 \quad \Rightarrow \quad x_{n_k'} > \beta' - \varepsilon_0 = \frac{1}{2}(\beta' + \beta) > \beta.$$

这与条件 Ⅱ 矛盾.

Ⅲ ⇒ Ⅰ. 由条件 ∃ $\{x_{n_k}\} \subset \{x_n\}$, 使 $\lim\limits_{k \to \infty} x_{n_k} = \beta$, 于是有

$$\beta = \lim_{k \to \infty} x_{n_k} \leqslant \lim_{n \to \infty} \sup_{k \geqslant n} \{x_k\} = \overline{\lim_{n \to \infty}} x_n, \tag{2.2.1}$$

即 $\{x_n\}$ 的上极限不小于 β.

往证 (2.2.1) 中等号成立, 用反证法. 倘若不然, 则有

$$\overline{\lim_{n \to \infty}} x_n = \lim_{n \to \infty} \sup_{k \geqslant n} \{x_k\} \triangleq \lim_{n \to \infty} \beta_n = \beta' > \beta.$$

由 $\beta_n \to \beta' (n \to \infty)$, ∃ $m_1 \in \mathbf{N}$, 使得

$$\beta' - 1 < \beta_{m_1} < \beta' + 1,$$

因 β_{m_1} 为上确界, 故必 ∃ $n'_1 \geqslant m_1$, 使得

$$\beta' - 1 < x_{n_1} < \beta' + 1;$$

再由 $\beta_n \to \beta' (n \to \infty)$, ∃ $m_2 > n_1$, 使得

$$\beta' - \frac{1}{2} < \beta_{m_2} < \beta' + \frac{1}{2},$$

仍因 β_{m_2} 为上确界, 可知 ∃ $n'_2 \geqslant m_2$, 使得

$$\beta' - \frac{1}{2} < x_{n_2} < \beta' + \frac{1}{2};$$

如此继续, 得到 $\{x_{n'_k}\} \subset \{x_n\}$, 满足 ∀ $k \in \mathbf{N}$ 有

$$\beta' - \frac{1}{k} < x_{n'_k} < \beta' + \frac{1}{k} \quad \Rightarrow \quad \lim_{k \to \infty} x_{n'_k} = \beta' > \beta.$$

这与条件 Ⅲ 矛盾.

2.2.2.2　实数连续性定理的上、下极限处理方法

实数连续性实理是数学分析的基础, 它既是教学上的重点, 也是学习中的难点, 而其中的上、下极限内容更不易为初学者理解和掌握. 令读者感到困难的不仅仅是因为上、下极限概念较为抽象, 更多的是如何用上、下极限的方法去分析和解决问题. 但这一类方法及相关问题现有教材中介绍不多, 训练也不足. 为此, 我们考虑了用上、下极限方法处理实数连续性定理, 并作为例题介绍如下.

例 2.2.1　证明区间套定理.

证明　记闭区间列为 $\{[a_n, b_n]\}$, 因 $\{a_n\}$ 有上界, 必有上极限, 记为 $\overline{\lim\limits_{n \to \infty}} a_n = \xi$. 由上极限等价定义 Ⅲ 可知 ∃ $\{a_{n_k}\} \subset \{a_n\}$, 使 $\lim\limits_{k \to \infty} a_{n_k} = \xi$.

现 $\{a_n\}$ 为单调递增数列且有收敛子列, 故必有 $\lim\limits_{n \to \infty} a_n = \xi (\xi \geqslant a_n, n \in \mathbf{N})$. 又

$$| b_n - \xi | \leqslant | b_n - a_n | + | a_n - \xi | \to 0 \quad (n \to \infty),$$

于是 $\lim\limits_{n \to \infty} b_n = \xi (\xi \leqslant b_n, \ n \in \mathbf{N})$.

再证 ξ 的惟一性(略).

例 2.2.2 证明确界原理.

证明 设 E 为非空有上界数集,由实数的 Archimedes 性质,对 $\forall a > 0$,$\exists k \in \mathbf{N}$,使对 $\forall x \in E$,有 $x \leqslant ka$,但至少 $\exists x' \in E$,使得 $x' > ka - a$(以上简称性质 A).

现取无穷小的正数列 $\{a_n\}$(不妨设 $0 < a_n \leqslant 1, \ n \in \mathbf{N}$),相应有 $k_n \in \mathbf{N}$ 满足性质 A. 令 $x_n = k_n a_n, \ n \in \mathbf{N}$,则 $\{x_n\}$ 为有界数列,可记 $\varliminf\limits_{n \to \infty} x_n = \xi$.

往证 $\xi = \sup E$. 因对 $\forall x \in E$,都有 $x \leqslant x_n (n \in \mathbf{N})$,从而有

$$x \leqslant \varliminf_{n \to \infty} x_n = \xi.$$

因又有 $\lim\limits_{n \to \infty} a_n = 0$,故 $\forall \varepsilon > 0$,当 n 充分大时总可以使

$$a_n < \frac{\varepsilon}{2}, \qquad x_n > \xi - \frac{\varepsilon}{2}$$

同时成立.再由性质 A 可知此时至少 $\exists x' \in E$,使得

$$x' > x_n - a_n > \xi - \frac{\varepsilon}{2} - \frac{\varepsilon}{2} = \xi - \varepsilon.$$

例 2.2.3 证明 Cauchy 收敛准则.

证明 只证充分性.记满足 Cauchy 收敛准则的数列为 $\{x_n\}$,先说明 $\{x_n\}$ 必有界,从而 $\varlimsup\limits_{n \to \infty} x_n$ 与 $\varliminf\limits_{n \to \infty} x_n$ 均存在(略).

由条件 $\forall \varepsilon > 0$,$\exists N \in \mathbf{N}$,使得 $\forall n, m > N$ 有

$$x_m - \varepsilon < x_n < x_m + \varepsilon.$$

于是对 $\forall m > N$,都有 $\varlimsup\limits_{n \to \infty} x_n \leqslant x_m + \varepsilon$. 由此推出

$$\varlimsup_{n \to \infty} x_n \leqslant \varliminf_{m \to \infty} (x_m + \varepsilon) = \varliminf_{m \to \infty} x_m + \varepsilon.$$

由 ε 任意性及上、下极限性质即有 $\varlimsup\limits_{n \to \infty} x_n = \varliminf\limits_{n \to \infty} x_n$,从而数列 $\{x_n\}$ 收敛.

例 2.2.4 证明 Lebesgue 引理(见 2.1.1 节第 4 部分).

证明 用反证法.倘若不然,则对 $\forall n \in \mathbf{N}$,$\exists x_n \in [a, b]$,使 $U\left(x_n, \dfrac{1}{n}\right)$ 不能被开区间集 G 中任何一个开区间覆盖. 因 $\{x_n\} \subset [a, b]$ 为有界数列,故可记 $\varlimsup\limits_{n \to \infty} x_n = x_0 \in [a, b]$. 由于 G 为 $[a, b]$ 的开覆盖,故必有开区间 $(\alpha, \beta) \in G$,使得 $x_0 \in (\alpha, \beta)$.

现取适当小的 $\varepsilon > 0$，使 $U(x_0, \varepsilon) \subset (\alpha, \beta)$. 由上极限等价定义 II，数列 $\{x_n\}$ 中必有无穷多项（记为 x_{n_k}，$k \in \mathbf{N}$）位于 $U\left(x_0, \dfrac{\varepsilon}{2}\right)$ 内. 由 x_{n_k} 的选取方法，可知 $U\left(x_{n_k}, \dfrac{1}{n_k}\right)$（$k \in \mathbf{N}$）不能被 G 中任何一个开区间覆盖，但当 k 充分大时总可以使 $\dfrac{1}{n_k} \leqslant \dfrac{1}{k} < \dfrac{\varepsilon}{2}$，此时即有

$$U\left(x_{n_k}, \frac{1}{n_k}\right) \subset U(x_0, \varepsilon) \subset (\alpha, \beta).$$

这与反证假设矛盾.

例 2.2.5 证明致密性定理.

分析 证明其实可以写得很简单. 但为了使证法体现"构造性"，这里按上极限定义等价性证明 II $\Rightarrow$ III 的分析思路，将收敛子列的构造过程详细写出.

证明 设数列 $\{x_n\}$ 有界，记 $\varlimsup\limits_{n \to \infty} x_n = x_0$. 由上极限定义 $\forall \varepsilon > 0$，$\exists N \in \mathbf{N}$，使得 $\forall n > N$ 有

$$\sup_{k \geqslant n}\{x_k\} > x_0 - \frac{\varepsilon}{2}.$$

又由上确界定义可知 $\exists k_0 \geqslant n$，使

$$x_{k_0} > \sup_{k \geqslant n}\{x_k\} - \frac{\varepsilon}{2} > x_0 - \varepsilon.$$

现令 $\varepsilon_k = \dfrac{1}{k}$（$k \in \mathbf{N}$），则 $\exists n_k$，使 $n_k > n_{k-1}$，且有

$$x_{n_k} > x_0 - \frac{1}{k}.$$

由此推出

$$x_0 = \varlimsup_{n \to \infty} x_n \geqslant \varlimsup_{k \to \infty} x_{n_k} \geqslant \varliminf_{k \to \infty} x_{n_k} \geqslant x_0$$

也即有 $\lim\limits_{k \to \infty} x_{n_k} = x_0$.

2.2.2.3 上、下极限的应用举例

先看一个熟悉的问题（见例 1.2.5），但现在改用上、下极限方法重新证明.

设数列 $\{x_n\}$ 满足条件

$$0 \leqslant x_{m+n} \leqslant x_n + x_m, \qquad n, m \in \mathbf{N}.$$

证明数列 $\left\{\dfrac{x_n}{n}\right\}$ 收敛.

分析 类似先前已介绍的分析思路,先证明数列 $\left\{\dfrac{x_n}{n}\right\}$ 有界,可记

$$\varlimsup_{n\to\infty}\frac{x_n}{n}=\beta,\qquad \varliminf_{n\to\infty}\frac{x_n}{n}=\alpha.$$

应证 $\alpha=\beta$(或 $\alpha\geqslant\beta$).

任意固定 m,则对 $\forall\, n>m$,总可记 $n=q_nm+r$,其中 $q_n\in\mathbf{N}, r=0,1,\cdots,$ $m-1$.由条件有

$$x_n=x_{q_nm+r}\leqslant q_nx_m+x_r,$$

从而

$$\frac{x_n}{n}\leqslant\frac{q_nx_m+x_r}{q_nm+r}\leqslant\frac{q_nx_m+rx_1}{q_nm}\leqslant\frac{x_m}{m}+\frac{x_1}{q_n}.\qquad(2.2.2)$$

令 $n\to\infty$,此时 $q_n\to\infty$.对(2.2.2)取上极限,就有

$$\beta\leqslant\varlimsup_{n\to\infty}\frac{x_m}{m}+\varlimsup_{n\to\infty}\frac{x_1}{q_n}=\frac{x_m}{m}.\qquad(2.2.3)$$

再令 $m\to\infty$,对(2.2.3)取下极限,又有

$$\beta\leqslant\varliminf_{m\to\infty}\frac{x_m}{m}=\alpha.$$

从而得出 $\alpha=\beta$.

例 2.2.6 设 $\{x_n\}$ 为正数列,证明 $\varlimsup_{n\to\infty}\sqrt[n]{x_n}\leqslant\varlimsup_{n\to\infty}\dfrac{x_{n+1}}{x_n}$.

证明 记 $\beta=\varlimsup_{n\to\infty}\dfrac{x_{n+1}}{x_n}$. 若 $\beta=+\infty$,则结论已成立;若 $\beta=0$,不难得出 $\varlimsup_{n\to\infty}\sqrt[n]{x_n}=0$.故只讨论 $0<\beta<+\infty$ 的情况.应证 $\forall\,\varepsilon>0$,有 $\varlimsup_{n\to\infty}\sqrt[n]{x_n}<\beta+\varepsilon$ 成立.

由条件 $\forall\,\varepsilon>0, \exists\, N\in\mathbf{N}$,使得

$$\frac{x_{k+1}}{x_k}<\beta+\varepsilon,\qquad \forall\, k>N.$$

于是对 $\forall\, n>N$,就有

$$\frac{x_{N+1}}{x_N}\cdot\frac{x_{N+2}}{x_{N+1}}\cdots\frac{x_n}{x_{n-1}}<(\beta+\varepsilon)^{n-N}.$$

即

$$x_n<x_N(\beta+\varepsilon)^{n-N}<M(\beta+\varepsilon)^n \Rightarrow \sqrt[n]{x_n}<\sqrt[n]{M}(\beta+\varepsilon),$$

其中 $M\triangleq\dfrac{x_N}{\beta^N}$ 为正常数.令 $n\to\infty$ 取上极限,就有

$$\varliminf_{n\to\infty} \sqrt[n]{x_n} \leqslant \varlimsup_{n\to\infty} \sqrt[n]{M}(\beta+\varepsilon) = \beta + \varepsilon.$$

由 ε 任意性即有 $\varlimsup_{n\to\infty} \sqrt[n]{x_n} \leqslant \varlimsup_{n\to\infty} \dfrac{x_{n+1}}{x_n}$.

类似可证：当 $\{x_n\}$ 为正数列时，有不等式

$$\varliminf_{n\to\infty} \frac{x_{n+1}}{x_n} \leqslant \varliminf_{n\to\infty} \sqrt[n]{x_n} \leqslant \varlimsup_{n\to\infty} \sqrt[n]{x_n} \leqslant \varlimsup_{n\to\infty} \frac{x_{n+1}}{x_n}$$

成立，从而进一步得出若 $\lim\limits_{n\to\infty}\dfrac{x_{n+1}}{x_n}=a$，则必有 $\lim\limits_{n\to\infty}\sqrt[n]{x_n}=a$（见例 1.1.6）.

例 2.2.7　设数列 $\{x_n\}$ 有界，且 $\lim\limits_{n\to\infty}(x_{2n}+2x_n)$ 存在，证明 $\lim\limits_{n\to\infty}x_n$ 也存在.

分析　若记 $a=\lim\limits_{n\to\infty}(x_{2n}+2x_n)$. 可利用上、下极限的基本性质（见 2.2.1 节第 3 部分）推出

$$a = \varlimsup_{n\to\infty}(x_{2n}+2x_n) \geqslant \varlimsup_{n\to\infty}x_{2n} + \varliminf_{n\to\infty}(2x_n) \geqslant \varlimsup_{n\to\infty}x_n + 2\varliminf_{n\to\infty}x_n.$$

同样有

$$a = \varliminf_{n\to\infty}(x_{2n}+2x_n) \leqslant \varlimsup_{n\to\infty}x_n + 2\varliminf_{n\to\infty}x_n,$$

由此即可得出 $\varliminf_{n\to\infty}x_n \geqslant \varlimsup_{n\to\infty}x_n$.

例 2.2.8　设数列 $\{x_n\}$ 非负递增，且对 $\forall\, n,m\in\mathbf{N}$，有 $x_{mn}\geqslant mx_n$. 若

$$\sup_n\left\{\frac{x_n}{n}\right\} = C\,(\text{常数}),$$

证明 $\lim\limits_{n\to\infty}\dfrac{x_n}{n}=C$.

证明　若 $C=0$，则显然有 $\lim\limits_{n\to\infty}\dfrac{x_n}{n}=0$.

若 $C>0$，对 $\forall\,\varepsilon>0$，$\exists\, n_0\in\mathbf{N}$，使 $C-\varepsilon<\dfrac{x_{n_0}}{n_0}\leqslant C$. 由条件 $x_{mn}\geqslant mx_n$，故对 $\forall\, m\in\mathbf{N}$，均有 $C-\varepsilon<\dfrac{x_{mn_0}}{mn_0}\leqslant C$.

对 $\forall\, n\geqslant n_0$，$\exists\, m\in\mathbf{N}$，使得 $mn_0\leqslant n<(m+1)n_0$，此时有

$$\frac{x_n}{n} \geqslant \frac{x_{mn_0}}{(m+1)n_0} = \frac{x_{mn_0}}{mn_0}\cdot\frac{m}{m+1} \quad\Rightarrow\quad \varliminf_{n\to\infty}\frac{x_n}{n} \geqslant C-\varepsilon,$$

$$\frac{x_n}{n} \leqslant \frac{x_{(m+1)n_0}}{mn_0} = \frac{x_{(m+1)n_0}}{(m+1)n_0}\cdot\frac{m+1}{m} \quad\Rightarrow\quad \varlimsup_{n\to\infty}\frac{x_n}{n} \leqslant C.$$

由 ε 任意性有

$$\varliminf_{n \to \infty} \frac{x_n}{n} = \varlimsup_{n \to \infty} \frac{x_n}{n} = C.$$

也即有 $\lim\limits_{n \to \infty} \dfrac{x_n}{n} = C$.

最后介绍一个有关上(下)极限不等式的证明问题.

例 2.2.9 设 $\{x_n\}$ 为正数列,证明

$$\varlimsup_{n \to \infty} \left(\frac{x_1 + x_{n+1}}{x_n} \right)^n \geqslant e.$$

证明 用反证法. 若 $\varlimsup\limits_{n \to \infty} \left(\dfrac{x_1 + x_{n+1}}{x_n} \right)^n < e$,因 $\lim\limits_{n \to \infty} \left(1 + \dfrac{1}{n} \right)^n = e$,故 $\exists N \in \mathbf{N}$,使得 $\forall n \geqslant N$ 有

$$\left(\frac{x_1 + x_{n+1}}{x_n} \right)^n < \left(1 + \frac{1}{n} \right)^n \quad \Rightarrow \quad \frac{x_1 + x_{n+1}}{x_n} < 1 + \frac{1}{n}.$$

于是对 $\forall p \in \mathbf{N}$,有

$$\frac{x_N}{N} > \frac{x_{N+1}}{N+1} + \frac{x_1}{N+1},$$

$$\frac{x_{N+1}}{N+1} > \frac{x_{N+2}}{N+2} + \frac{x_1}{N+2},$$

$$\cdots\cdots\cdots$$

$$\frac{x_{N+p-1}}{N+p-1} > \frac{x_{N+p}}{N+p} + \frac{x_1}{N+p}.$$

相加即得

$$\frac{x_N}{N} > \frac{x_{N+p}}{N+p} + x_1 \left(\frac{1}{N+1} + \frac{1}{N+2} + \cdots + \frac{1}{N+p} \right)$$

$$> x_1 \left(\frac{1}{N+1} + \frac{1}{N+2} + \cdots + \frac{1}{N+p} \right).$$

令 $p \to \infty$,则上式右端趋于 $+\infty$,但左端 $\dfrac{x_N}{N}$ 是常数,显见矛盾.

习 题 二

1. 设数列 $\{x_n\}$ 无界,但不是无穷大量,证明 $\exists \{x_{n'_k}\}, \{x_{n''_k}\} \subset \{x_n\}$,使 $\{x_{n'_k}\}$ 收敛而 $\{x_{n''_k}\}$ 为无穷大.

2. 设数列 $\{x_n\}$ 有界,对 $\forall \varepsilon > 0$ 与 $n \in \mathbf{N}$,$\exists N \in \mathbf{N}$,$\forall m > N$ 有

$$x_n < x_m + \varepsilon.$$

证明 $\{x_n\}$ 收敛.

3. 设函数 $f(x)$ 在 $[a,b]$ 上无界, 证明 $\exists\, x_0 \in [a,b]$, 使 $f(x)$ 在点 x_0 的任意邻域内均无界.

4. 用区间套定理证明单调有界定理.

5. 用区间套定理证明确界原理.

6. 用致密性定理证明区间套定理.

7. 用有限覆盖定理证明 Cauchy 收敛准则.

8. 用有限覆盖定理证明闭区间上连续函数的零点存在定理.

9. 设函数 $f(x)$ 在 $[a,b]$ 上每点处严格递增, 即 $\forall\, x' \in [a,b]$, $\exists\, U(x')$, 使对 $\forall\, x \in U(x')$, 当 $x < x'$ 时有 $f(x) < f(x')$; 当 $x > x'$ 时有 $f(x) > f(x')$. 证明 $f(x)$ 在 $[a,b]$ 上严格递增.

10. 设函数 $f(x)$ 在 (a,b) 内不恒为常数, 证明 $\exists\, x_0 \in (a,b)$ 及 $M > 0$, 使在点 x_0 的任意邻域内总存在两点 x', x'', 满足

$$\left| \frac{f(x') - f(x'')}{x' - x''} \right| \geqslant M.$$

11. 设 $f(x), g(x) \in C[a,b]$, f 单调, 且 $\exists\, \{x_n\} \subset [a,b]$, 使

$$g(x_n) = f(x_{n+1}), \qquad n \in \mathbf{N}.$$

证明 $\exists\, x_0 \in [a,b]$, 使 $f(x_0) = g(x_0)$.

12. 设函数 $f(x)$ 在 $[a,b]$ 上只有第一类间断点, 定义

$$w(x) = |\, f(x+0) - f(x-0)\, |.$$

证明对 $\forall\, \varepsilon > 0$, 能使 $w(x) \geqslant \varepsilon$ 的点至多只有有限个.

13. 设 $\{f_n(x)\}$ 是 $[a,b]$ 上的连续函数列, 且

$$f_1(x) \geqslant f_2(x) \geqslant \cdots \geqslant f_n(x) \geqslant \cdots$$

若 $\lim\limits_{n \to \infty} f_n(x) = f(x)$, $x \in [a,b]$. 证明极限函数 $f(x)$ 在 $[a,b]$ 上有最大值.

14. 设 $f(x) \in C[a,b]$, 且 $\min\limits_{x \in [a,b]} \{f(x)\} = m < M = \max\limits_{x \in [a,b]} \{f(x)\}$. 证明 $\exists\, [\alpha, \beta] \subset [a,b]$, 满足

(i) $f(\alpha) = m$, $f(\beta) = M$ (或者 $f(\alpha) = M$, $f(\beta) = m$);

(ii) 对 $\forall\, x \in (\alpha, \beta)$, 有 $m < f(x) < M$.

15. (1) 设 $\{x_n\}$ 为正数列, 若

$$\varlimsup_{n \to \infty} x_n \cdot \varlimsup_{n \to \infty} \frac{1}{x_n} = 1,$$

证明 $\{x_n\}$ 收敛.

(2) 设 $x_1 > 0$, $x_{n+1} = 1 + \dfrac{1}{x_n}$, $n \in \mathbf{N}$. 证明数列 $\{x_n\}$ 收敛并求其极限值.

16. 设 $\{x_n\}$ 为有界数列, 且

$$\lim_{n \to \infty} \left(x_n + \frac{1}{2} x_{2n} \right) = 1,$$

证明 $\lim\limits_{n \to \infty} x_n = \dfrac{2}{3}$.

17. 设函数 $f(x)$ 在点 x_0 的某空心邻域内有定义，令

$$\alpha(\delta) = \inf\{f(x) \,\big|\, 0 < |x - x_0| < \delta\},$$

$$\beta(\delta) = \sup\{f(x) \,\big|\, 0 < |x - x_0| < \delta\}.$$

证明

$$\lim_{\delta \to 0^+} \alpha(\delta) = \varliminf_{x \to x_0} f(x), \ \lim_{\delta \to 0^+} \beta(\delta) = \varlimsup_{x \to x_0} f(x).$$

18. 设 $\{x_n\}$ 为非负数列，证明 $\varlimsup\limits_{n \to \infty} \sqrt[n]{x_n} \leqslant 1$ 的充要条件是 $\lim\limits_{n \to \infty} \dfrac{x_n}{l^n} = 0$，其中 $l > 1$ 为任意常数.

19. 设 $\{x_n\}$ 为正数列，证明

$$\varlimsup_{n \to \infty} n\left(\frac{1 + x_{n+1}}{x_n} - 1\right) \geqslant 1,$$

并说明右端常数 1 是最佳估计.

20. 设 $\{x_n\}$ 为有界数列，且 $\lim\limits_{n \to \infty}(x_{n+1} - x_n) = 0$. 记

$$a = \varliminf_{n \to \infty} x_n, \qquad b = \varlimsup_{n \to \infty} x_n.$$

证明对 $\forall\, x \in [a, b]$，$\exists\, \{x_{n_k}\} \subset \{x_n\}$，使 $\lim\limits_{k \to \infty} x_{n_k} = x$.

第3章 一元函数微分学

3.1 导数与微分

3.1.1 概念辨析与问题讨论

1. 函数 $f(x)$ 在点 x_0 处可导,是否表示 $f(x)$ 在点 x_0 的某一邻域内必定连续?

这一断言未必成立. 函数 $f(x)$ 在点 x_0 处可导是一个局部性概念,由此可得出 $f(x)$ 在点 x_0 处连续,但得不出 $f(x)$ 在点 x_0 的某邻域内连续. 例如,令

$$f(x) = \begin{cases} x^2, & x \text{ 为有理数}, \\ 0, & x \text{ 为无理数}. \end{cases}$$

按定义不难验证此函数在点 $x=0$ 处连续且可导,但当 $x \neq 0$ 时 $f(x)$ 处处不连续.

一般地,我们有以下结果:

若 $f'(x_0)$ 存在,则 $f(x)$ 在点 x_0 处连续,$f(x)$ 在点 x_0 的某邻域内有定义;

若 $f''(x_0)$ 存在,则 $f'(x_0)$ 在点 x_0 处连续,$f(x)$ 在点 x_0 的某邻域内连续;

....

若 $f^{(n)}(x_0)$ 存在 $(n \geqslant 2)$,则 $f^{(n-1)}(x)$ 在点 x_0 处连续,$f^{(n-k)}(x)$ $(k=2, 3, \cdots, n)$ 在点 x_0 的某邻域内连续.

2. 关于记号 $f'_+(x_0)$ 与 $f'(x_0+0)$.

$f'_+(x_0)$ 表示函数 $f(x)$ 在点 x_0 处的右导数,即

$$f'_+(x_0) = \lim_{x \to x_0^+} \frac{f(x) - f(x_0)}{x - x_0}.$$

而 $f'(x_0+0)$ 表示导数 $f'(x)$ 在点 x_0 处的右极限,即

$$f'(x_0 + 0) = \lim_{x \to x_0^+} f'(x).$$

这是两个完全不同的概念,两者间也互不兼容. 当其中一个存在时,推不出另一个也存在. 例如,考虑函数

$$f_1(x) = \begin{cases} x^2 \sin \dfrac{1}{x}, & x \neq 0, \\ 0, & x = 0. \end{cases}$$

其导数为

$$f_1'(x) = \begin{cases} 2x\sin\dfrac{1}{x} - \cos\dfrac{1}{x}, & x \neq 0, \\ 0, & x = 0. \end{cases}$$

可见 $f_1'(0)$ 存在,从而 $f_+'(0)$ 也存在.但不难看出 $f_1'(0+0)$ 不存在.

再考虑函数

$$f_2(x) = \begin{cases} \operatorname{arccot}\dfrac{1}{x}, & x \neq 0, \\ 1, & x = 0, \end{cases}$$

其导数为 $f_2'(x) = \dfrac{1}{1+x^2} \ (x \neq 0)$. 显见有

$$f_2'(0+0) = \lim_{x \to 0^+} f_2'(x) = 1.$$

但 $f_2(x)$ 在 $x = 0$ 处的右导数不存在.

单侧导数与导数的单侧极限尽管含义不同,但是在一定条件下它们之间又可以沟通.读者可参见 3.1.1 节第 3 部分.

3. 导数的两个重要特性.

我们将导数的两个重要特性以命题形式给出.

命题 3.1.1 若函数 $f(x)$ 在点 x_0 的右邻域 $[x_0, x_0+\delta]$ 上连续,在 $(x_0, x_0+\delta)$ 内可导,且 $f'(x_0+0)$ 存在,则 $f_+'(x_0)$ 也存在,且有

$$f_+'(x_0) = f'(x_0+0).$$

对于 $f_-'(x_0)$ 与 $f'(x_0-0)$ 有完全类似的结论,不赘述.

命题 3.1.2 若函数 $f(x)$ 在 $[a, b]$ 上可导,且 $f'(a) < f'(b)$,则对 $\forall \lambda \ (f'(a) < \lambda < f'(b))$,必存在 $\xi \in (a, b)$,使 $f'(\xi) = \lambda$.

这一命题称为 Darboux 定理,它说明导数具有介值性.由此可进一步推出以下结论.

推论 导函数在其定义域内不存在第一类间断点.

上述两命题均反映了可导函数的重要特性,但证明前一结论要用到微分中值定理,读者可先了解这一事实,以后再考虑它的证明.需要说明的是

第一,命题 3.1.1 的直接推广结果是:若函数 $f(x)$ 在点 x_0 处连续,在点 x_0 的两侧 $0 < |x - x_0| < \delta$ 内可导,且 $\lim\limits_{x \to x_0} f'(x)$ 存在,则 $f'(x_0)$ 必也存在,且有

$$f'(x_0) = \lim_{x \to x_0} f'(x).$$

这一结果对讨论分段函数在分段点处的导数带来很大方便(见例 3.1.1,例 3.1.2).

第二,尽管导数无第一类间断点,但导数可能具有第二类间断点.例如,考虑函

数

$$f(x) = \begin{cases} x^{\alpha}\sin\dfrac{1}{x}, & x \neq 0, \\[2mm] 0, & x = 0. \end{cases}$$

当 $\alpha > 1$ 时 $f(x)$ 在 **R** 上处处可导,且有 $f'(x) = \alpha x^{\alpha-1}\sin\dfrac{1}{x} - x^{\alpha-2}\cos\dfrac{1}{x}$ ($x \neq 0$);但当 α 在 $(1,2)$ 内适当取值(须保证 $f'(x)$ 在点 $x=0$ 的左、右两侧有定义,例如取 $\alpha = \dfrac{4}{3}$)时,$x=0$ 为 $f'(x)$ 的无界型第二类间断点;当 $\alpha = 2$ 时,$x=0$ 为 $f'(x)$ 的振荡型第二类间断点.

第三,具有单调性的导函数必定连续. 理由很明显——单调函数只可能有第一类间断点.

4. 讨论复合函数的可导性:在下列情况下,复合函数 $f(g(x))$ 在点 x_0 处是否必不可导?

1° $f(u)$ 在 u_0 处可导,$u = g(x)$ 在 x_0 处不可导($u_0 = g(x_0)$,以下同);

2° $f(u)$ 在 u_0 处不可导,$u = g(x)$ 在 x_0 处可导;

3° $f(u)$ 在 u_0 处不可导,$u = g(x)$ 在 x_0 处也不可导.

以上结论均未必成立. 可分别考虑反例如下:

1° 令 $f(u) = u^2$,$u = |x|$ 在 $x=0$ 处;

2° 令 $f(u) = |u|$,$u = x^2$ 在 $x=0$ 处;

3° 令 $f(u) = u - |u|$,$u = x + |x|$ 在 $x=0$ 处.

5. 设函数 $f(x)$ 在 $(a, +\infty)$ 上可导,若 $\lim\limits_{x \to a^+} f(x) = \infty$,是否必有 $\lim\limits_{x \to a^+} f'(x) = \infty$? 又若 $\lim\limits_{x \to +\infty} f(x)$ 存在,是否必有 $\lim\limits_{x \to +\infty} f'(x)$ 存在?

以上结论均未必成立.

对于前一个问题,可考虑函数 $f(x) = \sin\dfrac{1}{x} - \dfrac{1}{x}$,$x \in (0, +\infty)$. 则有 $f'(x) = \dfrac{1}{x^2}\left[1 - \cos\dfrac{1}{x}\right]$. 显见有 $\lim\limits_{x \to 0^+} f(x) = \infty$,而 $\lim\limits_{x \to 0^+} f'(x)$ 不存在. 事实上,若取

$$x_n^{(1)} = \dfrac{1}{2n\pi}, \qquad x_n^{(2)} = \dfrac{1}{2n\pi + \dfrac{\pi}{2}}, \quad n \in \mathbf{N},$$

则 $x_n^{(1)} \to 0$,$x_n^{(2)} \to 0$($n \to \infty$). 但有

$$f'(x_n^{(1)}) = 0, n \in \mathbf{N}, \qquad f'(x_n^{(2)}) = \left(2n\pi + \dfrac{\pi}{2}\right)^2 \to +\infty \quad (n \to \infty).$$

对于后一个问题,可考虑函数 $f(x) = \dfrac{\sin(x^2)}{x}$, $x \in (1, +\infty)$. 则有

$$f'(x) = \frac{2x^2\cos(x^2) - \sin(x^2)}{x^2} = 2\cos(x^2) - \frac{\sin(x^2)}{x^2}.$$

显见有 $\lim\limits_{x\to+\infty} f(x) = 0$, 而 $\lim\limits_{x\to+\infty} f'(x)$ 不存在.

顺便指出,这两个问题的逆命题也未必成立. 反例都较为简单,读者可自行构造. 即使将条件再加强为"$f(x)$ 在 $(a, +\infty)$ 上有界且可导",由 $\lim\limits_{x\to+\infty} f'(x)$ 存在也推不出 $\lim\limits_{x\to+\infty} f(x)$ 存在. 反例是

$$f(x) = \sin(\ln x), \quad x \in (0, +\infty).$$

读者可自行分析 $\lim\limits_{x\to+\infty} f'(x)$ 与 $\lim\limits_{x\to+\infty} f(x)$ 的取值情况.

同时还要说明,在题设条件下,由 $\lim\limits_{x\to a^+} f(x) = \infty$ 必定能得出 $\overline{\lim\limits_{x\to a^+}} f'(x) = \infty$ (见例 3.2.1).

6. 函数可导性与可微性的联系与区别.

函数 $y = f(x)$ 在某点可导与可微原本是从不同角度出发导出的两个不同概念,似乎并不相干,但事实上这两个概念只是从不同侧面揭示了问题的同一个本质特征. 在一元函数中,可证明函数可导与函数可微是等价的,且有 $\mathrm{d}y = f'(x)\mathrm{d}x$ 成立. 这样,我们可以将原来作为整体出现的导数记号 $\dfrac{\mathrm{d}y}{\mathrm{d}x}$ 看成是函数的微分 $\mathrm{d}y$ 与自变量的微分 $\mathrm{d}x$ 之商,故导数也可称之为微商. 可见求导运算与微分运算有密切的联系.

导数与微分概念又有本质上的区别.

从定义上看,函数的可导性是用极限式来定义的. 在可导前提下,$f(x)$ 在点 x_0 处的导数 $f'(x_0)$ 表示某一常数. 而函数的可微性是用函数改变量的线性主部来定义的,$f(x)$ 在点 x_0 处的微分 $\mathrm{d}y = f'(x_0)\Delta x$ 表示 Δx 的线性函数.

从几何上来看,导数 $f'(x_0)$ 是曲线 $y = f(x)$ 在点 $(x_0, f(x_0))$ 处的切线斜率,从而 $y = f(x_0) + f'(x_0)(x - x_0)$ 表示曲线上该点处的切线方程. 因此,微分 $\mathrm{d}y = f'(x_0)\Delta x$ 是切线上与 x, x_0 相对应的纵坐标之差.

从应用上看,导数常用于研究函数性态,侧重于理论性;微分常用于函数值的近似计算,更侧重于实用性.

7. 关于对数求导法的说明.

当函数的表示式为若干项因子的乘积、商或形如 $[u(x)]^{v(x)}$ 型的幂指函数时,求导数通常采用"对数求导法",从而使计算大为简化,但与此同时也产生了应予考虑的问题:一方面,当等式两端取对数时,应要求函数值恒正. 故应加上绝对值记

号,但是在实际计算时一般都不加这个绝对值记号,事实上是默认函数值取正值;另一方面,取对数后函数的定义域有所变化,一般来说定义域可能会缩小,而对函数的零点取对数更是无定义.这些问题会不会影响"对数求导法"计算的正确性?

我们指出,利用"对数求导法"求导后所得到的结果,除了不包含函数在零点处的导数外,在表示形式上与通常求导方法所得到的结果完全是一致的.下面的命题可以保证这一点.

命题 3.1.3   若函数 $y=f(x)$ 在点 x 处可导,且 $f(x)\neq 0$,则有

$$[\ln|f(x)|]' = \frac{f'(x)}{f(x)},$$

即 $[\ln|y|]' = \dfrac{y'}{y}$.

事实上,当 $f(x)>0$ 时,$\ln|f(x)|=\ln f(x)$.于是有

$$[\ln|f(x)|]' = [\ln f(x)]' = \frac{f'(x)}{f(x)};$$

当 $f(x)<0$ 时,$\ln|f(x)|=\ln(-f(x))$,于是又有

$$[\ln|f(x)|]' = [\ln(-f(x))]' = \frac{-f'(x)}{-f(x)} = \frac{f'(x)}{f(x)}.$$

3.1.2   解题分析

3.1.2.1   可导性判断与导数计算

当函数 $f(x)$ 的表示式为一般的初等函数时,导数计算可由求导法则给出;当 $f(x)$ 由分段函数表示时,在分段点处的导数应按定义判定.特别是当 $f(x)$ 在分段点左、右两侧函数表示式不同时,应验证函数在该点的左、右导数是否存在并且相同.我们着重介绍后一类问题.

例 3.1.1   讨论函数 $f(x)=[x]\sin\pi x$ 在 $\mathbf{R}$ 上的可导性.

解   当 $x\neq n(n\in\mathbf{Z})$ 时,$f(x)$ 显然是可导的.

当 $x=n$ 时,令 $0<\delta<1$,则有

$$f(x) = \begin{cases} (n-1)\sin\pi x, & x\in(n-\delta,n), \\ n\sin\pi x, & x\in[n,n+\delta). \end{cases}$$

在各分段区间内(除去点 $x=n$ 外)直接求导,有

$$f'(x) = \begin{cases} (n-1)\pi\cos\pi x, & x\in(n-\delta,n), \\ n\pi\cos\pi x, & x\in(n,n+\delta). \end{cases}$$

现因 $f(x)\in C(\mathbf{R})$,由命题 3.1.1 可知

$$f'_-(n) = \lim_{x \to n^-}(n-1)\pi\cos\pi x = (-1)^n(n-1)\pi,$$

$$f'_+(n) = \lim_{x \to n^+}n\pi\cos\pi x = (-1)^n n\pi.$$

可见 $f'_-(n) \neq f'_+(n)$，故 $f(x)$ 在点 $x=n(n\in\mathbf{Z})$ 处不可导.

例 3.1.2 设函数 $f(x)=|\sin x|^3$，$x\in(-1,1)$. 试求 $f'(x),f''(x)$，并问 $f'''(0)$ 是否存在?

分析 记

$$f(x) = \begin{cases} -\sin^3 x, & x \in (-1,0), \\ \sin^3 x, & x \in [0,1). \end{cases}$$

先计算在各分段区间内（除去点 $x=0$ 外）的导数 $f'(x),f''(x)$，仿上题方法可验证 $f'(0)=0,f''(0)=0$.

再判断 $f'''(0)$ 是否存在. 为避免求 $f'''(x)(x\neq 0)$ 引起的繁复运算，可直接按定义计算 $f'''_-(0)$ 及 $f'''_+(0)$ 并进行比较.

例 3.1.3 设函数

$$f(x) = \begin{cases} x^2 e^{-x^2}, & |x| \leqslant 1, \\ \dfrac{1}{e}, & |x| > 1. \end{cases}$$

试求 $f'(x),x\in\mathbf{R}$.

分析 先计算

$$f'(x) = \begin{cases} 2xe^{-x^2}(1-x^2), & |x| < 1, \\ 0, & |x| > 1. \end{cases}$$

关键是求出 $f(x)$ 在分段点 $x=\pm 1$ 处的导数. 注意到 $f(x)$ 为偶函数，故其导函数 $f'(x)$ 必定为奇函数（读者可作为练习证明这一结论）. 因此只要计算 $f'(1)$ 就行了.

可按定义分别求 $f'_-(1)$ 及 $f'_+(1)$ 再进行比较. 考虑到 $f(x)\in C(\mathbf{R})$，也可按命题 3.1.1 的方法方便而简洁地计算 $f(x)$ 在 $x=1$ 处的左、右导数.

例 3.1.4 设函数 $f(x)$ 满足条件 $f(x_0)=0$，证明 $f(x)$ 在点 x_0 处可导且 $f'(x_0)=0$ 的充要条件是 $|f(x)|$ 在点 x_0 处可导.

分析 涉及到绝对值函数的可导性，应考虑 $f(x)$ 在点 x_0 处的左、右导数.

证明 1° 必要性. 由条件

$$f'(x_0) = \lim_{x \to x_0}\frac{f(x)-f(x_0)}{x-x_0} = 0.$$

因为

$$\frac{|f(x)|-|f(x_0)|}{x-x_0} = \frac{|f(x)|}{x-x_0} = \frac{|f(x)-f(x_0)|}{x-x_0},$$

于是

$$| f_-(x_0) |' = \lim_{x \to x_0^-} \frac{| f(x) | - | f(x_0) |}{x - x_0} = - \lim_{x \to x_0} \left| \frac{f(x) - f(x_0)}{x - x_0} \right| = 0,$$

$$| f_+(x_0) |' = \lim_{x \to x_0^+} \frac{| f(x) | - | f(x_0) |}{x - x_0} = \lim_{x \to x_0} \left| \frac{f(x) - f(x_0)}{x - x_0} \right| = 0.$$

从而必有 $| f(x_0) |' = 0$.

2° 充分性. 由条件

$$| f(x_0) |' = \lim_{x \to x_0} \frac{| f(x) | - | f(x_0) |}{x - x_0} = \lim_{x \to x_0} \frac{| f(x) |}{x - x_0}$$

存在, 故应有

$$\lim_{x \to x_0^-} \frac{| f(x) |}{x - x_0} = \lim_{x \to x_0^+} \frac{| f(x) |}{x - x_0}$$

成立. 注意到当 $x > x_0$ 时 $\frac{| f(x) |}{x - x_0} \geqslant 0$; 当 $x < x_0$ 时 $\frac{| f(x) |}{x - x_0} \leqslant 0$. 于是有

$$\lim_{x \to x_0^-} \frac{| f(x) |}{x - x_0} \leqslant 0, \qquad \lim_{x \to x_0^+} \frac{| f(x) |}{x - x_0} \geqslant 0.$$

由此得出

$$\lim_{x \to x_0} \frac{| f(x) |}{x - x_0} = 0 \quad \Rightarrow \quad \lim_{x \to x_0} \frac{f(x)}{x - x_0} = 0.$$

从而必有

$$f'(x_0) = \lim_{x \to x_0} \frac{f(x) - f(x_0)}{x - x_0} = \lim_{x \to x_0} \frac{f(x)}{x - x_0} = 0.$$

例 3.1.5 证明 Riemann 函数

$$R(x) = \begin{cases} \dfrac{1}{q}, & x = \dfrac{p}{q} (p, q \in \mathbf{N} \text{ 且互质}, p < q), \\ 1, & x = 0, 1, \\ 0, & x \text{ 为} [0, 1] \text{ 上无理数} \end{cases}$$

在 $[0, 1]$ 上处处不可导.

证明 Riemann 函数 $R(x)$ 在有理点处不连续 (见例 1.6.1), 必定不可导, 只要证明 $R(x)$ 在无理点处也不可导.

设 $x_0 \in (0, 1)$ 为无理点, 考虑

$$\lim_{x \to x_0} \frac{R(x) - R(x_0)}{x - x_0} = \lim_{x \to x_0} \frac{R(x)}{x - x_0}.$$

当 x 取无理数列 $\{x_n\}$ 趋于 x_0 时, 上述极限显见为 0; 当 x 取有理数列 $\{x'_n\}$ 趋于

x_0 时,只要证明此时上述极限不为 0,就说明 $R(x)$ 在 x_0 处必不可导. 为此,我们记

$$x_0 = 0.\, \alpha_1\, \alpha_2 \cdots \alpha_n \cdots, \qquad x'_n = 0.\, \alpha_1\, \alpha_2 \cdots \alpha_n, \quad n \in \mathbf{N}.$$

则 $\{x'_n\}$ 为有理数列,且 $\lim\limits_{n\to\infty} x'_n = x_0$. 注意到 $\alpha_1, \alpha_2, \cdots, \alpha_n, \cdots$ 中必有无穷多项非零,我们将第一个非零项的下标记为 N,则按 $R(x)$ 的定义,当 $n > N$ 时恒有

$$R(x'_n) = R(0.\, \alpha_1\, \alpha_2 \cdots \alpha_n) > \frac{1}{10^n}.$$

于是

$$\left| \frac{R(x'_n) - R(x_0)}{x'_n - x_0} \right| = \frac{R(0.\, \alpha_1\, \alpha_2 \cdots \alpha_n)}{0.\, 0 \cdots 0\, \alpha_{n+1}\, \alpha_{n+2} \cdots} > \frac{\dfrac{1}{10^n}}{\dfrac{1}{10^n}} = 1.$$

从而 $\lim\limits_{n\to\infty} \dfrac{R(x'_n) - R(x_0)}{x'_n - x_0} \neq 0$.

用类似的思想方法,不难解决习题三第 12 题中提出的问题.

3.1.2.2 导数证明问题

例 3.1.6 设函数 $f(x)$ 在点 x_0 处可导,$\alpha_n < x_0 < \beta_n$,$n \in \mathbf{N}$ 且有 $\lim\limits_{n\to\infty} \alpha_n = \lim\limits_{n\to\infty} \beta_n = x_0$,证明

$$\lim_{n\to\infty} \frac{f(\beta_n) - f(\alpha_n)}{\beta_n - \alpha_n} = f'(x_0).$$

证法一 由

$$\frac{f(\beta_n) - f(\alpha_n)}{\beta_n - \alpha_n}$$

$$= \frac{f(\beta_n) - f(x_0)}{\beta_n - x_0} \cdot \frac{\beta_n - x_0}{\beta_n - \alpha_n} - \frac{f(\alpha_n) - f(x_0)}{\alpha_n - x_0} \cdot \frac{\alpha_n - x_0}{\beta_n - \alpha_n}$$

$$= \frac{f(\beta_n) - f(x_0)}{\beta_n - x_0} \left(1 + \frac{\alpha_n - x_0}{\beta_n - \alpha_n} \right) - \frac{f(\alpha_n) - f(x_0)}{\alpha_n - x_0} \cdot \frac{\alpha_n - x_0}{\beta_n - \alpha_n}$$

$$= \frac{f(\beta_n) - f(x_0)}{\beta_n - x_0} + \left[\frac{f(\beta_n) - f(x_0)}{\beta_n - x_0} - \frac{f(\alpha_n) - f(x_0)}{\alpha_n - x_0} \right] \frac{\alpha_n - x_0}{\beta_n - \alpha_n},$$

$$(3.1.1)$$

因 $f(x)$ 在点 x_0 处可导,不难看出当 $n \to \infty$ 时 (3.1.1) 中前一项趋于 $f'(x_0)$;后一项中方括号内的两式之差趋于 0,而 $\dfrac{\alpha_n - x_0}{\beta_n - \alpha_n}$ 为有界量 $\left(0 < \dfrac{x_0 - \alpha_n}{\beta_n - \alpha_n} < 1 \right)$.

证法二　注意到 $\dfrac{\beta_n - x_0}{\beta_n - \alpha_n} + \dfrac{x_0 - \alpha_n}{\beta_n - \alpha_n} = 1$，于是

$$\frac{f(\beta_n) - f(\alpha_n)}{\beta_n - \alpha_n} - f'(x_0)$$

$$= \frac{\beta_n - x_0}{\beta_n - \alpha_n} \left[\frac{f(\beta_n) - f(x_0)}{\beta_n - x_0} - f'(x_0) \right]$$

$$+ \frac{x_0 - \alpha_n}{\beta_n - \alpha_n} \left[\frac{f(\alpha_n) - f(x_0)}{\alpha_n - x_0} - f'(x_0) \right]. \tag{3.1.2}$$

当 $n \to \infty$ 时，(3.1.2) 中前后两个方括号内的差值均趋于 0，而 $\dfrac{\beta_n - x_0}{\beta_n - \alpha_n}$，$\dfrac{x_0 - \alpha_n}{\beta_n - \alpha_n}$ 均

为有界量 $\left[0 < \dfrac{\beta_n - x_0}{\beta_n - \alpha_n} < 1, 0 < \dfrac{x_0 - \alpha_n}{\beta_n - \alpha_n} < 1 \right]$.

这两种证明的思想实质上是相同的，但后一种证法的技巧性稍强，叙述显得较为简洁.

顺便指出，条件 “$\alpha_n < x_0 < \beta_n$，$n \in \mathbf{N}$” 不能减弱为 “$\alpha_n < \beta_n$，$n \in \mathbf{N}$”，否则有反例表明结论未必成立. 例如，令

$$f(x) = \begin{cases} x^2 \sin \dfrac{1}{x}, & x \neq 0, \\ 0, & x = 0. \end{cases}$$

则有 $f'(0) = 0$. 若取 $\alpha_n = \dfrac{1}{2n\pi + \dfrac{\pi}{2}}$，$\beta_n = \dfrac{1}{2n\pi}$，$n \in \mathbf{N}$，显然满足 $\alpha_n < \beta_n$，$n \in \mathbf{N}$ 且

$\lim\limits_{n \to \infty} \alpha_n = \lim\limits_{n \to \infty} \beta_n = 0$. 但是

$$\frac{f(\beta_n) - f(\alpha_n)}{\beta_n - \alpha_n} = -\frac{2}{\pi} \cdot \frac{2n\pi}{2n\pi + \dfrac{\pi}{2}} \quad \Rightarrow \quad \lim_{n \to \infty} \frac{f(\beta_n) - f(\alpha_n)}{\beta_n - \alpha_n} = -\frac{2}{\pi} \neq f'(0).$$

例 3.1.7　设函数 $f(x) \in \mathrm{C}[a, b]$，在 (a, b) 内 $f'_+(x)$ 存在，且 $f(a) = f(b) = 0$. 证明 $\exists \xi \in (a, b)$，使 $f'_+(\xi) \leqslant 0$.

分析　不妨先考虑一个较为简单的相关问题：设函数 $f(x) \in \mathrm{C}[a, b]$ 且不恒为常数，在 (a, b) 内 $f'(x)$ 存在，$f(a) = f(b) = 0$，则 $\exists \xi \in (a, b)$，使 $f'(\xi) < 0$.

事实上当 $f(x)$ 不恒为常数时，因 $f(a) = f(b) = 0$，故 $f(x)$ 在 $[a, b]$ 上总有正的最大值或负的最小值. 不妨设 $f(x)$ 在点 $x_0 \in (a, b)$ 处取负的最小值. 就几何意义来看，不难发现在 (a, x_0) 内必存在某点 ξ，使函数曲线 $y = f(x)$ 在点 $(\xi, f(\xi))$ 处的切线斜率为负值（也即有 $f'(\xi) < 0$）；从分析角度判断，用反证法也可以得出同样的结果.

现在我们借用这一思想方法证明原题. 但因题设条件均指 “右导数”，在叙述上

自然会有所不同,请读者细心体会.

证明 若 $f(x)$ 恒为常数,结论显然成立.

若 $f(x)$ 不恒为常数,则 $f(x)$ 在 $[a,b]$ 上有正的最大值或负的最小值.

如果 $\exists x_0 \in (a,b)$,使 $f(x)$ 在点 x_0 处取正的最大值,则有

$$f'_+(x_0) = \lim_{\Delta x \to 0^+} \frac{f(x_0 + \Delta x) - f(x_0)}{\Delta x} \leqslant 0.$$

如果 $\exists x_1 \in (a,b)$,使 $f(x)$ 在点 x_1 处取负的最小值.考虑区间 (a, x_1),可证必定 $\exists \xi \in (a, x_1)$,使 $f'_+(\xi) \leqslant 0$,用反证法.倘若不然,对 $\forall x_2 \in (a, x_1)$,均有 $f'_+(x_2) > 0$,也即有

$$\lim_{\Delta x \to 0^+} \frac{f(x_2 + \Delta x) - f(x_2)}{\Delta x} > 0.$$

由极限的局部保号性可知存在点 x_2 的某右邻域,在其上有

$$\frac{f(x) - f(x_2)}{x - x_2} > 0 \quad \Rightarrow \quad f(x) > f(x_2).$$

因此 $f(x)$ 必在 (x_2, x_1) 内部取到最大值.不妨设最大值点为 $\xi \in (x_2, x_1)$,再由 $f'_+(\xi)$ 的定义式即得出 $f'_+(\xi) \leqslant 0$.

注 现在读者已不难解决下面的问题:设函数 $f(x) \in C[a,b]$,$f(a) = f(b)$,且在 (a,b) 内有连续的右导数 $f'_+(x)$,则 $\exists \xi \in (a,b)$,使 $f'_+(\xi) = 0$.

我们再介绍一个用实数连续性定理证明的导数问题.

例 3.1.8 设函数 $f(x) \in C[a, +\infty)$,又在 $f(x)$ 的零点处函数可导且导数不为 0.若 $\{x_n\}$ 是 $f(x)$ 的相异零点,证明 $\lim_{n \to \infty} x_n = +\infty$.

分析 可考虑用反证法.若零点 $\{x_n\}$ 不是正无穷大数列,则 $\{x_n\}$ 中必有收敛子列 $\{x_{n_k}\}$,记

$$\lim_{k \to \infty} x_{n_k} = x_0 \in [a, +\infty).$$

可证 x_0 也是 $f(x)$ 的零点,再利用 $f'(x_0) \neq 0$ 说明在点 x_0 的某邻域内 $f(x)$ 应无零点,从而导致矛盾.

此例也可用区间套定理来反证.

证明 用反证法.倘若不然,则 $\exists b > a$,使 $\{x_n\}$ 中有子列 $\{x_{n_k}\} \subset [a,b]$.由致密性定理可知 $\{x_{n_k}\}$ 中有收敛子列,为方便计不妨设其自身收敛,即有

$$\lim_{k \to \infty} x_{n_k} = x_0 \in [a, b] \subset [a, +\infty).$$

现因 $f(x)$ 连续,故有

$$f(x_0) = \lim_{k \to \infty} f(x_{n_k}) = 0.$$

于是 $f'(x_0)$ 存在且 $|f'(x_0)|>0$. 按导数定义可知 $\exists\,\delta>0$,使得

$$\left|\frac{f(x)-f(x_0)}{x-x_0}\right|=\frac{|f(x)|}{|x-x_0|}>0,\quad \forall\,x(0<|x-x_0|<\delta).$$

即当 $0<|x-x_0|<\delta$ 时,恒有 $|f(x)|>0$. 这与 $f(x_{n_k})=0$,$k\in\mathbf{N}$ 且 $\lim\limits_{k\to\infty}x_{n_k}=x_0$ 矛盾.

3.1.2.3　高阶导数的计算方法与技巧

1. 用基本公式.

高阶导数的基本公式主要有以下几个:

1° $[(ax+b)^{\alpha}]^{(n)}=\alpha(\alpha-1)\cdots(\alpha-n+1)a^{n}(ax+b)^{\alpha-n}$ 　$(a\neq0)$;

2° $(\sin x)^{(n)}=\sin\left[x+\dfrac{n\pi}{2}\right]$;

3° $(\cos x)^{(n)}=\cos\left[x+\dfrac{n\pi}{2}\right]$;

4° $(a^{x})^{(n)}=a^{x}(\ln a)^{n}$ 　$(a>0)$;

5° $(\ln x)^{(n)}=(-1)^{n-1}\dfrac{(n-1)!}{x^{n}}$.

当函数本身不是明显以基本公式形式给出时,可考虑对函数进行适当变形,然后再利用公式直接计算.

例 3.1.9　计算 $y^{(n)}(x)$,设

(1) $y=\dfrac{x^2-2}{x^2-x-2}$; 　　　(2) $y=\sin^4 x+\cos^4 x$.

分析　(1) 应先改写原式为

$$y=1+\frac{2}{3(x-2)}+\frac{1}{3(x+1)},$$

然后利用公式 1° 求导.

(2) 应先改写原式为

$$y=(\sin^2 x+\cos^2 x)^2-2\sin^2 x\cos^2 x=1-\frac{1}{2}\sin^2 2x$$

$$=1-\frac{1}{4}(1-\cos4x)=\frac{3}{4}+\frac{1}{4}\cos4x,$$

然后利用公式 3° 求导.

2. 用数学归纳法.

先估算前几阶导数,从中寻找一般规律,再用数学归纳法加以证明.

例 3.1.10　计算 $y^{(n)}(x)$,设

(1) $y = x^{n-1} e^{\frac{1}{x}}$;　　　　　(2) $y = e^{ax} \sin bx$.

分析 (1) 先计算

$$y' = \left(e^{\frac{1}{x}} \right)' = -\frac{1}{x^2} e^{\frac{1}{x}};$$

$$y'' = \left(x e^{\frac{1}{x}} \right)'' = \left[e^{\frac{1}{x}} - \frac{1}{x} e^{\frac{1}{x}} \right]' = \frac{1}{x^3} e^{\frac{1}{x}};$$

……………

由此推算 $y^{(n)}(x)$ 应等于 $\dfrac{(-1)^n}{x^{n+1}} e^{\frac{1}{x}}$,再用数学归纳法证明这一结论.

(2) 先计算

$$y' = (e^{ax} \sin bx)' = e^{ax} (a \sin bx + b \cos bx); \tag{3.1.3}$$

$$y'' = \cdots = e^{ax} [(a^2 - b^2) \sin bx + 2ab \cos bx];$$

$$y''' = \cdots = e^{ax} [(a^3 - 3ab^2) \sin bx + (3a^2 b - b^3) \cos bx];$$

……………

看来求导规律不明显,难以从中归纳出一般性结果来.

现利用三角函数的恒等变换关系将(3.1.3)改写为

$$y' = e^{ax} (a \sin bx + b \cos bx) = e^{ax} (a^2 + b^2)^{\frac{1}{2}} \sin(bx + \varphi),$$

其中 $\varphi = \arctan \dfrac{b}{a}$,再用同样方法计算得到

$$y'' = e^{ax} (a^2 + b^2)^{\frac{2}{2}} \sin(bx + 2\varphi);$$

$$y''' = e^{ax} (a^2 + b^2)^{\frac{3}{2}} \sin(bx + 3\varphi);$$

……………

由此推算 $y^{(n)}(x)$ 应等于 $e^{ax} (a^2 + b^2)^{\frac{n}{2}} \sin(bx + n\varphi)$,再用数学归纳法证明之.

例 3.1.11 设函数

$$f(x) = \begin{cases} e^{-\frac{1}{x^2}}, & x \neq 0, \\ 0, & x = 0, \end{cases}$$

证明 $f^{(n)}(0) = 0$, $n \in \mathbf{N}$.

分析 $f(x)$ 为分段函数,$x = 0$ 是分段点,应按导数定义计算 $f^{(n)}(0)$, $n \in \mathbf{N}$. 首先有

$$f'(0) = \lim_{x \to 0} \frac{f(x) - f(0)}{x} = \lim_{x \to 0} \frac{e^{-\frac{1}{x^2}}}{x} \xlongequal{\diamondsuit \, y = \frac{1}{x}} \lim_{y \to \infty} \frac{y}{e^{y^2}} = 0.$$

若令 $f^{(k)}(0)=0$，因当 $x\neq 0$ 时有

$$f'(x)=\frac{2}{x^3}\mathrm{e}^{-\frac{1}{x^2}},\ f''(x)=\left[\frac{4}{x^6}-\frac{6}{x^4}\right]\mathrm{e}^{-\frac{1}{x^2}},\cdots,f^{(k)}(x)=P_k\left[\frac{1}{x}\right]\mathrm{e}^{-\frac{1}{x^2}},$$

其中 $P_k\left[\dfrac{1}{x}\right]$ 表示关于 $\dfrac{1}{x}$ 的多项式. 可先证明对 $\forall\,k\in\mathbf{N}$，有 $\lim\limits_{y\to\infty}\dfrac{y^k}{\mathrm{e}^{y^2}}=0$，从而得出

$$f^{(k+1)}(0)=\lim_{x\to 0}\frac{f^{(k)}(x)-f^{(k)}(0)}{x}=\lim_{x\to 0}\frac{P_k\left[\dfrac{1}{x}\right]\mathrm{e}^{-\frac{1}{x^2}}}{x}$$

$$\xrightarrow{\text{令}\ y=\frac{1}{x}}\ \lim_{y\to\infty}\frac{yP_k(y)}{\mathrm{e}^{y^2}}=0.$$

3. 用 Leibniz 公式.

当函数 $u(x),v(x)$ 在区间 I 上均为 n 阶可导时，乘积函数 $u(x)v(x)$ 在 I 上也 n 阶可导，且有 Leibniz 求导公式

$$\left[u(x)v(x)\right]^{(n)}=\sum_{k=0}^{n}\mathrm{C}_n^k u^{(n-k)}(x)v^{(k)}(x).$$

应用 Leibniz 公式时，应将所要求导的函数写成两项乘积的形式，再利用上述公式直接得出结果，或者得出导数的递推关系式.

例 3.1.12　设 $y=(\arcsin x)^2$，

(1) 证明 $(1-x^2)y''-xy'=2$；

(2) 计算 $y^{(n)}(0)$.

解　(1) 由

$$y'=\frac{2\arcsin x}{\sqrt{1-x^2}}\ \Rightarrow\ (1-x^2)y'^2=4y,\tag{3.1.4}$$

再求导一次，有

$$2(1-x^2)y'y''-2xy'^2=4y'\ \Rightarrow\ (1-x^2)y''-xy'=2.\tag{3.1.5}$$

(2) 用 Leibniz 公式，对 (3.1.5) 两端同时求 n 阶导数，有

$$(1-x^2)y^{(n+2)}-2nxy^{(n+1)}-n(n+1)y^{(n)}-xy^{(n+1)}-ny^{(n)}=0.\tag{3.1.6}$$

令 $x=0$ 代入 (3.1.6) 即得到递推关系式

$$y^{(n+2)}(0)=n^2 y^{(n)}(0).$$

由 (3.1.4)，(3.1.5) 可计算 $y'(0)=0,y''(0)=2$. 从而对 $\forall\,k\in\mathbf{N}$ 得出

$$y^{(2k-1)}(0)=0,$$

$$y^{(2k)}(0)=(2k-2)^2\cdot(2k-4)^2\cdots 2^2\cdot y''(0)$$

$$= (2k-2)^2 \cdot (2k-4)^2 \cdot \cdots \cdot 2^2 \cdot 2 = 2^{2k-1}[(k-1)!]^2.$$

例 3.1.13 证明 Legender 多项式

$$P_n(x) = \frac{1}{2^n n!}\{(x^2-1)^n\}^{(n)}, \quad n=0,1,\cdots$$

满足方程

$$(1-x^2)P_n''(x) - 2xP_n'(x) + n(n+1)P_n(x) = 0.$$

分析 可令 $u=(x^2-1)^n$，则有

$$u' = 2nx(x^2-1)^{n-1} \quad \Rightarrow \quad (x^2-1)u' = 2nxu. \qquad (3.1.7)$$

用 Leibniz 公式，对(3.1.7)两端同时求 $n+1$ 阶导数，并以系数 $\frac{1}{2^n n!}$ 乘之，整理后即得证.

3.2 中值定理与 Taylor 公式

3.2.1 概念辨析与问题讨论

1. 中值定理证明中辅助函数的构造.

证明 Lagrange 中值定理和 Cauchy 中值定理时，通常要引进辅助函数，并对这一辅助函数应用 Rolle 中值定理，以此推出后两个中值定理.

使初学者感到困惑的是：这些巧妙的辅助函数是如何构想出来的？一些教材从几何意义上解释了辅助函数的构造方法，优点是直观、易于理解，但如果遇到问题本身的几何意义不明显，用这种方法就很难奏效.下面我们从分析的观点讨论辅助函数的构造法.

在证明 Lagrange 中值定理时，要证 $\exists \xi \in (a,b)$，使

$$f'(\xi) = \frac{f(b)-f(a)}{b-a}.$$

即要证 $\left[f(x) - \frac{f(b)-f(a)}{b-a}x\right]'_{x=\xi} = 0$.这就明显提示我们应作辅助函数 $F(x) = f(x) - \frac{f(b)-f(a)}{b-a}x$，并验证 $F(x)$ 在 $[a,b]$ 上满足 Rolle 中值定理的条件.

再看 Cauchy 中值定理的证明.要证 $\exists \xi \in (a,b)$，使

$$\frac{f(b)-f(a)}{g(b)-g(a)} = \frac{f'(\xi)}{g'(\xi)} \quad \text{或} \quad f'(\xi) - \frac{f(b)-f(a)}{g(b)-g(a)}g'(\xi) = 0,$$

即要证 $\left[f(x) - \frac{f(b)-f(a)}{g(b)-g(a)}g(x)\right]'_{x=\xi} = 0$.同样地，此时应作辅助函数

$$F(x) = f(x) - \frac{f(b)-f(a)}{g(b)-g(a)}g(x).$$

自然,首先应该说明 $g(b)=g(a)$ 不可能成立,否则这个辅助函数是没有意义的.

这种用分析的思想构造辅助函数的方法对一类中值问题的证明很有帮助,读者可参见例 3.2.17,例 3.2.18 等.

2. 中值定理的推广形式.

我们考虑中值定理如下两种推广形式:

(1) 在 Rolle 中值定理中,可将条件改为"设函数 $f(x)$ 在 (a,b)(a,b 为有限常数或 $\pm\infty$)内可导,且 $\lim\limits_{x\to a^+} f(x) = \lim\limits_{x\to b^-} f(x) = A$",则结论不变.

事实上,若 $f(x)\equiv A$,则 $f'(x)\equiv 0$,结论自然成立;若 $f(x)\not\equiv A$,则至少 $\exists\, x_0 \in (a,b)$,使 $f(x_0)\neq A$,不妨设 $f(x_0)>A$(当 $f(x_0)<A$ 时同样可证). 由条件

$$\lim_{x\to a^+} f(x) = \lim_{x\to b^-} f(x) = A,$$

现取 $\lambda(A<\lambda<f(x_0))$,因 $f(x)\in C(a,b)$,由介值性必 $\exists\, x_1 \in (a,x_0)$,$x_2 \in (x_0,b)$,使

$$f(x_1) = f(x_2) = \lambda.$$

在区间 $[x_1,x_2]$ 上对 $f(x)$ 应用 Rolle 中值定理即得证.

顺便说明,当 A 为 $\pm\infty$ 时结论也是成立的,读者可自行证明.

(2) 在 Rolle 中值定理、Lagrange 中值定理和 Cauchy 中值定理中,可以用连续的单侧右导数 $f'_+(x)$(或左导数 $f'_-(x)$)代替双侧导数 $f'(x)$,则有完全相似的结论成立.

先说明右导数的 Fermat 引理:若函数 $f(x)$ 在点 x_0 某邻域内定义且在点 x_0 处取极值,又 $f'_+(x)$ 在点 x_0 处连续,则必有 $f'_+(x_0)=0$.

不妨设 $f(x)$ 在点 x_0 处取极大值,则有

$$f'_+(x_0) = \lim_{x\to x_0^+} \frac{f(x)-f(x_0)}{x-x_0} \leqslant 0.$$

应证 $f'_+(x_0)<0$ 不可能成立,用反证法. 倘若 $f'_+(x_0)<0$,因 $f'_+(x)$ 在点 x_0 处连续,故存在点 x_0 的某邻域 $U(x_0,\delta)$,在其内有 $f'_+(x)<0$. 即对 $\forall\, x_1 \in U(x_0,\delta)$,有

$$f'_+(x_1) = \lim_{x\to x_1^+} \frac{f(x)-f(x_1)}{x-x_1} < 0.$$

从而存在点 x_1 的某个右邻域 $(x_1,x_1+\delta_1)$,在其内恒有 $f(x)<f(x_1)$,由 $x_1 \in U(x_0,\delta)$ 取法的任意性可知 $f(x)$ 在 $U(x_0,\delta)$ 内严格递减,这与 x_0 为 $f(x)$ 的极大值点矛盾,从而只能是 $f'_+(x_0)=0$.

根据上述结论,沿用通常双侧导数 Rolle 中值定理的证明方法,不难写出右导数 Rolle 中值定理的证明.类似地,还可以证明右导数的 Lagrange 中值定理和 Cauchy 中值定理.

由单侧导数中值定理可推出的一个重要结果是:若$[a,+\infty)$上的连续函数有连续的右导数,则函数在$[a,+\infty)$上可导,且有 $f'(x)=f'_+(x)$.

对左导数也有类似的结论.

3. 带有不同类型余项的 Taylor 公式各有什么特点和作用?

我们主要研究带 Peano 余项和带 Lagrange 余项的 Taylor 公式.

(1) 若函数 $f(x)$ 在点 x_0 处 n 阶可导,它带 Peano 余项的 Taylor 公式为

$$f(x)=f(x_0)+f'(x_0)(x-x_0)+\frac{f''(x_0)}{2!}(x-x_0)^2+\cdots+\frac{f^{(n)}(x_0)}{n!}(x-x_0)^n$$
$$+o[(x-x_0)^n] \quad (x\to x_0). \tag{3.2.1}$$

带 Peano 余项的 Taylor 公式对函数 $f(x)$ 的展开要求较低,它只要求 $f(x)$ 在点 x_0 处 n 阶可导,展开形式也较为简单.(3.2.1) 说明当 $x\to x_0$ 时用右端的 Taylor 多项式 $T_n(x)=\sum_{k=0}^{n}\frac{f^{(k)}(x_0)}{k!}(x-x_0)^k$ 代替 $f(x)$ 所产生的误差是$(x-x_0)^n$ 的高阶无穷小.这反映了函数 $f(x)$ 在 $x\to x_0$ 时的性态,或者说反映了 $f(x)$ 在点 x_0 处的局部性态.

但 Peano 余项 $o[(x-x_0)^n]$ 难以说明误差范围,一般不适宜对此余项作定量估计.换句话说,带 Peano 余项的 Taylor 公式适合于对 $f(x)$ 在 $x\to x_0$ 时作性态分析.因此,在处理 $x\to x_0$ 时的极限计算问题时,可以考虑对有关函数采用这种展开方式,从而达到简化运算的目的(参见例 3.2.6,例 3.2.29,例 3.2.31 等).

(2) 若函数 $f(x)$ 在点 x_0 的某邻域 $U(x_0)$ 内 $n+1$ 阶可导,它带 Lagrange 余项的 Taylor 公式为

$$f(x)=f(x_0)+f'(x_0)(x-x_0)+\frac{f''(x_0)}{2!}(x-x_0)^2+\cdots+\frac{f^{(n)}(x_0)}{n!}(x-x_0)^n$$
$$+\frac{f^{(n+1)}(\xi)}{(n+1)!}(x-x_0)^{n+1} \quad (\xi \text{介于} x,x_0 \text{之间}). \tag{3.2.2}$$

带 Lagrange 余项的 Taylor 公式对函数 $f(x)$ 的展开要求较高,形式也相对复杂.但因为(3.2.2)对 $\forall x\in U(x_0)$ 均能成立(当 x 不同时,ξ 的取值可能不同),因此这反映出函数 $f(x)$ 在邻域 $U(x_0)$ 内的全局性态.

对 Lagrange 余项$\frac{f^{(n+1)}(\xi)}{(n+1)!}(x-x_0)^n$ 通常情况下可以作定量估算,确定其大致的误差范围.因此,带 Lagrange 余项的 Laylor 公式适合于研究 $f(x)$ 在区间上的

全局性态,例如用于证明中值问题的等式或不等式关系,等等.

4. $\dfrac{\infty}{\infty}$ 型极限 L'Hospital 法则的两种新证法.

命题 3.2.1 设

(i) 函数 $f(x),g(x)$ 在 $(a,+\infty)$ 上可导且 $g'(x)\neq0$;

(ii) $\lim\limits_{x\to+\infty}g(x)=\infty$;

(iii) $\lim\limits_{x\to+\infty}\dfrac{f'(x)}{g'(x)}=A$(A 为有限常数或 $\pm\infty$).

则有

$$\lim_{x\to+\infty}\frac{f(x)}{g(x)}=\lim_{x\to+\infty}\frac{f'(x)}{g'(x)}=A.$$

先考虑 A 为有限常数的情况.

因 $g'(x)\neq0,\forall\,x\in(a,+\infty)$,由导数介值定理(Darboux)可知 $g'(x)$ 在 $(a,+\infty)$ 上不变号,不妨设 $g'(x)>0$. 于是 $g(x)$ 在 $(a,+\infty)$ 上严格递增,再由 $\lim\limits_{x\to+\infty}g(x)=\infty$ 可知必有

$$\lim_{x\to+\infty}g(x)=+\infty. \tag{3.2.3}$$

现任取一严格递增的正无穷大数列 $\{x_n\}$,对 $f(x),g(x)$ 在区间 $[x_n,x_{n+1}]$ $(n\in\mathbf{N})$ 上用 Cauchy 中值定理,有

$$\frac{f(x_{n+1})-f(x_n)}{g(x_{n+1})-g(x_n)}=\frac{f'(\xi_n)}{g'(\xi_n)},\quad\exists\,\xi_n\in(x_n,x_{n+1}).$$

可见有 $\lim\limits_{n\to\infty}\xi_n=+\infty$. 现因 $\lim\limits_{x\to+\infty}\dfrac{f'(x)}{g'(x)}=A$,从而得出

$$\lim_{n\to\infty}\frac{f(x_{n+1})-f(x_n)}{g(x_{n+1})-g(x_n)}=\lim_{n\to\infty}\frac{f'(\xi_n)}{g'(\xi_n)}=\lim_{x\to+\infty}\frac{f'(x)}{g'(x)}=A.$$

注意到当 $\{x_n\}$ 严格递增时相应的函数数列 $\{g(x_n)\}$ 也严格递增,且有 $\lim\limits_{n\to\infty}g(x_n)=+\infty$,由 Stolz 定理得出

$$\lim_{n\to\infty}\frac{f(x_n)}{g(x_n)}=\lim_{n\to\infty}\frac{f(x_{n+1})-f(x_n)}{g(x_{n+1})-g(x_n)}=A.$$

再由 Heine 归结原理即得出 $\lim\limits_{x\to+\infty}\dfrac{f(x)}{g(x)}=A$.

对 $A=\pm\infty$ 情况与 x 其他类型的极限过程,可将上述证明略作修改后便能得到相应的结果.

下面用上、下极限方法重证这一命题.

由题设条件及(3.2.3),$\forall\,\varepsilon>0,\exists\,X>a$,使得 $\forall\,x>X$ 有

$$A - \varepsilon < \frac{f'(x)}{g'(x)} < A + \varepsilon.$$

于是

$$\varlimsup_{x \to +\infty} \frac{f(x)}{g(x)} = \varlimsup_{x \to +\infty} \frac{f(x) - f(X)}{g(x)} = \varlimsup_{x \to +\infty} \frac{f(x) - f(X)}{g(x) - g(X)} \cdot \frac{g(x) - g(X)}{g(x)}$$

$$= \varlimsup_{x \to +\infty} \frac{f'(\xi_x)}{g'(\xi_x)} \left[1 - \frac{g(X)}{g(x)} \right] < \varlimsup_{x \to +\infty} (A + \varepsilon) = A + \varepsilon,$$

其中 $\xi_x \in (X, x)$. 令 $\varepsilon \to 0$ 有 $\varlimsup\limits_{x \to +\infty} \dfrac{f(x)}{g(x)} \leqslant A$.

同理可证 $\varliminf\limits_{x \to +\infty} \dfrac{f(x)}{g(x)} \geqslant A$, 从而得出 $\lim\limits_{x \to +\infty} \dfrac{f(x)}{g(x)} = A$.

3.2.2 解题分析

3.2.2.1 极限与连续性问题

例 3.2.1　设函数 $f(x)$ 在 (a, b) 内可导, 且 $\lim\limits_{x \to a^+} f(x) = \infty$, 证明 $\varlimsup\limits_{x \to a^+} f'(x) = \infty$.

分析　应证 $\exists \{\xi_n\} \subset (a, b) (\xi_n \to a^+, n \to \infty)$, 使 $\lim\limits_{n \to \infty} |f'(\xi_n)| = +\infty$. 或即对 $\forall n \in \mathbf{N}, \exists \{x_n\} (x_n \to a^+, n \to \infty)$, 使

$$\left| \frac{f(x_{n+1}) - f(x_n)}{x_{n+1} - x_n} \right| > n.$$

证明　先取定 $x_1 \in (a, b)$, 因 $\lim\limits_{x \to a^+} f(x) = \infty$, 故 $\exists x_2 \left(a < x_2 < \min \left(x_1, a + \frac{b-a}{2} \right) \right)$, 使 $|f(x_2) - f(x_1)| > b - a$. 在 $[x_2, x_1]$ 上用 Lagrange 中值定理, 就有

$$|f'(\xi_1)| = \left| \frac{f(x_2) - f(x_1)}{x_2 - x_1} \right|$$

$$> \frac{|f(x_2) - f(x_1)|}{b - a} > 1, \quad \xi_1 \in (x_2, x_1).$$

一般地, 当取定 $x_n \in (a, b)$ 后, 由条件 $\exists x_{n+1} \left(a < x_{n+1} < \min \left(x_{n-1}, a + \frac{b-a}{2^n} \right) \right)$, 使 $|f(x_{n+1}) - f(x_n)| > n(b-a)$. 于是有

$$|f'(\xi_n)| = \left| \frac{f(x_{n+1}) - f(x_n)}{x_{n+1} - x_n} \right|$$

$$> \frac{|f(x_{n+1}) - f(x_n)|}{b - a} > n, \quad \xi_n \in (x_{n+1}, x_n).$$

由 $\{x_n\}$ 取法可知 $x_n \to a^+$,从而 $\xi_n \to a^+ (n \to \infty)$. 故有

$$\lim_{n \to \infty} |f'(\xi_n)| = +\infty \quad \Rightarrow \quad \varlimsup_{x \to a^+} f'(x) = \infty.$$

如前所述,当 $f(x)$ 可导时,由 $\lim\limits_{x \to a^+} f(x) = \infty$ 推不出 $\lim\limits_{x \to a^+} f'(x) = \infty$(见 3.1.1 节第 5 部分).

注　类似地,读者可考虑下面的问题:设函数 $f(x)$ 在 $(a, +\infty)$ 上可导,且有

$$f(x) = o(x) \quad (x \to +\infty),$$

则必有 $\varliminf_{x \to +\infty} |f'(x)| = 0$.

例 3.2.2　证明函数 $f(x) = \sqrt{x}\ln x$ 在 $(0, +\infty)$ 上一致可微.

分析　注意到 $f(x) \in C(0, +\infty)$,而 $\lim\limits_{x \to 0^+} f(x)$ 存在,不难说明 $f(x)$ 在 $(0, 1]$ 上是一致连续的(见命题 1.6.3),再证 $f(x)$ 在 $[1, +\infty)$ 上也一致连续. 这只要说明 $f'(x)$ 在 $[1, +\infty)$ 上有界(记为 $|f'(x)| \leqslant M$)就行了,因为此时对 $\forall\, x', x'' \in [1, +\infty)$ 有

$$|f(x') - f(x'')| = |f'(\xi)| |x' - x''| \leqslant M|x' - x''| \quad (\xi\ \text{介于}\ x', x''\ \text{之间}).$$

可见结论必定成立.

在此例中有 $f'(x) = \dfrac{\ln x + 2}{2\sqrt{x}}$,$x \in [1, +\infty)$. 因 $f'(x) \in C[1, +\infty)$,同时还有 $\lim\limits_{x \to +\infty} f'(x)$ 存在,已不难证明 $f'(x)$ 在 $[1, +\infty)$ 上有界.

例 3.2.3　设函数 $f(x)$ 在 $(0, a]$ 上可导,且 $\lim\limits_{x \to 0^+} \sqrt{x} f'(x)$ 存在,证明 $f(x)$ 在 $(0, a]$ 上一致连续.

分析　定义在半开闭区间 $(0, a]$ 上连续函数 $f(x)$ 一致连续的充要条件是 $\lim\limits_{x \to 0^+} f(x)$ 存在(见例 3.2.2 的分析),而题设条件与导数 $f'(x)$ 有关,因此可综合利用 Cauchy 中值定理及 Cauchy 收敛准则证明这一结论.

证明　由条件 $\lim\limits_{x \to 0^+} \sqrt{x} f'(x)$ 存在,故当 $x \to 0^+$ 时 $\sqrt{x} f'(x)$ 有界,即 $\exists\, M > 0$ 及 $\delta_1 > 0$,对 $\forall\, x \in (0, \delta_1)$ 有

$$|\sqrt{x} f'(x)| \leqslant M \quad \Rightarrow \quad \left| \frac{f'(x)}{\frac{1}{\sqrt{x}}} \right| \leqslant M.$$

考虑 $g(x) = 2\sqrt{x}$,对 $\forall\, x', x'' \in (0, \delta_1]$(不妨设 $x' < x''$),在 $[x', x'']$ 上 $f(x), g(x)$ 满足 Cauchy 中值定理条件,于是有

$$\left| \frac{f(x') - f(x'')}{g(x') - g(x'')} \right| = \left| \frac{f(x') - f(x'')}{2\sqrt{x'} - 2\sqrt{x''}} \right| = \left| \frac{f'(\xi)}{\frac{1}{\sqrt{\xi}}} \right|$$

$$\leqslant M, \quad \exists\, \xi \in (x', x'').$$

也即有

$$| f(x') - f(x'') | \leqslant 2M | \sqrt{ x' } - \sqrt{ x'' } | \leqslant 2M \sqrt{ | x' - x'' | }.$$

$\forall \varepsilon > 0$，取 $\delta_2 = \dfrac{\varepsilon^2}{4M^2} > 0$，再令 $\delta = \min(\delta_1 , \delta_2)$，则对 $\forall x' , x'' \in (0 , \delta)$ 有

$$| f(x') - f(x'') | \leqslant 2M \sqrt{ | x' - x'' | } < 2M \cdot \dfrac{\varepsilon}{2M} = \varepsilon.$$

由右极限的 Cauchy 收敛准则可知 $\lim\limits_{x \to 0^+} f(x)$ 存在. 又 $f(x) \in C(0 , a]$，从而 $f(x)$ 在 $(0 , a]$ 上一致连续.

例 3.2.4 设函数 $f(x)$ 在 $(a , +\infty)$ 上可导，且 $\lim\limits_{x \to +\infty} f'(x) = +\infty$，证明 $f(x)$ 在 $(a , +\infty)$ 上不一致连续.

分析 按定义应证 $\exists \varepsilon_0 > 0$ 以及 $\{ x_n^{(1)} \} , \{ x_n^{(2)} \} \subset (a , +\infty)$，使得 $\lim\limits_{n \to \infty} (x_n^{(1)} - x_n^{(2)}) = 0$，但有

$$| f(x_n^{(1)}) - f(x_n^{(2)}) | \geqslant \varepsilon_0 , \quad \forall n \in \mathbf{N}.$$

根据 $\lim\limits_{x \to +\infty} f'(x) = +\infty$ 的条件，对 $\forall n \in \mathbf{N}$，当 x 充分大后（可考虑 $x > A_n \geqslant a$）总有 $f'(x) > n$ 成立. 因此可考虑在 $(A_n , +\infty)$ 上取定两点 $x_n^{(1)} , x_n^{(2)}$，使 $| x_n^{(1)} - x_n^{(2)} | = \dfrac{1}{n}$，从而使

$$| f(x_n^{(1)}) - f(x_n^{(2)}) | = | f'(\xi_n) | | x_n^{(1)} - x_n^{(2)} | > 1 , \quad \forall n \in \mathbf{N},$$

其中 ξ_n 介于 $x_n^{(1)}$ 与 $x_n^{(2)}$ 之间.

利用这一结果，我们很容易判断函数 $f(x) = x \ln x$ 在 $(0 , +\infty)$ 上是不一致连续的.

读者不妨进一步考虑：若将条件减弱为"当 $x \to +\infty$ 时 $f'(x)$ 无界"，上述结论是否仍然成立？

例 3.2.5 证明

(1) 若 $\lim\limits_{x \to +\infty} f(x)$ 与 $\lim\limits_{x \to +\infty} f'(x)$ 均存在且有限，则 $\lim\limits_{x \to +\infty} f'(x) = 0$；

(2) 若 $\lim\limits_{x \to +\infty} f(x)$ 与 $\lim\limits_{x \to +\infty} f''(x)$ 均存在且有限，则

$$\lim_{x \to +\infty} f'(x) = \lim_{x \to +\infty} f''(x) = 0;$$

(3) 若 $\lim\limits_{x \to +\infty} f(x)$ 与 $\lim\limits_{x \to +\infty} f^{(n)}(x)$ 均存在且有限，则

$$\lim_{x \to +\infty} f'(x) = \lim_{x \to +\infty} f''(x) = \cdots = \lim_{x \to +\infty} f^{(n)}(x) = 0.$$

分析 (1) 综合应用 Lagrange 中值定理及 Heine 归结原理不难得出结果，具体证明留给读者完成.

(2) 我们给出两种方法：

1° 用 Lagrange 中值定理.

由 $\lim\limits_{x\to+\infty} f''(x)$ 存在，从而 $f''(x)$ 在 $x\to+\infty$ 时有界，可记为 $|f''(x)|\leqslant M$，

$\forall\, x>A_1$. 因此 $\forall\, \varepsilon>0$，令 $h=\dfrac{\varepsilon}{2M}>0$，则 $\forall\, x', x''>A_1(|x'-x''|<h)$ 有

$$|f'(x')-f'(x'')|=|f''(\xi)||x'-x''|<\frac{\varepsilon}{2}, \qquad (3.2.4)$$

其中 ξ 介于 x', x'' 之间.

又 $\lim\limits_{x\to+\infty} f(x)$ 存在，于是 $\lim\limits_{x\to+\infty}\dfrac{f(x+h)-f(x)}{h}=0$. 而由 Lagrange 中值定理应

有

$$\frac{f(x+h)-f(x)}{h}=f'(x+h\theta_x), \quad 0<\theta_x<1.$$

从而 $\lim\limits_{x\to+\infty} f'(x+h\theta_x)=0$. 于是对上述 $\varepsilon>0$，$\exists\, A_2$，使得 $\forall\, x>A_2$ 有

$$|f'(x+h\theta_x)|<\frac{\varepsilon}{2}. \qquad (3.2.5)$$

令 $A=\max(A_1, A_2)$，则对 $\forall\, x>A$，由 (3.2.4),(3.2.5) 得

$$|f'(x)|\leqslant|f'(x)-f'(x+h\theta_x)|+|f'(x+h\theta_x)|$$

$$<\frac{\varepsilon}{2}+\frac{\varepsilon}{2}=\varepsilon.$$

也即有 $\lim\limits_{x\to+\infty} f'(x)=0$.

现因 $\lim\limits_{x\to+\infty} f'(x)$ 与 $\lim\limits_{x\to+\infty} f''(x)$ 均存在且有限. 由本题 (1) 的结果可知 $\lim\limits_{x\to+\infty} f''(x)=0$.

2° 用 Taylor 公式.

同 1°，$f''(x)$ 在 $x\to+\infty$ 时有界，记为 $|f''(x)|\leqslant M$，$\forall\, h>0$，由 Taylor 公式有

$$f(x+h)=f(x)+f'(x)h+\frac{1}{2}f''(\xi)h^2, \quad \xi\in(x, x+h).$$

于是有

$$f'(x)=\frac{1}{h}[f(x+h)-f(x)]-\frac{1}{2}f''(\xi)h. \qquad (3.2.6)$$

由 (3.2.6) 得出

$$|f'(x)|\leqslant\frac{1}{h}|f(x+h)-f(x)|+\frac{1}{2}Mh.$$

对 $\forall\, \varepsilon>0$，可令 $h=\dfrac{\varepsilon}{M}>0$. 其余证明可仿照 1° 写出.

相比较而言，前一种方法两次用到 Lagrange 中值定理，而在后一种方法中则

将其归并为一个二阶 Taylor 公式,从而使叙述显得更为简洁、清晰.

(3) 可沿用本题(2)的思路:由 $\lim\limits_{x\to+\infty}f^{(n-1)}(x)$ 存在,先证 $\lim\limits_{x\to+\infty}f^{(n-1)}(x)=0$. 类似再证 $\lim\limits_{x\to+\infty}f^{(k)}(x)=0$ $(k=1,2,\cdots,n-2)$. 最后由 $\lim\limits_{x\to+\infty}f^{(n-1)}(x)$ 与 $\lim\limits_{x\to+\infty}f^{(n)}(x)$ 均存在且有限,推出 $\lim\limits_{x\to+\infty}f^{(n)}(x)=0$.

下面介绍一个计算性问题.

例 3.2.6 设函数 $f(x)$ 在 $x=0$ 的某邻域内二阶可导,且

$$\lim_{x\to0}\left[1+x+\frac{f(x)}{x}\right]^{\frac{1}{x}}=e^3,$$

求 $f(0),f'(0),f''(0)$,并计算 $\lim\limits_{x\to0}\left[1+\frac{f(x)}{x}\right]^{\frac{1}{x}}$.

分析 关键是找出 $f(x)$ 在 $x=0$ 处的二阶 Taylor 公式表示式,则 $f(0)$, $f'(0),\dfrac{1}{2}f''(0)$ 正是其 Taylor 公式的各项系数.

解 由

$$\lim_{x\to0}\left[1+x+\frac{f(x)}{x}\right]^{\frac{1}{x}}=e^{\lim\limits_{x\to0}\frac{1}{x}\ln\left[1+x+\frac{f(x)}{x}\right]}=e^3,$$

得出 $\lim\limits_{x\to0}\dfrac{\ln\left[1+x+\dfrac{f(x)}{x}\right]}{x}=3$. 于是有

$$\lim_{x\to0}\ln\left[1+x+\frac{f(x)}{x}\right]=0\quad\Rightarrow\quad\lim_{x\to0}\left[x+\frac{f(x)}{x}\right]=0.$$

利用无穷小等价代换关系式

$$\ln\left[1+x+\frac{f(x)}{x}\right]\sim x+\frac{f(x)}{x}\quad(x\to0),$$

就有

$$\lim_{x\to0}\frac{\ln\left[1+x+\dfrac{f(x)}{x}\right]}{x}=\lim_{x\to0}\frac{x+\dfrac{f(x)}{x}}{x}=3,$$

由此得出

$$\frac{x+\dfrac{f(x)}{x}}{x}=3+o(1)\quad(x\to0).$$

整理后有

$$f(x)=2x^2+x^2\cdot o(1)=2x^2+o(x^2)\quad(x\to0).$$

若将 $f(x)$ 在 $x=0$ 处展开成二阶 Taylor 公式(带 Peano 余项),有

$$f(x)=f(0)+f'(0)x+\frac{1}{2}f''(0)x^2+o(x^2)\quad(x\to0).$$

由函数 Taylor 公式展开形式的惟一性,比较即得 $f(0)=0, f'(0)=0, f''(0)=2 \cdot 2! = 4.$
从而有

$$\lim_{x \to 0}\Big[1 + \frac{f(x)}{x}\Big]^{\frac{1}{x}} = \lim_{x \to 0}\Big[1 + \frac{2x^2 + o(x^2)}{x}\Big]^{\frac{1}{x}}$$

$$= \lim_{x \to 0}[1 + 2x + o(x)]^{\frac{1}{x}} = e^2.$$

3.2.2.2　零点问题

例 3.2.7　设函数 $f(x)$ 在 **R** 上可导,且 $f'(x) + f(x) > 0$,证明 $f(x)$ 在 **R** 上至多只有一个零点.

分析　自然希望函数 $f(x)$ 在 **R** 上是严格单调的. 因涉及到导数,最好是有 $f'(x) > 0$(或 $f'(x) < 0$)成立,但条件中却只给出 $f'(x) + f(x) > 0$.

转而考虑:若 $f(x)$ 在 **R** 上至多只有一个零点,那么 $f(x)$ 乘上一个恒正(或恒负)的函数 $g(x)$ 后仍然在 **R** 上至多只有一个零点,反之也一样. 我们可以设法构造一个可导且严格单调的乘积函数 $f(x)g(x)$(其中 $g(x)$ 在 **R** 上不变号),也即使

$$[f(x)g(x)]' = g(x)f'(x) + g'(x)f(x) > 0 (\text{或} < 0).$$

为了能利用条件 $f'(x) + f(x) > 0$,希望能有 $g(x) = g'(x)$,于是想到指数函数 e^x 是一个理想的乘积因子.

只要作指数型辅助函数 $F(x) = e^x f(x)$,后面的证明已无困难,读者可以自行完成.

例 3.2.8　设函数 $f(x)$ 在 **R** 上可导,证明对 $\forall \lambda \in \mathbf{R}$,在 $f(x)$ 的任意两个零点之间必有 $f'(x) - \lambda f(x)$ 的一个零点.

分析　涉及到导数的零点问题,宜考虑用 Rolle 中值定理.

记 $f(x_1) = f(x_2) = 0(x_1 \neq x_2)$,仿照上例作指数型辅助函数 $F(x) = e^{-\lambda x} f(x)$,并在区间 $[x_1, x_2]$(或 $[x_2, x_1]$)上对 $F(x)$ 用 Rolle 中值定理.

例 3.2.9　设函数 $f(x), g(x) \in C[a, b]$,在 (a, b) 内可导,且 $f(a) = f(b) = 0$,证明 $f'(x) + f(x)g'(x)$ 在 (a, b) 内必有零点.

分析　可考虑作指数型辅助函数 $F(x) = f(x)e^{g(x)}$,并在区间 $[a, b]$ 上对 $F(x)$ 用 Rolle 中值定理.

例 3.2.10　设函数 $f(x), g(x)$ 在 $[a, b]$ 上可导,且 $\forall x \in [a, b]$ 有

$$f(x)g'(x) - f'(x)g(x) \neq 0.$$

证明 $f(x)$ 的任意两个零点之间必有 $g(x)$ 的零点.

分析　条件的形式如同商函数 $\dfrac{f(x)}{g(x)}$ 导数的分子部分,考虑辅助函数自然应与

商函数 $\dfrac{f(x)}{g(x)}$ 有关.

用反证法思想:任取 $f(x)$ 的两个相邻零点 $x_1, x_2 \in [a, b]$(不妨设 $x_1 < x_2$),倘若 $g(x)$ 在 (x_1, x_2) 内恒不为 0,可作辅助函数 $F(x) = \dfrac{f(x)}{g(x)}$,$x \in (x_1, x_2)$. 如果能对 $F(x)$ 在区间 $[x_1, x_2]$ 上用 Rolle 中值定理,则矛盾立即可以推出,但前提是:必须保证 $g(x)$ 在区间端点 x_1, x_2 处的取值不为 0. 事实上这一点由题设条件不难证出.

例 3.2.11 设函数 $f(x)$ 在 **R** 上二阶可导且 $f''(x) > 0$,$\forall x \in \mathbf{R}$. 又 $\exists x_0 \in \mathbf{R}$ 使 $f(x_0) < 0$,以及

$$\lim_{x \to -\infty} f'(x) = \alpha < 0, \qquad \lim_{x \to +\infty} f'(x) = \beta > 0.$$

证明 $f(x)$ 在 **R** 上有且仅有两个零点.

分析 因已有 $f(x_0) < 0$,只要证明 $\lim_{x \to \pm\infty} f(x) = +\infty$,由连续函数的介值性可知 $f(x)$ 在 **R** 上至少有两个零点.

再用反证法说明 $f(x)$ 在 **R** 上不可能有三个(或以上)零点.

例 3.2.12 设函数 $f(x)$ 在 $[a, b]$ 上二阶可导且 $f(x) \geq 0$,$f''(x) \geq 0$,$\forall x \in [a, b]$. 又 $f(x)$ 在 $\forall [\alpha, \beta] \subset [a, b]$ 上不恒为 0,证明 $f(x)$ 在 $[a, b]$ 上至多只有一个零点.

证明 用反证法. 倘若 $\exists x_1, x_2 \in [a, b]$(不妨设 $x_1 < x_2$),使 $f(x_1) = f(x_2) = 0$,由 Rolle 中值定理可知 $\exists \xi \in (x_1, x_2)$ 使 $f'(\xi) = 0$. 现因 $f''(x) \geq 0$,故 $f'(x)$ 在 $[a, b]$ 上递增,于是当 $x < \xi$ 时 $f'(x) \leq 0$. 下面分情况讨论.

$1°$ 若对 $\forall x (x_1 < x < \xi)$ 恒有 $f'(x) = 0$,因 $f'(x) \in C[a, b]$ 故有

$$f'(x_1) = \lim_{x \to x_1^+} f'(x) = 0.$$

于是 $f(x)$ 在 $[x_1, \xi]$ 上取常值,而 $f(x_1) = 0$,故 $f(x) = 0$,$\forall x \in [x_1, \xi]$,这与题设条件矛盾.

$2°$ 若 $\exists x' (x_1 < x' < \xi)$ 使 $f'(x') < 0$,则在 $[x_1, x']$ 上有

$$f'(x) \leq f'(x_1) < 0.$$

于是 $f(x)$ 在 $[x_1, x']$ 上严格递减. 由反证法假设 $f(x_1) = 0$,从而对 $\forall x (x_1 < x \leq x')$ 均有 $f(x) < 0$,这又与题设条件矛盾.

综上所述,$f(x)$ 在 $[a, b]$ 上至多只有一个零点.

3.2.2.3 不等式

不等式是数学分析的重要内容之一,它涉及的问题很多,应用也十分广泛,历

来受到重视.

　　不等式的分析证明方法多种多样,很具有灵活性,有些还有相当的难度,因此初学者往往感到困难.这一节我们主要介绍可利用微分中值定理和 Taylor 公式处理的一类不等式问题,在本章后几节"凸函数"、"导数在函数研究中的应用"里将继续介绍其他不等式问题.在 4.2 节中我们还要进一步讨论积分不等式.

　　例 3.2.13　设函数 $f(x) \in C[a,b]$,在 (a,b) 内可导.又 $f(a)=0, f(x)>0$, $\forall x \in (a,b)$.证明不存在常数 $M>0$,使

$$\left| \frac{f'(x)}{f(x)} \right| \leqslant M, \quad \forall x \in (a,b).$$

　　证明　用反证法.倘若 $\exists M>0$,使 $\left| \dfrac{f'(x)}{f(x)} \right| \leqslant M, \forall x \in (a,b)$.令 $g(x)=$ $\ln f(x)$,则有 $g'(x)=\dfrac{f'(x)}{f(x)}$.现取定 $x_0 \in (a,b)$,对 $\forall x \in (a,b)(x \neq x_0)$,由 Lagrange 中值定理可知 $\exists \xi(\xi$ 介于 x, x_0 之间),使

$$g(x) - g(x_0) = g'(\xi)(x - x_0) \quad \Rightarrow \quad |g(x)| \leqslant |g(x_0)| + M(b-a).$$

即 $g(x)$ 在 (a,b) 内有界.

　　但另一方面,由 $f(x) \in C[a,b]$ 及 $f(a)=0$,有

$$\lim_{x \to a^+} g(x) = \lim_{x \to a^+} \ln f(x) = -\infty.$$

于是 $g(x)$ 在 (a,b) 内无界,从而推出矛盾.

　　例 3.2.14　设函数 $f(x)$ 在 $[a,b]$ 上具有二阶连续的导数,且 $f(a)=f(b)=0$,证明

　　(1) $\displaystyle\max_{x \in [a,b]} |f(x)| \leqslant \frac{1}{8}(b-a)^2 \max_{x \in [a,b]} |f''(x)|$;　　　　　　(3.2.7)

　　(2) $\displaystyle\max_{x \in [a,b]} |f'(x)| \leqslant \frac{1}{2}(b-a) \max_{x \in [a,b]} |f''(x)|$.　　　　　　(3.2.8)

　　分析　问题涉及到二阶导数,应考虑将 $f(x)$ 在 $[a,b]$ 上展开为带二阶 Lagrange 余项的 Taylor 公式,即有

$$f(t) = f(x) + f'(x)(t - x) + \frac{1}{2!}f''(\xi)(t - x)^2, \quad \xi 介于 t, x 之间.$$

　　因(3.2.7)中无 $f'(x)$ 项,可考虑在 $f(x)$ 的最值点 x_0 处展开,当最值点 x_0 为区间内点时,就有 $f'(x_0)=0$ 成立.而(3.2.7)中无 $f(x)$ 项,应利用条件 $f(a)=f(b)=0$,分别以 $t=a, t=b$ 代入展开式.

　　证明　将 $f(x)$ 在 $[a,b]$ 上展开为二阶 Taylor 公式,对 $\forall t, x \in [a,b]$ 有

$$f(t) = f(x) + f'(x)(t - x) + \frac{1}{2!}f''(\xi)(t - x)^2, \quad (3.2.9)$$

其中 ξ 介于 t, x 之间.

(1) 当 $f(x)$ 在 $[a, b]$ 上恒为常数时,结论显见成立;当 $f(x)$ 在 $[a, b]$ 上不恒为常数时,$|f(x)|$ 的最大值必定在区间内点 $x_0 \in (a, b)$ 处取到.由 Fermat 引理此时有 $f'(x_0) = 0$.

注意到 $\min(x_0 - a, b - x_0) \leqslant \dfrac{b-a}{2}$,不妨设 $x_0 - a \leqslant \dfrac{b-a}{2}$.在 $(3.2.9)$ 中令 $t = a, x = x_0$,有

$$f(a) = f(x_0) + f'(x_0)(a - x_0) + \frac{1}{2} f''(\xi)(a - x_0)^2, \quad \xi \in (a, x_0).$$

移项并取绝对值,就有

$$\max_{x \in [a, b]} |f(x)| = |f(x_0)| \leqslant \frac{1}{2} \max_{x \in [a, b]} |f''(x)| (a - x_0)^2$$

$$\leqslant \frac{1}{8} (b - a)^2 \max_{x \in [a, b]} |f''(x)|.$$

(2) 在 $(3.2.9)$ 中分别以 $t = a, t = b$ 两次代入,有

$$f(a) = f(x) + f'(x)(a - x) + \frac{1}{2} f''(\xi_1)(a - x)^2, \quad \xi_1 \in (a, x),$$

$$f(b) = f(x) + f'(x)(b - x) + \frac{1}{2} f''(\xi_2)(b - x)^2, \quad \xi_2 \in (x, b).$$

两式相减并取绝对值,就有

$$|f'(x)| (b - a) \leqslant \frac{1}{2} \big[|f''(\xi_1)| (a - x)^2 + |f''(\xi_2)| (b - x)^2 \big]$$

$$\leqslant \frac{1}{2} \max_{x \in [a, b]} |f''(x)| \big[(a - x)^2 + (b - x)^2 \big].$$

注意到 $f'(x) \in C[a, b]$,故 $|f'(x)|$ 在 $[a, b]$ 上可取到最大值.而对 $\forall x \in [a, b]$,恒有 $(a - x)^2 + (b - x)^2 \leqslant (b - a)^2$ 成立.从而得出

$$\max_{x \in [a, b]} |f'(x)| \leqslant \frac{1}{2} (b - a) \max_{x \in [a, b]} |f''(x)|.$$

例 3.2.15 设函数 $f(x)$ 在 $\mathbf{R}$ 上二阶可导,又

$$M_k = \sup_{x \in \mathbf{R}} |f^{(k)}(x)| < +\infty, \quad k = 0, 1, 2.$$

证明 $M_1^2 \leqslant 2 M_0 M_2$.

证明 对 $\forall x \in \mathbf{R}$,$\forall t > 0$,由 Taylor 公式有

$$f(x + t) = f(x) + f'(x) t + \frac{1}{2} f''(\xi_1) t^2, \quad \xi_1 \in (x, x + t),$$

$$f(x - t) = f(x) - f'(x) t + \frac{1}{2} f''(\xi_2) t^2, \quad \xi_2 \in (x - t, x).$$

两式相减并取绝对值,就有

$$2\mid f'(x)\mid t\leqslant\mid f(x+t)\mid+\mid f(x-t)\mid+\frac{1}{2}[\mid f''(\xi_1)\mid+\mid f''(\xi_2)\mid]t^2$$

$$\leqslant 2M_0+M_2 t^2,$$

即

$$\mid f'(x)\mid\leqslant\frac{M_0}{t}+\frac{1}{2}M_2 t,\quad\forall\,x\in\mathbf{R},\forall\,t>0.$$

而右端的 $\dfrac{M_0}{t}+\dfrac{1}{2}M_2 t$ 当且仅当 $t=\sqrt{\dfrac{2M_0}{M_2}}$ 时取最小值 $\sqrt{2M_0 M_2}$. 从而得出

$$\mid f'(x)\mid\leqslant\sqrt{2M_0 M_2},\forall\,x\in\mathbf{R}\ \Rightarrow\ M_1^2\leqslant 2M_0 M_2.$$

下面介绍一个综合应用 Cauchy 中值定理和 Lagrange 中值定理处理的不等式问题.

例 3.2.16　设函数 $f(x)$ 在 $\mathbf{R}$ 上连续可导,且 $\sup\limits_{x\in\mathbf{R}}|e^{-x^2}f'(x)|<+\infty$. 证明

$$\sup\limits_{x\in\mathbf{R}}\mid xe^{-x^2}f(x)\mid<+\infty.$$

证明　记 $M=\sup\limits_{x\in\mathbf{R}}|e^{-x^2}f'(x)|$,对取定的 $a>0$,因 $f(x)\in C[-a,a]$,故 $f(x)$ 在 $[-a,a]$ 上有界. 同样地,xe^{-x^2} 在 $[-a,a]$ 上也有界. 因此只要证明 $xe^{-x^2}f(x)$ 在 $(-\infty,-a)$ 及 $(a,+\infty)$ 上有界.

对 $\forall\,x\in(a,+\infty)$,由 Cauchy 中值定理可知 $\exists\,\xi\in(a,x)$,使

$$\frac{xf(x)-af(a)}{e^{x^2}-e^{a^2}}=\frac{[xf(x)]'}{(e^{x^2})'}\bigg|_{x=\xi}. \tag{3.2.10}$$

而

$$\left|\frac{[xf(x)]'}{(e^{x^2})'}\right|=\left|\frac{xf'(x)+f(x)}{2xe^{x^2}}\right|\leqslant\frac{1}{2}\mid e^{-x^2}f'(x)\mid+\left|\frac{e^{-x^2}}{2x}f(x)\right|$$

$$\leqslant\frac{1}{2}M+\frac{1}{2}\left|e^{-x^2}\frac{f(x)-f(0)}{x}\right|+\frac{1}{2}\left|\frac{e^{-x^2}}{x}f(0)\right|$$

$$\leqslant\frac{1}{2}M+\frac{1}{2}\mid e^{-x^2}f'(\eta)\mid+\frac{1}{2a}e^{-a^2}\mid f(0)\mid$$

$$\leqslant\frac{1}{2}M+\frac{1}{2}\mid e^{-\eta^2}f'(\eta)\mid+\frac{1}{2a}e^{-a^2}\mid f(0)\mid$$

$$\leqslant\frac{1}{2}M+\frac{1}{2}M+\frac{1}{2a}e^{-a^2}\mid f(0)\mid\triangleq M_0,$$

其中 $\eta\in(0,x)$,而 $M_0=M+\dfrac{1}{2a}e^{-a^2}\mid f(0)\mid$ 为常数. 于是由(3.2.10)有

$$| \ xf(x) - af(a) \ | \leqslant M_0 \ | \ e^{x^2} - e^{a^2} \ |.$$

由此得出

$$| \ xf(x) \ | - | \ af(a) \ | \leqslant | \ xf(x) - af(a) \ | \leqslant M_0 e^{x^2} - M_0 e^{a^2} \leqslant M_0 e^{x^2},$$

或即

$$M_0 \geqslant | \ xe^{-x^2} f(x) \ | - ae^{-x^2} | \ f(a) \ | \geqslant | \ xe^{-x^2} f(x) \ | - ae^{-a^2} \ | \ f(a) \ |.$$

从而有

$$| \ xe^{-x^2} f(x) \ | \leqslant M_0 + ae^{-a^2} | \ f(a) \ | \triangleq M_1, \quad \forall \ x \in (a, +\infty),$$

其中 $M_1 = M_0 + ae^{-a^2} | f(a) |$ 为常数.

同样可证 $xe^{-x^2} f(x)$ 在 $(-\infty, -a)$ 上也有界.

3.2.2.4 中值问题

1. 中值公式.

例 3.2.17 设函数 $f(x)$ 在 $[0, +\infty)$ 上可导,且 $0 \leqslant f(x) \leqslant \dfrac{x}{1+x^2}$. 证明 $\exists \xi \in (0, +\infty)$,使

$$f'(\xi) = \frac{1-\xi^2}{(1+\xi^2)^2}. \tag{3.2.11}$$

分析 注意到 $\left(\dfrac{x}{1+x^2} \right)' = \dfrac{1-x^2}{(1+x^2)^2}$. 因此要证 (3.2.11) 成立,即要证 $\exists \xi \in (0, +\infty)$,使

$$\left[f(x) - \frac{x}{1+x^2} \right]'_{x=\xi} = 0.$$

这明显提示应作辅助函数 $F(x) = f(x) - \dfrac{x}{1+x^2}$,并验证 $F(x)$ 在 $[0, +\infty)$ 上满足推广的 Rolle 中值定理(见 3.2.1 节第 2 部分).

例 3.2.18 设函数 $f(x)$, $g(x)$ 在 $[a, b]$ 上可导,且 $g'(x) \neq 0$. 证明 $\exists \xi \in (a, b)$,使

$$\frac{f(a) - f(\xi)}{g(\xi) - g(b)} = \frac{f'(\xi)}{g'(\xi)}. \tag{3.2.12}$$

分析 将 (3.2.12) 改写为

$$f(a) g'(\xi) + g(b) f'(\xi) = f'(\xi) g(\xi) + g'(\xi) f(\xi).$$

即要证 $\exists \xi \in (a, b)$,使

$$[f(a)g(x) + g(b)f(x)]'_{x=\xi} = [f(x)g(x)]'_{x=\xi},$$

或即 $[f(a)g(x) + g(b)f(x) - f(x)g(x)]'_{x=\xi} = 0$. 可见应作辅助函数 $F(x) = f(a)g(x) + g(b)f(x) - f(x)g(x)$.

在论证中值公式时,如果表示式关于端点处的函数值具有对称性或轮换对称性的特点,通常还可以用"常数 k 值法"来构造辅助函数. 这种方法的具体步骤是:

1° 将所要求的导数中值(即 $f^{(k)}(\xi), k \in \mathbf{N}$)改用常数值 k 代替;

2° 将所论等式中的一个区间端点值(a 或 b)改为变量 x,由此得出的函数表示式即作为辅助函数.

不妨先看两个例子.

例 3.2.19 设函数 $f(x)$ 在 $[a,b]$ 上二阶可导,证明 $\exists \xi \in (a,b)$,使

$$f(a) - 2f\left[\frac{a+b}{2}\right] + f(b) = \frac{(b-a)^2}{4}f''(\xi). \tag{3.2.13}$$

证法一 用 Taylor 公式.

将 $f(x)$ 在点 $\frac{a+b}{2}$ 处展开成 Taylor 公式,有

$$f(a) = f\left[\frac{a+b}{2}\right] + f'\left[\frac{a+b}{2}\right]\frac{a-b}{2} + \frac{1}{2}f''(\xi_1)\left(\frac{a-b}{2}\right)^2, \quad \xi_1 \in \left[a, \frac{a+b}{2}\right],$$

$$f(b) = f\left[\frac{a+b}{2}\right] + f'\left[\frac{a+b}{2}\right]\frac{b-a}{2} + \frac{1}{2}f''(\xi_2)\left(\frac{b-a}{2}\right)^2, \quad \xi_2 \in \left[\frac{a+b}{2}, b\right].$$

相加即有

$$f(a) - 2f\left[\frac{a+b}{2}\right] + f(b) = \frac{(b-a)^2}{8}[f''(\xi_1) + f''(\xi_2)].$$

由导数介值性可知 $\exists \xi \in [\xi_1, \xi_2]$,使 $f''(\xi) = \dfrac{f''(\xi_1) + f''(\xi_2)}{2}$. 代入上式即得证.

证法二 用常数 k 值法.

将(3.2.13)中的 $f''(\xi)$ 改记为 k,写成

$$f(a) - 2f\left[\frac{a+b}{2}\right] + f(b) = \frac{k}{4}(b-a)^2. \tag{3.2.14}$$

原题变成要证 $\exists \xi \in (a,b)$,使 $k = f''(\xi)$.

注意到(3.2.14)关于 a, b 对称,现将其中 b 改为 x,作辅助函数

$$F(x) = f(x) - 2f\left[\frac{a+x}{2}\right] + f(a) - \frac{k}{4}(x-a)^2.$$

则 $F(x)$ 在 $[a,b]$ 上可导,且有 $F(a) = F(b) = 0$. 对 $F(x)$ 在 $[a,b]$ 上用 Rolle 中值定理,可知 $\exists \eta \in (a,b)$,使得 $F'(\eta) = 0$. 即有

$$F'(\eta) = f'(\eta) - f'\left[\frac{a+\eta}{2}\right] - \frac{k}{2}(\eta-a) = 0. \tag{3.2.15}$$

再对 $f'(x)$ 在 $\left[\dfrac{a+\eta}{2}, \eta\right]$ 上用 Lagrange 中值定理

$$f'(\eta) = f'\left(\frac{a+\eta}{2}\right) + f''(\xi)\left(\eta - \frac{a+\eta}{2}\right), \tag{3.2.16}$$

其中 $\xi \in \left[\dfrac{a+\eta}{2}, \eta\right]$. 比较 $(3.2.15)$, $(3.2.16)$ 得 $k = f''(\xi)$.

例 3.2.20 设函数 $f(x)$ 在 $[a, b]$ 上二阶可导, 又 $a < c < b$. 证明 $\exists \xi \in (a, b)$, 使

$$\frac{f(a)}{(a-b)(a-c)} + \frac{f(b)}{(b-a)(b-c)} + \frac{f(c)}{(c-a)(c-b)} = \frac{1}{2} f''(\xi). \tag{3.2.17}$$

分析 可用常数 k 值法. 先将 $(3.2.17)$ 改写成

$$(b-c)f(a) + (c-a)f(b) + (a-b)f(c) = \frac{k}{2}(a-b)(b-c)(a-c).$$

上式关于 a, b, c 具有轮换对称性. 将其中 b(或者 a, c)改为 x, 作辅助函数

$$F(x) = (x-c)f(a) + (c-a)f(x) + (a-x)f(c) - \frac{k}{2}(a-x)(x-c)(a-c).$$

再对 $F(x)$ 在 $[a, b]$ 上用 Rolle 中值定理.

下面讨论几个多中值的证明问题.

例 3.2.21 设函数 $f(x) \in C[a, b]$, 在 (a, b) 内可导 $(0 < a < b)$, 证明 $\exists \xi, \eta \in (a, b)$, 使

$$f'(\xi) = (a^2 + ab + b^2) \frac{f'(\eta)}{3\eta^2}.$$

分析 应分别寻找 ξ 与 η. 先处理上述等式的右端, 若不考虑常数 $a^2 + ab + b^2$, 则其中值部分可记为 $\dfrac{f'(x)}{(x^3)'}\bigg|_{x=\eta}$. 很明显, 这是对 $f(x)$ 及 $g(x) = x^3$ 在 $[a, b]$ 上用 Cauchy 中值定理得到的结果. 然后再找左端的 $f'(\xi)$.

证明 考虑 $f(x)$ 及 $g(x) = x^3$, $x \in [a, b]$. 对 $f(x), g(x)$ 在 $[a, b]$ 上用 Cauchy 中值定理, 有

$$\frac{f(b) - f(a)}{g(b) - g(a)} = \frac{f(b) - f(a)}{b^3 - a^3} = \frac{f'(\eta)}{3\eta^2}, \quad \exists \eta \in (a, b).$$

也即有

$$\frac{f(b) - f(a)}{b - a} = (b^2 + ab + a^2) \frac{f'(\eta)}{3\eta^2}.$$

再由 Lagrange 中值定理可知, $\exists \xi \in (a, b)$, 使

$$\frac{f(b) - f(a)}{b - a} = f'(\xi).$$

代入上一式即得证.

类似地有以下问题.

例 3.2.22　设函数 $f(x) \in C[a, b]$,在 (a, b) 内可导 $(0 < a < b)$,证明 $\exists \; x_1$, $x_2, x_3 \in (a, b)$,使

$$\frac{f'(x_1)}{2 x_1} = (a^2 + b^2) \frac{f'(x_2)}{4 x_2^3} = \frac{\ln \dfrac{b}{a}}{b^2 - a^2} f'(x_3) x_3.$$

分析　上式可改写为

$$\frac{f'(x_1)}{2 x_1}(b^2 - a^2) = \frac{f'(x_2)}{4 x_2^3}(b^4 - a^4) = \frac{f'(x_3)}{\dfrac{1}{x_3}}(\ln b - \ln a).$$

仿照上一题从右端入手证明.

例 3.2.23　设函数 $f(x) \in C[0,1]$,在 $(0,1)$ 内可导,且 $f(0) = 0, f(1) = \dfrac{1}{2}$. 证明 $\exists \; \xi, \eta \in (0,1)(\xi \neq \eta)$,使

$$f'(\xi) + f'(\eta) = \xi + \eta.$$

分析　希望能分别得出 $f'(\xi) - \xi = A$ 及 $\eta - f'(\eta) = A$,联立后即得证. 而导数具有 $f'(x) - x$ 形式的辅助函数是 $F(x) = f(x) - \dfrac{1}{2} x^2$,可在 $\left[0, \dfrac{1}{2}\right]$ 与 $\left[\dfrac{1}{2}, 1\right]$ 上对 $F(x)$ 分别使用 Lagrange 中值定理.

证明　作辅助函数 $F(x) = f(x) - \dfrac{1}{2} x^2$,则有

$$F(0) = 0, \qquad F(1) = f(1) - \frac{1}{2} = 0.$$

在 $\left[0, \dfrac{1}{2}\right]$ 与 $\left[\dfrac{1}{2}, 1\right]$ 上对 $F(x)$ 分别用 Lagrange 中值定理,可知 $\exists \; \xi \in \left[0, \dfrac{1}{2}\right]$, $\eta \in \left[\dfrac{1}{2}, 1\right]$,使

$$F(0) - F\left(\frac{1}{2}\right) = F'(\xi)\left(-\frac{1}{2}\right) = -\frac{1}{2}[f'(\xi) - \xi],$$

$$F(1) - F\left(\frac{1}{2}\right) = F'(\eta) \cdot \frac{1}{2} = \frac{1}{2}[f'(\eta) - \eta].$$

联立两式即得

$$f'(\xi) - \xi = \eta - f'(\eta) \quad \Rightarrow \quad f'(\xi) + f'(\eta) = \xi + \eta.$$

例 3.2.24 设函数 $f(x)$ 在 $[0,1]$ 上可导，$f(0)=0$，$f(1)=1$，$\lambda_k>0$（$k=1$, $2,\cdots,n$）. 证明 $\exists\ x_k\in(0,1)$（x_k 互不相等），使

$$\sum_{k=1}^{n}\frac{\lambda_k}{f'(x_k)}=\sum_{k=1}^{n}\lambda_k.$$

分析 此例中涉及 n 个中值的存在性与分布问题，一时难以入手. 为便于分析，我们不妨将问题适当简化. 基本原则是先考虑最简单的情况，但这一"简化模型"又能够保留原问题的所有特征. 然后再推广到一般情况. 事实上，这也是分析和解决数学问题的重要方法之一.

现取 $n=2$，要证 $\exists\ x_1,x_2\in(0,1)$（$x_1\neq x_2$），使

$$\frac{\lambda_1}{f'(x_1)}+\frac{\lambda_2}{f'(x_2)}=\lambda_1+\lambda_2.$$

显见有 $0<\dfrac{\lambda_1}{\lambda_1+\lambda_2}<1$，$0<\dfrac{\lambda_2}{\lambda_1+\lambda_2}<1$，记为 $0<c_i<1$（$i=1,2$）. 由 $f(0)=0$，$f(1)=1$，故 $\exists\ k_1\in(0,1)$，使得 $f(k_1)=c_1$. 而 $c_1<c_1+c_2=1$，于是又 $\exists\ k_2>k_1$（此处可取 $k_2=1$），使得 $f(k_2)=c_1+c_2=1$.

由 Lagrange 中值定理，$\exists\ x_1\in(0,k_1)$，$x_2\in(k_1,k_2)$，使

$$f'(x_1)=\frac{f(k_1)-f(0)}{k_1}=\frac{c_1}{k_1},\quad f'(x_2)=\frac{f(k_2)-f(k_1)}{k_2-k_1}=\frac{c_2}{k_2-k_1}.$$

也即有 $\dfrac{c_1}{f'(x_1)}=k_1$，$\dfrac{c_2}{f'(x_2)}=k_2-k_1$. 相加便有

$$\frac{c_1}{f'(x_1)}+\frac{c_2}{f'(x_2)}=k_2=1.$$

再将 $c_i=\dfrac{\lambda_i}{\lambda_1+\lambda_2}$（$i=1,2$）代入上式即得证.

利用同样的思想，已不难解决原题中有 n 个中值点的情况，具体证明留给读者完成.

2. 中值不等式.

例 3.2.25 设函数 $f(x)$ 在 $[a,b]$ 上二阶可导，且 $f'\left(\dfrac{a+b}{2}\right)=0$. 证明 $\exists\ \xi\in(a,b)$，使

$$|f''(\xi)|\geqslant\frac{4}{(b-a)^2}|f(b)-f(a)|.$$

并说明右端的常数 4 是最佳估计（即若将此常数改为任何一个大于 4 的数，则均有反例可使不等式不再成立）.

分析 前一个问题不难证明,条件本身已明显提示可将 $f(x)$ 在 $x=\dfrac{a+b}{2}$ 处两次展开成带二阶 Lagrange 余项的 Taylor 公式,相减后再取绝对值并适当放大即可.

后一个问题要求对 $\forall\, M>4$,具体找出满足上述条件的函数 $f(x)$,使对 $\forall\, x\in(a,b)$ 有

$$|f''(x)|<\frac{M}{(b-a)^2}|f(b)-f(a)|.$$

对 $\forall\, M>4$,考虑方程 $x(x-1)=\dfrac{M}{2}$ 两个解中较大的那个,记为 α.定义函数

$$f(x)=\begin{cases} x^\alpha, & 0\leqslant x\leqslant 1,\\ -(-x)^\alpha, & -1\leqslant x<0. \end{cases}$$

可以计算

$$f'(x)=\begin{cases} \alpha x^{\alpha-1}, & 0\leqslant x\leqslant 1,\\ \alpha(-x)^{\alpha-1}, & -1\leqslant x<0; \end{cases}$$

$$f''(x)=\begin{cases} \alpha(\alpha-1)x^{\alpha-2}, & 0\leqslant x\leqslant 1,\\ -\alpha(\alpha-1)(-x)^{\alpha-2}, & -1\leqslant x<0. \end{cases}$$

于是对 $\forall\, x\in(-1,1)$,有

$$|f''(x)|=\alpha(\alpha-1)|x|^{\alpha-2}<\alpha(\alpha-1)=\frac{M}{2}.$$

而

$$\frac{M}{[1-(-1)]^2}|f(1)-f(-1)|=\frac{M}{4}\cdot 2=\frac{M}{2}.$$

可见这一函数符合要求.

注 类似的问题是:设函数 $f(x)$ 在 $[a,b]$ 上二阶可导,$f'(a)=f'(b)=0$. 证明 $\exists\,\xi\in(a,b)$,使

$$|f''(\xi)|\geqslant\frac{4}{(b-a)^2}|f(b)-f(a)|.$$

例 3.2.26 设函数 $f(x)\in C[a,b]$,在 (a,b) 内可导,且 $f(x)$ 不是线性函数,证明 $\exists\,\xi\in(a,b)$,使

$$|f'(\xi)|>\left|\frac{f(b)-f(a)}{b-a}\right|.$$

分析 过点 $(a,f(a))$,$(b,f(b))$ 的线性函数(即直线方程)为

$$y=\frac{f(b)-f(a)}{b-a}(x-a)+f(a).$$

若令 $F(x)=f(x)-\left[\dfrac{f(b)-f(a)}{b-a}(x-a)+f(a)\right]$,当 $f(b)>f(a)$ 时,要证

∃ $\xi_1 \in (a, b)$，使得

$$F'(\xi_1) = f'(\xi_1) - \frac{f(b) - f(a)}{b - a} > 0;$$

当 $f(b) < f(a)$ 时，要证 ∃ $\xi_2 \in (a, b)$，使得

$$F'(\xi_2) = f'(\xi_2) - \frac{f(b) - f(a)}{b - a} < 0.$$

现因有 $F(a) = F(b) = 0$，而由 $f(x)$ 非线性条件可知 $F(x) \not\equiv 0, x \in [a, b]$，因此至少有一点 $x_0 \in (a, b)$，使 $F(x_0) \neq 0$，不妨设 $F(x_0) > 0$（若 $F(x_0) < 0$ 同样可证）. 可见当 $f(b) > f(a)$ 时可在 $[a, x_0]$ 上对 $F(x)$ 用 Lagrange 中值定理；而当 $f(b) < f(a)$ 时可在 $[x_0, b]$ 上对 $F(x)$ 用 Lagrange 中值定理.

例 3.2.27 设函数 $f(x)$ 在 $[0,1]$ 上二阶可导，$f(0) = f(1) = 0$，$\max\limits_{x \in [0,1]} \{f(x)\} = 2$，证明 ∃ $\xi \in (0,1)$，使 $f''(\xi) \leqslant -16$.

分析 明显提示应使用 Taylor 公式. 问题是：将 $f(x)$ 在何点处展开？

条件中有 $f(0) = f(1) = 0$，看来区间端点 $x = 0, 1$ 是可选展开点. 但条件中还有 $\max\limits_{x \in [0,2]} \{f(x)\} = 2$，事实上最值点提供的信息更多. 它除了说明有 $f(x_0) = 2$ 外，还说明 $f(x)$ 在 $[0,1]$ 上的最大值在区间内部取到，从而必有 $f'(x_0) = 0$. 因此应考虑将 $f(x)$ 在最值点 x_0 处展开为带二阶 Lagrange 余项的 Taylor 公式.

证明 记 $f(x_0) = \max\limits_{x \in [0,1]} \{f(x)\} = 2$，则有 $f'(x_0) = 0$. 又

$$f(x) = f(x_0) + f'(x_0)(x - x_0) + \frac{1}{2} f''(\xi)(x - x_0)^2$$

$$= 2 + \frac{1}{2}(x - x_0)^2 f''(\xi),$$

其中 ξ 介于 x, x_0 之间，即有

$$f''(\xi) = \frac{2f(x) - 4}{(x - x_0)^2}.$$

分别以 $x = 0, 1$ 代入上式，得到

$$f''(\xi_1) = -\frac{4}{x_0^2}, \qquad f''(\xi_2) = -\frac{4}{(1 - x_0)^2} \qquad (0 < \xi_1 < x_0 < \xi_2 < 1).$$

当 $x_0 \in \left[0, \dfrac{1}{2}\right]$ 时，有 $f''(\xi_1) < -\dfrac{4}{\left[\dfrac{1}{2}\right]^2} = -16$；当 $x_0 \in \left[\dfrac{1}{2}, 1\right]$ 时，又有

$f''(\xi_2) \leqslant -\dfrac{4}{\left[1 - \dfrac{1}{2}\right]^2} = -16$. 可见总能找到一点 ξ（ξ 取 ξ_1 或 ξ_2），使 $f''(\xi) \leqslant -16$.

3. 中值的渐近估计.

下面讨论当自变量(或自变量的改变量)在不同极限过程中中值点的极限性态.

例 3.2.28   当 $x>0$ 时,由 Lagrange 中值定理有

$$\sqrt{x+1} - \sqrt{x} = \frac{1}{2\sqrt{x+\theta(x)}}, \quad 0 < \theta(x) < 1. \quad\quad (3.2.18)$$

证明(1) $\frac{1}{4} \leqslant \theta(x) \leqslant \frac{1}{2}$;

(2) $\lim\limits_{x \to 0^+} \theta(x) = \frac{1}{4}$, $\lim\limits_{x \to +\infty} \theta(x) = \frac{1}{2}$.

分析   由(3.2.18)可得出 $\theta(x)$ 的表示式为

$$\theta(x) = \frac{1}{4} + \frac{1}{2}[\sqrt{x(x+1)} - x].$$

由此即可对 $\theta(x)$ 的界进行估计和计算极限.

例 3.2.29   设函数 $f(x)$ 在 $U(x_0, \delta)$ 内 n 阶可导,且 $f^{(n+1)}(x_0) \neq 0$,记

$$f(x_0 + h) = f(x_0) + hf'(x_0) + \frac{h^2}{2!}f''(x_0)$$

$$+ \cdots + \frac{h^n}{n!}f^{(n)}(x_0 + h\theta(h)), \quad 0 < \theta(h) < 1.$$

证明 $\lim\limits_{h \to 0} \theta(h) = \frac{1}{n+1}$.

分析   关键仍是要找出 $\theta(h)$ 的表示式. 为此,可将 $f(x_0 + h)$ 按两种不同方式在点 x_0 处展开为 Taylor 公式:带 $n+1$ 阶 Peano 余项的 Taylor 公式和带 n 阶 Lagrange 余项的 Taylor 公式,再对两者进行分析比较.

证明   将 $f(x_0 + h)$ 在点 x_0 处分别展成带 Peano 余项和带 Lagrange 余项的 Taylor 公式,有

$$f(x_0 + h) = f(x_0) + hf'(x_0) + \cdots + \frac{h^n}{n!}f^{(n)}(x_0)$$

$$+ \frac{h^{n+1}}{(n+1)!}f^{(n+1)}(x_0) + o(h^{n+1}) \quad (h \to 0),$$

$$f(x_0 + h) = f(x_0) + hf'(x_0) + \cdots + \frac{h^{n-1}}{(n-1)!}f^{(n-1)}(x_0)$$

$$+ \frac{h^n}{n!}f^{(n)}(x_0 + h\theta(h)) \quad (0 < \theta(h) < 1).$$

将两式比较可得

$$f^{(n)}(x_0 + h\theta(h)) = f^{(n)}(x_0) + \frac{h}{h+1} f^{(n+1)}(x_0) + o(h) \quad (h \to 0).$$

$$(3.2.19)$$

此外,对 $f^{(n)}(x)$ 还可以再展开为带 Peano 余项的 Taylor 公式,即有

$$f^{(n)}(x_0 + h\theta(h)) = f^{(n)}(x_0) + h\theta(h) f^{(n+1)}(x_0) + o(h) \quad (h \to 0).$$

$$(3.2.20)$$

比较(3.2.19)与(3.2.20),又有

$$h\theta(h) f^{(n+1)}(x_0) + o(h) = \frac{h}{h+1} f^{(n+1)}(x_0) + o(h) \quad (h \to 0).$$

由条件 $f^{(n+1)}(x_0) \neq 0$,从而得出

$$\theta(h) = \frac{1}{n+1} + o(1) \quad \Rightarrow \quad \lim_{h \to 0} \theta(h) = \frac{1}{n+1}.$$

注 类似地有以下问题:设函数 $f(x)$ 在 $U(x_0, \delta)$ 内 n 阶连续可导,且 $f^{(k)}(x_0) = 0 \ (k = 2, 3, \cdots, n-1)$,而 $f^{(n)}(x_0) \neq 0$. 记

$$f(x_0 + h) = f(x_0) + h f'(x_0 + h\theta(h)) \quad (0 < \theta(h) < 1).$$

证明 $\lim_{h \to 0} \theta(h) = \sqrt[n-1]{\dfrac{1}{n}}$.

3.2.2.5 L'Hospital 法则与极限计算技巧

L'Hospital 法则适用于"未定型"的极限计算. 所谓"未定型"极限,是指以下几种极限类型:

$$\frac{0}{0}; \frac{\infty}{\infty}; 0 \cdot \infty; 0^0; 1^\infty; \infty^0; \infty - \infty.$$

其中前两种是用 L'Hospital 法则计算极限的主要类型,后几种均可通过适当变形(取对数或代数运算)化为 $\dfrac{0}{0}$ 型或 $\dfrac{\infty}{\infty}$ 型极限问题.

在应用 L'Hospital 法则计算极限时,应注意几个问题:

第一,每计算一步须审查函数是否仍满足 L'Hospital 法则所要求的条件,特别是所求极限是否仍然是具有 $\dfrac{0}{0}$ 或 $\dfrac{\infty}{\infty}$ 形式的"未定型". 若不再是"未定型",自然不能再用 L'Hospital 法则.

第二,注意 L'Hospital 法则的应用条件.

1° 以未定型极限 $\lim\limits_{x \to x_0} \dfrac{f(x)}{g(x)}$ 为例,L'Hospital 法则的条件中要求 $f(x), g(x)$ 在点 x_0 的某邻域 $U(x_0, \delta)$ 内可导,且 $g'(x) \neq 0$. 这一点往往容易被忽视,但这一

条件却直接影响到能否用以及到底能用几次 L′Hospital 法则（见例 3.2.30）.

2° 条件中要求 $\lim\limits_{x \to x_0} \dfrac{f'(x)}{g'(x)}$ 存在,当上述极限不存在时,L′Hospital 法则就失效了,但这并不表示 $\lim\limits_{x \to x_0} \dfrac{f(x)}{g(x)}$ 也不存在. 例如考虑 $x \to +\infty$ 时的两个极限

$$\lim_{x \to +\infty} \frac{x + \sin x}{x}, \qquad \lim_{x \to +\infty} \frac{\sqrt{1 + x^2}}{x}.$$

用初等方法很容易得出结果,但 L′Hospital 法则对上述两个极限都是失效的.

第三,L′Hospital 法则不是万能的,上面的反例已说明了这一点. 同时,连续多次使用 L′Hospital 法则常常会带来十分繁复的计算. 因此,在应用 L′Hospital 法则时,应充分利用极限的初等运算技巧、提取"极限因子"（见例 3.2.31 的说明）、无穷小等价代换及 Taylor 公式等综合手段.

例 3.2.30　设函数 $f(x)$ 在点 x_0 处二阶可导,证明

$$\lim_{h \to 0} \frac{f(x_0 + 2h) - 2f(x_0 + h) + f(x_0)}{h^2} = f''(x_0).$$

分析　因 $f''(x_0)$ 存在,可得出 $f'(x)$ 在点 x_0 的某邻域 $U(x_0, \delta)$ 内存在,且当 $h \to 0$ 时,有

$$f(x_0 + 2h) - 2f(x_0 + h) + f(x_0) \to 0 \quad \text{及} \quad h^2 \to 0.$$

可见原式左端可以用一次（同时也说明只能用一次）L′Hospital 法则,然后应改用 $f(x)$ 在点 x_0 处二阶可导的定义推出结果.

注　顺便指出,本例的推广结果是:设函数 $f(x)$ 在点 x_0 处 n 阶可导,则有

$$\lim_{h \to 0} \frac{\displaystyle\sum_{k=0}^{n} C_n^k (-1)^k f(x_0 + (n-k)h)}{h^n} = f^{(n)}(x_0).$$

同样地,在下面的计算问题中也只能用一次 L′Hospital 法则:设函数 $f(x)$ 在点 x_0 处二阶可导,且 $f'(x_0) \neq 0$. 计算

$$\lim_{x \to x_0} \left[\frac{1}{f(x) - f(x_0)} - \frac{1}{(x - x_0)f'(x_0)} \right].$$

例 3.2.31　计算下列极限

(1) $\lim\limits_{x \to 0} \dfrac{e^x - e^{\sin x}}{x - \sin x}$;　　　　　　(2) $\lim\limits_{x \to 0} \dfrac{\cos(\sin x) - \cos x}{\sin^4 x}$.

解　(1) **方法一**　用 L′Hospital 法则.

$$原式 = \lim_{x \to 0} \frac{e^x - e^{\sin x} \cos x}{1 - \cos x}$$

$$= \lim_{x \to 0} \frac{e^x - e^{\sin x} \cos^2 x + e^{\sin x} \sin x}{\sin x}$$

$$= \lim_{x \to 0} \frac{e^x - e^{\sin x} \cos^3 x + e^{\sin x} \sin 2x + \frac{1}{2} e^{\sin x} \sin 2x + e^{\sin x} \cos x}{\cos x}$$

$$= 1.$$

方法二 用等价无穷小代换. 当 $\varphi(x) \to 0 (\varphi(x) \neq 0)$ 时有

$$e^{\varphi(x)} - 1 \sim \varphi(x).$$

$$原式 = \lim_{x \to 0} e^{\sin x} \frac{e^{x - \sin x} - 1}{x - \sin x} = \lim_{x \to 0} \frac{x - \sin x}{x - \sin x} = 1.$$

显见后一种方法要简单得多. 同时指出,这里乘积因子 $e^{\sin x}$ 当 $x \to 0$ 时极限存在,称为"极限因子". 当乘积函数中各乘积因子极限均存在时,按极限的四则运算法则可对各乘积因子分别计算极限. 如此例中就可对 $\lim_{x \to 0} e^{\sin x}$ 先行单独计算出结果.

(2) 为计算简便计,先将分母中的 $\sin^4 x$ 代换成等价无穷小 $x^4 (x \to 0)$ 再进行计算.

方法一 用 L'Hospital 法则.

$$原式 = \lim_{x \to 0} \frac{-\sin(\sin x)\cos x + \sin x}{4x^3}$$

$$= \lim_{x \to 0} \frac{-\cos(\sin x)\cos^2 x + \sin(\sin x)\sin x + \cos x}{12x^2}$$

$$= \lim_{x \to 0} \frac{\sin(\sin x)\cos^3 x + \frac{3}{2}\cos(\sin x)\sin 2x + \sin(\sin x)\cos x - \sin x}{24x}$$

$$= \frac{1}{6}.$$

方法二 综合应用 L'Hospital 法则和四则运算法则.

$$原式 = \lim_{x \to 0} \frac{\sin x - \sin(\sin x)\cos x}{4x^3}$$

$$= \frac{1}{4} \lim_{x \to 0} \frac{\sin x - \sin(\sin x) + \sin(\sin x)(1 - \cos x)}{x^3}.$$

因为有

$$\lim_{x \to 0} \frac{\sin(\sin x)}{x} \cdot \frac{1 - \cos x}{x^2} = 1 \cdot \frac{1}{2} = \frac{1}{2},$$

$$\lim_{x \to 0} \frac{\sin x - \sin(\sin x)}{x^3} = \lim_{x \to 0} \frac{\cos x - \cos(\sin x)\cos x}{3x^2}$$

$$= \frac{1}{3} \lim_{x \to 0} \cos x \cdot \frac{1 - \cos(\sin x)}{x^2}$$

$$= \frac{1}{3} \cdot \frac{1}{2} = \frac{1}{6},$$

故

$$原式 = \frac{1}{4} \left[\frac{1}{6} + \frac{1}{2} \right] = \frac{1}{6}.$$

方法三 综合应用无穷小等价代换和 L'Hospital 法则.

$$原式 = \lim_{x \to 0} \frac{-2 \sin \dfrac{\sin x + x}{2} \cdot \sin \dfrac{\sin x - x}{2}}{x^4}$$

$$= \lim_{x \to 0} \frac{-2 \dfrac{\sin x + x}{2} \cdot \dfrac{\sin x - x}{2}}{x^4} = \lim_{x \to 0} \frac{x^2 - \sin^2 x}{2 x^4}$$

$$= \lim_{x \to 0} \frac{2 x - \sin 2 x}{8 x^3} = \lim_{x \to 0} \frac{1 - \cos 2 x}{12 x^2}$$

$$= \frac{1}{3} \lim_{x \to 0} \frac{1 - \cos 2 x}{(2 x)^2} = \frac{1}{6}.$$

方法四 用 Taylor 公式.

$$\cos x = 1 - \frac{x^2}{2!} + \frac{x^4}{4!} + o(x^4) \quad (x \to 0),$$

$$\cos(\sin x) = 1 - \frac{1}{2!} (\sin x)^2 + \frac{1}{4!} (\sin x)^4 + o(\sin^4 x)$$

$$= 1 - \frac{1}{2!} \left[x - \frac{1}{3!} x^3 + o(x^3) \right]^2 + \frac{1}{4!} (x + o(x))^4 + o(x^4)$$

$$= 1 - \frac{1}{2} \left(x^2 - \frac{1}{3} x^4 + o(x^4) \right) + \frac{1}{24} (x^4 + o(x^4)) + o(x^4)$$

$$= 1 - \frac{1}{2} x^2 + \frac{5}{24} x^4 + o(x^4) \quad (x \to 0).$$

于是

$$原式 = \lim_{x \to 0} \frac{\left[1 - \dfrac{1}{2} x^2 + \dfrac{5}{24} x^4 + o(x^4) \right] - \left[1 - \dfrac{1}{2} x^2 + \dfrac{1}{24} x^4 + o(x^4) \right]}{x^4}$$

$$= \lim_{x \to 0} \frac{\dfrac{1}{6} x^4 + o(x^4)}{x^4} = \lim_{x \to 0} \left[\frac{1}{6} + o(1) \right] = \frac{1}{6}.$$

例 3.2.32 设 $0 < x_0 < \dfrac{\pi}{2}$, $x_n = \sin x_{n-1}$, $n \in \mathbf{N}$. 证明

(1) $\lim\limits_{n\to\infty} x_n = 0$；

(2) $\lim\limits_{n\to\infty}\sqrt{\dfrac{n}{3}}\,x_n = 1.$

证明 (1) 可证 $\{x_n\}$ 单调递减趋于 0(略).

(2) 由(1)的结果可知 $\left\{\dfrac{1}{x_n}\right\}$ 单调递增趋于 $+\infty$. 应用 Stolz 定理有

$$\lim_{n\to\infty} nx_n^2 = \lim_{n\to\infty}\frac{(n+1)-n}{\dfrac{1}{x_{n+1}^2}-\dfrac{1}{x_n^2}} = \lim_{n\to\infty}\frac{x_n^2\sin^2 x_n}{x_n^2-\sin^2 x_n}.$$

上式右端为离散型极限,为便于使用 L'Hospital 法则计算,先改写成连续型极限,计算

$$\lim_{x\to 0}\frac{x^2\sin^2 x}{x^2-\sin^2 x} = \lim_{x\to 0}\frac{x^4}{x^2-\sin^2 x} = \lim_{x\to 0}\frac{4x^3}{2x-\sin 2x}$$

$$= \lim_{x\to 0}\frac{6x^2}{1-\cos 2x} = \frac{3}{2}\lim_{x\to 0}\frac{(2x)^2}{1-\cos 2x}$$

$$= 3.$$

再由 Heine 归结原理得出

$$\lim_{n\to\infty}\frac{x_n^2\sin^2 x_n}{x_n^2-\sin^2 x_n} = 3 \quad\Rightarrow\quad \lim_{n\to\infty}\sqrt{\frac{n}{3}}\,x_n = 1.$$

类似地,我们可证明下面的问题.

例 3.2.33 设 $x_0 > 0$, $x_n = \ln(1+x_{n-1})$, $n\in\mathbf{N}$. 证明 $\lim\limits_{n\to\infty} nx_n = 2$.

分析 先证明 $\{x_n\}$ 严格递减趋于 0,然后仿照上例再用 Stolz 定理计算极限.

3.2.2.6 其他问题

例 3.2.34 设函数 $f(x)$ 在区间 I 上可微,若 $\forall \varepsilon > 0$, $\exists \delta > 0$, 对 $\forall t, x\in I(0<|t-x|<\delta)$, 恒有

$$\left|\frac{f(t)-f(x)}{t-x}-f'(x)\right| < \varepsilon,$$

称 $f(x)$ 在 I 上一致可微. 证明 $f(x)$ 在 I 上一致可微的充要条件是 $f'(x)$ 在 I 上一致连续.

证明 1° 充分性. 设 $f'(x)$ 在 I 上一致连续,则 $\forall \varepsilon > 0$, $\exists \delta > 0$, 对 $\forall t, x\in I(|t-x|<\delta)$ 有

$$|f'(t)-f'(x)| < \varepsilon.$$

由 Lagrange 中值定理,有

$$\frac{f(t)-f(x)}{t-x}=f'(\xi), \quad \xi \text{ 介于 } t, x \text{ 之间}.$$

因此 $|\xi-x|<|t-x|<\delta$. 于是

$$\left|\frac{f(t)-f(x)}{t-x}-f'(x)\right|=|f'(\xi)-f'(x)|<\varepsilon,$$

即 $f(x)$ 在 I 上一致可微.

2° 必要性. 对 $\forall x_1, x_2 \in I$, 有

$$|f'(x_1)-f'(x_2)| \leqslant \left|f'(x_1)-\frac{f(t)-f(x_1)}{t-x_1}\right|+\left|\frac{f(t)-f(x_1)}{t-x_1}-\frac{f(t)-f(x_2)}{t-x_2}\right|$$

$$+\left|\frac{f(t)-f(x_2)}{t-x_2}-f'(x_2)\right|.$$

现因 $f(x)$ 在 I 上一致可微, 故 $\forall \varepsilon>0, \exists \delta_1>0$. 对 $\forall t, x \in I(0<|t-x|<\delta_1)$ 有

$$\left|\frac{f(t)-f(x)}{t-x}-f'(x)\right|<\frac{\varepsilon}{3}.$$

对上述 $\varepsilon>0$, 又 $\exists \delta_2>0$, 对 $\forall t, x_1, x_2 \in I(0<|x_1-t|<\delta_2, 0<|x_2-t|<\delta_2)$ 有

$$\left|\frac{f(t)-f(x_1)}{t-x_1}-\frac{f(t)-f(x_2)}{t-x_2}\right|$$

$$\leqslant \left|\frac{f(t)-f(x_1)}{t-x_1}-f'(t)\right|+\left|\frac{f(t)-f(x_2)}{t-x_2}-f'(t)\right|$$

$$<\frac{\varepsilon}{6}+\frac{\varepsilon}{6}=\frac{\varepsilon}{3}.$$

取 $\delta=\min(\delta_1, \delta_2)$, 则对 $\forall x_1, x_2 \in I(|x_1-x_2|<\delta, x_1 \neq x_2)$, 并在 x_1, x_2 之间任取 t, 就有

$$0<|t-x_1|<|x_1-x_2|<\delta, \quad 0<|t-x_2|<|x_1-x_2|<\delta.$$

从而得到

$$|f'(x_1)-f'(x_2)|<\frac{\varepsilon}{3}+\frac{\varepsilon}{3}+\frac{\varepsilon}{3}=\varepsilon.$$

也即 $f'(x)$ 在 I 上一致连续.

例 3. 2. 35 设函数 $f(x)$ 在 **R** 上无穷次可导, 且满足

(i) $\exists M>0$, 使得 $|f^{(n)}(x)| \leqslant M, \forall x \in \mathbf{R}, \forall n \in \mathbf{N}$;

(ii) $f\left(\dfrac{1}{n}\right)=0, \forall n \in \mathbf{N}$.

证明 $f(x)=0, \forall x \in \mathbf{R}$.

分析 关键是证明 $f^{(k)}(0)=0, k=0,1,2,\cdots$. 若此式成立, 则对任意取定的 $x \in \mathbf{R}$, 由 Taylor 公式有

$$f(x) = f(0) + f'(0) x + \frac{f''(0)}{2!} x^2 + \cdots + \frac{f^{(n)}(0)}{n!} x^n$$

$$+ \frac{f^{(n+1)}(\theta x)}{(n+1)!} x^{n+1} (0 < \theta < 1).$$

由此得出

$$| f(x) | \leqslant \frac{M}{(n+1)!} | x |^{n+1}, \quad \forall n \in \mathbf{N}.$$

剩下的只要证明 $\lim\limits_{n \to \infty} \frac{M}{(n+1)!} | x |^{n+1} = 0$ 就行了.

先看 $f(0)$. 由 $f(x)$ 在 $x=0$ 处连续性, 显见有

$$f(0) = \lim_{n \to \infty} f\left(\frac{1}{n}\right) = 0.$$

再看 $f'(0)$. 因为 $f\left(\dfrac{1}{n+1}\right) = f\left(\dfrac{1}{n}\right) = 0$, $\forall n \in \mathbf{N}$. 在 $\left[\dfrac{1}{n+1}, \dfrac{1}{n}\right]$ 上对 $f(x)$ 用

Rolle 中值定理, 可知 $\exists x_n^{(1)} \in \left(\dfrac{1}{n+1}, \dfrac{1}{n}\right)$, 使得 $f'(x_n^{(1)}) = 0$, $\forall n \in \mathbf{N}$, 且有

$\lim\limits_{n \to \infty} x_n^{(1)} = 0$. 再由 $f'(x)$ 在 $x=0$ 处连续性, 又有

$$f'(0) = \lim_{n \to \infty} f'(x_n^{(1)}) = 0.$$

用归纳法不难证明 $f^{(k)}(0) = 0$, $k = 0, 1, 2, \cdots$.

顺便指出, 此题中的条件可以改写. 我们可以用"$f(x)$ 在某一趋于 0 的数列

$\{x_n\}$ 上取值为 0"代替"$f\left(\dfrac{1}{n}\right) = 0$, $\forall n \in \mathbf{N}$". 此外, 条件"$| f^{(n)}(x) | \leqslant M$, $\forall x \in \mathbf{R}$,

$\forall n \in \mathbf{N}$"也可以减弱为"$| f^{(n)}(x) | \leqslant M^n$, $\forall x \in \mathbf{R}$, $\forall n \in \mathbf{N}$". 证明思想是完全类

似的.

例 3.2.36 设函数 $f(x)$ 在 $[-1,1]$ 上无穷次可导, 且 $f\left(\dfrac{1}{n}\right) = \dfrac{n^2}{1+n^2}$, $n \in \mathbf{N}$.

求 $f^{(k)}(0)$, $k \in \mathbf{N}$.

分析 一种典型的误解是由 $f\left(\dfrac{1}{n}\right) = \dfrac{1}{1+\left(\dfrac{1}{n}\right)^2}$ 得出 $f(x) = \dfrac{1}{1+x^2}$,

$x \in [-1,1]$, 再写成 $(1+x^2) f(x) = 1$ 后用乘积函数的 Leibniz 求导公式计算

$f^{(k)}(0)$, $k \in \mathbf{N}$.

问题是: 按条件 $f(x)$ 仅仅在点 $x = \dfrac{1}{n}$ 处与函数 $\dfrac{1}{1+x^2}$ 取值相同, 这并不表示

它在 $[-1,1]$ 上就恒等于这个函数.

如何化解这一矛盾?

我们改令 $g(x) = \dfrac{1}{1+x^2}$，再令 $F(x) = f(x) - g(x)$，$x \in [-1, 1]$. 显见 $F(x)$ 在 $[-1, 1]$ 上无穷次可导，且有

$$F\left(\frac{1}{n}\right) = f\left(\frac{1}{n}\right) - g\left(\frac{1}{n}\right) = 0, \quad \forall\, n \in \mathbf{N}.$$

借用上题的分析方法，不难证明 $F^{(k)}(0) = 0$，$\forall\, k \in \mathbf{N}$. 由此得出

$$f^{(k)}(0) = g^{(k)}(0). \quad \forall\, k \in \mathbf{N}.$$

例 3.2.37　设函数 $f(x)$ 在 $[0, +\infty)$ 上可导，$f(0) = 0$ 且

$$|f'(x)| \leqslant L\,|f(x)| \quad (L > 0 \text{ 为常数}).$$

证明 $f(x) = 0$，$\forall\, x \in [0, +\infty)$.

证法一　取充分大 $N \in \mathbf{N}$，使 $\dfrac{L}{N} < 1$. 记 $x_1 = \dfrac{1}{N}$，先证 $f(x) = 0$，$\forall\, x \in (0, x_1]$.

因 $f(x) \in C[0, x_1]$，故 $f(x)$ 在 $[0, x_1]$ 上有界，可记为 $|f(x)| \leqslant M$，$\forall\, x \in [0, x_1]$.

对 $\forall\, x \in (0, x_1]$，由 Lagrange 中值定理，有

$$|f(x)| = |f(x) - f(0)| = |f'(\xi_1)|\, x \leqslant \frac{L}{N}\,|f(\xi_1)|, \quad \exists\, \xi_1 \in (0, x).$$

同样地，$\exists\, \xi_2 \in (0, \xi_1)$，使 $|f(\xi_1)| \leqslant \dfrac{L}{N}\,|f(\xi_2)|$. 如此继续，则对 $\forall\, n \in \mathbf{N}$，有

$$|f(x)| \leqslant \frac{L}{N}\,|f(\xi_1)| \leqslant \left(\frac{L}{N}\right)^2 |f(\xi_2)| \leqslant \cdots$$

$$\leqslant \left(\frac{L}{N}\right)^n |f(\xi_n)| \leqslant M\left(\frac{L}{N}\right)^n.$$

于是得出

$$|f(x)| \leqslant \lim_{n \to \infty} M\left(\frac{L}{N}\right)^n = 0 \quad \Rightarrow \quad f(x) = 0 \quad \forall\, x \in [0, x_1].$$

再记 $x_2 = \dfrac{2}{N}$，同样可证明 $f(x) = 0$，$\forall\, x \in [x_1, x_2]$. 由此逐步向右延拓得出 $f(x) = 0$，$\forall\, x \in [0, +\infty)$.

证法二　先证 $f(x) = 0$，$\forall\, x \in \left[0, \dfrac{1}{L}\right]$. 用反证法. 倘若不然，取 $x_1\left(0 < x_1 < \dfrac{1}{L}\right)$，记

$$|f(x_0)| = \max_{x \in [0, x_1]} |f(x)| = M > 0.$$

则由 Lagrange 中值定理，有

$$\mathrm{LM} < \left| \frac{f(x_0)}{x_0} \right| = \left| \frac{f(x_0) - f(0)}{x_0} \right| = |f'(\xi_1)| \qquad (\exists\, \xi_1 \in (0, x_0))$$

$$\leqslant L\, |f(\xi_1)| \leqslant \mathrm{LM}.$$

推出矛盾. 从而在 $\left[0, \dfrac{1}{L}\right]$ 上有 $f(x) = 0$. 由 $f(x)$ 的连续性

$$f\left(\frac{1}{L}\right) = \lim_{x \to \left(\frac{1}{L}\right)^+} f(x) = 0.$$

再令 $g(x) = f\left(x + \dfrac{1}{L}\right)$, 则有 $g(0) = 0$, $|g'(x)| \leqslant L\, |g(x)|$, $\forall\, x \in [0,$

$+\infty)$. 于是同样可证明 $g(x) = 0$, $\forall\, x \in \left[0, \dfrac{1}{L}\right]$, 即有 $f(x) = 0$, $x \in \left[\dfrac{1}{L}, \dfrac{2}{L}\right]$. 由

此逐步向右延拓得出 $f(x) = 0$, $\forall\, x \in [0, +\infty)$.

注 仿照上述两种分析思路(特别是后一种方法),可进一步考虑如下的问题:
设函数 $f(x)$ 在 $[0, +\infty)$ 上二阶可导, $f(0) = f'(0) = 0$, 且

$$|f''(x)| \leqslant L\, |f(x)f'(x)| \qquad (L > 0\ \text{为常数}).$$

证明 $f(x) = 0$, $\forall\, x \in [0, +\infty)$.

3.3 导数在函数研究中的应用

3.3.1 概念辨析与问题讨论

1. 关于严格单调函数的一点注记.

一个熟知的事实是:若函数 $f(x) \in C[a, b]$, 在 (a, b) 内可导且 $f'(x) > 0$, 则 $f(x)$ 在 $[a, b]$ 上严格递增. 通常我们用它来判定可导函数在区间上的严格单调性. 但这个条件虽然是充分的,但却并不必要. 例如,函数 $f(x) = x^3$ 在 **R** 上是可导的,并且严格递增,但在 $x = 0$ 处却有 $f'(0) = 0$.

比上述判定方法更进一步的结果是以下命题.

命题 3.3.1 设函数 $f(x) \in C[a, b]$, 在 (a, b) 内可导,则 $f(x)$ 在 $[a, b]$ 上严格递增的充要条件是

(i) $f'(x) \geqslant 0$, $\forall\, x \in (a, b)$;

(ii) 在 (a, b) 的任一子区间上 $f'(x)$ 不恒为 0.

事实上,由条件(i)可知 $f(x)$ 在 $[a, b]$ 上递增,即 $\forall\, x_1, x_2 \in [a, b]$, 由

$$a \leqslant x_1 < x < x_2 \leqslant b \ \Rightarrow\ f(x_1) \leqslant f(x) \leqslant f(x_2).$$

应证必有 $f(x_1) < f(x_2)$. 倘若不然,由

$$f(x_1) = f(x_2) \ \Rightarrow\ f(x) = C(\text{常数}), \quad \forall\, x \in [x_1, x_2].$$

于是 $f'(x)=0, x\in[x_1, x_2]$. 这与条件(ii)矛盾.

反之,若 $f(x)$ 在 $[a,b]$ 上可导且严格递增,则必有 $f'(x)\geqslant0, \forall x\in[a,b]$, 即条件(i)成立. 倘若条件(ii)不成立,设有某一子区间 $I\subset(a,b)$, 使得 $f'(x)=0$, $x\in I$, 则显见有 $f(x)=C$(常数), $\forall x\in I$. 这与 $f(x)$ 在 $[a,b]$ 上严格递增条件矛盾.

对可导的严格递减函数也有类似的结果,不再赘述.

2. 函数的点递增.

若函数 $f(x)$ 在某点 x_0 处可导,且 $f'(x_0)>0$,从几何意义上来说,这表示函数 $f(x)$ 所描绘的函数曲线 $y=f(x)$ 在点 $(x_0, f(x_0))$ 处的切线有正的斜率;从分析角度来看,这说明函数 $f(x)$ 在点 x_0 处严格递增,即所谓"点递增",这是指 $\exists\delta>0$,使得

$$f(x) < f(x_0), \quad \forall x \in (x_0 - \delta, x_0)$$

及 　　　　　　　　　　　　　　　　　　　　　　　　　　　(3.3.1)

$$f(x) > f(x_0), \forall x \in (x_0, x_0 + \delta).$$

必须指出,函数 $f(x)$ 在某点 x_0 处严格递增,只是表示在点 x_0 某邻域内的函数值 $f(x)$ 与固定点的函数值 $f(x_0)$ 比较而有(3.3.1)成立,并不能由此得出 $f(x)$ 在点 x_0 的某邻域内严格递增的结论. 例如,考虑函数

$$f(x) = \begin{cases} \dfrac{x}{2} + x^2\sin\dfrac{1}{x}, & x \neq 0, \\ 0, & x = 0. \end{cases}$$

可计算 $f'(0)=\dfrac{1}{2}>0$,可见 $f(x)$ 在点 $x=0$ 处严格递增. 但 $f(x)$ 在点 $x=0$ 的任意邻域 $U(0)$ 内都不是严格递增的(甚至不是严格单调的). 事实上,当 $x\neq0$ 时有

$$f'(x) = \frac{1}{2} - \cos\frac{1}{x} + 2x\sin\frac{1}{x}.$$

现因 $\lim\limits_{x\to0}2x\sin\dfrac{1}{x}=0$,故当 $|x|$ 充分小时 $f'(x)$ 的符号由 $\dfrac{1}{2}-\cos\dfrac{1}{x}$ 确定.

当 $x=\dfrac{1}{2k\pi}, k=\pm1,\pm2,\cdots$ 时,有 $f'\left(\dfrac{1}{2k\pi}\right)=-\dfrac{1}{2}<0$;当 $x=\dfrac{1}{(2k+1)\pi}, k=0,\pm1,\pm2,\cdots$ 时,又有 $f'\left(\dfrac{1}{(2k+1)\pi}\right)=\dfrac{3}{2}>0$. 可见 $f(x)$ 在点 $x=\dfrac{1}{(2k+1)\pi}$ 处严格递增,而在点 $x=\dfrac{1}{2k\pi}$ 处严格递减. 而对充分大的 $|k|$,总有 $\dfrac{1}{2k\pi}, \dfrac{1}{(2k+1)\pi}\in U(0)$,从而 $f(x)$ 在点 $x=0$ 的任意邻域 $U(0)$ 内都不是单调的.

还要说明的是:若函数 $f(x)$ 在区间 I(开或闭)上每一点都严格递增(或严格递减),则 $f(x)$ 在 I 上必为严格递增(或严格递减)(见习题二第 9 题).

3. 若函数 $f(x)$ 在点 x_0 处取极大值,能否保证 $f(x)$ 在点 x_0 的某左邻域内递增,而在其右邻域内递减?

这一结论未必成立. 反例是

$$f(x) = \begin{cases} 2 - x^2 \left(2 + \sin \dfrac{1}{x}\right), & x \neq 0, \\ 2, & x = 0. \end{cases}$$

可计算 $f(x)$ 在 $x=0$ 处取极大值 2. 仿照上一问题的分析方法,可证明 $f(x)$ 在 $x=0$ 的任意左邻域和右邻域内都不是单调的.

4. 若函数 $f(x) \in C[a,b]$,且 $f(x)$ 在 (a,b) 内只有一个极值点,这个极值点是否必为最值点?

可以肯定这个极值点必为最值点. 此时若该点为极大值点,则必为最大值点;若该点为极小值点,则必为最小值点.

我们仅就 $x_0 \in (a,b)$ 为 $f(x)$ 的极大值点情况做一说明.

用反证法. 倘若 x_0 不是 $f(x)$ 的最大值点,则最大值点只能是 $x=a$ 或 $x=b$. 不妨设 $f(x)$ 在左端点 $x=a$ 处取最大值,则 $f(x)$ 在 $[a,x_0]$ 上的最小值点 x_1 必定在 (a,x_0) 内. 从而点 x_1 是 $f(x)$ 在 (a,b) 内的另一个极值点,这与 $f(x)$ 在 (a,b) 内极值点惟一的题设条件矛盾.

上述结果对处理某些最值应用问题很有用处. 在极值惟一的情况下,利用这一结果可直接得出极值即最值的断语,而无须再做进一步的分析判定.

3.3.2 解题分析

例 3.3.1 证明下列不等式

(1) $(a+b)e^{a+b} < ae^{2a} + be^{2b}$ $(0 < a < b)$;

(2) $(x^\beta + y^\beta)^{\frac{1}{\beta}} < (x^\alpha + y^\alpha)^{\frac{1}{\alpha}}$ $(x,y > 0, \beta > \alpha > 0)$;

(3) $\ln^2 \left(1 + \dfrac{1}{x}\right) < \dfrac{1}{x(1+x)}$ $(x > 0)$.

分析 这几个不等式都可以利用函数单调性做出证明. 一般地,应先根据所给的不等式(或经过适当变形后的不等式)构造合适的辅助函数 $f(x)$,并利用导数确定 $f(x)$ 在 (a,b) 内的单调性,再判断得出

$$f(a) \leqslant f(b) \quad (\text{当 } f(x) \text{ 递增时}),$$

或

$$f(a) \geqslant f(b) \quad (\text{当 } f(x) \text{ 递减时}).$$

（1）令 $f(x)=(a+x)e^{a+x}-xe^{2x}-ae^{2a}$ $(x>a)$，要证 $f(b)<0$. 现因有 $f(a)=0$，故只需证明 $f(x)$ 在 $x>a$ 时严格递减，或即验证当 $x>a$ 时有 $f'(x)<0$ 就行了.

（2）将不等式改写为

$$\left[1+\left(\frac{y}{x}\right)^{\beta}\right]^{\frac{1}{\beta}}<\left[1+\left(\frac{y}{x}\right)^{\alpha}\right]^{\frac{1}{\alpha}}.$$

上式提示可记 $\frac{y}{x}=a>1$. 令 $f(t)=(1+a^t)^{\frac{1}{t}}$，应证 $f(t)$ 在 $t>0$ 时严格递减，或即验证当 $t>0$ 时有 $f'(t)<0$.

（3）为方便计，可记 $y=\frac{1}{x}$，改为证明

$$y-\sqrt{1+y}\ln(1+y)>0，\quad y>0.$$

令 $f(y)=y-\sqrt{1+y}\ln(1+y)$，则 $f(0)=0$. 要证

$$f'(y)=1-\frac{1}{2\sqrt{1+y}}\ln(1+y)-\frac{\sqrt{1+y}}{1+y}>0，\quad y>0.$$

以 $2\sqrt{1+y}$ 乘上式，也即要证

$$g(y)\triangleq 2\sqrt{1+y}-\ln(1+y)-2>0.$$

因 $g(0)=0$，从而最后归结为证明 $g'(y)=\frac{1}{\sqrt{1+y}}-\frac{1}{1+y}>0，y>0$. 这是显见的.

例 3.3.2　设当 $x\geqslant a$ 时有 $|f'(x)|\leqslant g'(x)$，证明

$$|f(x)-f(a)|\leqslant g(x)-g(a).$$

分析　改写不等式为

$$-[g(x)-g(a)]\leqslant f(x)-f(a)\leqslant g(x)-g(a).$$

先考虑右端的不等式. 令 $F(x)=f(x)-f(a)-[g(x)-g(a)]$，则 $F(a)=0$，只要利用题设条件证明 $F(x)$ 在 $x\geqslant a$ 时单调递减，或即验证当 $x\geqslant a$ 时有 $F'(x)\leqslant 0$ 即可.

左端不等式的证法是完全类似的.

函数的极值或最值也可作为证明不等式的工具.

例 3.3.3　设 $x\in[0,1]$，证明 $\arcsin(\cos x)>\cos(\arcsin x)$.

证明　令 $f(x)=\arcsin(\cos x)-\cos(\arcsin x)$，则有

$$f'(x)=-1+\frac{x}{\sqrt{1-x^2}}，\quad x\in(0,1).$$

令 $f'(x)=0$，得到 $f(x)$ 在 $(0,1)$ 内的惟一驻点 $x=\frac{1}{\sqrt{2}}$. 不难判断当 $x\in\left[0,\frac{1}{\sqrt{2}}\right)$ 时

$f'(x)<0$；而当 $x\in\left(\dfrac{1}{\sqrt{2}},1\right)$ 时 $f'(x)>0$. 于是 $x=\dfrac{1}{\sqrt{2}}$ 为 $f(x)$ 的极小值点,同时也必定是 $f(x)$ 在 $[0,1]$ 上的最小值(见 3.3.1 节第 4 部分). 由于

$$f\left(\frac{1}{\sqrt{2}}\right)=\arcsin\left(\cos\frac{1}{\sqrt{2}}\right)-\cos\left(\arcsin\frac{1}{\sqrt{2}}\right)=\frac{\pi}{2}-\sqrt{2}>0,$$

从而有

$$\arcsin(\cos x)>\arccos(\sin x),\quad\forall\,x\in[0,1].$$

注 类似地,读者可考虑以下问题:设 $x\in[0,1]$,证明对 $\forall\,p>1$,有

$$\frac{1}{2^{p-1}}\leqslant x^p+(1-x)^p\leqslant 1.$$

下面看几个有关极值和最值的问题.

例 3.3.4 设函数 $f(x)$ 对 $\forall\,x\in\mathbf{R}$ 满足微分方程

$$xf''(x)+3x[f'(x)]^2=1-\mathrm{e}^{-x}. \tag{3.3.2}$$

(1) 若 $f(x)$ 在 $x=c(\neq 0)$ 处取极值,证明它必为极小值;

(2) 若 $f(x)$ 在 $x=0$ 处有极值,试问它是极大值还是极小值?

证明 (1) 因 $f(x)$ 可导且在 $x=c$ 处取极值,故 $f'(c)=0$. 代入 (3.3.2) 有

$$cf''(c)+3c[f'(c)]^2=1-\mathrm{e}^{-c}\quad\Rightarrow\quad f''(c)=\frac{1-\mathrm{e}^{-c}}{c}.$$

可见无论 $c>0$ 或 $c<0$,总有 $f''(c)>0$,从而 $f(c)$ 必为极小值.

(2) 因 $f(x)$ 二阶可导,故 $f'(x)\in C(\mathbf{R})$. 又 $x=0$ 为极值点于是有 $f'(0)=0$ 且 $\lim\limits_{x\to 0}f'(x)=0$.

考虑

$$\begin{aligned}
f''(0)&=\lim_{x\to 0}\frac{f'(x)-f'(0)}{x}=\lim_{x\to 0}\frac{f'(x)}{x}\\
&=\lim_{x\to 0}f''(x)=\lim_{x\to 0}\left\{\frac{1-\mathrm{e}^{-x}}{x}-3[f'(x)]^2\right\}\\
&=\lim_{x\to 0}\frac{1-\mathrm{e}^{-x}}{x}=\lim_{x\to 0}\mathrm{e}^{-x}=1>0.
\end{aligned}$$

因此 $f(0)$ 也是极小值.

例 3.3.5 设函数 $f(x)=1+x+\dfrac{x^2}{2!}+\cdots+\dfrac{x^n}{n!}$,证明

(1) 当 n 为偶数时,$f(x)$ 在 $\mathbf{R}$ 上有正的最小值;

(2) 当 n 为奇数时,$f(x)$ 在 $\mathbf{R}$ 上有且仅有一个零点.

分析 (1) 当 n 为偶数时,显见有 $\lim\limits_{x\to\infty}f(x)=+\infty$. 由 $f(x)\in C(\mathbf{R})$ 可推出

$f(x)$ 在 **R** 上必有最小值.

若记 x_0 为 $f(x)$ 在 **R** 上的最小值点,再证应有 $f(x_0) = \dfrac{x_0^n}{n!} > 0$.

(2) 当 n 为奇数时,不难证明 $f(x)$ 在 **R** 上至少有一个零点. 再利用(1)的结论可知应有 $f'(x) > 0, x \in \mathbf{R}$,从而 $f(x)$ 在 **R** 上至多只有一个零点.

例 3.3.6　对 $\forall\, n \in \mathbf{N}$,求能使不等式

$$\left(1 + \frac{1}{n}\right)^{n+\alpha} \leqslant \mathrm{e} \leqslant \left(1 + \frac{1}{n}\right)^{n+\beta} \tag{3.3.3}$$

成立的 α 最大值与 β 最小值.

解　对上述不等式(3.3.3)取对数,应有

$$\alpha_{\max} = \inf\left\{\frac{1}{\ln\left(1 + \dfrac{1}{n}\right)} - n\right\}, \qquad \beta_{\min} = \sup\left\{\frac{1}{\ln\left(1 + \dfrac{1}{n}\right)} - n\right\}.$$

令 $f(x) = \dfrac{1}{\ln\left(1 + \dfrac{1}{x}\right)} - x, x \in (0, +\infty)$,由例 3.3.1 的(3),可知有

$$f'(x) = \frac{1}{x(x+1)\ln^2\left(1 + \dfrac{1}{x}\right)} - 1 > 0, \quad x > 0.$$

于是 $f(x)$ 在 $x > 0$ 时严格递增,从而得出

$$\alpha_{\max} = \frac{1}{\ln 2} - 1, \qquad \beta_{\min} = \lim_{n \to \infty} f(n).$$

由

$$\lim_{x \to +\infty} f(x) = \lim_{x \to +\infty}\left[\frac{1}{\ln\left(1 + \dfrac{1}{x}\right)} - x\right] = \lim_{x \to +\infty} x\left[\frac{1}{x\ln\left(1 + \dfrac{1}{x}\right)} - 1\right]$$

$$= \lim_{x \to +\infty} x\left[\frac{1}{x\left(\dfrac{1}{x} - \dfrac{1}{2x^2} + o\left(\dfrac{1}{x^2}\right)\right)} - 1\right]$$

$$= \lim_{x \to +\infty} x\left[\frac{1}{1 - \dfrac{1}{2x} + o\left(\dfrac{1}{x}\right)} - 1\right] = \lim_{x \to +\infty} x\left[\left(1 + \frac{1}{2x} + o\left(\frac{1}{x}\right)\right) - 1\right]$$

$$= \lim_{x \to +\infty}\left[\frac{1}{2} + o\left(\frac{1}{x}\right)\right] = \frac{1}{2}.$$

最后得出

$$\beta_{\min} = \lim_{n \to \infty} f(n) = \lim_{x \to +\infty} f(x) = \frac{1}{2}.$$

3.4 凸 函 数

3.4.1 概念辨析与问题讨论

1. 凸函数的两种常见定义.

定义 1 设函数 $f(x)$ 定义在区间 I 上,若对 $\forall x_1, x_2 \in I, \forall t \in [0,1)$,有

$$f(tx_1 + (1-t)x_2) \leqslant tf(x_1) + (1-t)f(x_2),$$

称 $f(x)$ 为区间 I 上的下凸函数.当不等号改为"$\geqslant$"时称 $f(x)$ 为上凸函数.

它的几何意义是:当 $f(x)$ 定义在区间 I 上时,函数曲线 $y=f(x)$ 上任意两点之间的弦,总位于连接此两点的曲线上方.

定义 1' 设函数 $f(x)$ 定义在区间 I 上,若对 $\forall x_1, x_2 \in I$,有

$$f\left(\frac{x_1 + x_2}{2}\right) \leqslant \frac{f(x_1) + f(x_2)}{2},$$

称 $f(x)$ 为区间 I 上的下凸函数.类似可定义上凸函数.

它的几何意义是:当 $f(x)$ 定义在区间 I 上时,函数曲线 $y=f(x)$ 上任意两点间的弦之中点,总位于具有相同横坐标的曲线上相应点上方.

这两个定义各有所长.当我们已知函数 $f(x)$ 为下凸(或上凸),并要利用 $f(x)$ 的凸性去论证其他问题时,定义 1 可以提供较多的信息;而当我们需要验证 $f(x)$ 为下凸(或上凸)函数时,定义 1' 就显得更加方便.

由定义 1 证明定义 1' 是显见的.当 $f(x)$ 在 I 上连续时,由定义 1' 也同样可推出定义 1.不过,严格的证明相当麻烦,有兴趣的读者可参见文献[6].下面我们以下凸函数为例给出一个较为直观的分析说明.

用反证法.倘若不然,则在函数曲线 $y=f(x)$ 上连接某两点 $A(x_1, f(x_1))$ 和 $B(x_2, f(x_2))$ 的弦上至少存在一点 M,使点 M 位于曲线上相应点的下方.由于闭区间上连续函数的零点构成闭集(参见习题一第 26 题),故在线段 AM 上必有一点 A',它是曲线 $y=f(x)$ 与线段 AM 的"最后"交点;在线段 MB 上也必有一点 B',它是曲线 $y=f(x)$ 与线段 MB 的"最初"交点(A', B' 可以取成 A, B).这样,弦 $A'B'$ 全部位于曲线弧 $\overset{\frown}{A'B'}$ 的下方,这与题设条件矛盾.

2. 凸函数的其他等价定义.

命题 3.4.1 设函数 $f(x)$ 在区间 I 上有定义,则以下条件等价

Ⅰ $f(x)$ 是 I 上的下凸函数;

Ⅱ 对 $\forall x_1, x_2, x_3 \in I(x_1 < x_2 < x_3)$,有

$$\frac{f(x_2) - f(x_1)}{x_2 - x_1} \leqslant \frac{f(x_3) - f(x_2)}{x_3 - x_2};$$

Ⅲ 当 $f(x)$ 在 I 上可导时,对 $\forall x_1, x_2 \in I$,有

$$f(x_2) \geqslant f(x_1) + f'(x_1)(x_2 - x_1).$$

有关的等价性证明及几何解释在一般的数学分析教材中都能找到,我们不再赘述.

由等价性条件Ⅲ,不难推出可导(或二阶可导)函数凸性的判断方法:当 $f'(x)$ 在 I 上递增(或 $f''(x) \geqslant 0$)时函数下凸,反之则为上凸.

3. 凸函数的若干重要性质.

性质 1 设 $f(x)$ 为区间 I 上的下凸函数,则对 $\forall x_0 \in I$,过点 $(x_0, f(x_0))$ 的弦的斜率 $k(x) = \dfrac{f(x) - f(x_0)}{x - x_0}$ 是 $I \setminus \{x_0\}$ 上的递增函数.

性质 2 设 $f(x)$ 为区间 I 上的下凸函数,则对 $\forall x \in I$(内点),$f'_+(x)$ 与 $f'_-(x)$ 均存在,且有 $f'_-(x) \leqslant f'_+(x)$.

推论 若 $f(x)$ 为 $[a, b]$ 上的凸函数(下凸或上凸),则 $f(x) \in C(a, b)$.

性质 3 设 $f(x)$ 为区间 I 上的下凸函数,则对 $\forall x_1, x_2 \in I$(均为内点,且 $x_1 < x_2$),有 $f'_+(x_1) \leqslant f'_-(x_2)$.

我们只说明性质 1.

当 $x_1 < x_2 < x_0$ 时,按定义有

$$f(x_2) \leqslant \frac{f(x_0) - f(x_1)}{x_0 - x_1}(x_2 - x_0) + f(x_0) \quad \Rightarrow \quad \frac{f(x_2) - f(x_0)}{x_2 - x_0} \geqslant \frac{f(x_0) - f(x_1)}{x_0 - x_1},$$

也即有

$$\frac{f(x_1) - f(x_0)}{x_1 - x_0} \leqslant \frac{f(x_2) - f(x_0)}{x_2 - x_0}.$$

当 $x_0 < x_1 < x_2$ 时同样可证.

当 $x_1 < x_0 < x_2$ 时,由定义式又有

$$\frac{f(x_0) - f(x_1)}{x_0 - x_1} \leqslant \frac{f(x_2) - f(x_0)}{x_2 - x_0} \quad \Rightarrow \quad \frac{f(x_1) - f(x_0)}{x_1 - x_0} \leqslant \frac{f(x_2) - f(x_0)}{x_2 - x_0}.$$

可见 $k(x)$ 关于 x 在 $I \setminus \{x_0\}$ 上总是单调递增的.

4. 与凸函数有关的几个重要不等式.

Jensen 不等式 设 $f(x)$ 为 $[a, b]$ 上的下凸函数,则对 $\forall x_k \in [a, b]$,$\forall t_k \in (0, 1)$($k = 1, 2, \cdots, n$)且 $\sum_{k=1}^{n} t_k = 1$,有

$$f\left(\sum_{k=1}^{n} t_k x_k\right) \leqslant \sum_{k=1}^{n} t_k f(x_k), \quad n \geqslant 2. \tag{3.4.1}$$

当函数 $f(x)$ 上凸时,(3.4.1)中的不等号反向.

这是由凸函数定义直接推出的一个最基本和最重要的不等式,每一个凸函数(下凸或上凸)都有一个相应的 Jensen 不等式. 例如,取 $f(x)=\ln x$ 为 $(0,+\infty)$ 上的上凸函数,并利用(3.4.1),就有以下两个不等式.

广义 AG 不等式 设 $x_k>0$, $t_k\in(0,1)(k=1,2,\cdots,n)$ 且 $\sum_{k=1}^{n}t_k=1$,则有

$$\prod_{k=1}^{n}x_k^{t_k}\leqslant\sum_{k=1}^{n}t_kx_k. \tag{3.4.2}$$

特别地,当 $t_1=t_2=\cdots=t_n=\dfrac{1}{n}$ 时,(3.4.2)就是熟知的**算术平均-几何平均(AG)不等式**.

Young 不等式 设 $x,y>0$, $p,q>1$ 且 $\dfrac{1}{p}+\dfrac{1}{q}=1$,则有

$$x^{\frac{1}{p}}y^{\frac{1}{q}}\leqslant\frac{x}{p}+\frac{y}{q}. \tag{3.4.3}$$

在(3.4.3)中令 $x=\dfrac{x_k^p}{X}$, $y=\dfrac{y_k^q}{Y}$,其中 $X=\sum_{k=1}^{n}x_k^p>0$, $Y=\sum_{k=1}^{n}y_k^q>0$. 又有

Hölder 不等式 设 $x_k,y_k\geqslant0(k=1,2,\cdots,n)$, $p,q>1$ 且 $\dfrac{1}{p}+\dfrac{1}{q}=1$,则有

$$\sum_{k=1}^{n}x_ky_k\leqslant\Big(\sum_{k=1}^{n}x_k^p\Big)^{\frac{1}{p}}\Big(\sum_{k=1}^{n}y_k^q\Big)^{\frac{1}{q}}. \tag{3.4.4}$$

特别地,当 $p=q=2$ 时上式又称为 **Schwarz 不等式**. 由(3.4.4)进一步还可得到

Minkowski 不等式 设 $x_k,y_k\geqslant0(k=1,2,\cdots,n)$, $p>1$,则有

$$\Big[\sum_{k=1}^{n}(x_k+y_k)^p\Big]^{\frac{1}{p}}\leqslant\Big(\sum_{k=1}^{n}x_k^p\Big)^{\frac{1}{p}}+\Big(\sum_{k=1}^{n}y_k^p\Big)^{\frac{1}{p}}.$$

以上一些不等式都是数学分析中重要的经典不等式,应用十分广泛,值得读者重视. 在例 3.4.4 中,我们将证明最后一个不等式——Minkowski 不等式.

5. 若 $f(x),g(x)$ 均为区间 I 上的下凸函数,$f(x)+g(x)$,$\max(f(x),g(x))$,$f(g(x))$(当 f,g 在 I 上可复合时)是否必都为 I 上的下凸函数?

前两个结论成立,后一个未必正确. 我们只以 $h(x)\triangleq\max(f(x),g(x))$ 为例说明.

由下凸函数定义,对 $\forall x_1,x_2\in I$,当 $t_1,t_2>0$ 且 $t_1+t_2=1$ 时,有

$$f(t_1x_1+t_2x_2)\leqslant t_1f(x_1)+t_2f(x_2)\leqslant t_1h(x_1)+t_2h(x_2),$$

$$g(t_1 x_1 + t_2 x_2) \leqslant t_1 g(x_1) + t_2 g(x_2) \leqslant t_1 h(x_1) + t_2 h(x_2).$$

由此即得

$$h(t_1 x_1 + t_2 x_2) = \max(f(t_1 x_1 + t_2 x_2), g(t_1 x_1 + t_2 x_2)) \leqslant t_1 h(x_1) + t_2 h(x_2).$$

从而 $h(x)$ 为 I 上的下凸函数.

顺便说明,当 f, g 可复合时,若加强条件"f 单调递增",则 $f(g(x))$ 必定也是 I 上的下凸函数.读者可自行证明这一结论.

3.4.2   解题分析

例 3.4.1   设函数 $f(x) > 0, x \in \mathbf{R}, \ln f(x)$ 是 $\mathbf{R}$ 上的下凸函数,证明 $f(x)$ 也是 $\mathbf{R}$ 上的下凸函数.

分析   条件中未给出 $f(x)$ 的可导性,故应按下凸函数的定义验证.

证明   对 $\forall x_1, x_2 \in \mathbf{R}, \forall t_1, t_2 \in (0,1)(t_1 + t_2 = 1)$. 由 $\ln f(x)$ 的下凸性有

$$\ln f(t_1 x_1 + t_2 x_2) \leqslant t_2 \ln f(x_1) + t_2 \ln f(x_2) = \ln [f(x_1)]^{t_1} \cdot [f(x_2)]^{t_2}.$$

利用 $\ln x$ 在 $x > 0$ 时的递增性及 Young 不等式(见 3.4.1 节第 4 部分),就有

$$f(t_1 x_1 + t_2 x_2) \leqslant [f(x_1)]^{t_1} \cdot [f(x_2)]^{t_2} \leqslant t_1 f(x_1) + t_2 f(x_2).$$

即 $f(x)$ 为 $\mathbf{R}$ 上的下凸函数.

例 3.4.2   设 $f(x)$ 是 (a, b) 内的凸函数且有界,证明 $f(x)$ 在 (a, b) 内一致连续.

分析   定义在 (a, b) 内的凸函数必定在 (a, b) 内连续(见 3.4.1 节第 3 部分性质 2 的推论),因此只要证明 $\lim\limits_{x \to a^+} f(x)$ 与 $\lim\limits_{x \to b^-} f(x)$ 均存在就行了.

证明   不妨设 $f(x)$ 在 (a, b) 内下凸,且有 $|f(x)| \leqslant M, \forall x \in (a, b)$.

对 $\forall x_0 \in (a, b)$,由 $f(x)$ 的下凸性,故 $k(x) = \dfrac{f(x) - f(x_0)}{x - x_0} (x \neq x_0)$ 为 (a, b) 内的递增函数.又对 $\forall x, x_0, x_1 \in (a, b)(x_0 < x_1 < x)$,有

$$\frac{f(x) - f(x_0)}{x - x_0} \leqslant \frac{f(x_1) - f(x_0)}{x_1 - x_0} \leqslant \frac{M - f(x_0)}{x_1 - x_0}.$$

故当 $x \to b^-$ 时 $k(x)$ 单调有界,于是单侧极限存在,可记

$$\lim_{x \to b^-} \frac{f(x) - f(x_0)}{x - x_0} = A.$$

从而

$$\lim_{x \to b^-} f(x) = \lim_{x \to b^-} \left[(x - x_0) \frac{f(x) - f(x_0)}{x - x_0} + f(x_0) \right]$$

$$= A(b - x_0) + f(x_0)$$

也存在. 同样可证 $\lim\limits_{x \to a^+} f(x)$ 存在.

现因 $f(x) \in C(a,b)$ 且 $\lim\limits_{x \to a^+} f(x)$, $\lim\limits_{x \to b^-} f(x)$ 均存在, 故 $f(x)$ 在 (a,b) 内一致连续.

注 利用同样的思想可证明以下问题: 设 $f(x)$ 为 (a,b) 内的凸函数, 证明 $f(x)$ 满足内闭 Lipschitz 条件, 即对 $\forall [\alpha,\beta] \subset (a,b)$, $\exists L > 0$, 使得

$$|f(x_1) - f(x_2)| \leqslant L |x_1 - x_2|, \quad \forall x_1, x_2 \in [\alpha, \beta].$$

最后看几个不等式的证明. 用凸函数方法证明不等式时, 一般应先依据问题本身特征构造适当的函数, 并验证其具有凸性 (下凸或上凸), 然后利用 Jensen 不等式推出结论. 此外, 3.4.1 节第 4 部分中其余几个不等式也有广泛应用 (如例 3.4.4), 值得读者注意.

例 3.4.3 证明下列不等式

(1) $(a+b)e^{a+b} \leqslant ae^{2a} + be^{2b}$ $(0 < a < b)$;

(2) $(\sin x)^{1-\cos 2x} + (\cos x)^{1+\cos 2x} \geqslant \sqrt{2}$ $(0 < x < \frac{\pi}{2})$;

(3) $\left(\dfrac{\sin x_1}{x_1}\right)\left(\dfrac{\sin x_2}{x_2}\right) \cdots \left(\dfrac{\sin x_n}{x_n}\right) \leqslant \left(\dfrac{\sin x}{x}\right)^n$, 其中 $0 < x_k < \pi$, $k = 1, 2, \cdots, n$,

$x = \dfrac{x_1 + x_2 + \cdots + x_n}{n}$.

分析 (1) 此例前面已利用单调函数特性证明过 (见例 3.3.1), 现改用凸函数方法重证.

从条件看, 应令 $f(x) = xe^{2x}$, $x > 0$. 可计算

$$f''(x) = e^{2x}(4x + 3) > 0, \quad x > 0.$$

可见 $f(x)$ 在 $(0, +\infty)$ 上是严格下凸的, 故应有

$$f\left(\frac{a+b}{2}\right) < \frac{f(a) + f(b)}{2}.$$

代回 $f(x)$ 的表达式即得证.

(2) 注意到 $1 - \cos 2x = 2\sin^2 x$, $1 + \cos 2x = 2\cos^2 x$, 故事实上即要证

$$(\sin x)^{2\sin^2 x} + (\cos x)^{2\cos^2 x} \geqslant \sqrt{2} \quad \text{或} \quad (\sin^2 x)^{\sin^2 x} + (\cos^2 x)^{\cos^2 x} \geqslant \sqrt{2}.$$

应令 $f(x) = x^x$, $x \in \left[0, \frac{\pi}{2}\right]$, 验证其在 $\left[0, \frac{\pi}{2}\right]$ 内为下凸函数.

(3) 应先取对数, 改写原题成为适合于应用凸函数不等式的形式. 即要证

$$\frac{\sum\limits_{k=1}^n \ln \dfrac{\sin x_k}{x_k}}{n} \leqslant \ln \left(\frac{\sin x}{x}\right).$$

可见应令 $f(x)=\ln\dfrac{\sin x}{x}$, $x\in(0,\pi)$. 验证其在 $(0,\pi)$ 内为上凸函数, 再利用 Jensen 不等式即可得证.

例 3.4.4　设 x_k, $y_k\geqslant 0$ $(k=1,2,\cdots,n)$, $p>1$, 证明 Minkowski 不等式

$$\Big[\sum_{k=1}^{n}(x_k+y_k)^p\Big]^{\frac{1}{p}}\leqslant\Big(\sum_{k=1}^{n}x_k^p\Big)^{\frac{1}{p}}+\Big(\sum_{k=1}^{n}y_k^p\Big)^{\frac{1}{p}}.$$

证明　因为

$$\sum_{k=1}^{n}(x_k+y_k)^p=\sum_{k=1}^{n}(x_k+y_k)(x_k+y_k)^{p-1}=\sum_{k=1}^{n}x_k(x_k+y_k)^{p-1}+\sum_{k=1}^{n}y_k(x_k+y_k)^{p-1},$$

注意到当 $p,q>1$ 且 $\dfrac{1}{p}+\dfrac{1}{q}=1$ 时有 $q(p-1)=p$, 利用 Hölder 不等式就有

$$\sum_{k=1}^{n}(x_k+y_k)^p\leqslant\Big(\sum_{k=1}^{n}x_k^p\Big)^{\frac{1}{p}}\cdot\Big[\sum_{k=1}^{n}(x_k+y_k)^{q(p-1)}\Big]^{\frac{1}{q}}$$

$$+\Big(\sum_{k=1}^{n}y_k^p\Big)^{\frac{1}{p}}\cdot\Big[\sum_{k=1}^{n}(x_k+y_k)^{q(p-1)}\Big]^{\frac{1}{q}}$$

$$=\Big[\Big(\sum_{k=1}^{n}x_k^p\Big)^{\frac{1}{p}}+\Big(\sum_{k=1}^{n}y_k^p\Big)^{\frac{1}{p}}\Big]\cdot\Big[\sum_{k=1}^{n}(x_k+y_k)^p\Big]^{\frac{1}{q}}.$$

即

$$\Big[\sum_{k=1}^{n}(x_k+y_k)^p\Big]^{\frac{1}{p}}=\Big[\sum_{k=1}^{n}(x_k+y_k)^p\Big]^{1-\frac{1}{q}}\leqslant\Big(\sum_{k=1}^{n}x_k^p\Big)^{\frac{1}{p}}+\Big(\sum_{k=1}^{n}y_k^p\Big)^{\frac{1}{p}}.$$

习　题　三

1. 设对任何收敛于 0 的有理数列 $\{r_n\}$, 极限

$$\lim_{n\to\infty}\frac{f(x_0+r_n)-f(x_0)}{r_n}$$

均存在且相等, 试问 $f(x)$ 在点 x_0 处是否可导?

2. 设函数 $f(x)$ 在 $x=0$ 处可导, 令 $F(x)=f(x)(1+|\sin x|)$, 证明 $F(x)$ 在 $x=0$ 处可导的充要条件是 $f(0)=0$.

3. 讨论函数 $f(x)=[x]-\sqrt{x-[x]}$ 在 **R** 上的可导性.

4. 设函数 $f(x)$ 在 $x=0$ 处可导, 令

$$g(x)=\begin{cases}x^2\sin\dfrac{1}{x}, & x\neq 0,\\ 0, & x=0.\end{cases}$$

证明 $f(g(x))$ 在 $x=0$ 处可导.

5. 设函数

$$f(x) = \begin{cases} x^2 \left| \cos \dfrac{\pi}{x} \right|, & x \neq 0, \\ 0, & x = 0. \end{cases}$$

证明 $f(x)$ 在 $x=0$ 处可导,但在 $x=0$ 的任何邻域内有不可导点.

6. (1) 设 $f(0)=0$, $f'(0)$ 存在.记

$$x_n = f\left(\frac{1}{n^2}\right) + f\left(\frac{2}{n^2}\right) + \cdots + f\left(\frac{n}{n^2}\right), \quad n \in \mathbf{N}.$$

证明数列 $\{x_n\}$ 收敛并求其极限值.

(2) 求极限 $\lim\limits_{n \to \infty} \left(1 + \frac{1}{n^2}\right)\left(1 + \frac{2}{n^2}\right) \cdots \left(1 + \frac{n}{n^2}\right)$.

7. 设 $f: \mathbf{R} \to \mathbf{R}$,对 $\forall x_1, x_2 \in \mathbf{R}$,有

$$f(x_1 + x_2) = f(x_1) \cdot f(x_2),$$

且 $f'(0)=1$.证明 $f'(x)=f(x)$, $x \in \mathbf{R}$.

8. 设函数 $f(x)$ 在 $\mathbf{R}$ 上定义,$f'(0)$ 存在.对 $\forall x, y \in \mathbf{R}$,有

$$f(x + y) = f(x) + f(y) + 2xy.$$

试求 $f(x)$ 表示式.

9. 设 $f(x) \in C(\mathbf{R})$,对 $\forall x \in \mathbf{R}$,有

$$\lim_{h \to 0^+} \frac{f(x + 2h) - f(x + h)}{h} = 0.$$

(1) 证明 $f(x)$ 在 $\mathbf{R}$ 上处处右可导;

(2) 试问 $f(x)$ 是否必为 $\mathbf{R}$ 上的常值函数?

10. 设函数 $f(x)$ 在 $[0,1]$ 上可导,且关系式

$$f(x) = f'(x) = 0$$

对 $\forall x \in [0,1]$ 都不成立,证明 $f(x)$ 在 $[0,1]$ 上至多只有有限个零点.

11. 设函数 $f(x)$ 在 $x=0$ 处连续,$f(0)=0$,且

$$\lim_{x \to 0} \frac{f(2x) - f(x)}{x} = A.$$

证明 $f'(0) = A$.

12. 设函数 $f(x) = \begin{cases} \dfrac{1}{2^n}, & x = \dfrac{p}{2^n}(p \text{ 为奇数}), \\ 0, & \text{其他}, \end{cases}$ 证明

(1) $f(x)$ 在 $x = \dfrac{p}{2^n}$(p 为奇数)处不连续,在其余处均连续;

(2) $f(x)$ 在 $\mathbf{R}$ 上处处不可导.

13. 设 $f(x), g(x), h(x) \in C[a,b]$,在 (a,b) 内可导,证明 $\exists \xi \in (a,b)$,使

$$\begin{vmatrix} f(a) & g(a) & h(a) \\ f(b) & g(b) & h(b) \\ f'(\xi) & g'(\xi) & h'(\xi) \end{vmatrix} = 0.$$

14. (1) 设函数 $f(x)$ 在 $[a,b]$ 上连续可导,在 (a,b) 内二阶可导,且 $f(a)=f(b)=0$.证明

对每个 $x \in (a,b)$,$\exists \xi \in (a,b)$,使

$$f(x) = \frac{f''(\xi)}{2!}(x-a)(x-b).$$

(2) 设函数 $f(x)$ 在 $[a,b]$ 上 $n-1$ 阶连续可导,在 (a,b) 内 n 阶可导,且 $f(a)=f'(a)=\cdots=f^{(n-2)}(a)=0$,$f(b)=0$. 证明对每个 $x \in (a,b)$,$\exists \xi \in (a,b)$,使

$$f(x) = \frac{f^{(n)}(\xi)}{n!}(x-a)^{n-1}(x-b), \quad n \geq 3.$$

15. 设函数 $f(x)$ 在 $[a,b]$ 上可导,且 $f'(a)=f'(b)$. 证明 $\exists \xi \in (a,b)$,使

$$f'(\xi) = \frac{f(\xi)-f(a)}{\xi-a}.$$

16. 设函数 $f(x)$ 在 $[0,+\infty)$ 上可导,$f(1)=\ln 2$ 且 $|f(x)| \leq \ln\left(1+\frac{1}{x}\right)$,$x>0$. 证明至少存在两处 $\xi \in (0,+\infty)$,使

$$f'(\xi) + \frac{1}{\xi(\xi+1)} = 0.$$

17. 设函数 $f(x)$ 在 $[a,b]$ 上二阶可导,$|f'(x)| \leq L < 1$,$f'(x_0)=0$,$f''(x_0) \neq 0$,其中 $x_0 \in (a,b)$ 且满足 $f(x_0)=x_0$. 证明

(1) $\forall x_1 \in [a,b]$,$x_{n+1}=f(x_n)$,$n \in \mathbf{N}$ 所构成的数列 $\{x_n\}$ 收敛,且 $\lim\limits_{n\to\infty} x_n = x_0$;

(2) 试问当 $n \to \infty$ 时,$x_{n+1}-x_0$ 是 x_n-x_0 的几阶无穷小?

18. 设函数 $f(x)$ 在 $\mathbf{R}$ 上二阶可导,且 $|f(x)| \leq 1$,$x \in \mathbf{R}$. 又 $|f(0)|^2 + |f'(0)|^2 = 4$,证明 $\exists \xi \in \mathbf{R}$,使

$$f(\xi) + f''(\xi) = 0.$$

19. 设函数 $f(x)$ 在 $[0,1]$ 上二阶可导,且 $|f(x)| \leq a$,$|f''(x)| \leq b$,$a,b \geq 0$. 证明

$$|f'(x)| \leq 2a + \frac{b}{2}, \quad \forall x \in (0,1).$$

20. 设函数 $f(x)$ 在 $[-1,1]$ 上三阶可导,$f(0)=f'(0)=0$,$f(1)=1$,$f(-1)=0$. 证明 $\exists \xi \in (-1,1)$,使 $f'''(\xi) \geq 3$.

21. 设 $f(x) \in C[a,b]$,使 (a,b) 内二阶可导,$|f''(x)| \geq 1$,$x \in (a,b)$. 证明在曲线 $y = f(x)$ 上至少存在 A,B,C 三点,使三角形 ABC 的面积不小于 $\frac{1}{16}(b-a)^3$.

22. 设函数 $f(x)$ 在 $(0,+\infty)$ 内可导,且有 $f(x)=o(x)$($x \to +\infty$). 证明

$$\varliminf_{x\to+\infty} |f'(x)| = 0.$$

提示:可证 $\exists \{\xi_n\}$($\xi_n \to +\infty$),使 $\lim\limits_{n\to\infty} f'(\xi_n)=0$.

23. 设函数 $f(x)$ 在 $(-1,1)$ 内二阶可导,且 $f(0)=f'(0)=0$,又

$$|f''(x)| \leq |f(x)| + |f'(x)|.$$

证明 $\exists \delta > 0$,使 $f(x)=0$,$\forall x \in (-\delta,\delta)$.

24. 设非负函数 $f(x)$ 在 $[0,1]$ 上连续可导,$f'(x)$ 只有有限个零点,且 $f'(0)=0$. 若 $\lim\limits_{x\to0^+} \frac{f(x)}{f'(x)} = L$ 存在,证明 $L=0$.

25. 设函数 $f(x)$ 在 $[0,+\infty)$ 上二阶可导,$f(0)=f'(0)=0$,且 $\exists L>0$,使

$$|f''(x)| \leqslant L|f(x)f'(x)|.$$

证明 $f(x)=0, x\in[0,+\infty)$.

26. 设正值函数 $f(x)$ 在区间 I 上二阶可导,证明 $\ln f(x)$ 为 I 上凸函数的充要条件是

$$\begin{vmatrix} f(x) & f'(x) \\ f'(x) & f''(x) \end{vmatrix} \geqslant 0, \quad x\in I.$$

27. 设函数 $f(x)$ 在 (a,b) 内可导,则 $f(x)$ 为 (a,b) 内严格凸函数的充要条件是:$\forall x_1$, $x_2\in(a,b)(x_1<x_2)$,存在惟一的 $\xi\in(x_1,x_2)$,使

$$\frac{f(x_2)-f(x_1)}{x_2-x_1} = f'(\xi).$$

28. 证明下列不等式:

(1) $ae^{-a}>\dfrac{1}{a}e^{-\frac{1}{a}}$ $(0<a<1)$;

(2) $a^a b^b>\left(\dfrac{a+b}{2}\right)^{a+b}$ $(0<a<b)$;

(3) $\dfrac{a+b}{2}>\dfrac{b-a}{\ln b-\ln a}>\sqrt{ab}$ $(0<a<b)$;

(4) $b^{a^c}>a^{b^c}$ $(0<a<b<e^{\frac{1}{c}}, c>0)$;

(5) $b^{a^b}>a^{b^a}$ $(1<a<b)$.

29. 设 $\lambda_1>\lambda_2>\lambda_3$,试求

$$\min_{x\in\mathbf{R}}\left\{\max\left(\left|\frac{\lambda_2-x}{\lambda_1-x}\right|, \left|\frac{\lambda_3-x}{\lambda_1-x}\right|\right)\right\}.$$

30. 设 $f(x)=1-x+\dfrac{x^2}{2}-\dfrac{x^3}{3}+\cdots+(-1)^n\dfrac{x^n}{n}$,证明

(1) 当 n 为奇数时,$f(x)=0$ 有且仅有一个实根;

(2) 当 n 为偶数时,$f(x)=0$ 无实根.

31. 设方程 $ax+\dfrac{1}{x^2}=1$ 有且仅有一个实根,求 a 的取值范围.

32. 设 $a>0$,证明方程 $ae^x=1+x+\dfrac{x^2}{2}$ 有且仅有一个实根.

第4章　一元函数积分学

4.1　定积分概念与可积性条件

4.1.1　概念辨析与问题讨论

1. 可积函数与有原函数的函数.

函数 $f(x)$ 在 $[a,b]$ 上可积(记为 $f(x) \in R[a,b]$)与 $f(x)$ 在 $[a,b]$ 上存在原函数是两个不同的概念,它们之间没有必然的联系.

(1) 在 $[a,b]$ 上的可积函数 $f(x)$ 未必存在原函数. 例如符号函数

$$\text{sgn}\, x = \begin{cases} 1, & x > 0, \\ 0, & x = 0, \\ -1, & x < 0. \end{cases}$$

在 $[-1,1]$ 上明显可积,因为它只有一个第一类间断点. 然而由导数的性质可知,此函数在 $[-1,1]$ 上不存在原函数.

(2) 在 $[a,b]$ 上具有原函数的函数 $f(x)$ 未必是可积的. 例如

$$F(x) = \begin{cases} x^2 \sin \dfrac{1}{x^2}, & x \neq 0, \\ 0, & x = 0. \end{cases}$$

在 $[-1,1]$ 上可导,其导函数为

$$F'(x) = f(x) = \begin{cases} 2x\sin \dfrac{1}{x^2} - \dfrac{2}{x}\cos \dfrac{1}{x^2}, & x \neq 0, \\ 0, & x = 0. \end{cases}$$

因此,$f(x)$ 在 $[-1,1]$ 上有原函数 $F(x)$,但 $f(x)$ 在 $[-1,1]$ 上无界,故 $f(x)$ 在 $[-1,1]$ 上必定不可积.

2. Darboux 上、下和及其基本性质.

要判断一个函数在给定区间上是否可积,自然可以根据定义,直接考察积分和 $\sum\limits_{k=1}^{n} f(\xi_k)\Delta x_k$(又称为 Riemann 和,记为 $\sigma_\xi(T)$)是否无限趋近于某一常数(即积分值). 但由于积分和的极限相当复杂,加之积分值不易预先估计,使这类极限的计算变得十分困难. 事实上,直接按定义判断函数的可积性,要克服两大难点:一是对

区间的分法 T 具有任意性,二是对子区间 $[x_{k-1},x_k]$ 上点 $\xi_k(k=1,2,\cdots,n)$ 的取法也具有任意性.为了使函数可积性问题的讨论简便可行,因此引入 Darboux 和的概念,这种和式只依赖于分法 T,而与介点集 $\{\xi_1,\xi_2,\cdots,\xi_n\}$(记为 $\xi(T)$ 或 ξ)的选取无关.

设函数 $f(x)$ 在 $[a,b]$ 上有界,对 $[a,b]$ 作任意分法 T:

$$a = x_0 < x_1 < \cdots < x_n = b.$$

记 $M_k = \sup\limits_{x\in[x_{k-1},x_k]} f(x)$, $m_k = \inf\limits_{x\in[x_{k-1},x_k]} f(x)$ $(k=1,2,\cdots,n)$. 分别称

$$S(T) = \sum_{k=1}^{n} M_k \Delta x_k, \qquad s(T) = \sum_{k=1}^{n} m_k \Delta x_k$$

为 $f(x)$ 关于分法 T 的 Darboux 上和与 Darboux 下和,简称上和与下和.

Darboux 上、下和有以下一些重要性质.

(1) 对 $[a,b]$ 的任意分法 T 及 $\xi_k\in[x_{k-1},x_k](k=1,2,\cdots,n)$ 的任意取法,恒有

$$s(T) \leqslant \sigma_\xi(T) \leqslant S(T),$$

也即函数 $f(x)$ 在分法 T 下的一切 Riemann 和都介于 Darboux 上和与 Darboux 下和之间.因为 Darboux 上、下和只依赖于分法 T,而与介点集 ξ 的取法无关,这就把变化复杂的 Riemann 和 $\sigma_\xi(T)$ 夹在两个相对比较简单的 Darboux 上、下和 $S(T)$ 与 $s(T)$ 之间,从而可进一步借助于迫敛性定理讨论 Riemann 和极限的存在性.

(2) 对 $[a,b]$ 上的同一分法 T,Darboux 上、下和分别是 Riemann 和关于介点集 ξ 的上、下确界,即有

$$S(T) = \sup_\xi \sigma_\xi(T), \qquad s(T) = \inf_\xi \sigma_\xi(T).$$

(3) 设分法 T' 是分法 T 的加细(即对分法 T 添加 p 个新分点后得到的加细分法),则有

$$S(T) \geqslant S(T') \geqslant S(T) - pw\|T\|,$$

$$s(T) \leqslant s(T') \leqslant s(T) + pw\|T\|,$$

其中 $w = \sup\limits_{x\in[a,b]} f(x) - \inf\limits_{x\in[a,b]} f(x) = \sup\limits_{\forall x',x''\in[a,b]} |f(x')-f(x'')|$ 为 $f(x)$ 在 $[a,b]$ 上的振幅,$\|T\| = \max\limits_{1\leqslant k\leqslant n}\{\Delta x_k\}$ 是在分法 T 下的最大子区间长度.

这一性质指出,分点增加后,上和不增,下和不减.

(4) 设 T_1,T_2 是对 $[a,b]$ 的任意两种分法,则有

$$s(T_1) \leqslant S(T_2), \qquad s(T_2) \leqslant S(T_1).$$

由此可见,对 $[a,b]$ 所做的任意两种分法,一种分法的下和总不大于另一种分法的上和.从而对所有分法而言,下和集合有上界,上和集合有下界.

(5) 记 $\overline{I}=\inf\limits_{T}\{S(T)\},\underline{I}=\sup\limits_{T}\{s(T)\}$，称 $\overline{I},\underline{I}$ 分别为 $f(x)$ 在 $[a,b]$ 上的上、下积分，且有

$$\lim_{\|T\|\to0}S(T)=\overline{I},\qquad\lim_{\|T\|\to0}s(T)=\underline{I}.$$

这一性质通常称之为 Darboux 定理.

3. 关于函数可积性的几个充要条件.

函数 $f(x)$ 在 $[a,b]$ 上可积的常用充要条件有以下几个：

Ⅰ　$f(x)$ 在 $[a,b]$ 上的上积分与下积分相等，即有 $\overline{I}=\underline{I}$；

Ⅱ　对 $\forall\,\varepsilon>0$，存在某种分法 T，使得

$$S(T)-s(T)<\varepsilon\quad\text{或}\quad\sum_{k=1}^{n}w_k\Delta x_k<\varepsilon,$$

其中 $w_k=M_k-m_k$ 是 $f(x)$ 在子区间 $[x_{k-1},x_k]$ 上的振幅（$k=1,2,\cdots,n$）；

Ⅲ　对 $\forall\,\varepsilon,\sigma>0$，存在某种分法 T，使得在分法 T 下所有振幅 $w_{k'}\geqslant\varepsilon$ 的子区间 $\Delta_{k'}$ 总长 $\sum\limits_{k'}\Delta x_{k'}<\sigma$.

我们将Ⅰ、Ⅱ、Ⅲ分别称为函数可积性的第一、第二和第三充要条件. 下面对它们的作用与应用做一些说明.

(1) 在第一充要条件中，由于上、下积分只涉及分法 T 和函数在子区间上的上、下确界，因此对判断某些函数的可积性以及进一步分析可积函数的性质带来便利. 另一方面，若函数的上、下积分不相等，则可以推断该函数必定不可积. 例如 Dirichlet 函数在 $[0,1]$ 上不可积，正是由于它的上积分（$\overline{I}=1$）与下积分（$\underline{I}=0$）不相等所致.

近些年来，国内外有些数学分析教材不是用传统的 Riemann 和的极限来定义定积分，而采用上、下积分相等来定义定积分. 由于上、下积分实际上具有实变函数论中外测度与内测度的思想，所以掌握这一概念将有利于后续课程的学习.

(2) 可积性第二充要条件是证明函数 $f(x)$ 可积的常用方法. 具体应用时可以从几个方面入手.

1°　判断所有子区间上振幅 w_k 都一致地小于 ε，即有 $w_k<\varepsilon$（$k=1,2,\cdots,n$），从而有

$$\sum_{k=1}^{n}w_k\Delta x_k<\varepsilon\sum_{k=1}^{n}\Delta x_k=\varepsilon(b-a).$$

例如证明闭区间 $[a,b]$ 上的连续函数 $f(x)$ 可积，就利用了 $f(x)$ 在 $[a,b]$ 上的一致连续性.

2°　判断所有子区间的长 Δx_k 都一致地小于 ε，即有 $\|T\|<\varepsilon$，并且 $\sum\limits_{k=1}^{n}w_k$

有界,此时有

$$\sum_{k=1}^{n} w_k \Delta x_k < \| T \| \sum_{k=1}^{n} w_k.$$

例如证明闭区间$[a,b]$上的单调函数 $f(x)$可积,就可以借用这一思想.

3° 将 $\sum_{k=1}^{n} w_k \Delta x_k$ 分成两部分,判断它们分别符合情况 1° 与 2°. 即有

$$\sum_{k=1}^{n} w_k \Delta x_k = \sum_{k'} w_{k'} \Delta x_{k'} + \sum_{k''} w_{k''} \Delta x_{k''}.$$

只要保证在右端的前一个和式中有 $w_{k'} < \dfrac{\varepsilon}{b-a}$,而后一个和式中有 $\sum_{k''} \Delta x_{k''} < \dfrac{\varepsilon}{w}$,这里 w 为$f(x)$在$[a,b]$上的全振幅. 例如证明闭区间$[a,b]$上只有有限个间断点的有界函数可积,就用到了这一方法.

4° 判断 $w_k(f) \leqslant w_k(g)(k=1,2,\cdots,n)$,其中 $w_k(f)$ 与 $w_k(g)$ 分别表示 $f(x)$与 $g(x)$在子区间$[x_{k-1},x_k]$上的振幅,则由 $g(x)$的可积性可推出 $f(x)$的可积性. 例如当 $f(x)$在$[a,b]$上可积时,由 $w_k(|f|) \leqslant w_k(f)$,即可证得$|f(x)|$在$[a,b]$上必可积.

(3) 第三充要条件阐明了可积函数的本质. 若函数可积,则其振幅不能任意小的子区间长度总和必定可以任意小. 而振幅不能任意小的子区间上必含有间断点,因此函数不连续的范围不能太广. 这说明了 Riemann 积分本质上是连续函数的积分,凡是 Riemann 可积的函数其间断点的"数量"不能很大. 我们这里只是借用"数量"这个说法,它与一般所说的"个数"并不是同一回事,更精确和严格的叙述要用到实变函数论中的测度概念. 例如 Riemann 函数 $R(x)$在$[0,1]$上可积,但它在所有的有理点处间断. 可见这一类间断点为无穷多个,甚至多到构成稠密集的函数仍然有可能是可积的. 不过,这些问题的深入讨论已超出了数学分析的范围,读者将会在后续课程的学习中逐渐接触到,我们不再细述.

另一方面,第三充要条件也是论证函数可积的常用方法. 只要判断函数在区间$[a,b]$上能产生间断情况的范围可以压缩成任意小的区间,便可得出函数在$[a,b]$上可积. 例如,有界函数 $f(x)$在$[a,b]$上间断点全体为$\{x_n\}$,且 $\lim\limits_{n \to \infty} x_n = a$. 用第三充要条件即可证明 $f(x)$在$[a,b]$上可积(见例 4.1.2).

4. 函数可积性的 Cauchy 收敛准则.

如所熟知,数列极限与函数极限都有 Cauchy 收敛准则作为充要条件. 定积分是一种特殊的和式极限,尽管它的形式比较特别,计算相对复杂,但它毕竟仍然属于极限问题. 自然要问,它是否也有相应的 Cauchy 收敛准则?

结论是肯定的. 事实上我们有以下命题.

命题 4.1.1 设函数 $f(x)$在$[a,b]$上有界,则 $f(x) \in R[a,b]$的充要条件是:

$\forall\,\varepsilon>0$, $\exists\,\delta>0$, 对 $[a,b]$ 的任意两种分法 T_1, T_2($\parallel T_1\parallel$, $\parallel T_2\parallel<\delta$) 以及对子区间上点的任意两种取法 ξ_k, $\eta_k\in[x_{k-1},x_k]$($k=1,2,\cdots,n$), 有

$$\mid\sigma_\xi(T_1)-\sigma_\eta(T_2)\mid<\varepsilon.$$

证明　先看必要性. 若 $f(x)\in R[a,b]$, 记 $\int_a^b f(x)\mathrm{d}x=I$, 则 $\forall\,\varepsilon>0$, $\exists\,\delta>0$, 对 $\forall\,T\subset[a,b]$($\parallel T\parallel<\delta$) 与 $\forall\,\xi=\{\xi_k\}$, 有 $\mid\sigma_\xi(T)-I\mid<\dfrac{\varepsilon}{2}$. 于是有

$$\forall\,T_1\subset[a,b](\parallel T_1\parallel<\delta),\forall\,\xi=\{\xi_k\}\ \text{有}\ \mid\sigma_\xi(T_1)-I\mid<\frac{\varepsilon}{2},$$

$$\forall\,T_2\subset[a,b](\parallel T_2\parallel<\delta),\forall\,\eta=\{\eta_k\}\ \text{有}\ \mid\sigma_\eta(T_2)-I\mid<\frac{\varepsilon}{2}.$$

从而得出

$$\mid\sigma_\xi(T_1)-\sigma_\eta(T_2)\mid\leqslant\mid\sigma_\xi(T_1)-I\mid+\mid\sigma_\eta(T_2)-I\mid$$

$$<\frac{\varepsilon}{2}+\frac{\varepsilon}{2}=\varepsilon.$$

再看充分性. 取 $T_1=T_2\triangleq T$, 则 $\forall\,\varepsilon>0$, $\exists\,\delta>0$, 对 $\forall\,T\subset[a,b]$($\parallel T\parallel<\delta$) 与 $\forall\,\xi$ 有

$$\mid\sigma_\xi(T)-\sigma_\eta(T)\mid<\varepsilon.$$

现适当选取 ξ_k, $\eta_k\in[x_{k-1},x_k]$, 使

$$M_k-f(\xi_k)<\frac{\varepsilon}{b-a},\quad f(\eta_k)-m_k<\frac{\varepsilon}{b-a}\quad(k=1,2,\cdots,n).$$

就有

$$\sum_{k=1}^n w_k\Delta x_k=\sum_{k=1}^n M_k\Delta x_k-\sum_{k=1}^n m_k\Delta x_k$$

$$=\sum_{k=1}^n M_k\Delta x_k-\sigma_\xi(T)+\sigma_\eta(T)-\sum_{k=1}^n m_k\Delta x_k+\sigma_\xi(T)-\sigma_\eta(T)$$

$$\leqslant\sum_{k=1}^n[M_k-f(\xi_k)]\Delta x_k+\sum_{k=1}^n[f(\eta_k)-m_k]\Delta x_k+\mid\sigma_\xi(T)-\sigma_\eta(T)\mid$$

$$<\varepsilon+\varepsilon+\varepsilon=3\varepsilon.$$

由可积性第二充要条件可知 $f(x)\in R[a,b]$.

5. 函数的可积、绝对可积与平方可积之间有什么关系?

对三者的可积性关系, 我们作简要的说明.

1°　若 $f(x)$ 可积, 则 $\mid f(x)\mid$, $f^2(x)$ 均可积. 反之结论未必成立.

事实上,若有 $f(x) \in R[a,b]$,则 $f(x)$ 在 $[a,b]$ 上有界,可记为 $|f(x)| \leqslant M$,$x \in [a,b]$. 明显有 $w_k(|f|) \leqslant w_k(f)(k=1,2,\cdots,n)$,而对 $\forall\, x', x'' \in [x_{k-1}, x_k]$,有

$$|f^2(x') - f^2(x'')| = |f(x') + f(x'')| \cdot |f(x') - f(x'')|$$
$$\leqslant 2M|f(x') - f(x'')|.$$

于是得出 $w_k(f^2) \leqslant 2Mw_k(f), (k=1,2,\cdots,n)$. 可见 $|f(x)|, f^2(x)$ 在 $[a,b]$ 上均可积.

反之结论不真,可考虑函数

$$f(x) = \begin{cases} 1, & x \text{ 为有理数}, \\ -1, & x \text{ 为无理数} \end{cases}$$

在 $[-1,1]$ 上不可积,而 $|f(x)|, f^2(x)$ 在 $[-1,1]$ 上均可积.

2° 若 $f^2(x)$ 可积,则 $|f(x)|$ 必可积,反之结论也成立.

只要注意到对 $\forall\, x', x'' \in [x_{k-1}, x_k]$,有

$$||f(x')| - |f(x'')|| \leqslant \sqrt{|f^2(x') - f^2(x'')|} \quad \Rightarrow \quad w_k(|f|) \leqslant \sqrt{w_k(f^2)}.$$

于是由 Schwarz 不等式得出

$$\sum_{k=1}^n w_k(|f|)\Delta x_k = \sum_{k=1}^n w_k(|f|)\sqrt{\Delta x_k}\sqrt{\Delta x_k} \leqslant \left[\sum_{k=1}^n w_k^2(|f|)\Delta x_k\right]^{\frac{1}{2}} \left(\sum_{k=1}^n \Delta x_k\right)^{\frac{1}{2}}$$
$$\leqslant \left[\sum_{k=1}^n w_k(f^2)\Delta x_k\right]^{\frac{1}{2}} (b-a)^{\frac{1}{2}}.$$

可见 $|f(x)| \in R[a,b]$.

由 1° 中的讨论可知,若 $|f(x)|$ 可积,则 $f^2(x)$ 必可积.

6. 关于复合函数的可积性.

如所熟知,两个连续函数经复合后仍为连续函数;两个可导函数经复合后仍为可导函数. 自然想到,两个可积函数经复合后是否仍为可积函数?

结论是否定的. 首先我们说明函数 $f(u)$ 与函数 $u=g(x)$ 的可积,对于复合函数 $f(g(x))$ 的可积性来说既不充分,也不必要.

1° 令

$$f(x) = \begin{cases} 0, & x = 0, \\ 1, & x \in (0,1], \end{cases} \qquad g(x) = R(x) \quad (\text{Riemann 函数}).$$

则 $f(x), g(x)$ 在 $[0,1]$ 上均可积,而复合函数

$$f(g(x)) = D(x) = \begin{cases} 1, & x \text{ 为有理数}, \\ 0, & x \text{ 为无理数} \end{cases}$$

在 $[0,1]$ 上不可积.

2°　令 $f(x)=g(x)=D(x)$（Dirichlet 函数），它们在 $[0,1]$ 上均不可积，但 $f(g(x))\equiv 1$ 显然是可积的.

又若令 $f(x)=D(x),g(x)=\sqrt{2}D(x)$，则 $f(g(x))$ 在 $[0,1]$ 上便成为不可积了.

其次，如果将条件加强，将会得出如下的命题.

命题 4.1.2　设 $f(u)\in C[A,B]$，而 $u=g(x)\in R[a,b]$ 且 $A\leqslant g(x)\leqslant B$，$x\in[a,b]$，则有 $f(g(x))\in R[a,b]$.

证明可参见例 4.1.3.

7. 若改变可积函数在有限个点处的函数值，是否会影响它的可积性与积分值？

如前面所述，我们所讨论的定积分（即 Riemann 积分），本质上是连续函数的积分. 粗略地说，若函数 $f(x)$ 在 $[a,b]$ 上可积，那么只要求它在 $[a,b]$ 上函数值变化"太快"（或者说使函数值发生急剧突变）的点不至于"太多". 因此，对于可积函数而言改变它在有限个点处的函数值，并不影响函数可积性，也不改变它的积分值.

事实上，若有 $f(x)\in R[a,b]$，并记 $\int_a^b f(x)\mathrm{d}x=I$. 现在 $[a,b]$ 上有限个点处改变 $f(x)$ 的函数值，得到新函数 $f^*(x)$. 令 $F(x)=f(x)-f^*(x),x\in[a,b]$. 则 $F(x)$ 在 $[a,b]$ 上除这有限个点外处处为 0，即除这有限个点外 $F(x)$ 处处连续，故有 $F(x)\in R[a,b]$，且 $\int_a^b F(x)\mathrm{d}x=0$. 而可积函数之差仍为可积函数，从而 $f^*(x)=f(x)-F(x)$ 在 $[a,b]$ 上可积，且有

$$\int_a^b f^*(x)\mathrm{d}x=\int_a^b f(x)\mathrm{d}x-\int_a^b F(x)\mathrm{d}x=I-0=I.$$

必须指出，对于一个可积函数，若改变它在无穷多个点处的函数值，则函数的可积性可能会被破坏. 有关反例读者不难自行构造.

8. 函数可积性定义的进一步讨论.

按可积性定义，如果 $\exists I\in\mathbf{R}$，对 $[a,b]$ 作任意分法 T，以及对子区间 $[x_{k-1},x_k]$ 上点 $\xi_k(k=1,2,\cdots,n)$ 的任意取法，恒有

$$\lim_{\|T\|\to 0}\sigma_{\xi}(T)=\lim_{\|T\|\to 0}\sum_{k=1}^n f(\xi_k)\Delta x_k=I,$$

则称 $f(x)$ 在 $[a,b]$ 上可积，且 $\int_a^b f(x)\mathrm{d}x=I$.

特别地，如果将上述定义中对 $[a,b]$ 的分法限定于作 n 等分，而保持介点集 ξ 的任意性；或者保持定义中对 $[a,b]$ 分法 T 的任意性，而将介点集 ξ 的选取限定于为子区间的左、右端点，则得出关于"可积"的两种特别定义. 可以证明，这两种新

定义与原可积性定义是等价的.

Ⅰ 对$[a,b]$作 n 等分 $T_n = \left\{ x_k \ \middle| \ x_k = a + \dfrac{k(b-a)}{n}, k=0,1,2,\cdots,n \right\}$,并任取 $\xi_k \in [x_{k-1}, x_k], k=1,2,\cdots,n$. 若极限

$$\lim_{n \to \infty} \sigma_\xi(T_n) = \lim_{n \to \infty} \sum_{k=1}^{n} f(\xi_k) \frac{b-a}{n}$$

存在且相等,则 $f(x) \in R[a,b]$.

Ⅱ 对$[a,b]$作任意分法 T:

$$a = x_0 < x_1 < \cdots < x_n = b,$$

并取 $\xi_k = x_{k-1}$(或 x_k),$k=1,2,\cdots,n$. 若极限

$$\lim_{\|T\| \to 0} \sigma_\xi(T) = \lim_{\|T\| \to 0} \sum_{k=1}^{n} f(\xi_k) \Delta x_k$$

存在且相等,则 $f(x) \in R[a,b]$.

这里我们只给出Ⅰ为 $f(x)$ 在$[a,b]$上可积的充要性证明.

事实上,Ⅰ是可积性定义的特殊情况,故必要性显然,现说明充分性.

设 $\lim\limits_{n \to \infty} \sigma_\xi(T_n) = I$,则 $\forall\, \varepsilon > 0$,$\exists\, N \in \mathbf{N}$,当 $n \geqslant N$ 时,在等分法 T_n 下,对 $\forall\, \xi$,有 $|\sigma_\xi(T_n) - I| < \varepsilon$. 特别地,有 $|\sigma_\xi(T_N) - I| < \varepsilon$.

又因为 $S(T_N) = \sup\limits_{\xi} \sigma_\xi(T_N)$,故存在对介点集的某一取法 ξ',使 $\sigma_{\xi'}(T_N) > S(T_N) - \varepsilon$. 同样地,由 $s(T_N) = \inf\limits_{\xi} \sigma_\xi(T_N)$,又存在对介点集的另一取法 ξ'',使 $\sigma_{\xi''}(T_N) < s(T_N) + \varepsilon$. 于是有

$$I - 2\varepsilon < \sigma_{\xi''}(T_N) - \varepsilon < s(T_N) \leqslant S(T_N) < \sigma_{\xi'}(T_N) + \varepsilon < I + 2\varepsilon.$$

从而 $\exists\, T_N \subset [a,b]$,使得

$$S(T_N) - s(T_N) < 4\varepsilon.$$

由可积性第二充要条件可知 $f(x) \in R[a,b]$.

9. Duhamel 定理及其应用.

按定积分性质,若 $f(x), g(x)$ 均在$[a,b]$上可积,则 $f(x)g(x)$ 也在$[a,b]$上可积,且有

$$\lim_{\|T\| \to 0} \sum_{k=1}^{n} f(\xi_k) g(\xi_k) \Delta x_k = \int_a^b f(x) g(x) \mathrm{d}x,$$

其中 $\xi_k \in [x_{k-1}, x_k], k=1,2,\cdots,n$.

从定义要求来看,这里 $f(x), g(x)$ 所取的是同一个介点集 ξ,实际上这一条件可以放宽——$f(x)$ 与 $g(x)$ 所取的介点集可以不一致,这就是所谓 Duhamel 定理.

定理 4.1.1(Duhamel 定理)   设函数 $f(x), g(x)$ 在 $[a,b]$ 上均可积,则在分法 T 下对任意两个介点集 ξ, η,有

$$\lim_{\|T\| \to 0} \sum_{k=1}^{n} f(\xi_k) g(\eta_k) \Delta x_k = \int_a^b f(x) g(x) \mathrm{d}x.$$

分析   定理证明的方法是估计乘积函数的 Riemann 和与上式左端的和式之差为无穷小. 这也是数学分析证明中常用的手法之一.

因为有

$$\sum_{k=1}^{n} f(\xi_k) g(\eta_k) \Delta x_k = \sum_{k=1}^{n} f(\xi_k) g(\xi_k) \Delta x_k + \sum_{k=1}^{n} d_k \Delta x_k,$$

这里记 $d_k = f(\xi_k)[g(\eta_k) - g(\xi_k)], k = 1, 2, \cdots, n.$ 故只要证明 $\lim\limits_{\|T\| \to 0} \sum\limits_{k=1}^{n} d_k \Delta x_k = 0$ 就行了.

由 $f(x) \in \mathrm{R}[a,b]$,可记 $|f(x)| \leqslant \mathrm{M}, x \in [a,b].$ 再由 $g(x) \in \mathrm{R}[a,b]$,就有

$$\left| \sum_{k=1}^{n} d_k \Delta x_k \right| \leqslant \mathrm{M} \sum_{k=1}^{n} w_k(g) \Delta x_k \to 0 \quad (\|T\| \to 0).$$

利用 $f(x), g(x)$ 在 $[a,b]$ 上的可积性,即得

$$\lim_{\|T\| \to 0} \sum_{k=1}^{n} f(\xi_k) g(\eta_k) \Delta x_k = \int_a^b f(x) g(x) \mathrm{d}x.$$

Duhamel 定理的意义在于,当乘积函数构成 Riemann 和时,它们的两个介点集可能由不同的方式(如通过介值定理、微分中值定理或积分中值定理等)产生,于是可能出现两组介点集不一致的情况. 但当这两个函数都可积时,这种不一致性引起的差别不大,对乘积函数的可积性与积分值将不产生影响. 利用这一思想和结果,有关定积分及重积分中的许多计算公式,如"曲线弧长计算公式"、"旋转曲面的侧面积公式"等,其证明都可以写得相当简洁(见文献[14]).

顺便说明,Duhamel 定理还可以作进一步推广:设函数 $f(x), g(x)$ 在 $[a,b]$ 上均可积,则有

$$\lim_{\|T\| \to 0} \sum_{k=1}^{n} \mu_k \nu_k \Delta x_k = \int_a^b f(x) g(x) \mathrm{d}x,$$

其中 $\mu_k \in [m_k(f), M_k(f)], \nu_k \in [m_k(g), M_k(g)].$ 这里 $M_k(f), m_k(f), M_k(g), m_k(g)$ 分别表示 $f(x)$ 与 $g(x)$ 在子区间 $[x_{k-1}, x_k](k = 1, 2, \cdots, n)$ 上的上、下确界.

证明的思想与 Duhamel 定理的证法类似,留给读者自行完成.

最后给出一个 Duhamel 定理的应用实例:设 $f(x) \in \mathrm{R}[a,b]$,证明

$$\int_a^b \left[\int_a^x f(t) dt \right] dx = \int_a^b (b-x) f(x) dx. \tag{4.1.1}$$

令 $F(x) = \int_a^x f(t) dt, x \in [a,b]$,则 $F(x) \in C[a,b]$. 对 (4.1.1) 左端的积分写出相应的 Riemann 和,并取 $\xi_k = x_k (k=1,2,\cdots,n)$,得出

$$\sum_{k=1}^n F(x_k)(x_k - x_{k-1}) = \sum_{k=1}^n F(x_k) x_k - \sum_{k=1}^n F(x_k) x_{k-1}$$

$$= x_n F(x_n) - \sum_{k=1}^n x_{k-1} [F(x_k) - F(x_{k-1})]$$

$$= bF(b) - \sum_{k=1}^n x_{k-1} \int_{x_{k-1}}^{x_k} f(t) dt$$

$$= bF(b) - \sum_{k=1}^n x_{k-1} \mu_k(f)(x_k - x_{k-1}).$$

上式中最后一步用到了积分第一中值定理,其中 $\mu_k(f) \in [m_k(f), M_k(f)], k=1, 2,\cdots,n$. 令 $\|T\| \to 0$,由推广的 Duhamel 定理就有

$$\int_a^b \left[\int_a^x f(t) dt \right] dx = bF(b) - \int_a^b xf(x) dx = \int_a^b (b-x) f(x) dx.$$

这个例题如果借用重积分的计算方法完全可以作简单处理——只要交换积分次序即得证. 我们放在这里介绍,一方面是作为 Duhamel 定理的应用,另一方面在所给出的证明中体现了"连续和的离散化"思想. 而通常我们在定积分问题中较多的是采用"离散和的连续化"方法,希望读者对这一思想方法能予以重视.

4.1.2 解题分析

4.1.2.1 按定义求定积分

例 4.1.1 利用定义计算下列定积分

(1) $\int_a^b x^2 dx$;　　　　(2) $\int_a^b \dfrac{1}{x^2} dx$　$(0 < a < b)$.

分析　由于上述被积函数连续,定积分都存在,因此可对 $[a,b]$ 作特殊的分法 T,并取特殊的介点集 ξ 来构造 Riemann 和,以方便极限计算.

解　(1) **方法一**　对 $[a,b]$ 作 n 等分 $T_n = \left\{ x_k \mid x_k = a + \dfrac{k(b-a)}{n}, k=0,1, 2,\cdots,n \right\}$,并取 $\xi_k = x_k, k=1,2,\cdots,n$,则有

$$\int_a^b x^2 dx = \lim_{n \to \infty} \sum_{k=1}^n \left[a + \frac{k(b-a)}{n} \right]^2 \frac{b-a}{n}$$

$$= \lim_{n \to \infty} \frac{b-a}{n} \sum_{k=1}^{n} \left[a^2 + \frac{2(b-a)a}{n}k + \frac{(b-a)^2}{n^2}k^2 \right]$$

$$= \lim_{n \to \infty} \frac{b-a}{n} \left[a^2 n + \frac{2(b-a)a}{n} \cdot \frac{n(n+1)}{2} \right.$$

$$\left. + \frac{(b-a)^2}{n^2} \cdot \frac{n(n+1)(2n+1)}{6} \right]$$

$$= (b-a) \left[a^2 + (b-a)a + \frac{(b-a)^2}{3} \right] = \frac{b^3 - a^3}{3}.$$

方法二　采用一种巧妙的构思来选取介点集 ξ,可使积分计算大为简化,我们称此方法为"原函数法". $f(x) = x^2$ 在 $[a,b]$ 上有原函数 $F(x) = \dfrac{x^3}{3}$. 对 $\forall\ T \subset [a, b]$,在每一个子区间 $[x_{k-1}, x_k]$ 上对 $F(x)$ 用 Lagrange 中值定理,有

$$\frac{x_k^3}{3} - \frac{x_{k-1}^3}{3} = \xi_k^2(x_k - x_{k-1}), \quad \exists\ \xi_k \in (x_{k-1}, x_k).$$

就取这样确定的 $\xi_k (k=1,2,\cdots,n)$ 为介点,则有

$$\int_a^b x^2 \mathrm{d}x = \lim_{\|T\| \to 0} \sum_{k=1}^{n} \xi_k^2 (x_k - x_{k-1}) = \lim_{n \to \infty} \sum_{k=1}^{n} \left(\frac{x_k^3}{3} - \frac{x_{k-1}^3}{3} \right)$$

$$= \frac{x_n^3}{3} - \frac{x_0^3}{3} = \frac{b^3 - a^3}{3}.$$

(2) **方法一**　对 $\forall\ T \subset [a, b]$,取 $\xi_k = \sqrt{x_k x_{k-1}} \in (x_{k-1}, x_k)$, $k=1,2,\cdots,n$. 则有

$$\int_a^b \frac{1}{x^2} \mathrm{d}x = \lim_{\|T\| \to 0} \sum_{k=1}^{n} \frac{1}{\xi_k^2}(x_k - x_{k-1}) = \lim_{n \to \infty} \sum_{k=1}^{n} \frac{1}{x_k x_{k-1}}(x_k - x_{k-1})$$

$$= \lim_{n \to \infty} \sum_{k=1}^{n} \left(\frac{1}{x_{k-1}} - \frac{1}{x_k} \right) = \frac{1}{x_0} - \frac{1}{x_n} = \frac{1}{a} - \frac{1}{b}.$$

方法二　对 $[a, b]$ 作特殊分法 T:

$$a = x_0 < x_1 < \cdots < x_n = b,$$

其中 $x_k = ar^k$, $r = \sqrt[n]{\dfrac{b}{a}} > 1$, $k=0,1,2,\cdots,n$,并取 $\xi_k = x_{k-1}$, $k=1,2,\cdots,n$,则有

$$\int_a^b \frac{1}{x^2} \mathrm{d}x = \lim_{\|T\| \to 0} \sum_{k=1}^{n} \frac{1}{\xi_k^2}(x_k - x_{k-1}) = \lim_{n \to \infty} \sum_{k=1}^{n} \frac{1}{x_{k-1}^2}(x_k - x_{k-1})$$

$$= \lim_{n \to \infty} \sum_{k=1}^{n} \frac{1}{a^2 r^{2k-2}}(ar^k - ar^{k-1})$$

$$= \lim_{n \to \infty} \sum_{k=1}^{n} \frac{1}{a} \left[\frac{1}{r^{k-1}} - \frac{1}{r^k} \right] = \frac{1}{a} \left[1 - \frac{1}{r^n} \right]$$

$$= \frac{1}{a}\left[1 - \frac{a}{b}\right] = \frac{1}{a} - \frac{1}{b}.$$

方法三 用原函数法. $f(x) = \frac{1}{x^2}$ 在 $[a,b]$ $(0<a<b)$ 上有原函数 $F(x) = -\frac{1}{x}$. 对 $\forall T \subset [a,b]$, 在每一个子区间 $[x_{k-1}, x_k]$ 上对 $F(x)$ 用 Lagrange 中值定理, 有

$$\frac{1}{x_{k-1}} - \frac{1}{x_k} = \frac{1}{\xi_k^2}(x_k - x_{k-1}), \quad \exists \xi_k \in (x_{k-1}, x_k).$$

选取上述 ξ_k $(k=1,2,\cdots,n)$ 为介点, 则有

$$\int_a^b \frac{1}{x^2}\mathrm{d}x = \lim_{\|T\|\to 0}\sum_{k=1}^n \frac{1}{\xi_k^2}(x_k - x_{k-1}) = \lim_{n\to\infty}\sum_{k=1}^n \left(\frac{1}{x_{k-1}} - \frac{1}{x_k}\right)$$
$$= \frac{1}{x_0} - \frac{1}{x_n} = \frac{1}{a} - \frac{1}{b}.$$

上述三种方法的前提都是 $f(x)$ 在 $[a,b]$ 上可积. 因此, 分法 T 的任意性与选取介点集 ξ 的自由性不会影响到积分值. 方法一与方法二都具有较强的技巧性, 一般不太容易想到. 而对于通常的可积函数来说, 寻找原函数却并不困难, 因此方法三(原函数法)显得特别地简洁和方便. 同时, 这一方法实际上还包含了更深刻的思想, 利用它将建立起微积分中最重要的基本公式——Newton-Leibniz 公式. 这一公式沟通了定积分与不定积分之间的关系, 为计算定积分打开了局面.

4.1.2.2 函数的可积性及其应用

例 4.1.2 设有界函数 $f(x)$ 在 $[a,b]$ 上的不连续点全体为 $\{x_n\}$, 且 $\lim_{n\to\infty} x_n = a$, 证明 $f(x) \in \mathrm{R}[a,b]$.

分析 本题中 $f(x)$ 的不连续点全体构成数列, 且 $x_n \to a$ $(n\to\infty)$, 故 $\forall \varepsilon > 0$, $\exists N \in \mathbf{N}$, 使得 $\forall n > N$ 有 $x_n \in [a, a+\varepsilon)$. 我们把 $[a,b]$ 分成两部分: 在 $[a, a+\varepsilon)$ 上虽然含 $f(x)$ 的无穷多个不连续点, 但 $f(x)$ 在其上有界, 且区间长度不大于 ε; 在 $[a+\varepsilon, b]$ 上 $f(x)$ 只有有限个不连续点, 自然有 $f(x) \in \mathrm{R}[a+\varepsilon, b]$, 再用可积性第二或第三充要条件就能得出 $f(x)$ 的可积性.

证法一 用可积性第二充要条件. 记 $|f(x)| \leqslant M$, $x \in [a,b]$. 由条件 $\lim_{n\to\infty} x_n = a$, 故 $\forall \varepsilon > 0$, $\exists N \in \mathbf{N}$, 使得 $\forall n > N$ 有

$$a \leqslant x_n < a + \frac{\varepsilon}{2M}.$$

于是 $f(x)$ 在 $\left[a + \frac{\varepsilon}{2M}, b\right]$ 上有界且只含有限个不连续点, 因此 $f(x) \in \mathrm{R}\big[a+$

$\dfrac{\varepsilon}{2M}, b\Big]$. 从而得出 $\exists\, T''\subset\Big[a+\dfrac{\varepsilon}{2M}, b\Big]$，使

$$\sum_{T''} w_k \Delta x_k < \varepsilon.$$

而对 $\forall\, T'\subset\Big[a, a+\dfrac{\varepsilon}{2M}\Big]$，总有

$$\sum_{T'} w_k \Delta x_k < 2M \cdot \dfrac{\varepsilon}{2M} = \varepsilon.$$

令 $T = T'\cup T''\subset[a, b]$（此时 $x = a+\dfrac{\varepsilon}{2M}$ 为分点），就有

$$\sum_{k=1}^{n} w_k \Delta x_k = \sum_{T'} w_k \Delta x_k + \sum_{T''} w_k \Delta x_k < \varepsilon + \varepsilon = 2\varepsilon.$$

由可积性第二充要条件可知 $f(x) \in R[a, b]$.

证法二　用可积性第三充要条件. 对 $\forall\, \varepsilon, \sigma > 0$，由条件 $\lim\limits_{n\to\infty} x_n = a$，故 $\exists\, N \in$ **N**，使得 $\forall\, n \geqslant N$ 有

$$a \leqslant x_n \leqslant a + \dfrac{\sigma}{2}.$$

不妨设在 $\Big[a, a+\dfrac{\sigma}{2}\Big]$ 上 $f(x)$ 的振幅 $w \geqslant \varepsilon$，而在 $\Big[a+\dfrac{\sigma}{2}, b\Big]$ 上因 $f(x)$ 只有有限个（至多 N 个）不连续点，与这类不连续点相关的子区间至多只有 $2N$ 个，在其上有 $w_{k'} \geqslant \varepsilon$. 现对 $\Big[a+\dfrac{\sigma}{2}, b\Big]$ 作分法 $T'\,(\| T' \| < \dfrac{\sigma}{4N})$，令 $T = T'\cup\{a\}\subset[a, b]$（此时 $x = a+\dfrac{\sigma}{2}$ 为分点），则在分法 T 下，所有振幅 $w_{k'} \geqslant \varepsilon$ 的子区间长度总和

$$\sum_{k'} \Delta x_{k'} < \dfrac{\sigma}{2} + 2N\dfrac{\sigma}{4N} = \dfrac{\sigma}{2} + \dfrac{\sigma}{2} = \sigma.$$

由可积性第三充要条件可知 $f(x) \in R[a, b]$.

注　顺便指出，上述命题还有更一般化的两个结果.

(1) 若有界函数 $f(x)$ 在 $[a, b]$ 上的不连续点集只有有限个聚点，则 $f(x) \in R[a, b]$.

(2) 称实数集 A 为可数的，是指集 A 与自然数集 **N** 之间能建立起一一对应关系. 若有界函数 $f(x)$ 在 $[a, b]$ 上的不连续点集是可数的，则 $f(x) \in R[a, b]$.

例 4.1.3　设函数 $f(u) \in C[A, B], g(x) \in R[a, b]$，且 $A \leqslant g(x) \leqslant B, x \in [a, b]$，证明复合函数 $f(g(x)) \in R[a, b]$.

证法一　因 $f(u)$ 在 $[A, B]$ 上连续从而必定一致连续，故 $\forall\, \varepsilon > 0, \exists\, \eta > 0$，使得 $\forall\, u', u'' \in [A, B]\,(| u' - u'' | < \eta)$ 有

$$| f(u') - f(u'') | < \varepsilon.$$

令 $\delta = \min(\varepsilon, \eta)$，由条件 $g(x) \in R[a,b]$，故 $\exists\, T \subset [a,b]$，使得 $\sum\limits_{k=1}^{n} w_k(g)\Delta x_k < \delta^2$．

记 $m_k = \inf\limits_{x \in [x_{k-1}, x_k]} \{f(g(x))\}$，$M_k = \sup\limits_{x \in [x_{k-1}, x_k]} \{f(g(x))\}$，我们将 $\{k \mid k = 1, 2, \cdots, n\}$ 分成两类 A 与 B：

$$\begin{cases} w_k(g) < \delta, & k \in A, \\ w_k(g) \geqslant \delta, & k \in B. \end{cases}$$

于是，当 $k \in A$ 时，由 $w_k(g) < \delta \leqslant \eta$，得出 $w_k(f \circ g) \leqslant \varepsilon$；当 $k \in B$ 时，有 $w_k(f \circ g) = M_k - m_k \leqslant 2M$，其中记 $|f(u)| \leqslant M$，$u \in [A, B]$．由此得出

$$\delta \sum_{k \in B} \Delta x_k \leqslant \sum_{k \in B} w_k(g)\Delta x_k \leqslant \sum_{k=1}^{n} w_k(g)\Delta x_k < \delta^2.$$

即 $\sum\limits_{k \in B} \Delta x_k < \delta$．从而有

$$\sum_{k=1}^{n} w_k(f \circ g)\Delta x_k = \sum_{k \in A} w_k(f \circ g)\Delta x_k + \sum_{k \in B} w_k(f \circ g)\Delta x_k$$
$$< \varepsilon(b-a) + 2M\delta \leqslant \varepsilon(b-a+2M).$$

由可积性第二充要条件可知 $f(g(x)) \in R[a,b]$．

证法二 对 $\forall\, \varepsilon, \sigma > 0$，由 $f(u)$ 在 $[A, B]$ 上连续从而必定一致连续，故 $\exists\, \eta > 0$，$\forall\, T' \subset [A, B]$，当 $\| T' \| < \eta$ 时 $f(u)$ 在每一子区间上振幅 $w_k(f) < \varepsilon$．

又由条件 $g(x) \in R[a,b]$，故 $\exists\, T \subset [a,b]$，使在分法 T 下对应于振幅 $w_k(g) \geqslant \eta$ 的那些子区间长度之和 $\sum\limits_{k'} \Delta x_{k'} < \sigma$．很明显，因为只有在这部分子区间上有 $w_k(g) \geqslant \eta$，才有可能使对应的复合函数振幅 $w_k(f \circ g) \geqslant \varepsilon$．从而在分法 T 下，所有振幅 $w_k(f \circ g) \geqslant \varepsilon$ 的子区间长度之和不大于 $\sum\limits_{k'} \Delta x_{k'}(< \sigma)$．由可积性第三充要条件可知 $f(g(x)) \in R[a,b]$．

例 4.1.4 设函数 $f(x) \in R[a,b]$，证明

(1) $\mathrm{e}^{f(x)} \in R[a,b]$；

(2) 若 $f(x) \geqslant m > 0$，则 $\ln f(x) \in R[a,b]$．

分析 (1) 因 $f(x)$ 在 $[a,b]$ 上可积必定有界，可记 $|f(x)| \leqslant M'$，$x \in [a,b]$．对 $\forall\, x', x'' \in [x_{k-1}, x_k]$，由 Lagrange 中值定理有

$$|\mathrm{e}^{f(x')} - \mathrm{e}^{f(x'')}| \leqslant \mathrm{e}^{M'} |f(x') - f(x'')| \triangleq M |f(x') - f(x'')|,$$

其中记 $M = \mathrm{e}^{M'}$．由此可得出 $\mathrm{e}^{f(x)}$ 与 $f(x)$ 在子区间 $[x_{k-1}, x_k]$ 上的振幅不等式

$$w_k(\mathrm{e}^f) \leqslant M w_k(f), \quad k = 1, 2, \cdots, n.$$

再用可积性第二充要条件.

(2) 类似(1)的方法,可得出

$$| \ln f(x') - \ln f(x'') | \leqslant \frac{1}{m} | f(x') - f(x'') |.$$

从而有关于 $\ln f(x)$ 与 $f(x)$ 的振幅不等式

$$w_k(\ln f) \leqslant \frac{1}{m} w_k(f), \quad k = 1, 2, \cdots, n.$$

同样可用可积性第二充要条件.

例 4.1.5　设函数 $f(x) > 0$ 且恒正,证明 $\int_a^b f(x)\mathrm{d}x > 0$.

分析　若 $f(x)$ 在 $[a,b]$ 上有连续点 x_0,则有 $f(x_0) > 0$. 由连续函数的保号性可知 $\exists \delta > 0$,使得 $\forall x \in U(x_0, \delta)$ 有 $f(x) \geqslant \dfrac{f(x_0)}{2} > 0$. 于是有

$$\int_a^b f(x)\mathrm{d}x \geqslant \int_{x_0-\delta}^{x_0+\delta} f(x)\mathrm{d}x \geqslant \delta f(x_0) > 0.$$

因此问题归结于证明 $f(x)$ 在 $[a,b]$ 上至少有一个连续点. 从可积性第二充要条件可看出,函数的可积性可通过子区间上的振幅来描述,因此我们相应地考虑函数在连续点处的振幅特性. 若以 $w_\delta(f)$ 表示 $f(x)$ 在 $U(x_0, \delta)$ 内的振幅,不难说明 $f(x)$ 在点 x_0 连续的充要条件是 $\lim\limits_{\delta \to 0^+} w_\delta(f) = 0$. 为此,我们采用区间套的方法"套"出一个公共点 x_0,并设法证明在点 x_0 处应满足 $\lim\limits_{\delta \to 0^+} w_\delta(f) = 0$.

证明　由条件 $f(x) \in R[a,b]$,故对 $\forall \varepsilon > 0$,$\exists [\alpha, \beta] \subset [a, b]$,使 $f(x)$ 在 $[\alpha, \beta]$ 上的振幅 $w_{[\alpha, \beta]} < \varepsilon$. 倘若不然,则 $\exists \varepsilon_0 > 0$,$\forall T \subset [a, b]$ 有

$$\sum_{k=1}^n w_k \Delta x_k \geqslant \varepsilon_0 \sum_{k=1}^n \Delta x_k = \varepsilon_0(b - a) > 0.$$

这与 $f(x) \in R[a,b]$ 矛盾.

记 $[a_1, b_1] = [a, b]$,因 $f(x)$ 在 $\left[a_1 + \dfrac{b_1 - a_1}{4}, b_1 - \dfrac{b_1 - a_1}{4}\right]$ 上可积,故 $\exists [a_2, b_2] \subset \left[a_1 + \dfrac{b_1 - a_1}{4}, b_1 - \dfrac{b_1 - a_1}{4}\right] \subset [a_1, b_1]$,使得 $w_{[a_2, b_2]} < \dfrac{1}{2}$.

类似地,$\exists [a_3, b_3] \subset \left[a_2 + \dfrac{b_2 - a_2}{4}, b_2 - \dfrac{b_2 - a_2}{4}\right] \subset [a_2, b_2]$,使得 $w_{[a_3, b_3]}$ $< \dfrac{1}{3}$. …. 如此继续,得闭区间列 $\{[a_n, b_n]\}$,满足

(i) $[a_n, b_n] \supset [a_{n+1}, b_{n+1}]$, $\quad n \in \mathbf{N}$;

(ii) $b_n - a_n \leqslant \dfrac{b - a}{2^{n-1}} \to 0 \quad (n \to \infty)$;

(iii) $w_{[a_n,b_n]}<\dfrac{1}{n}$,　　$n\in\mathbf{N}$.

由区间套定理,存在惟一的点 $x_0\in[a_n,b_n](n\in\mathbf{N})$.

往证 $f(x)$ 在点 x_0 处连续. $\forall\,\varepsilon>0$,取 $n_0\in\mathbf{N}$ 并使 $n_0>\dfrac{1}{\varepsilon}$. 再取 $\delta>0$ 使 $U(x_0,\delta)\subset[a_{n_0},b_{n_0}]$,则对 $\forall\,x(|x-x_0|<\delta)$ 有

$$|f(x)-f(x_0)|\leqslant w_{[a_{n_0},b_{n_0}]}<\frac{1}{n_0}<\varepsilon.$$

也即 $f(x)$ 在点 x_0 处连续,由此命题成立.

这一命题的证明也可以改用反证法:由 $f(x)>0$ 的条件必有 $\displaystyle\int_a^b f(x)\mathrm{d}x\geqslant0$,我们只要证明 $\displaystyle\int_a^b f(x)\mathrm{d}x\neq0$ 就行了. 倘若有 $\displaystyle\int_a^b f(x)\mathrm{d}x=0$,则有

$$\lim_{\|T\|\to0}S(T)=\lim_{n\to\infty}\sum_{k=1}^n M_k\Delta x_k=0.$$

由此出发,采用类似前面所述的做法构造闭区间列 $\{[a_n,b_n]\}$,使 $f(x)$ 在其上满足 $0<f(x)<\dfrac{1}{n},x\in[a_n,b_n](n\in\mathbf{N})$. 这样“套”出的公共点 x_0 必定有 $f(x_0)=0$,这与条件“$f(x)$ 恒正”矛盾. 具体证明过程请读者自行补充完整.

由前面的证明还可以看出,因为对 $\forall\,[\alpha,\beta]\subset[a,b]$,都有 $f(x)\in R[\alpha,\beta]$,因此 $f(x)$ 在 $[\alpha,\beta]$ 上有连续点,从而不难进一步得出以下结论:在 $[a,b]$ 上的任一点的任一邻域内都有 $f(x)$ 的连续点;$f(x)$ 在 $[a,b]$ 上必定有无穷多个连续点. 更深刻的结果是实变函数论中的一个重要命题:函数 $f(x)\in R[a,b]$ 的充要条件是 $f(x)$ 在 $[a,b]$ 上几乎处处连续. 换句话说,即它的不连续点可用长度和为任意小的开区间集覆盖.

例 4.1.6　设函数 $f(x)$ 在 $[a,b]$ 上定义,且对 $\forall\,x'\in[a,b]$ 都有 $\lim\limits_{x\to x'}f(x)=0$,证明 $f(x)\in R[a,b]$,且 $\displaystyle\int_a^b f(x)\mathrm{d}x=0$.

证明　1° 用有限覆盖定理. 对 $\forall\,x'\in[a,b]$,因 $\lim\limits_{x\to x'}f(x)=0$,故 $\forall\,\varepsilon>0$,$\exists\,\delta_{x'}>0$,使得 $\forall\,x\in U(x',\delta_{x'})$ 有 $|f(x)|<\dfrac{\varepsilon}{2}$. 由此得到 $[a,b]$ 的一个开覆盖

$$G=\{U(x',\delta_{x'})\mid x'\in[a,b]\}.$$

由有限覆盖定理可知,G 中有限个开区间

$$G^*=\{U(x_k,\delta_k)\mid k=1,2,\cdots,p\},$$

即可完全覆盖 $[a,b]$. 于是,在 $[a,b]$ 上除有限个点

$$x_1, x_2, \cdots, x_p$$

外,均有 $|f(x)| < \dfrac{\varepsilon}{2}$.

对 $\forall \sigma > 0$,考虑对$[a,b]$的分法 T,使 $\| T \| < \dfrac{\sigma}{2p}$,则 $f(x)$ 在分法 T 下对应于振幅 $w'_k \geqslant \varepsilon$ 的子区间长度之和

$$\sum_{k'} \Delta x_{k'} \leqslant 2p \| T \| < \sigma.$$

由可积性第三充要条件可知 $f(x) \in R[a,b]$.

2° 对 $\forall T \subset [a,b]$,在每个子区间$[x_{k-1}, x_k]$上选取介点 ξ_k 都与上述的 x_1, $x_2, \cdots, x_p$ 不同,则不难说明有

$$\int_a^b f(x)\mathrm{d}x = \lim_{\| T \| \to 0} \sum_{k=1}^n f(\xi_k) \Delta x_k = 0.$$

或者利用例 4.1.5 的结果.因已证 $f(x) \in R[a,b]$,故对 $\forall T \subset [a,b]$,$f(x)$ 在每个子区间$[x_{k-1}, x_k]$上必有连续点 ξ_k.又有 $f(\xi_k) = \lim\limits_{x \to \xi_k} f(x) = 0 (k = 1, 2, \cdots, n)$,从而得出

$$\int_a^b f(x)\mathrm{d}x = \lim_{\| T \| \to 0} \sum_{k=1}^n f(\xi_k) \Delta x_k = 0.$$

例 4.1.7　设函数 $f(x)$ 在$[a,b]$上可导,若 $|f'(x)| \in R[a,b]$,证明 $f'(x) \in R[a,b]$.

分析　对于一般函数而言,绝对可积未必可积(见 4.1.1 节第 5 部分),但导函数具有一个很特别的性质——介值性.这说明 $|f'(x)|$ 与 $f'(x)$ 的振幅之间必定存在某种联系,它为命题的证明提供了进一步考虑的途径.

证明　因 $|f'(x)| \in R[a,b]$,由可积性第三充要条件对 $\forall \varepsilon, \sigma > 0$,$|f'(x)|$ 在$[a,b]$对应于振幅 $w'_k(|f'|) \geqslant \dfrac{\varepsilon}{2}$ 的子区间长度之和 $\sum\limits_{|f'|} \Delta x'_k < \sigma$.

往证若 $|f'(x)|$ 的振幅 $w_k(|f'|) < \dfrac{\varepsilon}{2}$,则必有 $f'(x)$ 的振幅 $w_k(f') < \varepsilon$. 由此即可得出 $f'(x)$ 在$[a,b]$上对应于振幅 $w'_k(f') \geqslant \varepsilon$ 的子区间长度之和 $\sum\limits_{f'} \Delta x'_k < \sigma$.

事实上,当 $f'(x)$ 在子区间$[x_{k-1}, x_k]$上同号时,$w_k(|f'|) = w_k(f')$;当 $f'(x)$ 在子区间$[x_{k-1}, x_k]$上异号时,由 $|f'(x)|$ 的振幅 $w_k(|f'|) < \dfrac{\varepsilon}{2}$ 必可推出 $|f'(x)| < \dfrac{\varepsilon}{2}$,$x \in [x_{k-1}, x_k]$.从而有

$$-\frac{\varepsilon}{2} < f'(x) < \frac{\varepsilon}{2} \quad \Rightarrow \quad w_k(f') < \varepsilon.$$

倘若不然,不妨设 $\exists\, x_1 \in [x_{k-1}, x_k]$,使 $f'(x_1) > \dfrac{\varepsilon}{2}$. 由 $f'(x)$ 在子区间上异号,故至少 $\exists\, x_2 \in [x_{k-1}, x_k]$,使 $f'(x_2) < 0$. 由导数介值性,必定有 x_0(x_0 介于 x_1,x_2 之间),使 $f'(x_0) = 0$. 于是

$$w_k(|f'|) \geqslant |f'(x_1) - f'(x_0)| = f'(x_1) > \frac{\varepsilon}{2}.$$

这与条件矛盾.

例 4.1.8 设函数 $f(x) \in \mathrm{R}[0,1]$,证明

$$\lim_{n\to\infty} \sum_{k=1}^{n} \ln\left[1 + f\left(\frac{k}{n}\right) \cdot \frac{1}{n}\right] = \int_0^1 f(x)\mathrm{d}x.$$

分析 因 $f(x)$ 可积,我们记 $\displaystyle\int_0^1 f(x)\mathrm{d}x = \lim_{n\to\infty} \sum_{k=1}^{n} f\left(\frac{k}{n}\right)\frac{1}{n}$,可见应证

$$\lim_{n\to\infty} \sum_{k=1}^{n} \left\{ \ln\left[1 + f\left(\frac{k}{n}\right)\frac{1}{n}\right] - f\left(\frac{k}{n}\right)\frac{1}{n} \right\} = 0.$$

为此,可用 Taylor 公式估计 $\ln(1+x) - x$ 在 $x \to 0$ 时的阶.

证明 利用 Taylor 公式有

$$\left| \ln\left[1 + f\left(\frac{k}{n}\right)\frac{1}{n}\right] - f\left(\frac{k}{n}\right)\frac{1}{n} \right|$$

$$= \left| f\left(\frac{k}{n}\right)\frac{1}{n} - \frac{1}{2}\left[f\left(\frac{k}{n}\right)\frac{1}{n}\right]^2 + o\left\{\left[f\left(\frac{k}{n}\right)\frac{1}{n}\right]^2\right\} - f\left(\frac{k}{n}\right)\frac{1}{n} \right|$$

$$= \left| -\frac{1}{2} + o(1) \right| \cdot \left| f\left(\frac{k}{n}\right) \right|^2 \cdot \frac{1}{n^2} \quad (n \to \infty).$$

因 $f(x) \in \mathrm{R}[0,1]$ 从而在 $[0,1]$ 上有界,故可记

$$\left| -\frac{1}{2} + o(1) \right| \cdot \left| f\left(\frac{k}{n}\right) \right| \leqslant \mathrm{M}, \quad k = 1, 2, \cdots, n.$$

即

$$0 \leqslant \sum_{k=1}^{n} \left| \ln\left[1 + f\left(\frac{k}{n}\right)\frac{1}{n}\right] - f\left(\frac{k}{n}\right)\frac{1}{n} \right| \leqslant \sum_{k=1}^{n} \frac{\mathrm{M}}{n^2} = \frac{\mathrm{M}}{n} \to 0 \quad (n \to \infty).$$

由此得出

$$\lim_{n\to\infty} \sum_{k=1}^{n} \ln\left[1 + f\left(\frac{k}{n}\right)\frac{1}{n}\right] = \lim_{n\to\infty} \sum_{k=1}^{n} f\left(\frac{k}{n}\right)\frac{1}{n} = \int_0^1 f(x)\mathrm{d}x.$$

例 4.1.9 设函数 $f(x) \in \mathrm{R}[a,b]$,且 $f(x) \geqslant m > 0$,证明

$$\ln\left[\frac{1}{b-a}\int_a^b f(x)\mathrm{d}x\right] \geqslant \frac{1}{b-a}\int_a^b \ln f(x)\mathrm{d}x.$$

分析　对 $[a,b]$ 作 n 等分,对 $\forall\,\xi_k\in[x_{k-1},x_k](k=1,2,\cdots,n)$ 由算术平均-几何平均不等式(AG 不等式)可得

$$\frac{1}{b-a}\sum_{k=1}^{n}f(\xi_k)\,\frac{b-a}{n}=\frac{1}{n}\sum_{k=1}^{n}f(\xi_k)\geqslant\Big[\prod_{k=1}^{n}f(\xi_k)\Big]^{\frac{1}{n}}.$$

只要取对数后再令 $n\to\infty$,按定积分定义即得证.

例 4.1.10　设函数 $f(x)\in R[A,B]$,证明 $f(x)$ 具有积分的连续性,即

$$\lim_{h\to0}\int_a^b\mid f(x+h)-f(x)\mid\mathrm{d}x=0,$$

其中 $A<a<b<B$.

证明　将 $[A,B]$ 作 n 等分 $T_n=\Big\{x_k\,\Big|\,x_k=A+\dfrac{k}{n}(B-A),k=0,1,2,\cdots,$

$n\Big\}$,因为 $f(x)\in R[A,B]$,故当 n 充分大 $(n\geqslant N)$ 时总有 $\sum\limits_{k=1}^{n}w_k\Delta x_k<\varepsilon$.

记 $\delta=\dfrac{B-A}{n}$,并使 $\delta<\min(a-A,B-b)$,再令 $|h|<\delta$,则点 $x+h$ 要么位于 x 所在的子区间(不妨设为第 k 个)上,要么位于与之相邻的子区间上. 于是,当 $0<h<\delta$ 时,有

$$\mid f(x+h)-f(x)\mid\leqslant\mid f(x+h)-f(x_k)\mid+\mid f(x_k)-f(x)\mid$$
$$\leqslant w_{k+1}+w_k;$$

当 $-\delta<h<0$ 时,有

$$\mid f(x+h)-f(x)\mid\leqslant\mid f(x+h)-f(x_{k-1})\mid+\mid f(x_{k-1})-f(x)\mid$$
$$\leqslant w_{k-1}+w_k.$$

总之有

$$\mid f(x+h)-f(x)\mid\leqslant w_{k-1}+w_k+w_{k+1}.$$

从而得出对 $\forall\,h(0<|h|<\delta)$ 有

$$\int_a^b\mid f(x+h)-f(x)\mid\mathrm{d}x\leqslant\sum_{k=1}^{n}\int_{x_{k-1}}^{x_k}\mid f(x+h)-f(x)\mid\mathrm{d}x$$

$$\leqslant\sum_{k=1}^{n}(w_{k-1}+w_k+w_{k+1})\Delta x_k<3\varepsilon.$$

也即有

$$\lim_{h\to0}\int_a^b\mid f(x+h)-f(x)\mid\mathrm{d}x=0.$$

例 4.1.11　设函数 $f(x)$ 在 $[a,b]$ 上可导,证明 $f'(x)\in R[a,b]$ 的充要条件是:存在 $g(x)\in R[a,b]$,使得

$$f(x)=f(a)+\int_a^x g(t)\mathrm{d}t.$$

证明 1° 必要性. 只要令 $g(x) = f'(x)$ 即可.

2° 充分性. 我们证明对 $\forall\ T \subset [a, b]$，在每一子区间 $[x_{k-1}, x_k]$ 上有

$$w_k(f') \leqslant w_k(g), \quad k = 1, 2, \cdots, n.$$

记 $m_k(g) = \inf\limits_{x \in [x_{k-1}, x_k]} g(x), M_k(g) = \sup\limits_{x \in [x_{k-1}, x_k]} g(x)$，则 $w_k(g) = M_k(g) - m_k(g), k = 1, 2, \cdots, n$. 对 $\forall\ x, x + \Delta x \in [x_{k-1}, x_k]$，由

$$f(x) = f(a) + \int_a^x g(t)\mathrm{d}t,$$

有

$$\frac{\Delta f}{\Delta x} = \frac{f(x + \Delta x) - f(x)}{\Delta x} = \frac{1}{\Delta x}\int_x^{x+\Delta x} g(t)\mathrm{d}t.$$

注意到 $m_k(g) \leqslant g(x) \leqslant M_k(g)$，于是在 $[x_{k-1}, x_k]$ 上就有

$$m_k(g) \leqslant \frac{\Delta f}{\Delta x} \leqslant M_k(g), \tag{4.1.2}$$

其中当 $x = x_{k-1}$ 时限定 $\Delta x > 0$；当 $x = x_k$ 时限定 $\Delta x < 0$. 由于 $f(x)$ 可导，故有

$$f'(x_{k-1}) = f'_+(x_{k-1}), \qquad f'(x_k) = f'_-(x_k), \quad k = 1, 2, \cdots, n.$$

在 (4.1.2) 中令 $\Delta x \to 0$，则在 $[x_{k-1}, x_k]$ 上就有

$$m_k(g) \leqslant f'(x) \leqslant M_k(g) \quad \Rightarrow \quad w_k(f') \leqslant M_k(g) - m_k(g) = w_k(g).$$

现因 $g(x) \in R[a, b]$，因此有 $\lim\limits_{\|T\| \to 0} \sum\limits_{k=1}^{n} w_k(g)\Delta x_k = 0$，由此即可得出

$\lim\limits_{\|T\| \to 0} \sum\limits_{k=1}^{n} w_k(f')\Delta x_k = 0$. 从而有 $f'(x) \in R[a, b]$.

4.1.2.3 可积函数的逼近

在函数逼近论中，一个基本思想就是用性质优良的函数（例如无穷次可导的多项式函数）一致地逼近性质相对较差的函数（例如连续函数，甚至是一般的可积函数），以便于对某些函数进行分析、研究和估算. 下面我们先不加证明地叙述一个定理——Weierstrass 逼近定理. 这是函数逼近论中的一个重要定理，证明过程虽然很繁复，但方法却完全是初等的. 有兴趣的读者可参见文献 [1]、[2]、[5]，或 5.4.2.5 节.

定理 4.1.2（Weierstrass 逼近定理） 设函数 $f(x) \in C[a, b]$，则 $\forall\ \varepsilon > 0$，存在多项式函数 $P(x)$，使

$$|f(x) - P(x)| < \varepsilon, \quad x \in [a, b].$$

例 4.1.12 设函数 $f(x) \in R[a, b]$，证明对 $\forall\ \varepsilon > 0$，存在 $[a, b]$ 上的阶梯函

数 $\varphi(x)$ 与 $\psi(x)$，使对 $\forall\, x\in[a,b]$，有 $\varphi(x)\leqslant f(x)\leqslant\psi(x)$，且

$$\int_a^b [\psi(x)-\varphi(x)]\mathrm{d}x < \varepsilon.$$

证明　首先给出区间上阶梯函数的定义，称 $L(x)$ 为 $[a,b]$ 上的阶梯函数，是指存在 $[a,b]$ 的某种分法

$$a = x_0 < x_1 < \cdots < x_n = b,$$

使

$$L(x) = \begin{cases} C_k, & x_{k-1}\leqslant x < x_k, \\ C_n, & x_{n-1}\leqslant x \leqslant x_n, \end{cases} \quad k=1,2,\cdots,n-1,$$

其中 $C_k(k=1,2,\cdots,n)$ 均为常数.

因 $f(x)\in R[a,b]$，故 $\forall\, \varepsilon>0$，$\exists\, T\subset[a,b]$，使得

$$\sum_{k=1}^n w_k\Delta x_k = \sum_{k=1}^n (M_k - m_k)\Delta x_k < \varepsilon.$$

现定义阶梯函数 $\varphi(x)$ 与 $\psi(x)$ 如下：

$$\varphi(x) = \begin{cases} m_k, & x_{k-1}\leqslant x < x_k, \\ m_n, & x_{n-1}\leqslant x \leqslant x_n, \end{cases} \quad k=1,2,\cdots,n-1;$$

$$\psi(x) = \begin{cases} M_k, & x_{k-1}\leqslant x < x_k, \\ M_n, & x_{n-1}\leqslant x \leqslant x_n, \end{cases} \quad k=1,2,\cdots,n-1.$$

显见有 $\varphi(x)\leqslant f(x)\leqslant\psi(x)$，$x\in[a,b]$. 且有

$$\int_a^b [\psi(x)-\varphi(x)]\mathrm{d}x = \sum_{k=1}^n \int_{x_{k-1}}^{x_k} [\psi(x)-\varphi(x)]\mathrm{d}x = \sum_{k=1}^n (M_k - m_k)\Delta x_k < \varepsilon.$$

例 4.1.13　设函数 $f(x)\in R[a,b]$，证明对 $\forall\, \varepsilon>0$. 存在 $[a,b]$ 上的多项式函数 $p(x)$ 与 $q(x)$，使对 $\forall\, x\in[a,b]$，有 $p(x)\leqslant f(x)\leqslant q(x)$，且

$$\int_a^b [q(x)-p(x)]\mathrm{d}x < \varepsilon.$$

证明　由上题结论可知，我们只要证明此命题对阶梯函数成立就行了. 为方便计不妨设阶梯函数为

$$L(x) = \begin{cases} 1, & x\in[\alpha,\beta], \\ 0, & x\in[a,b]\setminus[\alpha,\beta]. \end{cases}$$

对 $\forall\, \varepsilon>0$，取充分小正数 $\delta\left(0<\delta<\dfrac{\varepsilon}{4(b-a+1)}\right)$，作函数 $f(x)$（见图 4.1）

$$f(x) = \begin{cases} 1+\delta, & x\in[\alpha,\beta], \\ \delta, & x\in[a,\alpha-\delta] \text{ 或 } x\in[\beta+\delta,b], \\ \text{线性}, & x\in[\alpha-\delta,\alpha] \text{ 或 } x\in[\beta,\beta+\delta]. \end{cases}$$

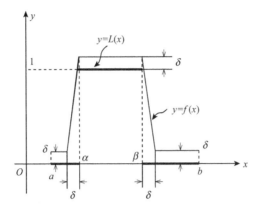

图 4.1

则 $f(x)\in C[a,b]$，且 $f(x)-L(x)\geqslant\delta$，$x\in[a,b]$. 又

$$0<\int_a^b[f(x)-L(x)]\mathrm{d}x$$

$$=\delta(\alpha-\delta-a)+\delta(b-\beta-\delta)+\delta(1+2\delta)+\delta(\beta-\alpha)$$

$$=\delta(b-a+1)<\frac{\varepsilon}{4}.$$

由 Weierstrass 逼近定理，存在多项式 $q(x)$，使对 $\forall\ x\in[a,b]$，有

$$|f(x)-q(x)|\leqslant\delta\ \Rightarrow\ L(x)\leqslant f(x)-\delta\leqslant q(x).$$

于是

$$\int_a^b[q(x)-L(x)]\mathrm{d}x\leqslant\int_a^b|q(x)-f(x)|\mathrm{d}x+\int_a^b|f(x)-L(x)|\mathrm{d}x$$

$$<\delta(b-a)+\frac{\varepsilon}{4}<\frac{\varepsilon}{2}.$$

同样可证明存在多项式 $p(x)$，使得 $p(x)\leqslant L(x)$，$x\in[a,b]$，且有

$$\int_a^b[L(x)-p(x)]\mathrm{d}x<\frac{\varepsilon}{2}.$$

从而

$$\int_a^b[q(x)-p(x)]\mathrm{d}x=\int_a^b[q(x)-L(x)]\mathrm{d}x+\int_a^b[L(x)-p(x)]\mathrm{d}x<\varepsilon.$$

  注 作为可积函数逼近的应用，我们重证前面关于积分连续性的命题：设函数 $f(x)\in R[A,B]$，则有

$$\lim_{h\to0}\int_a^b|f(x+h)-f(x)|\mathrm{d}x=0,$$

其中 $A<a<b<B$.

证明　对 $\forall \varepsilon > 0$，因 $f(x) \in R[A,B]$，故存在 $[A,B]$ 上的连续函数 $\varphi(x)$，使

$$\int_A^B |f(x) - \varphi(x)| \, dx < \frac{\varepsilon}{4}.$$

由于 $\varphi(x)$ 在 $[A,B]$ 上一致连续，故对上述 $\varepsilon > 0$，$\exists \delta > 0$，对 $\forall x', x'' \in [A,B]$ $(|x' - x''| < \delta)$ 有

$$|\varphi(x') - \varphi(x'')| < \frac{\varepsilon}{2(b-a)}.$$

于是，对 $\forall h(0 < |h| < \delta)$，就有

$$\int_a^b |f(x+h) - f(x)| \, dx$$

$$\leqslant \int_a^b |f(x+h) - \varphi(x+h)| \, dx + \int_a^b |\varphi(x+h) - \varphi(x)| \, dx$$

$$+ \int_a^b |\varphi(x) - f(x)| \, dx$$

$$\leqslant 2\int_A^B |f(x) - \varphi(x)| \, dx + \int_a^b |\varphi(x+h) - \varphi(x)| \, dx$$

$$< 2 \cdot \frac{\varepsilon}{4} + \frac{\varepsilon}{2(b-a)} \cdot (b-a) = \varepsilon.$$

也即有

$$\lim_{h \to 0} \int_a^b |f(x+h) - f(x)| \, dx = 0.$$

例 4.1.14　设函数 $f(x) \in R[a,b]$，且

$$\int_a^b f(x) x^n \, dx = 0, \quad n = 0,1,2,\cdots.$$

证明 $f(x)$ 在每一连续点处均为 0.

分析　由上例的结果可知，对 $\forall \varepsilon > 0$，存在多项式函数 $p(x)$，使 $\int_a^b |f(x) - p(x)| \, dx < \varepsilon$. 利用等式

$$f^2(x) = f(x)[f(x) - p(x)] + f(x) p(x)$$

以及题设条件 $\int_a^b f(x) p(x) dx = 0$，可证得 $\int_a^b f^2(x) dx = 0$. 此即等价于 $f(x)$ 在 $[a,b]$ 上的一切连续点 x 处有 $f(x) = 0$.

例 4.1.15　设函数 $f(x) \in R[a,b]$，证明

$$\lim_{n \to \infty} \int_a^b f(x) \sin nx \, dx = 0,$$

$$\lim_{n \to \infty} \int_a^b f(x) \cos nx \, dx = 0.$$

证明 由例 4.1.12 的结果可知,对 $\forall\,\varepsilon>0$,存在$[a,b]$上的阶梯函数

$$L(x)=\begin{cases} m_k, & x_{k-1}\leqslant x<x_k, \\ m_p, & x_{p-1}\leqslant x\leqslant x_p, \end{cases} \quad k=1,2,\cdots,p-1.$$

使得

$$\int_a^b \mid f(x)-L(x)\mid \mathrm{d}x < \frac{\varepsilon}{2}.$$

对上述 $\varepsilon>0$,$\exists\,N\in\mathbf{N}$,使得 $\forall\,n>N$ 有 $\dfrac{1}{n}\displaystyle\sum_{k=1}^p 2\mid m_k\mid<\dfrac{\varepsilon}{2}$.此时即有

$$\begin{aligned}
\left|\int_a^b f(x)\sin nx\mathrm{d}x\right| &= \left|\int_a^b [f(x)-L(x)+L(x)]\sin nx\mathrm{d}x\right| \\
&\leqslant \int_a^b \mid f(x)-L(x)\mid \mathrm{d}x + \left|\int_a^b L(x)\sin nx\mathrm{d}x\right| \\
&< \frac{\varepsilon}{2} + \left|\sum_{k=1}^p m_k\int_{x_{k-1}}^{x_k}\sin nx\mathrm{d}x\right| \\
&< \frac{\varepsilon}{2} + \frac{1}{n}\sum_{k=1}^p 2\mid m_k\mid < \frac{\varepsilon}{2}+\frac{\varepsilon}{2}=\varepsilon.
\end{aligned}$$

也即有 $\displaystyle\lim_{n\to\infty}\int_a^b f(x)\sin nx\mathrm{d}x=0$.

同理可证另一个等式.

这一命题称之为 Riemann 引理,在数学分析中有重要应用.在下一节里我们将进一步介绍它的推广结果.

4.2 定积分的性质与计算

4.2.1 概念辨析与问题讨论

1. 微积分基本定理的意义与作用.

微积分基本定理(Newton-Leibniz 公式)通常叙述为:若函数 $f(x)\in C[a,b]$,$F(x)$是 $f(x)$在$[a,b]$上的任意一个原函数,即 $F'(x)=f(x)$,$x\in[a,b]$,则有

$$\int_a^b f(x)\mathrm{d}x = F(b)-F(a).$$

这一公式的意义在于架起了联系微分与积分之间的桥梁.我们知道,导数是函数平均变化率的极限,定积分是 Riemann 和的极限.虽然两者都以极限形式出现,但它们之间的区别与差异却是明显的.定积分作为求连续量作用下的无穷累积,在某些问题中(例如求变速直线运动的质点路程)很容易看出这是导数运算的逆运算,但在更多的实际问题里,比如计算变力做功、计算连续分布的物体质心位置、转动惯量、引力等等,就很难看出它与导数运算之间的关系.微积分基本定理普遍而深刻地揭示出这两者间的联系,它把求函数 $f(x)$在$[a,b]$上的定积分(计算一类

特殊的 Riemann 和的极限)转化为求 $f(x)$ 的原函数 $F(x)$ 在 $[a,b]$ 上的增量,从而大大简化了定积分的计算,形成了统一的公式. 正是由于微积分基本定理的建立,微积分才真正开始成为一门独立的学科.

另一方面,从 Newton-Leibniz 公式的形式看,它建立了函数 $f(x)$ 在区间 $[a,b]$ 上的定积分与其原函数在区间端点处函数值的联系,这种形式的联系将在多元函数积分学中得到进一步发展,即建立起多元函数在平面域或空间域上的积分与其边界上积分之间的某种关系.

下面对 Newton-Leibniz 公式成立的条件适当减弱,给出它的几种推广形式.

1° 设函数 $f(x) \in R[a,b]$,$F(x) \in C[a,b]$ 且 $F'(x) = f(x)$,$x \in (a,b)$,则有

$$\int_a^b f(x)\mathrm{d}x = F(b) - F(a).$$

2° 设函数 $f(x) \in R[a,b]$,$F(x) \in C[a,b]$ 且在 (a,b) 内除有限个点外有 $F'(x) = f(x)$,则有

$$\int_a^b f(x)\mathrm{d}x = F(b) - F(a).$$

3° 设函数 $f(x) \in R[a,b]$,$F(x)$ 为 $[a,b]$ 上的分段连续函数,其间断点为 $x_1, x_2, \cdots, x_p$,且在 $[a,b]$ 上除了端点 a,b 以及这有限个间断点外均有 $F'(x) = f(x)$,则有

$$\int_a^b f(x)\mathrm{d}x = F(b-0) - F(a+0) + \sum_{k=1}^p [F(x_k - 0) - F(x_k + 0)].$$

2. 积分第一中值定理的一点注记.

熟知的积分第一中值定理是指:若函数 $f(x) \in C[a,b]$,$g(x) \in R[a,b]$ 且 $g(x)$ 在 $[a,b]$ 上不变号,则存在 $\xi \in [a,b]$,使

$$\int_a^b f(x)g(x)\mathrm{d}x = f(\xi)\int_a^b g(x)\mathrm{d}x.$$

事实上,在定理的假设条件下,可将结论中的"$\xi \in [a,b]$"改为"$\xi \in (a,b)$". 我们对此做一点说明.

若 $f(x)$ 在 $[a,b]$ 上恒为常数或 $\int_a^b g(x)\mathrm{d}x = 0$,结论是显然的;

若 $f(x)$ 不恒为常数且 $\int_a^b g(x)\mathrm{d}x \neq 0$,不妨设 $\int_a^b g(x)\mathrm{d}x > 0$. 记 $m = \min_{x \in [a,b]} f(x)$,$M = \max_{x \in [a,b]} f(x)$,则有 $m < M$.

由例 4.1.5 可知,$g(x)$ 的连续点在 $[a,b]$ 上稠密,故 $\exists x_0 \in (a,b)$,使 $g(x)$ 在 x_0 处连续且 $g(x_0) > 0$. 从而 $\exists \delta > 0$,使

$$g(x) > 0, \quad x \in U(x_0, \delta) \subset (a, b).$$

令 $\mu = \dfrac{\displaystyle\int_a^b f(x)g(x)\mathrm{d}x}{\displaystyle\int_a^b g(x)\mathrm{d}x}$.

当 $m < \mu < M$ 时,由 $f(x)$ 的连续性,必定 $\exists \xi \in (a, b)$,使 $f(\xi) = \mu$,即

$$\int_a^b f(x)g(x)\mathrm{d}x = f(\xi)\int_a^b g(x)\mathrm{d}x;$$

当 $\mu = M$ 时,若对 $\forall x \in (a, b)$,都有 $f(x) < M$,则有

$$\int_a^b [M - f(x)]g(x)\mathrm{d}x \geqslant \int_{x_0 - \delta}^{x_0 + \delta} [M - f(x)]g(x)\mathrm{d}x > 0.$$

这明显与等式

$$\int_a^b f(x)g(x)\mathrm{d}x = \mu\int_a^b g(x)\mathrm{d}x = \int_a^b Mg(x)\mathrm{d}x$$

矛盾,故 $\exists \xi \in (a, b)$,使 $f(\xi) = M$.

当 $\mu = m$ 时,同样可证.

3. 关于积分第二中值定理.

依据条件的不同,积分第二中值定理具有三种形式.

(1) 若函数 $f(x)$ 在 $[a, b]$ 上单调递减且非负,$g(x) \in R[a, b]$,则存在 $\xi \in [a, b]$,使

$$\int_a^b f(x)g(x)\mathrm{d}x = f(a)\int_a^\xi g(x)\mathrm{d}x.$$

(2) 若函数 $f(x)$ 在 $[a, b]$ 上单调递增且非负,$g(x) \in R[a, b]$,则存在 $\xi \in [a, b]$,使

$$\int_a^b f(x)g(x)\mathrm{d}x = f(b)\int_\xi^b g(x)\mathrm{d}x.$$

(3) 若函数 $f(x)$ 在 $[a, b]$ 上单调,$g(x) \in R[a, b]$,则存在 $\xi \in [a, b]$,使

$$\int_a^b f(x)g(x)\mathrm{d}x = f(a)\int_a^\xi g(x)\mathrm{d}x + f(b)\int_\xi^b g(x)\mathrm{d}x.$$

为了分析积分第二中值定理的证明思想,我们从一个简单的几何命题说起.

设函数 $f(x)$ 在 $[a, b]$ 上单调递减且非负,则必定存在 $\xi \in [a, b]$,使由曲线 $y = f(x)$ 与直线 $x = a, x = b, y = 0$ 所围成的图形面积,等于以 $f(a)$ 为高、$[a, \xi]$ 长度为底的矩形面积(见图 4.2).

这一事实不难说明.考察连续函数 $F(x) = f(a)(x - a)$,因为有

$$F(a) \leqslant \int_a^b f(x)\mathrm{d}x \leqslant F(b),$$

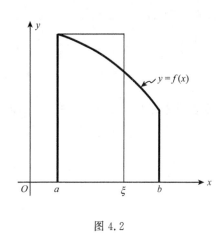

图 4.2

所以 $\exists\, \xi \in [a,b]$，使 $F(\xi) = \int_a^b f(x)\mathrm{d}x$，也即

$$\int_a^b f(x)\mathrm{d}x = f(a)(\xi - a).$$

上述命题的一个推广结果是：设函数 $f(x)$ 在 $[a,b]$ 上单调递减且非负，$g(x) \in R[a,b]$ 且非负，则存在 $\xi \in [a,b]$，使得

$$\int_a^b f(x)g(x)\mathrm{d}x = f(a)\int_a^\xi g(x)\mathrm{d}x.$$

事实上，这只要考察连续函数 $\varphi(x) = f(a)\int_a^x g(t)\mathrm{d}t$，并验证

$$\varphi(a) \leqslant \int_a^b f(x)g(x)\mathrm{d}x \leqslant \varphi(b),$$

再利用连续函数的介值性就行了.

通过更细致的分析，我们发现这里对 $g(x)$ 的所加条件还可以减弱，即取消关于 $g(x)$"非负"的限制. 这个一般性的结果也就是积分第二中值定理的形式(1).

仍然考察连续函数 $\varphi(x) = f(a)\int_a^x g(t)\mathrm{d}t$，我们只要证明

$$\min_{x \in [a,b]} \varphi(x) \leqslant \int_a^b f(x)g(x)\mathrm{d}x \leqslant \max_{x \in [a,b]} \varphi(x).$$

对 $[a,b]$ 作任意分法 T：

$$a = x_0 < x_1 < \cdots < x_n = b,$$

则有

$$\int_a^b f(x)g(x)\mathrm{d}x = \sum_{k=1}^n \int_{x_{k-1}}^{x_k} f(x)g(x)\mathrm{d}x$$

$$= \sum_{k=1}^n f(x_{k-1})\int_{x_{k-1}}^{x_k} g(x)\mathrm{d}x + \sum_{k=1}^n \int_{x_{k-1}}^{x_k} [f(x) - f(x_{k-1})]g(x)\mathrm{d}x.$$

因 $g(x) \in R[a,b]$ 必定有界，可记为 $|g(x)| \leqslant M'$，$x \in [a,b]$. 又 $f(x) \in R[a,b]$，于是

$$\left| \sum_{k=1}^n \int_{x_{k-1}}^{x_k} [f(x) - f(x_{k-1})]g(x)\mathrm{d}x \right|$$

$$\leqslant \sum_{k=1}^n \int_{x_{k-1}}^{x_k} |f(x) - f(x_{k-1})| \cdot |g(x)|\,\mathrm{d}x$$

$$\leqslant M' \sum_{k=1}^{n} w_k(f)\Delta x_k \rightarrow 0 \quad (\parallel T \parallel \rightarrow 0).$$

从而有

$$\int_a^b f(x)g(x)\mathrm{d}x = \lim_{\parallel T \parallel \rightarrow 0} \sum_{k=1}^{n} f(x_{k-1})\int_{x_{k-1}}^{x_k} g(x)\mathrm{d}x.$$

作辅助函数 $G(x) = \int_a^x g(t)\mathrm{d}t$，则 $G(x) \in C[a,b]$．记 $m = \min_{x\in[a,b]} G(x)$，

$M = \max_{x\in[a,b]} G(x)$．考虑

$$\sum_{k=1}^{n} f(x_{k-1})\int_{x_{k-1}}^{x_k} g(x)\mathrm{d}x = \sum_{k=1}^{n} f(x_{k-1})[G(x_k) - G(x_{k-1})]$$

$$= f(x_0)[G(x_1) - G(x_0)] + f(x_1)[G(x_2) - G(x_1)]$$

$$+ \cdots + f(x_{n-1})[G(x_n) - G(x_{n-1})]$$

$$= G(x_1)[f(x_0) - f(x_1)] + G(x_2)[f(x_1) - f(x_2)]$$

$$+ \cdots + G(x_{n-1})[f(x_{n-2}) - f(x_{n-1})] + G(x_n) \cdot f(x_{n-1}).$$

现 $f(x)$ 单调递减，$f(x_{k-1}) - f(x_k) \geqslant 0 (k=1,2,\cdots,n)$，$f(x_{n-1}) \geqslant 0$，故

$$mf(a) \leqslant \sum_{k=1}^{n} f(x_{k-1})\int_{x_{k-1}}^{x_k} g(x)\mathrm{d}x \leqslant Mf(a).$$

令 $\parallel T \parallel \rightarrow 0$ 就得到

$$mf(a) \leqslant \int_a^b f(x)g(x)\mathrm{d}x \leqslant Mf(a). \tag{4.2.1}$$

若 $f(a)=0$，则 $f(x)=0$，$x\in[a,b]$，此时(4.2.1)中的结论恒成立且 ξ 可取 $[a,b]$ 上任意值；

若 $f(a)>0$，(4.2.1)即为

$$\min_{x\in[a,b]} \varphi(x) \leqslant \int_a^b f(x)g(x)\mathrm{d}x \leqslant \max_{x\in[a,b]} \varphi(x).$$

由连续函数介值性可知，$\exists \xi \in [a,b]$ 使

$$\varphi(\xi) = \int_a^b f(x)g(x)\mathrm{d}x \quad \Rightarrow \quad \int_a^b f(x)g(x)\mathrm{d}x = f(a)\int_a^{\xi} g(x)\mathrm{d}x.$$

4. 几个重要的积分不等式．

设 $a_k, b_k \in \mathbf{R}(k=1,2,\cdots,n)$，则有

$$\left(\sum_{k=1}^{n} a_k b_k\right)^2 \leqslant \sum_{k=1}^{n} a_k^2 \cdot \sum_{k=1}^{n} b_k^2,$$

其中等号当且仅当 a_k 与 b_k 成比例时成立．上式为熟知的 Schwarz 不等式，将它推广到积分形式，便可得出一系列著名的积分不等式．

1°　**Schwarz 积分不等式**　若 $f(x), g(x) \in R[a, b]$，则有

$$\left[\int_a^b f(x) g(x) \mathrm{d}x\right]^2 \leqslant \int_a^b f^2(x) \mathrm{d}x \int_a^b g^2(x) \mathrm{d}x.$$

2°　**Hölder 积分不等式**　若 $f(x), g(x) \in R[a, b]$，$p > 1$ 且 $\frac{1}{p} + \frac{1}{q} = 1$，则有

$$\int_a^b |f(x) g(x)| \mathrm{d}x \leqslant \left(\int_a^b |f(x)|^p \mathrm{d}x\right)^{\frac{1}{p}} \left(\int_a^b |g(x)|^q \mathrm{d}x\right)^{\frac{1}{q}}.$$

3°　**Minkowski 积分不等式**　若 $f(x), g(x) \in R[a, b]$，$p \geqslant 1$，则有

$$\left[\int_a^b |f(x) + g(x)|^p \mathrm{d}x\right]^{\frac{1}{p}} \leqslant \left[\int_a^b |f(x)|^p \mathrm{d}x\right]^{\frac{1}{p}} + \left[\int_a^b |g(x)|^p \mathrm{d}x\right]^{\frac{1}{p}}.$$

Hölder 积分不等式与 Minkowski 积分不等式是 Schwarz 积分不等式的重要推论，其证明方法也多种多样，读者可参见例 4.2.29，例 4.2.30.

4°　**Young 积分不等式**　若 $f(x) \in C[0, +\infty)$ 且严格递增，$f(0) = 0$，$f^{-1}(x)$ 为 $f(x)$ 的反函数，则有

$$\int_0^a f(x) \mathrm{d}x + \int_0^b f^{-1}(x) \mathrm{d}x \geqslant ab \quad (a, b > 0),$$

其中等号当且仅当 $f(a) = b$ 时成立.

上述不等式的几何意义十分明显，我们只要观察图 4.3 中曲边三角形与矩形的面积关系就可以看出不等式的正确性.

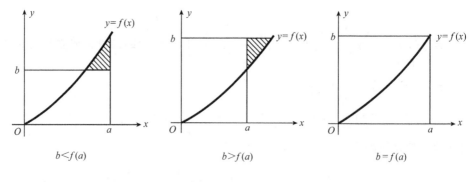

图 4.3

借助于几何图形，可以启发我们对积分的 Young 不等式作分析推证：将不等式中积分写成 Riemann 和的极限形式，并利用函数单调性与积分可加性来得出最后结论. 详细证明读者可参见文献[6].

值得指出的是，从积分的 Young 不等式出发又可以推出一些常用的基本不等

式.例如,考虑函数 $f(x)=x^{p-1}$ ($p>1$),它有反函数 $f^{-1}(x)=x^{q-1}$,其中 $q=\dfrac{p}{p-1}>1$.应用积分的 Young 不等式就有

$$\int_0^a x^{p-1}\mathrm{d}x+\int_0^b x^{\frac{1}{p-1}}\mathrm{d}x \geqslant ab \quad\Rightarrow\quad \frac{1}{p}a^p+\frac{p-1}{p}b^{\frac{p}{p-1}}\geqslant ab.$$

通常将上式记为

$$\frac{1}{p}a^p+\frac{1}{q}b^q\geqslant ab,$$

其中 $a,b\geqslant 0$,$p>1$ 且 $\dfrac{1}{p}+\dfrac{1}{q}=1$.

如果再令 $a=x^{\frac{1}{p}}$,$b=y^{\frac{1}{q}}$,则我们又得到另一个 Young 不等式(见 3.4.1 节第 4 部分)

$$x^{\frac{1}{p}}y^{\frac{1}{q}}\leqslant\frac{1}{p}x+\frac{1}{q}y.$$

以上所介绍的一系列积分不等式在近代分析数学中起着极其重要的作用,在 4.2.2 节中我们将介绍它们的一些具体应用实例.

5. 关于 Stirling 公式.

在理论研究与实际应用中,常常需要估计 $n!$ 的无穷大的阶.按照阶乘的定义,可以想见当 n 很大时 $n!$ 是一个相当复杂且不便于估计的数值量,它趋于无穷大的速度非常之快,很难直接得出它的无穷大量级.但一个比较容易得到的估计是:$n!$ 的无穷大的阶介于 $n^n\mathrm{e}^{-n}$ 与 $n^{n+1}\mathrm{e}^{-n}$ 之间.事实上,由熟知的不等式

$$\left(1+\frac{1}{k}\right)^k<\mathrm{e}<\left(1+\frac{1}{k}\right)^{k+1},$$

对 $k=1,2,\cdots,n-1$ 写出上面的不等式,再相乘便有

$$\frac{n^{n-1}}{(n-1)!}<\mathrm{e}^{n-1}<\frac{n^n}{(n-1)!},$$

由此即得

$$\mathrm{e}\,n^n\mathrm{e}^{-n}<n!<\mathrm{e}\,n^{n+1}\mathrm{e}^{-n}.$$

Stirling 公式进一步给出了 $n!$ 一个既简洁又便于估计的近似表达式.这一公式指出 $n!$ 的无穷大的阶相当于 $n^{n+\frac{1}{2}}\mathrm{e}^{-n}$,也即有

$$n!\sim\sqrt{2\pi n}\left(\frac{n}{\mathrm{e}}\right)^n=\sqrt{2\pi}\,n^{n+\frac{1}{2}}\mathrm{e}^{-n}\quad(n\to\infty),$$

或者有更为精确的表达式

$$n!=\sqrt{2\pi n}\left(\frac{n}{\mathrm{e}}\right)^n\mathrm{e}^{\frac{\theta_n}{12(n-1)}}\quad(n\in\mathbf{N},0<\theta_n<1).$$

先引进两个预备命题.

预备命题 1 设函数 $f(x)$ 在 $[a,b]$ 上二阶可导,则存在 $\xi \in (a,b)$,使

$$\int_a^b f(x)\mathrm{d}x = \frac{f(a)+f(b)}{2}(b-a) - \frac{(b-a)^3}{12}f''(\xi).$$

预备命题 2(Wallis 公式)

$$\lim_{n\to\infty}\frac{(n!)^2 2^{2n}}{(2n)!\sqrt{n}} = \sqrt{\pi} \quad 或 \quad \lim_{n\to\infty}\sqrt{2n+1}\frac{(2n-1)!!}{(2n)!!} = \sqrt{\frac{2}{\pi}}.$$

以上命题的证明可参见例 4.2.15 和例 4.2.6.

Stirling 公式 对 $n=2,3,\cdots$,存在 $\theta_n(0<\theta_n<1)$,使

$$n! = \sqrt{2\pi n}\left(\frac{n}{\mathrm{e}}\right)^n \mathrm{e}^{\frac{\theta_n}{12(n-1)}}.$$

由预备命题 1 可知 $\exists \xi \in [a,b]$,使得

$$\int_a^b f(x)\mathrm{d}x = \frac{b-a}{2}[f(a)+f(b)] - \frac{(b-a)^3}{12}f''(\xi).$$

现令 $f(x)=\ln x, x\in[k,k+1](k\in\mathbf{N})$,则 $\exists \xi_k \in [k,k+1]$,使

$$\int_k^{k+1}\ln x\mathrm{d}x = \frac{\ln k + \ln(k+1)}{2} + \frac{1}{12\xi_k^2}.$$

注意到 $\sum\limits_{k=1}^{\infty}\dfrac{1}{\xi_k^2}$ 是收敛级数,且有

$$0 < \sum_{k=n}^{\infty}\frac{1}{\xi_k^2} \leqslant \sum_{k=n}^{\infty}\frac{1}{k^2} < \frac{1}{(n-1)n} + \frac{1}{n(n+1)} + \cdots$$

$$= \left[\frac{1}{n-1} - \frac{1}{n}\right] + \cdots < \frac{1}{n-1}.$$

故可记 $\sum\limits_{k=n}^{\infty}\dfrac{1}{\xi_k^2} = \dfrac{\theta_n}{n-1}(0<\theta_n<1)$. 于是

$$\ln n! = \frac{1}{2}\ln(n!)^2 = \frac{1}{2}[\ln(1\cdot 2)(2\cdot 3)\cdots((n-1)\cdot n)\cdot n]$$

$$= \frac{1}{2}\ln n + \frac{1}{2}\sum_{k=1}^{n-1}[\ln k + \ln(k+1)]$$

$$= \frac{1}{2}\ln n + \int_1^n\ln x\mathrm{d}x - \frac{1}{12}\sum_{k=1}^{n-1}\frac{1}{\xi_k^2}$$

$$= \frac{1}{2}\ln n + n\ln n - n + 1 - \frac{1}{12}\sum_{k=1}^{\infty}\frac{1}{\xi_k^2} + \frac{1}{12}\sum_{k=1}^{\infty}\frac{1}{\xi_k^2}$$

$$\triangleq \ln\sqrt{n} + \ln n^n - \ln \mathrm{e}^n + \ln C + \frac{\theta_n}{12(n-1)},$$

其中 $\ln C = 1 - \dfrac{1}{12}\sum\limits_{n=1}^{\infty}\dfrac{1}{\xi_n^2}$. 从而对 $n = 2,3,\cdots$，有

$$n! = C\sqrt{n}\left[\dfrac{n}{e}\right]^n e^{\frac{\theta_n}{12(n-1)}}, \quad 0 < \theta_n < 1. \tag{4.2.2}$$

再由 Wallis 公式 $\lim\limits_{n\to\infty}\dfrac{(n!)^2 2^{2n}}{(2n)!\sqrt{n}} = \sqrt{\pi}$，将 (4.2.2) 中的 $n!$ 代入并令 $n \to \infty$ 可

得出 $C = \sqrt{2\pi}$. 由此即得到 Stirling 公式.

Stirling 公式的应用很广泛，特别是可用于简化某些复杂的极限计算. 例如，求

极限 $\lim\limits_{n\to\infty}\left(1+\dfrac{1}{n}\right)^{n^2}\dfrac{n!}{n^n\sqrt{n}}$. 由 Stirling 公式，我们只要计算

$$\sqrt{2\pi}\,\lim\limits_{n\to\infty}\left[\left(1+\dfrac{1}{n}\right)^n e^{-1}\right]^n$$

就行了. 取对数后可得出

$$n\left[n\ln\left(1+\dfrac{1}{n}\right)-1\right] = n\left[n\left(\dfrac{1}{n}-\dfrac{1}{2n^2}+o\left(\dfrac{1}{n^2}\right)\right)-1\right]$$

$$= n\left[-\dfrac{1}{2n}+o\left(\dfrac{1}{n}\right)\right] = -\dfrac{1}{2}+o(1) \quad (n \to \infty).$$

因此所求极限为 $\sqrt{\dfrac{2\pi}{e}}$.

4.2.2　解题分析

4.2.2.1　与积分有关的极限与连续性问题

1. 利用定积分求某些和式数列的极限.

例 4.2.1　计算下列极限

(1) $\lim\limits_{n\to\infty}\dfrac{1}{n}\sqrt[n]{n(n+1)\cdots(2n-1)}$；

(2) $\lim\limits_{n\to\infty}\dfrac{\sum\limits_{k=1}^{n}\sqrt{k}}{\sum\limits_{k=1}^{n}\sqrt{n+k}}$；

(3) $\lim\limits_{n\to\infty}\left[\dfrac{\sin\dfrac{\pi}{n}}{n+1}+\dfrac{\sin\dfrac{2\pi}{n}}{n+\dfrac{1}{2}}+\cdots+\dfrac{\sin\pi}{n+\dfrac{1}{n}}\right]$.

分析　这些极限经适当变换后都具有 $\lim\limits_{n\to\infty}\sum\limits_{k=1}^{n}f(\xi_k)\Delta x_k$ 的形式，从而可化为

某一可积函数在特定区间上的定积分.

解(1)　令 $x_n = \dfrac{1}{n}\sqrt[n]{n(n+1)\cdots(2n-1)}$，$n \in \mathbf{N}$. 取对数后有

$$\lim_{n\to\infty}\ln x_n = \lim_{n\to\infty}\sum_{k=0}^{n-1}\ln\left(1+\frac{k}{n}\right)\frac{1}{n} = \int_0^1 \ln(1+x)\,\mathrm{d}x = 2\ln 2 - 1.$$

于是

$$\lim_{n\to\infty} x_n = \mathrm{e}^{2\ln 2 - 1} = \frac{4}{\mathrm{e}}.$$

(2)　对分子、分母同乘 $\dfrac{1}{\sqrt{n}}\cdot\dfrac{1}{n}$，即有

$$\text{原式} = \lim_{n\to\infty}\frac{\displaystyle\sum_{k=1}^{n}\sqrt{\frac{k}{n}}\,\frac{1}{n}}{\displaystyle\sum_{k=1}^{n}\sqrt{1+\frac{k}{n}}\,\frac{1}{n}} = \frac{\displaystyle\int_0^1\sqrt{x}\,\mathrm{d}x}{\displaystyle\int_0^1\sqrt{1+x}\,\mathrm{d}x} = \frac{1}{2\sqrt{2}-1}.$$

(3)　因对 $\forall\, n \in \mathbf{N}$ 有

$$\frac{\sin\dfrac{\pi}{n}}{n+1} + \frac{\sin\dfrac{2\pi}{n}}{n+\dfrac{1}{2}} + \cdots + \frac{\sin\pi}{n+\dfrac{1}{n}} < \frac{1}{n}\left(\sin\frac{\pi}{n} + \sin\frac{2\pi}{n} + \cdots + \sin\pi\right),$$

$$\frac{\sin\dfrac{\pi}{n}}{n+1} + \frac{\sin\dfrac{2\pi}{n}}{n+\dfrac{1}{2}} + \cdots + \frac{\sin\pi}{n+\dfrac{1}{n}} > \frac{1}{n+1}\left(\sin\frac{\pi}{n} + \sin\frac{2\pi}{n} + \cdots + \sin\pi\right),$$

而

$$\lim_{n\to\infty}\frac{1}{n}\sum_{k=1}^{n}\sin\frac{k\pi}{n} = \int_0^1 \sin\pi x\,\mathrm{d}x = \frac{2}{\pi},$$

$$\lim_{n\to\infty}\frac{1}{n+1}\sum_{k=1}^{n}\sin\frac{k\pi}{n} = \lim_{n\to\infty}\frac{n}{n+1}\cdot\frac{1}{n}\sum_{k=1}^{n}\sin\frac{k\pi}{n} = \int_0^1 \sin\pi x\,\mathrm{d}x = \frac{2}{\pi},$$

故由迫敛性定理得出

$$\lim_{n\to\infty}\left(\frac{\sin\dfrac{\pi}{n}}{n+1} + \frac{\sin\dfrac{2\pi}{n}}{n+\dfrac{1}{2}} + \cdots + \frac{\sin\pi}{n+\dfrac{1}{n}}\right) = \frac{2}{\pi}.$$

2. 由积分定义的函数极限问题.

例 4.2.2　计算下列极限

(1) $\displaystyle\lim_{n\to\infty}\int_0^1 \frac{x^n}{\sqrt{1+x^4}}\,\mathrm{d}x$；　　　　(2) $\displaystyle\lim_{n\to\infty}\int_{n^2}^{n^2+n}\frac{1}{\sqrt{x}}\mathrm{e}^{-\frac{1}{x}}\,\mathrm{d}x$.

解 (1) **方法一** 因当 $x \in [0,1]$ 时,有 $0 \leqslant \dfrac{x^n}{\sqrt{1+x^4}} \leqslant x^n$, $n \in \mathbf{N}$. 于是

$$0 \leqslant \int_0^1 \frac{x^n}{\sqrt{1+x^4}} \mathrm{d}x \leqslant \int_0^1 x^n \mathrm{d}x = \frac{1}{n+1} \to 0 \quad (n \to \infty).$$

由此得出 $\lim\limits_{n \to \infty} \int_0^1 \dfrac{x^n}{\sqrt{1+x^4}} \mathrm{d}x = 0$.

方法二 由积分第一中值定理有

$$\int_0^1 \frac{x^n}{\sqrt{1+x^4}} \mathrm{d}x = \frac{1}{\sqrt{1+\xi_n^4}} \int_0^1 x^n \mathrm{d}x, \quad \exists\, \xi_n \in [0,1].$$

又 $\displaystyle\int_0^1 x^n \mathrm{d}x = \frac{1}{n+1} \to 0 \quad (n \to \infty)$, $\dfrac{1}{\sqrt{2}} \leqslant \dfrac{1}{\sqrt{1+\xi_n^2}} \leqslant 1$ 为有界量,故

$$\lim_{n \to \infty} \int_0^1 \frac{x^n}{\sqrt{1+x^4}} \mathrm{d}x = 0.$$

(2) 由积分第一中值定理有

$$\int_{n^2}^{n^2+n} \frac{1}{\sqrt{x}} \mathrm{e}^{-\frac{1}{x}} \mathrm{d}x = \frac{1}{\sqrt{\xi_n}} \mathrm{e}^{-\frac{1}{\xi_n}} n, \quad \exists\, \xi_n \in [n^2, n^2+n].$$

而当 $x > 2$ 时

$$\left(\frac{1}{\sqrt{x}} \mathrm{e}^{-\frac{1}{x}} \right)' = \frac{1}{x\sqrt{x}} \mathrm{e}^{-x} \left(\frac{1}{x} - \frac{1}{2} \right) < 0.$$

也即当 $x > 2$ 时函数 $\dfrac{1}{\sqrt{x}} \mathrm{e}^{-\frac{1}{x}}$ 是严格递减的. 因此有

$$\frac{n}{\sqrt{n^2+n}} \mathrm{e}^{-\frac{1}{n^2+n}} \leqslant \frac{n}{\sqrt{\xi_n}} \mathrm{e}^{-\frac{1}{\xi_n}} \leqslant \frac{n}{\sqrt{n^2}} \mathrm{e}^{-\frac{1}{n^2}}.$$

现已知 $\lim\limits_{n \to \infty} \dfrac{n}{\sqrt{n^2+n}} \mathrm{e}^{-\frac{1}{n^2+n}} = \lim\limits_{n \to \infty} \mathrm{e}^{-\frac{1}{n^2}} = 1$,由迫敛性定理就有

$$\lim_{n \to \infty} \int_{n^2}^{n^2+n} \frac{1}{\sqrt{x}} \mathrm{e}^{-\frac{1}{x}} \mathrm{d}x = 1.$$

例 4.2.3 设函数 $f(x) \in C[0,1]$,证明 $\lim\limits_{n \to \infty} (n+1) \displaystyle\int_0^1 x^n f(x) \mathrm{d}x = f(1)$.

分析 注意到 $f(1) = (n+1) \displaystyle\int_0^1 x^n f(1) \mathrm{d}x$,只要证明当 n 充分大时

$$(n+1) \int_0^1 x^n [f(x) - f(1)] \mathrm{d}x$$

能任意小. 由于 $f(x)$ 在 $x = 1$ 处连续,故 $\forall\, \varepsilon > 0$, $\exists\, \delta > 0$,使得 $\forall\, x \in [1-\delta,$

1]有 $|f(x)-f(1)|<\dfrac{\varepsilon}{2}$. 因此应对积分进行拆分,写成"$\displaystyle\int_0^{1-\delta}+\int_{1-\delta}^1$"后分别进行估值.

证明 由条件 $f(x)\in C[0,1]$从而有界,可记为 $|f(x)|\leqslant M,x\in[0,1]$. 现 $f(x)$在 $x=1$处连续,故 $\forall\,\varepsilon>0,\exists\,\delta(0<\delta<1)$,使得

$$|f(x)-f(1)|<\frac{\varepsilon}{2},\quad x\in[1-\delta,1].$$

于是

$$\left|(n+1)\int_0^1 x^n f(x)\mathrm{d}x-f(1)\right|$$

$$=\left|(n+1)\int_0^1 x^n[f(x)-f(1)]\mathrm{d}x\right|$$

$$\leqslant(n+1)\int_0^1 x^n\,|f(x)-f(1)|\,\mathrm{d}x$$

$$=(n+1)\int_0^{1-\delta} x^n\,|f(x)-f(1)|\,\mathrm{d}x+(n+1)\int_{1-\delta}^1 x^n\,|f(x)-f(1)|\,\mathrm{d}x$$

$$\leqslant 2M(1-\delta)^{n+1}+\frac{\varepsilon}{2}-(1-\delta)^{n+1}\frac{\varepsilon}{2}$$

$$<2M(1-\delta)^{n+1}+\frac{\varepsilon}{2}.$$

因有 $\lim\limits_{n\to\infty}(1-\delta)^{n+1}=0$,故对上述 $\varepsilon>0,\exists\,N\in\mathbf{N}$,使得 $\forall\,n>N$有

$$2M(1-\delta)^{n+1}<\frac{\varepsilon}{2}.$$

从而对 $\forall\,n>N$有

$$\left|(n+1)\int_0^1 x^n f(x)\mathrm{d}x-f(1)\right|<\frac{\varepsilon}{2}+\frac{\varepsilon}{2}=\varepsilon.$$

也即有 $\lim\limits_{n\to\infty}(n+1)\displaystyle\int_0^1 x^n f(x)\mathrm{d}x=f(1)$.

例 4.2.4 设函数 $f(x)\in R[-1,1]$且在 $x=0$处连续. 记

$$\varphi_n(x)=\begin{cases}(1-x)^n,&0\leqslant x\leqslant 1,\\ \mathrm{e}^{nx},&-1\leqslant x<0.\end{cases}$$

证明

$$\lim_{n\to\infty}\frac{n}{2}\int_{-1}^1 f(x)\varphi_n(x)\mathrm{d}x=f(0).$$

分析 不难计算得出 $\lim\limits_{n\to\infty}\dfrac{n}{2}\displaystyle\int_{-1}^1\varphi_n(x)\mathrm{d}x=1$. 于是就有

$$f(0) = \lim_{n \to \infty} \frac{n}{2} \int_{-1}^{1} f(0) \varphi_n(x) \mathrm{d}x.$$

因此,我们只要证明 $\lim\limits_{n \to \infty} \int_{-1}^{1} \varphi_n(x)[f(x) - f(0)]\mathrm{d}x = 0$.

与上一题的证明思想类似,利用 $f(x)$ 在 $x=0$ 处的连续性,可将积分拆分后再分别估值.

证明 因为 $f(x) \in \mathrm{R}[-1,1]$ 从而有界,可记 $|f(x)| \leqslant M$, $x \in [-1,1]$. 又 $\varphi_n(x) \in \mathrm{C}[-1,1]$,所以 $f(x)\varphi_n(x) \in \mathrm{R}[-1,1]$. 记

$$I = \frac{n}{2} \int_{-1}^{1} [f(x) - f(0)] \varphi_n(x) \mathrm{d}x.$$

由条件 $f(x)$ 在 $x=0$ 处连续,故 $\forall \varepsilon > 0$, $\exists \delta(0 < \delta < 1)$,使得 $\forall x(|x| < \delta)$ 有

$$|f(x) - f(0)| < \varepsilon.$$

注意到 $\varphi_n(x)$ 非负,于是

$$|I| \leqslant \frac{n}{2} \int_{-1}^{-\delta} |f(x) - f(0)| \varphi_n(x) \mathrm{d}x + \frac{n}{2} \int_{-\delta}^{\delta} |f(x) - f(0)| \varphi_n(x) \mathrm{d}x$$

$$+ \frac{n}{2} \int_{\delta}^{1} |f(x) - f(0)| \varphi_n(x) \mathrm{d}x$$

$$\leqslant \frac{n}{2} \int_{-1}^{-\delta} |f(x) - f(0)| \varphi_n(x) \mathrm{d}x + \frac{n}{2} \int_{\delta}^{1} |f(x) - f(0)| \varphi_n(x) \mathrm{d}x$$

$$+ \frac{n\varepsilon}{2} \int_{-\delta}^{\delta} \varphi_n(x) \mathrm{d}x$$

$$\leqslant nM \int_{-1}^{-\delta} \varphi_n(x) \mathrm{d}x + nM \int_{\delta}^{1} \varphi_n(x) \mathrm{d}x + \frac{n\varepsilon}{2} \int_{-1}^{1} \varphi_n(x) \mathrm{d}x$$

$$= nM \left[\int_{-1}^{-\delta} \mathrm{e}^{nx} \mathrm{d}x + \int_{\delta}^{1} (1 - x)^n \mathrm{d}x \right] + \frac{n\varepsilon}{2} \left[\int_{-1}^{0} \mathrm{e}^{nx} \mathrm{d}x + \int_{0}^{1} (1 - x)^n \mathrm{d}x \right]$$

$$= nM \left[\frac{1}{n}(\mathrm{e}^{-n\delta} - \mathrm{e}^{-n}) + \frac{(1 - \delta)^{n+1}}{n+1} \right] + \frac{n\varepsilon}{2} \left[\frac{1}{n}(1 - \mathrm{e}^{-n}) + \frac{1}{n+1} \right]$$

$$\leqslant M[\mathrm{e}^{-n\delta} + (1 - \delta)^{n+1}] + \varepsilon.$$

现已知 $\lim\limits_{n \to \infty} (1 - \delta)^{n+1} = 0$, $\lim\limits_{n \to \infty} \mathrm{e}^{-n\delta} = 0$,故对上述 $\varepsilon > 0$, $\exists N \in \mathbf{N}$,使得 $\forall n > N$ 有

$$(1 - \delta)^{n+1} < \varepsilon, \qquad \mathrm{e}^{-n\delta} < \varepsilon.$$

此时有

$$|I| < (2M + 1)\varepsilon,$$

即 $\lim\limits_{n \to \infty} I = 0$. 由此得出

$$\lim_{n \to \infty} \frac{n}{2} \int_{-1}^{1} f(x) \varphi_n(x) \mathrm{d}x = f(0).$$

例 4.2.5 设函数 $f(x) \in \mathrm{C}[-1,1]$,证明

$$\lim_{h \to 0} \int_{-1}^{1} \frac{h}{h^2 + x^2} f(x) \mathrm{d}x = \pi f(0).$$

分析 注意到

$$\lim_{h \to 0} \int_{-1}^{1} \frac{h}{h^2 + x^2} \mathrm{d}x = \lim_{h \to 0} \arctan \frac{x}{h} \Big|_{-1}^{1} = \frac{\pi}{2} - \left(-\frac{\pi}{2} \right) = \pi.$$

因此我们只要证明

$$\lim_{h \to 0} \int_{-1}^{1} \frac{h}{h^2 + x^2} [f(x) - f(0)] \mathrm{d}x = 0$$

就行了. 仍然是利用 $f(x)$ 在 $x = 0$ 处的连续性, 先对 $\forall \varepsilon > 0$, 确定 $\delta > 0$, 仿照上一题的方法将积分拆分成 "$\int_{-1}^{-\delta} + \int_{-\delta}^{\delta} + \int_{\delta}^{1}$", 再分别说明在 $h \to 0$ 时它们都可以任意小.

例 4.2.6 证明 Wallis 公式

$$\lim_{n \to \infty} \frac{(n!)^2 2^{2n}}{(2n)! \sqrt{n}} = \sqrt{\pi} \quad \text{或} \quad \lim_{n \to \infty} \sqrt{2n+1} \frac{(2n-1)!!}{(2n)!!} = \sqrt{\frac{2}{\pi}}.$$

证明 Wallis 公式的这两种表示法其实并没有什么本质区别, 两者间可以互换. 我们只说明前一式.

利用熟知的计算结果

$$\int_{0}^{\frac{\pi}{2}} \sin^n x \mathrm{d}x = \begin{cases} \dfrac{(2k-1)!!}{(2k)!!} \cdot \dfrac{\pi}{2}, & n = 2k, \\ \dfrac{(2k)!!}{(2k+1)!!}, & n = 2k+1, \end{cases} \quad k = 0, 1, \cdots$$

以及当 $x \in \left[0, \dfrac{\pi}{2} \right]$ 时有 $\sin^{2n+1} x \leqslant \sin^{2n} x \leqslant \sin^{2n-1} x \, (n \in \mathbf{N})$. 于是

$$\int_{0}^{\frac{\pi}{2}} \sin^{2n+1} x \mathrm{d}x \leqslant \int_{0}^{\frac{\pi}{2}} \sin^{2n} x \mathrm{d}x \leqslant \int_{0}^{\frac{\pi}{2}} \sin^{2n-1} x \mathrm{d}x,$$

代入 $\int_{0}^{\frac{\pi}{2}} \sin^n x \mathrm{d}x$ 的已知结果, 就有

$$\frac{(2n)!!}{(2n+1)!!} \leqslant \frac{(2n-1)!!}{(2n)!!} \cdot \frac{\pi}{2} \leqslant \frac{(2n-2)!!}{(2n-1)!!},$$

也即有

$$\left[\frac{(2n)!!}{(2n-1)!!} \right]^2 \frac{1}{2n+1} \leqslant \frac{\pi}{2} \leqslant \left[\frac{(2n)!!}{(2n-1)!!} \right]^2 \frac{1}{2n},$$

或

$$\frac{(2n)!!}{(2n-1)!!}\sqrt{\frac{2}{2n+1}} \leqslant \sqrt{\pi} \leqslant \frac{(2n)!!}{(2n-1)!!} \cdot \frac{1}{\sqrt{n}}.$$

而因为

$$\frac{(2n)!!}{(2n-1)!!}\left[\frac{1}{\sqrt{n}} - \sqrt{\frac{2}{2n+1}}\right] \leqslant \sqrt{\pi}\sqrt{\frac{2n+1}{2}}\left[\frac{1}{\sqrt{n}} - \sqrt{\frac{2}{2n+1}}\right]$$

$$= \sqrt{\pi}\left(\sqrt{\frac{2n+1}{2n}} - 1\right) \to 0 \quad (n \to \infty),$$

从而得出

$$\lim_{n\to\infty}\frac{(2n)!!}{(2n-1)!!} \cdot \frac{1}{\sqrt{n}} = \lim_{n\to\infty}\frac{(n!)^2 \cdot 2^{2n}}{(2n)!\sqrt{n}} = \sqrt{\pi}.$$

例 4.2.7 设函数 $f(x)$ 在 $[0,+\infty)$ 上单调递增,且在任意有限区间 $[0,T]$ 上可积,证明 $\lim_{x\to+\infty}f(x)=C$ 的充要条件是

$$\lim_{x\to+\infty}\frac{1}{x}\int_0^x f(t)\mathrm{d}t = C.$$

证明 1° 充分性. 由 $f(x)$ 在 $[0,+\infty)$ 上单调递增,故有

$$\int_0^x f(t)\mathrm{d}t \leqslant \int_0^x f(x)\mathrm{d}t = xf(x) \quad \Rightarrow \quad f(x) \geqslant \frac{1}{x}\int_0^x f(t)\mathrm{d}t.$$

另一方面,又有

$$\int_x^{2x}f(t)\mathrm{d}t \geqslant \int_x^{2x}f(x)\mathrm{d}t = xf(x),$$

即

$$f(x) \leqslant \frac{1}{x}\int_x^{2x}f(t)\mathrm{d}t = 2 \cdot \frac{1}{2x}\int_0^{2x}f(t)\mathrm{d}t - \frac{1}{x}\int_0^x f(t)\mathrm{d}t.$$

合之即得

$$\frac{1}{x}\int_0^x f(t)\mathrm{d}t \leqslant f(x) \leqslant 2 \cdot \frac{1}{2x}\int_0^{2x}f(t)\mathrm{d}t - \frac{1}{x}\int_0^x f(t)\mathrm{d}t.$$

令 $x\to+\infty$,由迫敛性定理就有 $\lim_{x\to+\infty}f(x)=C$.

2° 必要性. 我们采用两种方法证明.

方法一 按定义验证. 要证 $\forall\,\varepsilon>0$,$\exists\,A>0$,使得 $\forall\,x>A$ 有

$$\left|\frac{1}{x}\int_0^x f(t)\mathrm{d}t - C\right| = \left|\frac{1}{x}\int_0^x f(t)\mathrm{d}t - \frac{1}{x}\int_0^x C\mathrm{d}t\right| \leqslant \frac{1}{x}\int_0^x |f(t)-C|\mathrm{d}t < \varepsilon.$$

由条件 $\forall\,\varepsilon>0$,$\exists\,A_0>0$,使得 $\forall\,x>A_0$ 有 $|f(x)-C|<\dfrac{\varepsilon}{2}$. 此时有

$$\frac{1}{x}\int_0^x |f(t)-C|\mathrm{d}t = \frac{1}{x}\int_0^{A_0}|f(x)-C|\mathrm{d}x + \frac{1}{x}\int_{A_0}^x |f(t)-C|\mathrm{d}t$$

$$< \frac{1}{x} \int_0^{A_0} |f(x) - C| \, dx + \frac{\varepsilon}{2} \left(1 - \frac{A_0}{x}\right)$$

$$< \frac{1}{x} \int_0^{A_0} |f(x) - C| \, dx + \frac{\varepsilon}{2}.$$

现因 $f(x) \in R[0, A_0]$,故 $|f(x) - C| \in R[0, A_0]$,可记 $\int_0^{A_0} |f(x) - C| \, dx \triangleq$ M.则对上述 $\varepsilon > 0$,$\exists A_1 > 0$,使得 $\forall x > A_1$ 有

$$\frac{1}{x} \int_0^{A_0} |f(x) - C| \, dx < \frac{\varepsilon}{2}.$$

取 $A = \max(A_0, A_1)$,则对 $\forall x > A$,有

$$\left| \frac{1}{x} \int_0^x f(t) \, dt - C \right| \leqslant \frac{1}{x} \int_0^x |f(t) - C| \, dt < \frac{\varepsilon}{2} + \frac{\varepsilon}{2} = \varepsilon.$$

即有 $\lim\limits_{x \to +\infty} \frac{1}{x} \int_0^x f(t) \, dt = C.$

方法二　用上、下极限技巧.由条件 $\forall \varepsilon > 0$,$\exists A > 0$,使得 $\forall x \geqslant A$ 有 $C - \varepsilon < f(x) \leqslant C$.从而有

$$\frac{1}{x} \int_0^A f(x) \, dx + (C - \varepsilon) \frac{x - A}{x} < \frac{1}{x} \int_0^x f(t) \, dt \leqslant C.$$

令 $x \to +\infty$ 并取上、下极限,便有

$$C - \varepsilon \leqslant \varliminf_{x \to +\infty} \frac{1}{x} \int_0^x f(t) \, dt \leqslant \varlimsup_{x \to +\infty} \frac{1}{x} \int_0^x f(t) \, dt \leqslant C.$$

由 ε 的任意性即得出

$$\lim_{x \to +\infty} \frac{1}{x} \int_0^x f(t) \, dt = C.$$

顺便说明,我们在证明命题的必要性时并没有用到 $f(x)$ 的单调性条件.

例 4.2.8　设函数 $f(x) \in C[a, b]$,$\min\limits_{x \in [a,b]} f(x) = 1$.证明

$$\lim_{n \to \infty} \sqrt[n]{\int_a^b \frac{dx}{f^n(x)}} = 1.$$

分析　显见有"放大"的不等式

$$\sqrt[n]{\int_a^b \frac{dx}{f^n(x)}} \leqslant \sqrt[n]{\int_a^b dx} = \sqrt[n]{b - a} \to 1 \quad (n \to \infty).$$

另一方面,由于 $\frac{1}{f(x)}$ 的连续性,对 $\forall \varepsilon > 0$,在函数最小值点 x_0 的某邻域内可使 $\frac{1}{f(x)} > 1 - \varepsilon$,故应估计在点 x_0 附近的积分值,以得出另一个"缩小"的不等式.

证明　由条件有 $f(x) \geqslant 1$,从而 $\frac{1}{f(x)} \leqslant 1$,$x \in [a, b]$.因为

$$\sqrt[n]{\int_a^b \frac{\mathrm{d}x}{f^n(x)}} \leqslant \sqrt[n]{\int_a^b \mathrm{d}x} = \sqrt[n]{b-a} \to 1 \quad (n \to \infty).$$

于是有 $\lim\limits_{n\to\infty} \sqrt[n]{\int_a^b \frac{\mathrm{d}x}{f^n(x)}} \leqslant 1.$

另一方面,由 $\min\limits_{x\in[a,b]} f(x) = 1$ 可知 $\exists x_0 \in [a,b]$,使 $f(x_0) = 1$. 现 $\frac{1}{f(x)}$ 在点 x_0 处连续,故对 $\forall \varepsilon > 0, \exists \delta > 0$,使得 $\forall x(|x-x_0| < \delta)$ 有

$$\left| \frac{1}{f(x)} - \frac{1}{f(x_0)} \right| < \varepsilon \quad \Rightarrow \quad \frac{1}{f(x)} > 1 - \varepsilon.$$

于是

$$\sqrt[n]{\int_a^b \frac{\mathrm{d}x}{f^n(x)}} \geqslant \sqrt[n]{\int_{x_0-\delta}^{x_0+\delta} (1-\varepsilon)^n \mathrm{d}x} = (1-\varepsilon) \sqrt[n]{2\delta} \to 1-\varepsilon \quad (n \to \infty).$$

从而有 $\lim\limits_{n\to\infty} \sqrt[n]{\int_a^b \frac{\mathrm{d}x}{f^n(x)}} \geqslant 1-\varepsilon.$ 由 ε 的任意性即有 $\lim\limits_{n\to\infty} \sqrt[n]{\int_a^b \frac{\mathrm{d}x}{f^n(x)}} \geqslant 1.$

综上所述,最后得出 $\lim\limits_{n\to\infty} \sqrt[n]{\int_a^b \frac{\mathrm{d}x}{f^n(x)}} = 1.$

例 4.2.9(推广的 Riemann 引理)　设函数 $f(x) \in R[a,b]$,$g(x)$ 为周期函数 (周期 $T > 0$)且 $g(x) \in R[0,T]$,则有

$$\lim_{p\to+\infty} \int_a^b f(x)g(px)\mathrm{d}x = \frac{1}{T}\int_0^T g(x)\mathrm{d}x \int_a^b f(x)\mathrm{d}x.$$

证明　我们分成三步予以证明.

$1°$ 设 $f(x) \equiv 1$. 因考虑的是 $p \to +\infty$ 时的极限,故不妨设 $p > 0$. 令 $n = \left[\dfrac{p(b-a)}{T}\right] \in \mathbf{N}$,则有

$$\int_a^b g(px)\mathrm{d}x = \int_a^{a+n\cdot\frac{T}{p}} g(px)\mathrm{d}x + \int_{a+n\cdot\frac{T}{p}}^b g(px)\mathrm{d}x$$

$$= n\int_0^{\frac{T}{p}} g(px)\mathrm{d}x + \int_{a+n\frac{T}{p}}^b g(px)\mathrm{d}x$$

$$= \left[\frac{p(b-a)}{T}\right]\frac{T}{p}\frac{1}{T}\int_0^T g(x)\mathrm{d}x + \int_{a+n\cdot\frac{T}{p}}^b g(px)\mathrm{d}x.$$

注意到 $\lim\limits_{p\to+\infty} \left[\dfrac{p(b-a)}{T}\right]\dfrac{T}{p} = b-a$ 及 $g(x) \in R[0,T]$,从而 $g(x)$ 有界,可记为 $|g(x)| \leqslant M(g), x \in [0,T]$. 故又有

$$\left| \int_{a+n\cdot\frac{T}{p}}^b g(px)\mathrm{d}x \right| \leqslant M(g)\frac{T}{p} \to 0 \quad (p \to +\infty).$$

于是

$$\lim_{p \to +\infty} \int_a^b f(x) g(px) \mathrm{d}x = \lim_{p \to +\infty} \int_a^b g(px) \mathrm{d}x = \frac{1}{T} \int_0^T g(x) \mathrm{d}x \cdot (b - a)$$

$$= \frac{1}{T} \int_0^T g(x) \mathrm{d}x \int_a^b f(x) \mathrm{d}x.$$

2° 设 $f(x)$ 为阶梯函数，即存在对 $[a, b]$ 的某种分法

$$a = x_0 < x_1 < \cdots < x_m = b,$$

使

$$f(x) = \begin{cases} c_k, & x_{k-1} \leqslant x < x_k, \\ c_m, & x_{m-1} \leqslant x \leqslant x_m, \end{cases} \quad k = 1, 2, \cdots, m - 1.$$

则有

$$\lim_{p \to +\infty} \int_a^b f(x) g(px) \mathrm{d}x = \lim_{p \to +\infty} \sum_{k=1}^m \int_{x_{k-1}}^{x_k} c_k g(px) \mathrm{d}x$$

$$= \sum_{k=1}^m c_k \lim_{p \to +\infty} \int_{x_{k-1}}^{x_k} g(px) \mathrm{d}x$$

$$= \sum_{k=1}^m c_k (x_k - x_{k-1}) \frac{1}{T} \int_0^T g(x) \mathrm{d}x$$

$$= \frac{1}{T} \int_0^T g(x) \mathrm{d}x \int_a^b f(x) \mathrm{d}x.$$

3° 设 $f(x) \in R[a, b]$，则对 $\forall \varepsilon > 0, \exists T \subset [a, b]$：

$$a = x_0 < x_1 < \cdots < x_m = b,$$

使得

$$\left| \int_a^b f(x) \mathrm{d}x - s(T) \right| < \frac{\varepsilon}{3M(g) + 1}.$$

取 2° 中的 $c_k = \inf\limits_{x \in [x_{k-1}, x_k]} f(x)$，相应的阶梯函数记为 $L(x)$，则 $s(T) = \int_a^b L(x) \mathrm{d}x$，且

$$\left| \int_a^b f(x) \mathrm{d}x - s(T) \right| = \left| \int_a^b [f(x) - L(x)] \mathrm{d}x \right| = \int_a^b |f(x) - L(x)| \mathrm{d}x.$$

利用 2° 中已证的结论，对上述 $\varepsilon > 0, \exists P > 0$，使得 $\forall p > P$ 有

$$\left| \int_a^b L(x) g(px) \mathrm{d}x - \frac{1}{T} \int_0^T g(x) \mathrm{d}x \int_a^b L(x) \mathrm{d}x \right| < \frac{\varepsilon}{3}.$$

于是

$$\left| \int_a^b f(x) g(px) \mathrm{d} x - \frac{1}{T} \int_0^T g(x) \mathrm{d} x \int_a^b f(x) \mathrm{d} x \right|$$

$$\leqslant \left| \int_a^b [f(x) - L(x)] g(px) \mathrm{d} x \right|$$

$$+ \left| \int_a^b L(x) g(px) \mathrm{d} x - \frac{1}{T} \int_0^T g(x) \mathrm{d} x \int_a^b L(x) \mathrm{d} x \right|$$

$$+ \left| \frac{1}{T} \int_0^T g(x) \mathrm{d} x \int_a^b [L(x) - f(x)] \mathrm{d} x \right|$$

$$< \frac{\varepsilon}{3} + \frac{\varepsilon}{3} + \frac{\varepsilon}{3} = \varepsilon.$$

证毕.

顺便说明两点:

第一,如果令 $g(x) = \sin x$(或者 $\cos x$),便得到了通常意义上的 Riemann 引理

$$\lim_{p \to +\infty} \int_a^b f(x) \sin px \mathrm{d} x = 0 \quad 或 \quad \lim_{p \to +\infty} \int_a^b f(x) \cos px \mathrm{d} x = 0.$$

第二,定理证明所采用的方法事实上是分析数学中常用的一种标准程序——由特殊到一般;由简易到复杂.尽管 1° 中对 $f(x)$ 限定的形式看来非常简单(取成常数 1),但这一步的证明却最关键,后面 2°、3° 两步只是对定积分性质的具体应用.由此可见,把握问题的本质才是解决问题的首要任务,这往往能起到事半功倍的作用.

3. 连续性与一致连续性判定.

例 4.2.10 设函数 $f(x) = x \mathrm{e}^{-x^2} \int_0^x \mathrm{e}^{t^2} \mathrm{d} t$,证明 $f(x)$ 在 $\mathbf{R}$ 上一致连续.

分析 显然有 $f(x) \in C(\mathbf{R})$,因此应证明 $\lim_{x \to \infty} f(x)$ 存在.而 $f(x)$ 为偶函数,所以只要证明 $\lim_{x \to +\infty} f(x)$ 存在就行了.利用 L'Hospital 法则不难计算这一极限值.

例 4.2.11 设函数 $f(x) \in C(0, 1)$,$\sqrt{x} f(x)$ 在 $(0, 1)$ 内有界,记

$$g(x) = \int_{\frac{1}{2}}^x f(t) \mathrm{d} t.$$

证明 $g(x)$ 在 $(0, 1)$ 内一致连续.

证明 由条件可知 $\exists M > 0$,使对 $\forall x \in (0, 1)$ 有

$$| \sqrt{x} f(x) | \leqslant M \quad \Rightarrow \quad | f(x) | \leqslant \frac{M}{\sqrt{x}}.$$

于是,对 $\forall x', x'' \in (0, 1)$(不妨设 $x' < x''$),有

$$| g(x') - g(x'') | = \left| \int_{x''}^{x'} f(t) \mathrm{d} t \right| \leqslant \int_{x'}^{x''} | f(t) | \mathrm{d} t$$

$$\leqslant M\int_{x'}^{x''} \frac{1}{\sqrt{t}}dt = 2M\,|\,\sqrt{x'}-\sqrt{x''}\,|$$

$$\leqslant 2M\sqrt{\,|\,x'-x''\,|}.$$

$\forall \varepsilon>0$,取 $\delta=\dfrac{\varepsilon^2}{4M^2}>0$,则对 $\forall x',x''\in(0,1)(\,|\,x'-x''\,|<\delta)$ 有

$$|\,g(x')-g(x'')\,|<2M\sqrt{\delta}=2M\cdot\frac{\varepsilon}{2M}=\varepsilon.$$

从而 $g(x)$ 在 $(0,1)$ 内一致连续.

例 4.2.12 设函数 $f(x)$ 连续,$g(x)=\displaystyle\int_0^1 f(xt)dt$ 且 $\lim\limits_{x\to0}\dfrac{f(x)}{x}=A$,求 $g'(x)$ 并讨论 $g'(x)$ 在 $x=0$ 处的连续性.

解 由条件 $\lim\limits_{x\to0}\dfrac{f(x)}{x}=A$ 可知 $f(0)=\lim\limits_{x\to0}f(x)=0$,从而 $g(0)=0$. 令 $u=xt$,得

$$g(x)=\frac{1}{x}\int_0^x f(u)du \quad (x\neq0).$$

从而

$$g'(x)=\frac{xf(x)-\displaystyle\int_0^x f(u)du}{x^2} \quad (x\neq0).$$

又由导数定义有

$$g'(0)=\lim_{x\to0}\frac{g(x)-g(0)}{x}=\lim_{x\to0}\frac{\displaystyle\int_0^x f(u)du}{x^2}=\lim_{x\to0}\frac{f(x)}{2x}=\frac{A}{2}.$$

由于

$$\lim_{x\to0}g'(x)=\lim_{x\to0}\frac{xf(x)-\displaystyle\int_0^x f(u)du}{x^2}=\lim_{x\to0}\frac{f(x)}{x}-\lim_{x\to0}\frac{\displaystyle\int_0^x f(u)du}{x^2}$$

$$=A-\frac{A}{2}=\frac{A}{2}=g'(0),$$

可见 $g'(x)$ 在 $x=0$ 处连续.

4.2.2.2 微分中值定理与积分估计

例 4.2.13 设函数 $f(x)$ 在 $[a,b]$ 上二阶可导,且 $f\left(\dfrac{a+b}{2}\right)=0$,证明

$$\left|\int_a^b f(x)dx\right|\leqslant\frac{(b-a)^3}{24}\sup_{x\in[a,b]}\{|\,f''(x)\,|\}.$$

分析　作辅助函数 $F(x) = \displaystyle\int_a^x f(t)\mathrm{d}t$，则 $F(x)$ 在 $[a,b]$ 上三阶可导. 将 $F(x)$ 在 $x_0 = \dfrac{a+b}{2}$ 处展开成带 Lagrange 余项的二阶 Taylor 公式，并以 $x = a$，$x = b$ 分别代入后便可证明这一不等式. 或者，将 $f(x)$ 直接在 $x_0 = \dfrac{a+b}{2}$ 处展开成带 Lagrange 余项的一阶 Taylor 公式，再通过积分估计来证明不等式.

证法一　令 $F(x) = \displaystyle\int_a^x f(t)\mathrm{d}t, x \in [a,b]$. 则 $F(x)$ 在 $[a,b]$ 上三阶可导，且 $F(a) = 0, F'(x) = f(x), F''(x) = f'(x), F'''(x) = f''(x)$. 于是 $F(x)$ 在 $x_0 = \dfrac{a+b}{2}$ 处的二阶 Taylor 公式为

$$
\begin{aligned}
F(x) &= F\left[\frac{a+b}{2}\right] + F'\left[\frac{a+b}{2}\right]\left[x - \frac{a+b}{2}\right] + \frac{1}{2!}F''\left[\frac{a+b}{2}\right]\left[x - \frac{a+b}{2}\right]^2 \\
&\quad + \frac{1}{3!}F'''(\xi)\left[x - \frac{a+b}{2}\right]^3 \\
&= F\left[\frac{a+b}{2}\right] + f\left[\frac{a+b}{2}\right]\left[x - \frac{a+b}{2}\right] + \frac{1}{2!}f'\left[\frac{a+b}{2}\right]\left[x - \frac{a+b}{2}\right]^2 \\
&\quad + \frac{1}{3!}f''(\xi)\left[x - \frac{a+b}{2}\right]^3 \\
&= F\left[\frac{a+b}{2}\right] + \frac{1}{2!}f'\left[\frac{a+b}{2}\right]\left[x - \frac{a+b}{2}\right]^2 + \frac{1}{3!}f''(\xi)\left[x - \frac{a+b}{2}\right]^3,
\end{aligned}
$$

其中 ξ 介于 x 与 $\dfrac{a+b}{2}$ 之间. 分别以 $x=a$, $x=b$ 代入上式，就有

$$
F(a) = F\left[\frac{a+b}{2}\right] + \frac{1}{2!}f'\left[\frac{a+b}{2}\right]\left[\frac{a-b}{2}\right]^2 + \frac{1}{3!}f''(\xi_1)\left[\frac{a-b}{2}\right]^3,
$$

$$
F(b) = F\left[\frac{a+b}{2}\right] + \frac{1}{2!}f'\left[\frac{a+b}{2}\right]\left[\frac{b-a}{2}\right]^2 + \frac{1}{3!}f''(\xi_2)\left[\frac{b-a}{2}\right]^3,
$$

其中 $a < \xi_1 < \dfrac{a+b}{2} < \xi_2 < b$. 两式相减得出

$$
F(b) = \int_a^b f(x)\mathrm{d}x = \frac{1}{24}(b-a)^3\frac{f''(\xi_1) + f''(\xi_2)}{2}.
$$

从而有

$$
\left|\int_a^b f(x)\mathrm{d}x\right| \leqslant \frac{(b-a)^3}{24}\sup_{x\in[a,b]}\{|f''(x)|\}.
$$

证法二　将 $f(x)$ 在 $x_0 = \dfrac{a+b}{2}$ 处展成一阶 Taylor 公式，注意到 $f\left[\dfrac{a+b}{2}\right] = 0$，于是有

$$f(x) = f\left[\frac{a+b}{2}\right] + f'\left[\frac{a+b}{2}\right]\left(x - \frac{a+b}{2}\right) + \frac{1}{2!}f''(\xi)\left(x - \frac{a+b}{2}\right)^2$$

$$= f'\left[\frac{a+b}{2}\right]\left(x - \frac{a+b}{2}\right) + \frac{1}{2}f''(\xi)\left(x - \frac{a+b}{2}\right)^2$$

$$\leqslant f'\left[\frac{a+b}{2}\right]\left(x - \frac{a+b}{2}\right) + \frac{1}{2}\sup_{x\in[a,b]}\{|f''(x)|\}\left(x - \frac{a+b}{2}\right)^2,$$

其中 ξ 介于 x 与 $\dfrac{a+b}{2}$ 之间.

由对称性,可知不等式右端第一项在 $[a,b]$ 上的积分为 0,从而得出

$$\left|\int_a^b f(x)\mathrm{d}x\right| \leqslant \frac{1}{2}\sup_{x\in[a,b]}\{|f''(x)|\}\int_a^b\left[x - \frac{a+b}{2}\right]^2\mathrm{d}x$$

$$= \frac{(b-a)^3}{24}\sup_{x\in[a,b]}\{|f''(x)|\}.$$

例 4.2.14　设函数 $f(x)$ 在 $[a,b]$ 上二阶可导,$f'(a) = f'(b) = 0$,证明存在 $\xi\in(a,b)$,使

$$\int_a^b f(x)\mathrm{d}x = (b-a)\frac{f(a)+f(b)}{2} + \frac{(b-a)^3}{6}f''(\xi).$$

分析　很自然会想到仿照上题的后一种证法,写成

$$f(x) = f(a) + f'(a)(x-a) + \frac{1}{2!}f''(\xi_1)(x-a)^2$$

$$= f(a) + \frac{1}{2}f''(\xi_1)(x-a)^2,$$

$$f(x) = f(b) + f'(b)(x-b) + \frac{1}{2!}f''(\xi_2)(x-b)^2$$

$$= f(b) + \frac{1}{2}f''(\xi_2)(x-b)^2,$$

其中 $a < \xi_1 < x < \xi_2 < b$. 相加整理后有

$$f(x) = \frac{1}{2}[f(a)+f(b)] + \frac{1}{4}[f''(\xi_1)(x-a)^2 + f''(\xi_2)(x-b)^2].$$

再同时积分得出

$$\int_a^b f(x)\mathrm{d}x = (b-a)\frac{f(a)+f(b)}{2} + \frac{1}{4}\left[f''(\xi_1)\int_a^b(x-a)^2\mathrm{d}x\right.$$

$$\left. + f''(\xi_2)\int_a^b(x-b)^2\mathrm{d}x\right]$$

$$= (b-a)\frac{f(a)+f(b)}{2} + \frac{(b-a)^3}{6}\cdot\frac{f''(\xi_1)+f''(\xi_2)}{2}.$$

利用导数的介值性,可知 $\exists\,\xi\in[\,\xi_1\,,\xi_2\,]$,使 $f''(\xi)=\dfrac{f''(\xi_1)+f''(\xi_2)}{2}$. 代入上式就完成了证明.

但是,这一"证法"严格说来是有问题的.其一,证明过程中得出的 $f''(\xi_1)$,$f''(\xi_2)$ 事实上都与 x 有关,应该记为 $f''(\xi_{1x})$,$f''(\xi_{2x})$. 它们都不是常数,不能随意地"移出"积分号外;其二,题设条件并不能保证二阶导数必定"可积". 因此,即使我们改写成 $f''(\xi_{1x})$,$f''(\xi_{2x})$ 后,将它们置于积分号内仍然是不适当的. 事实上,若函数仅仅是"可导",哪怕是在闭区间 $[a,b]$ 上可导,其导函数也有可能在 $[a,b]$ 上无界,从而不可积.

为了避免出现这一类问题,可考虑采用上题的前一种证明思路,改为构造变上限积分 $F(x)=\displaystyle\int_a^x f(t)\mathrm{d}t$,再将 $F(x)$ 展开成 Taylor 公式.

证明 令 $F(x)=\displaystyle\int_a^x f(t)\mathrm{d}t$,则 $F(x)$ 在 $[a,b]$ 上三阶可导,且 $F(a)=0$. 将 $F(x)$ 展成带 Lagrange 余项的二阶 Taylor 公式

$$F(x)=F(t)+F'(t)(x-t)+\frac{1}{2!}F''(t)(x-t)^2+\frac{1}{3!}F'''(\xi)(x-t)^3$$

$$=F(t)+f(t)(x-t)+\frac{1}{2}f'(t)(x-t)^2+\frac{1}{6}f''(\xi)(x-t)^3,$$

$$(4.2.3)$$

其中 ξ 介于 x 与 t 之间. 分别以 $x=a,t=b$ 以及 $x=b,t=a$ 两次代入(4.2.3),便有

$$F(a)=F(b)+f(b)(a-b)+\frac{1}{2}f'(b)(a-b)^2+\frac{1}{6}f''(\xi_1)(a-b)^3,$$

$$F(b)=F(a)+f(a)(b-a)+\frac{1}{2}f'(a)(b-a)^2+\frac{1}{6}f''(\xi_2)(b-a)^3,$$

其中 $\xi_1,\xi_2\in(a,b)$. 两式相减整理后有

$$F(b)=\int_a^b f(x)\mathrm{d}x=(b-a)\,\frac{f(a)+f(b)}{2}+\frac{1}{6}(b-a)^3\,\frac{f''(\xi_1)+f''(\xi_2)}{2}$$

$$(4.2.4)$$

由导数的介值性,可知 $\exists\,\xi$(ξ 介于 ξ_1,ξ_2 之间),使

$$f''(\xi)=\frac{f''(\xi_1)+f''(\xi_2)}{2},$$

再代入(4.2.4)便得证.

例 4.2.15 设函数 $f(x)$ 在 $[a,b]$ 上具有二阶连续导数,证明存在 $\xi\in(a,$

b),使

$$\int_a^b f(x)\,\mathrm{d}x = (b-a)\,\frac{f(a)+f(b)}{2} - \frac{(b-a)^3}{12}f''(\xi).$$

分析　　如果套用前面的模式,先令 $F(x)=\int_a^x f(t)\,\mathrm{d}t$,将 $F(x)$ 展成 Taylor 公式后再沿用上题的做法,最后可得出

$$\int_a^b f(x)\,\mathrm{d}x = (b-a)\,\frac{f(a)+f(b)}{2} - \frac{(b-a)^3}{12}\{3f''(\xi_3) - [f''(\xi_1)+f''(\xi_2)]\},$$

其中 $\xi_1,\xi_2,\xi_3 \in (a,b)$. 那么,能否可以说由于 $f''(x) \in C[a,b]$,因此必定 $\exists\,\xi \in (a,b)$,使

$$f''(\xi_3) = \frac{f''(\xi)+f''(\xi_1)+f''(\xi_2)}{3} \text{ 或 } f''(\xi) = 3f''(\xi_3) - [f''(\xi_1)+f''(\xi_2)].$$

必须指出,这样的说法是不正确的. 理由是:连续函数的介值性命题不能"倒过来"用,这样的反例并不难找到.

若是改用分部积分法或者将 $F(x)$ 展成带 Cauchy 积分余项的 Taylor 公式,则可得出此例的若干种不同证法,下面我们介绍其中的三种.

证法一　　用分部积分法.

$$\int_a^b f(x)\,\mathrm{d}x = \int_a^b f(x)\,\mathrm{d}\left(x - \frac{a+b}{2}\right) = f(x)\left(x - \frac{a+b}{2}\right)\Big|_a^b$$

$$-\int_a^b \left(x - \frac{a+b}{2}\right)f'(x)\,\mathrm{d}x$$

$$= (b-a)\,\frac{f(a)+f(b)}{2} + \frac{1}{2}\int_a^b f'(x)\,\mathrm{d}[(x-a)(b-x)]$$

$$= (b-a)\,\frac{f(a)+f(b)}{2} + \frac{1}{2}f'(x)(x-a)(b-x)\Big|_a^b$$

$$-\frac{1}{2}\int_a^b (x-a)(b-x)f''(x)\,\mathrm{d}x$$

$$= (b-a)\,\frac{f(a)+f(b)}{2} - \frac{1}{2}f''(\xi)\int_a^b (x-a)(b-x)\,\mathrm{d}x$$

$$= (b-a)\,\frac{f(a)+f(b)}{2} - \frac{(b-a)^3}{12}f''(\xi),$$

其中 $\xi \in (a,b)$ 由积分第一中值定理得出(见 4.2.1 节第 2 部分).

证法二　　用带 Cauchy 积分余项的 Taylor 公式.

令 $F(x)=\int_a^x f(t)\,\mathrm{d}t$,则 $F'''(x) \in C[a,b]$. 由 Cauchy 积分余项的 Taylor 公式有

$$F(x) = F(x_0) + F'(x_0)(x - x_0) + \frac{F''(x_0)}{2!}(x - x_0)^2 + \frac{1}{2!}\int_{x_0}^{x} F'''(t)(x - t)^2 dt$$

$$= F(x_0) + f(x_0)(x - x_0) + \frac{f'(x_0)}{2}(x - x_0)^2 + \frac{1}{2}\int_{x_0}^{x} f''(t)(x - t)^2 dt,$$

$$(4.2.5)$$

分别以 $x = a, x_0 = b$ 以及 $x = b, x_0 = a$ 两次代入(4.2.5),便有

$$F(a) = F(b) + f(b)(a - b) + \frac{f'(b)}{2}(a - b)^2 + \frac{1}{2}\int_{b}^{a} f''(t)(a - t)^2 dt,$$

$$F(b) = F(a) + f(a)(b - a) + \frac{f'(a)}{2}(b - a)^2 + \frac{1}{2}\int_{a}^{b} f''(t)(b - t)^2 dt.$$

两式相减整理后有

$$F(b) = \int_{a}^{b} f(x)dx = (b - a)\frac{f(a) + f(b)}{2} + \frac{(b - a)^2}{4}[f'(a) - f'(b)]$$

$$+ \frac{1}{4}\int_{a}^{b} f''(t)[(a - t)^2 + (b - t)^2]dt. \qquad (4.2.6)$$

对(4.2.6)右端的积分计算,

$$\int_{a}^{b} f''(t)[(a - t)^2 + (b - t)^2]dt$$

$$= \int_{a}^{b} [(a - t)^2 + (b - t)^2]d[f'(t)]$$

$$= f'(t)[(a - t)^2 + (b - t)^2]\Big|_{a}^{b} - 2\int_{a}^{b} f'(t)[2t - (a + b)]dt$$

$$= (b - a)^2[f'(b) - f'(a)] + 2\int_{a}^{b} f'(t)d[(t - a)(b - t)]$$

$$= (b - a)^2[f'(b) - f'(a)] + 2f'(t)(t - a)(b - t)\Big|_{a}^{b}$$

$$- 2\int_{a}^{b} (t - a)(b - t)f''(t)dt$$

$$= (b - a)^2[f'(b) - f'(a)] - 2f''(\xi)\int_{a}^{b} (t - a)(b - t)dt$$

$$= (b - a)^2[f'(b) - f'(a)] - \frac{(b - a)^3}{3}f''(\xi), \qquad (4.2.7)$$

其中 $\xi \in (a, b)$. 再将(4.2.7)代入(4.2.6)即得证.

证法三 用 Cauchy 中值定理.

令 $F(x) = (x - a)\dfrac{f(x) + f(a)}{2} - \int_{a}^{x} f(t)dt, G(x) = (x - a)^3$. 在 $[a, b]$

上对 $F(x)$，$G(x)$ 用 Cauchy 中值定理，有

$$\frac{F(b)-F(a)}{G(b)-G(a)} = \frac{F'(\xi_1)}{G'(\xi_1)} = \frac{(\xi_1-a)f'(\xi_1)+f(a)-f(\xi_1)}{6(\xi_1-a)^2}, \quad \xi_1 \in (a,b).$$

$$(4.2.8)$$

再令 $F_1(x)=(x-a)f'(x)+f(a)-f(x)$，$G_1(x)=6(x-a)^2$，在 $[a,\xi_1]$ 上再用一次 Cauchy 中值定理，又有

$$\frac{F_1(\xi_1)-F_1(a)}{G_1(\xi_1)-G_1(a)} = \frac{F'_1(\xi)}{G'_1(\xi)} = \frac{f''(\xi)}{12}, \quad \exists\, \xi \in (a,\xi_1) \subset (a,b).$$

$$(4.2.9)$$

只要将(4.2.9)的结果代入(4.2.8)便得证.

4.2.2.3　凸函数问题

例 4.2.16　设函数 $f(x) \in \mathrm{R}[a,b]$，证明 $F(x) = \displaystyle\int_a^b |x-t||f(t)|\,\mathrm{d}t$ 是 $[a,b]$ 上的凸函数.

证明　按凸函数定义验证. 对 $\forall\, x_1, x_2 \in [a,b]$ 和 $\lambda \in [0,1]$，有

$$\begin{aligned}
F(\lambda x_1 + (1-\lambda)x_2) &= \int_a^b |\lambda x_1 + (1-\lambda)x_2 - t| \cdot |f(t)|\,\mathrm{d}t \\
&= \int_a^b |\lambda x_1 + (1-\lambda)x_2 - (\lambda t + (1-\lambda)t)| \cdot |f(t)|\,\mathrm{d}t \\
&\leqslant \lambda \int_a^b |x_1 - t| \cdot |f(t)|\,\mathrm{d}t + (1-\lambda)\int_a^b |x_2 - t| \cdot |f(t)|\,\mathrm{d}t \\
&= \lambda F(x_1) + (1-\lambda)F(x_2).
\end{aligned}$$

故 $F(x)$ 为 $[a,b]$ 上的凸函数.

例 4.2.17　设函数 $f(x)$ 在 $[a,b]$ 上单调递增，证明 $F(x) = \displaystyle\int_c^x f(t)\,\mathrm{d}t (a < c < b)$ 是 $[a,b]$ 上的凸函数.

分析　利用凸函数的等价定义（见 3.4.1 节第 2 部分）及 $f(x)$ 的递增性，对 $\forall\, x_1, x_2, x_3 \in [a,b](x_1 < x_2 < x_3)$，证明 $F(x)$ 满足不等式

$$\frac{F(x_2)-F(x_1)}{x_2-x_1} \leqslant \frac{F(x_3)-F(x_2)}{x_3-x_2}.$$

证明　由条件 $f(x)$ 在 $[a,b]$ 上递增，对 $\forall\, x_1, x_2, x_3 \in [a,b](x_1 < x_2 < x_3)$，有

$$\frac{F(x_2)-F(x_1)}{x_2-x_1} = \frac{1}{x_2-x_1}\int_{x_1}^{x_2} f(x)\,\mathrm{d}x \leqslant f(x_2)$$

$$\leqslant \frac{1}{x_3 - x_2} \int_{x_2}^{x_3} f(x) \mathrm{d}x = \frac{F(x_3) - F(x_2)}{x_3 - x_2}.$$

故 $F(x)$ 为 $[a, b]$ 上的凸函数.

例 4.2.18 设 $f(x)$ 为 $[a, b]$ 上的凸函数, 对 $\forall c, x \in (a, b)$, 证明

$$f(x) - f(c) = \int_c^x f'_-(t) \mathrm{d}t = \int_c^x f'_+(t) \mathrm{d}t. \tag{4.2.10}$$

证明 因 $f(x)$ 为 $[a, b]$ 上的凸函数, 故对 $\forall x \in (a, b)$ 单侧导数 $f'_-(x)$, $f'_+(x)$ 均存在且单调递增, 从而 (4.2.10) 中积分有意义. 对 $[c, x]$ 作任一分法 T:

$$c = x_0 < x_1 < \cdots < x_n = x,$$

则有

$$f(x) - f(c) = \sum_{k=1}^n [f(x_k) - f(x_{k-1})]. \tag{4.2.11}$$

由凸函数性质, 当 $x_{k-1} < x_k$ 时有

$$f'_-(x_{k-1}) \leqslant f'_+(x_{k-1}) \leqslant \frac{f(x_k) - f(x_{k-1})}{x_k - x_{k-1}} \leqslant f'_-(x_k) \leqslant f'_+(x_k).$$

于是我们有

$$f(x_k) - f(x_{k-1}) \geqslant f'_-(x_{k-1})(x_k - x_{k-1}),$$
$$f(x_k) - f(x_{k-1}) \leqslant f'_-(x_k)(x_k - x_{k-1}).$$

这样, 由 (4.2.11) 可知

$$\sum_{k=1}^n f'_-(x_{k-1})(x_k - x_{k-1}) \leqslant f(x) - f(c) \leqslant \sum_{k=1}^n f'_-(x_k)(x_k - x_{k-1}).$$

将分法无限加细, 即令 $\| T \| = \max_{1 \leqslant k \leqslant n} \{\Delta x_k\} \to 0$, 则由 $f'_-(x)$ 的可积性有

$$\int_c^x f'_-(x) \mathrm{d}x = f(x) - f(c).$$

同理可证明 $\int_c^x f'_+(x) \mathrm{d}x = f(x) - f(c)$.

例 4.2.19 设 $f(x)$ 是 $[a, b]$ 上连续的凸函数, 证明

$$f\left(\frac{a+b}{2}\right)(b-a) \leqslant \int_a^b f(x) \mathrm{d}x \leqslant \frac{f(a) + f(b)}{2}(b-a).$$

分析 因 $f(x)$ 是凸函数, 故对 $\forall x_1, x_2 \in [a, b]$ 和 $\forall \lambda_1, \lambda_2 \geqslant 0 (\lambda_1 + \lambda_2 = 1)$, 有

$$f(\lambda_1 x_1 + \lambda_2 x_2) \leqslant \lambda_1 f(x_1) + \lambda_2 f(x_2).$$

由此想到应对积分作变换, 令 $x = \lambda_1 a + \lambda_2 b$, 并利用上述不等式作估计, 便可得出

结果中右边的不等式.

为了证明左边的不等式,需将积分拆分成"$\int_a^{\frac{a+b}{2}} + \int_{\frac{a+b}{2}}^b$",再通过适当变换并利用凸函数等价定义可得出结果.

证明 令 $\lambda_1 = \dfrac{b-x}{b-a}$,$\lambda_2 = \dfrac{x-a}{b-a}$,则 $x = \lambda_1 a + \lambda_2 b$. 显见当 $x \in [a,b]$ 时,λ_1,$\lambda_2 \geqslant 0$ 且 $\lambda_1 + \lambda_2 = 1$. 于是由 $f(x)$ 的凸性便有

$$f(x) = f(\lambda_1 a + \lambda_2 b) \leqslant \lambda_1 f(a) + \lambda_2 f(b) = \frac{b-x}{b-a}f(a) + \frac{x-a}{b-a}f(b).$$

两边同时从 a 到 b 积分得出

$$\int_a^b f(x)\mathrm{d}x \leqslant \int_a^b \left[\frac{b-x}{b-a}f(a) + \frac{x-a}{b-a}f(b)\right]\mathrm{d}x$$

$$= f(a)\int_a^b \frac{b-x}{b-a}\mathrm{d}x + f(b)\int_a^b \frac{x-a}{b-a}\mathrm{d}x$$

$$= \frac{f(a)+f(b)}{2}(b-a).$$

故右边不等式得证. 另一方面,又有

$$\int_a^b f(x)\mathrm{d}x = \int_a^{\frac{a+b}{2}} f(x)\mathrm{d}x + \int_{\frac{a+b}{2}}^b f(x)\mathrm{d}x \quad (\diamondsuit\ t = x - \frac{a+b}{2})$$

$$= \int_{-\frac{b-a}{2}}^0 f\left[\frac{a+b}{2} + t\right]\mathrm{d}t$$

$$\quad + \int_0^{\frac{b-a}{2}} f\left[\frac{a+b}{2} + t\right]\mathrm{d}t \quad (\text{前一积分中令}\ t = -u)$$

$$= \int_0^{\frac{b-a}{2}} f\left[\frac{a+b}{2} - u\right]\mathrm{d}u + \int_0^{\frac{b-a}{2}} f\left[\frac{a+b}{2} + t\right]\mathrm{d}t$$

$$= \int_0^{\frac{b-a}{2}} \left[f\left[\frac{a+b}{2} - t\right] + f\left[\frac{a+b}{2} + t\right]\right]\mathrm{d}t$$

$$\geqslant \int_0^{\frac{b-a}{2}} 2f\left[\frac{1}{2}\left[\frac{a+b}{2} - t\right] + \frac{1}{2}\left[\frac{a+b}{2} + t\right]\right]\mathrm{d}t$$

$$= f\left[\frac{a+b}{2}\right](b-a).$$

故左边不等式也得证.

4.2.2.4 积分不等式

1. 利用变上限积分证明积分不等式.

例 4.2.20 设函数 $f(x) \in C[0,1]$,在 $(0,1)$ 内可导,且 $0 < f'(x) < 1$,$f(0) = 0$.

证明

$$\left[\int_0^1 f(x)\mathrm{d}x\right]^2 \geqslant \int_0^1 f^3(x)\mathrm{d}x.$$

证法一　令 $F(x) = \left[\int_0^x f(t)\mathrm{d}t\right]^2 - \int_0^x f^3(t)\mathrm{d}t, x\in[0,1]$. 因 $F(0)=0$,

故只要证明在 $[0,1]$ 上有 $F'(x)\geqslant 0$ 即可. 事实上有

$$F'(x) = 2\int_0^x f(t)\mathrm{d}t \cdot f(x) - f^3(x) = f(x)\left[2\int_0^x f(t)\mathrm{d}t - f^2(x)\right]$$

$$\triangleq f(x)G(x),$$

其中 $G(x) = 2\int_0^x f(t)\mathrm{d}t - f^2(x)$.

显见有 $G(0)=0$, 而

$$G'(x) = 2f(x) - 2f(x)f'(x) = 2f(x)[1 - f'(x)].$$

因为 $0<f'(x)<1$ 和 $f(0)=0$, 所以 $f(x)$ 单调递增, 且 $f(x)\geqslant 0$. 故 $G'(x)\geqslant 0$, 于是有 $G(x)\geqslant 0, x\in[0,1]$. 从而又有 $F'(x)\geqslant 0$, 由此得出 $F(x)\geqslant 0, x\in[0,1]$. 再令 $x=1$ 便得证.

证法二　令 $F(x) = \left[\int_0^x f(t)\mathrm{d}t\right]^2, G(x) = \int_0^x f^3(t)\mathrm{d}t, x\in[0,1]$. 则 $F(0) = G(0) = 0$, 且对 $\forall x\in(0,1)$ 有

$$G'(x) = f^3(x) > 0.$$

由 Cauchy 中值定理, 有

$$\frac{F(1)}{G(1)} = \frac{F(1) - F(0)}{G(1) - G(0)} = \frac{F'(\xi)}{G'(\xi)} = \frac{2\int_0^\xi f(t)\mathrm{d}t}{f^2(\xi)}$$

$$= \frac{2\int_0^\xi f(t)\mathrm{d}t - 2\int_0^0 f(t)\mathrm{d}t}{f^2(\xi) - f^2(0)} = \frac{2f(\eta)}{2f(\eta)f'(\eta)}$$

$$= \frac{1}{f'(\eta)} \geqslant 1, \quad \xi\in(0,1), \eta\in(0,\xi)\subset(0,1).$$

由此得出

$$\left[\int_0^1 f(x)\mathrm{d}x\right]^2 = F(1) \geqslant G(1) = \int_0^1 f^3(x)\mathrm{d}x,$$

例 4.2.21　设函数 $f(x)$ 在 $[a,b](0<a<b)$ 上二阶可导, $f(x)$ 不变号且满足 $f(x)f''(x)<0$. 证明

$$\int_a^b |f(x)|\,\mathrm{d}x \geqslant \frac{|f(a)| + |f(b)|}{2}(b-a).$$

分析　不妨设 $f(x)>0, f''(x)<0, x\in[a,b]$. 则问题变为证明

$$\int_a^b f(x)\mathrm{d}x - \frac{f(a)+f(b)}{2}(b-a) \geqslant 0.$$

考虑构造变上限积分 $F(x)=\int_a^x f(t)\mathrm{d}t - \dfrac{f(a)+f(x)}{2}(x-a)$，则 $F(a)=0$. 再考察

$$F'(x) = f(x) - \frac{f'(x)}{2}(x-a) + \frac{f(a)+f(x)}{2}$$

$$= \frac{f(x)-f(a)}{2} - \frac{f'(x)}{2}(x-a)$$

在 $[a,b]$ 上是否恒非负. 这只要在 $[a,x]$ 上对 $f(x)$ 用 Lagrange 中值定理，并注意到在 $f''(x)<0$ 的假设条件下 $f'(x)$ 单调递减就行了.

2. 利用微分中值定理与积分中值定理证明积分不等式.

例 4.2.22　设函数 $f(x)\in C[a,b]$ 且单调递增，证明

$$\int_a^b xf(x)\mathrm{d}x \geqslant \frac{a+b}{2}\int_a^b f(x)\mathrm{d}x.$$

证法一　用积分第一中值定理. 考虑

$$\int_a^b \left[x - \frac{a+b}{2} \right] f(x)\mathrm{d}x = \int_a^{\frac{a+b}{2}} \left[x - \frac{a+b}{2} \right] f(x)\mathrm{d}x + \int_{\frac{a+b}{2}}^b \left[x - \frac{a+b}{2} \right] f(x)\mathrm{d}x.$$

因为 $f(x)$ 连续，而 $x-\dfrac{a+b}{2}$ 在 $\left[a,\dfrac{a+b}{2}\right]$，$\left[\dfrac{a+b}{2},b\right]$ 上分别不变号，由积分中值定理可知，$\exists\,\xi\in\left[a,\dfrac{a+b}{2}\right]$，$\eta\in\left[\dfrac{a+b}{2},b\right]$，使

$$\int_a^b \left[x - \frac{a+b}{2} \right] f(x)\mathrm{d}x = f(\xi)\int_a^{\frac{a+b}{2}} \left[x - \frac{a+b}{2} \right]\mathrm{d}x + f(\eta)\int_{\frac{a+b}{2}}^b \left[x - \frac{a+b}{2} \right]\mathrm{d}x$$

$$= \frac{1}{2}\left[\frac{b-a}{2} \right]^2 [f(\eta)-f(\xi)].$$

由于 $\xi\leqslant\dfrac{a+b}{2}\leqslant\eta$ 以及 $f(x)$ 单调递增，故有 $f(\xi)\leqslant f(\eta)$. 由此得出

$$\int_a^b \left[x - \frac{a+b}{2} \right] f(x)\mathrm{d}x \geqslant 0 \quad\Rightarrow\quad \int_a^b xf(x)\mathrm{d}x \geqslant \frac{a+b}{2}\int_a^b f(x)\mathrm{d}x.$$

证法二　用积分第二中值定理. 由条件 $f(x)$ 在 $[a,b]$ 上单调，故有

$$\int_a^b \left[x - \frac{a+b}{2} \right] f(x)\mathrm{d}x = f(a)\int_a^\xi \left[x - \frac{a+b}{2} \right]\mathrm{d}x + f(b)\int_\xi^b \left[x - \frac{a+b}{2} \right]\mathrm{d}x$$

$$= \frac{1}{2}\left[\left[\frac{b-a}{2} \right]^2 - \left[\xi - \frac{a+b}{2} \right]^2 \right]\cdot[f(b)-f(a)],$$

其中 $\xi\in[a,b]$. 而

$$\left(\frac{b-a}{2}\right)^2 - \left(\xi - \frac{a+b}{2}\right)^2 \geqslant 0, \qquad f(b) - f(a) \geqslant 0.$$

于是得出

$$\int_a^b \left(x - \frac{a+b}{2}\right) f(x) \mathrm{d}x \geqslant 0 \quad \Rightarrow \quad \int_a^b x f(x) \mathrm{d}x \geqslant \frac{a+b}{2} \int_a^b f(x) \mathrm{d}x.$$

证法三 用变上限积分. 令 $F(x) = \int_a^x t f(t) \mathrm{d}t - \frac{a+x}{2} \int_a^x f(t) \mathrm{d}t, x \in [a,b]$. 则 $F(a) = 0$. 而

$$F'(x) = x f(x) - \frac{1}{2} \int_a^x f(t) \mathrm{d}t - \frac{a+x}{2} f(x)$$

$$= \frac{1}{2}(x-a)[f(x) - f(\xi)] \geqslant 0, \quad \xi \in [a,x],$$

于是 $F(x)$ 在 $[a,b]$ 上单调递增. 由此得出

$$F(b) \geqslant F(a) = 0 \quad \Rightarrow \quad \int_a^b x f(x) \mathrm{d}x \geqslant \frac{a+b}{2} \int_a^b f(x) \mathrm{d}x.$$

顺便指出, 本题条件可减弱为" $f(x) \in R[a,b]$ 且单调递增", 则结论中不等式仍成立.

事实上, 当 $f(x)$ 单调递增时, 对 $\forall x \in [a,b]$ 总有

$$\left(x - \frac{a+b}{2}\right)\left[f(x) - f\left(\frac{a+b}{2}\right)\right] \geqslant 0.$$

利用对称性不难得出 $\int_a^b \left(x - \frac{a+b}{2}\right) \mathrm{d}x = 0$. 因此就有

$$\int_a^b \left(x - \frac{a+b}{2}\right) f(x) \mathrm{d}x = \int_a^b \left(x - \frac{a+b}{2}\right)\left[f(x) - f\left(\frac{a+b}{2}\right)\right] \mathrm{d}x \geqslant 0.$$

前面我们在对 $f(x)$ 加强条件的前提下给出了此题的几种不同证法, 主要是为了让读者对积分中值定理的应用能有所了解.

例 4.2.23 设函数 $f(x)$ 在 $[0,1]$ 上二阶连续可导, $f(0) = f(1) = 0$, 且 $f(x) \neq 0, x \in (0,1)$. 证明

$$\int_0^1 \left|\frac{f''(x)}{f(x)}\right| \mathrm{d}x \geqslant 4.$$

分析 因为 $f(x)$ 在 $(0,1)$ 内不变号 (不妨设为恒正), 可利用 $f(x)$ 在 $[0,1]$ 上的最大值 $f(x_0)$ 缩小被积函数; 再利用 $f(x)$ 在 $[0,x_0]$ 与 $[x_0,1]$ 上的中值定理 (中值分别为 ξ, η) 缩小积分区间, 从而得出

$$\int_0^1 \left|\frac{f''(x)}{f(x)}\right| \mathrm{d}x \geqslant \frac{1}{f(x_0)} \int_0^1 |f''(x)| \mathrm{d}x \geqslant \frac{1}{f(x_0)} |f'(\xi) - f'(\eta)|$$

$$= \frac{1}{x_0(1-x_0)} \geqslant 4.$$

证明　因 $f(x) \neq 0$, $x \in (0,1)$, 由 $f(x)$ 连续性可知 $f(x)$ 在 $(0,1)$ 内恒号, 不妨设 $f(x) > 0$. 现由条件 $f(0) = f(1) = 0$, 而 $f(x) \in C[0,1]$, 故 $\exists\, x_0 \in (0,1)$, 使 $f(x_0) = \max\limits_{x \in [0,1]} f(x) > 0$. 于是

$$\int_0^1 \left| \frac{f''(x)}{f(x)} \right| \mathrm{d}x \geqslant \frac{1}{f(x_0)} \int_0^1 |f''(x)|\, \mathrm{d}x.$$

对 $f(x)$ 在 $[0, x_0]$ 与 $[x_0, 1]$ 上分别使用 Lagrange 中值定理, 有

$$f(\xi) = \frac{f(x_0)}{x_0}, \qquad f(\eta) = -\frac{f(x_0)}{1-x_0},$$

其中 $\xi \in (0, x_0)$, $\eta \in (x_0, 1)$. 从而得出

$$\int_0^1 |f''(x)|\, \mathrm{d}x \geqslant \int_\xi^\eta |f''(x)|\, \mathrm{d}x \geqslant \left| \int_\xi^\eta f''(x) \mathrm{d}x \right|$$

$$= |f'(\xi) - f'(\eta)| = \frac{f(x_0)}{x_0(1-x_0)}.$$

注意到对 $\forall\, x_0 \in (0,1)$ 总有 $x_0(1-x_0) \leqslant \frac{1}{4}$. 由此得出

$$\int_0^1 \left| \frac{f''(x)}{f(x)} \right| \mathrm{d}x \geqslant \frac{1}{x_0(1-x_0)} \geqslant 4.$$

例 4.2.24　是否存在 $[0,2]$ 上的连续可导函数 $f(x)$, 同时满足 $f(0) = f(2) = 1$, 且有

$$|f'(x)| \leqslant 1, \qquad \left| \int_0^2 f(x) \mathrm{d}x \right| \leqslant 1.$$

证明　用反证法. 倘若有 $f(x)$ 满足上述各项条件, 则对 $\forall\, x \in [0,1]$, 由 Lagrange 中值定理有

$$f(x) = f(0) + f'(\xi_1)x = 1 + f'(\xi_1)x \geqslant 1 - x, \quad \xi_1 \in (0, x).$$
$$\tag{4.2.12}$$

对 $\forall\, x \in [1,2]$, 又有

$$f(x) = f(2) + f'(\xi_2)(x-2) \geqslant 1 - (2-x) = x - 1, \quad \xi_2 \in (x, 2).$$
$$\tag{4.2.13}$$

由此得出

$$\int_0^2 f(x)\mathrm{d}x = \int_0^1 f(x)\mathrm{d}x + \int_1^2 f(x)\mathrm{d}x$$

$$\geqslant \int_0^1 (1-x)\mathrm{d}x + \int_1^2 (x-1)\mathrm{d}x = 1.$$

但 (4.2.12), (4.2.13) 中等号不可能同时成立, 否则便有

$$f(x) = \begin{cases} 1-x, & 0 \leqslant x \leqslant 1, \\ x-1, & 1 < x \leqslant 2. \end{cases}$$

这一函数在 $x=1$ 处不可导,与 $f(x)$ 的可导性矛盾. 因此只能是 $\int_0^2 f(x)\mathrm{d}x > 1$,

但这又与条件 $\left| \int_0^2 f(x)\mathrm{d}x \right| < 1$ 矛盾.

例 4.2.25 设函数 $f(x) \in \mathrm{D}[a,b]$,且 $|f'(x)| \leqslant M$. 证明

$$\left| \frac{1}{b-a}\int_a^b f(x)\mathrm{d}x - \frac{f(a)+f(b)}{2} \right| \leqslant \frac{M(b-a)}{4}(1-\theta^2),$$

其中 $\theta \triangleq \dfrac{f(b)-f(a)}{M(b-a)}$.

证明 先记 $\alpha = \dfrac{1}{2}[a+b+\theta(b-a)]$. 由 Lagrange 中值定理有

$$f(x) \leqslant \begin{cases} f(a)+M(x-a), & x \in [a,\alpha], \\ f(b)+M(b-x), & x \in [\alpha,b]. \end{cases}$$

于是

$$\frac{1}{b-a}\int_a^b f(x)\mathrm{d}x \leqslant \frac{1}{b-a}\int_a^\alpha [f(a)+M(x-a)]\mathrm{d}x$$

$$+ \frac{1}{b-a}\int_\alpha^b [f(b)+M(b-x)]\mathrm{d}x$$

$$= \frac{\alpha-a}{b-a}f(a) + \frac{b-\alpha}{b-a}f(b) + \frac{M}{2(b-a)}[(\alpha-a)^2+(b-\alpha)^2]$$

$$= \frac{1}{2}(1+\theta)f(a) + \frac{1}{2}(1-\theta)f(b) + \frac{M(b-a)}{8}[(1+\theta)^2+(1-\theta)^2]$$

$$= \frac{1}{2}[f(a)+f(b)] + \frac{M(b-a)}{4}(1-\theta^2). \tag{4.2.14}$$

再记 $\beta = \dfrac{1}{2}[a+b-\theta(b-a)]$,同样有

$$f(x) \geqslant \begin{cases} f(a)-M(x-a), & x \in [a,\beta], \\ f(b)-M(b-x), & x \in [\beta,b]. \end{cases}$$

于是又有

$$\frac{1}{b-a}\int_a^b f(x)\mathrm{d}x \geqslant \frac{1}{b-a}\int_a^\beta [f(a)-M(x-a)]\mathrm{d}x$$

$$+ \frac{1}{b-a}\int_\beta^b [f(b)-M(b-x)]\mathrm{d}x$$

$$= \frac{\beta-a}{b-a}f(a) + \frac{b-\beta}{b-a}f(b) - \frac{M}{2(b-a)}[(\beta-a)^2+(b-\beta)^2]$$

$$= \frac{1}{2}(1-\theta)f(a) + \frac{1}{2}(1+\theta)f(b) - \frac{M(b-a)}{8}\left[(1-\theta)^2 + (1+\theta)^2\right]$$

$$= \frac{1}{2}\left[f(a) + f(b)\right] - \frac{M(b-a)}{4}(1-\theta^2). \tag{4.2.15}$$

联立(4.2.14),(4.2.15)即得证.

3. 利用重要不等式证明积分不等式.

例 4.2.26　设函数 $f(x) \in C[a,b]$,且 $0 < m \leqslant f(x) < M$. 证明

$$(b-a)^2 \leqslant \int_a^b f(x)\mathrm{d}x \int_a^b \frac{1}{f(x)}\mathrm{d}x \leqslant \frac{(m+M)^2}{4mM}(b-a)^2.$$

分析　将 $f(x), \frac{1}{f(x)}$ 写成 $(\sqrt{f(x)})^2, \left(\frac{1}{\sqrt{f(x)}}\right)^2$,利用 Schwarz 积分不等式即可证明左边的不等式;由 $\dfrac{[f(x)-m] \cdot [f(x)-M]}{f(x)} \leqslant 0$, $x \in [a,b]$,展开后积分,利用 AG(算术平均-几何平均)不等式可证明右端的不等式.

证明　由 Schwarz 积分不等式得出

$$\int_a^b f(x)\mathrm{d}x \int_a^b \frac{1}{f(x)}\mathrm{d}x = \int_a^b (\sqrt{f(x)})^2\mathrm{d}x \int_a^b \left[\frac{1}{\sqrt{f(x)}}\right]^2\mathrm{d}x$$

$$\geqslant \left[\int_a^b \sqrt{f(x)} \cdot \frac{1}{\sqrt{f(x)}}\mathrm{d}x\right]^2 = \left(\int_a^b \mathrm{d}x\right)^2$$

$$= (b-a)^2.$$

又因为 $0 < m \leqslant f(x) \leqslant M$,于是对 $\forall x \in [a,b]$ 有

$$\frac{[f(x)-m] \cdot [f(x)-M]}{f(x)} \leqslant 0 \quad \Rightarrow \quad f(x) + \frac{mM}{f(x)} \leqslant m + M.$$

两边同时积分

$$\int_a^b f(x)\mathrm{d}x + mM \int_a^b \frac{1}{f(x)}\mathrm{d}x \leqslant (m+M)(b-a). \tag{4.2.16}$$

由 AG 不等式,有

$$\int_a^b f(x)\mathrm{d}x + mM \int_a^b \frac{1}{f(x)}\mathrm{d}x \geqslant 2\sqrt{mM \int_a^b f(x)\mathrm{d}x \int_a^b \frac{1}{f(x)}\mathrm{d}x}. \tag{4.2.17}$$

联立(4.2.16),(4.2.17)两式,平方后整理即得证.

例 4.2.27　设函数 $f(x)$ 在 $[a,b]$ 上连续可导,$f(a)=0$. 证明

$$\int_a^b f^2(x)\mathrm{d}x \leqslant \frac{1}{2}(b-a)^2 \int_a^b [f'(x)]^2\mathrm{d}x. \tag{4.2.18}$$

证明　由 $f'(x)$ 的连续性及 $f(a)=0$,有

$$f(x) = \int_a^x f'(t)\mathrm{d}t, \quad x \in [a,b].$$

利用 Schwarz 积分不等式,就有

$$f^2(x) = \left[\int_a^x f'(t)\mathrm{d}t\right]^2 \leqslant \int_a^x [f'(t)]^2 \mathrm{d}t \int_a^x \mathrm{d}t \leqslant (x-a)\int_a^b [f'(x)]^2 \mathrm{d}x.$$

两端从 a 到 b 积分即得

$$\int_a^b f^2(x)\mathrm{d}x \leqslant \frac{(b-a)^2}{2}\int_a^b [f'(x)]^2 \mathrm{d}x.$$

我们再补充说明两点.

第一,本题的结论可作进一步改进,得出

$$\int_a^b f^2(x)\mathrm{d}x \leqslant \frac{(b-a)^2}{2}\int_a^b [f'(x)]^2 \mathrm{d}x - \frac{1}{2}\int_a^b [f'(x)(x-a)]^2 \mathrm{d}x.$$

为了证明这一不等式,可构造变上限积分. 令

$$F(x) = \frac{(x-a)^2}{2}\int_a^x [f'(t)]^2 \mathrm{d}t - \frac{1}{2}\int_a^b [f'(t)(t-a)]^2 \mathrm{d}t - \int_a^x f^2(t)\mathrm{d}t,$$

则 $F(a) = 0$. 对 $\forall\, x \in [a,b]$,有

$$F'(x) = (x-a)\int_a^x [f'(t)]^2 \mathrm{d}t - f^2(x).$$

于是 $F'(a) = 0$. 又

$$\begin{aligned}
F''(x) &= \int_a^x [f'(t)]^2 \mathrm{d}t + (x-a)[f'(x)]^2 - 2f(x)f'(x) \\
&= \int_a^x [f'(t)]^2 \mathrm{d}t + \int_a^x [f'(x)]^2 \mathrm{d}t - 2\int_a^x f'(t)f'(x)\mathrm{d}t \\
&= \int_a^x [f'(t) - f'(x)]^2 \mathrm{d}t \geqslant 0.
\end{aligned}$$

可见 $F'(x)$ 单调递增,故 $F'(x) \geqslant F'(a) = 0$. 从而 $F(x)$ 也单调递增,由此得出 $F(b) \geqslant F(a) = 0$.

第二,若将本题条件中的"$f(a)=0$"改为"$f(a)=f(b)=0$"而其余不变,则可得出

$$\int_a^b f^2(x)\mathrm{d}x \leqslant \frac{(b-a)^2}{8}\int_a^b [f'(x)]^2 \mathrm{d}x.$$

我们用 $\frac{a+b}{2}$ 代换 b,由 (4.2.18) 有

$$\int_a^{\frac{a+b}{2}} f^2(x)\mathrm{d}x \leqslant \frac{(b-a)^2}{8}\int_a^{\frac{a+b}{2}} [f'(x)]^2 \mathrm{d}x. \tag{4.2.19}$$

另一方面,对 $\forall\, x \in \left[\dfrac{a+b}{2}, b\right]$ 又有

$$f^2(x) = \left[\int_x^b f'(t)\mathrm{d}t\right]^2 \leqslant \int_x^b [f'(t)]^2 \mathrm{d}t \int_x^b \mathrm{d}t = (b-x)\int_x^b [f'(t)]^2 \mathrm{d}t,$$

两端从 $\dfrac{a+b}{2}$ 到 b 积分, 得

$$\int_{\frac{a+b}{2}}^b f^2(x)\mathrm{d}x \leqslant \int_{\frac{a+b}{2}}^b (b-x)\left(\int_x^b [f'(t)]^2 \mathrm{d}t\right)\mathrm{d}x \leqslant \int_{\frac{a+b}{2}}^b (b-x)\left(\int_{\frac{a+b}{2}}^b [f'(t)]^2 \mathrm{d}t\right)\mathrm{d}x$$

$$= \int_{\frac{a+b}{2}}^b [f'(x)]^2 \mathrm{d}x \int_{\frac{a+b}{2}}^b (b-x)\mathrm{d}x = \frac{(b-a)^2}{8}\int_{\frac{a+b}{2}}^b [f'(x)]^2 \mathrm{d}x,$$

$$(4.2.20)$$

将 (4.2.19), (4.2.20) 相加就有

$$\int_a^b f^2(x)\mathrm{d}x \leqslant \frac{(b-a)^2}{8}\int_a^b [f'(x)]^2 \mathrm{d}x.$$

例 4.2.28　设函数 $f(x)$ 在 $[a,b]$ 上连续可导, $f(a)=0$. 证明

$$\int_a^b |f(x)f'(x)|\,\mathrm{d}x \leqslant \frac{b-a}{2}\int_a^b [f'(x)]^2 \mathrm{d}x.$$

分析　构造变上限积分 $g(x) = \int_a^x |f'(t)|\,\mathrm{d}t,\ x \in [a,b]$, 则 $g'(x) = |f'(x)|$. 对积分作适当变形后再使用 Schwarz 不等式.

证明　令 $g(x) = \int_a^x |f'(t)|\,\mathrm{d}t,\ x \in [a,b]$. 则 $g'(x) = |f'(x)|$, 由 $f(a) = 0$ 有

$$|f(x)| = |f(x) - f(a)| = \left|\int_a^x f'(t)\mathrm{d}t\right| \leqslant \int_a^x |f'(t)|\,\mathrm{d}t = g(x).$$

于是

$$\int_a^b |f(x)f'(x)|\,\mathrm{d}x \leqslant \int_a^b g(x)g'(x)\mathrm{d}x = \int_a^b g(x)\mathrm{d}[g(x)]$$

$$= \frac{1}{2}g^2(x)\Big|_a^b = \frac{1}{2}\left(\int_a^b |f'(x)|\,\mathrm{d}x\right)^2$$

$$\leqslant \frac{1}{2}\int_a^b [f'(x)]^2 \mathrm{d}x \int_a^b \mathrm{d}x$$

$$= \frac{b-a}{2}\int_a^b [f'(x)]^2 \mathrm{d}x.$$

顺便指出, 若将条件改为 "$f(a) = f(b) = 0$" 而其余不变, 那么仿照上题中的讨论, 我们可进一步得出

$$\int_a^b |f(x)f'(x)|\,\mathrm{d}x \leqslant \frac{b-a}{4}\int_a^b [f'(x)]^2 \mathrm{d}x.$$

这一证明留给读者完成.

例 4.2.29 设函数 $f(x), g(x) \in R[a, b]$ 且非负，$p>1, \dfrac{1}{p}+\dfrac{1}{q}=1$. 证明 Hölder 积分不等式

$$\int_a^b f(x) g(x) \mathrm{d}x \leqslant \left[\int_a^b [f(x)]^p \mathrm{d}x\right]^{\frac{1}{p}} \left[\int_a^b [g(x)]^q \mathrm{d}x\right]^{\frac{1}{q}}.$$

证法一 利用 Hölder 不等式(见 3.4.1 节第 4 部分)与定积分定义证明.

将区间 $[a, b]$ 作 n 等分，记第 k 个小区间为 $[x_{k-1}, x_k]$，并取 $\xi_k = x_k (k=1, 2, \cdots, n)$. 由 Hölder 不等式应有

$$\sum_{k=1}^n f(\xi_k) g(\xi_k) \leqslant \left(\sum_{k=1}^n [f(\xi_k)]^p\right)^{\frac{1}{p}} \left(\sum_{k=1}^n [g(\xi_k)]^q\right)^{\frac{1}{q}},$$

其中 $p>1, \dfrac{1}{p}+\dfrac{1}{q}=1$. 两端同乘 $\dfrac{b-q}{n}$ 后便得出

$$\sum_{k=1}^n f(\xi_k) g(\xi_k) \frac{b-a}{n} \leqslant \left[\sum_{k=1}^n [f(\xi_k)]^p \frac{b-q}{n}\right]^{\frac{1}{p}} \left[\sum_{k=1}^n [g(\xi_k)]^q \frac{b-q}{n}\right]^{\frac{1}{q}}.$$

现因 $f(x), g(x) \in R[a, b]$ 且非负，故 $[f(x)]^p, [g(x)]^q \in R[a, b]$(见文献 [7]),按定积分定义，令 $n \to \infty$ 就有

$$\int_a^b f(x) g(x) \mathrm{d}x \leqslant \left[\int_a^b [f(x)]^p \mathrm{d}x\right]^{\frac{1}{p}} \left[\int_a^b [g(x)]^q \mathrm{d}x\right]^{\frac{1}{q}}.$$

证法二 利用 Young 不等式(见 3.4.1 节第 4 部分)与定积分性质证明.

记 $M = \left[\int_a^b [f(x)]^p \mathrm{d}x\right]^{\frac{1}{p}}, N = \left[\int_a^b [g(x)]^q \mathrm{d}x\right]^{\frac{1}{q}}$，再令 $A = \dfrac{f(x)}{M}, B = \dfrac{g(x)}{N}$. 由 Young 不等式应有

$$AB \leqslant \frac{A^p}{p} + \frac{B^q}{q} \quad \Rightarrow \quad \frac{f(x) g(x)}{MN} \leqslant \frac{1}{p} \frac{[f(x)]^p}{M^p} + \frac{1}{q} \frac{[g(x)]^q}{N^q},$$

其中 $p>1, \dfrac{1}{p}+\dfrac{1}{q}=1$. 由此得出

$$\frac{1}{MN}\int_a^b f(x) g(x) \mathrm{d}x \leqslant \frac{1}{p} \cdot \frac{1}{M^p}\int_a^b [f(x)]^p \mathrm{d}x + \frac{1}{q} \cdot \frac{1}{N^q}\int_a^b [g(x)]^q \mathrm{d}x$$

$$= \frac{1}{p} + \frac{1}{q} = 1.$$

也即有

$$\int_a^b f(x) g(x) \mathrm{d}x \leqslant MN = \left[\int_a^b [f(x)]^p \mathrm{d}x\right]^{\frac{1}{p}} \left[\int_a^b [g(x)]^q \mathrm{d}x\right]^{\frac{1}{q}}.$$

例 4.2.30　设函数 $f(x), g(x) \in \mathrm{R}[a,b]$ 且非负，$p>1$. 证明 Minkowski 积分不等式

$$\left[\int_a^b [f(x)+g(x)]^p \mathrm{d}x\right]^{\frac{1}{p}} \leqslant \left[\int_a^b [f(x)]^p \mathrm{d}x\right]^{\frac{1}{p}} + \left[\int_a^b [g(x)]^p \mathrm{d}x\right]^{\frac{1}{p}}.$$

证明　利用 Hölder 积分不等式证明.

因 $p>1$，有

$$\int_a^b [f(x)+g(x)]^p \mathrm{d}x = \int_a^b [f(x)+g(x)] \cdot [f(x)+g(x)]^{p-1} \mathrm{d}x$$

$$= \int_a^b f(x)[f(x)+g(x)]^{p-1} \mathrm{d}x + \int_a^b g(x)[f(x)+g(x)]^{p-1} \mathrm{d}x.$$

由 Hölder 积分不等式，并注意到 $q(p-1)=p$，就有

$$\int_a^b [f(x)+g(x)]^p \mathrm{d}x$$

$$= \left[\int_a^b [f(x)]^p \mathrm{d}x\right]^{\frac{1}{p}} \left[\int_a^b [f(x)+g(x)]^{q(p-1)} \mathrm{d}x\right]^{\frac{1}{q}}$$

$$+ \left[\int_a^b [g(x)]^p \mathrm{d}x\right]^{\frac{1}{p}} \left[\int_a^b [f(x)+g(x)]^{q(p-1)} \mathrm{d}x\right]^{\frac{1}{q}}$$

$$= \left\{ \left[\int_a^b [f(x)]^p \mathrm{d}x\right]^{\frac{1}{p}} + \left[\int_a^b [g(x)]^p \mathrm{d}x\right]^{\frac{1}{p}} \right\} \left[\int_a^b [f(x)+g(x)]^p \mathrm{d}x\right]^{\frac{1}{q}},$$

即

$$\left[\int_a^b [f(x)+g(x)]^p \mathrm{d}x\right]^{1-\frac{1}{q}} \leqslant \left[\int_a^b [f(x)]^p \mathrm{d}x\right]^{\frac{1}{p}} + \left[\int_a^b [g(x)]^p \mathrm{d}x\right]^{\frac{1}{p}}.$$

因 $1-\dfrac{1}{q}=\dfrac{1}{p}$，故上式也即为

$$\left[\int_a^b [f(x)+g(x)]^p \mathrm{d}x\right]^{\frac{1}{p}} \leqslant \left[\int_a^b [f(x)]^p \mathrm{d}x\right]^{\frac{1}{p}} + \left[\int_a^b [g(x)]^p \mathrm{d}x\right]^{\frac{1}{p}}.$$

4.2.2.5　积分中值定理中的中值渐近估计

例 4.2.31　设函数 $f(t) \in \mathrm{C}[a,x]$，则存在 $\xi \in (a,x)$，使

$$\int_a^x f(t) \mathrm{d}t = f(\xi)(x-a).$$

若 $f(x)$ 在 $x=a$ 处可导且 $f'(a) \neq 0$，证明

$$\lim_{x \to a} \frac{\xi-a}{x-a} = \frac{1}{2}.$$

证明 考虑

$$I = \lim_{x \to a} \frac{\int_a^x f(t)\mathrm{d}t - f(a)(x-a)}{(x-a)^2}$$

$$= \lim_{x \to a} \frac{f(\xi)(x-a) - f(a)(x-a)}{(x-a)^2}$$

$$= \lim_{x \to a} \frac{f(\xi) - f(a)}{x-a} = \lim_{x \to a} \frac{f(\xi) - f(a)}{\xi - a} \cdot \frac{\xi - a}{x-a}$$

$$= f'(a) \lim_{x \to a} \frac{\xi - a}{x-a}.$$

另一方面,应用 L'Hospital 法则又有

$$I = \lim_{x \to a} \frac{f(x) - f(a)}{2(x-a)} = \frac{1}{2} f'(a).$$

比较后即得出

$$\lim_{x \to a} \frac{\xi - a}{x-a} = \frac{1}{2}.$$

顺便指出,对于一般的积分中值定理,也有同样的结果. 即若 $f(t) \in C[a, x]$,在 $x = a$ 处可导且 $f'(a) \neq 0$,$g(t) \in C[a, x]$ 且不变号,$g(a) \neq 0$,而 ξ 由积分中值定理

$$\int_a^x f(t) g(t)\mathrm{d}t = f(\xi) \int_a^x g(t)\mathrm{d}t, \quad \xi \in (a, x)$$

所确定,则有 $\lim\limits_{x \to a} \dfrac{\xi - a}{x-a} = \dfrac{1}{2}$.

上述命题还有进一步的推广结果:若 $f(t) \in C[a, x]$,在 $x = a$ 处二阶可导且 $f'(a) = 0$,$f''(a) \neq 0$,而 ξ 由积分中值定理

$$\int_a^x f(t)\mathrm{d}t = f(\xi)(x-a), \quad \xi \in a, x)$$

所确定,则有 $\lim\limits_{x \to a} \dfrac{\xi - a}{x-a} = \dfrac{1}{\sqrt{3}}$.

作为练习,读者可仿照本例的思想自行写出证明,或者参见文献[14].

例 4.2.32 设函数 $f(x) \in C[a, b]$,非负且严格递增. 由积分中值定理可知,存在 $x_n \in [a, b]$,使

$$f^n(x_n) = \frac{1}{b-a} \int_a^b f^n(x)\mathrm{d}x, \quad n \in \mathbf{N}, \tag{4.2.21}$$

证明数列 $\{x_n\}$ 收敛,且有 $\lim\limits_{n \to \infty} x_n = b$.

分析 由于 $x_n \in [a, b]$,$n \in \mathbf{N}$,故只要证明对 $\forall \varepsilon > 0$,当 n 充分大时有 $b - \varepsilon$

$< x_n \leqslant b$. 这就要用到 $f(x)$ 的严格递增性和对积分进行"缩小"估计.

证明　对 $\forall \varepsilon (0 < \varepsilon < \dfrac{b-a}{2})$，由 $f(x)$ 的严格递增性，有 $\dfrac{f(b-\varepsilon)}{f(b-2\varepsilon)} > 1$. 因此 $\exists N \in \mathbf{N}$，使得 $\forall n > N$ 有

$$\left[\frac{f(b-\varepsilon)}{f(b-2\varepsilon)}\right]^n > \frac{b-a}{\varepsilon} \quad \Rightarrow \quad f^n(b-\varepsilon) > \frac{b-a}{\varepsilon} f^n(b-2\varepsilon).$$

又因为

$$\int_a^b f^n(x)\mathrm{d}x > \int_{b-\varepsilon}^b f^n(x)\mathrm{d}x > \int_{b-\varepsilon}^b f^n(b-\varepsilon)\mathrm{d}x,$$

于是有

$$f^n(x_n) = \frac{1}{b-a}\int_a^b f^n(x)\mathrm{d}x > \frac{1}{b-a}\int_{b-\varepsilon}^b f^n(b-\varepsilon)\mathrm{d}x$$

$$= \frac{\varepsilon}{b-a}f^n(b-\varepsilon) > f^n(b-2\varepsilon).$$

现 $f(x)$ 为严格递增，故只有当 $x_n > b-2\varepsilon$ 时上式才能成立. 由此可见必有

$$b-2\varepsilon < x_n \leqslant b, \quad \forall n \in \mathbf{N}.$$

即 $\lim\limits_{n\to\infty} x_n = b$.

注　现在读者已不难证明类似的问题:设非负函数 $f(x) \in \mathrm{C}[a,b]$，且在 $[a,b]$ 上有惟一最大值点 x_0，证明由 (4.2.21) 给出的数列 $\{x_n\}$ 收敛，且有 $\lim\limits_{n\to\infty} x_n = x_0$.

例 4.2.33　设函数 $f(x) \in \mathrm{C}\left[0, \dfrac{\pi}{2}\right]$，由积分中值定理可知，存在 $\xi_n \in \left[0, \dfrac{\pi}{2}\right]$，使

$$\int_0^{\frac{\pi}{2}} f(x)\cos^n x\,\mathrm{d}x = f(\xi_n)\int_0^{\frac{\pi}{2}} \cos^n x\,\mathrm{d}x.$$

证明 $\lim\limits_{n\to\infty} f(\xi_n) = f(0)$.

证明　1° 先证明对 $\forall \alpha \in \left[0, \dfrac{\pi}{2}\right]$，有 $\lim\limits_{n\to\infty} \dfrac{\displaystyle\int_\alpha^{\frac{\pi}{2}} \cos^n x\,\mathrm{d}x}{\displaystyle\int_0^{\frac{\pi}{2}} \cos^n x\,\mathrm{d}x} = 0$.

事实上，由 $\displaystyle\int_\alpha^{\frac{\pi}{2}} \cos^n x\,\mathrm{d}x \leqslant \left(\dfrac{\pi}{2} - \alpha\right)\cos^n \alpha$，以及

$$\int_0^{\frac{\pi}{2}} \cos^n x\,\mathrm{d}x \geqslant \int_0^{\frac{\alpha}{2}} \cos^n x\,\mathrm{d}x \geqslant \int_0^{\frac{\alpha}{2}} \cos^n \frac{\alpha}{2}\,\mathrm{d}x = \frac{\alpha}{2}\cos^n \frac{\alpha}{2},$$

所以有

$$0 < \frac{\displaystyle\int_{\alpha}^{\frac{\pi}{2}} \cos^n x\, dx}{\displaystyle\int_{0}^{\frac{\pi}{2}} \cos^n x\, dx} \leqslant \frac{\left(\dfrac{\pi}{2} - \alpha\right)\cos^n \alpha}{\dfrac{\alpha}{2}\cos^n \dfrac{\alpha}{2}} = \left(\dfrac{\pi}{\alpha} - 2\right)\left(\dfrac{\cos \alpha}{\cos \dfrac{\alpha}{2}}\right)^n.$$

由于 $0 < \dfrac{\cos \alpha}{\cos \dfrac{\alpha}{2}} < 1$，故

$$\lim_{n \to \infty}\left(\frac{\pi}{\alpha} - 2\right)\left(\frac{\cos \alpha}{\cos \dfrac{\alpha}{2}}\right)^n = 0 \quad \Rightarrow \quad \lim_{n \to \infty}\frac{\displaystyle\int_{\alpha}^{\frac{\pi}{2}} \cos^n x\, dx}{\displaystyle\int_{0}^{\frac{\pi}{2}} \cos^n x\, dx} = 0.$$

2° 现在我们利用 1° 中的结论证明 $\lim\limits_{n \to \infty} f(\xi_n) = f(0)$ 成立.

由 $f(x)$ 的连续性可知，$\forall\, \varepsilon > 0$，$\exists\, \delta \in \left[0, \dfrac{\pi}{2}\right]$，使得 $\forall\, x(0 \leqslant x < \delta)$ 有

$$|f(x) - f(0)| < \frac{\varepsilon}{2}.$$

在 $\left[0, \dfrac{\pi}{2}\right], [0, \delta]$ 与 $\left[\delta, \dfrac{\pi}{2}\right]$ 上分别应用积分中值定理，就有 $\xi_n \in \left[0, \dfrac{\pi}{2}\right]$，$\xi'_n \in [0, \delta]$ 与 $\xi''_n \in \left[\delta, \dfrac{\pi}{2}\right]$，使

$$f(\xi_n)\int_{0}^{\frac{\pi}{2}} \cos^n x\, dx = \int_{0}^{\frac{\pi}{2}} f(x)\cos^n x\, dx = \int_{0}^{\delta} f(x)\cos^n x\, dx + \int_{\delta}^{\frac{\pi}{2}} f(x)\cos^n x\, dx$$

$$= f(\xi'_n)\int_{0}^{\delta} \cos^n x\, dx + f(\xi''_n)\int_{\delta}^{\frac{\pi}{2}} \cos^n x\, dx$$

$$= f(\xi'_n)\int_{0}^{\frac{\pi}{2}} \cos^n x\, dx + \left[f(\xi''_n) - f(\xi'_n)\right]\int_{\delta}^{\frac{\pi}{2}} \cos^n x\, dx$$

记 $K_n = \dfrac{\displaystyle\int_{\delta}^{\frac{\pi}{2}} \cos^n x\, dx}{\displaystyle\int_{0}^{\frac{\pi}{2}} \cos^n x\, dx}$，则有

$$f(\xi_n) = f(\xi'_n) + \left[f(\xi''_n) - f(\xi'_n)\right]K_n.$$

因为 $f(x) \in C\left[0, \dfrac{\pi}{2}\right]$，故 $\exists\, M > 0$，使 $|f(x)| \leqslant M$，$x \in \left[0, \dfrac{\pi}{2}\right]$. 又由 1° 中结论可知 $\lim\limits_{n \to \infty} K_n = 0$，于是对上述 $\varepsilon > 0$，$\exists\, N \in \mathbf{N}$，使得 $\forall\, n > N$ 有

$$0 < K_n < \frac{\varepsilon}{4M}.$$

此时即有

$$|f(\xi_n)-f(0)|=|f(\xi'_n)-f(0)+[f(\xi''_n)-f(\xi'_n)]K_n|$$

$$\leqslant|f(\xi'_n)-f(0)|+|f(\xi''_n)-f(\xi'_n)|K_n$$

$$<\frac{\varepsilon}{2}+2M\cdot\frac{\varepsilon}{4M}=\varepsilon.$$

从而最后得出 $\lim\limits_{n\to\infty}f(\xi_n)=f(0)$.

4.2.2.6　综合性问题

例 4.2.34　设函数 $f(x)\in C[a,b]$,

(1) 若 $\int_a^b f^2(x)\mathrm{d}x=0$,证明 $f(x)=0$;

(2) 若对 $\forall g(x)\in C[a,b](g(a)=g(b)=0)$,有 $\int_a^b f(x)g(x)\mathrm{d}x=0$,证明 $f(x)=0$;

(3) 若对 $\forall g(x)\in C[a,b]\left[\int_a^b g(x)\mathrm{d}x=0\right]$,有 $\int_a^b f(x)g(x)\mathrm{d}x=0$,证明 $f(x)$ 必为常数.

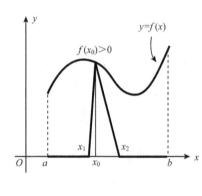

图 4.4

分析　(1)可用反证法. 若 $\exists\ x_0\in[a,b]$,使 $f(x_0)\neq0$,则 $f^2(x_0)>0$. 于是由 $f(x)$ 的连续性可知存在含点 x_0 的某区间 $[x_1,x_2]\subset[a,b]$,使

$$f(x)\geqslant\frac{1}{2}f(x_0)>0,\quad x\in[x_1,x_2].$$

由此可得出 $\int_a^b f^2(x)\mathrm{d}x>0$.

(2) 仍用反证法. 仿照(1)中的做法,得出 $[x_1,x_2]\subset[a,b]$,使

$$f(x)\geqslant\frac{1}{2}f(x_0)>0,\quad x\in[x_1,x_2].$$

现定义 $[a,b]$ 上满足 $g(a)=g(b)=0$ 的连续函数为

$$g(x)=\begin{cases}0,&x\in[a,x_1]\cup[x_2,b],\\\text{线性},&x\in[x_1,x_2].\end{cases}$$

这样就有

$$\int_a^b f(x)g(x)\mathrm{d}x=\int_a^{x_1}f(x)g(x)\mathrm{d}x+\int_{x_1}^{x_2}f(x)g(x)\mathrm{d}x$$

$$+ \int_{x_2}^{b} f(x) g(x) \mathrm{d}x$$

$$= \int_{x_1}^{x_2} f(x) g(x) \mathrm{d}x = f(\xi) \int_{x_1}^{x_2} g(x) \mathrm{d}x \quad (\exists\, \xi \in [x_1, x_2])$$

$$\geqslant \frac{1}{2} f(x_0) \int_{x_1}^{x_2} g(x) \mathrm{d}x = \frac{1}{4} f^2(x_0)(x_2 - x_1) > 0.$$

与题设条件矛盾.

更方便的方法是:直接令 $g(x) = f(x)(x-a)^2(x-b)^2$,这样定义的 $g(x)$ 显见能满足题设条件,于是有

$$\int_a^b f(x) g(x) \mathrm{d}x = \int_a^b [f(x)(x-a)(x-b)]^2 \mathrm{d}x = 0.$$

由本题(1)的结论即可知必有

$$f(x)(x-a)(x-b) = 0, \quad x \in [a, b].$$

从而当 $x \neq a, b$ 时,有 $f(x) = 0$,再由 $f(x)$ 的连续性,就有 $f(a) = f(b) = 0$.

(3) 令 $g(x) = f(x) - \dfrac{1}{b-a} \displaystyle\int_a^b f(x) \mathrm{d}x$,则 $g(x) \in C[a,b]$ 且 $\displaystyle\int_a^b g(x) \mathrm{d}x = 0$. 于是有

$$\int_a^b \left[\frac{1}{b-a} \int_a^b f(x) \mathrm{d}x \right] g(x) \mathrm{d}x = \frac{1}{b-a} \int_a^b f(x) \mathrm{d}x \int_a^b g(x) \mathrm{d}x = 0.$$

而由题设条件还有 $\displaystyle\int_a^b f(x) g(x) \mathrm{d}x = 0$. 两式相减即得出

$$\int_a^b \left[f(x) g(x) - \left(\frac{1}{b-a} \int_a^b f(x) \mathrm{d}x \right) g(x) \right] \mathrm{d}x$$

$$= \int_a^b \left[f(x) - \frac{1}{b-a} \int_a^b f(x) \mathrm{d}x \right] g(x) \mathrm{d}x = 0.$$

也即有 $\displaystyle\int_a^b g^2(x) \mathrm{d}x = 0$. 仍利用本题(1)的结论便得到 $g(x) = 0$, $x \in [a,b]$,即有

$$f(x) = \frac{1}{b-a} \int_a^b f(x) \mathrm{d}x, \quad x \in [a, b].$$

例 4.2.35 设函数 $f(x) \in C[0, \pi]$,证明

$$\lim_{n \to \infty} \int_0^\pi f(x) |\sin nx| \mathrm{d}x = \frac{2}{\pi} \int_0^\pi f(x) \mathrm{d}x.$$

分析 将 $[0, \pi]$ 作 n 等分,在每个子区间 $[x_{k-1}, x_k]$ 上应用积分中值定理,并计算出正弦函数的积分值. 最后利用定积分的定义得出结果.

证明 将 $[0, \pi]$ 等分成 n 个子区间

$$\left[(k-1)\frac{\pi}{n}, k\frac{\pi}{n} \right], \quad k = 1, 2, \cdots, n,$$

则有

$$\int_0^\pi f(x) \mid \sin nx \mid \mathrm{d}x = \sum_{k=1}^n \int_{\frac{(k-1)\pi}{n}}^{\frac{k\pi}{n}} f(x) \mid \sin nx \mid \mathrm{d}x$$

$$= \sum_{k=1}^n f(\xi_k) \int_{\frac{(k-1)\pi}{n}}^{\frac{k\pi}{n}} \mid \sin nx \mid \mathrm{d}x \quad \left(\exists\, \xi_k \in \left[\frac{(k-1)\pi}{n}, \frac{k\pi}{n} \right] \right)$$

$$\xrightarrow{\diamondsuit\, nx = t} \sum_{k=1}^n f(\xi_k) \frac{1}{n} \int_{(k-1)\pi}^{k\pi} \mid \sin t \mid \mathrm{d}t$$

$$= \frac{1}{n} \sum_{k=1}^n f(\xi_k) \int_0^\pi \sin t\, \mathrm{d}t = \frac{2}{n} \sum_{k=1}^n f(\xi_k)$$

$$= \frac{2}{\pi} \sum_{k=1}^n f(\xi_k) \frac{\pi}{n}.$$

再令 $n \to \infty$，就有

$$\lim_{n\to\infty} \int_0^\pi f(x) \mid \sin nx \mid \mathrm{d}x = \frac{2}{\pi} \int_0^\pi f(x)\mathrm{d}x.$$

例 4.2.36　设函数 $f(x), g(x) \in \mathrm{C}[a,b]$ 且恒正，记

$$a_n = \int_a^b [f(x)]^n g(x)\mathrm{d}x, \quad n \in \mathbf{N}.$$

证明数列 $\left\{ \dfrac{a_{n+1}}{a_n} \right\}$ 收敛，且

$$\lim_{n\to\infty} \frac{a_{n+1}}{a_n} = \max_{x\in[a,b]} \{ f(x) \}.$$

　　分析　利用 $f(x)$ 的有界性和 Schwarz 积分不等式，先验证 $\left\{ \dfrac{a_{n+1}}{a_n} \right\}$ 为单调有

界数列. 而由 Cauchy 第二定理（见例 1.1.6）可知，当 $\{a_n\}$ 为正数列时，若 $\left\{ \dfrac{a_{n+1}}{a_n} \right\}$ 收

敛，则 $\{ \sqrt[n]{a_n} \}$ 也收敛，且

$$\lim_{n\to\infty} \frac{a_{n+1}}{a_n} = \lim_{n\to\infty} \sqrt[n]{a_n}.$$

由此可见，我们只要证明

$$\lim_{n\to\infty} \sqrt[n]{a_n} = \lim_{n\to\infty} \left[\int_a^b [f(x)]^n g(x)\mathrm{d}x \right]^{\frac{1}{n}} = \max_{x\in[a,b]} \{ f(x) \}$$

就行了. 证法可借鉴例 4.2.8.

　　证明　由条件 $f(x) \in \mathrm{C}[a,b]$，可记 $f(x_0) = \max\limits_{x\in[a,b]} \{ f(x) \} \triangleq M$. 则有

$$a_{n+1} = \int_a^b [f(x)]^{n+1} g(x)\mathrm{d}x \leqslant M \int_a^b [f(x)]^n g(x)\mathrm{d}x = Ma_n.$$

故有 $\dfrac{a_{n+1}}{a_n} \leqslant M, n \in \mathbf{N}$，可见 $\left\{ \dfrac{a_{n+1}}{a_n} \right\}$ 有上界.

又由 Schwarz 积分不等式,有

$$a_{n+1}^2 = \left[\int_a^b f^{n+1}(x)g(x)dx\right]^2 = \left[\int_a^b f^{\frac{n+2}{2}}(x)g^{\frac{1}{2}}(x)f^{\frac{n}{2}}(x)g^{\frac{1}{2}}(x)dx\right]^2$$

$$\leqslant \int_a^b f^{n+2}(x)g(x)dx \int_a^b f^n(x)g(x)dx = a_{n+2}a_n.$$

于是 $\dfrac{a_{n+1}}{a_n} \leqslant \dfrac{a_{n+2}}{a_{n+1}}$, $n \in \mathbf{N}$. 可见 $\left\{\dfrac{a_{n+1}}{a_n}\right\}$ 单调递增,从而 $\left\{\dfrac{a_{n+1}}{a_n}\right\}$ 收敛,且由 Cauchy 第二定理有

$$\lim_{n\to\infty} \frac{a_{n+1}}{a_n} = \lim_{n\to\infty} \sqrt[n]{a_n} = \lim_{n\to\infty}\left(\int_a^b [f(x)]^n g(x)dx\right)^{\frac{1}{n}}.$$

往证 $\displaystyle\lim_{n\to\infty}\left(\int_a^b [f(x)]^n g(x)dx\right)^{\frac{1}{n}} = \max_{x\in[a,b]}\{f(x)\}.$

现因 $f(x)$ 在最大值点 x_0 处连续,故 $\forall \varepsilon > 0$(并使 $f(x_0) - \varepsilon > 0$),存在含点 x_0 的某区间 $[\alpha,\beta] \subset [a,b]$,使

$$f(x_0) - \varepsilon < f(x) \leqslant f(x_0), \quad \forall x \in [\alpha,\beta].$$

于是有

$$[f(x_0) - \varepsilon]\left[\int_\alpha^\beta g(x)dx\right]^{\frac{1}{n}} < \left[\int_\alpha^\beta [f(x)]^n g(x)dx\right]^{\frac{1}{n}}$$

$$\leqslant \left[\int_a^b [f(x)]^n g(x)dx\right]^{\frac{1}{n}} \leqslant f(x_0)\left[\int_a^b g(x)dx\right]^{\frac{1}{n}}.$$

而

$$\lim_{n\to\infty}\left(\int_\alpha^\beta g(x)dx\right)^{\frac{1}{n}} = \lim_{n\to\infty}\left(\int_a^b g(x)dx\right)^{\frac{1}{n}} = 1.$$

所以有

$$f(x_0) - \varepsilon \leqslant \lim_{n\to\infty}\left(\int_a^b [f(x)]^n g(x)dx\right)^{\frac{1}{n}} \leqslant f(x_0).$$

由 ε 的任意性即得出

$$\lim_{n\to\infty} \sqrt[n]{a_n} = \lim_{n\to\infty}\left(\int_a^b [f(x)]^n g(x)dx\right)^{\frac{1}{n}} = f(x_0) = \max_{x\in[a,b]}\{f(x)\}.$$

从而最后有

$$\lim_{n\to\infty} \frac{a_{n+1}}{a_n} = \lim_{n\to\infty} \sqrt[n]{a_n} = \max_{x\in[a,b]}\{f(x)\}.$$

例 4.2.37 设函数 $f(x) \in C[0,1]$, $g(x)$ 在 $[0,1]$ 上单调增,若对 $\forall [\alpha,\beta] \subset$

[0,1]都有

$$\left|\int_{\alpha}^{\beta} f(x)\mathrm{d}x\right|^2 \leqslant [g(\beta) - g(\alpha)](\beta - \alpha).$$

证明

$$\left[\int_{0}^{1} \mid f(x) \mid \mathrm{d}x\right]^2 \leqslant g(1) - g(0).$$

证明　对[0,1]作任意分法

$$0 = x_0 < x_1 < \cdots < x_n = 1.$$

记 $\Delta x_k = x_k - x_{k-1}, \Delta g_k = g(x_k) - g(x_{k-1})$. 在$[x_{k-1}, x_k]$上由积分中值定理有

$$\left|\int_{x_{k-1}}^{x_k} f(x)\mathrm{d}x\right|^2 = f^2(\xi_k)(x_k - x_{k-1})^2$$

$$\leqslant [g(x_k) - g(x_{k-1})](x_k - x_{k-1}),$$

其中 $\xi_k \in [x_{k-1}, x_k], k = 1, 2, \cdots, n$,从而得出

$$\mid f(\xi_k) \mid \leqslant \left(\frac{\Delta g_k}{\Delta x_k}\right)^{\frac{1}{2}}, \quad k = 1, 2, \cdots, n.$$

现考虑部分和 $S_n = \sum_{k=1}^{n} \mid f(\xi_k) \mid \Delta x_k$,因 $\mid f(x) \mid \in \mathrm{R}[0,1]$,故有 $\lim\limits_{\|T\| \to 0} S_n$

$= \int_{0}^{1} \mid f(x) \mid \mathrm{d}x$,而由 Schwarz 不等式有

$$S_n \leqslant \sum_{k=1}^{n} \left(\frac{\Delta g_k}{\Delta x_k}\right)^{\frac{1}{2}} \Delta x_k = \sum_{k=1}^{n} (\Delta g_k)^{\frac{1}{2}} (\Delta x_k)^{\frac{1}{2}}$$

$$\leqslant \left(\sum_{k=1}^{n} \Delta g_k\right)^{\frac{1}{2}} \left(\sum_{k=1}^{n} \Delta x_k\right)^{\frac{1}{2}} = \left(\sum_{k=1}^{n} \Delta g_k\right)^{\frac{1}{2}}$$

$$= [g(1) - g(0)]^{\frac{1}{2}}.$$

由此即得

$$\int_{0}^{1} \mid f(x) \mid \mathrm{d}x \leqslant [g(1) - g(0)]^{\frac{1}{2}} \quad \Rightarrow \quad \left[\int_{0}^{1} \mid f(x) \mid \mathrm{d}x\right]^2 \leqslant g(1) - g(0).$$

例 4.2.38　设 $f(x)$在$[a, b]$上有 $2n$ 阶连续的导数,且$\mid f^{(2n)}(x) \mid \leqslant M$,
$f^{(k)}(a) = f^{(k)}(b) = 0(k = 0, 1, \cdots, n-1)$,证明

$$\left|\int_{a}^{b} f(x)\mathrm{d}x\right| \leqslant \frac{(n!)^2 M}{(2n)!(2n+1)!}(b - a)^{2n+1}.$$

证明　令 $g(x) = (x - a)^n (b - x)^n$,则有

$$\int_{a}^{b} f^{(2n)}(x) g(x)\mathrm{d}x = f^{(2n-1)}(x) g(x)\bigg|_{a}^{b} - \int_{a}^{b} f^{(2n-1)}(x) g'(x)\mathrm{d}x$$

$$= -\int_a^b f^{(2n-1)}(x) g'(x) \mathrm{d}x = \cdots$$

$$= (-1)^{2n-1} \int_a^b f'(x) g^{(2n-1)}(x) \mathrm{d}x = \int_a^b f(x) g^{(2n)}(x) \mathrm{d}x$$

$$= (2n)! \int_a^b f(x) \mathrm{d}x.$$

于是得出

$$\left| \int_a^b f(x) \mathrm{d}x \right| \leqslant \frac{M}{(2n)!} \int_a^b (x-a)^n (b-x)^n \mathrm{d}x. \qquad (4.2.22)$$

作变换 $t = \dfrac{x-a}{b-a}$，就有

$$\int_a^b (x-a)^n (b-x)^n \mathrm{d}x = (b-a)^{2n+1} \int_0^1 t^n (1-t)^n \mathrm{d}t. \qquad (4.2.23)$$

而

$$\int_0^1 t^n (1-t)^n \mathrm{d}t = \frac{t^{n+1}(1-t)^n}{n+1} \Big|_0^1 + \frac{n}{n+1} \int_0^1 t^{n+1}(1-t)^{n-1} \mathrm{d}t$$

$$= \frac{n}{n+1} \int_0^1 t^{n+1}(1-t)^{n-1} \mathrm{d}t = \frac{n(n-1)}{(n+1)(n+2)} \int_0^1 t^{n+2}(1-t)^{n-2} \mathrm{d}t$$

$$= \cdots = \frac{n!}{(n+1)(n+2)\cdots(2n)} \int_0^1 t^{2n} \mathrm{d}t$$

$$= \frac{n!}{(n+1)(n+2)\cdots(2n)(2n+1)} = \frac{(n!)^2}{(2n+1)!}, \qquad (4.2.24)$$

将(4.2.23),(4.2.24)代入(4.2.22)即得证.

例 4.2.39　设函数 $f(x) \in D(0, +\infty)$ 且单调递减，又 $0 < f(x) < |f'(x)|$，证明

$$xf(x) > \frac{1}{x} f\left(\frac{1}{x}\right), \quad x \in (0,1). \qquad (4.2.25)$$

分析　由 $f(x)$ 的单调递减性可知 $f'(x) < 0$，再由

$$0 < f(x) < -f'(x) \quad \Rightarrow \quad -\frac{f'(x)}{f(x)} > 1.$$

由此便可得出

$$\ln \frac{f(x)}{f\left(\frac{1}{x}\right)} = -\int_x^{\frac{1}{x}} \frac{f'(t)}{f(t)} \mathrm{d}t > \int_x^{\frac{1}{x}} \mathrm{d}t = \frac{1}{x} - x, \quad x \in (0,1).$$

即有 $\dfrac{f(x)}{f\left(\frac{1}{x}\right)} > \mathrm{e}^{\frac{1}{x}-x}, x \in (0,1).$

而我们所要证明的不等式(4.2.25)即为 $\dfrac{f(x)}{f\left(\frac{1}{x}\right)} > \dfrac{1}{x^2}$，因此只要再证明 $\mathrm{e}^{\frac{1}{x}-x} >$

$\dfrac{1}{x^2}$ 就行了.

例 4.2.40 设函数 $f(x) \in C[0,\pi]$,且

$$\int_0^\pi f(x)\sin x \mathrm{d}x = \int_0^\pi f(x)\cos x \mathrm{d}x = 0.$$

证明在 $(0,\pi)$ 内至少存在两点 α, β,使 $f(\alpha) = f(\beta) = 0$.

分析   首先应说明 $f(x)$ 在 $(0,\pi)$ 内至少存在一个零点 α. 这可通过构造变上限积分 $F(x) = \displaystyle\int_0^x f(t)\mathrm{d}t$,并在 $[0,\pi]$ 上对 $F(x)$ 应用微分中值定理得出.

为了得出 $f(x)$ 在 $(0,\pi)$ 内的另一个零点 β,可用反证法通过对 $f(x)\sin(x-\alpha)$ 在 $(0,\pi)$ 内的符号判断与积分计算推出矛盾.

证明   令 $F(x) = \displaystyle\int_0^x f(t)\sin t \mathrm{d}t, x \in [0,\pi]$,则 $F(x) \in C[0,\pi]$,在 $(0,\pi)$ 内可导,且 $F(0) = F(\pi) = 0$,由 Rolle 中值定理可知,$\exists\, \alpha \in (0,\pi)$,使得

$$F'(\alpha) = 0 \quad \Rightarrow \quad f(\alpha)\sin \alpha = 0.$$

因 $\alpha \in (0,\pi)$,故 $\sin\alpha \neq 0$,因此必有 $f(\alpha) = 0$.

往证 $\exists\, \beta \in (0,\pi)\,(\alpha \neq \beta)$,使 $f(\beta) = 0$,用反证法.

倘若 $f(x)$ 在 $(0,\pi)$ 内只有惟一零点 $x = \alpha$,则 $f(x)$ 于 $(0,\alpha)$ 及 (α,π) 内两个区间内符号必相反,否则不可能有 $\displaystyle\int_0^\pi f(x)\sin x \mathrm{d}x = 0$. 而 $\sin(x-\alpha)$ 在 $(0,\alpha)$ 及 (α,π) 内符号也相反,故 $f(x)\sin(x-\alpha)$ 在这两个区间内必定同号. 于是有

$$\int_0^\pi f(x)\sin(x-\alpha)\mathrm{d}x > 0.$$

另一方面,由题设条件又有

$$\int_0^\pi f(x)\sin(x-\alpha)\mathrm{d}x = \int_0^\pi f(x)(\sin x\cos\alpha - \cos x\sin\alpha)\mathrm{d}x$$

$$= \cos\alpha\int_0^\pi f(x)\sin x\mathrm{d}x - \sin\alpha\int_0^\pi f(x)\cos x\mathrm{d}x$$

$$= 0.$$

从而推出矛盾. 由此得出 $f(x)$ 在 $(0,\pi)$ 内至少有两个零点.

注   现在已不难证明以下的问题了:设函数 $f(x) \in C[a,b]$,且

$$\int_a^b f(x)\mathrm{d}x = \int_a^b xf(x)\mathrm{d}x = 0,$$

证明在 (a,b) 内至少存在两点 α, β,使 $f(\alpha) = f(\beta) = 0$.

更进一步的推广结论是:设函数 $f(x) \in C[a,b]$,且 $\displaystyle\int_a^b x^k f(x)\mathrm{d}x = 0, k = 0,$

$1, \cdots, n$. 证明 $f(x)$ 在 (a, b) 内至少有 $n+1$ 个零点.

例 4.2.41 记 $E = \{f \mid f(x) \in C[0,1]$ 且非负, $f(0)=0, f(1)=1\}$. 证明

(1) $\inf\limits_{f \in E} \left\{ \int_0^1 f(x) \mathrm{d}x \right\} = 0$;

(2) 不存在 $g \in E$, 使 $\int_0^1 g(x) \mathrm{d}x = 0$.

证明 (1) 因为 $f(x) \in C[0,1]$ 且非负, 故 $\int_0^1 f(x) \mathrm{d}x \geqslant 0$. 于是数集

$\left\{ \int_0^1 f(x) \mathrm{d}x \mid f \in E \right\}$ 有下界从而必有下确界. 记 $\inf\limits_{f \in E} \left\{ \int_0^1 f(x) \mathrm{d}x \right\} = I$, 则 $I \geqslant 0$.

又因为 $x^n \in E (n \in \mathbf{N})$, 而

$$\int_0^1 x^n \mathrm{d}x = \frac{x^{n+1}}{n+1} \Big|_0^1 = \frac{1}{n+1} \to 0 \quad (n \to \infty).$$

可见有 $I = \inf\limits_{f \in E} \left\{ \int_0^1 f(x) \mathrm{d}x \right\} = 0$.

(2) 再证不存在 $g \in E$, 使 $\int_0^1 g(x) \mathrm{d}x = 0$, 即 (1) 中数集的下确界不可达. 用反证法.

倘若 $\exists g \in E$, 使 $\int_0^1 g(x) \mathrm{d}x = 0$. 按集合 E 的定义可知 $g(x) \in C[0,1]$ 且非负, $g(0) = 0, g(1) = 1$. 由连续函数保号性, $\exists \delta (0 < \delta < 1)$, 使得 $\forall x \in [\delta, 1]$ 有 $g(x) > \frac{1}{2}$. 于是

$$\int_0^1 g(x) \mathrm{d}x \geqslant \int_\delta^1 g(x) \mathrm{d}x \geqslant \frac{1}{2}(1 - \delta) > 0.$$

这与反证假设矛盾.

例 4.2.42 记 $E = \{f \mid f(x) \in C[0,1]$ 且恒正$\}$, 对 $\forall f \in E$, 令

$$P(f) = \left[\int_0^1 f(x) \mathrm{d}x \right] \left[\int_0^1 \frac{1}{f(x)} \mathrm{d}x \right]$$

(1) 证明 $\inf\limits_{f \in E} \{P(f)\} = 1$, 并问对哪些函数 $f \in E$, 有 $\inf\limits_{g \in E} \{P(g)\} = P(f)$?

(2) 确定 $\sup\limits_{f \in E} \{P(f)\}$.

证明 (1) 对 $\forall f \in E$, 由 Schwarz 积分不等式有

$$\left[\int_0^1 f(x) \mathrm{d}x \right] \left[\int_0^1 \frac{1}{f(x)} \mathrm{d}x \right] = \left[\int_0^1 [\sqrt{f(x)}]^2 \mathrm{d}x \right] \left[\int_0^1 \left[\frac{1}{\sqrt{f(x)}} \right]^2 \mathrm{d}x \right]$$

$$\geqslant \left[\int_0^1 \sqrt{f(x)} \cdot \frac{1}{\sqrt{f(x)}} \mathrm{d}x \right]^2 = 1.$$

因此 $P(f) \geqslant 1$，由此得出 $\inf\limits_{f \in E}\{P(f)\} \geqslant 1$.

另一方面，因为 $f(x) \equiv 1 \in E$，且 $P(1) = 1$，故必有 $\inf\limits_{f \in E}\{P(f)\} = 1$.

假设有 $f \in E$ 使 $P(f) = 1$，则对 $\forall\, t \in \mathbf{R}$ 有

$$\int_0^1 \left[\sqrt{f(x)} + t\, \frac{1}{\sqrt{f(x)}} \right]^2 \mathrm{d}x$$

$$= \left[\int_0^1 \frac{1}{f(x)}\mathrm{d}x \right] t^2 + 2t + \int_0^1 f(x)\mathrm{d}x$$

$$= \left[\int_0^1 \frac{1}{f(x)}\mathrm{d}x \right] \left[t + \frac{1}{\int_0^1 \dfrac{1}{f(x)}\mathrm{d}x} \right]^2 + \frac{\left[\int_0^1 f(x)\mathrm{d}x \right]\left[\int_0^1 \dfrac{1}{f(x)}\mathrm{d}x \right] - 1}{\int_0^1 \dfrac{1}{f(x)}\mathrm{d}x}$$

$$= \left[\int_0^1 \frac{1}{f(x)}\mathrm{d}x \right] \left[t + \frac{1}{\int_0^1 \dfrac{1}{f(x)}\mathrm{d}x} \right]^2.$$

现取 $t = -\dfrac{1}{\int_0^1 \dfrac{1}{f(x)}\mathrm{d}x}$ 代入上式，便得出

$$\int_0^1 \left[\sqrt{f(x)} - \frac{1}{\int_0^1 \dfrac{1}{f(x)}\mathrm{d}x} \cdot \frac{1}{\sqrt{f(x)}} \right]^2 \mathrm{d}x = 0.$$

由于 $f(x)$ 连续，从而对 $\forall\, x \in [0,1]$ 有

$$\sqrt{f(x)} - \frac{1}{\int_0^1 \dfrac{1}{f(x)}\mathrm{d}x} \cdot \frac{1}{\sqrt{f(x)}} = 0 \quad \Rightarrow \quad f(x) = \frac{1}{\int_0^1 \dfrac{1}{f(x)}\mathrm{d}x}.$$

即是说，若有 $P(f) = 1$，则 f 是非零常数.

反之，若 f 为非零常数（记为 $f = C, C \neq 0$），则显见有 $P(f) = 1$，因此当且仅当 f 为非零常数时，成立

$$\inf_{g \in E}\{P(g)\} = P(f) = 1.$$

(2) 对 $\forall\, n \in \mathbf{N}$，令 $f_n(x) = \mathrm{e}^{nx}, x \in [0,1]$. 则 $f_n \in E$ 且

$$P(f_n) = \left[\int_0^1 \mathrm{e}^{nx}\mathrm{d}x \right]\left[\int_0^1 \frac{1}{\mathrm{e}^{nx}}\mathrm{d}x \right] = \frac{1}{n^2}(\mathrm{e}^n - 1)(1 - \mathrm{e}^{-n})$$

$$= \frac{\mathrm{e}^n}{n^2}(1 - \mathrm{e}^{-n})^2 \to +\infty \quad (n \to \infty).$$

可见有 $\sup\limits_{f \in E}\{P(f)\} = +\infty$.

4.3 广义积分

4.3.1 概念辨析与问题讨论

1. 关于双无穷限积分 $\displaystyle\int_{-\infty}^{+\infty} f(x)\mathrm{d}x$ 收敛定义的一点注记.

如所熟知,对双无穷限积分 $\displaystyle\int_{-\infty}^{+\infty} f(x)\mathrm{d}x$,若存在 $a\in\mathbf{R}$,使得 $\displaystyle\int_{a}^{+\infty} f(x)\mathrm{d}x$ 与 $\displaystyle\int_{-\infty}^{a} f(x)\mathrm{d}x$ 均收敛,则称 $\displaystyle\int_{-\infty}^{+\infty} f(x)\mathrm{d}x$ 收敛,且有

$$\int_{-\infty}^{+\infty} f(x)\mathrm{d}x = \int_{-\infty}^{a} f(x)\mathrm{d}x + \int_{a}^{+\infty} f(x)\mathrm{d}x.$$

首先指出,上述定义中 $\displaystyle\int_{-\infty}^{+\infty} f(x)\mathrm{d}x$ 的收敛性与点 a 的选取无关,即 $\displaystyle\int_{-\infty}^{+\infty} f(x)\mathrm{d}x$ 收敛的充要条件是对 $\forall a\in\mathbf{R}$,$\displaystyle\int_{a}^{+\infty} f(x)\mathrm{d}x$ 与 $\displaystyle\int_{-\infty}^{a} f(x)\mathrm{d}x$ 均收敛,且当 $\displaystyle\int_{-\infty}^{+\infty} f(x)\mathrm{d}x$ 收敛时,其值与点 a 也无关. 事实上,如果 $a'\neq a$,则总有

$$\int_{-\infty}^{+\infty} f(x)\mathrm{d}x = \int_{-\infty}^{a} f(x)\mathrm{d}x + \int_{a}^{+\infty} f(x)\mathrm{d}x$$
$$= \int_{-\infty}^{a'} f(x)\mathrm{d}x + \int_{a'}^{a} f(x)\mathrm{d}x + \int_{a}^{+\infty} f(x)\mathrm{d}x$$
$$= \int_{-\infty}^{a'} f(x)\mathrm{d}x + \int_{a'}^{+\infty} f(x)\mathrm{d}x.$$

其次说明,双无穷限积分 $\displaystyle\int_{-\infty}^{+\infty} f(x)\mathrm{d}x$ 的收敛定义可改写为

$$\int_{-\infty}^{+\infty} f(x)\mathrm{d}x = \int_{-\infty}^{a} f(x)\mathrm{d}x + \int_{a}^{+\infty} f(x)\mathrm{d}x$$
$$= \lim_{q\to-\infty}\int_{q}^{a} f(x)\mathrm{d}x + \lim_{p\to+\infty}\int_{a}^{p} f(x)\mathrm{d}x = \lim_{\substack{q\to-\infty\\ p\to+\infty}}\int_{q}^{p} f(x)\mathrm{d}x,$$

其中 p,q 相互独立. 若取 $q=-p$ 且极限 $\displaystyle\lim_{p\to+\infty}\int_{-p}^{p} f(x)\mathrm{d}x$ 存在,则称此极限值为无穷积分的 Cauchy 主值,记为

$$\mathrm{V.P.}\int_{-\infty}^{+\infty} f(x)\mathrm{d}x = \lim_{p\to+\infty}\int_{-p}^{p} f(x)\mathrm{d}x.$$

必须注意的是,无穷积分的 Cauchy 主值存在并不表示这个双无穷限积分收敛. 例如,我们有 $\mathrm{V.P.}\displaystyle\int_{-\infty}^{+\infty}\sin x\,\mathrm{d}x = 0$,但 $\displaystyle\int_{-\infty}^{+\infty}\sin x\,\mathrm{d}x$ 却是发散的.

2. 若广义积分 $\displaystyle\int_a^{+\infty} f(x)\mathrm{d}x$ 有无穷多个瑕点，它是否必定发散？

结论是未必发散. 事实上这样的广义积分仍有可能收敛.

考虑广义积分 $\displaystyle\int_\pi^{+\infty} \frac{\mathrm{d}x}{x^2(\sin x)^{\frac{2}{3}}}$. 它具有无穷限，同时又在 $[\pi,+\infty)$ 上有无穷多个瑕点 $x = k\pi\,(k\in\mathbf{N})$.

首先说明对 $\forall A > \pi$，瑕积分 $\displaystyle\int_\pi^A \frac{\mathrm{d}x}{x^2(\sin x)^{\frac{2}{3}}}$ 收敛. 因 $f(x) = \dfrac{1}{x^2(\sin x)^{\frac{2}{3}}} > 0$ 在 $[\pi, A]$ 上至多只有有限个瑕点，记为 $x = k\pi\,(k = 1,2,\cdots, n)$，则有

$$\lim_{x\to k\pi}(x - k\pi)^{\frac{2}{3}}\frac{1}{x^2(\sin x)^{\frac{2}{3}}} = \lim_{x\to k\pi}\frac{1}{x^2}\left[\frac{x - k\pi}{\sin(x - k\pi)}\right]^{\frac{2}{3}} = \frac{1}{k^2\pi^2}.$$

由 p 判别法可知瑕积分 $\displaystyle\int_\pi^A \frac{\mathrm{d}x}{x^2(\sin x)^{\frac{2}{3}}}$ 收敛.

再说明广义积分 $\displaystyle\int_\pi^{+\infty} \frac{\mathrm{d}x}{x^2(\sin x)^{\frac{2}{3}}}$ 也收敛. 事实上，有

$$\int_\pi^{+\infty}\frac{\mathrm{d}x}{x^2(\sin x)^{\frac{2}{3}}} = \sum_{n=1}^\infty\int_{n\pi}^{(n+1)\pi}\frac{\mathrm{d}x}{x^2(\sin x)^{\frac{2}{3}}} \xlongequal{\text{令 } x = t + n\pi} \sum_{n=1}^\infty\int_0^\pi\frac{\mathrm{d}t}{(t + n\pi)^2(\sin t)^{\frac{2}{3}}}$$
$$< \sum_{n=1}^\infty\frac{1}{n^2\pi^2}\int_0^\pi\frac{\mathrm{d}t}{(\sin t)^{\frac{2}{3}}}.$$

注意到级数 $\displaystyle\sum_{n=1}^\infty \frac{1}{n^2\pi^2}$ 是收敛的 $\left(\text{可计算其和为}\dfrac{1}{6}\right)$，故可将右端的 $\displaystyle\sum_{n=1}^\infty \frac{1}{n^2\pi^2}\cdot\int_0^\pi\frac{\mathrm{d}t}{(\sin t)^{\frac{2}{3}}}$ 看做是一个正常数. 由此可见，正值函数 $f(x)$ 的广义积分有上界，必定收敛.

3. 无穷积分 $\displaystyle\int_1^{+\infty} f(x)\mathrm{d}x$ 与级数 $\displaystyle\sum_{n=1}^\infty f(n)$ 的敛散性有什么关系？

一般而论，这两者之间没有什么必然的联系. 例如，令

$$f(x) = \begin{cases}1, & x = 2,3,\cdots \\ \text{线性}, & x\in\left[n - \dfrac{1}{n^2}, n\right]\bigcup\left[n, n + \dfrac{1}{n^2}\right], n = 2,3,\cdots \\ 0, & \text{其他}(x\geqslant 1).\end{cases}$$

则有

$$\int_1^{+\infty} f(x)\mathrm{d}x = \frac{1}{2^2} + \frac{1}{3^2} + \cdots + \frac{1}{n^2} + \cdots = \sum_{n=1}^\infty\frac{1}{n^2} - 1 = \frac{\pi^2}{6} - 1.$$

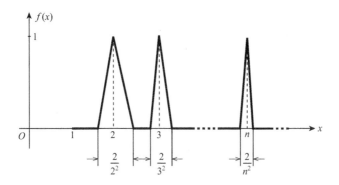

图 4.5

可见无穷积分 $\displaystyle\int_1^{+\infty} f(x)\mathrm{d}x$ 收敛,但级数 $\displaystyle\sum_{n=1}^{\infty} f(n)$ 显然是发散的.

若改令

$$f(x) = \begin{cases} 0, & x \in \mathbf{N}, \\ 1, & \text{其他}(x \geqslant 1). \end{cases}$$

则又得出级数 $\displaystyle\sum_{n=1}^{\infty} f(n)$ 收敛,而无穷积分 $\displaystyle\int_1^{+\infty} f(x)\mathrm{d}x$ 则是发散的.

顺便指出,若对函数 $f(x)$ 加强条件为"在 $[1,+\infty)$ 上正值连续且单调递减",则可得出无穷积分 $\displaystyle\int_1^{+\infty} f(x)\mathrm{d}x$ 与级数 $\displaystyle\sum_{n=1}^{\infty} f(n)$ 同敛散的结论.这一命题的证明在许多数学分析教材中都能找到,通常用于对某一类正项级数的判敛,称之为"Cauchy 积分判敛法".

4. 若瑕积分 $\displaystyle\int_a^b f(x)\mathrm{d}x(x=a$ 为瑕点) 收敛,是否表示有

$$\int_a^b f(x)\mathrm{d}x = \lim_{\|T\| \to 0} \sum_{k=1}^n f(\xi_k)\Delta x_k,$$

其中 $\displaystyle\sum_{k=1}^n f(\xi_k)\Delta x_k$ 是 $f(x)$ 在 $(a,b]$ 上的 Riemann 和?

这一等式未必能成立.考虑定义在 $(0,1]$ 上的函数 $f(x) = |\ln x|$,它在 $(0,1]$ 上的瑕积分是收敛的.事实上有

$$\int_0^1 |\ln x|\,\mathrm{d}x = -\int_0^1 \ln x\,\mathrm{d}x = -\lim_{\varepsilon \to 0^+} \int_\varepsilon^1 \ln x\,\mathrm{d}x = 1.$$

现将区间 $(0,1]$ 作 n 等分,分点为 $x_k = \dfrac{k}{n}, k=1,2,\cdots,n-1$.在第一个小区

间内取 $\xi'_1 = \mathrm{e}^{-n}, \xi''_1 = \mathrm{e}^{-2n} \in \left[0, \dfrac{1}{n}\right]$，在其余小区间 $\left[\dfrac{k-1}{n}, \dfrac{k}{n}\right]$ 上取 $\xi'_k = \xi''_k$，

$k = 2, 3, \cdots, n$. 如果 $\displaystyle\int_0^1 |\ln x| \, \mathrm{d}x$ 是 Riemann 和 $\displaystyle\sum_{k=1}^n f(\xi_k) \Delta x_k$ 的极限，则应有

$$\lim_{n \to \infty} \sum_{k=1}^n f(\xi'_k) \Delta x_k = \lim_{n \to \infty} \sum_{k=1}^n f(\xi''_k) \Delta x_k.$$

但上式两端和数中有一项取值不同，即对第一项有

$$f(\xi'_1) \Delta x_1 = \frac{1}{n} |\ln \mathrm{e}^{-n}| = 1, \quad f(\xi''_1) \Delta x_1 = \frac{1}{n} |\ln \mathrm{e}^{-2n}| = 2.$$

由此可见上述等式不能成立. 换句话说，Riemann 和的极限与介点集 ξ 有关. 因此，即使瑕积分收敛也不表示有

$$\int_a^b f(x) \, \mathrm{d}x = \lim_{\|T\| \to 0} \sum_{k=1}^n f(\xi_k) \Delta x_k$$

成立.

　　自然要问，要添加什么条件，才能保证上述等式成立？

　　常用的一个命题是：若瑕积分 $\displaystyle\int_0^1 f(x) \, \mathrm{d}x$ 收敛（$x = 0$ 为瑕点），且函数 $f(x)$ 在 $(0, 1]$ 上单调，则有

$$\lim_{n \to \infty} \frac{1}{n} \sum_{k=1}^n f\left(\frac{k}{n}\right) = \int_0^1 f(x) \, \mathrm{d}x.$$

证明请参见例 4.3.15.

5. 关于无穷积分 $\displaystyle\int_a^{+\infty} f(x) \, \mathrm{d}x$ 收敛与函数 $f(x)$ 在无穷远处的性态.

　　首先指出，无穷积分 $\displaystyle\int_a^{+\infty} f(x) \, \mathrm{d}x$ 收敛并不表示必定有 $\displaystyle\lim_{x \to +\infty} f(x) = 0$. 典型的反例是：无穷积分

$$\int_0^{+\infty} \sin(x^2) \, \mathrm{d}x \xrightarrow{\ \ \text{令} \ x = \sqrt{t}\ \ } \frac{1}{2} \int_0^{+\infty} \frac{\sin t}{\sqrt{t}} \, \mathrm{d}t$$

收敛（用 Dirichlet 判别法），但 $\displaystyle\lim_{x \to +\infty} \sin(x^2)$ 不存在.

　　即使对 $f(x)$ 加强条件为"在 $[a, +\infty)$ 上非负（或更进一步改为'非负连续'）"，由 $\displaystyle\int_a^{+\infty} f(x) \, \mathrm{d}x$ 收敛也不能得出有 $\displaystyle\lim_{x \to +\infty} f(x) = 0$. 读者可参见 4.3.1 节第 3 部分中提供的反例.

　　只要将 4.3.1 节第 3 部分中的反例稍作改动，我们还可以得出更为深刻的结果. 例如，取 $f(x)$ 为 4.3.1 节第 3 部分反例中的函数，并令

$$g(x) = f(x) + \frac{1}{x^2}, \quad x \in [1, +\infty),$$

则有

$$\int_1^{+\infty} g(x)\mathrm{d}x = \int_1^{+\infty} f(x)\mathrm{d}x + \int_1^{+\infty} \frac{1}{x^2}\mathrm{d}x = \int_1^{+\infty} f(x)\mathrm{d}x + 1.$$

可见无穷积分 $\int_1^{+\infty} g(x)\mathrm{d}x$ 收敛,且 $g(x)$ 在 $[1,+\infty)$ 上恒正连续,但 $\lim\limits_{x\to+\infty} g(x)$ 不存在.

再如,将 4.3.1 节第 3 部分中的 $f(x)$ 改写为

$$f(x) = \begin{cases} n, & x = 2,3,\cdots \\ \text{线性}, & x \in \left[n - \frac{1}{n^3}, n\right] \cup \left[n + \frac{1}{n^3}, n\right], n = 2,3,\cdots \\ 0, & \text{其他}(x \geqslant 1). \end{cases}$$

则 $\int_1^{+\infty} f(x)\mathrm{d}x$ 仍是收敛的,但 $f(x)$ 在 $x\to+\infty$ 时无界!

容易证明,若 $\lim\limits_{x\to+\infty} f(x) = A(\neq 0)$,则 $\int_a^{+\infty} f(x)\mathrm{d}x$ 必定发散. 那么,在 $\int_a^{+\infty} f(x)\mathrm{d}x$ 收敛条件下,需对 $f(x)$ 添加何种条件,可保证有 $\lim\limits_{x\to+\infty} f(x) = 0$?一般地,我们有以下结果:

1° $\lim\limits_{x\to+\infty} f(x)$ 存在;或者

2° $f(x)$ 在 $[a,+\infty)$ 上单调;或者

3° $f(x)$ 在 $[a,+\infty)$ 上一致连续,或者

4° $f(x)$ 在 $[a,+\infty)$ 上的导函数有界.

其中 3°的证明见例 4.3.16,其余留作练习.

6. 广义积分的收敛、绝对收敛与平方收敛之间有什么关系?

我们分别进行讨论.

(1) 收敛与绝对收敛.

熟知的结论是:绝对收敛的广义积分(无穷积分或瑕积分)必定收敛,但反之则未必. 反例是

无穷积分: $\int_1^{+\infty} \frac{\sin x}{x}\mathrm{d}x$ 收敛(Dirichlet 判别法),而由

$$\left|\frac{\sin x}{x}\right| \geqslant \frac{\sin^2 x}{x} = \frac{1}{2}\left(\frac{1}{x} - \frac{\cos 2x}{x}\right), \quad x \geqslant 1,$$

用类似方法可得出 $\int_1^{+\infty} \frac{\cos 2x}{x}\mathrm{d}x$ 收敛,但 $\int_1^{+\infty} \frac{1}{x}\mathrm{d}x$ 是发散的,故 $\int_1^{+\infty} \left|\frac{\sin x}{x}\right|\mathrm{d}x$ 发散.

瑕积分：$\displaystyle\int_0^1 \dfrac{\sin\dfrac{1}{x}}{x}\mathrm{d}x$ 收敛（$x=0$ 是瑕点）. 事实上若记 $\dfrac{\sin\dfrac{1}{x}}{x}=x\cdot\dfrac{\sin\dfrac{1}{x}}{x^2}$，则有

$$\left|\int_A^1 \frac{\sin\dfrac{1}{x}}{x^2}\mathrm{d}x\right|=\left|\cos\frac{1}{A}-\cos 1\right|\leqslant 2.$$

而 $g(x)=x$ 在 $(0,1]$ 上单调且 $\lim\limits_{x\to 0^+}g(x)=0$，适用于 Dirichlet 判别法. 但是

$$\left|\frac{\sin\dfrac{1}{x}}{x}\right|\geqslant\frac{\sin^2\dfrac{1}{x}}{x}=\frac{1}{2}\left(\frac{1}{x}-\frac{\cos\dfrac{2}{x}}{x}\right).$$

用类似方法可证明 $\displaystyle\int_0^1\left|\dfrac{\sin\dfrac{1}{x}}{x}\right|\mathrm{d}x$ 发散.

（2）绝对收敛与平方收敛.

对无穷积分而言，两者之间没有必然联系，但对瑕积分而言，平方收敛必定绝对收敛.

无穷积分：若令

$$f(x)=\begin{cases} n^2, & x=n,\ n\in\mathbf{N}, \\ \text{线性}, & x\in\left[n-\dfrac{1}{2\,n^2},n\right]\cup\left[n,n+\dfrac{1}{2\,n^4}\right],\ n\in\mathbf{N}, \\ 0, & \text{其他}(x\geqslant 0). \end{cases}$$

则有

$$\int_0^{+\infty}|f(x)|\mathrm{d}x=\int_0^{+\infty}f(x)\mathrm{d}x=\frac{1}{2}\left(1^2\cdot 1+2^2\cdot\frac{1}{2^4}+\cdots+n^2\cdot\frac{1}{n^4}+\cdots\right)$$

$$=\frac{1}{2}\sum_{n=1}^{\infty}\frac{1}{n^2}=\frac{1}{12}\pi^2.$$

可见 $\displaystyle\int_0^{+\infty}|f(x)|\mathrm{d}x$ 是收敛的，而 $\displaystyle\int_0^{+\infty}f^2(x)\mathrm{d}x=\dfrac{1}{2}\sum_{n=1}^{\infty}n^4\cdot\dfrac{1}{n^4}=+\infty$ 显然是发散的.

再令 $g(x)=\dfrac{1}{x}(x\geqslant 1)$，则 $\displaystyle\int_1^{+\infty}g^2(x)\mathrm{d}x=\int_1^{+\infty}\dfrac{1}{x^2}\mathrm{d}x$ 收敛，而 $\displaystyle\int_1^{+\infty}|g(x)|\mathrm{d}x$ $=\displaystyle\int_1^{+\infty}\dfrac{1}{x}\mathrm{d}x$ 是发散的.

瑕积分：若令 $f(x)=\dfrac{1}{\sqrt{x}}$，$x\in(0,1]$，则 $\displaystyle\int_0^1|f(x)|\mathrm{d}x=\int_0^1\dfrac{1}{\sqrt{x}}\mathrm{d}x$ 收敛（x

$= 0$ 为瑕点),而 $\displaystyle\int_0^1 f^2(x)\mathrm{d}x = \int_0^1 \frac{1}{x}\mathrm{d}x$ 是发散的.

但若 $\displaystyle\int_a^b f^2(x)\mathrm{d}x$ 收敛($x = a$ 为瑕点),必定可推出 $\displaystyle\int_a^b |f(x)\mathrm{d}x|$ 收敛. 事实上,对 $\forall x \in (a,b]$,由

$$(|f(x)|-1)^2 = f^2(x) - 2|f(x)| + 1 \geqslant 0 \ \Rightarrow\ 0 \leqslant |f(x)| \leqslant \frac{1}{2}[1 + f^2(x)].$$

用比较判别法可知 $\displaystyle\int_a^b |f(x)|\mathrm{d}x$ 必定也收敛.

（3）收敛与平方收敛.

对无穷积分而言,两者之间没有必然的联系,但对瑕积分而言,平方收敛必定收敛.

无穷积分：若令 $f(x) = \dfrac{\sin x}{\sqrt{x}}\,(x \geqslant 1)$,则 $\displaystyle\int_1^{+\infty} f(x)\mathrm{d}x = \int_1^{+\infty} \frac{\sin x}{\sqrt{x}}\mathrm{d}x$ 收敛

(Dirichlet 判别法),而 $\displaystyle\int_1^{+\infty} f^2(x)\mathrm{d}x = \int_1^{+\infty} \frac{\sin^2 x}{x}\mathrm{d}x$ 是发散的(见本问题的(1)).

平方收敛但不收敛的反例可见本问题的(2).

瑕积分：收敛但不平方收敛的反例可见本问题的(2),但若 $\displaystyle\int_a^b f^2(x)\mathrm{d}x$ 收敛($x = a$

为瑕点),仍由本问题的(2)的结论可知有 $\displaystyle\int_a^b |f(x)|\mathrm{d}x$ 收敛,从而 $\displaystyle\int_a^b f(x)\mathrm{d}x$ 必定也收敛.

7. 广义积分判敛中的阶估计方法.

在对广义积分判敛时,我们经常应用以下阶估计的方法.

命题 4.3.1 若存在 $p > 1$,使 $f(x) = \mathrm{O}\left[\dfrac{1}{x^p}\right]\,(x \to +\infty)$,则无穷积分

$\displaystyle\int_a^{+\infty} f(x)\mathrm{d}x$ 绝对收敛. 若有

$$f(x) \sim \frac{c}{x^p} \quad (c \neq 0, x \to +\infty).$$

则当 $p > 1$ 时,$\displaystyle\int_a^{+\infty} f(x)\mathrm{d}x$ 收敛;当 $p \leqslant 1$ 时,$\displaystyle\int_a^{+\infty} f(x)\mathrm{d}x$ 发散.

若存在 $p < 1$,使 $f(x) = \mathrm{O}\left[\dfrac{1}{(x-a)^p}\right]\,(x \to a^+)$,则瑕积分 $\displaystyle\int_a^b f(x)\mathrm{d}x(x = a$ 为瑕点)绝对收敛. 若有

$$f(x) \sim \frac{c}{(x-a)^p} \quad (c \neq 0, x \to a^+),$$

则当 $p < 1$ 时, $\int_a^b f(x)\mathrm{d}x$ 收敛;当 $p \geqslant 1$ 时, $\int_a^b f(x)\mathrm{d}x$ 发散.

广义积分判敛中的阶估计法,具有简洁、方便的特点,在后面的判敛例题中我们将多次应用这一方法. 但是,它只适用于绝对收敛情况以及 $f(x)$ 在极限过程中保持同号的情况,这是该方法的不足之处,读者在具体应用时应予以注意.

4.3.2　解题分析

4.3.2.1　广义积分计算

1. 一般性计算.

广义积分的一般性计算包含直接利用 Newton-Leibniz 公式法、分部积分法以及变量替换法计算的例题. 实际上,它们都可以看成是定积分计算中的同名方法再加上一个相应的极限过程. 这些方法对无穷积分与瑕积分同样适用.

例 4.3.1　计算广义积分

(1) $\displaystyle\int_0^{+\infty} \frac{\ln x}{1+x^2}\mathrm{d}x$;　　(2) $\displaystyle\int_1^{+\infty} \left(\arcsin\frac{1}{x} - \frac{1}{x}\right)\mathrm{d}x$;

(3) $\displaystyle\int_1^{+\infty} \frac{x\mathrm{e}^{-x}}{(1+\mathrm{e}^{-x})^2}\mathrm{d}x$.

解　(1) 令 $x = \dfrac{1}{t}$,则 $\mathrm{d}x = -\dfrac{1}{t^2}\mathrm{d}t$. 于是

$$I \triangleq \int_0^{+\infty} \frac{\ln x}{1+x^2}\mathrm{d}x = \int_{+\infty}^0 \frac{\ln\dfrac{1}{t}}{1+\left(\dfrac{1}{t}\right)^2}\left(-\frac{1}{t^2}\right)\mathrm{d}t = -\int_0^{+\infty} \frac{\ln t}{1+t^2}\mathrm{d}t = -I.$$

由此得出 $I = 0$.

或者先将原积分拆分成“$\displaystyle\int_0^1 + \int_1^{+\infty}$”两部分,再对后一积分作代换

$$\int_0^{+\infty} \frac{\ln x}{1+x^2}\mathrm{d}x = \int_0^1 \frac{\ln x}{1+x^2}\mathrm{d}x + \int_1^{+\infty} \frac{\ln x}{1+x^2}\mathrm{d}x \quad (\text{后一积分中令 } x = \frac{1}{t})$$

$$= \int_0^1 \frac{\ln x}{1+x^2}\mathrm{d}x + \int_1^0 \frac{\ln t}{1+t^2}\mathrm{d}t = 0.$$

(2) 令 $x = \dfrac{1}{t}$,有

$$\int_1^{+\infty} \left(\arcsin\frac{1}{x} - \frac{1}{x}\right)\mathrm{d}x = \int_0^1 (t - \arcsin t)\mathrm{d}\left(\frac{1}{t}\right)$$

$$= \frac{t - \arcsin t}{t}\bigg|_0^1 - \int_0^1 \frac{1}{t}\left(1 - \frac{1}{\sqrt{1-t^2}}\right)\mathrm{d}t$$

$$= 1 - \frac{\pi}{2} - \int_0^1 \frac{\sqrt{1-t^2}-1}{t\sqrt{1-t^2}} dt$$

$$= 1 - \frac{\pi}{2} + \int_0^1 \frac{t}{\sqrt{1-t^2}(\sqrt{1-t^2}+1)} dt$$

$$= 1 - \frac{\pi}{2} - \int_0^1 [\ln(1+\sqrt{1-t^2})]' dt$$

$$= 1 - \frac{\pi}{2} - \ln(1+\sqrt{1-t^2})\Big|_0^1 = 1 - \frac{\pi}{2} + \ln 2.$$

(3) 先计算 $\int \frac{x e^{-x}}{(1+e^{-x})^2} dx$.

$$\int \frac{x e^{-x}}{(1+e^{-x})^2} dx = \int x d\left(\frac{1}{1+e^{-x}}\right) = \frac{x}{1+e^{-x}} - \int \frac{dx}{1+e^{-x}}$$

$$= \frac{x}{1+e^{-x}} - \int \frac{e^x}{1+e^x} dx$$

$$= \frac{x e^x}{1+e^x} - \ln(1+e^x) + C.$$

于是

$$原式 = \lim_{x \to +\infty}\left[\frac{x e^x}{1+e^x} - \ln(1+e^x)\right] + \ln 2,$$

其中

$$\lim_{x \to +\infty}\left[\frac{x e^x}{1+e^x} - \ln(1+e^x)\right] = \lim_{x \to +\infty}\left[\frac{x e^x}{1+e^x} - x + x - \ln(1+e^x)\right]$$

$$= \lim_{x \to +\infty}\left(\frac{-x}{1+e^x} - \ln\frac{e^x}{1+e^x}\right) = 0.$$

故有 $\int_0^{+\infty} \frac{x e^{-x}}{(1+e^{-x})^2} dx = \ln 2$.

更好的方法是先对被积函数作恒等变形，再用分部积分法.

$$\int_0^{+\infty} \frac{x e^{-x}}{(1+e^{-x})^2} dx = \int_0^{+\infty} \frac{x e^x}{(1+e^x)^2} dx = \int_0^{+\infty} x d\left(-\frac{1}{1+e^x}\right)$$

$$= -\frac{x}{1+e^x}\Big|_0^{+\infty} + \int_0^{+\infty} \frac{dx}{1+e^x} = \int_0^{+\infty} \frac{dx}{1+e^x} \quad (令\ e^x = t)$$

$$= \int_1^{+\infty} \frac{1}{t(1+t)} dt = \ln\frac{t}{1+t}\Big|_1^{+\infty} = \ln 2.$$

例 4.3.2 计算广义积分

(1) $\int_a^b \frac{dx}{\sqrt{(x-a)(b-x)}}$;   (2) $\int_0^{\frac{\pi}{2}} \frac{dx}{\sqrt{\tan x}}$;

(3) $\int_0^1 x^n (\ln x)^m \mathrm{d} x \quad (n, m \in \mathbf{N})$.

解 (1) 注意到对 $\forall\, x \in (a, b)$，有

$$0 < \frac{x-a}{b-a} < 1, \qquad 0 < \frac{b-x}{b-a} < 1,$$

且其和为 1，故令 $\dfrac{x-a}{b-a} = \sin^2 t$，则 $x = a + (b-a)\sin^2 t = a\cos^2 t + b\sin^2 t, \mathrm{d} x = 2(b-a)\cos t \sin t \mathrm{d} t$. 于是

$$原式 = 2\int_0^{\frac{\pi}{2}} \mathrm{d} t = \pi.$$

(2) 令 $\tan x = t^2$，则 $x = \arctan t^2, \mathrm{d} x = \dfrac{2t}{1+t^4} \mathrm{d} t$. 于是

$$I \triangleq 2\int_0^{+\infty} \frac{1}{1+t^4} \mathrm{d} t \xlongequal{\;\diamond\, t = \frac{1}{u}\;} 2\int_0^{+\infty} \frac{u^2 \mathrm{d} u}{1+u^4} = 2\int_0^{+\infty} \frac{u^2+1}{1+u^4} \mathrm{d} u - I.$$

由此得出

$$I = \int_0^{+\infty} \frac{u^2+1}{u^4+1} \mathrm{d} u = \int_0^{+\infty} \frac{1 + \dfrac{1}{u^2}}{u^2 + \dfrac{1}{u^2}} \mathrm{d} u = \int_0^{+\infty} \frac{\mathrm{d}\left(u - \dfrac{1}{u}\right)}{\left(u - \dfrac{1}{u}\right)^2 + 2}$$

$$= \left. \left[\frac{1}{\sqrt{2}} \arctan \frac{u - \dfrac{1}{u}}{\sqrt{2}} \right] \right|_0^{+\infty} = \frac{\pi}{\sqrt{2}}.$$

(3) 先用分部积分法求出递推公式. 记

$$I_m \triangleq \int_0^1 x^n (\ln x)^m \mathrm{d} x = \frac{1}{n+1} \int_0^1 (\ln x)^m \mathrm{d}(x^{n+1})$$

$$= \frac{1}{n+1} \left[x^{n+1} (\ln x)^m \right] \Big|_0^1 - \frac{m}{n+1} \int_0^1 x^n (\ln x)^{m-1} \mathrm{d} x$$

$$= -\frac{m}{n+1} I_{m-1}.$$

由此得出

$$I_m = -\frac{m}{n+1} I_{m-1} = -\frac{m}{n+1} \left(-\frac{m-1}{n+1} \right) I_{m-2} = \cdots$$

$$= -\frac{m}{n+1} \left(-\frac{m-1}{n+1} \right) \cdots \left(-\frac{1}{n+1} \right) I_0$$

$$= (-1)^m \frac{m!}{(n+1)^m} \int_0^1 x^n \mathrm{d} x = (-1)^m \frac{m!}{(n+1)^{m+1}}.$$

例 4.3.3 证明无穷积分 $\displaystyle\int_0^{+\infty} \dfrac{\mathrm{d}x}{(1+x^2)(1+x^\alpha)}$ $(\alpha \in \mathbf{R})$ 之值与 α 无关.

证明 令 $x = \tan t$,则 $\mathrm{d}x = \sec^2 t\,\mathrm{d}t$. 于是

$$I \triangleq \int_0^{\frac{\pi}{2}} \frac{\mathrm{d}t}{1+\tan^\alpha t} = \int_0^{\frac{\pi}{2}} \frac{\cos^\alpha t}{\sin^\alpha t + \cos^\alpha t}\mathrm{d}t \xrightarrow{\;\; 令\; t = \frac{\pi}{2} - u\;\;} \int_0^{\frac{\pi}{2}} \frac{\sin^\alpha u}{\sin^\alpha u + \cos^\alpha u}\mathrm{d}u.$$

由此得出

$$2I = \int_0^{\frac{\pi}{2}} \frac{\sin^\alpha t + \cos^\alpha t}{\sin^\alpha t + \cos^\alpha t}\mathrm{d}t = \int_0^{\frac{\pi}{2}}\mathrm{d}t = \frac{\pi}{2}.$$

从而 $I = \dfrac{\pi}{4}$(常数,与 α 无关).

例 4.3.4 计算广义积分 $I = \displaystyle\int_0^{\frac{\pi}{2}} \frac{1}{\sqrt{x}}f(x)\mathrm{d}x$,其中 $f(x) = \displaystyle\int_{\sqrt{x}}^{\sqrt{\frac{\pi}{2}}} \frac{\mathrm{d}t}{1+(\tan t^2)^{\sqrt{2}}}$.

分析 对 I 分部积分

$$I = 2\int_0^{\frac{\pi}{2}} f(x)\mathrm{d}(\sqrt{x}) = 2\sqrt{x}f(x)\Big|_0^{\frac{\pi}{2}} - 2\int_0^{\frac{\pi}{2}} \sqrt{x}f'(x)\mathrm{d}x$$

$$= -2\int_0^{\frac{\pi}{2}} \sqrt{x}\left[-\frac{1}{1+(\tan x)^{\sqrt{2}}} \cdot \frac{1}{2\sqrt{x}}\right]\mathrm{d}x$$

$$= \int_0^{\frac{\pi}{2}} \frac{1}{1+(\tan x)^{\sqrt{2}}}\mathrm{d}x.$$

借用上例的结果,得 $I = \dfrac{\pi}{4}$.

例 4.3.5 证明 $\displaystyle\int_1^{+\infty} \left[\frac{1}{[x]} - \frac{1}{x}\right]\mathrm{d}x = \lim_{n\to\infty}\left(1 + \frac{1}{2} + \cdots + \frac{1}{n} - \ln n\right)$.

证明 因对 $\forall\, x \geqslant 2$,有

$$0 \leqslant \left|\frac{1}{[x]} - \frac{1}{x}\right| \leqslant \frac{1}{(x-1)x},$$

由比较判别法可知无穷积分收敛,于是有

$$\int_1^{+\infty}\left[\frac{1}{[x]} - \frac{1}{x}\right]\mathrm{d}x = \lim_{n\to\infty}\int_1^n\left[\frac{1}{[x]} - \frac{1}{x}\right]\mathrm{d}x = \lim_{n\to\infty}\sum_{k=1}^{n-1}\int_k^{k+1}\left[\frac{1}{[x]} - \frac{1}{x}\right]\mathrm{d}x$$

$$= \lim_{n\to\infty}\sum_{k=1}^{n-1}\int_k^{k+1}\left[\frac{1}{k} - \frac{1}{x}\right]\mathrm{d}x = \lim_{n\to\infty}\sum_{k=1}^{n-1}\left(\frac{1}{k} - \ln\frac{k+1}{k}\right)$$

$$= \lim_{n\to\infty}\left(1 + \frac{1}{2} + \cdots + \frac{1}{n-1} - \ln n\right).$$

因已知极限 $\displaystyle\lim_{n\to\infty}\left(1 + \frac{1}{2} + \cdots + \frac{1}{n} - \ln n\right)$ 存在(见习题一第 12 题),故有

$$\lim_{n \to \infty} \left(1 + \frac{1}{2} + \cdots + \frac{1}{n-1} - \ln n \right) = \lim_{n \to \infty} \left(1 + \frac{1}{2} + \cdots + \frac{1}{n} - \ln n \right).$$

从而得出

$$\int_1^{+\infty} \left[\frac{1}{[x]} - \frac{1}{x} \right] \mathrm{d} x = \lim_{n \to \infty} \left(1 + \frac{1}{2} + \cdots + \frac{1}{n} - \ln n \right).$$

2. Euler 积分与 Froullani 积分计算.

例 4.3.6　计算 Euler 积分

$$I = \int_0^{\frac{\pi}{2}} \ln \sin x \mathrm{d} x.$$

分析　Euler 积分的收敛性不难说明. 因 $\ln \sin x$ 在 $\left[0, \frac{\pi}{2} \right]$ 上不变号,可用 p 判别法,取 $p = \frac{1}{2} < 1$,则有

$$\lim_{x \to 0^+} x^{\frac{1}{2}} \ln \sin x = \lim_{x \to 0^+} \frac{\ln \sin x}{x^{-\frac{1}{2}}} = -2 \lim_{x \to 0^+} \sqrt{x} \cos x \frac{x}{\sin x} = 0.$$

可见 Euler 积分收敛.

我们也可以改用分部积分的方法判定.

$$\int_0^{\frac{\pi}{2}} \ln \sin x \mathrm{d} x = x \ln \sin x \Big|_0^{\frac{\pi}{2}} - \int_0^{\frac{\pi}{2}} x \frac{\cos x}{\sin x} \mathrm{d} x = - \int_0^{\frac{\pi}{2}} \frac{x}{\tan x} \mathrm{d} x.$$

在补充定义 $\dfrac{x}{\tan x} \Big|_{x=0} = 1$ 后,上式中最后一个积分可视为定积分.

现用变量替换方法计算 Euler 积分. 令 $x = 2t$,有

$$I = 2 \int_0^{\frac{\pi}{4}} \ln \sin 2t \mathrm{d} t = \frac{\pi}{2} \ln 2 + 2 \int_0^{\frac{\pi}{4}} \ln \sin t \mathrm{d} t + 2 \int_0^{\frac{\pi}{4}} \ln \cos t \mathrm{d} t. \quad (4.3.1)$$

在(4.3.1)右端最后一个积分中再令 $t = \dfrac{\pi}{2} - u$,又有

$$\int_0^{\frac{\pi}{4}} \ln \cos t \mathrm{d} t = \int_{\frac{\pi}{4}}^{\frac{\pi}{2}} \ln \sin u \mathrm{d} u.$$

由此得出

$$I = \frac{\pi}{2} \ln 2 + 2 \int_0^{\frac{\pi}{4}} \ln \sin t \mathrm{d} t + 2 \int_{\frac{\pi}{4}}^{\frac{\pi}{2}} \ln \sin t \mathrm{d} t = \frac{\pi}{2} \ln 2 + 2 \int_0^{\frac{\pi}{2}} \ln \sin t \mathrm{d} t$$

$$= \frac{\pi}{2} \ln 2 + 2I.$$

从而有 $I = -\dfrac{\pi}{2} \ln 2.$

例 4.3.7 计算广义积分

(1) $\displaystyle\int_0^1 \frac{\ln x}{\sqrt{1-x^2}}\mathrm{d}x;$ (2) $\displaystyle\int_0^\pi x\ln\sin x\,\mathrm{d}x;$ (3) $\displaystyle\int_0^\pi \frac{x\sin x}{1-\cos x}\mathrm{d}x.$

分析 以上几个积分经过适当变换和运算后均可化为 Euler 积分.

(1) 可令 $x=\sin t$,解得 $I=-\dfrac{\pi}{2}\ln 2$.

(2) 先令 $x=\pi-t$,可得出 $I=\dfrac{\pi}{2}\displaystyle\int_0^\pi \ln\sin t\,\mathrm{d}t$. 拆分成" $\displaystyle\int_0^{\frac{\pi}{2}}+\int_{\frac{\pi}{2}}^{\pi}$ "两部分并对后一积分再作变量替换,得 $I=-\dfrac{\pi^2}{2}\ln 2$.

(3) 先分部积分

$$\int_0^\pi \frac{x\sin x}{1-\cos x}\mathrm{d}x = \int_0^\pi x\mathrm{d}[\ln(1-\cos x)] = x\ln(1-\cos x)\Big|_0^\pi - \int_0^\pi \ln(1-\cos x)\mathrm{d}x$$

$$= \pi\ln 2 - \int_0^\pi \ln(1-\cos x)\mathrm{d}x$$

$$= \pi\ln 2 - \int_0^\pi \ln 2\sin^2\frac{x}{2}\mathrm{d}x$$

$$= -2\int_0^\pi \ln\left|\sin\frac{x}{2}\right|\mathrm{d}x.$$

令 $\dfrac{x}{2}=t$ 后将积分拆成" $\displaystyle\int_0^{\frac{\pi}{2}}+\int_{\frac{\pi}{2}}^{\pi}+\int_{\pi}^{\frac{3}{2}\pi}+\int_{\frac{3}{2}\pi}^{2\pi}$ "四部分,对后三个积分再分别作变量替换,最后解得 $I=2\pi\ln 2$.

例 4.3.8 Froullani 积分

$$I = \int_0^{+\infty} \frac{f(ax)-f(bx)}{x}\mathrm{d}x \quad (a,b>0). \tag{4.3.2}$$

(1) 若 $f(x)\in C[0,+\infty)$,且当 $x\to+\infty$ 时 $f(x)$ 极限存在(记为 $f(+\infty)$),则(4.3.2)收敛,其值为 $[f(0)-f(+\infty)]\ln\dfrac{b}{a}$;

(2) 若 $f(x)$ 在 $x\to+\infty$ 时没有有限极限,但存在 $A>0$ 使 $\displaystyle\int_A^{+\infty}\frac{f(x)}{x}\mathrm{d}x$ 收敛,则(4.3.2)收敛,其值为 $f(0)\ln\dfrac{b}{a}$.

证明 我们只说明(1)的情况. 对 $\forall[\alpha,\beta]\subset(0,+\infty)$,有

$$\int_\alpha^\beta \frac{f(ax)-f(bx)}{x}\mathrm{d}x = \int_\alpha^\beta \frac{f(ax)}{x}\mathrm{d}x - \int_\alpha^\beta \frac{f(bx)}{x}\mathrm{d}x.$$

在上式右端两积分中分别作变量替换 $ax=t$ 及 $bx=t$,就有

$$\int_\alpha^\beta \frac{f(ax) - f(bx)}{x} \mathrm{d}x$$

$$= \int_{a\alpha}^{a\beta} \frac{f(t)}{t} \mathrm{d}t - \int_{b\alpha}^{b\beta} \frac{f(t)}{t} \mathrm{d}t = \left(\int_{a\alpha}^{ba} + \int_{b\beta}^{a\beta} - \int_{b\alpha}^{b\beta} \right) \frac{f(t)}{t} \mathrm{d}t$$

$$= \int_{a\alpha}^{ba} \frac{f(t)}{t} \mathrm{d}t - \int_{a\beta}^{b\beta} \frac{f(t)}{t} \mathrm{d}t.$$

由积分第一中值定理,有

$$\int_{a\alpha}^{ba} \frac{f(t)}{t} \mathrm{d}t = f(\xi) \int_{a\alpha}^{ba} \frac{1}{t} \mathrm{d}t = f(\xi) \ln \frac{b}{a},$$

$$\int_{a\beta}^{b\beta} \frac{f(t)}{t} \mathrm{d}t = f(\eta) \int_{a\beta}^{b\beta} \frac{1}{t} \mathrm{d}t = f(\eta) \ln \frac{b}{a},$$

其中 ξ 介于 $a\alpha$ 与 ba 之间,η 介于 $a\beta$ 与 $b\beta$ 之间. 令 $\alpha \to 0^+$,$\beta \to +\infty$,则同时有 $\xi \to 0^+$,$\eta \to +\infty$. 由 $f(x)$ 连续性及 $f(+\infty)$ 存在性,即有

$$\int_0^{+\infty} \frac{f(ax) - f(bx)}{x} \mathrm{d}x = \lim_{\substack{\alpha \to 0^+ \\ \beta \to +\infty}} \int_\alpha^\beta \frac{f(ax) - f(bx)}{x} \mathrm{d}x$$

$$= \left[\lim_{\xi \to 0^+} f(\xi) - \lim_{\eta \to +\infty} f(\eta) \right] \ln \frac{b}{a}$$

$$= \left[f(0) - f(+\infty) \right] \ln \frac{b}{a}.$$

例 4.3.9   计算广义积分

(1) $\displaystyle \int_0^1 \frac{x^{a-1} - x^{b-1}}{\ln x} \mathrm{d}x$ $(a, b > 0)$;

(2) $\displaystyle \int_0^{+\infty} \frac{\mathrm{e}^{-ax^2} - \mathrm{e}^{-bx^2}}{x} \mathrm{d}x$ $(a, b > 0)$;

(3) $\displaystyle \int_0^{+\infty} \frac{b\sin ax - a\sin bx}{x^2} \mathrm{d}x$ $(a, b > 0)$.

分析   以上几个积分经过适当变换和运算后均可化为 Froullani 积分.

(1) 令 $\ln x = t$,则 $\mathrm{d}x = \mathrm{e}^t \mathrm{d}t$. 于是

$$原式 = \int_{-\infty}^0 \frac{\mathrm{e}^{at} - \mathrm{e}^{bt}}{t} \mathrm{d}t \xrightarrow{\ \ 令\ t = -u\ \ } \int_0^{+\infty} \frac{\mathrm{e}^{-au} - \mathrm{e}^{-bu}}{u} \mathrm{d}u.$$

记 $f(x) = \mathrm{e}^{-x}$,则上式成为 Froullani 积分的第一种情况,可以解得 $I = \ln \dfrac{a}{b}$.

(2) 我们有

$$原式 = \frac{1}{2} \int_0^{+\infty} \frac{\mathrm{e}^{-ax^2} - \mathrm{e}^{-bx^2}}{x^2} \mathrm{d}(x^2) \xrightarrow{\ \ 令\ x^2 = t\ \ } \frac{1}{2} \int_0^{+\infty} \frac{\mathrm{e}^{-at} - \mathrm{e}^{-bt}}{t} \mathrm{d}t = \frac{1}{2} \ln \frac{b}{a}.$$

(3) 先用分部积分法计算

$$原式 = \int_0^{+\infty} (b\sin ax - a\sin bx)\mathrm{d}\left(-\frac{1}{x}\right)$$

$$= -\frac{b\sin ax - a\sin bx}{x}\bigg|_0^{+\infty} + ab\int_0^{+\infty}\frac{\cos ax - \cos bx}{x}\mathrm{d}x$$

$$= ab\int_0^{+\infty}\frac{\cos ax - \cos bx}{x}\mathrm{d}x.$$

令 $f(x) = \cos x$，则上式成为 Froullani 积分的第二种情况，可以解得 $I = ab\ln\dfrac{b}{a}$.

4.3.2.2　广义积分的敛散性判定

首先考虑非负（或定号）函数的广义积分敛散性问题. 这类广义积分的判敛常用比较法、p 判别法或阶估计法.

例 4.3.10　判定下列广义积分的敛散性：

(1) $\displaystyle\int_0^{\pi}\frac{\mathrm{d}x}{\sqrt{\sin x}}$；　　　　　　(2) $\displaystyle\int_0^{+\infty}\frac{\mathrm{d}x}{1 + x\,|\sin x|}$；

(3) $\displaystyle\int_0^{+\infty}\frac{\sin^2 x}{x}\mathrm{d}x$；　　　　　(4) $\displaystyle\int_1^{+\infty}\ln\left(\cos\frac{1}{x} + \sin\frac{1}{x}\right)\mathrm{d}x$.

解　(1) 将原广义积分记为

$$\int_0^{\pi}\frac{\mathrm{d}x}{\sqrt{\sin x}} = \int_0^{\frac{\pi}{2}}\frac{\mathrm{d}x}{\sqrt{\sin x}} + \int_{\frac{\pi}{2}}^{\pi}\frac{\mathrm{d}x}{\sqrt{\sin x}} \triangleq I_1 + I_2.$$

对 I_1，$x = 0$ 为瑕点. 当 $x \to 0^+$ 时有 $\dfrac{1}{\sqrt{\sin x}} \sim \dfrac{1}{\sqrt{x}}$. 此时 $p = \dfrac{1}{2} < 1$，故 I_1 收敛；

对 I_2，$x = \pi$ 为瑕点. 当 $x \to \pi^-$ 时有 $\dfrac{1}{\sqrt{\sin x}} = \dfrac{1}{\sqrt{\sin(\pi - x)}} \sim \dfrac{1}{\sqrt{\pi - x}}$. 此时 $p = \dfrac{1}{2} < 1$，故 I_2 也收敛.

综上所述，原广义积分收敛.

(2) 对 $\forall x > 0$，有

$$\frac{1}{1 + x\,|\sin x|} \geq \frac{1}{1 + x} \sim \frac{1}{x} \quad (x \to +\infty).$$

此时 $p = 1$，故原广义积分发散.

(3) 注意到 $\lim\limits_{x \to 0^+}\dfrac{\sin^2 x}{x} = \lim\limits_{x \to 0^+}\dfrac{\sin^2 x}{x^2} \cdot x = 0$，可见 $x = 0$ 不是瑕点. 我们将此广义积分与发散的调和级数 $\sum\limits_{n=1}^{\infty}\dfrac{1}{n}$ 作比较.

$$\int_0^{+\infty}\frac{\sin^2 x}{x}\mathrm{d}x = \sum_{n=0}^{\infty}\int_{n\pi}^{(n+1)\pi}\frac{\sin^2 x}{x^2}\mathrm{d}x \xlongequal{令 x = t + n\pi} \sum_{n=0}^{\infty}\int_0^{\pi}\frac{\sin^2 t}{t + n\pi}\mathrm{d}t$$

$$\geqslant \sum_{n=0}^{\infty} \int_0^\pi \frac{\sin^2 t}{\pi + n\pi} \mathrm{d}t = \left(\frac{1}{\pi} \int_0^\pi \sin^2 t \, \mathrm{d}t \right) \sum_{n=0}^{\infty} \frac{1}{n+1}$$

$$= \frac{1}{2} \sum_{n=1}^{\infty} \frac{1}{n} = +\infty.$$

可见原广义积分是发散的.

更好的方法是用变号函数广义积分的 Dirichlet 判别法. 因为 $x=0$ 不是瑕点, 只须判定 $\int_1^{+\infty} \frac{\sin^2 x}{x} \mathrm{d}x$ 的敛散性就行了. 因有

$$\frac{\sin^2 x}{x} = \frac{1}{2} \left(\frac{1}{x} - \frac{\cos 2x}{x} \right),$$

而 $\int_1^{+\infty} \frac{1}{x} \mathrm{d}x$ 显见发散, $\int_1^{+\infty} \frac{\cos 2x}{x} \mathrm{d}x$ 收敛(Dirichlet 判别法), 故 $\int_1^{+\infty} \frac{\sin^2 x}{x} \mathrm{d}x$ 发散, 从而原广义积分发散.

(4) 因有

$$\ln \left(\cos \frac{1}{x} + \sin \frac{1}{x} \right) = \frac{1}{2} \ln \left(1 + \sin \frac{2}{x} \right) = \frac{1}{2} \left[\sin \frac{2}{x} + o \left(\frac{1}{x} \right) \right]$$

$$\sim \frac{1}{2} \sin \frac{2}{x} \sim \frac{1}{x} \quad (x \to +\infty),$$

此时 $p=1$, 故原广义积分发散.

现在看几个带参数的广义积分敛散性问题.

例 4.3.11　判定下列广义积分的敛散性:

(1) $\int_0^{\frac{\pi}{2}} \frac{1 - \cos x}{x^p} \mathrm{d}x$;　　　　　　(2) $\int_0^1 |\ln x|^p \mathrm{d}x$;

(3) $\int_0^1 x^{p-1} (1-x)^{q-1} \ln x \, \mathrm{d}x$;　　(4) $\int_0^{+\infty} \frac{\sin x}{x^p + \sin x} \mathrm{d}x$　$(p > 0)$.

解　(1) $x=0$ 为瑕点. 由

$$\lim_{x \to 0^+} x^{p-2} \cdot \frac{1 - \cos x}{x^p} = \frac{1}{2},$$

可见当且仅当 $p-2 < 1$ 即 $p < 3$ 时, 原广义积分收敛.

(2) 将原广义积分记为

$$\int_0^1 |\ln x|^p \mathrm{d}x = \int_0^{\frac{1}{2}} |\ln x|^p \mathrm{d}x + \int_{\frac{1}{2}}^1 |\ln x|^p \mathrm{d}x \triangleq I_1 + I_2.$$

对 I_1, 当 $p > 0$ 时 $x=0$ 为瑕点. 可任取 $\lambda(0 < \lambda < 1)$, 有

$$\lim_{x \to 0^+} x^\lambda |\ln x|^p = 0.$$

故 I_1 恒收敛.

对 I_2,当 $p \geqslant 0$ 时为常义积分;当 $p < 0$ 时 $x = 1$ 为瑕点. 记 $x = 1 - \alpha$,则当 $x \to 1^-$ 时 $\alpha \to 0^+$,

$$\lim_{x \to 1^-} (1 - x)^\lambda |\ln x|^p = \lim_{\alpha \to 0^+} \alpha^{p + \lambda} = \begin{cases} 0, & \lambda > -p, \\ 1, & \lambda = -p, \\ \infty, & \lambda < -p. \end{cases}$$

因此,若 $p > -1$,取 $\lambda (-p < \lambda < 1)$,此时 I_2 收敛;若 $p \leqslant -1$,取 $\lambda = 1$,则总有 $\lambda \leqslant -p$,此时 I_2 发散.

综上所述,原广义积分当且仅当 $p > 1$ 时收敛.

(3) 将原广义积分记为

$$\int_0^1 x^{p-1}(1 - x)^{q-1}\ln x \, dx = \int_0^{\frac{1}{2}} x^{p-1}(1 - x)^{q-1}\ln x \, dx$$
$$+ \int_{\frac{1}{2}}^1 x^{p-1}(1 - x)^{q-1}\ln x \, dx \triangleq I_1 + I_2.$$

对 I_1,当 $p \leqslant 1$ 时有瑕点 $x = 0$. 若 $p > 0$,总可以适当选取 $\lambda (0 < \lambda < 1)$ 使 $\lambda + p > 1$,就有

$$\lim_{x \to 0^+} x^\lambda x^{p-1}(1 - x)^{q-1}\ln x = \lim_{x \to 0^+} x^{\lambda + p - 1}\ln x = 0,$$

此时 I_1 收敛;若 $p \leqslant 0$,可取 $\lambda = 1$,则总有

$$\lim_{x \to 0^+} x x^{p-1}(1 - x)^{q-1}\ln x = \infty,$$

此时 I_1 发散.

对 I_2,当 $q < 1$ 时有瑕点 $x = 1$. 完全可以仿照上一题的方法验证,只有在 $q > -1$ 时 I_2 收敛.

因此,原广义积分当且仅当 $p > 0$,$q > -1$ 时收敛.

(4) 此题有一定难度,我们作比较细致的分析.

首先指出,因当 $x \to 0^+$ 时 $\dfrac{\sin x}{x^p + \sin x}$ 趋于某一常数(与 p 有关),故 $x = 0$ 不是瑕点. 原广义积分与 $\displaystyle\int_2^{+\infty} \dfrac{\sin x}{x^p + \sin x} dx$ 同敛散.

其次,利用恒等式

$$\frac{\sin x}{x^p + \sin x} = \frac{\sin x}{x^p} - \frac{\sin^2 x}{x^p(x^p + \sin x)} \triangleq f_1(x) - f_2(x),$$

则 $\displaystyle\int_2^{+\infty} f_1(x)dx$ 对 $\forall p > 0$ 恒收敛(Dirichlet 判别法),而对 $\displaystyle\int_2^{+\infty} f_2(x)dx$ 要分情况讨论.

若 $p \leqslant \dfrac{1}{2}$，我们有

$$0 \leqslant \frac{\sin^2 x}{x^p(x^p+1)} \leqslant \frac{\sin^2 x}{x^p(x^p+\sin x)}, \quad x \in [2,+\infty).$$

利用例 4.3.14 的结果可知 $\displaystyle\int_2^{+\infty} \frac{\sin^2 x}{x^p(x^p+1)} \mathrm{d}x$ 与 $\displaystyle\int_2^{+\infty} \frac{\mathrm{d}x}{x^p(x^p+1)}$ 同时发散，从而此

时 $\displaystyle\int_2^{+\infty} f_2(x)\mathrm{d}x$ 发散.

若 $p > \dfrac{1}{2}$，又有

$$0 \leqslant \frac{\sin^2 x}{x^p(x^p+\sin x)} \leqslant \frac{1}{x^p(x^p-1)} \sim \frac{1}{x^{2p}} \quad (x \to +\infty).$$

由 $\displaystyle\int_2^{+\infty} \frac{1}{x^{2p}} \mathrm{d}x$ 收敛可知此时 $\displaystyle\int_2^{+\infty} f_2(x)\mathrm{d}x$ 也收敛.

综上所述，原广义积分当且仅当 $p > \dfrac{1}{2}$ 时收敛.

下面是一类"混合型"的广义积分判敛问题. 这类广义积分既有瑕点，同时积分区间为无穷限，故通常应拆成两个积分后再分别讨论.

例 4.3.12 判定下列广义积分的敛散性：

(1) $\displaystyle\int_0^{+\infty} \frac{\mathrm{d}x}{\sqrt{x}(1+x^2)}$;   (2) $\displaystyle\int_0^{+\infty} \frac{\ln(1+x)}{x^p} \mathrm{d}x$;

(3) $\displaystyle\int_0^{+\infty} \left[\ln\left(1+\frac{1}{x}\right) - \frac{1}{1+x}\right]\mathrm{d}x$;   (4) $\displaystyle\int_1^{+\infty} \frac{\mathrm{d}x}{x^p \ln^q x}$.

分析 (1) $x = 0$ 为瑕点，应将原积分拆成" $\displaystyle\int_0^1 + \int_1^{+\infty}$ "后分别判敛. 不难得出

$$\frac{1}{\sqrt{x}(1+x^2)} \sim \frac{1}{\sqrt{x}} \quad (x \to 0^+) \quad \text{及} \quad \frac{1}{\sqrt{x}(1+x^2)} \sim \frac{1}{x^{\frac{5}{2}}} \quad (x \to +\infty).$$

可见原广义积分是收敛的.

(2) $x = 0$ 为瑕点，应将原积分拆成" $\displaystyle\int_0^1 + \int_1^{+\infty}$ "后分别判敛.

当 $x \to 0^+$ 时，有 $\dfrac{\ln(1+x)}{x^p} \sim \dfrac{1}{x^{p-1}}$. 可见仅当 $p - 1 < 1$，即 $p < 2$ 时

$\displaystyle\int_0^1 \frac{\ln(1+x)}{x^p} \mathrm{d}x$ 收敛.

当 $x \to +\infty$ 时，若 $p > 1$，可取 $\lambda(1 < \lambda < p)$，则

$$\lim_{x \to +\infty} x^\lambda \frac{\ln(1+x)}{x^p} = \lim_{x \to +\infty} \frac{\ln(1+x)}{x^{p-\lambda}} = 0;$$

若 $p \leqslant 1$,取 $\lambda = p$,则

$$\lim_{x \to +\infty} x^{\lambda} \frac{\ln(1+x)}{x^p} = +\infty.$$

可见仅当 $p > 1$ 时 $\int_1^{+\infty} \frac{\ln(1+x)}{x^p} \mathrm{d}x$ 收敛.

结论是,原广义积分当且仅当 $1 < p < 2$ 时收敛.

(3) $x = 0$ 为瑕点,应将原积分拆成"$\int_0^1 + \int_1^{+\infty}$"后分别判敛.

先看 $x \to 0^+$ 的情况. 令 $x = \dfrac{1}{t}$,有

$$\int_0^1 \ln\left(1 + \frac{1}{x}\right) \mathrm{d}x = \int_1^{+\infty} \frac{\ln(1+t)}{t^2} \mathrm{d}t.$$

由(2)的结果可知右端广义积分收敛,从而 $\int_0^1 \ln\left(1 + \dfrac{1}{x}\right) \mathrm{d}x$ 也收敛. 而 $\int_0^1 \dfrac{1}{1+x} \mathrm{d}x$ 是常义积分,因此 $\int_0^1 \left[\ln\left(1 + \dfrac{1}{x}\right) - \dfrac{1}{1+x}\right] \mathrm{d}x$ 收敛.

再看 $x \to +\infty$ 的情况,对 $\forall x > 0$,有

$$0 \leqslant \ln\left(1 + \frac{1}{x}\right) - \frac{1}{1+x} \leqslant \frac{1}{x} - \frac{1}{1+x} = \frac{1}{x(1+x)} \sim \frac{1}{x^2} \quad (x \to +\infty).$$

可见 $\int_1^{+\infty} \left[\ln\left(1 + \dfrac{1}{x}\right) - \dfrac{1}{1+x}\right] \mathrm{d}x$ 也收敛.

我们也可以改用 Taylor 公式对 $x \to +\infty$ 的情况进行阶估计. 因有

$$\ln\left(1 + \frac{1}{x}\right) = \frac{1}{x} - \frac{1}{2x^2} + o\left(\frac{1}{x^2}\right) \quad (x \to +\infty),$$

$$\frac{1}{1+x} = \frac{1}{x} \cdot \frac{1}{1+\frac{1}{x}} = \frac{1}{x}\left[1 - \frac{1}{x} + o\left(\frac{1}{x}\right)\right] = \frac{1}{x} - \frac{1}{x^2} + o\left(\frac{1}{x^2}\right) \quad (x \to +\infty).$$

相减即得

$$\ln\left(1 + \frac{1}{x}\right) - \frac{1}{1+x} = \frac{1}{2x^2} + o\left(\frac{1}{x^2}\right) \sim \frac{1}{2x^2} \quad (x \to +\infty).$$

(4) 当 $q > 0$ 时 $x = 1$ 为瑕点. 将原积分记为

$$\int_1^{+\infty} \frac{\mathrm{d}x}{x^p \ln^q x} = \int_1^2 \frac{\mathrm{d}x}{x^p \ln^q x} + \int_2^{+\infty} \frac{\mathrm{d}x}{x^p \ln^q x} \triangleq I_1 + I_2.$$

对 I_1,因对 $\forall p \in \mathbf{R}$ 有

$$\lim_{x \to 1^+} (x-1)^q \frac{1}{x^p \ln^q x} = \lim_{x \to 1^+} \left(\frac{x-1}{\ln x}\right)^q = \left(\lim_{x \to 1^+} \frac{x-1}{\ln x}\right)^q$$

$$= \left[\lim_{x \to 1^+} \frac{1}{\frac{1}{x}} \right]^q = 1.$$

故 I_1 仅当 $q < 1$ 且 p 为任意值时收敛.

对 I_2,若 $p > 1$,可取 $\lambda(1 < \lambda < p)$,则对 $\forall\, q \in \mathbf{R}$ 有

$$\lim_{x \to +\infty} x^\lambda \frac{1}{x^p \ln^q x} = \lim_{x \to +\infty} \frac{1}{x^{p-\lambda} \ln^q x} = 0,$$

此时 I_2 收敛;若 $p \leqslant 1$ 且 $q < 1$,由

$$\int_2^{+\infty} \frac{\mathrm{d}\,x}{x^p \ln^q x} \geqslant \int_2^{+\infty} \frac{\mathrm{d}\,x}{x \ln^q x} = \frac{(\ln x)^{1-q}}{1-q} \bigg|_1^{+\infty} = +\infty,$$

可见此时 I_2 发散.

综上所述,原广义积分当且仅当 $p > 1$ 且 $q < 1$ 时收敛.

最后是几个综合性的判敛例题,着重讨论变号函数广义积分的敛散性,包括条件收敛与绝对收敛. 如所熟知,对于变号函数来说,判定其广义积分是否收敛可用 Dirichlet 判别法或 Abel 判别法. 进一步,为了判定它是否绝对收敛,则可沿用前面所提及的正值函数广义积分的各种判敛法. 当这些方法不尽适用时,还可以考虑用广义积分的 Cauchy 收敛准则,特别是对于判定广义积分不绝对收敛的情况,有时用 Cauchy 收敛准则十分有效(见例 4.3.13).

例 4.3.13　讨论广义积分的条件收敛性与绝对收敛性:

(1) $\displaystyle\int_0^{+\infty} \frac{\sin(x^2)}{x^p} \mathrm{d}\,x$;　　　　　　　　　(2) $\displaystyle\int_0^{+\infty} \frac{\sin x \arctan x}{x^p} \mathrm{d}\,x$;

(3) $\displaystyle\int_0^{+\infty} \frac{x^p}{1+x^q} \sin x \mathrm{d}\,x$　$(q \geqslant 0)$;　　(4) $\displaystyle\int_0^{+\infty} \frac{\sin\left(x + \dfrac{1}{x}\right)}{x^p} \mathrm{d}\,x$.

解　(1) 令 $x^2 = t$,将原积分化为 $\dfrac{1}{2} \displaystyle\int_0^{+\infty} \dfrac{\sin t}{t^{\frac{p+1}{2}}} \mathrm{d}\,t$,并记为

$$\int_0^{+\infty} \frac{\sin t}{t^{\frac{p+1}{2}}} \mathrm{d}\,t = \int_0^1 \frac{\sin t}{t^{\frac{p+1}{2}}} \mathrm{d}\,t + \int_1^{+\infty} \frac{\sin t}{t^{\frac{p+1}{2}}} \mathrm{d}\,t \triangleq I_1 + I_2.$$

对 I_1,有

$$\frac{\sin t}{t^{\frac{p+1}{2}}} = \frac{\sin t}{t} \cdot \frac{1}{t^{\frac{p-1}{2}}} \sim \frac{1}{t^{\frac{q-1}{2}}} \quad (t \to 0^+),$$

故仅当 $\dfrac{p-1}{2} < 1$,即 $p < 3$ 时 I_1 收敛,且为绝对收敛.

对 I_2,有

$$G(A) \triangleq \left| \int_1^A \sin t \, dt \right| = |\cos A - \cos 1| \leqslant 2,$$

若 $\dfrac{p+1}{2} > 0$ 即 $p > -1$ 时，$f(t) = \dfrac{1}{t^{\frac{p+1}{2}}}$ 在 $[1, +\infty)$ 上单调递减且 $\lim\limits_{t \to +\infty} f(t) = 0$. 由 Dirichlet 判别法可知 I_2 收敛. 不难看出，若 $\dfrac{p+1}{2} > 1$ 即 $p > 1$ 时，I_2 为绝对收敛；若 $0 < \dfrac{p+1}{2} \leqslant 1$，即 $-1 < p \leqslant 1$ 时，I_2 为条件收敛.

若 $\dfrac{p+1}{2} = 0$ 即 $p = -1$ 时，$I_2 = \displaystyle\int_1^{+\infty} x \sin(x^2) \, dx$ 显见是发散的.

若 $\dfrac{p+1}{2} < 0$ 即 $p < -1$ 时，对 $\forall A > 1$，考虑充分大的 $n \in \mathbf{N}$，使 $2n\pi + \dfrac{\pi}{4} > A$，且当 $t > 2n\pi + \dfrac{\pi}{4}$ 时有 $t^{-\frac{p+1}{2}} \geqslant \sqrt{2}$. 现取

$$A' = 2n\pi + \frac{\pi}{4}, \qquad A'' = 2n\pi + \frac{\pi}{2},$$

则有

$$\left| \int_{A'}^{A''} \frac{\sin t}{t^{\frac{p+1}{2}}} \, dt \right| \geqslant \sqrt{2} \left| \int_{A'}^{A''} \sin t \, dt \right| = 1.$$

可见此时广义积分不满足 Cauchy 收敛准则，必定发散.

综上所述，原广义积分在 $-1 < p \leqslant 1$ 时条件收敛；在 $1 < p < 3$ 时绝对收敛；在 $p \leqslant -1$ 或 $p \geqslant 3$ 时发散.

（2）将原积分记为

$$\int_0^{+\infty} \frac{\sin x \arctan x}{x^p} \, dx = \int_0^1 \frac{\sin x \arctan x}{x^p} \, dx + \int_1^{+\infty} \frac{\sin x \arctan x}{x^p} \, dx \triangleq I_1 + I_2.$$

对 I_1，有

$$\frac{\sin x \arctan x}{x^p} = \frac{\sin x}{x} \cdot \frac{\arctan x}{x} \cdot \frac{1}{x^{p-2}} \sim \frac{1}{x^{p-2}} \quad (x \to 0^+),$$

可见仅当 $p - 2 < 1$，即 $p < 3$ 时 I_1 收敛，且为绝对收敛.

对 I_2，若 $p > 1$，则对 $\forall x \in [1, +\infty)$，有

$$\left| \frac{\sin x \arctan x}{x^p} \right| \leqslant \frac{\pi}{2} \cdot \frac{1}{x^p},$$

可见此时 I_2 绝对收敛；若 $0 < p \leqslant 1$，由于 $\displaystyle\int_1^{+\infty} \frac{\sin x}{x^p} \, dx$ 收敛（Dirichlet 判别法），而 $\arctan x$ 在 $[1, +\infty)$ 上单调递增趋于 $\dfrac{\pi}{2}$，由 Abel 法可知 I_2 收敛. 但当 x 充分大后，

总有

$$\left| \frac{\sin x \arctan x}{x^p} \right| \geqslant \left| \frac{\sin x}{x} \right|,$$

从而此时 I_2 为条件收敛;若 $p \leqslant 0$,对 $\forall\, A > 1$,取 $A' = 2n\pi$,$A'' = 2n\pi + \dfrac{\pi}{2}$,仿(1) 用 Cauchy 收敛准则可判定 I_2 发散.

综上所述,原广义积分在 $0 < p \leqslant 1$ 时条件收敛;在 $1 < p < 3$ 时绝对收敛;在 $p \leqslant 0$ 或 $p \geqslant 3$ 时发散.

（3）将积分记为

$$\int_0^{+\infty} \frac{x^p}{1+x^q} \sin x \, dx = \int_0^1 \frac{x^p}{1+x^q} \sin x \, dx + \int_1^{+\infty} \frac{x^p}{1+x^q} \sin x \, dx \triangleq I_1 + I_2.$$

对 I_1,当 $x \to 0^+$ 时有

$$\lim_{x \to 0^+} x^{-p-1} \frac{x^p \sin x}{1+x^q} = \lim_{x \to 0^+} \frac{\sin x}{x} \cdot \frac{1}{1+x^q} = 1,$$

可见仅当 $-p-1 < 1$,即 $p > -2$ 时 I_1 收敛,且为绝对收敛.

对 I_2,若 $p \geqslant q \geqslant 0$,则当 x 充分大时,有 $\dfrac{x^p}{1+x^q} \geqslant \dfrac{1}{2}$.对 $\forall\, A > 1$,取 $A' = 2n\pi$, $A'' = 2n\pi + \dfrac{\pi}{2}$,仿(1)用 Cauchy 收敛准则可判定 I_2 发散.

若 $p < q$,令 $f(x) = \dfrac{x^p}{1+x^q}$,则有

$$f'(x) = \frac{x^{p-1}\left[p + (p-q)x^q \right]}{(1+x^q)^2}.$$

现因 $p < q$ 且 $q \geqslant 0$,故当 x 充分大时有 $f'(x) < 0$,从而 $f(x)$ 单调递减,且有 $\lim\limits_{x \to +\infty} f(x) = 0$.又对 $\forall\, A > 1$,

$$G(A) = \left| \int_1^A \sin x \, dx \right| = |\cos A - \cos 1| \leqslant 2,$$

由 Dirichlet 判别法可知此时 I_2 收敛.

最后讨论 $p < q$ 时 I_2 的绝对收敛性.因对 $\forall\, x \in [1, +\infty)$,有

$$\frac{|x^p \sin x|}{1+x^q} \leqslant \frac{x^p}{1+x^q} \quad \text{且} \quad \lim_{x \to +\infty} x^{q-p} \frac{x^p}{1+x^q} = 1,$$

若 $q - p > 1$,即 $p < q-1$ 时,I_2 为绝对收敛;若 $q-1 \leqslant p < q$,则有

$$\frac{|x^p \sin x|}{1+x^q} \geqslant \frac{x^p \sin^2 x}{1+x^q} = \frac{1}{2}\left(\frac{x^p}{1+x^q} - \frac{x^p}{1+x^q}\cos 2x \right)$$

$$\triangleq f_1(x) - f_2(x).$$

与前面作同样的讨论,可得出此时 $\int_1^{+\infty} f_1(x)\mathrm{d}x$ 发散,而 $\int_1^{+\infty} f_2(x)\mathrm{d}x$ 收敛,从而此时 I_2 不绝对收敛.

综上所述,原广义积分在 $p>-2$ 且 $p<q-1$ 时绝对收敛;在 $p>-2$ 且 $q-1\leqslant p<q$ 时条件收敛;其他情况均为发散.

(4) 将积分记为

$$\int_0^{+\infty} \frac{\sin\left(x+\dfrac{1}{x}\right)}{x^p}\mathrm{d}x = \int_0^1 \frac{\sin\left(x+\dfrac{1}{x}\right)}{x^p}\mathrm{d}x + \int_1^{+\infty} \frac{\sin\left(x+\dfrac{1}{x}\right)}{x^p}\mathrm{d}x.$$

令 $x=\dfrac{1}{t}$,则右端前一个积分可化为 $\int_1^{+\infty} \dfrac{\sin\left(t+\dfrac{1}{t}\right)}{t^{2-p}}\mathrm{d}t$. 因此,我们统一考虑 $\int_1^{+\infty} \dfrac{\sin\left(x+\dfrac{1}{x}\right)}{x^p}\mathrm{d}x$ 的敛散性.

若 $p>1$,此积分显见绝对收敛;若 $p\leqslant 1$,因有

$$\int_1^{+\infty} \frac{\left|\sin\left(x+\dfrac{1}{x}\right)\right|}{x^p}\mathrm{d}x \geqslant \int_1^{+\infty} \frac{\left|\sin\left(x+\dfrac{1}{x}\right)\right|}{x}\mathrm{d}x \qquad \left(\text{令}\ x+\frac{1}{x}=t\right)$$

$$= \int_2^{+\infty} \frac{|\sin t|}{\sqrt{t^2-4}}\mathrm{d}t \geqslant \int_2^{+\infty} \frac{|\sin t|}{t}\mathrm{d}t.$$

由 $\int_2^{+\infty} \dfrac{|\sin t|}{t}\mathrm{d}t$ 的发散性可知此时广义积分不绝对收敛.

若 $0<p\leqslant 1$,对 $\forall A>1$,有

$$G(A) = \left|\int_1^A \sin\left(x+\frac{1}{x}\right)\mathrm{d}x\right| \leqslant \left|\int_1^A \left(1-\frac{1}{x^2}\right)\sin\left(x+\frac{1}{x}\right)\mathrm{d}x\right|$$

$$+ \left|\int_1^A \frac{1}{x^2}\sin\left(x+\frac{1}{x}\right)\mathrm{d}x\right|$$

$$\leqslant \left|\int_1^A \sin\left(x+\frac{1}{x}\right)\mathrm{d}\left(x+\frac{1}{x}\right)\right| + \int_1^A \frac{\mathrm{d}x}{x^2} \leqslant L(\text{常数}).$$

而 $\dfrac{1}{x^p}$ 在 $[1,+\infty)$ 上单调递减趋于 0. 由 Dirichlet 判别法可知此时积分收敛.

若 $p\leqslant 0$,对 $\forall A>1$,记 $A'=2n\pi+\dfrac{\pi}{6}$,$A''=2n\pi+\dfrac{\pi}{3}$,取充分大 n,使 $2n\pi+\dfrac{\pi}{6}>A$,且当 $2n\pi+\dfrac{\pi}{6}\leqslant x\leqslant 2k\pi+\dfrac{\pi}{3}$ 时有 $2n\pi+\dfrac{\pi}{6}\leqslant x+\dfrac{1}{x}\leqslant 2n\pi+\dfrac{\pi}{2}$. 则有

$$\int_{A'}^{A''} \frac{\sin\left(x+\frac{1}{x}\right)}{x^p} \mathrm{d}x \geqslant \int_{2n\pi+\frac{\pi}{6}}^{2n\pi+\frac{\pi}{3}} \sin\left(x+\frac{1}{x}\right)\mathrm{d}x \geqslant \frac{1}{2}\left(\frac{\pi}{3}-\frac{\pi}{6}\right)=\frac{\pi}{12}.$$

可见此时广义积分不满足 Cauchy 收敛准则,必定发散.

由此得出,广义积分 $\displaystyle\int_1^{+\infty} \frac{\sin\left(x+\frac{1}{x}\right)}{x^p}\mathrm{d}x$ 当 $0<p\leqslant 1$ 时条件收敛;$p>1$ 时绝

对收敛;$p\leqslant 0$ 时发散. 从而广义积分 $\displaystyle\int_1^{+\infty} \frac{\sin\left(t+\frac{1}{t}\right)}{t^{2-p}}\mathrm{d}t$ 在 $1\leqslant p<2$ 时条件收敛;

$p<1$ 时绝对收敛;$p\geqslant 2$ 时发散.

综上所述,原广义积分在 $0<p<2$ 时条件收敛,其他情况均为发散.

4.3.2.3　广义积分的证明问题

例 4.3.14　设正值函数 $f(x)$ 在 $[a,+\infty)$ 上单调递减,证明两无穷积分

$$\int_a^{+\infty} f(x)\mathrm{d}x \quad 与 \quad \int_a^{+\infty} f(x)\sin^2 x\mathrm{d}x$$

同敛散.

证法一　1° 若 $\displaystyle\int_a^{+\infty} f(x)\mathrm{d}x$ 收敛,因有

$$0\leqslant f(x)\sin^2 x\leqslant f(x), \quad \forall x\in[a,+\infty),$$

由比较判别法可知 $\displaystyle\int_a^{+\infty} f(x)\sin^2 x\mathrm{d}x$ 收敛.

2° 若 $\displaystyle\int_a^{+\infty} f(x)\mathrm{d}x$ 发散. 由 $f(x)$ 的单调递减性,有

$$\int_a^{+\infty} f(x)\mathrm{d}x = \sum_{n=0}^{\infty}\int_{a+n\pi}^{a+(n+1)\pi} f(x)\mathrm{d}x \xlongequal{令\ x=(a+n\pi)+t} \sum_{n=0}^{\infty}\int_0^{\pi} f(a+n\pi+t)\mathrm{d}t$$

$$\leqslant \pi\sum_{n=0}^{\infty} f(a+n\pi).$$

因此级数 $\displaystyle\sum_{n=0}^{\infty} f(a+n\pi)$ 发散. 另一方面,又有

$$\int_a^{+\infty} f(x)\sin^2 x\mathrm{d}x = \sum_{n=0}^{\infty}\int_{a+n\pi}^{a+(n+1)\pi} f(x)\sin^2 x\mathrm{d}x \geqslant \sum_{n=0}^{\infty} f(a+(n+1)\pi)\int_{a+n\pi}^{a+(n+1)\pi} \sin^2 x\mathrm{d}x$$

$$= \sum_{n=0}^{\infty} f(a+(n+1)\pi)\cdot\int_0^{\pi} \sin^2 x\mathrm{d}x$$

$$= \frac{\pi}{2}\sum_{n=1}^{\infty} f(a+n\pi).$$

现已证 $\sum\limits_{n=1}^{\infty} f(a+n\pi)$ 发散,故 $\int_a^{+\infty} f(x)\sin^2 x \, dx$ 也发散.

证法二 由条件 $f(x)$ 在 $[a,+\infty)$ 上单调递减且恒正,故可记 $\lim\limits_{x\to+\infty} f(x) = C \geqslant 0$.

$1°$ 若 $C=0$,则由 Dirichlet 判别法可知 $\int_a^{+\infty} f(x)\cos 2x \, dx$ 收敛. 因有

$$\int_a^{+\infty} f(x)\sin^2 x \, dx = \int_a^{+\infty} f(x)\frac{1-\cos 2x}{2} \, dx = \frac{1}{2}\int_a^{+\infty} f(x) \, dx - \frac{1}{2}\int_a^{+\infty} f(x)\cos 2x \, dx,$$

可知 $\int_a^{+\infty} f(x) \, dx$ 与 $\int_a^{+\infty} f(x)\sin^2 x \, dx$ 同敛散.

$2°$ 若 $C>0$,则 $\int_a^{+\infty} f(x) \, dx$ 是发散的. 由极限保号性,当 x 充分大时总有 $f(x) \geqslant \dfrac{C}{2} > 0$. 对 $\forall A > a$,记 $A' = 2n\pi$, $A'' = 2n\pi + \pi$,现取 n 充分大,使 $A', A'' > A$ 且当 $A' \leqslant x \leqslant A''$ 时有 $f(x) \geqslant \dfrac{C}{2}$,则

$$\left| \int_{A'}^{A''} f(x)\sin^2 x \, dx \right| \geqslant \frac{C}{2}\int_{2n\pi}^{2n\pi+\pi} \sin^2 x \, dx = \frac{C}{2}\int_0^{\pi} \sin^2 x \, dx = \frac{\pi C}{2}.$$

可见 $\int_a^{+\infty} f(x)\sin^2 x \, dx$ 不满足 Cauchy 收敛准则,必定也发散.

例 4.3.15 设函数 $f(x)$ 在 $(0,1]$ 上单调递减,$\int_0^1 f(x) \, dx$ 收敛($x=0$ 为瑕点),证明

$$\lim_{n\to\infty} \frac{1}{n}\sum_{k=1}^n f\left(\frac{k}{n}\right) = \int_0^1 f(x) \, dx.$$

分析 由 $f(x)$ 的单调性,可对和式 $\dfrac{1}{n}\sum\limits_{k=1}^n f\left(\dfrac{k}{n}\right)$ 进行"缩放",再用迫敛性定理证明 $\lim\limits_{n\to\infty} \dfrac{1}{n}\sum\limits_{k=1}^n f\left(\dfrac{k}{n}\right)$ 存在,且极限为 $\int_0^1 f(x) \, dx$.

证明 将 $(0,1]$ 区间 n 等分,分点为 $\dfrac{k}{n}$,$k=1,2,\cdots,n-1$,则有

$$\int_{\frac{k-1}{n}}^{\frac{k}{n}} f(x) \, dx \geqslant f\left(\frac{k}{n}\right)\frac{1}{n}, \quad k=1,2,\cdots,n \quad \Rightarrow \quad \int_0^1 f(x) \, dx \geqslant \frac{1}{n}\sum_{k=1}^n f\left(\frac{k}{n}\right).$$

同时我们又有

$$f\left(\frac{k}{n}\right)\frac{1}{n} \geqslant \int_{\frac{k}{n}}^{\frac{k+1}{n}} f(x) \, dx, \quad k=1,2,\cdots,n-1.$$

于是

$$\frac{1}{n}\sum_{k=1}^{n-1}f\left(\frac{k}{n}\right)\geqslant\int_{\frac{1}{n}}^{1}f(x)\mathrm{d}x \quad\Rightarrow\quad \frac{1}{n}\sum_{k=1}^{n}f\left(\frac{k}{n}\right)\geqslant\int_{\frac{1}{n}}^{1}f(x)\mathrm{d}x+\frac{1}{n}f(1).$$

由此得出

$$\int_{0}^{1}f(x)\mathrm{d}x\leqslant\frac{1}{n}\sum_{k=1}^{n}f\left(\frac{k}{n}\right)\leqslant\int_{\frac{1}{n}}^{1}f(x)\mathrm{d}x+\frac{1}{n}f(1). \tag{4.3.3}$$

现已知 $\int_{0}^{1}f(x)\mathrm{d}x$ 收敛, 故有 $\lim\limits_{n\to\infty}\int_{\frac{1}{n}}^{1}f(x)\mathrm{d}x=\int_{0}^{1}f(x)\mathrm{d}x$. 在 (4.3.3) 两端同时令 $n\to\infty$, 就有

$$\lim_{n\to\infty}\frac{1}{n}\sum_{k=1}^{n}f\left(\frac{k}{n}\right)=\int_{0}^{1}f(x)\mathrm{d}x.$$

例 4.3.16 设函数 $f(x)$ 在 $[a,+\infty)$ 上一致连续, $\int_{a}^{+\infty}f(x)\mathrm{d}x$ 收敛, 证明 $\lim\limits_{x\to+\infty}f(x)=0$.

分析 用反证法. 倘若 $\lim\limits_{x\to+\infty}f(x)\neq 0$, 则 $\exists\,\varepsilon_0>0$ 以及 $\{x_n\}\subset[a,+\infty)(\lim\limits_{n\to\infty}x_n=+\infty)$, 使得

$$|f(x_n)|\geqslant\varepsilon_0, \quad\forall\,n\in\mathbf{N}.$$

由一致连续条件, 对上述 $\varepsilon_0>0$, $\exists\,\delta>0$, 使得 $\forall\,x',x''\in[a,+\infty)(|x'-x''|<\delta)$ 有

$$|f(x')-f(x'')|<\frac{\varepsilon_0}{2}.$$

我们的目的是想证明对 $\forall\,A>a$, 总可以找到 $A',A''>A$, 使 $\left|\int_{A'}^{A''}f(x)\mathrm{d}x\right|\geqslant\varepsilon_0$, 从而说明 $\int_{a}^{+\infty}f(x)\mathrm{d}x$ 不满足 Cauchy 收敛准则, 由此而推出矛盾. 利用 $\lim\limits_{n\to\infty}x_n=+\infty$, 可先确定某个 $x_n>A$, 记 $A'=x_n$. 不妨设 $f(A')\geqslant\varepsilon_0>0$ (如果是 $f(A')\leqslant-\varepsilon_0<0$ 同样可证), 再从 $f(x)$ 的一致连续性中去找另一个 A''. 这只要取 $A''>A'$, 并使 $A''-A'=\frac{\delta}{2}<\delta$ 就行了. 此时对 $\forall\,x\in[A',A'']$, 有

$$f(x)>f(A')-\frac{\varepsilon_0}{2}\geqslant\varepsilon_0-\frac{\varepsilon_0}{2}=\frac{\varepsilon_0}{2}.$$

从而得出

$$\left|\int_{A'}^{A''}f(x)\mathrm{d}x\right|>\frac{\varepsilon_0}{2}\int_{A'}^{A''}\mathrm{d}x=\frac{1}{4}\varepsilon_0\delta.$$

可见与 $\int_{a}^{+\infty}f(x)\mathrm{d}x$ 收敛的 Cauchy 准则矛盾.

例 4.3.17 设函数 $xf(x)$ 在 $[a, +\infty)$ 上单调递减，$\int_a^{+\infty} f(x)dx$ 收敛，证明 $\lim_{x \to +\infty} xf(x)\ln x = 0$.

证明 不失一般性，可假设 $a \geqslant 1$，否则我们将积分拆分成 $\int_a^1 f(x)dx + \int_1^{+\infty} f(x)dx$，只要对后一积分作分析即可.

先证明对 $\forall x \geqslant a$，有 $xf(x) \geqslant 0$. 用反证法. 倘若 $\exists x_0 \geqslant a$，使 $x_0 f(x_0) = C < 0$，由 $xf(x)$ 的单调递减性，对 $\forall x \geqslant x_0$，有

$$xf(x) \leqslant C < 0 \quad \Rightarrow \quad f(x) \leqslant \frac{C}{x}.$$

于是有

$$\int_{x_0}^{+\infty} f(x)dx \leqslant C\int_{x_0}^{+\infty} \frac{dx}{x} = -\infty.$$

这与 $\int_a^{+\infty} f(x)dx$ 收敛条件矛盾.

再证 $\lim_{x \to +\infty} xf(x)\ln x = 0$. 由广义积分收敛的 Cauchy 准则，$\forall \varepsilon > 0$，$\exists A > a \geqslant 1$，对 $\forall x > \sqrt{x} > A$，有

$$\varepsilon > \left| \int_{\sqrt{x}}^x f(t)dt \right| = \int_{\sqrt{x}}^x \frac{tf(t)}{t}dt \geqslant xf(x)\int_{\sqrt{x}}^x \frac{1}{t}dt$$

$$= xf(x)(\ln t)\Big|_{\sqrt{x}}^x = \frac{1}{2}xf(x)\ln x.$$

也即有 $\lim_{x \to +\infty} xf(x)\ln x = 0$.

例 4.3.18 设函数 $f(x)$ 在 $[a, +\infty)$ 上连续可导，且当 $x \to +\infty$ 时 $f(x)$ 单调递减趋于 0，证明 $\int_a^{+\infty} f(x)dx$ 收敛的充要条件是 $\int_a^{+\infty} xf'(x)dx$ 收敛.

分析 证必要性可用 Cauchy 收敛准则；证充分性可用分部积分公式

$$\int_a^A f(x)dx = xf(x)\Big|_a^A - \int_a^A xf'(x)dx.$$

从而归结为证明极限 $\lim_{A \to +\infty} Af(A)$ 的存在性.

证明 1° 必要性. 由 $f(x)$ 单调递减趋于 0 可知，$f(x) \geqslant 0$. 于是有

$$\int_{\frac{x}{2}}^x f(t)dt \geqslant f(x)\frac{x}{2}.$$

现 $\int_a^{+\infty} f(x)dx$ 收敛，故 $\forall \varepsilon > 0$，$\exists A > a$，使得 $\forall A', A'' > A$ 有

$$\left|\int_{A'}^{A''} f(x)\mathrm{d}x\right| < \varepsilon.$$

于是当 $x > \dfrac{x}{2} > A$ 时,有

$$|xf(x)| \leqslant \left|2\int_{\frac{x}{2}}^{x} f(t)\mathrm{d}t\right| < 2\varepsilon.$$

特别地,有

$$|A'f(A')| < 2\varepsilon, \qquad |A''f(A'')| < 2\varepsilon.$$

从而得出

$$\left|\int_{A'}^{A''} xf'(x)\mathrm{d}x\right| = \left|\int_{A'}^{A''} x\mathrm{d}[f(x)]\right| = \left|xf(x)\Big|_{A'}^{A''} - \int_{A'}^{A''} f(x)\mathrm{d}x\right|$$

$$\leqslant |A'f(A')| + |A''f(A'')| + \left|\int_{A'}^{A''} f(x)\mathrm{d}x\right|$$

$$< 2\varepsilon + 2\varepsilon + \varepsilon = 5\varepsilon.$$

由广义积分的 Cauchy 收敛准则可知 $\displaystyle\int_{a}^{+\infty} xf'(x)\mathrm{d}x$ 收敛.

　　2°　充分性.我们用两种方法证明.

　　证法一　由条件可知对 $\forall x \in [a, +\infty)$ 有 $f(x) \geqslant 0$,且 $f'(x) \leqslant 0$. 现 $\displaystyle\int_{a}^{+\infty} xf'(x)\mathrm{d}x$ 收敛,故 $\forall \varepsilon > 0, \exists A_0 > a$,使得 $\forall A > A_0$ 有

$$0 \leqslant Af(A) = |A[0 - f(A)]| = \left|A\int_{A}^{+\infty} f'(x)\mathrm{d}x\right|$$

$$\leqslant \left|\int_{A}^{+\infty} xf'(x)\mathrm{d}x\right| < \varepsilon.$$

也即有 $\displaystyle\lim_{A \to +\infty} Af(A) = 0$.

　　在分部积分公式

$$\int_{a}^{A} f(x)\mathrm{d}x = xf(x)\Big|_{a}^{A} - \int_{a}^{A} xf'(x)\mathrm{d}x - Af(A) - af(a) - \int_{a}^{A} xf'(x)\mathrm{d}x$$

两端令 $A \to +\infty$ 即得证.

　　证法二　由 $f(x)$ 的单调性可知 $f'(x)$ 在 $[a, +\infty)$ 上不变号. 现 $\displaystyle\int_{a}^{+\infty} xf'(x)\mathrm{d}x$ 收敛,故 $\forall \varepsilon > 0, \exists A > a$,使得 $\forall x > A$ 有

$$\varepsilon > \left|\int_{x}^{2x} tf'(t)\mathrm{d}t\right| \geqslant \left|x\int_{x}^{2x} f'(t)\mathrm{d}t\right| = x[f(x) - f(2x)].$$

于是有

$$f(x) - f(2x) < \frac{\varepsilon}{x},$$

$$f(2x) - f(2^2 x) < \frac{\varepsilon}{2x},$$

$$\cdots\cdots\cdots\cdots$$

$$f(2^{n-1} x) - f(2^n x) < \frac{\varepsilon}{2^{n-1} x}.$$

将上述各式相加得出 $f(x) - f(2^n x) < \frac{2}{x}\varepsilon$. 再令 $n \to \infty$ 即有

$$f(x) \leqslant \frac{2}{x}\varepsilon \quad \Rightarrow \quad 0 < xf(x) \leqslant 2\varepsilon.$$

即 $\lim\limits_{x \to +\infty} xf(x) = 0$.

以下证明同证法一.

例 4.3.19 设对 $\forall A > a$, 函数 $f(x), g(x)$ 在 $[a, A]$ 上可积, $g(x)$ 恒正且 $\int_a^{+\infty} g(x)\mathrm{d}x$ 发散, 而 $f(x) = o(g(x))(x \to +\infty)$. 证明

$$\int_a^{+\infty} f(x)\mathrm{d}x = o\left(\int_a^{+\infty} g(x)\mathrm{d}x\right) \quad (x \to +\infty).$$

证明 要证 $\lim\limits_{x \to +\infty} \dfrac{\int_a^{+\infty} f(x)\mathrm{d}x}{\int_a^{+\infty} g(x)\mathrm{d}x} = 0$, 即 $\forall \varepsilon > 0, \exists A > a$, 使得 $\forall x > A$ 有

$$\left| \frac{\int_a^x f(t)\mathrm{d}t}{\int_a^x g(t)\mathrm{d}t} \right| < \varepsilon \quad \text{或} \quad \left| \int_a^x f(t)\mathrm{d}t \right| < \varepsilon \int_a^x g(t)\mathrm{d}t. \qquad (4.3.4)$$

由条件 $f(x) = o(g(x))(x \to +\infty)$ 可知, $\forall \varepsilon > 0, \exists A_0 > a$, 使得 $\forall x > A_0$ 有

$$\left| \frac{f(x)}{g(x)} \right| < \frac{\varepsilon}{2} \quad \Rightarrow \quad |f(x)| < \frac{\varepsilon}{2} g(x).$$

此时即有

$$\left| \int_a^x f(t)\mathrm{d}t \right| \leqslant \left| \int_a^{A_0} f(t)\mathrm{d}t \right| + \int_{A_0}^x |f(t)|\,\mathrm{d}t$$

$$\leqslant \left| \int_a^{A_0} f(t)\mathrm{d}t \right| + \frac{\varepsilon}{2} \int_{A_0}^x g(t)\mathrm{d}t$$

$$\leqslant \left| \int_a^{A_0} f(t)\mathrm{d}t \right| + \frac{\varepsilon}{2} \int_a^x g(t)\mathrm{d}t.$$

现已知 $\displaystyle\int_a^{+\infty} g(x)\mathrm{d}x$ 发散，且 $g(x)$ 恒正，故当 x 充分大时（$\forall\, x > A_1$），可使

$$\int_a^x g(t)\mathrm{d}t > \frac{2}{\varepsilon}\left|\int_a^{A_0} f(t)\mathrm{d}t\right| \quad\Rightarrow\quad \left|\int_a^{A_0} f(t)\mathrm{d}t\right| < \frac{\varepsilon}{2}\int_a^x g(t)\mathrm{d}t.$$

令 $A = \max(A_0, A_1)$，则对 $\forall\, x > A$，有

$$\left|\int_a^x f(t)\mathrm{d}t\right| < \varepsilon\int_a^x g(x)\mathrm{d}t.$$

从而 (4.3.4) 成立.

例 4.3.20　设对 $\forall\, A > 0$，函数 $f(x)$ 在 $[0, A]$ 上可积，且 $\displaystyle\lim_{x\to+\infty} f(x) = C$. 证明

$$\lim_{t\to 0^+} t\int_0^{+\infty} \mathrm{e}^{-tx} f(x)\mathrm{d}x = C.$$

分析　这类问题的常用证法是设法将右端的常数改写成与左端相仿的积分形式，再证明左、右两积分之差的极限趋于 0. 例如，对此题而言，就有

$$t\int_0^{+\infty} \mathrm{e}^{-tx}\mathrm{d}x \xrightarrow{\text{令}\, u = tx} \int_0^{+\infty} \mathrm{e}^{-u}\mathrm{d}u = 1 \quad\Rightarrow\quad C = t\int_0^{+\infty} C\mathrm{e}^{-tx}\mathrm{d}x.$$

于是

$$\left| t\int_0^{+\infty} \mathrm{e}^{-tx} f(x)\mathrm{d}x - C\right| = \left| t\int_0^{+\infty} \mathrm{e}^{-tx}[f(x) - C]\mathrm{d}x\right|. \qquad (4.3.5)$$

注意到条件中还有 $\displaystyle\lim_{x\to+\infty} f(x) = C$，可见当 x 充分大（$x > A$）时 $|f(x) - C|$ 可任意小. 因此，还应进一步将 (4.3.5) 右端的积分拆成两部分"$\displaystyle\int_0^A + \int_A^{+\infty}$"，并说明这两部分积分在 x 充分大时都可以任意小就行了.

证明　由条件 $\displaystyle\lim_{x\to+\infty} f(x) = C$，故 $\forall\, \varepsilon > 0$，$\exists\, A > 0$，使得 $\forall\, x > A$ 有

$$|f(x) - C| < \frac{\varepsilon}{2}.$$

因 $f(x) \in R[0, A]$，故可记 $\displaystyle\int_0^A |f(x) - C|\mathrm{d}x \triangleq M < +\infty.$

又对 $\forall\, t > 0$，有

$$t\int_0^{+\infty} \mathrm{e}^{-tx}\mathrm{d}x \xrightarrow{\text{令}\, u = tx} \int_0^{+\infty} \mathrm{e}^{-u}\mathrm{d}u = 1 \quad\Rightarrow\quad C = t\int_0^{+\infty} C\mathrm{e}^{-tx}\mathrm{d}x.$$

于是

$$\left| t\int_0^{+\infty} \mathrm{e}^{-tx} f(x)\mathrm{d}x - C\right|$$

$$= \left| t\int_0^{+\infty} \mathrm{e}^{-tx}[f(x) - C]\mathrm{d}x\right|$$

$$\leqslant t\int_0^A e^{-tx}\mid f(x)-C\mid \mathrm{d}x+t\int_A^{+\infty} e^{-tx}\mid f(x)-C\mid \mathrm{d}x$$

$$< tM+\frac{\varepsilon}{2}\int_A^{+\infty} e^{-tx}\mathrm{d}(tx)$$

$$< tM+\frac{\varepsilon}{2}.$$

取充分小 $\delta(0<\delta<\dfrac{\varepsilon}{2M})$,则对 $\forall\, t(0<t<\delta)$ 有 $tM+\dfrac{\varepsilon}{2}<\varepsilon$,由此得出

$$\lim_{t\to 0^+} t\int_0^{+\infty} e^{-tx}f(x)\mathrm{d}x = C.$$

下面我们改用上、下极限的方法重新证明此题,即证对 $\forall\, \varepsilon>0$,有

$$\overline{\lim_{t\to 0^+}}\, t\int_0^{+\infty} e^{-tx}f(x)\mathrm{d}x \leqslant C+\varepsilon,$$

以及

$$\underline{\lim_{t\to 0^+}}\, t\int_0^{+\infty} e^{-tx}f(x)\mathrm{d}x \geqslant C-\varepsilon.$$

由条件 $\lim_{x\to +\infty} f(x)=C$,故 $\forall\, \varepsilon>0,\exists\, A>0$,使得 $\forall\, x>A$ 有

$$C-\varepsilon < f(x) < C+\varepsilon.$$

于是有

$$t\int_0^{+\infty} e^{-tx}f(x)\mathrm{d}x = t\int_0^A e^{-tx}f(x)\mathrm{d}x + \int_A^{+\infty} te^{-tx}f(x)\mathrm{d}x$$

$$< t\int_0^A e^{-tx}f(x)\mathrm{d}x + (C+\varepsilon)\int_A^{+\infty} te^{-tx}\mathrm{d}x.$$

因 $f(x)\in R[0,A]$,故 $f(x)$ 在 $[0,A]$ 上有界,可记 $|f(x)|\leqslant M, x\in[0,A]$. 从而

$$t\int_0^{+\infty} e^{-tx}f(x)\mathrm{d}x \leqslant M(1-e^{-tA}) + (C+\varepsilon)e^{-tA}.$$

令 $t\to 0^+$ 两端取上极限,就有

$$\overline{\lim_{t\to 0^+}}\, t\int_0^{+\infty} e^{-tx}f(x)\mathrm{d}x \leqslant \overline{\lim_{t\to 0^+}}\big[M(1-e^{-tA}) + (C+\varepsilon)e^{-tA}\big] = C+\varepsilon.$$

类似可证明 $\underline{\lim\limits_{t\to 0^+}}\, t\int_0^{+\infty} e^{-tx}f(x)\mathrm{d}x \geqslant C-\varepsilon.$ 由 ε 的任意性,合之即有

$$\overline{\lim_{t\to 0^+}}\, t\int_0^{+\infty} e^{-tx}f(x)\mathrm{d}x = \underline{\lim_{t\to 0^+}}\, t\int_0^{+\infty} e^{-tx}f(x)\mathrm{d}x = C.$$

从而得出

$$\lim_{t\to 0^+} t\int_0^{+\infty} e^{-tx}f(x)\mathrm{d}x = C.$$

依据条件对广义积分进行适当"拆分"是一种典型的思路. 上例是利用极限条件 $\lim\limits_{x\to+\infty} f(x) = C$ 将广义积分拆成"$\int_0^A + \int_A^{+\infty}$"两部分后再分别估值. 如果条件中给出 $\int_a^{+\infty} f(x)\mathrm{d}x$ 收敛(或 $\int_a^{+\infty} f(x)\mathrm{d}x$ 绝对收敛),则按定义对 $\forall\, \varepsilon > 0, \exists\, A_0 > a$,使得 $\forall\, A > A_0$ 有

$$\left| \int_A^{+\infty} f(x)\mathrm{d}x \right| < \varepsilon \quad (或 \int_A^{+\infty} |f(x)| \mathrm{d}x < \varepsilon).$$

此时也可考虑将广义积分拆成"$\int_0^A + \int_A^{+\infty}$"后分别处理.

例 4.3.21　设函数 $f(x) \in C[0, +\infty)$, $\int_0^{+\infty} g(x)\mathrm{d}x$ 绝对收敛,证明

$$\lim_{n\to\infty} \int_0^{\sqrt{n}} f\left(\frac{x}{n}\right) g(x)\mathrm{d}x = f(0) \int_0^{+\infty} g(x)\mathrm{d}x.$$

证明　记 $A = \int_0^{+\infty} |g(x)| \mathrm{d}x \geqslant 0$,由 $f(x)$ 在 $x = 0$ 处连续,故 $\forall\, \varepsilon > 0$, $\exists\, \delta > 0$,使得 $\forall\, x(0 \leqslant x < \delta)$ 有

$$|f(x) - f(0)| < \frac{\varepsilon}{2(A+1)}.$$

当 n 充分大($\forall\, n > N_1$)时,总有 $\dfrac{1}{\sqrt{n}} \in (0, \delta)$. 又由 $\int_0^{+\infty} |g(x)| \mathrm{d}x$ 收敛,对上述 $\varepsilon > 0$, $\exists\, N_2 \in \mathbf{N}$,使得 $\forall\, n > N_2$ 有

$$\int_{\sqrt{n}}^{+\infty} |g(x)| \mathrm{d}x < \frac{\varepsilon}{2(|f(0)|+1)}.$$

取 $N = \max(N_1, N_2)$,则对 $\forall\, n > N$,有

$$\left| \int_0^{\sqrt{n}} f\left(\frac{x}{n}\right) g(x)\mathrm{d}x - \int_0^{+\infty} f(0) g(x)\mathrm{d}x \right|$$

$$= \left| \int_0^{\sqrt{n}} f\left(\frac{x}{n}\right) g(x)\mathrm{d}x - \int_0^{\sqrt{n}} f(0) g(x)\mathrm{d}x - \int_{\sqrt{n}}^{+\infty} f(0) g(x)\mathrm{d}x \right|$$

$$\leqslant \int_0^{\sqrt{n}} \left| f\left(\frac{x}{n}\right) - f(0) \right| \cdot |g(x)| \mathrm{d}x + \int_{\sqrt{n}}^{+\infty} |f(0)| \cdot |g(x)| \mathrm{d}x$$

$$< \frac{\varepsilon}{2(A+1)} \int_0^{\sqrt{n}} |g(x)| \mathrm{d}x + |f(0)| \int_{\sqrt{n}}^{+\infty} |g(x)| \mathrm{d}x$$

$$< \frac{\varepsilon}{2(A+1)} \cdot A + |f(0)| \cdot \frac{\varepsilon}{2(|f(0)|+1)} < \frac{\varepsilon}{2} + \frac{\varepsilon}{2} = \varepsilon.$$

即有

$$\lim_{n\to\infty}\int_0^{\sqrt{n}} f\left(\frac{x}{n}\right) g(x)\mathrm{d}x = f(0)\int_0^{+\infty} g(x)\mathrm{d}x.$$

例 4.3.22 设函数 $g(x)$ 在 $[0,+\infty)$ 上非负,又 $\int_0^{+\infty} g(x)\mathrm{d}x = \alpha < +\infty$,$f(x)\in C[0,1]$. 证明

$$\lim_{t\to 0^+}\int_0^1 t^{-1} g(t^{-1} x) f(x)\mathrm{d}x = \alpha f(0).$$

分析 与前两题的证明思想类似,应先将右端的常数 α 改写成积分形式. 虽然条件中已给出 $\alpha = \int_0^{+\infty} g(x)\mathrm{d}x$,但这种记法并不便于与左端的积分作运算比较. 我们注意到

$$\lim_{t\to 0^+}\int_0^1 t^{-1} g(t^{-1} x)\mathrm{d}x \xrightarrow{\text{令 } u = t^{-1} x} \lim_{t\to 0^+}\int_0^{\frac{1}{t}} g(u)\mathrm{d}u = \int_0^{+\infty} g(u)\mathrm{d}u = \alpha.$$

因此,原题即是要证对 $\forall\, \varepsilon > 0$,当 t 充分小时有

$$\left|\int_0^1 t^{-1} g(t^{-1} x) f(x)\mathrm{d}x - \int_0^1 t^{-1} g(t^{-1} x) f(0)\mathrm{d}x\right|$$

$$\leqslant \int_0^1 t^{-1} g(t^{-1} x)\cdot |f(x) - f(0)|\mathrm{d}x < \varepsilon.$$

而 $f(x)$ 在 $x = 0$ 处连续,故上式右端积分中 $|f(x) - f(0)|$ 这一项在 x 充分趋向于 0 时可任意小. 可见应利用连续性定义中的"δ",将积分拆分成"$\int_0^\delta + \int_\delta^1$"两部分再分别估值.

证明 由条件 $f(x)\in C[0,1]$. 可记 $|f(x)|\leqslant M$, $x\in[0,1]$. 因 $f(x)$ 在 $x = 0$ 处连续,故 $\forall\, \varepsilon > 0$, $\exists\, \delta\,(0 < \delta < 1)$,使得 $\forall\, x\,(0\leqslant x < \delta)$ 有 $|f(x) - f(0)| < \varepsilon$.

现因 $\lim_{t\to 0^+}\int_0^1 t^{-1} g(t^{-1} x)\mathrm{d}x \xrightarrow{\text{令 } u = t^{-1} x} \lim_{t\to 0^+}\int_0^{\frac{1}{t}} g(u)\mathrm{d}u = \alpha$,故有

$$\left|\int_0^1 t^{-1} g(t^{-1} x) f(x)\mathrm{d}x - \int_0^1 t^{-1} g(t^{-1} x) f(0)\mathrm{d}x\right|$$

$$\leqslant \int_0^1 t^{-1} g(t^{-1} x)\, |f(x) - f(0)|\,\mathrm{d}x$$

$$= \int_0^\delta t^{-1} g(t^{-1} x)\, |f(x) - f(0)|\,\mathrm{d}x + \int_\delta^1 t^{-1} g(t^{-1} x)\, |f(x) - f(0)|\,\mathrm{d}x$$

$$< \varepsilon\int_0^\delta t^{-1} g(t^{-1} x)\mathrm{d}x + 2M\int_\delta^1 t^{-1} g(t^{-1} x)\mathrm{d}x \quad (\text{再令 } u = t^{-1} x)$$

$$= \varepsilon\int_0^{\frac{\delta}{t}} g(u)\mathrm{d}u + 2M\int_{\frac{\delta}{t}}^{\frac{1}{t}} g(u)\mathrm{d}u$$

$$< \alpha\varepsilon + 2M\int_{\frac{\delta}{t}}^{\frac{1}{t}} g(u)\mathrm{d}u. \tag{4.3.6}$$

由条件 $\displaystyle\int_0^{+\infty} g(x)\mathrm{d}x$ 收敛,对上述 $\varepsilon,\delta>0$, $\exists\, t_0>0$, $\forall\, t(0<t<t_0)$, 由 Cauchy 收敛准则有

$$0\leqslant \int_{\frac{\delta}{t}}^{\frac{1}{t}} g(x)\mathrm{d}x < \varepsilon.$$

从而由 $(4.3.6)$ 式得出

$$\left| \int_0^1 t^{-1} g(t^{-1}x) f(x)\mathrm{d}x - \int_0^1 t^{-1} g(t^{-1}x) f(0)\mathrm{d}x \right| < (\alpha+2M)\varepsilon.$$

也即有

$$\lim_{t\to 0^+} \int_0^1 t^{-1} g(t^{-1}x) f(x)\mathrm{d}x = f(0) \lim_{t\to 0^+} \int_0^1 t^{-1} g(t^{-1}x)\mathrm{d}x = \alpha f(0).$$

例 4.3.23(推广的 Riemann 引理)　设无穷积分 $\displaystyle\int_a^{+\infty} f(x)\mathrm{d}x$ 绝对收敛,函数 $g(x)$ 以 $T(>0)$ 为周期,且在 $[0,T]$ 上可积,则

$$\lim_{p\to+\infty} \int_a^{+\infty} f(x) g(px)\mathrm{d}x = \frac{1}{T}\int_0^T g(x)\mathrm{d}x \int_a^{+\infty} f(x)\mathrm{d}x.$$

分析　由 $g(x)\in R[0,T]$ 且以 T 为周期,故可记 $|g(x)|\leqslant M$, $x\in \mathbf{R}$. 要证当 p 充分大时

$$\left| \int_a^{+\infty} f(x) g(px)\mathrm{d}x - \frac{1}{T}\int_0^T g(x)\mathrm{d}x \int_a^{+\infty} f(x)\mathrm{d}x \right|$$

可任意小. 现已知 $\displaystyle\int_a^{+\infty} f(x)\mathrm{d}x$ 绝对收敛,因此对 $\forall\,\varepsilon>0$, $\exists\, A>a$, 使 $\displaystyle\int_A^{+\infty} |f(x)|\mathrm{d}x < \varepsilon$. 仍对积分采用"拆分"手法,考察

$$\left| \int_a^{+\infty} f(x) g(px)\mathrm{d}x - \frac{1}{T}\int_0^T g(x)\mathrm{d}x \int_a^{+\infty} f(x)\mathrm{d}x \right|$$

$$\leqslant \left| \int_a^{A} f(x) g(px)\mathrm{d}x - \frac{1}{T}\int_0^T g(x)\mathrm{d}x \int_a^{A} f(x)\mathrm{d}x \right| + \left| \int_A^{+\infty} f(x) g(px)\mathrm{d}x \right|$$

$$+ \left| \frac{1}{T}\int_0^T g(x)\mathrm{d}x \int_A^{+\infty} f(x)\mathrm{d}x \right|$$

$$\leqslant \left| \int_a^{A} f(x) g(px)\mathrm{d}x - \frac{1}{T}\int_0^T g(x)\mathrm{d}x \int_a^{A} f(x)\mathrm{d}x \right| + M\int_A^{+\infty} |f(x)|\mathrm{d}x$$

$$+ \left| \frac{1}{T}\int_0^T g(x)\mathrm{d}x \right| \int_A^{+\infty} |f(x)|\mathrm{d}x$$

$$\triangleq \left| \int_a^{A} f(x) g(px)\mathrm{d}x - \frac{1}{T}\int_0^T g(x)\mathrm{d}x \int_a^{A} f(x)\mathrm{d}x \right| + C\int_A^{+\infty} |f(x)|\mathrm{d}x,$$

其中 $C \triangleq M + \left| \dfrac{1}{T} \displaystyle\int_0^T g(x)\mathrm{d}x \right|$.

如上面所述,由 $\displaystyle\int_a^{+\infty} f(x)\mathrm{d}x$ 的绝对收敛性,可知上式中后一项可任意小.固定 A,再令 p 充分大,利用例 4.2.9 的结果,又可知上式中前一项当 p 充分大时也可以任意小.

例 4.3.24 设函数 $f(x)$ 以 $T(>0)$ 为周期,且在 $[0,T]$ 上可积,记 $\dfrac{1}{T}\displaystyle\int_0^T f(x)\mathrm{d}x = C$,证明

$$\lim_{n\to\infty} n\int_n^{+\infty} \frac{f(x)}{x^2}\mathrm{d}x = C.$$

分析 先采用常规思路分析.不妨设 $C \geqslant 0$,注意到

$$n\int_n^{+\infty} \frac{1}{x^2}\mathrm{d}x = 1 \quad\Rightarrow\quad C = n\int_n^{+\infty} \frac{C}{x^2}\mathrm{d}x.$$

可见应证 $\displaystyle\lim_{n\to\infty} n\int_n^{+\infty} \frac{f(x)-C}{x^2}\mathrm{d}x = 0$.

对 $\forall A > n$,若能证明积分 $\displaystyle\int_n^A [f(x)-C]\mathrm{d}x$ 有界(记为 $\left| \displaystyle\int_n^A [f(x)-C]\mathrm{d}x \right| \leqslant M$),则由 $f(x)-C$ 的可积性及 $\dfrac{1}{x^2}$ 在 $[n,A]$ 上的单调递减非负性,用积分第二中值定理可得出

$$\left| n\int_n^A \frac{f(x)-C}{x^2}\mathrm{d}x \right| = n \cdot \frac{1}{n^2}\left| \int_n^\xi [f(x)-C]\mathrm{d}x \right| \leqslant \frac{M}{n}, \quad \xi \in [n,A].$$

只要再令 $n\to\infty$ 即得证.

积分 $\displaystyle\int_n^A [f(x)-C]\mathrm{d}x (\forall A > n)$ 的有界性证明请读者自行完成.

进一步考虑,若应用上题结果(推广的 Riemann 引理),其实还可以有非常简洁的证法:因为

$$n\int_n^{+\infty} \frac{f(x)}{x^2}\mathrm{d}x = \int_n^{+\infty} \frac{f\left(n \cdot \dfrac{x}{n}\right)}{\left(\dfrac{x}{n}\right)^2}\mathrm{d}\left(\frac{x}{n}\right) \xlongequal{\diamondsuit\, t = \frac{x}{n}} \int_1^{+\infty} \frac{1}{t^2}f(nt)\mathrm{d}t,$$

由此即得

$$\lim_{n\to\infty} n\int_n^{+\infty} \frac{f(x)}{x^2}\mathrm{d}x = \lim_{n\to\infty}\int_1^{+\infty} \frac{1}{t^2}f(nt)\mathrm{d}t = \frac{1}{T}\int_0^T f(t)\mathrm{d}t \int_1^{+\infty} \frac{\mathrm{d}t}{t^2} = C.$$

习 题 四

1. 设 $f(x), g(x) \in R[a,b]$，证明
$$\min(f(x), g(x)), \qquad \max(f(x), g(x))$$
在 $[a,b]$ 上均可积.

2. 设 $f(x)$ 为 $[a,b]$ 上的有界变差函数，即 $f(x)$ 在 $[a,b]$ 上的全变差 M 有界，其中
$$M \triangleq \sup_{T}\Big\{ \sum_{k=1}^{n} \mid f(x_k) - f(x_{k-1}) \mid \Big\} < +\infty.$$
证明 $f(x) \in R[a,b]$.

3. 设 $f(x) \in R[a,b]$，证明 $\int_a^b f^2(x)\mathrm{d}x = 0$ 的充要条件是：$f(x)$ 在 $[a,b]$ 上的每一连续点 x 处，有 $f(x) = 0$.

4. 若 E 为 R 上数集，称 E 在 $[a,b]$ 中稠密是指：对 $\forall x \in [a,b]$，存在 E 中点列 $\{x_n\}$，使 $\lim\limits_{n\to\infty} x_n = x$. 现设 $f(x) \in R[a,b]$ 且非负，$\int_a^b f(x)\mathrm{d}x = 0$. 记
$$E = \{ x \mid f(x) = 0, x \in [a,b]\}.$$
证明 E 在 $[a,b]$ 中稠密.

5. 计算下列极限：

(1) $\lim\limits_{n\to\infty} \sum\limits_{k=1}^{n} 2^{\frac{k}{n}} \sin \dfrac{\pi}{n}$；   (2) $\lim\limits_{n\to\infty} \sum\limits_{k=1}^{n} \dfrac{1}{k} \sin \dfrac{k\pi}{n+1}$；

(3) $\lim\limits_{n\to\infty} \sum\limits_{k=1}^{n} \tan^2 \dfrac{1}{\sqrt{n+k}}$.

6. 试求 $I = \lim\limits_{n\to\infty} \int_0^1 \mathrm{e}^{-x}\left(1 + \dfrac{x}{n}\right)^n \mathrm{d}x$.

7. 设 $f(x) \in C[0,1]$，记
$$a_n = n^2 \int_0^1 (x^n - x^{n+1}) f(x)\mathrm{d}x, \quad n \in \mathbf{N}.$$
证明 $\lim\limits_{n\to\infty} a_n = f(1)$.

8. 证明

(1) 若 $x \geqslant 0$，则有 $x^n \geqslant n(x-1)+1, n \in \mathbf{N}$；

(2) 对 $\forall n \in \mathbf{N}$，有 $\int_0^{1+\frac{2}{\sqrt{n}}} x^n \mathrm{d}x > 2$；

(3) 若 $\{a_n\}$ 为正数列，且满足 $\lim\limits_{n\to\infty} \int_0^{a_n} x^n \mathrm{d}x = 2$，则有
$$\lim\limits_{n\to\infty} a_n = 1.$$

9. 设 $f(x)$ 在 $[0,1]$ 上连续可导，证明
$$\lim\limits_{n\to\infty}\left[\sum_{k=1}^{n} f\left(\dfrac{k}{n}\right) - n\int_0^1 f(x)\mathrm{d}x \right] = \dfrac{1}{2}\left[f(1) - f(0) \right].$$

10. 设 $f(x),g(x)\in R[a,b]$,对$[a,b]$作任意分法 $T:a=x_0<x_1<\cdots<x_n=b$. 证明

$$\lim_{\|T\|\to 0}\sum_{k=1}^{n}f(x_k)\ln[1+g(x_k)\Delta x_k]=\int_a^b f(x)g(x)\mathrm{d}x.$$

11. 设 $f(x),g(x)\in C[a,b]$且 $f(x)$恒正,$g(x)$非负. 证明

$$\lim_{n\to\infty}\int_a^b g(x)\sqrt[n]{f(x)}\mathrm{d}x=\int_a^b g(x)\mathrm{d}x.$$

12. 设 $f(x),g(x)\in C[a,b]$,$\int_a^b g(x)\mathrm{d}x\neq 0$. 且对 $\forall\, x\in[a,b]$有 $|f(x)|+|g(x)|\neq 0$. 证明存在 $\xi\in[a,b]$,使

$$\frac{f(\xi)}{g(\xi)}=\frac{\displaystyle\int_a^b f(x)\mathrm{d}x}{\displaystyle\int_a^b g(x)\mathrm{d}x}.$$

13. 设 $f(x)\in C[a,b]$,而

$$f(a)=\min_{x\in[a,b]}f(x),\qquad f(b)=\max_{x\in[a,b]}f(x).$$

证明存在 $\xi\in[a,b]$,使

$$\int_a^b f(x)\mathrm{d}x=f(a)(\xi-a)+f(b)(b-\xi).$$

14. 设 $f(x)$在$[a,b]$有二阶连续导数,证明存在 $\xi\in[a,b]$,使

$$\int_a^b f(x)\mathrm{d}x=(b-a)f\left(\frac{a+b}{2}\right)+\frac{(b-a)^3}{24}f''(\xi).$$

15. 设 $f(x)\in R[-a,b]$且非负$(a,b>0)$,$\int_{-a}^b xf(x)\mathrm{d}x=0$. 证明

$$\int_{-a}^b x^2 f(x)\mathrm{d}x\leqslant ab\int_{-a}^b f(x)\mathrm{d}x.$$

16. 设 $f(x)$在 $x\geqslant 0$ 时为严格递增的连续函数,$f(0)=0$. 证明

$$ab\leqslant\int_0^a f(x)\mathrm{d}x+\int_0^b f^{-1}(y)\mathrm{d}y\quad(a,b\geqslant 0).$$

17. 设 $f(x)$ 在$[a,b]$上连续可导,$f(a)=f(b)=0$,且$\int_a^b f^2(x)\mathrm{d}x=1$. 证明

$$\int_a^b[f'(x)]^2\mathrm{d}x\cdot\int_a^b x^2 f^2(x)\mathrm{d}x\geqslant\frac{1}{4}.$$

18. 设 $f(x)$在$[a,b]$上有二阶连续导数,$f(a)=f(b)=0$. 记

$$M=\max(|f'(a)|,|f'(b)|),\qquad N=\max_{x\in[a,b]}|f''(x)|.$$

证明

$$\int_a^b|f(x)|\mathrm{d}x\leqslant\frac{M}{4}(b-a)^2+\frac{N}{2}(b-a)^3.$$

19. 设 $f(x)$在$[a,b]$上有二阶连续导数,$f(a)=f(b)=0$. 证明

$$\left|\int_a^b f(x)\mathrm{d}x\right|\leqslant\frac{(b-a)^3}{12}\max_{x\in[a,b]}|f''(x)|.$$

20. 设 $f(x)$在$[a,b]$上连续可导,证明

$$\max_{x\in[a,b]} \mid f(x) \mid \leqslant \left| \frac{1}{b-a}\int_a^b f(x)\mathrm{d}x \right| + \int_a^b \mid f'(x)\mid\mathrm{d}x.$$

21. 设 $f(x)\in \mathrm{C}[a,b]$,证明 $f(x)$ 为凸函数的充要条件是

$$f(x)\leqslant \frac{1}{2h}\int_{-h}^{h} f(x+t)\mathrm{d}t,$$

对 $\forall [x-h,x+h]\subset[a,b]$ 都成立.

22. 设 $f(x)$ 在 $x=0$ 的某邻域内可导,且 $f(0)=0,f'(0)=1$,试求

(1) $\lim\limits_{x\to 0} \dfrac{\displaystyle\int_0^x tf(x^2-t^2)\mathrm{d}t}{\sin^4 x}$;

(2) $\lim\limits_{x\to 0} \dfrac{\displaystyle\int_0^{\sin x} f(x-t)\mathrm{d}t}{1-\cos x}$.

23. 求下列函数在 $x=0$ 处的导数:

(1) $\mathrm{F}(x)=\displaystyle\int_0^x t\sin\frac{1}{t}\mathrm{d}t$;   (2) $\mathrm{F}(x)=\displaystyle\int_0^x \cos\frac{1}{t}\mathrm{d}t$.

24. 设 $f(x)\in \mathrm{C}\left[0,\dfrac{\pi}{2}\right)$ 且恒正,又

$$f^2(x)=\int_0^x f(t)\,\frac{\tan t}{\sqrt{1+2\tan^2 t}}\mathrm{d}t,$$

求 $f(x)$ 的表达式.

25. 设 $f(x)\in \mathrm{C}[a,b]$ 且非负,x_0 为其惟一的最大值点.由积分中值定理,对 $\forall\, n\in \mathbf{N}$,存在 $\xi_n\in[a,b]$,使

$$f^n(\xi_n)=\frac{1}{b-a}\int_a^b f^n(x)\mathrm{d}x.$$

证明 $\lim\limits_{n\to\infty}\xi_n=x_0$.

26. 设 $f(x)\in \mathrm{C}[0,\pi]$,且

$$\int_0^\pi f(x)\mathrm{d}x=0,\qquad \int_0^\pi f(x)\cos x\mathrm{d}x=0.$$

证明在 $(0,\pi)$ 内存在两点 x_1,x_2,使 $f(x_1)=f(x_2)=0$.

27. 设 $f(x)\in \mathrm{C}[0,1]$,且

$$\int_0^1 x^k f(x)\mathrm{d}x=0,\qquad k=0,1,\cdots,n-1,$$

$$\int_0^1 x^n f(x)\mathrm{d}x=1.$$

证明存在 $x_0\in[0,1]$,使

$$\mid f(x_0)\mid\geqslant 2^n(n+1),\quad n\in \mathbf{N}.$$

28. 设 $f(x)\in \mathrm{C}[a,b]$,且对 $[a,b]$ 上任意连续的折线函数 $g(x)$,有 $\displaystyle\int_a^b f(x)g(x)\mathrm{d}x=0$.
证明 $f(x)=0,x\in[a,b]$.

29. 设 $f(x),g(x)\in \mathrm{C}[a,b]$,且对 $[a,b]$ 上任意连续可导函数 $h(x)(h(b)=0)$,有

$$\int_a^b f(x)h(x)\mathrm{d}x + \int_a^b g(x)h'(x)\mathrm{d}x = 0.$$

证明 $g(x) \in D[a,b]$ 且 $g'(x) = f(x)$.

30. 计算下列广义积分:

(1) $\displaystyle\int_0^{+\infty} \frac{\arctan x}{(1+x^2)^{\frac{3}{2}}}\mathrm{d}x$;

(2) $\displaystyle\int_0^{+\infty} \frac{\ln x}{1+x^2}\mathrm{d}x$;

(3) $\displaystyle\int_0^{\frac{\pi}{2}} \sqrt{\tan x}\mathrm{d}x$;

(4) $\displaystyle\int_0^1 \frac{\ln x}{(1-x)\sqrt{x(1-x)}}\mathrm{d}x$.

31. 判断下列广义积分的敛散性:

(1) $\displaystyle\int_0^{+\infty} \frac{x}{1+x^2\cos^2 x}\mathrm{d}x$;

(2) $\displaystyle\int_1^{+\infty} \left[\frac{1}{x} - \ln\left(\frac{1}{x} + \sqrt{1+\frac{1}{x^2}}\right)\right]\mathrm{d}x$;

(3) $\displaystyle\int_0^{+\infty} \frac{\sin\sqrt{x}}{\sqrt{x}(1+x)}\mathrm{d}x$;

(4) $\displaystyle\int_0^{+\infty} \left(\frac{x}{\mathrm{e}^x - \mathrm{e}^{-x}} - \frac{1}{2}\right)\frac{\mathrm{d}x}{x^2}$.

32. 判断下列广义积分的敛散性:

(1) $\displaystyle\int_0^{\frac{\pi}{2}} \frac{\ln(\sin x)}{\sqrt{x}}\mathrm{d}x$;

(2) $\displaystyle\int_0^{\pi} \frac{\mathrm{d}x}{\sqrt{\sin x}}$;

(3) $\displaystyle\int_0^1 \frac{\mathrm{d}x}{\sqrt{x}\ln x}$;

(4) $\displaystyle\int_0^1 \frac{1}{x^2}\sin\frac{1}{x^2}\mathrm{d}x$.

33. 证明广义积分

$$I = \int_1^{+\infty} \left(\int_0^a \sin(t^2 x^3)\mathrm{d}t\right)\mathrm{d}x \quad (a > 0)$$

是收敛的.

34. 讨论下列广义积分的敛散性($p > 0$):

(1) $\displaystyle\int_0^{+\infty} x\left(1 - \cos\frac{1}{x}\right)^p\mathrm{d}x$;

(2) $\displaystyle\int_0^{+\infty} \frac{\mathrm{e}^{\sin x}\sin 2x}{x^p}\mathrm{d}x$;

(3) $\displaystyle\int_0^{+\infty} x^{p-1}\mathrm{e}^{-x}\ln x\,\mathrm{d}x$;

(4) $\displaystyle\int_0^{+\infty} |\ln x|^p \frac{\sin x}{x}\mathrm{d}x$

35. 讨论下列广义积分的敛散性($p > 0$):

(1) $\displaystyle\int_0^{+\infty} \frac{(\arctan x)^p}{x^q}\mathrm{d}x$;

(2) $\displaystyle\int_0^{+\infty} x^q\sin(x^p)\mathrm{d}x$.

36. 设 $f(x) \in C[a, +\infty)$,且 $\displaystyle\int_a^{+\infty} f(x)\mathrm{d}x$ 收敛. 证明存在 $\{x_n\} \subset [a, +\infty)$($\lim\limits_{n\to\infty} x_n = +\infty$),使 $\lim\limits_{n\to\infty} f(x_n) = 0$. 又问,若去除上述条件中的"$f(x) \in C[a, +\infty)$",结论是否仍然成立?

37. 设 $f(x)$ 在 $[a, +\infty)$ 上非负且单调递减,而 $\displaystyle\int_a^{+\infty} g(x)\mathrm{d}x$ 收敛,证明存在 $\xi \in [a, +\infty)$,使

$$\int_a^{+\infty} f(x)g(x)\mathrm{d}x = f(a)\int_a^{\xi} g(x)\mathrm{d}x.$$

38. 证明

(1) $\displaystyle\int_0^{+\infty} f\Big(\frac{x}{a}+\frac{a}{x}\Big)\frac{\ln x}{x}\mathrm{d}x = \ln a\int_0^{+\infty} f\Big(\frac{x}{a}+\frac{a}{x}\Big)\frac{\mathrm{d}x}{x}$;

(2) $\displaystyle\int_0^{+\infty} \frac{x^{p-1}}{x+1}\mathrm{d}x = \int_0^{+\infty} \frac{x^{-p}}{x+1}\mathrm{d}x \quad (0 < p < 1)$.

39. 设 $f(x)\in C[1,+\infty)$ 且恒正, 若

$$\lim_{x\to+\infty} \frac{\ln f(x)}{\ln x} = -\lambda,$$

证明当 $\lambda > 1$ 时 $\displaystyle\int_1^{+\infty} f(x)\mathrm{d}x$ 收敛.

40. 设 $\displaystyle\int_0^{+\infty} f(x)\mathrm{d}x$ 绝对收敛, 记

$$g(x) = \int_0^{+\infty} f(t)\sin xt\,\mathrm{d}t.$$

证明 $g(x)$ 在 $[0,+\infty)$ 上一致连续.

41. 设 $f(x)\in C[0,1]$. 证明对 $\forall\, p>0$, 有

$$\lim_{x\to0^+} x^p\int_x^1 \frac{f(t)}{t^{p+1}}\mathrm{d}t = \frac{f(0)}{p}.$$

42. 设 $f(x)\in C[0,1]$, 且 $\displaystyle\lim_{x\to0^+} f(x) = +\infty$. 定义

$$f_n(x) = \min(f(x),n), \quad n\in\mathbf{N}.$$

证明瑕积分 $\displaystyle\int_0^1 f(x)\mathrm{d}x$ 收敛的充要条件是 $\displaystyle\lim_{n\to\infty}\int_0^1 f_n(x)\mathrm{d}x$ 存在.

43. 设 $f(x)$ 在 $[0,a]$ 上单调递增, 且在 $x=0$ 处连续, 而 $\displaystyle\int_0^{+\infty} \frac{g(x)}{x}\mathrm{d}x$ 收敛. 证明

$$\lim_{p\to+\infty}\int_0^a f(x)\frac{g(px)}{x}\mathrm{d}x = f(0)\int_0^{+\infty} \frac{g(x)}{x}\mathrm{d}x.$$

第5章 级 数

5.1 数 项 级 数

5.1.1 概念辨析与问题讨论

1. 级数能否通过任意添加括号求和或判敛?

如所熟知,有限和的运算是满足结合律的,但作为无穷和的级数,无论是求和还是判敛,都不能用随意加括号的方式进行.

考虑级数 $\sum\limits_{n=1}^{\infty} a_n$,记部分和为 $S_n = \sum\limits_{k=1}^{n} a_k$,加括号后级数变成

$$(a_1 + \cdots + a_{n_1}) + (a_{n_1+1} + \cdots + a_{n_2}) + \cdots + (a_{n_{k-1}+1} + \cdots + a_{n_k}) + \cdots$$

记为 $\sum\limits_{k=1}^{\infty} b_k$,其中 $b_k = a_{n_{k-1}+1} + \cdots + a_{n_k}$,其部分和记为 $A_k = \sum\limits_{i=1}^{k} b_i$,则有

$$A_k = b_1 + b_2 + \cdots + b_k$$
$$= (a_1 + \cdots + a_{n_1}) + \cdots + (a_{n_{k-1}+1} + \cdots + a_{n_k}) = S_{n_k}.$$

可见 $\{A_k\}$(也即 $\{S_{n_k}\}$)是 $\{S_n\}$ 的子列. 由数列极限与子列极限的关系即可知当 $\sum\limits_{n=1}^{\infty} a_n$ 收敛时,$\sum\limits_{k=1}^{\infty} b_k$ 必定收敛,且其和不变.但它的逆命题不成立,一个明显的反例是

$$\sum_{n=1}^{\infty} a_n = 1 - 1 + 1 - 1 + \cdots$$

$$\sum_{k=1}^{\infty} b_k = (1-1) + (1-1) + \cdots$$

显见 $\sum\limits_{k=1}^{\infty} b_k$ 收敛,而 $\sum\limits_{n=1}^{\infty} a_n$ 是发散的.

自然会想到,应添加什么条件才能保证级数 $\sum\limits_{n=1}^{\infty} a_n$ 与加括号级数 $\sum\limits_{k=1}^{\infty} b_k$ 同敛散? 一个有用的结论是:若 $\sum\limits_{k=1}^{\infty} b_k$ 的每一括号内各项符号相同,则 $\sum\limits_{n=1}^{\infty} a_n$ 与 $\sum\limits_{k=1}^{\infty} b_k$ 同敛散(证明见例 5.1.15).

用上述命题考察某一类级数的敛散性特别方便. 例如,考虑级数

$\displaystyle\sum_{n=1}^{\infty}\frac{(-1)^{[\sqrt{n}]}}{n}$，它先出现 3 个负项，再是 5 个正项，然后又是 7 个负项，…．这似乎很难用常规手法对其判敛，但如果我们将级数中符号相同的相邻项结合在一起加括号当作一项，从而化为交错级数 $\displaystyle\sum_{k=1}^{\infty}(-1)^{k}A_{k}\,(A_{k}>0)$，则只要设法证明数列 $\{A_{k}\}$ 单调递减且有 $\displaystyle\lim_{k\to\infty}A_{k}=0$，由 Leibniz 方法便可得出 $\displaystyle\sum_{k=1}^{\infty}(-1)^{k}A_{k}$ 的收敛性，从而推出去括号级数 $\displaystyle\sum_{n=1}^{\infty}\frac{(-1)^{[\sqrt{n}]}}{n}$ 也是收敛的．

2. 级数 $\displaystyle\sum_{n=1}^{\infty}a_{n}$ 收敛的充要条件是否可以写成：对 $\forall\,\{a_{n_{k}}\}\subset\{a_{n}\}$，级数 $\displaystyle\sum_{k=1}^{\infty}a_{n_{k}}$ 都收敛？

此命题的必要性不能成立，即由 $\displaystyle\sum_{n=1}^{\infty}a_{n}$ 的收敛性推不出 $\displaystyle\sum_{k=1}^{\infty}a_{n_{k}}$ 的收敛性．反例是：级数 $\displaystyle\sum_{n=1}^{\infty}(-1)^{n+1}\frac{1}{n}$ 收敛，但由 $\left\{(-1)^{n+1}\frac{1}{n}\right\}$ 的奇子列和偶子列组成的级数 $\displaystyle\sum_{n=1}^{\infty}(-1)^{2n}\frac{1}{2n-1}$ 和 $\displaystyle\sum_{n=1}^{\infty}(-1)^{2n-1}\frac{1}{2n}$ 都是发散的．更一般的结论是：当级数 $\displaystyle\sum_{n=1}^{\infty}a_{n}$ 为条件收敛时，由 $\{a_{n}\}$ 的正项子列与负项子列组成的级数都发散．

对充分性而言，条件又显得太强，事实上，只要 $\{a_{n}\}$ 的奇子列 $\{a_{2n-1}\}$ 与偶子列 $\{a_{2n}\}$ 所组成的两个级数都收敛，就必定有 $\displaystyle\sum_{n=1}^{\infty}a_{n}$ 收敛．

我们以 S_{n}，S'_{n}，S''_{n} 分别表示 $\displaystyle\sum_{n=1}^{\infty}a_{n}$，$\displaystyle\sum_{n=1}^{\infty}a_{2n-1}$，$\displaystyle\sum_{n=1}^{\infty}a_{2n}$ 的前 n 项部分和，则有

$$S_{2n}=S'_{n}+S''_{n},\qquad S_{2n+1}=S'_{n+1}+S''_{n}.$$

于是有

$$\lim_{n\to\infty}S_{2n}=\lim_{n\to\infty}S_{2n+1}=\sum_{n=1}^{\infty}a_{2n-1}+\sum_{n=1}^{\infty}a_{2n}.$$

可见部分和数列 $\{S_{n}\}$ 的奇、偶子列均收敛于同一极限值，故 $\displaystyle\lim_{n\to\infty}S_{n}$ 存在，即 $\displaystyle\sum_{n=1}^{\infty}a_{n}$ 收敛．

顺便说明，对于上述问题若条件加强为"级数 $\displaystyle\sum_{n=1}^{\infty}a_{n}$ 绝对收敛"，则充要性结论成立．证明留给读者．

3. 关于比值判敛法与根值判敛法.

比值（D'Alembert）判敛法与根值（Cauchy）判敛法是正项级数判敛的两种最基本和最常用的方法,下面只说明它们的极限形式.

对于正项级数 $\sum\limits_{n=1}^{\infty} a_n$,我们有

比值法　若 $\varlimsup\limits_{n \to \infty} \dfrac{a_{n+1}}{a_n} = r < 1$,则 $\sum\limits_{n=1}^{\infty} a_n$ 收敛;若 $\varliminf\limits_{n \to \infty} \dfrac{a_{n+1}}{a_n} = r > 1$,则 $\sum\limits_{n=1}^{\infty} a_n$ 发散.

根值法　若 $\varlimsup\limits_{n \to \infty} \sqrt[n]{a_n} = r$,则当 $r < 1$ 时 $\sum\limits_{n=1}^{\infty} a_n$ 收敛;当 $r > 1$ 时 $\sum\limits_{n=1}^{\infty} a_n$ 发散.

当 $r = 1$ 时比值法与根值法均失效.

首先指出,比值法与根值法所适用的对象有所区别.一般地,当通项表示式含有"$n!$"形式时,用比值法较方便;而当其含有 n 次幂形式时,自然可考虑选用根值法.不过从理论上来看,根值法要比比值法更"精细",事实上前面(见例 2.2.6)已介绍过相应的命题;设 $\{a_n\}$ 为正数列,则有

$$\varliminf_{n \to \infty} \frac{a_{n+1}}{a_n} \leqslant \varliminf_{n \to \infty} \sqrt[n]{a_n} \leqslant \varlimsup_{n \to \infty} \sqrt[n]{a_n} \leqslant \varlimsup_{n \to \infty} \frac{a_{n+1}}{a_n}.$$

从这一命题可以看出,凡能用比值法判敛的正项级数,用根值法必定也能判敛.反之则不然.例如,考虑级数

$$\frac{1}{2} + \frac{1}{3} + \frac{1}{2^2} + \frac{1}{3^2} + \frac{1}{2^3} + \frac{1}{3^3} + \cdots \tag{5.1.1}$$

则有 $\varlimsup\limits_{n \to \infty} \sqrt[n]{a_n} = \dfrac{1}{\sqrt{2}} < 1$. 由根值法可见所给级数收敛. 但如果用比值法,则有 $\varlimsup\limits_{n \to \infty} \dfrac{a_{n+1}}{a_n} = +\infty$,而又有 $\varliminf\limits_{n \to \infty} \dfrac{a_{n+1}}{a_n} = 0 < 1$,难以判断敛散性.

我们说根值法比比值法更"精细",适用面更宽,但并不是说因此只推崇前一方法而排斥后一方法.事实上对具体问题要具体分析,这两种方法各有所长,都是重要的和有用的.

其次强调,若正项级数 $\sum\limits_{n=1}^{\infty} a_n$ 收敛,绝不能由此得出 $\varlimsup\limits_{n \to \infty} \dfrac{a_{n+1}}{a_n} < 1$ (或 $\varlimsup\limits_{n \to \infty} \sqrt[n]{a_n} < 1$)的结论. 同样地,若正项级数 $\sum\limits_{n=1}^{\infty} a_n$ 发散,也不能断言必定有 $\varliminf\limits_{n \to \infty} \dfrac{a_{n+1}}{a_n} > 1$ (或 $\varlimsup\limits_{n \to \infty} \sqrt[n]{a_n} > 1$). 读者不妨分别考察级数 $\sum\limits_{n=1}^{\infty} \dfrac{1}{n^2}$ 和 $\sum\limits_{n=1}^{\infty} \dfrac{1}{n}$.更进一步,对于(5.1.1)中给出的收敛级数,甚至还有 $\varlimsup\limits_{n \to \infty} \dfrac{a_{n+1}}{a_n} = +\infty$ 的结果!

4. 级数收敛速度的比较与收敛方法的改进.

比值法（D′Alembert）与根值法（Cauchy）都是建立在正项级数比较判别法基础上的,所用的比较级数是收敛速度相对较快的等比级数. 因此,这两种方法只能用于判别那些比等比级数收敛速度更快的级数,而对于一类比等比级数收敛速度缓慢的级数,这两种判别法就无能为力了.

自然要问,如何来区分级数收敛的"速度"? 为此,我们先给出设定级数收敛速度快慢的标准.

设 $\sum\limits_{n=1}^{\infty} a_n, \sum\limits_{n=1}^{\infty} b_n$ 均为正项级数,记 $S_n = \sum\limits_{k=1}^{n} a_k, S'_n = \sum\limits_{k=1}^{n} b_k, r_n = \sum\limits_{k=n+1}^{\infty} a_k,$ $r'_n = \sum\limits_{k=n+1}^{\infty} b_k,$

1° 若 $\sum\limits_{n=1}^{\infty} a_n, \sum\limits_{n=1}^{\infty} b_n$ 均收敛,且 $\lim\limits_{n\to\infty} \dfrac{r_n}{r'_n} = 0$,则称 $\sum\limits_{n=1}^{\infty} b_n$ 是比 $\sum\limits_{n=1}^{\infty} a_n$ 收敛较慢的级数;

2° 若 $\sum\limits_{n=1}^{\infty} a_n, \sum\limits_{n=1}^{\infty} b_n$ 均发散,且 $\lim\limits_{n\to\infty} \dfrac{S'_n}{S_n} = 0$,则称 $\sum\limits_{n=1}^{\infty} b_n$ 是比 $\sum\limits_{n=1}^{\infty} a_n$ 发散较慢的级数.

为了改进判敛方法,人们找到了一种形式较为简单,而收敛速度相对较慢的级数 $\sum\limits_{n=1}^{\infty} \dfrac{1}{n^p}$（$p$ 级数）为比较级数,并由此导出较比值法更为精细的 Raabe 判别法.

Raabe 判别法（极限形式）　设 $a_n > 0$（$n \in \mathbf{N}$）,若 $\lim\limits_{n\to\infty} n\left[\dfrac{a_n}{a_{n+1}} - 1\right] = r > 1$,则 $\sum\limits_{n=1}^{\infty} a_n$ 收敛;若 $\lim\limits_{n\to\infty} n\left[\dfrac{a_n}{a_{n+1}} - 1\right] = r < 1$,则 $\sum\limits_{n=1}^{\infty} a_n$ 发散.

当 Raabe 判别法也无法确定某一级数敛散性时,要改用更精细的方法试探. 为此,可以将收敛速度更慢的级数 $\sum\limits_{n=2}^{\infty} \dfrac{1}{n(\ln n)^p}$（$p > 1$）作为比较级数,由此又可导出 Gauss 判别法.

Gauss 判别法　设 $a_n > 0$（$n \in \mathbf{N}$）. 若 $n \to \infty$ 时有

$$\frac{a_n}{a_{n+1}} = 1 + \frac{1}{n} + \frac{\beta}{n\ln n} + o\left(\frac{1}{n\ln n}\right),$$

则当 $\beta > 1$ 时 $\sum\limits_{n=1}^{\infty} a_n$ 收敛;$\beta < 1$ 时 $\sum\limits_{n=1}^{\infty} a_n$ 发散.

自然要问,是否存在收敛得最慢的级数,并以它作为一切级数判敛的比较级数? 但事实上这种级数是不存在的. 对任何一个收敛的正项级数 $\sum\limits_{n=1}^{\infty} a_n$,我们总

可以构造出比它收敛得更慢的级数 $\sum\limits_{n=1}^{\infty} b_n$，这只要令

$$b_n = \sqrt{r_{n-1}} - \sqrt{r_n}, \quad n \in \mathbf{N} \quad \left(r_0 = \sum_{n=1}^{\infty} a_n \right).$$

此时即有 $r_n' = \sqrt{r_n} \to 0 (n \to \infty)$，且

$$\lim_{n \to \infty} \frac{a_n}{b_n} = \lim_{n \to \infty} \frac{r_{n-1} - r_n}{\sqrt{r_{n-1}} - \sqrt{r_n}} = \lim_{n \to \infty} \left(\sqrt{r_{n-1}} + \sqrt{r_n} \right) = 0.$$

由 $\sum\limits_{n=1}^{\infty} a_n$ 的收敛性可知 $\sum\limits_{n=1}^{\infty} b_n$ 也收敛，而 $\lim\limits_{n \to \infty} \dfrac{r_n}{r_n'} = \lim\limits_{n \to \infty} \sqrt{r_n} = 0$，可见 $\sum\limits_{n=1}^{\infty} b_n$ 的收

敛速度要比 $\sum\limits_{n=1}^{\infty} a_n$ 更慢.

级数判敛方法的精细程度没有尽头，但随着级数收敛速度的变慢，相应的判别法越来越麻烦，使得这些方法只具有理论价值而很少有应用上的意义，读者也没有必要都去熟悉和掌握它们.

5. 若级数 $\sum\limits_{n=1}^{\infty} a_n$ 收敛，$\lim b_n = 1$，是否必有 $\sum\limits_{n=1}^{\infty} a_n b_n$ 收敛？

与任意项级数判敛的 Abel 方法相比，这里将条件"$\{b_n\}$ 单调有界"改为"$\{b_n\}$ 收敛于 1"，而舍去了对 $\{b_n\}$ 的单调性限制. 但这一断语未必能成立. 反例是：级数 $\sum\limits_{n=1}^{\infty} \dfrac{(-1)^n}{\sqrt{n}}$ 收敛，又 $\lim\limits_{n \to \infty} \left[1 + \dfrac{(-1)^n}{\sqrt{n}} \right] = 1$，但 $\sum\limits_{n=1}^{\infty} \left[\dfrac{(-1)^n}{\sqrt{n}} + \dfrac{1}{n} \right]$ 明显是发散的.

若条件加强为"级数 $\sum\limits_{n=1}^{\infty} a_n$ 绝对收敛"，则可断言此时 $\sum\limits_{n=1}^{\infty} a_n b_n$ 必定收敛（且为绝对收敛），事实上由条件可知 $\{b_n\}$ 有界，可记为 $|b_n| \leqslant M, n \in \mathbf{N}$，从而有

$$| a_n b_n | \leqslant M | a_n |, \quad \forall n \in \mathbf{N}.$$

因此 $\sum\limits_{n=1}^{\infty} a_n b_n$ 绝对收敛.

6. 对任意项级数 Dirichlet 判别法与 Abel 判别法的一点附注.

对于任意项级数来说，Dirichlet 判别法与 Abel 判别法是两个重要的判别法. Dirichlet 判别法指出：当数列 $\{a_n\}$ 单调趋于 0，而级数 $\sum\limits_{n=1}^{\infty} b_n$ 的部分和数列有界，则 $\sum\limits_{n=1}^{\infty} a_n b_n$ 收敛；Abel 判别法指出：当数列 $\{a_n\}$ 单调有界，而级数 $\sum\limits_{n=1}^{\infty} b_n$ 收敛，则 $\sum\limits_{n=1}^{\infty} a_n b_n$ 收敛.

事实上,上述两种方法中给出的条件都是充要的,以 Dirichlet 判别法为例,可以证明当级数 $\sum\limits_{n=1}^{\infty} u_n$ 收敛时,必定存在 u_n 的某种分解 $u_n = a_n b_n$ ($n \in \mathbf{N}$),使数列 $\{a_n\}$ 单调趋于 0,而级数 $\sum\limits_{n=1}^{\infty} b_n$ 的部分和数列有界,对 Abel 判别法也有类似的结论.

具体的分析证明见例 5.1.23.

7. 重排级数(改变级数中各项位置)的收敛性问题.

对于绝对收敛级数,它的任一重排级数仍是绝对收敛级数,且其和不变.这一结论在一般的数学分析教材中都能找到.

当 $\sum\limits_{n=1}^{\infty} a_n$ 为条件收敛级数时,经重排后的级数可能收敛,也可能发散.相应的命题称之为 Riemann 定理:设级数 $\sum\limits_{n=1}^{\infty} a_n$ 条件收敛,则经重排后可使其收敛于任一事先给定的常数 σ,也可使其发散到 $\pm\infty$.

这里仅就 σ 为有限常数的情况作简要说明.

先记

$$a_n^+ = \frac{|a_n| + a_n}{2}, \qquad a_n^- = \frac{|a_n| - a_n}{2}, \quad n \in \mathbf{N}. \qquad (5.1.2)$$

则 $\sum\limits_{n=1}^{\infty} a_n^+$ 与 $\sum\limits_{n=1}^{\infty} a_n^-$ 分别是由 $\sum\limits_{n=1}^{\infty} a_n$ 中的正项(含零)与负项绝对值(含零)构成的级数. 当 $\sum\limits_{n=1}^{\infty} a_n$ 条件收敛时,从 (5.1.2) 不难得出必定有 $\sum\limits_{n=1}^{\infty} a_n^+ = +\infty$, $\sum\limits_{n=1}^{\infty} a_n^- = +\infty$.

对 $\forall \sigma > 0$,可先在 $\sum\limits_{n=1}^{\infty} a_n^+$ 中顺序取 n_1 项,使其和恰大于 σ,即 $a_1^+ + \cdots + a_{n_1}^+ > \sigma$,而 $a_1^+ + \cdots + a_{n_1 - 1}^+ \leqslant \sigma$. 再从 $\sum\limits_{n=1}^{\infty} (-a_n^-)$ 中顺序取出 m_1 项加入上式后面,使其和恰小于 σ,即

$$a_1^+ + \cdots + a_{n_1}^+ - a_1^- - \cdots - a_{m_1}^- < \sigma,$$

$$a_1^+ + \cdots + a_{n_1}^+ - a_1^- - \cdots - a_{n_1 - 1}^- \geqslant \sigma.$$

一般地,可从 $\sum\limits_{n = n_{k-1}+1}^{\infty} a_n^+$ 中顺序取出 n_k 项,使

$$a_1^+ + \cdots + a_{n_1}^+ - a_1^- - \cdots - a_{m_1}^- + \cdots + a_{n_{k-1}+1}^+ + \cdots + a_{n_k}^+ > \sigma,$$

而

$$a_1^+ + \cdots + a_{n_1}^+ - a_1^- - \cdots - a_{m_1}^- + \cdots + a_{n_{k-1}+1}^+ + \cdots + a_{n_k-1}^+ \leqslant \sigma.$$

再仿照(5.1.2)从 $\displaystyle\sum_{n=m_{k-1}+1}^{\infty}(-a_n^-)$ 中顺序取出 m_k 项加入上式后面,使

$$a_1^+ + \cdots + a_{n_1}^+ - \cdots - a_{m_{k-1}+1}^- - \cdots - a_{m_k}^- < \sigma,$$

$$a_1^+ + \cdots + a_{n_1}^+ - \cdots - a_{m_{k-1}+1}^- - \cdots - a_{m_k-1}^- \geqslant \sigma.$$

如此继续,只要注意到 $\lim\limits_{n\to\infty} a_n=0$,从而同时有 $\lim\limits_{n\to\infty} a_n^+ = \lim\limits_{n\to\infty} a_n^- = 0$. 即得证.

对于 $\sigma < 0$ 或 $\sigma = \pm\infty$ 的情况,证明方法是类似的.

顺便说明,如果收敛级数 $\displaystyle\sum_{n=1}^{\infty} a_n$ 重排后使每项离开原有位置都不超过 m 位(m 为给定自然数),则新级数必定收敛,且其和不变.

5.1.2 解题分析

5.1.2.1 级数的敛散性判断

级数的基本问题可归为两大类:级数求和以及判定级数的敛散性. 对于一个具体给出的级数而言,如果能够计算出它的和值(有限常数或无穷),它的收敛性自然是明显的,但这样的例子事实上并不多. 我们更关心的是不经求和计算而直接对级数判敛. 数学分析教材中对级数判敛给出了多种方法,这些方法无疑是最基本和最重要的,读者应予以充分重视,并通过练习切实掌握.

本节重点不在于介绍那些可"套用"常见判敛法的例题,而是想通过对各类题型的分析,着重介绍一些常用的、典型的判敛方法和技巧.

1. 正项级数.

正项级数 $\displaystyle\sum_{n=1}^{\infty} a_n$ 的判敛相对比较容易一些. 一般地,在通项 a_n 趋于 0 的前提下由 a_n 的特点可试用不同的判敛方法,如比值法、根值法、Raabe 法以及 Cauchy 积分法等.

当上述方法失效或不适用时,可考虑寻找合适的比较级数 $\displaystyle\sum_{n=1}^{\infty} b_n$,若有 $a_n \leqslant b_n$ 且 $\displaystyle\sum_{n=1}^{\infty} b_n$ 收敛,则 $\displaystyle\sum_{n=1}^{\infty} a_n$ 必定收敛;反之,若有 $a_n \geqslant b_n$ 而 $\displaystyle\sum_{n=1}^{\infty} b_n$ 发散,则 $\displaystyle\sum_{n=1}^{\infty} a_n$ 必定发散. 这就是所谓比较判敛法. 实际上这种方法相当重要,如果将 p 级数 $\displaystyle\sum_{n=1}^{\infty} \frac{1}{n^p}$ 作为比较级数,可引伸出常用的等价量法(或 p 判别法). 但有时因为判断

$\sum\limits_{n=1}^{\infty} a_n$ 收敛或发散的方向不明确,加之比较级数 $\sum\limits_{n=1}^{\infty} b_n$ 并不很容易寻找,故对具体应用带来一定难度.后面将要着重分析这方面的例题.

此外,因为级数 $\sum\limits_{n=1}^{\infty} a_n$ 的收敛与否是用其部分和数列 $\{S_n\}$ ($S_n = \sum\limits_{k=1}^{n} a_k$)是否有极限来定义的.因此对正项级数而言,还可以通过考察它的部分和数列 $\{S_n\}$ 是否有界来对级数判敛.

例 5.1.1　判断下列正项级数的敛散性:

(1) $\sum\limits_{n=1}^{\infty} \dfrac{1}{n^{\ln n}}$;　　(2) $\sum\limits_{n=1}^{\infty} \dfrac{1}{(\ln n)^{\ln n}}$;　　(3) $\sum\limits_{n=1}^{\infty} \dfrac{1}{3^{\ln n}}$;　　(4) $\sum\limits_{n=1}^{\infty} \dfrac{1}{3^{\sqrt{n}}}$.

分析　这几个级数都不适合用比值法或根值法判敛,但我们可以通过考察通项 a_n 趋于 0 的"速度",即考察 a_n 相对于 $\dfrac{1}{n}$ 的阶数,用比较法来判定 $\sum\limits_{n=1}^{\infty} a_n$ 的收敛或发散.

(1) 当 n 充分大时总有 $\ln n > 2$,从而有

$$\frac{1}{n^{\ln n}} < \frac{1}{n^2} \qquad (n \text{ 充分大}).$$

(2) 当 n 充分大时总有 $\ln\ln n > 2$,从而有

$$\frac{1}{(\ln n)^{\ln n}} = \frac{1}{e^{\ln n \ln\ln n}} = \frac{1}{n^{\ln\ln n}} < \frac{1}{n^2} \quad (n \text{ 充分大}).$$

(3) 因 $3^{\ln n} = e^{\ln n \ln 3} = n^{\ln 3}$,而 $\ln 3 > 1$,从而 $\sum\limits_{n=1}^{\infty} \dfrac{1}{n^{\ln 3}}$ 收敛

(4) 注意到 $\lim\limits_{n\to\infty} \dfrac{\ln n}{\sqrt{n}} = 0$,从而 $\exists N \in \mathbf{N}$,使得 $\forall n > N$ 有 $\ln n < \sqrt{n}$.故有

$$\frac{1}{3^{\sqrt{n}}} < \frac{1}{3^{\ln n}}, \quad n > N.$$

与本题(3)中的级数比较可知 $\sum\limits_{n=1}^{\infty} \dfrac{1}{3^{\sqrt{n}}}$ 收敛.

现改用比较法的极限形式再解此题,记 $a_n = \dfrac{1}{3^{\sqrt{n}}}$, $b_n = \dfrac{1}{n^2}$, $n \in \mathbf{N}$,已知 $\sum\limits_{n=1}^{\infty} b_n$ 收敛,再由 L'Hospital 法则有

$$\lim_{n\to\infty} \frac{a_n}{b_n} = \lim_{n\to\infty} \frac{n^2}{3^{\sqrt{n}}} = \lim_{x\to+\infty} \frac{x^2}{3^{\sqrt{x}}} \xlongequal{\diamondsuit x = t^2} \lim_{t\to+\infty} \frac{t^4}{3^t}$$

$$= \lim_{t\to+\infty} \frac{4t^3}{3^t \ln 3} = \cdots = \lim_{t\to+\infty} \frac{4!}{3^t (\ln 3)^4} = 0.$$

从而 $\displaystyle\sum_{n=1}^{\infty} a_n$ 也收敛.

例 5.1.2 判断正项级数 $\displaystyle\sum_{n=1}^{\infty} \dfrac{1}{3 \cdot \sqrt{3} \cdot \sqrt[3]{3} \cdots \sqrt[n]{3}}$ 的敛散性.

分析 通项 a_n 的分母为 $3^{1+\frac{1}{2}+\cdots+\frac{1}{n}}$,回忆重要的极限问题:设 $x_n = 1 + \dfrac{1}{2} + \cdots$

$+\dfrac{1}{n} - \ln n$, $n \in \mathbf{N}$,则数列 $\{x_n\}$ 收敛(见习题一第 12 题). 故可记

$$\lim_{n \to \infty} x_n = \lim_{n \to \infty} \left(1 + \frac{1}{2} + \cdots + \frac{1}{n} - \ln n\right) = C.$$

可见从无穷大意义上看,当 $n \to \infty$ 时 $\displaystyle\sum_{k=1}^{n} \dfrac{1}{k}$ 与 $\ln n$ 是等价的. 由此得出

$$\frac{1}{3^{1+\frac{1}{2}+\cdots+\frac{1}{n}}} \sim \frac{1}{3^{\ln n}} = \frac{1}{n^{\ln 3}} \quad (n \to \infty).$$

而上题(3)中已说明 $\displaystyle\sum_{n=1}^{\infty} \dfrac{1}{n^{\ln 3}}$ 是收敛的.

下面讨论几个含参数的级数判敛问题.

例 5.1.3 讨论下列正项级数的敛散性($p \in \mathbf{R}$):

(1) $\displaystyle\sum_{n=1}^{\infty} \dfrac{p^n n!}{n^n}$; $\quad$ (2) $\displaystyle\sum_{n=1}^{\infty} \dfrac{\ln(n!)}{n^p}$; $\quad$ (3) $\displaystyle\sum_{n=1}^{\infty} \left[\dfrac{(2n-1)!!}{(2n)!!}\right]^p$.

分析 (1)通项 a_n 中含阶乘 $n!$,可考虑用比值法试解. 因为

$$\lim_{n \to \infty} \frac{a_{n+1}}{a_n} = \lim_{n \to \infty} \frac{p^{n+1}(n+1)!}{(n+1)^{n+1}} \cdot \frac{n^n}{p^n n!} = \lim_{n \to \infty} \frac{p}{\left(1 + \dfrac{1}{n}\right)^n} = \frac{p}{\mathrm{e}},$$

故原级数当 $p < \mathrm{e}$ 时收敛;当 $p > \mathrm{e}$ 时发散.

当 $p = \mathrm{e}$ 时比值法失效,但明显有

$$\frac{a_{n+1}}{a_n} = \frac{\mathrm{e}}{\left(1 + \dfrac{1}{n}\right)^n} > 1, \quad n \in \mathbf{N}.$$

可见 $\{a_n\}$ 是严格递增数列,$\displaystyle\lim_{n \to \infty} a_n \neq 0$,从而 $\displaystyle\sum_{n=1}^{\infty} a_n$ 此时发散.

(2)当 $p \leqslant 0$ 时明显有 $\displaystyle\lim_{n \to \infty} a_n \neq 0$,故此时原级数发散;当 $p > 2$ 时,因为

$$\frac{\ln(n!)}{n^p} < \frac{n \ln n}{n^p} = \frac{\ln n}{n^{p-1}}, \quad n \geqslant 2,$$

取 $\dfrac{p}{2} > 1$,则有

$$\lim_{n\to\infty} n^{\frac{p}{2}} \frac{\ln n}{n^{p-1}} = \lim_{n\to\infty} \frac{\ln n}{n^{\frac{p}{2}-1}} = 0.$$

由 p 判别法可知此时原级数收敛;当 $0 < p \leqslant 2$ 时,注意到 $\ln n > 1$($n \geqslant 3$),于是有

$$\frac{\ln(n!)}{n^p} = \frac{\sum_{k=1}^n \ln k}{n^p} > \frac{n-2}{n^p}.$$

不难判定级数 $\displaystyle\sum_{n=1}^{\infty} \frac{n-2}{n^p}$ 是发散的($0 < p \leqslant 2$),从而此时原级数发散.

综上所述,原级数在 $p \leqslant 2$ 时发散;在 $p > 2$ 时收敛.

(3)通项 a_n 中含双阶乘,但因 $\displaystyle\lim_{n\to\infty} \frac{a_{n+1}}{a_n} = 1$,故比值法失效,现改用 Raabe 方法试解.因为

$$\begin{aligned}
\lim_{n\to\infty} n\left(\frac{a_n}{a_{n+1}} - 1\right) &= \lim_{n\to\infty} n\left[\left(\frac{2n+2}{2n+1}\right)^p - 1\right]\\
&= \lim_{n\to\infty} n\left[1 + \frac{p}{2n+1} + o\left(\frac{1}{n}\right) - 1\right]\\
&= \frac{p}{2},
\end{aligned}$$

故原级数当 $\dfrac{p}{2} > 1$ 即 $p > 2$ 时收敛;当 $p < 2$ 时发散.

当 $p = 2$ 时 Raabe 方法失效,若要进一步判敛需借助于更为精细的 Gauss 判别法,有兴趣的读者可参见文献[5].

事实上,如果利用例 4.2.6 的 Wallis 公式

$$\lim_{n\to\infty} \sqrt{2n+1} \cdot \frac{(2n-1)!!}{(2n)!!} = \sqrt{\frac{2}{\pi}}, \tag{5.1.3}$$

此例将有一个十分简洁的解法,同时还解决了 $p = 2$ 时 Raabe 法失效的问题.由(5.1.3)有

$$\frac{(2n-1)!!}{(2n)!!} \sim \sqrt{\frac{2}{\pi}} \cdot \frac{1}{\sqrt{2n+1}} \sim \frac{2}{\sqrt{\pi}} \cdot \frac{1}{n^{\frac{1}{2}}} \quad (n \to \infty),$$

可见原级数与 $\displaystyle\sum_{n=1}^{\infty} \frac{1}{n^{\frac{p}{2}}}$ 同敛散,于是原级数当 $p > 2$ 时收敛;当 $p \leqslant 2$ 时发散.

例 5.1.4 判断下列正项级数的敛散性:

(1)$\displaystyle\sum_{n=1}^{\infty} \left[\mathrm{e} - \left(1+\frac{1}{n}\right)^n\right]^p$($p > 0$);   (2)$\displaystyle\sum_{n=1}^{\infty} \left(\sqrt[n]{p} - \sqrt{1+\frac{1}{n}}\right)$($p > 0$);

（3）$\sum\limits_{n=1}^{\infty}\left[1-\dfrac{p\ln n}{n}\right]^{n}$（$p\in\mathbf{R}$）.

分析　（1）我们先从一个特殊的例题说起：判断正项级数 $\sum\limits_{n=1}^{\infty}\left[\mathrm{e}-\left(1+\dfrac{1}{n}\right)^{n}\right]^{2}$ 的敛散性（相当于 $p=2$ 的情况）.

注意到数列 $\left\{\left(1+\dfrac{1}{n}\right)^{n}\right\}$ 严格递增趋于 e，而数列 $\left\{\left(1+\dfrac{1}{n}\right)^{n+1}\right\}$ 严格递减趋于 e，因此有

$$0<\left[\mathrm{e}-\left(1+\frac{1}{n}\right)^{n}\right]^{2}<\left[\left(1+\frac{1}{n}\right)^{n+1}-\left(1+\frac{1}{n}\right)^{n}\right]^{2}$$

$$=\left(1+\frac{1}{n}\right)^{2n}\frac{1}{n^{2}}<\mathrm{e}^{2}\cdot\frac{1}{n^{2}},\quad n\in\mathbf{N}.$$

由比较判别法可知 $\sum\limits_{n=1}^{\infty}\left[\mathrm{e}-\left(1+\dfrac{1}{n}\right)^{n}\right]^{2}$ 收敛.

这一方法是否具有普遍性？不妨再考虑 $p=1$ 的情况. 此时若仍采用上述"放大"方法，就有

$$0<\mathrm{e}-\left(1+\frac{1}{n}\right)^{n}<\left(1+\frac{1}{n}\right)^{n+1}-\left(1+\frac{1}{n}\right)=\left(1+\frac{1}{n}\right)^{n}\frac{1}{n}<\frac{\mathrm{e}}{n},\quad n\in\mathbf{N}.$$

但 $\sum\limits_{n=1}^{\infty}\dfrac{1}{n}$ 是发散的，故得不出结果. 若将 e"缩小"成 $\left(1+\dfrac{1}{n}\right)^{n}$，同样也得不出结果. 看来，即使当 $p=1$ 时上述方法也已碰到很大困难，更不用说是对于 $p>0$ 的一般情况了.

解决这一问题的一个有效工具是利用带 Peano 余项的 Taylor 公式：先将通项 a_n 适当展开，再用等价量法或其他方法判敛. 值得指出的是，初学者往往会疏忽或是不习惯使用 Taylor 公式，但事实上在级数判敛以及证明问题中，Taylor 公式是经常有用的. 下面几个例题说明了这一点，后面我们还将介绍这一方法的若干应用.

仍然回到问题（1），考虑

$$\mathrm{e}-\left(1+\frac{1}{n}\right)^{n}=\mathrm{e}-\mathrm{e}^{n\ln\left(1+\frac{1}{n}\right)}=\mathrm{e}-\mathrm{e}^{n\left[\frac{1}{n}-\frac{1}{2n^{2}}+o\left(\frac{1}{n^{2}}\right)\right]}$$

$$=\mathrm{e}-\mathrm{e}^{1-\frac{1}{2n}+o\left(\frac{1}{n}\right)}=\mathrm{e}\left[1-\mathrm{e}^{-\frac{1}{2n}+o\left(\frac{1}{n}\right)}\right]$$

$$=\mathrm{e}\left[1-\left(1-\frac{1}{2n}+o\left(\frac{1}{n}\right)\right)\right]\sim\frac{\mathrm{e}}{2n}\quad(n\to\infty).$$

从而得出

$$\left[\mathrm{e}-\left(1+\frac{1}{n}\right)^{n}\right]^{p}\sim\left(\frac{\mathrm{e}}{2}\right)^{p}\frac{1}{n^{p}}\quad(n\to\infty).$$

可见原级数当 $p>1$ 时收敛；当 $p\leqslant 1$ 时发散.

(2) 对 $\forall\ p>0,\sqrt[n]{p}-\sqrt{1+\dfrac{1}{n}}$ 总保持同号. 考虑

$$
\sqrt[n]{p}-\sqrt{1+\frac{1}{n}}=\mathrm{e}^{\frac{1}{n}\ln p}-\left(1+\frac{1}{n}\right)^{\frac{1}{2}}
$$

$$
=1+\frac{1}{n}\ln p+\frac{(\ln p)^2}{2\,n^2}+o\left(\frac{1}{n^2}\right)-\left[1+\frac{1}{2\,n}-\frac{1}{8\,n^2}+o\left(\frac{1}{n^2}\right)\right]
$$

$$
=\left[\ln p-\frac{1}{2}\right]\frac{1}{n}+\left[\frac{(\ln p)^2}{2}+\frac{1}{8}\right]\frac{1}{n^2}+o\left(\frac{1}{n^2}\right)\quad(n\to\infty).
$$

可见当 $p\neq\mathrm{e}^{\frac{1}{2}}$ 时，$\sqrt[n]{p}-\sqrt{1+\dfrac{1}{n}}\sim\left(\ln p-\dfrac{1}{2}\right)\dfrac{1}{n}$，此时原级数发散；当 $p=\mathrm{e}^{\frac{1}{2}}$ 时，

$\sqrt[n]{p}-\sqrt{1+\dfrac{1}{n}}\sim\dfrac{1}{4\,n^2}$，此时原级数收敛.

(3) 对 $\forall\ p\in\mathbf{R}$，当 n 充分大时总有 $1-\dfrac{p\ln n}{n}>0$. 考虑

$$
\left[1-\frac{p\ln n}{n}\right]^n=\mathrm{e}^{n\ln\left(1-\frac{p\ln n}{n}\right)}=\mathrm{e}^{n\left[-\frac{p\ln n}{n}+o\left(\left(\frac{p\ln n}{n}\right)^{\frac{3}{2}}\right)\right]}\tag{5.1.4}
$$

$$
=n^{-p}\mathrm{e}^{o\left(\frac{(p\ln n)^{\frac{3}{2}}}{n^{\frac{1}{2}}}\right)}\sim\frac{1}{n^p}\quad(n\to\infty),
$$

可见原级数当且仅当 $p>1$ 时收敛.

注意 (5.1.4) 中我们只写了展开式中第一项 $-\dfrac{p\ln n}{n}$，没有写第二项

$\dfrac{1}{2!}\left[\dfrac{p\ln n}{n}\right]^2$，但后面的小"$o$"写成 $\dfrac{3}{2}$ 次方，说明第二项事实上可归于小"o"之内.

下面两个证明问题因使用工具与 Taylor 公式有关，故先作介绍.

例 5.1.5 设数列 $\{a_n\},\{b_n\}$ 满足条件

$$
\mathrm{e}^{a_n}=a_n+\mathrm{e}^{b_n},\quad n\in\mathbf{N},
$$

且级数 $\displaystyle\sum_{n=1}^{\infty}a_n^2$ 收敛，证明级数 $\displaystyle\sum_{n=1}^{\infty}b_n$ 也收敛.

分析 因 $\displaystyle\sum_{n=1}^{\infty}a_n^2$ 收敛，故有 $\displaystyle\lim_{n\to\infty}a_n=0$，应证

$$
\lim_{n\to\infty}\frac{b_n}{a_n^2}=C(\text{常数})\quad\text{或}\quad b_n\sim C\,a_n^2\,(n\to\infty).
$$

考虑

$$
\mathrm{e}^{b_n}=\mathrm{e}^{a_n}-a_n=1+a_n+\frac{a_n^2}{2!}+o(a_n^2)-a_n
$$

$$= 1 + \frac{a_n^2}{2} + o(a_n^2) \quad (n \to \infty),$$

可见 $\lim\limits_{n \to \infty} b_n = 0$,于是又有

$$e^{b_n} = 1 + b_n + o(b_n) = 1 + \frac{a_n^2}{2} + o(a_n^2).$$

由此得出 $b_n \sim \frac{1}{2} a_n^2 (n \to \infty)$.

顺便指出,此题不用 Taylor 公式也同样可证.因为

$$e^{a_n} = a_n + e^{b_n} \quad \Rightarrow \quad b_n = \ln(e^{a_n} - a_n).$$

于是有

$$\lim_{n \to \infty} \frac{b_n}{a_n^2} = \lim_{n \to \infty} \frac{\ln(e^{a_n} - a_n)}{a_n^2} = \lim_{x \to 0^+} \frac{\ln(e^x - x)}{x^2}$$

$$= \lim_{x \to 0^+} \frac{e^x - 1}{e^x - x} \cdot \frac{1}{2x} = \lim_{x \to 0^+} \frac{1}{2(e^x - x)}$$

$$= \frac{1}{2}.$$

仍然得出 $b_n \sim \frac{1}{2} a_n^2 (n \to \infty)$.

类似地,读者可证明下面的问题:设数列 $\{a_n\}$,$\{b_n\}$ 满足条件

$$a_n = b_n + \ln(1 + a_n), \quad n \in \mathbf{N},$$

且级数 $\sum\limits_{n=1}^{\infty} a_n^2$ 收敛,则级数 $\sum\limits_{n=1}^{\infty} b_n$ 也收敛.

例 5.1.6 设函数 $f(x)$ 在 $x = 0$ 处二阶可导,且 $\lim\limits_{x \to 0} \frac{f(x)}{x} = 0$.证明级数 $\sum\limits_{n=1}^{\infty} \sqrt{n} \left| f\left(\frac{1}{n}\right) \right|$ 收敛.

证法一 用 Taylor 公式.由条件有 $f(0) = 0$ 以及

$$f'(0) = \lim_{x \to 0} \frac{f(x) - f(0)}{x} = \lim_{x \to 0} \frac{f(x)}{x} = 0.$$

于是有

$$f(x) = f(0) + f'(0)x + \frac{1}{2!} f''(0) x^2 + o(x^2) = \frac{1}{2} f''(0) x^2 + o(x^2) \quad (x \to 0)$$

从而得出

$$\lim_{x \to 0} \frac{f(x)}{x^2} = \lim_{x \to 0} \left[\frac{1}{2} f''(0) + o(1) \right] = \frac{1}{2} f''(0).$$

所以有

$$\lim_{n\to\infty} \frac{\sqrt{n}\left| f\left(\frac{1}{n}\right)\right|}{\frac{1}{n^{\frac{3}{2}}}} = \frac{1}{2}\mid f''(0)\mid . \tag{5.1.5}$$

由 $\sum\limits_{n=1}^{\infty}\frac{1}{n^{\frac{3}{2}}}$ 收敛可见 $\sum\limits_{n=1}^{\infty}\sqrt{n}\left| f\left(\frac{1}{n}\right)\right|$ 也收敛.

证法二　用二阶导数定义. 仍从 $f(0)=f'(0)=0$ 出发,考虑

$$\lim_{x\to0^+}\frac{\frac{f(x)}{\sqrt{x}}}{x^{\frac{3}{2}}} = \lim_{x\to0^+}\frac{f(x)}{x^2} = \lim_{x\to0^+}\frac{f'(x)}{2x}$$

$$= \frac{1}{2}\lim_{x\to0^+}\frac{f'(x)-f'(0)}{x} = \frac{1}{2}f''(0).$$

于是又得到了(5.1.5).

2. 任意项级数.

任意项级数 $\sum\limits_{n=1}^{\infty}a_n$ 的收敛分为条件收敛与绝对收敛两种. 验证 $\sum\limits_{n=1}^{\infty}\mid a_n\mid$ 的收敛性(绝对收敛)可完全借用正项级数判敛的各种方法;而对于 $\sum\limits_{n=1}^{\infty}a_n$ 的判敛,常用 Leibniz 法(只适用于形如 $\sum\limits_{n=1}^{\infty}(-1)^n a_n(a_n>0,n\in\mathbf{N})$ 的交错级数)、Abel 法与 Dirichlet 法等. 此外,利用 Abel 变换的技巧也可以对某一类任意项级数判敛,但我们暂不讨论这类问题,后面将作专门介绍.

应该说明的是:第一,除非已验证 $\sum\limits_{n=1}^{\infty}a_n$ 绝对收敛,否则必须同时验证 $\sum\limits_{n=1}^{\infty}a_n$ 收敛以及 $\sum\limits_{n=1}^{\infty}\mid a_n\mid$ 发散(说明 $\sum\limits_{n=1}^{\infty}a_n$ 条件收敛)才算解题完整;第二,如所熟知,若 $\sum\limits_{n=1}^{\infty}\mid a_n\mid$ 收敛,则 $\sum\limits_{n=1}^{\infty}a_n$ 必定收敛;而 $\sum\limits_{n=1}^{\infty}\mid a_n\mid$ 发散,并不能说明 $\sum\limits_{n=1}^{\infty}a_n$ 也发散. 但是,如果是用比值法或根值法判定 $\sum\limits_{n=1}^{\infty}\mid a_n\mid$ 发散,此时说明 $\lim\limits_{n\to\infty}a_n\neq0$,因此在这种情况下 $\sum\limits_{n=1}^{\infty}a_n$ 必定也发散.

例 5.1.7　讨论下列级数的敛散性:

(1) $\sum\limits_{n=1}^{\infty}\sin(\pi\sqrt{n^2+1})$;　(2) $\sum\limits_{n=1}^{\infty}\sin\frac{n^2+n\alpha+\beta}{n}\pi$　($\alpha,\beta\geqslant0$).

分析　两题中通项 a_n 的特征均不明显,但经过简单的恒等变形都可化为交

错级数,从而可按 Leibniz 法判敛.后一题中应对参数 α,β 的取值进行讨论.

（1）因有

$$\sin\left(\pi\sqrt{n^2+1}\right)=\sin\left(n\sqrt{n^2+1}-n\pi+n\pi\right)$$

$$=\sin\left[n\pi+\frac{\pi}{\sqrt{n^2+1}+n}\right]=(-1)^n\sin\frac{\pi}{\sqrt{n^2+1}+n},$$

已不难验证 $\displaystyle\sum_{n=1}^{\infty}(-1)^n\sin\frac{\pi}{\sqrt{n^2+1}+n}$ 为条件收敛.

（2）因有

$$a_n=\sin\frac{n^2+\alpha n+\beta}{n}\pi=\sin\left[n\pi+\left(\alpha+\frac{\beta}{n}\right)\pi\right]=(-1)^n\sin\left(\alpha+\frac{\beta}{n}\right)\pi,$$

对 α,β 分情况讨论.

1° 当 $\alpha\neq0,1,2,\cdots$ 时,$\displaystyle\lim_{n\to\infty}a_n\neq0$.可见 $\displaystyle\sum_{n=1}^{\infty}a_n$ 发散;

2° 当 $\alpha=0,1,2,\cdots$ 时,$a_n=(-1)^n\sin\dfrac{\beta}{n}\pi$.

若 $\beta=0$,则 $\displaystyle\sum_{n=1}^{\infty}a_n=0$,可见 $\displaystyle\sum_{n=1}^{\infty}a_n$ 为绝对收敛;

若 $\beta\neq0$,则 $|a_n|=\sin\dfrac{\beta\pi}{n}$（当 n 充分大时总有 $\sin\dfrac{\beta\pi}{n}>0$）.由

$$\lim_{n\to\infty}n\sin\frac{\beta\pi}{n}=\beta\pi\lim_{n\to\infty}\frac{\sin\dfrac{\beta\pi}{n}}{\dfrac{\beta\pi}{n}}=\beta\pi\neq0,$$

可见 $\displaystyle\sum_{n=1}^{\infty}a_n$ 不绝对收敛.但不难验证 $\left\{\sin\dfrac{\beta\pi}{n}\right\}$ 单调递减且趋于 0,故 $\displaystyle\sum_{n=1}^{\infty}a_n$ 收敛.

综上所述,原级数当 $\alpha=0,1,2,\cdots$ 时若 $\beta\neq0$ 为条件收敛,若 $\beta=0$ 为绝对收敛;当 $\alpha\neq0,1,2,\cdots$ 时发散.

Taylor 公式在判断任意项级数敛散时同样有十分重要的作用,我们不妨看下面的例子.

例 5.1.8 判断下列级数的敛散性（$p>0$）:

（1）$\displaystyle\sum_{n=1}^{\infty}\ln\left[1+\frac{(-1)^n}{n^p}\right]$; （2）$\displaystyle\sum_{n=1}^{\infty}\frac{(-1)^{n-1}}{[n+(-1)^{n-1}]^p}$.

分析 这两个级数的项均正负交替出现,但前一个级数的通项不具有 $\displaystyle\sum_{n=1}^{\infty}(-1)^n a_n(a_n>0)$ 的规范形式,后一个的通项形式虽然具有上述规范,但 $\{a_n\}$ 不具有单调性,故两者都不能用 Leibniz 法判敛,改而考虑用 Taylor 公式.

（1）记

$$a_n = \frac{(-1)^n}{n^p}, \quad b_n = \ln(1 + a_n), \quad c_n = a_n - b_n, \ n \in \mathbf{N}.$$

则有

$$b_n = \ln\left[1 + \frac{(-1)^n}{n^p}\right] = \frac{(-1)^n}{n^p} - \frac{1}{2\,n^{2p}} + o\left(\frac{1}{n^{2p}}\right),$$

$$c_n = \frac{1}{2\,n^{2p}} + o\left(\frac{1}{n^{2p}}\right) \sim \frac{1}{2\,n^{2p}}\,(n \to \infty).$$

当 $0 < p \leqslant \dfrac{1}{2}$ 时，$\displaystyle\sum_{n=1}^{\infty} a_n$ 条件收敛，而 $\displaystyle\sum_{n=1}^{\infty} c_n$ 发散，故 $\displaystyle\sum_{n=1}^{\infty} b_n$ 必定发散；

当 $\dfrac{1}{2} < p \leqslant 1$ 时，$\displaystyle\sum_{n=1}^{\infty} a_n$ 条件收敛，而 $\displaystyle\sum_{n=1}^{\infty} c_n$ 绝对收敛，故 $\displaystyle\sum_{n=1}^{\infty} b_n$ 为条件收敛（读者应补充验证这一结论）；

当 $p > 1$ 时，$\displaystyle\sum_{n=1}^{\infty} a_n$ 与 $\displaystyle\sum_{n=1}^{\infty} c_n$ 均为绝对收敛，故 $\displaystyle\sum_{n=1}^{\infty} b_n$ 也绝对收敛.

必须指出的是，在此例中尽管有

$$\ln\left[1 + \frac{(-1)^n}{n^p}\right] \sim \frac{(-1)^n}{n^p} \quad (n \to \infty),$$

而且显见级数 $\displaystyle\sum_{n=1}^{\infty} \frac{(-1)^n}{n^p}$ 在 $0 < p \leqslant \dfrac{1}{2}$ 时收敛，但并不能由此得出原级数此时也收敛的结论，这说明等价量法对于任意项级数不适用！这一点务必请读者充分注意.

（2）考虑

$$\frac{(-1)^{n-1}}{[n + (-1)^{n-1}]^p} = \frac{(-1)^{n-1}}{n^p}\left[1 + \frac{(-1)^{n-1}}{n}\right]^{-p}$$

$$= \frac{(-1)^{n-1}}{n^p}\left[1 - p\,\frac{(-1)^{n-1}}{n} + o\left(\frac{1}{n}\right)\right]$$

$$= \frac{(-1)^{n-1}}{n^p} - \frac{p}{n^{p+1}} + o\left(\frac{1}{n^{p+1}}\right).$$

其余分析讨论类似于上一题.

例 5.1.9　判断下列级数的敛散性（$p \geqslant 0$）：

（1）$\displaystyle\sum_{n=1}^{\infty} \frac{\sin nx}{n^p}\,(0 < x < \pi)$；　　（2）$\displaystyle\sum_{n=1}^{\infty} \frac{(-1)^n}{n} \cdot \frac{p^n}{1 + p^n}$；

（3）$\displaystyle\sum_{n=1}^{\infty} \frac{(-1)^{n-1}}{n^{p+\frac{1}{n}}}$.

分析　我们完整地解答第一个问题，对后两问题只作简要说明.

（1）当 $p = 0$ 时通项不趋于 0，级数发散.

当 $p>1$ 时,由于

$$\frac{|\sin nx|}{n^p} \leqslant \frac{1}{n^p}, \quad n \in \mathbf{N},$$

而 $\sum\limits_{n=1}^{\infty} \frac{1}{n^p}$ 收敛$(p>1)$,故原级数为绝对收敛.

当 $0<p\leqslant 1$ 时,对 $\forall n\in\mathbf{N}$ 有

$$\left|\sum_{k=1}^{n}\sin kx\right| = \left|\frac{1}{\sin \frac{x}{2}}\sum_{k=1}^{n}\sin\frac{x}{2}\sin kx\right| = \left|\frac{1}{\sin \frac{x}{2}}\sum_{k=1}^{n}\frac{\cos\left(k-\frac{1}{2}\right)x - \cos\left(k+\frac{1}{2}\right)x}{2}\right|$$

$$= \frac{\left|\cos\frac{x}{2} - \cos\left(n+\frac{1}{2}\right)x\right|}{2\sin\frac{x}{2}} \leqslant \frac{1}{\sin\frac{x}{2}} \quad (0<x<\pi),$$

即级数 $\sum\limits_{n=1}^{\infty}\sin nx$ 的部分和在 $x\in(0,\pi)$ 时有界. 而数列 $\left\{\dfrac{1}{n^p}\right\}$ 单调递减且 $\lim\limits_{n\to\infty}\dfrac{1}{n^p}=0$,由 Dirichlet 法可知原级数收敛. 又

$$\frac{|\sin nx|}{n^p} \geqslant \frac{\sin^2 nx}{n^p} = \frac{1}{2}\left(\frac{1}{n^p} - \frac{\cos 2nx}{n^p}\right) \triangleq \frac{1}{2}(a'_n - a''_n),$$

用 p 判别法可验证 $\sum\limits_{n=1}^{\infty}a'_n$ 发散,仍用 Dirichlet 法可验证 $\sum\limits_{n=1}^{\infty}a''_n$ 收敛,故此时 $\sum\limits_{n=1}^{\infty}\dfrac{|\sin nx|}{n^p}$ 发散,原级数为条件收敛.

综上所述,原级数当 $p=0$ 时发散;当 $0<p\leqslant 1$ 时条件收敛;当 $p>1$ 时绝对收敛.

(2) 当 $p=0$ 时级数显见收敛.

当 $0<p<1$ 时,有

$$\left|\frac{(-1)^n}{n}\cdot\frac{p^n}{1+p^n}\right| \leqslant p^n, \quad \forall n\in\mathbf{N}.$$

当 $p\geqslant 1$ 时,因级数 $\sum\limits_{n=1}^{\infty}\dfrac{(-1)^n}{n}$ 收敛,再改写

$$\frac{p^n}{1+p^n} = 1 - \frac{1}{1+p^n}, \quad \forall n\in\mathbf{N},$$

用 Abel 法判敛.

(3) 当 $p=0$ 时通项不趋于 0,级数发散.

当 $p>1$ 时,有

$$\frac{1}{n^{p+\frac{1}{n}}} \leqslant \frac{1}{n^p}, \quad \forall\, n \in \mathbf{N}.$$

当 $0 < p \leqslant 1$ 时,因级数 $\displaystyle\sum_{n=1}^{\infty} \frac{(-1)^{n-1}}{n^p}$ 收敛,而数列 $\{n^{\frac{1}{n}}\}$ 有界且当 n 充分大后是单调的. 用 Abel 法判敛.

例 5.1.10 设数列 $\{a_n\}$ 单调递减趋于 0,证明级数

$$\sum_{n=1}^{\infty} (-1)^{n-1} \frac{a_1 + a_2 + \cdots + a_n}{n}$$

收敛.

分析 记 $u_n = \dfrac{a_1 + a_2 + \cdots + a_n}{n}$, $n \in \mathbf{N}$,由 Cauchy 第一定理(见例 1.1.4)可证当 $\lim\limits_{n \to \infty} a_n = 0$ 时有 $\lim\limits_{n \to \infty} u_n = 0$,再由 $\{a_n\}$ 的单调递减性验证 $\{u_n\}$ 也是单调递减的.

从此例出发,直接可推出级数 $\displaystyle\sum_{n=1}^{\infty} (-1)^n \frac{1 + \frac{1}{2} + \cdots + \frac{1}{n}}{n}$ 收敛.再进一步还可判定级数 $\displaystyle\sum_{n=1}^{\infty} (-1)^n \left(1 + \frac{1}{2} + \cdots + \frac{1}{n}\right) \frac{\sin n}{n}$ 也收敛(两例均为条件收敛).

3. Abel 变换及其应用.

如前面所述,这里所讨论的问题事实上可归于对任意项级数的判敛,但因所用方法比较独特,故单独列出予以介绍.

引理 5.1.1(Abel 引理) 设 $\{a_n\}$ 为非负单调递减数列,又存在常数 A,B,使

$$A \leqslant b_1 + b_2 + \cdots + b_k \leqslant B, \quad k = 1, 2, \cdots, n,$$

则有

$$a_1 A \leqslant \sum_{k=1}^{n} a_k b_k \leqslant a_1 B.$$

顺便说明,Abel 引理的另一种提法是:设 $\{a_n\}$ 是单调数列,又存在 $M > 0$,使

$$|\, b_1 + b_2 + \cdots + b_k \,| \leqslant M, \quad k = 1, 2, \cdots, n,$$

则有

$$\left| \sum_{k=1}^{n} a_k b_k \right| \leqslant M(|\, a_1 \,| + 2 |\, a_n \,|).$$

Abel 引理除了用于证明任意项级数判敛的 Abel 法与 Dirichlet 法外,本身的证明思想和结论也值得注意,在某些证明问题中,Abel 引理将是一个十分有用的工具(见例 5.1.12,例 5.1.13).

引理 5.1.2(Abel 变换) 记 $B_k = b_1 + b_2 + \cdots + b_k$, $k = 1, 2, \cdots, n$,则有

$$\sum_{k=1}^{n} a_k b_k = a_n B_n - \sum_{k=1}^{n-1} B_k (a_{k+1} - a_k). \tag{5.1.6}$$

有时级数 $\sum_{n=1}^{\infty} a_n b_n$ 本身不容易判敛,但经变换后得到(5.1.6)右端的表达式.于是,要讨论 $\sum_{n=1}^{\infty} a_n b_n$ 的敛散性,就转化为讨论(5.1.6)右端极限存在与否的问题.在一定条件下,这一极限是否存在可能比较容易看出.Abel 变换的用途正在于此.

例 5.1.11 设级数 $\sum_{n=1}^{\infty} n(a_n - a_{n-1})$ 收敛,且 $\lim_{n \to \infty} na_n$ 存在,证明级数 $\sum_{n=1}^{\infty} a_n$ 收敛.

分析 直接利用 Abel 变换改写级数 $\sum_{k=1}^{n} a_k$,再令 $n \to \infty$ 即得证.

例 5.1.12 设级数 $\sum_{n=1}^{\infty} \dfrac{a_n}{n^{\sigma}} (\sigma > 0)$ 收敛,证明

$$\lim_{n \to \infty} \frac{a_1 + a_2 + \cdots + a_n}{n^{\sigma}} = 0.$$

证明 因 $\sum_{n=1}^{\infty} \dfrac{a_n}{n^{\sigma}}$ 收敛,由 Cauchy 收敛准则 $\forall \varepsilon > 0$,$\exists N \in \mathbf{N}$,使得 $\forall p \in \mathbf{N}$ 有

$$\left| \frac{a_{N+1}}{(N+1)^{\sigma}} + \frac{a_{N+2}}{(N+2)^{\sigma}} + \cdots + \frac{a_{N+p}}{(N+p)^{\sigma}} \right| < \varepsilon.$$

此外,显见有

$$0 < \left(\frac{N+1}{N+p} \right)^{\sigma} < \left(\frac{N+2}{N+p} \right)^{\sigma} < \cdots < \left(\frac{N+p}{N+p} \right)^{\sigma} = 1.$$

于是由 Abel 引理得出

$$\left| \frac{a_{N+1}}{(N+p)^{\sigma}} + \frac{a_{N+2}}{(N+p)^{\sigma}} + \cdots + \frac{a_{N+p}}{(N+p)^{\sigma}} \right|$$

$$= \left| \frac{a_{N+1}}{(N+1)^{\sigma}} \left(\frac{N+1}{N+p} \right)^{\sigma} + \frac{a_{N+2}}{(N+2)^{\sigma}} \left(\frac{N+2}{N+p} \right)^{\sigma} + \cdots + \frac{a_{N+p}}{(N+p)^{\sigma}} \left(\frac{N+p}{N+p} \right)^{\sigma} \right|$$

$$< \varepsilon \cdot 1 = \varepsilon.$$

对于 $\sum_{k=1}^{N} \dfrac{a_k}{(N+p)^{\sigma}}$(N 取定),$\exists K \in \mathbf{N}$,使得 $\forall p > K$ 有

$$\left| \sum_{k=1}^{N} \frac{a_k}{(N+p)^{\sigma}} \right| = \left| \frac{a_1 + a_2 + \cdots + a_N}{(N+p)^{\sigma}} \right| < \varepsilon.$$

从而有

$$\left| \sum_{k=1}^{N+p} \frac{a_k}{(N+p)^\sigma} \right| \leqslant \left| \sum_{k=1}^{N} \frac{a_k}{(N+p)^\sigma} \right| + \left| \sum_{K=N+1}^{N+p} \frac{a_k}{(N+p)^\sigma} \right| < \varepsilon + \varepsilon = 2\varepsilon.$$

也即有

$$\lim_{n \to \infty} \frac{a_1 + a_2 + \cdots + a_n}{n^\sigma} = 0.$$

本节最后介绍一个利用 Abel 变换思想的证明问题.

例 5.1.13 设级数 $\sum_{n=1}^{\infty} a_n$ 收敛,而 $\sum_{n=1}^{\infty} (b_{n+1} - b_n)$ 绝对收敛,证明级数 $\sum_{n=1}^{\infty} a_n b_n$ 收敛.

分析 为方便计,记 $S_{n+i} = \sum_{k=n+1}^{n+i} a_k$. 由 Cauchy 收敛准则可得出 $\forall\, \varepsilon > 0$,当 n 充分大时对 $\forall\, p \in \mathbf{N}$,总有 $|S_{n+p}| < \varepsilon$. 考察

$$
\begin{aligned}
\left| \sum_{k=n+1}^{n+p} a_k b_k \right| &= |a_{n+1} b_{n+1} + a_{n+2} b_{n+2} + \cdots + a_{n+p} b_{n+p}| \\
&= |S_{n+1} b_{n+1} + (S_{n+2} - S_{n+1}) b_{n+2} + \cdots + (S_{n+p} - S_{n+p-1}) b_{n+p}| \\
&= |S_{n+1}(b_{n+1} - b_{n+2}) + \cdots + S_{n+p-1}(b_{n+p-1} - b_{n+p}) + S_{n+p} b_{n+p}| \\
&\leqslant |S_{n+1}||b_{n+1} - b_{n+2}| + \cdots + |S_{n+p-1}||b_{n+p-1} - b_{n+p}| + |S_{n+p}||b_{n+p}| \\
&< \varepsilon \left(\sum_{k=n+1}^{n+p} |b_{k+1} - b_k| + |b_{n+p}| \right) \quad\quad (5.1.7)
\end{aligned}
$$

只要再证明(5.1.7)括号内的两项都有界就行了.

5.1.2.2 正项级数判敛的一些新方法

数学分析是一门成熟的学科,如果从 Newton 和 Leibniz 的工作算起,至今也已有二百多年的历史,可谓是内容最经典、理论最严密、体系最完整的一门数学课程.但是,任何学科的生命力都在于不断地发展创新,即使号称"天衣无缝"的数学分析也同样如此,也要不断地融汇新内容、体现新思想、引进新方法,使它更臻于完美.下面所介绍的是我国数学工作者在研究正项级数判敛新方法方面所做的部分工作,以供有兴趣的读者参考.

引理 5.1.3(Cauchy 凝聚法) 设数列 $\{a_n\}$ 非负且单调递减,则级数 $\sum_{n=1}^{\infty} a_n$ 与 $\sum_{n=1}^{\infty} 2^n a_{2^n}$ 同敛数.

证明留作为习题.

命题 5.1.1 (刘秋生,隔项比值法) 设正数列 $\{a_n\}$ 单调递减,若

$$\lim_{n\to\infty}\frac{a_{2n}}{a_n} = \rho,$$

则当 $\rho < \dfrac{1}{2}$ 时级数 $\displaystyle\sum_{n=1}^{\infty} a_n$ 收敛;当 $\rho > \dfrac{1}{2}$ 时 $\displaystyle\sum_{n=1}^{\infty} a_n$ 发散.

证明 当 $\displaystyle\lim_{n\to\infty}\frac{a_{2n}}{a_n} = \rho < \frac{1}{2}$ 时,有 $\displaystyle\lim_{n\to\infty}\frac{2a_{2n}}{a_n} = 2\rho < 1$. 现取 $n = 2^k, k\in\mathbf{N}$,就有

$$\lim_{k\to\infty}\frac{2a_{2\cdot2^k}}{a_{2^k}} = 2\rho < 1 \quad\Rightarrow\quad \lim_{k\to\infty}\frac{2^{k+1}a_{2^{k+1}}}{2^k a_{2^k}} = 2\rho < 1. \tag{5.1.8}$$

(5.1.8)正是正项级数

$$\sum_{k=0}^{\infty} 2^k a_{2^k} = a_1 + 2a_2 + \cdots + 2^k a_{2^k} + \cdots$$

第 $k+1$ 项与第 k 项之比的极限,由比值法可知 $\displaystyle\sum_{k=1}^{\infty} 2^k a_{2^k}$ 收敛,再由引理 5.1.3 可知 $\displaystyle\sum_{n=1}^{\infty} a_n$ 也收敛.

当 $\rho > \dfrac{1}{2}$ 时(5.1.8)中的不等式反向,故 $\displaystyle\sum_{n=1}^{\infty} a_n$ 发散.

当 $\rho = \dfrac{1}{2}$ 时隔项比值法失效.反例是:级数 $\displaystyle\sum_{n=1}^{\infty}\frac{1}{n}$ 发散,而 $\displaystyle\sum_{n=2}^{\infty}\frac{1}{n\ln^2 n}$ 收敛,但两者均有 $\displaystyle\lim_{n\to\infty}\frac{a_{2n}}{a_n} = \frac{1}{2}$.

顺便指出,在对正项级数判敛时隔项比值法较常用的比值法更为精细.换句话说,如果有 $\displaystyle\lim_{n\to\infty}\frac{a_{n+1}}{a_n} = r < 1$,则必定可以推出 $\displaystyle\lim_{n\to\infty}\frac{a_{2n}}{a_n} = \rho < \frac{1}{2}$.

事实上,若有 $\displaystyle\lim_{n\to\infty}\frac{a_{n+1}}{a_n} = r < 1$,则对 $r_1(r < r_1 < 1)$, $\exists\, \mathrm{N}\in\mathbf{N}$,使

$$\frac{a_{n+1}}{a_n} < r_1, \quad \forall\, n > \mathrm{N}.$$

可见正数列 $\{a_n\}$ 当 n 充分大后单调递减,且有

$$\frac{a_{n+1}}{a_n} < r_1, \quad \frac{a_{n+2}}{a_{n+1}} < r_1, \quad \cdots, \quad \frac{a_{2n}}{a_n} < r_1,$$

相乘即得

$$\frac{a_{2n}}{a_n} < r_1^n(0 < r_1 < 1) \quad\Rightarrow\quad \lim_{n\to\infty}\frac{a_{2n}}{a_n} = 0 < \frac{1}{2}.$$

例 5.1.14 判断正项级数 $\displaystyle\sum_{n=1}^{\infty}\frac{\ln n}{n^2}$ 的敛散性.

分析　因为

$$\lim_{n\to\infty}\frac{a_{n+1}}{a_n}=\lim_{n\to\infty}\frac{\ln(n+1)}{(n+1)^2}\cdot\frac{n^2}{\ln n}=1,$$

可见比值法失效. 现 $\left\{\dfrac{\ln n}{n^2}\right\}$ 单调递减,改用隔项比值法试解.

$$\lim_{n\to\infty}\frac{a_{2n}}{a_n}=\lim_{n\to\infty}\frac{\ln(2n)}{(2n)^2}\cdot\frac{n^2}{\ln n}=\frac{1}{4}<\frac{1}{2},$$

由此原级数收敛.

命题 5.1.2(周肇锡)　设正数列 $\{a_n\}$ 单调递减,若

$$\lim_{n\to\infty}n\,\frac{a_n^2}{a_n}=\rho,\tag{5.1.9}$$

则当 $\rho<\dfrac{1}{2}$ 时级数 $\displaystyle\sum_{n=1}^{\infty}a_n$ 收敛;当 $\rho>\dfrac{1}{2}$ 时 $\displaystyle\sum_{n=1}^{\infty}a_n$ 发散.

证明　记 $u_k=2^k a_{2^k}$, $v_k=2^k u_{2^k}$, $k\in\mathbf{N}$, 由 Cauchy 凝聚法可知 $\displaystyle\sum_{n=1}^{\infty}a_n$ 与

$\displaystyle\sum_{k=1}^{\infty}u_k$ 同敛散,而 $\displaystyle\sum_{k=1}^{\infty}u_k$ 与 $\displaystyle\sum_{k=1}^{\infty}v_k$ 同敛散,故 $\displaystyle\sum_{n=1}^{\infty}a_n$ 与 $\displaystyle\sum_{k=1}^{\infty}v_k$ 同敛散.

在(5.1.9)中令 $n=2^{2^k}$, $k\in\mathbf{N}$,就有

$$n\,\frac{a_n^2}{a_n}=2^{2^k}\,\frac{a_{(2^{2^k})}^2}{a_{2^{2^k}}}=\frac{2^{2^{k+1}}a_{2^{2k+1}}}{2^{2^k}a_{2^{2^k}}}=\frac{u_{2^{k+1}}}{u_{2^k}}$$

$$=\frac{1}{2}\cdot\frac{2^{k+1}u_{2^{k+1}}}{2^k u_{2^k}}=\frac{1}{2}\,\frac{v_{k+1}}{v_k}.$$

再令 $n\to\infty$ 即得证.

命题 5.1.2 所给出的判敛法有其独到之处,例如,对前面所提到的两正项级数 $\displaystyle\sum_{n=1}^{\infty}\frac{1}{n}$ 与 $\displaystyle\sum_{n=1}^{\infty}\frac{1}{n\ln^2 n}$,用比值法或隔项比值法均失效. 若改用(5.1.9),对 $\displaystyle\sum_{n=1}^{\infty}\frac{1}{n}$,就有

$$\rho=\lim_{n\to\infty}n\,\frac{a_n^2}{a_n}=\lim_{n\to\infty}n\,\frac{\dfrac{1}{n^2}}{\dfrac{1}{n}}=1>\frac{1}{2},$$

故 $\displaystyle\sum_{n=1}^{\infty}\frac{1}{n}$ 发散;而对于 $\displaystyle\sum_{n=1}^{\infty}\frac{1}{n\ln^2 n}$,又有

$$\rho=\lim_{n\to\infty}n\,\frac{a_n^2}{a_n}=\lim_{n\to\infty}n\,\frac{n\ln^2 n}{n^2\ln^2 n^2}=\frac{1}{4}<\frac{1}{2},$$

故 $\displaystyle\sum_{n=1}^{\infty}\frac{1}{n\ln^2 n}$ 收敛.

更进一步的推广是下面的一般性命题.

命题 5.1.3(叶志江) 设正值函数 $f(x)\in C[1,+\infty)$ 且单调递减,而 $\varphi(x)$, $\psi(x)$ 在 $[1,+\infty)$ 上可导且单调递增,又

(i) $\displaystyle\lim_{x\to+\infty}\varphi(x)=+\infty$, $\displaystyle\lim_{x\to+\infty}\psi(x)=+\infty$;

(ii) $\varphi(x)>\psi(x)$, $x\in[1,+\infty)$.

记 $\displaystyle\lim_{x\to+\infty}\frac{\varphi'(x)f(\varphi(x))}{\psi'(x)f(\psi(x))}=r$,则当 $r<1$ 时级数 $\displaystyle\sum_{n=1}^{\infty}f(n)$ 收敛;当 $r>1$ 时 $\displaystyle\sum_{n=1}^{\infty}f(n)$ 发散.

我们略去了该命题的证明,但要指出这一命题具有很强的包容性,可认为是一个具体判别法的普遍公式:

如果令 $\varphi(x)=x+1$, $\psi(x)=x$,它就成为通常的比值法;

如果令 $\varphi(x)=2x$, $\psi(x)=x$,它将成为隔项比值法;

如果令 $\varphi(x)=x^2$, $\psi(x)=x$,它又成为前面命题 2 中所介绍的判敛法;

如果令 $\varphi(x)=e^x$, $\psi(x)=x$,它还可以成为另一种正项级数的敛散性判别法——厄尔马可夫判敛法.

5.1.2.3 级数证明问题

例 5.1.15 设级数的项加括号后所组成的新级数收敛,且同一括号内各项符号相同,证明原级数也收敛.

证明 记原级数为 $\displaystyle\sum_{n=1}^{\infty}a_n$,部分和为 $S_n=\displaystyle\sum_{k=1}^{n}a_k$. 加括号后级数为 $\displaystyle\sum_{k=1}^{\infty}b_k$,其中 $b_k=a_{n_{k-1}+1}+\cdots+a_{n_k}$,部分和为 $A_k=\displaystyle\sum_{i=1}^{k}b_i$,则显见有 $A_k=S_{n_k}$.

对 $\forall n\in\mathbf{N}$,$\exists k\in\mathbf{N}$,使 $n_k<n\leqslant n_{k+1}$,从而有

$$S_n=S_{n_k}+\sum_{i=n_k+1}^{n}a_i.$$

因上式右端和式内各项 a_i 同号,故 $\left|\displaystyle\sum_{i=n_k+1}^{n}a_i\right|\leqslant b_{k+1}$,现 $\displaystyle\sum_{k=1}^{\infty}b_k$ 收敛,记 $\displaystyle\lim_{k\to\infty}A_k=\lim_{k\to\infty}S_{n_k}=S$,则 $\forall\varepsilon>0$,$\exists K\in\mathbf{N}$,使得 $\forall k>K$ 有

$$\left|S_{n_k}-S\right|<\frac{\varepsilon}{2}\quad\text{且}\quad\left|b_{k+1}\right|<\frac{\varepsilon}{2}.$$

令 $N=n_K$,$\forall n>N$ 有

$$\mid S_n - S\mid = \left\mid S_{n_k} + \sum_{i=n_k+1}^{n} a_i - S\right\mid \leqslant \left\mid S_{n_k} - S\right\mid + \mid b_{k+1}\mid < \frac{\varepsilon}{2} + \frac{\varepsilon}{2} = \varepsilon.$$

即有 $\lim\limits_{n\to\infty} S_n = S$, 故原级数收敛.

例 5.1.16　设 $\lim\limits_{n\to\infty} n^{2 n\sin\frac{1}{n}} a_n = 1$, 证明级数 $\sum\limits_{n=1}^{\infty} a_n$ 收敛.

分析　显见有 $\lim\limits_{n\to\infty} 2 n\sin\frac{1}{n} = 2$, 是否可将原条件式代换成

$$\lim_{n\to\infty} n^2 a_n = 1, \tag{5.1.10}$$

从而由 $a_n \sim \dfrac{1}{n^2} (n\to\infty)$ 直接得出 $\sum\limits_{n=1}^{\infty} a_n$ 收敛的结论? 但是, 这种所谓"代换"明显缺乏依据, 因而不可取.

不过, 从 (5.1.10) 中我们可以得出一个有用的启示: 级数 $\sum\limits_{n=1}^{\infty} a_n$ 的通项 a_n 至少应该与 $\dfrac{1}{n^2}$ 的大小"差不多", 或者说将 a_n 适当放大后, 它至少会不大于某个 $\dfrac{C}{n^p}$ ($p > 1, C > 0$). 下面从极限定义出发来说明这一点.

证明　由条件 $\forall \varepsilon (0 < \varepsilon < \frac{1}{2})$, $\exists N_1 \in \mathbf{N}$, 使得 $\forall n > N_1$ 有

$$\mid n^{2 n\sin\frac{1}{n}} a_n - 1\mid < \varepsilon \quad \Rightarrow \quad a_n < (1+\varepsilon) n^{-2 n\sin\frac{1}{n}} < \frac{3}{2} n^{-2 n\sin\frac{1}{n}}.$$

又由 $\lim\limits_{n\to\infty} 2 n\sin\frac{1}{n} = 2$, 对上述 $\varepsilon > 0$, $\exists N_2 \in \mathbf{N}$, 使得 $\forall n > N_2$ 有

$$\mid 2 n\sin\frac{1}{n} - 2\mid < \varepsilon \quad \Rightarrow \quad 2 n\sin\frac{1}{n} > 2 - \varepsilon > \frac{3}{2}.$$

取 $N = \max(N_1, N_2)$, 则对 $\forall n > N$,

$$0 < a_n < \frac{3}{2} n^{-2 n\sin\frac{1}{n}} < \frac{3}{2} n^{-\frac{3}{2}}.$$

由 $\sum\limits_{n=1}^{\infty} \dfrac{1}{n^{\frac{3}{2}}}$ 收敛可知原级数必定收敛.

例 5.1.17　设正数列 $\{a_n\}$ 单调递增, 证明级数 $\sum\limits_{n=1}^{\infty} \left[1 - \dfrac{a_n}{a_{n+1}}\right]$ 收敛的充要条件是 $\{a_n\}$ 有界.

分析　对于充分性, 注意到数列 $\{a_n\}$ 单调递增有界, 于是有

$$1 - \frac{a_n}{a_{n+1}} = \frac{a_{n+1} - a_n}{a_{n+1}} \leqslant \frac{1}{a_1}(a_{n+1} - a_n), \quad \forall n \in \mathbf{N}.$$

可见级数 $\displaystyle\sum_{n=1}^{\infty}\left(1-\dfrac{a_n}{a_{n+1}}\right)$ 的部分和应有界.

对于必要性,直接证明 $\{a_n\}$ 有界似有困难,考虑用反证法. 若 $\{a_n\}$ 递增无界,则必定有 $\lim\limits_{n\to\infty}a_n=+\infty$,能否由此推出级数 $\displaystyle\sum_{n=1}^{\infty}\left(1-\dfrac{a_n}{a_{n+1}}\right)$ 不收敛,或即它不满足 Cauchy 收敛准则?

证明 1° 充分性. 设 $\{a_n\}$ 有界,则 $\{a_n\}$ 收敛,可记为 $\lim\limits_{n\to\infty}a_n=a$. 由条件有

$$\sum_{n=1}^{\infty}\left(1-\frac{a_n}{a_{n+1}}\right)=\sum_{n=1}^{\infty}\frac{a_{n+1}-a_n}{a_{n+1}}\leqslant\sum_{n=1}^{\infty}\frac{a_{n+1}-a_n}{a_1}=\lim_{n\to\infty}\sum_{k=1}^{n}\frac{a_{k+1}-a_k}{a_1}$$

$$=\lim_{n\to\infty}\frac{a_{n+1}-a_1}{a_1}=\frac{a-a_1}{a_1},$$

从而 $\displaystyle\sum_{n=1}^{\infty}\left(1-\dfrac{a_n}{a_{n+1}}\right)$ 必定收敛.

2° 必要性. 用反证法,倘若 $\{a_n\}$ 无界,由 $\{a_n\}$ 的递增性应有 $\lim\limits_{n\to\infty}a_n=+\infty$,于是 $\forall n\in\mathbf{N},\exists\,p\in\mathbf{N}$,使 $a_{n+p}\geqslant 2a_n$,从而有

$$\sum_{k=n}^{n+p-1}\left(1-\frac{a_k}{a_{k+1}}\right)=\sum_{k=n}^{n+p-1}\frac{a_{k+1}-a_k}{a_{k+1}}\geqslant\sum_{k=n}^{n+p-1}\frac{a_{k+1}-a_k}{a_{n+p}}$$

$$=\frac{a_{n+p}-a_n}{a_{n+p}}=1-\frac{a_n}{a_{n+p}}\geqslant\frac{1}{2}.$$

可见 $\displaystyle\sum_{n=1}^{\infty}\left(1-\dfrac{a_n}{a_{n+1}}\right)$ 不满足 Cauchy 收敛准则,为发散级数. 这与题设条件矛盾,故 $\{a_n\}$ 必定有界.

这一例题的证明手法相当典型. 无论是充分性证明中对通项放大后用比较法,还是必要性证明中的反证法加 Cauchy 收敛准则,在级数证明中都有不少应用. 不妨再看下面的例子.

例 5.1.18 设正项级数 $\displaystyle\sum_{n=1}^{\infty}a_n$ 发散,$S_n=\displaystyle\sum_{k=1}^{n}a_k$,证明级数 $\displaystyle\sum_{n=1}^{\infty}\dfrac{a_n}{S_n^p}$ 当 $p>1$ 时收敛;当 $p\leqslant 1$ 时发散.

分析 若正项级数 $\displaystyle\sum_{n=1}^{\infty}a_n$ 发散,则必定有 $\lim\limits_{n\to\infty}S_n=+\infty$,这一结论经常有用,应该记住.

证明"发散性"可沿用上一题的"套路". 因当 $p\leqslant 1$ 时 $\exists\,N\in\mathbf{N}$ 使得 $\forall\,n>N$ 有 $\dfrac{a_n}{S_n^p}\geqslant\dfrac{a_n}{S_n}$,故我们只要证明级数 $\displaystyle\sum_{n=1}^{\infty}\dfrac{a_n}{S_n}$ 发散(不满足 Cauchy 收敛准则)就行了.

证明"收敛性"仍采用放大后再比较的方法,但要借助于微分中值定理,令

$f(x) = x^{1-p}\,(p>1)$，在区间$[S_{n-1}, S_n]$上对 $f(x)$ 用 Lagrange 中值定理，有

$$S_n^{1-p} - S_{n-1}^{1-p} = \frac{1-p}{\xi_n^p}(S_n - S_{n-1}) = \frac{1-p}{\xi_n^p}a_n, \quad \xi_n \in (S_{n-1}, S_n).$$

于是有

$$\frac{a_n}{S_n^p} < \frac{1}{1-p}(S_n^{1-p} - S_{n-1}^{1-p}) = \frac{1}{1-p}\left(\frac{1}{S_n^{p-1}} - \frac{1}{S_{n-1}^{p-1}}\right).$$

而

$$\sum_{n=1}^\infty \frac{1}{1-p}\left(\frac{1}{S_n^{p-1}} - \frac{1}{S_{n-1}^{p-1}}\right) = \lim_{n\to\infty}\sum_{k=1}^n \frac{1}{1-p}\left(\frac{1}{S_k^{p-1}} - \frac{1}{S_{k-1}^{p-1}}\right) = \lim_{n\to\infty}\frac{1}{1-p}\left(\frac{1}{S_n^{p-1}} - \frac{1}{S_1^{p-1}}\right)$$

$$= \frac{1}{p-1}\cdot\frac{1}{a_1^{p-1}},$$

可见 $\displaystyle\sum_{n=1}^\infty \frac{1}{1-p}(S_n^{1-p} - S_{n-1}^{1-p})$ 是收敛的.

我们也可以改用积分的方法证明收敛性问题. 因 $\{S_n\}$ 严格递增, 故有

$$\frac{a_{n+1}}{S_{n+1}^p} < \int_{S_n}^{S_{n+1}} \frac{\mathrm{d}x}{x^p} \qquad (p>1),$$

而

$$\sum_{n=1}^\infty \int_{S_n}^{S_{n+1}} \frac{\mathrm{d}x}{x^p} = \sum_{n=1}^\infty \frac{1}{p-1}\left(\frac{1}{S_n^{p-1}} - \frac{1}{S_{n+1}^{p-1}}\right) = \lim_{n\to\infty}\frac{1}{p-1}\left(\frac{1}{S_1^{p-1}} - \frac{1}{S_{n+1}^{p-1}}\right)$$

$$= \frac{1}{p-1}\cdot\frac{1}{a_1^{p-1}},$$

可见 $\displaystyle\sum_{n=1}^\infty \int_{S_n}^{S_{n+1}} \frac{\mathrm{d}x}{x^p}$ 也是收敛的.

注　读者已不难自行解决下面的类似问题：设正项级数 $\displaystyle\sum_{n=1}^\infty a_n$ 收敛, $r_n = \displaystyle\sum_{k=n+1}^\infty a_k$, 证明级数 $\displaystyle\sum_{n=1}^\infty \frac{a_n}{r_{n-1}^p}$ 当 $p<1$ 时收敛; 当 $p\geq1$ 时发散.

例 5.1.19　设正数列 $\{a_n\}$ 单调递增, 证明级数 $\displaystyle\sum_{n=1}^\infty \frac{a_{n+1} - a_n}{a_{n+1}\,a_n^p}\,(p>0)$ 收敛.

分析　因 $\{a_n\}$ 单调递增, 若 $\{a_n\}$ 有界则其必定收敛, 可记为 $\displaystyle\lim_{n\to\infty}a_n = a$, 倘若不然, 则有 $\displaystyle\lim_{n\to\infty}a_n = +\infty$.

当 $\displaystyle\lim_{n\to\infty}a_n = a < +\infty$ 时, 有

$$0 \leq \frac{a_{n+1} - a_n}{a_{n+1}\,a_n^p} \leq \frac{a_{n+1} - a_n}{a_1^{p+1}}, \quad \forall\, n \in \mathbf{N}.$$

当 $\lim\limits_{n\to\infty} a_n = +\infty$ 时,如果 $p \geqslant 1$,则有

$$0 \leqslant \frac{a_{n+1} - a_n}{a_{n+1} \, a_n^p} = \frac{1}{a_n^p} - \frac{1}{a_{n+1} \, a_n^{p-1}} \leqslant \frac{1}{a_n^p} - \frac{1}{a_{n+1}^p}, \quad \forall \, n \in \mathbf{N}.$$

如果 $0 < p < 1$,可令 $q = \dfrac{1}{p} > 1$,并记 $b_n = a_n^p$,则 $a_n = (a_n^p)^{\frac{1}{p}} = b_n^q$. 于是

$$0 \leqslant \frac{a_{n+1} - a_n}{a_{n+1} \, a_n^p} = \frac{b_{n+1}^q - b_n^q}{b_{n+1}^q \, b_n} = \frac{q \xi_n^{q-1} (b_{n+1} - b_n)}{b_{n+1}^q \, b_n}$$

$$\leqslant \frac{q(b_{n+1} - b_n)}{b_{n+1} \, b_n} = q\left(\frac{1}{b_n} - \frac{1}{b_{n+1}}\right), \quad \xi_n \in (b_n, b_{n+1}).$$

以上情况均可以用比较法进一步判敛.

下面给出的几个问题均有一定难度,所用手法也各异,读者可从中进一步体会级数证明的思想与方法.

例 5.1.20 设数列 $\{a_n\}$ 满足

$$a_n = \sum_{k=1}^{\infty} \tan^2 a_{n+k}, \quad n \in \mathbf{N}.$$

若级数 $\sum\limits_{n=1}^{\infty} a_n$ 收敛,证明 $a_n = 0, n \in \mathbf{N}$.

证明 将 a_n 的表示式改写为

$$a_n = \sum_{k=n+1}^{\infty} \tan^2 a_k, \quad n \in \mathbf{N}.$$

可见数列 $\{a_n\}$ 单调递减且非负.

由 $\lim\limits_{x\to 0} \dfrac{\tan x}{x} = 1$,可知 $\exists \, \delta \left(0 < \delta \leqslant \dfrac{1}{8}\right)$,使得 $\forall \, x \in [0, \delta]$ 有

$$\tan x \leqslant 2x. \tag{5.1.11}$$

因 $\sum\limits_{n=1}^{\infty} a_n$ 收敛,故 $\exists \, \mathrm{N} \in \mathbf{N}$,使 $\sum\limits_{n=\mathrm{N}+1}^{\infty} a_n \leqslant \delta \leqslant \dfrac{1}{8}$. 于是对 $\forall \, n > \mathrm{N}$,有 $a_n < \delta$,再由 (5.1.11) 可得出 $\tan^2 a_n \leqslant 4 a_n^2$,从而

$$a_{\mathrm{N}} = \sum_{n=\mathrm{N}+1}^{\infty} \tan^2 a_n \leqslant \sum_{n=\mathrm{N}+1}^{\infty} 4 a_n^2 \leqslant 4 \sum_{n=\mathrm{N}+1}^{\infty} a_{\mathrm{N}} a_n \leqslant 4 \delta a_n \leqslant \frac{1}{2} a_{\mathrm{N}}.$$

因 a_{N} 非负,故只能是 $a_{\mathrm{N}} = 0$,由 $\{a_n\}$ 的单调递减非负性可知 $a_n = 0, \forall \, n \geqslant \mathrm{N}$.

利用 $\{a_n\}$ 的构造性质,又有

$$a_{\mathrm{N}-1} = \sum_{n=\mathrm{N}}^{\infty} \tan^2 a_n = 0, \quad a_{\mathrm{N}-2} = \sum_{n=\mathrm{N}-1}^{\infty} \tan^2 a_n = 0, \quad \cdots, \quad a_1 = 0,$$

从而对 $\forall \, n \in \mathbf{N}$,有 $a_n = 0$.

例 5.1.21　设对任意收敛于 0 的数列 $\{x_n\}$，级数 $\sum\limits_{n=1}^{\infty} a_n x_n$ 都收敛，证明级数 $\sum\limits_{n=1}^{\infty} a_n$ 绝对收敛.

证明　用反证法. 若 $\sum\limits_{n=1}^{\infty} |a_n|$ 发散，必定有 $\sum\limits_{n=1}^{\infty} |a_n| = +\infty$. 于是对 $\forall n, k \in$ $\mathbf{N}$，$\exists m(>n)$，使 $\sum\limits_{i=n}^{m} |a_i| \geqslant k$.

对 $n=1, k=1$，$\exists m_1 \in \mathbf{N}$，使 $\sum\limits_{i=1}^{m_1} |a_i| \geqslant 1$；

对 $n=m_1+1, k=2$，$\exists m_2 > m_1+1$，使 $\sum\limits_{i=m_1+1}^{m_2} |a_i| \geqslant 2$；

$\cdots\cdots\cdots\cdots$

一般地，可得出 $1 \leqslant m_1 < m_2 < \cdots < m_k < \cdots$，使得

$$\sum_{i=m_{k-1}+1}^{m_k} |a_i| \geqslant k, \quad k \in \mathbf{N}.$$

令 $x_i = \dfrac{1}{k} \mathrm{sgn}\, a_i$（$m_{k-1} \leqslant i \leqslant m_k$，并记 $m_0 = 0$），则 $\lim\limits_{i \to \infty} x_i = 0$，且对任意大的 $N > 0$，只要 $k-1 > N$，总有 $m_k > m_{k-1} > N$. 此时就有

$$\sum_{i=m_{k-1}+1}^{m_k} a_i x_i = \sum_{i=m_{k-1}+1}^{m_k} \frac{|a_i|}{k} \geqslant \frac{k}{k} = 1.$$

可见与 Cauchy 收敛准则不合，因此 $\sum\limits_{n=1}^{\infty} a_n x_n$ 发散. 但这又与题设条件矛盾，故 $\sum\limits_{n=1}^{\infty} |a_n|$ 必定收敛.

例 5.1.22　设级数为 $\sum\limits_{n=1}^{\infty} \dfrac{a_n}{n^x}$，其中 $a_n \in \mathbf{R}$. 证明 $\exists r(-\infty \leqslant r \leqslant +\infty)$，使当 $x < r$ 时级数发散，而 $x > r$ 时级数收敛.

证明　先证明若 $\sum\limits_{n=1}^{\infty} \dfrac{a_n}{n^\lambda}(\lambda \in \mathbf{R})$ 收敛，则对 $\forall x > \lambda$，$\sum\limits_{n=1}^{\infty} \dfrac{a_n}{n^x}$ 也收敛. 事实上有

$$\sum_{n=1}^{\infty} \frac{a_n}{n^x} = \sum_{n=1}^{\infty} \frac{a_n}{n^\lambda} \cdot \frac{1}{n^{x-\lambda}}.$$

当 $x > \lambda$ 时，数列 $\left\{\dfrac{1}{n^{x-\lambda}}\right\}$ 单调有界（递减趋于 0），而级数 $\sum\limits_{n=1}^{\infty} \dfrac{a_n}{n^\lambda}$ 收敛. 由 Abel 法可

知 $\displaystyle\sum_{n=1}^{\infty} \frac{a_n}{n^x}$ 必定收敛.

再证 r 的存在性. 若对 $\forall\, x \in \mathbf{R}$, $\displaystyle\sum_{n=1}^{\infty} \frac{a_n}{n^x}$ 恒收敛或者恒发散, 则应有 $r = -\infty$ 或者 $r = +\infty$. 现不妨设有 x_1, $x_2 \in \mathbf{R}$, 使 $\displaystyle\sum_{n=1}^{\infty} \frac{a_n}{n^{x_1}}$ 发散而 $\displaystyle\sum_{n=1}^{\infty} \frac{a_n}{n^{x_2}}$ 收敛. 由前面所述必定是 $x_1 < x_2$. 记

$$E = \left\{ x \,\middle|\, \sum_{n=1}^{\infty} \frac{a_n}{n^x} \text{ 收敛} \right\}.$$

则数集 E 非空有下界, 故 $r = \inf E$ 存在, 此 r 即为所求的常数.

若 $r \in E$, 则对 $\forall\, x > r$, 由前面已证结论可知 $\displaystyle\sum_{n=1}^{\infty} \frac{a_n}{n^x}$ 收敛. 即 $x \in E$;

若 $r \notin E$, 则存在严格单调递减数列 $\{x_n\} \subset E\,(x_n \to r,\ x_n > r)$ 对 $\forall\, x > r$, 总有充分大的 n 使 $x > x_n$, 从而也有 $x \in E$.

若 $x < r$, 由 r 定义可知 $x \notin E$, 故 $\displaystyle\sum_{n=1}^{\infty} \frac{a_n}{n^x}$ 必定发散.

例 5.1.23 设级数 $\displaystyle\sum_{n=1}^{\infty} u_n$ 收敛, 证明存在 u_n 的某种分解 $u_n = a_n b_n\,(n \in \mathbf{N})$, 使级数 $\displaystyle\sum_{n=1}^{\infty} a_n$ 的部分和有界, 而数列 $\{b_n\}$ 单调趋于 0.

证明 由 $\displaystyle\sum_{n=1}^{\infty} u_n$ 收敛条件可知, $\exists\, n_1 \in \mathbf{N}$, 使得 $\forall\, k > n_1$ 有 $\left| \displaystyle\sum_{n=k}^{\infty} u_n \right| < \frac{1}{1^3}$. 一般地, $\exists\, n_i > n_{i-1}$, 使得 $\forall\, k > n_i$ 有 $\left| \displaystyle\sum_{n=k}^{\infty} u_n \right| < \frac{1}{i^3}\,(i = 2, 3, \cdots)$.

令

$$b_n = \begin{cases} 1, & 1 \leqslant n \leqslant n_1, \\ \dfrac{1}{i}, & n_i < n \leqslant n_{i+1},\ i \in \mathbf{N}; \end{cases}$$

$$a_n = \frac{u_n}{b_n}, \quad n \in \mathbf{N}.$$

则显见有 $u_n = a_n b_n$, 且数列 $\{b_n\}$ 单调, 并有 $\displaystyle\lim_{n \to \infty} b_n = 0$.

往证级数 $\displaystyle\sum_{n=1}^{\infty} a_n$ 的部分和有界, 对 $\forall\, n \in \mathbf{N}$, 若 $n \leqslant n_1$, 由于

$$\sum_{i=1}^{n} a_i = \sum_{i=1}^{n} \frac{u_n}{b_n} = \sum_{i=1}^{n} u_n,$$

当 $n > n_1$ 时，$\exists\, k \in \mathbf{N}$，使 $n_k < n \leqslant n_{k+1}$. 此时有

$$\sum_{i=1}^{n} a_i = \sum_{i=1}^{n_1} \frac{u_i}{b_i} + \sum_{i=n_1+1}^{n_2} \frac{u_i}{b_i} + \cdots + \sum_{i=n_{k-1}+1}^{n_k} \frac{u_i}{b_i} + \sum_{i=n_k+1}^{n} \frac{u_i}{b_i}$$

$$= \sum_{i=1}^{n_1} u_i + \sum_{i=n_1+1}^{n_2} u_i + 2\sum_{i=n_2+1}^{n_3} u_i + \cdots + (k-1)\sum_{i=n_{k-1}+1}^{n_k} u_i + k\sum_{i=n_k}^{n} u_i.$$

由此得出

$$\left| \sum_{i=1}^{n} a_i \right| \leqslant \sum_{i=1}^{n_1} |u_i| + \left| \sum_{i=n_1+1}^{n_2} u_i \right| + 2\left| \sum_{i=n_2+1}^{n_3} u_i \right| + \cdots + (k-1)\left| \sum_{i=n_{k-1}+1}^{n_k} u_i \right|$$

$$+ k\left| \sum_{i=n_k+1}^{n} u_i \right|$$

$$\leqslant L + \left[\frac{1}{1^3} + \frac{1}{2^3} \right] + 2\left[\frac{1}{2^3} + \frac{1}{3^3} \right] + \cdots + (k-1)\left[\frac{1}{(k-1)^3} + \frac{1}{k^3} \right]$$

$$+ k\left[\frac{1}{k^3} + \frac{1}{k^3} \right]$$

$$\leqslant L + 2 + 2\sum_{i=1}^{k} \frac{1}{i(i+1)} \leqslant M(\text{常数}),$$

其中 $L = \sum\limits_{i=1}^{n_1} |u_i|$ 为常数，从而 $\sum\limits_{n=1}^{\infty} a_n$ 的部分和有界.

5.2　函数列与函数级数

5.2.1　概念辨析与问题讨论

1. 函数列 $\{f_n(x)\}$ 与函数级数 $\sum\limits_{n=1}^{\infty} u_n(x)$ 在数集 D 上一致收敛有哪些充要条件？

我们以函数列 $\{f_n(x)\}$ 在 D 上一致收敛于极限函数 $f(x)$ 为例说明，所有的结论同样适用于函数级数. 这只要将函数列 $\{f_n(x)\}$ 改成函数级数 $\sum\limits_{n=1}^{\infty} u_n(x)$ 的部分和函数列 $\{S_n(x)\}$，将极限函数 $f(x)$ 改成和函数 $S(x)$ 就行了.

按定义，函数列 $\{f_n(x)\}$ 在数集 D 上一致收敛于 $f(x)$（记为 $f_n(x) \xrightarrow{D} f(x)$）是指：$\forall\, \varepsilon > 0$，$\exists\, N \in \mathbf{N}$，使得 $\forall\, n > N$，$\forall\, x \in D$ 有

$$|f_n(x) - f(x)| < \varepsilon.$$

下面是几个常用的一致收敛性充要条件.

Ⅰ Cauchy 一致收敛性准则 $f_n(x) \xrightarrow{D} f(x)$ 的充要条件是：$\forall \varepsilon > 0$，$\exists N \in \mathbf{N}$，使得 $\forall n > N$，$\forall p \in \mathbf{N}$，$\forall x \in D$ 有

$$| f_{n+p}(x) - f_n(x) | < \varepsilon.$$

Ⅱ 确界极限 $f_n(x) \xrightarrow{D} f(x)$ 的充要条件是

$$\lim_{n \to \infty} \sup_{x \in D} | f_n(x) - f(x) | = 0.$$

Ⅲ 点列极限 $f_n(x) \xrightarrow{D} f(x)$ 的充要条件是：对 $\forall \{x_n\} \subset D$，有

$$\lim_{n \to \infty} | f_n(x_n) - f(x_n) | = 0.$$

上述几个充要条件可作为一致收敛性的等价命题，与原定义配合使用. 一般地，在判断函数列 $\{f_n(x)\}$ 的一致收敛性时，若极限函数 $f(x)$ 容易计算，常用定义或确界极限的方法；若极限函数难以确定，用 Cauchy 一致收敛准则是最好的选择. 如果是要证明函数列 $\{f_n(x)\}$ 的不一致收敛性，按定义或用等价命题都可以. 特别是从充要条件 Ⅱ 或 Ⅲ 出发，只要设法证明

$$\lim_{n \to \infty} \sup_{x \in D} | f_n(x) - f(x) | \neq 0,$$

或者找出某个数列 $\{x_n\} \subset D$（通常用观察法可以确定），使

$$\lim_{n \to \infty} | f_n(x_n) - f(x_n) | \neq 0.$$

这在具体应用上显得较为方便.

下面我们补证等价命题 Ⅲ——点列极限的充分性.

用反证法. 若 $f_n(x) \overset{D}{\not\Rightarrow} f(x)$，则 $\exists \varepsilon_0 > 0$，$\forall N \in \mathbf{N}$，$\exists n_0 > N$ 及 $\xi_0 \in D$，使 $| f_{n_0}(\xi_0) - f(\xi_0) | \geq \varepsilon_0$.

对 $N = 1$，$\exists n_1 > 1$ 及 $\xi_1 \in D$，使 $| f_{n_1}(\xi_1) - f(\xi_1) | \geq \varepsilon_0$；

对 $N = n_1$，$\exists n_2 > n_1$ 及 $\xi_2 \in D$，使 $| f_{n_2}(\xi_2) - f(\xi_2) | \geq \varepsilon_0$；

$$\cdots\cdots\cdots\cdots$$

对 $N = n_{k-1}$，$\exists n_k > n_{k-1}$ 及 $\xi_k \in D$，使 $| f_{n_k}(\xi_n) - f(\xi_k) | \geq \varepsilon_0$；

$$\cdots\cdots\cdots\cdots$$

现取 $\{x_n\} \subset D$，使 $x_{n_k} = \xi_k (k \in \mathbf{N})$，则对 $\forall k \in \mathbf{N}$ 有

$$| f_{n_k}(x_{n_k}) - f(x_{n_k}) | \geq \varepsilon_0.$$

于是函数列 $\{| f_{n_k}(x_{n_k}) - f(x_{n_k}) |\}$ 不收敛于 0，但它又是 $\{| f_n(x_n) - f(x_n) |\}$ 的子列，从而得出 $\{| f_n(x_n) - f(x_n) |\}$ 不收敛于 0，这与条件矛盾.

"点列极限"方法常用于判断函数列的不一致收敛，应用很广泛. 例如证明函数列

$$f_n(x) = \frac{nx}{n^2 + (n+1)x}, \quad n \in \mathbf{N}$$

在 $(0, +\infty)$ 上不一致收敛.

先计算极限函数 $f(x)$, 对 $\forall x \in (0, +\infty)$ 有

$$f(x) = \lim_{n \to \infty} f_n(x) = \lim_{n \to \infty} \frac{nx}{n^2 + (n+1)x} = 0.$$

令 $x_n = n (n \in \mathbf{N})$, 则 $\{x_n\} \subset (0, +\infty)$, 且有

$$\lim_{n \to \infty} |f_n(x_n) - f(x_n)| = \lim_{n \to \infty} \frac{n \cdot n}{n^2 + (n+1)n} = \frac{1}{2} \neq 0,$$

可见 $\{f_n(x)\}$ 在 $(0, +\infty)$ 上不一致收敛.

2. 关于内闭一致收敛性.

设 I 为区间, 若对 $\forall [\alpha, \beta] \subset I$, 函数列 $\{f_n(x)\}$ 在 $[\alpha, \beta]$ 上均一致收敛于 $f(x)$, 则称 $\{f_n(x)\}$ 在区间 I 内闭一致收敛于 $f(x)$.

从上述定义可以看出, 如果函数列 $\{f_n(x)\}$ 在区间 I 内闭一致收敛于 $f(x)$, 则它在 I 上收敛于 $f(x)$. 事实上, 对 $\forall x_0 \in I$, $\exists [\alpha, \beta] \subset I$, 使 $\alpha \leqslant x_0 \leqslant \beta$, 而 $\{f_n(x)\}$ 在 $[\alpha, \beta]$ 上一致收敛于 $f(x)$, 自然在点 x_0 处收敛于 $f(x_0)$, 从而在 I 上收敛于 $f(x)$.

反之则结论就未必能成立. 一个明显的反例是: 函数列 $\{x^n\}$ 在 $[0, 1]$ 上收敛, 但在 $[0, 1]$ 不内闭一致收敛, 事实上 $\{x^n\}$ 在 $[0, 1)$ 上并不一致收敛, 自然更不可能在 $[0, 1]$ 上一致收敛. 可见函数列在有限闭区间上收敛, 得不出在该区间上一致收敛的结果. 这一点与有限闭区间上的连续函数必定为一致连续是不一样的.

顺便指出, 由函数列 $\{f_n(x)\}$ 在区间 I 内闭一致收敛, 不能推出 $\{f_n(x)\}$ 在区间 I 上的一致收敛, 这仍可以用函数列 $\{x^n\}$ 在 $(0, 1)$ 内的收敛情况加以说明.

3. 一致收敛函数列的几个主要性质.

我们把在数集 D 上具有一致收敛性的函数列 $\{f_n(x)\}$ (极限函数为 $f(x)$) 主要性质归结如下.

性质 1 (往后一致有界性) 设 $f_n(x) \underset{}{\overset{D}{\rightrightarrows}} f(x)$, 则 $f(x)$ 在 D 上有界的充要条件是 $\{f_n(x)\}$ 在 D 上往后一致有界, 即 $\exists M > 0$ 和 $N \in \mathbf{N}$, 对 $\forall n > N$, $\forall x \in D$ 有

$$|f_n(x)| \leqslant M.$$

性质 2 (夹逼一致收敛性) 设 $f_n(x) \underset{}{\overset{D}{\rightrightarrows}} g(x)$, $h_n(x) \underset{}{\overset{D}{\rightrightarrows}} g(x)$, 且 $\exists N \in \mathbf{N}$, 对 $\forall n > N$, $\forall x \in D$ 有

$$f_n(x) \leqslant g_n(x) \leqslant h_n(x).$$

则 $g_n(x) \xrightarrow{D} g(x)$.

性质 3(子函数列一致收敛性) 设 $f_n(x) \xrightarrow{D} f(x)$，则对 $\forall \{f_{n_k}(x)\} \subset \{f_n(x)\}$，有

$$f_{n_k}(x) \xrightarrow{D} f(x).$$

性质 4(复合函数一致收敛性) 设函数 $f(u)$ 在区间 I 上一致连续，$g_n(x) \xrightarrow{D} g(x)(g(D) \subset I)$，且 $\exists N_0 \in \mathbf{N}$，使得 $\forall n > N_0$，$\forall x \in D$ 有 $g_n(x) \in I$，则

$$f(g_n(x)) \xrightarrow{D} f(g(x)).$$

我们只证明最后一个性质. $\forall \varepsilon > 0$，由 $f(u)$ 在 I 上的一致连续性，$\exists \delta > 0$，使得 $\forall u', u'' \in I(|u'-u''|<\delta)$ 有

$$|f(u')-f(u'')| < \varepsilon.$$

对上述 $\delta > 0$，由 $g_n(x) \xrightarrow{D} g(x)$，故 $\exists N_1 \in \mathbf{N}$，使得 $\forall n > N_1$，$\forall x \in D$ 有

$$|g_n(x)-g(x)| < \delta.$$

现因 $g(D) \subset I$，$g_n(x) \in I(\forall n > N_0, \forall x \in D)$，取 $N = \max(N_0, N_1)$，则对 $\forall n > N$，$\forall x \in D$，有

$$|f(g_n(x))-f(g(x))| < \varepsilon.$$

读者应注意，在复合函数一致收敛性的条件中，$f(u)$ 在区间 I 上"一致连续"不能减弱为"连续"，否则结论未必能成立.

上述几条性质有时用于判断函数列的一致收敛会很方便. 例如，考虑函数列 $f_n(x) = \sqrt{f^2(x)+\dfrac{1}{\sqrt{n}}}$ 在 $\mathbf{R}$ 上的一致收敛性. 由于有

$$f^2(x)+\frac{1}{\sqrt{n}} \xrightarrow{\mathbf{R}} f^2(x),$$

不难验证 $\sqrt{u}$ 在 $[0,+\infty)$ 上一致连续，而 $f^2(x), f^2(x)+\dfrac{1}{\sqrt{n}} \in [0,+\infty)$，于是立即由复合函数一致收敛性得出

$$f_n(x) \xrightarrow{\mathbf{R}} |f(x)|.$$

4. 关于函数级数 $\displaystyle\sum_{n=1}^{\infty} u_n(x)$ 在 D 上的绝对一致收敛.

称 $\displaystyle\sum_{n=1}^{\infty} |u_n(x)|$ 在 D 上一致收敛为函数级数 $\displaystyle\sum_{n=1}^{\infty} u_n(x)$ 在 D 上绝对一致收敛，熟知的结论是

1° 若 $\sum\limits_{n=1}^{\infty} u_n(x)$ 在 D 上绝对一致收敛,则必有 $\sum\limits_{n=1}^{\infty} u_n(x)$ 在 D 上一致收敛,反之则不然;

2° 若正项级数 $\sum\limits_{n=1}^{\infty} a_n$ 收敛,又 $\exists N_0 \in \mathbf{N}$,使得 $\forall n > N_0$,$\forall x \in D$ 有 $|u_n(x)| \leqslant a_n$,则 $\sum\limits_{n=1}^{\infty} u_n(x)$ 在 D 上绝对一致收敛,此时称 $\sum\limits_{n=1}^{\infty} a_n$ 为 $\sum\limits_{n=1}^{\infty} u_n(x)$ 的优级数.

现在考虑:如果函数级数 $\sum\limits_{n=1}^{\infty} u_n(x)$ 在 D 上一致收敛且绝对收敛,是否必定有 $\sum\limits_{n=1}^{\infty} u_n(x)$ 在 D 上绝对一致收敛? 如果函数级数 $\sum\limits_{n=1}^{\infty} u_n(x)$ 在 D 上绝对一致收敛,是否必定存在 $a_n > 0$,使当 n 充分大后恒有 $|u_n(x)| \leqslant a_n$,而 $\sum\limits_{n=1}^{\infty} a_n$ 收敛?

事实上这两个断语都未必能成立. 对于前一个问题,可考虑函数级数

$$\sum_{n=0}^{\infty} (-1)^n (1-x) x^n, \quad x \in [0,1].$$

这一函数级数在 [0,1] 上绝对收敛、一致收敛,但不绝对一致收敛(见例 5.2.8);后一个问题的反例比较特别,一般不太容易想到,所考虑的函数级数 $\sum\limits_{n=1}^{\infty} u_n(x)$ 中通项表示式为

$$u_n(x) = \begin{cases} \dfrac{1}{n} \sin^2(2^{n+1} \pi x), & \text{当 } 2^{\frac{1}{n+1}} < x < \dfrac{1}{2^n} \text{ 时}, \\ 0, & \text{当 } x \text{ 为 } [0,1] \text{ 上其他点时}. \end{cases}$$

这个函数级数在 [0,1] 上是绝对一致收敛的. 事实上因 $u_n(x) \geqslant 0$,$n \in \mathbf{N}$,故只要说明 $\sum\limits_{n=1}^{\infty} u_n(x)$ 在 [0,1] 上一致收敛就行了. 将 $u_n(x)$ 记为

$$u_n(x) = \frac{1}{n} \sin^2(2^{n+1} \pi x) \triangleq \frac{1}{n} v_n(x), \quad n \in \mathbf{N}.$$

则数列 $\left\{\dfrac{1}{n}\right\}$ 单调递减趋于 0,而对 $\forall n \in \mathbf{N}$,$\forall x \in [0,1]$ 有 $0 < \sum\limits_{k=1}^{n} v_n(x) \leqslant 1$(事实上对 $\forall x \in [0,1]$,$\sum\limits_{n=1}^{\infty} v_n(x)$ 中至多只有一项非零),即 $\sum\limits_{n=1}^{\infty} v_n(x)$ 的部分和函数列在 [0,1] 上一致有界,由 Dirichlet 法可知 $\sum\limits_{n=1}^{\infty} u_n(x)$ 在 [0,1] 上绝对一致收敛.

但这个函数级数没有优级数,用反证法. 若有 $\sum\limits_{n=1}^{\infty} a_n$ 为其优级数,即有

$$|u_n(x)| \leqslant a_n, \quad \forall n \in \mathbf{N}, \forall x \in [0,1].$$

现取 $x_n = \dfrac{3}{2} \cdot \dfrac{1}{2^{n+1}} \in \left[\dfrac{1}{2^{n+1}}, \dfrac{1}{2^n}\right] \subset [0,1]$，则有

$$a_n \geqslant |u_n(x_n)| = \frac{1}{n}\sin^2(2^{n+1}\pi x_n) = \frac{1}{n} > 0, \quad n \in \mathbf{N}.$$

于是由 $\displaystyle\sum_{n=1}^{\infty} a_n$ 收敛可推出 $\displaystyle\sum_{n=1}^{\infty} \frac{1}{n}$ 也收敛，这显然是不正确的.

5. 若函数列 $\{f_n(x)\}$ 在数集 D 上收敛于 $f(x)$，且每个 $f_n(x)$ 都在 D 上有界，极限函数 $f(x)$ 是否必定在 D 上有界？

这一断语未必成立. 考虑 $\mathbf{R}$ 上的函数列 $f_n(x) = n\arctan\dfrac{x}{n}$，$n \in \mathbf{N}$，可见有 $|f_n(x)| \leqslant \dfrac{\pi}{2}n$. 对每个确定的 $n \in \mathbf{N}$，$f_n(x)$ 都是有界的（与 n 有关），但我们有

$$f(x) = \lim_{n\to\infty} f_n(x) = \lim_{n\to\infty} x\,\frac{\arctan\dfrac{x}{n}}{\dfrac{x}{n}} = x.$$

极限函数在 $\mathbf{R}$ 上显然是无界的！

不过，如果对上述问题的条件稍作改变，比如说将"收敛"改为"一致收敛"，或者将"每个 $f_n(x)$ 都在 D 上有界"改为"$\{f_n(x)\}$ 在 D 上一致有界"，则结论就成为肯定的. 两个证明都不困难，读者可自行完成.

6. 对极限函数与和函数分析性质的几点说明.

我们只讨论极限函数的分析性质——连续性、可微性（导数号下求极限）和可积性（积分号下求极限）. 有关的叙述和所得到的结果同样适用于和函数.

以极限函数的连续性为例. 连续性定理的一般性叙述是：设函数列 $\{f_n(x)\}$ 中每项都在区间 I 上连续，且 $f_n(x) \overset{I}{\Longrightarrow} f(x)$，则 $f(x)$ 也在 I 上连续.

学习这一定理时应注意几点.

第一，定理中的"一致收敛"是重要条件，不可减弱为"收敛"，否则结论可能不成立. 最常见的反例是函数列 $f_n(x) = x^n$，$n \in \mathbf{N}$. 不难验证 $\{f_n(x)\}$ 在 $[0,1]$ 上收敛，但不一致收敛，其极限函数

$$f(x) = \begin{cases} 0, & 0 \leqslant x < 1, \\ 1, & x = 1 \end{cases}$$

在 $[0,1]$ 上不连续.

第二，如果一个连续的函数列 $\{f_n(x)\}$ 在区间 I 上收敛于极限函数 $f(x)$，而 $f(x) \notin C(I)$，则可判定 $\{f_n(x)\}$ 在 I 上必定不一致收敛. 在验证函数列的不一致

收敛时,这一结果很有用处(见例 5.2.7,例 5.2.8).

第三,"一致收敛"这一条件尽管重要,但并不是必要条件.如果将"一致收敛"改为"收敛",而其余条件不变,极限函数有可能在 I 上连续.例如,考虑函数列 $f_n(x) = \dfrac{x}{n}$,$n \in \mathbf{N}$,在 $\mathbf{R}$ 上收敛但不一致收敛,而其极限函数 $f(x) = 0$ 为常数,显然在 $\mathbf{R}$ 上处处连续.

同样地,条件"$\{f_n(x)\}$ 中每项都在 I 上连续"也不是必要的.即便是 $\{f_n(x)\}$ 中每项在 I 上都不连续(甚至在 I 上处处不连续),其极限函数仍可能在 I 上连续.反例是 $f_n(x) = \dfrac{1}{n} D(x)$,$n \in \mathbf{N}$,其中 $D(x)$ 是定义在 $[0,1]$ 上的 Dirichlet 函数.容易看出,这个处处不连续的函数列在 $[0,1]$ 上一致收敛于常数 0!

第四,证明函数 $f(x)$ 在区间 I 上连续,实际上是要证明 $f(x)$ 在 I 上每点处都连续.函数的点连续是一个局部性概念,为了验证 $f(x)$ 在某点 x_0 处是否连续,我们只要考虑函数列 $\{f_n(x)\}$ 在点 x_0 近旁的性态就可以了.换句话说,如果 $\{f_n(x)\}$ 中每项都在点 x_0 处连续,那么,尽管 $\{f_n(x)\}$ 在 I 上不一致收敛,但只要它在点 x_0 的某一邻域内是一致收敛的,我们就照样可以借用定理的结论,说明 $f(x)$ 在点 x_0 处是连续的.

为明确计,我们将连续性定理改为如下形式.

定理 5.2.1(连续性定理) 设函数列 $\{f_n(x)\}$ 中每一项都在点 x_0 处连续,$\{f_n(x)\}$ 在点 x_0 的某邻域内一致收敛于 $f(x)$,则 $f(x)$ 在点 x_0 处连续.

在处理某些具体问题时,采用这一形式的连续性定理会带来很大的方便(见例 5.2.12,例 5.2.17 等).

5.2.2 解题分析

5.2.2.1 函数列与函数级数的一致收敛性判断

1. 用一致收敛定义及其等价命题.

例 5.2.1 研究下列函数列在指定区间上的一致收敛性:

(1) $f_n(x) = \dfrac{nx}{1 + n^2 x^2}$,　　　　(i) $[0,1]$,　　　(ii) $(1, +\infty)$;

(2) $f_n(x) = 2n^2 x e^{-n^2 x^2}$,　　　　(i) $[0,1]$,　　　(ii) $(1, +\infty)$;

(3) $f_n(x) = \left(\dfrac{\sin x}{x} \right)^n$,　　　　$x \in (0,1)$;

$$(4)\ f_n(x)=\begin{cases} n^2 x, & x\in\left[0,\dfrac{1}{n}\right], \\[2mm] n^2\left[\dfrac{2}{n}-x\right], & x\in\left(\dfrac{1}{n},\dfrac{2}{n}\right], \\[2mm] 0, & x\in\left[\dfrac{2}{n},1\right]. \end{cases} \tag{5.2.1}$$

分析 （1）对 $\forall\, x\in(0,+\infty)$，首先计算

$$f(x)=\lim_{n\to\infty}f_n(x)=\lim_{n\to\infty}\frac{nx}{1+n^2 x^2}=0.$$

$1°$　在 $(1,+\infty)$ 上，用"确界极限"方法判定其一致收敛. 因对 $\forall\, n\in\mathbf{N}$，$\forall\, x\in(1,+\infty)$ 有

$$|f_n(x)-f(x)|=\frac{nx}{1+n^2 x^2}\leqslant\frac{nx}{n^2 x^2}=\frac{1}{nx}<\frac{1}{n}.$$

可见

$$\lim_{n\to\infty}\sup_{x\in(1,+\infty)}|f_n(x)-f(x)|\leqslant\lim_{n\to\infty}\frac{1}{n}=0.$$

$2°$　在 $[0,1]$ 上，用"点列极限"方法判定其不一致收敛. 事实上有

$$\lim_{n\to\infty}\left|f_n\left(\frac{1}{n}\right)-f\left(\frac{1}{n}\right)\right|=\frac{1}{2}\neq 0.$$

（2）可计算 $f(x)=0$，$x\in[0,+\infty)$. 现考察

$$|f_n(x)-f(x)|=2n^2 xe^{-n^2 x^2}$$

在 $[0,1]$ 及 $(1,+\infty)$ 上的确界（或最值），令

$$(2n^2 xe^{-n^2 x^2})'=2n^2 e^{-n^2 x^2}(1-2n^2 x^2)=0.$$

解出 $x=\dfrac{1}{\sqrt{2}\,n}$. 注意到函数在该点两侧分别严格单调，可见 $x=\dfrac{1}{\sqrt{2}\,n}$ 是函数在 $[0,+\infty)$ 上的最大值点.

$1°$　在 $(1,+\infty)$ 上，有

$$\lim_{n\to\infty}\sup_{x\in(1,+\infty)}|f_n(x)-f(x)|=\lim_{n\to\infty}|f_n(1)-f(1)|=\lim_{n\to\infty}2n^2 e^{-n^2}=0;$$

$2°$　在 $[0,1]$ 上，有

$$\lim_{n\to\infty}\sup_{x\in[0,1]}|f_n(x)-f(x)|=\lim_{n\to\infty}\left|f_n\left(\frac{1}{\sqrt{2}\,n}\right)-f\left(\frac{1}{\sqrt{2}\,n}\right)\right|=\lim_{n\to\infty}\sqrt{2}\,ne^{-\frac{1}{2}}=+\infty,$$

或者改用"点列极限"方法判断也很方便

$$\lim_{n\to\infty}\left|f_n\left(\frac{1}{n}\right)-f\left(\frac{1}{n}\right)\right|=\lim_{n\to\infty}2ne^{-1}=+\infty.$$

(3) 对 $\forall\ x\in(0,1)$,因 $\dfrac{\sin x}{x}<1$,故

$$f(x)=\lim_{n\to\infty}f_n(x)=\lim_{n\to\infty}\left(\frac{\sin x}{x}\right)^n=0.$$

注意到 $\lim\limits_{x\to0^+}\dfrac{\sin x}{x}=1$. 因此,有可能在 $x\to0$ 时将破坏函数列的一致收敛性.

不妨取 $x=\dfrac{1}{n}\in(0,1)$ 试解,有

$$\lim_{n\to\infty}\left(\frac{\sin\dfrac{1}{n}}{\dfrac{1}{n}}\right)^n=\lim_{y\to0^+}\left(\frac{\sin y}{y}\right)^{\frac{1}{y}}=\lim_{y\to0^+}\left[1+\left(\frac{\sin y}{y}-1\right)\right]^{\frac{y}{\sin y-y}\cdot\frac{\sin y-y}{y^2}}$$

$$=\mathrm{e}^0=1.$$

可见当 n 充分大后,总有

$$\left|f_n\left(\frac{1}{n}\right)-f\left(\frac{1}{n}\right)\right|=\left(\frac{\sin\dfrac{1}{n}}{\dfrac{1}{n}}\right)^n>\frac{1}{2}.$$

(4) 当 $x=0$ 时,因 $f_n(0)=0$,$n\in\mathbf{N}$,故 $f(0)=\lim\limits_{n\to\infty}f_n(0)=0$;

当 $0<x\leqslant1$ 时,只要 $n>\left[\dfrac{2}{x}\right]$,由(5.2.1)中的第三式可知总有 $f_n(x)=0$,故也有 $f(x)=0$,从而对 $\forall\ x\in[0,1]$,有

$$f(x)=\lim_{n\to\infty}f_n(x)=0.$$

用"确界极限"方法,有

$$\lim_{n\to\infty}\sup_{x\in[0,1]}\left|f_n(x)-f(x)\right|=\lim_{n\to\infty}f_n\left(\frac{1}{n}\right)=\lim_{n\to\infty}n=+\infty,$$

可见函数列在$[0,1]$上不一致收敛.

若改用"点列极限"方法,可取 $x=\dfrac{1}{n^2}\in[0,1]$ 因 $0<\dfrac{1}{n^2}\leqslant\dfrac{1}{n}$,故可由(5.2.1)中的第一式得出

$$\lim_{n\to\infty}\left|f_n\left(\frac{1}{n^2}\right)-f\left(\frac{1}{n^2}\right)\right|=\lim_{n\to\infty}n^2\frac{1}{n^2}=1\neq0.$$

例 5.2.2 设函数列 $f_n(x)=n^\alpha xe^{-nx}$,$n\in\mathbf{N}$,试问 α 在何范围内取值时

(1) $\{f_n(x)\}$在$[0,1]$上收敛?

(2) $\{f_n(x)\}$在$[0,1]$上一致收敛?

(3) 等式 $\lim\limits_{n\to\infty}\displaystyle\int_0^1 f_n(x)\mathrm{d}x=\int_0^1\lim_{n\to\infty}f_n(x)\mathrm{d}x$ 成立?

分析 对 $\forall \alpha \in \mathbf{R}$，$\{f_n(x)\}$ 在 $[0,1]$ 上均收敛于极限函数 $f(x)=0$；

用"确界极限"方法可判定当且仅当 $\alpha < 1$ 时有 $f_n(x) \xrightarrow{[0,1]} f(x)=0$；

最后一个等式成立的条件应该经具体计算比较后得出（$\alpha < 2$）.

2. 用一致收敛的基本判别法.

这里所说的基本判别法，主要是指用于函数级数一致收敛性判别的 Weierstrass 判别法（M 判别法）、Dirichlet 判别法与 Abel 判别法. 这些方法在一般的数学分析教材中都有介绍，因此不再赘述.

在判断函数级数的不一致收敛性时，首先可考察其通项所构成的函数列 $\{u_n(x)\}$ 在指定区间上是否不一致收敛于 0. 这是一个简单且经常有效的方法. 其次，因函数级数的和函数一般不容易计算，故还可以考虑用 Cauchy 一致收敛准则作判断.

例 5.2.3 研究下列函数级数在指定区间上的一致收敛性：

(1) $\displaystyle\sum_{n=1}^{\infty} \frac{\ln(1+n^2 x)}{(1+x)^n}$，　(i) $[a,b]$ $(a>0)$，　(ii) $(0,+\infty)$；

(2) $\displaystyle\sum_{n=1}^{\infty} \ln\left(1+\frac{x}{n\ln^2 n}\right)$，　(i) $[0,a]$，　(ii) $[a,+\infty)$；

(3) $\displaystyle\sum_{n=1}^{\infty} \frac{x\sin nx}{\sqrt{n+x}}$，　$x \in [0, \frac{\pi}{2}]$；

(4) $\displaystyle\sum_{n=1}^{\infty} (-1)^n \frac{1-e^{-nx}}{n+x^2}$，　$x \in [0,+\infty)$.

分析 (1) 利用重要不等式 $\ln(1+x) \leqslant x$ $(x \geqslant 0)$，对 $\forall n \in \mathbf{N}$，$\forall x \in [a,b]$ $(a>0)$，有

$$0 < u_n(x) = \frac{\ln(1+n^2 x)}{(1+x)^n} \leqslant \frac{n^2 x}{(1+x)^n} \leqslant \frac{n^2 b}{(1+a)^n},$$

用 M 判别法.

当 $x \in (0,+\infty)$ 时，取 $x = \dfrac{1}{n}$，明显有

$$u_n\left(\frac{1}{n}\right) = \frac{\ln(1+n)}{\left(1+\frac{1}{n}\right)^n} \to +\infty \quad (n \to \infty).$$

可见 $\{u_n(x)\}$ 在 $(0,+\infty)$ 上不一致收敛于 0.

(2) 在 $[0,a]$ 上函数级数一致收敛，方法同上题；在 $[a,+\infty)$ 上函数级数不一致收敛. 我们用两种方法处理.

用 Cauchy 一致收敛准则. 对 $\forall n$ $(n \geqslant a)$，取 $x=n$，则有

$$\sum_{k=n}^{2n} u_n(n) = \sum_{k=n}^{2n} \ln\left(1+\frac{n}{k\ln^2 k}\right) \geqslant n\ln\left(1+\frac{n}{2n\ln^2 2n}\right)$$

$$= n\ln\left(1 + \frac{1}{2\ln^2 2\,n}\right) \to +\infty \quad (n \to \infty).$$

用 $\{u_n(x)\}$ 在 $[a, +\infty)$ 上不一致收敛于 0. 取 $x = n^2 (\geqslant a)$, 就有

$$u_n(n^2) = \ln\left(1 + \frac{n}{\ln^2 n}\right) \to +\infty \quad (n \to \infty).$$

(3) 考虑函数级数 $\sum\limits_{n=1}^{\infty} x\sin nx$ 的部分和函数

$$\left| x\sum_{k=1}^{n}\sin kx \right| = \left| \frac{x}{\sin\frac{x}{2}}\sum_{k=1}^{n}\sin\frac{x}{2}\sin kx \right|$$

$$= \left| \frac{x}{\sin\frac{x}{2}} \right| \left| \sum_{k=1}^{n}\frac{\cos\left(k-\frac{1}{2}\right)x - \cos\left(k+\frac{1}{2}\right)x}{2} \right|$$

$$\leqslant \left| \frac{x}{\sin\frac{x}{2}} \right|, \quad \forall\, n \in \mathbf{N}, \forall\, x \in \left[0, \frac{\pi}{2}\right].$$

上式在 $x=0$ 处无定义, 但当 $x=0$ 时其部分和恒为 0, 而又有 $\lim\limits_{x\to 0^+}\dfrac{x}{\sin\frac{x}{2}} = 2$, 故部

分和函数列在 $\left[0, \frac{\pi}{2}\right]$ 上一致有界.

只要再说明 $\left\{\dfrac{1}{\sqrt{n+x}}\right\}$ 为单调函数列, 并在 $\left[0, \frac{\pi}{2}\right]$ 上一致收敛于 0 就行了.

(4) 记

$$(-1)^n\frac{1-\mathrm{e}^{-nx}}{n+x^2} = \frac{(-1)^n}{n+x^2} - \frac{(-1)^n\mathrm{e}^{-nx}}{n+x^2} \triangleq u'_n(x) - u''_n(x).$$

用 Dirichlet 方法分别验证 $\sum\limits_{n=1}^{\infty} u'_n(x)$ 与 $\sum\limits_{n=1}^{\infty} u''_n(x)$ 在 $[0, +\infty)$ 上均为一致收敛.

例 5.2.4 证明函数级数 $\sum\limits_{n=1}^{\infty}\dfrac{1}{n}\left[\mathrm{e}^x - \left(1+\dfrac{x}{n}\right)^n\right]$ 在 $[a, b](a>0)$ 上一致收

敛, 但在 $(0, +\infty)$ 上不一致收敛.

分析 先考虑前一个问题. 很自然地想到: 因已知数列 $\left\{\dfrac{1}{n}\right\}$ 单调趋于 0, 只要

证函数级数 $\sum\limits_{n=1}^{\infty}\left[\mathrm{e}^x - \left(1+\dfrac{x}{n}\right)^n\right]$ 的部分和函数在 $[a, b]$ 上一致有界. 但计算部分

和函数显然是个难点. 转而考虑

$$\sum_{n=1}^{\infty}\frac{1}{n}\left[\mathrm{e}^x - \left(1+\frac{x}{n}\right)^n\right] = \sum_{n=1}^{\infty}\frac{1}{n^2}\cdot n\left[\mathrm{e}^x - \left(1+\frac{x}{n}\right)^n\right],$$

则级数 $\displaystyle\sum_{n=1}^{\infty}\frac{1}{n^2}$ 收敛,应证 $\left\{n\left[e^x-\left(1+\dfrac{x}{n}\right)^n\right]\right\}$ 为单调函数列,并在$[a,b]$上一致有界,但证明"单调性"也很困难.

进一步分析,事实上我们用不着证明函数列的单调性,因为 $\displaystyle\sum_{n=1}^{\infty}\frac{1}{n^2}$ 是收敛的正项级数,故只要证明函数列 $\left\{n\left[e^x-\left(1+\dfrac{x}{n}\right)^n\right]\right\}$ 在$[a,b]$上一致有界,经放大后再用 M 判别法就行了.

为此,令 $f(x)=e^x-\left(1+\dfrac{x}{n}\right)^n$,则 $f(a)>0$. 而

$$f'(x)=e^x-\left(1+\frac{x}{n}\right)^{n-1}>e^x-\left(1+\frac{x}{n}\right)^n>0,$$

故 $f(x)$在$[a,b]$上严格递增. 于是有

$$0<e^x-\left(1+\frac{x}{n}\right)^n\leqslant e^b-\left(1+\frac{b}{n}\right)^n,\quad\forall\,n\in\mathbf{N},\forall\,x\in[a,b].$$

若极限 $\displaystyle\lim_{n\to\infty}n\left[e^b-\left(1+\frac{b}{n}\right)^n\right]$ 存在,则函数列 $\left\{n\left[e^x-\left(1+\dfrac{x}{n}\right)^n\right]\right\}$ 在$[a,b]$上必定一致有界. 这一步工作请读者完成.

考虑到这个函数级数的部分和计算很困难,验证其在$(0,+\infty)$上的不一致收敛时我们用 Cauchy 一致收敛准则. 取 $x=3\,n\in(0,+\infty)$,并考虑

$$\sum_{k=2\,n+1}^{3\,n}\frac{1}{k}\left[e^{3\,n}-\left(1+\frac{3\,n}{k}\right)^k\right]$$

$$\geqslant\sum_{k=2\,n+1}^{3\,n}\frac{1}{3\,n}\left[e^{3\,n}-\left(1+\frac{3\,n}{2\,n}\right)^{3\,n}\right]=\frac{1}{3}\left[e^{3\,n}-\left(\frac{5}{2}\right)^{3\,n}\right]$$

$$=\frac{e^{3\,n}}{3}\left[1-\left(\frac{5}{2e}\right)^{3\,n}\right].$$

因有 $\displaystyle\lim_{n\to\infty}\left(\frac{5}{2e}\right)^n=0$,可见当 n 充分大时总有

$$\sum_{k=2\,n+1}^{3\,n}\frac{1}{k}\left[e^{3\,n}-\left(1+\frac{3\,n}{k}\right)^k\right]\geqslant 1.$$

更好的方法是直接验证其通项构成的函数列 $\left\{\dfrac{1}{n}\left[e^x-\left(1+\dfrac{x}{n}\right)^n\right]\right\}$ 在$(0,+\infty)$上不一致收敛于 0. 事实上,只要取 $x=n\in(0,+\infty)$,就有

$$u_n(n)=\frac{1}{n}\left[e^n-\left(1+\frac{n}{n}\right)^n\right]=\frac{1}{n}(e^n-2^n)$$

$$=\frac{e^n}{n}\left[1-\left(\frac{2}{e}\right)^n\right]\to+\infty\quad(n\to\infty).$$

3. 用 Dini 定理.

定理 5.2.2(Dini 定理,函数列)   设 $f_n(x) \in C[a,b]$, $n \in \mathbf{N}$,且对 $\forall x \in [a,b]$ 函数列 $\{f_n(x)\}$ 单调,又 $f_n(x) \xrightarrow{[a,b]} f(x) \in C[a,b]$,则 $f_n(x) \overset{[a,b]}{\rightrightarrows} f(x)$.

定理 5.2.3(Dini 定理,函数级数)   设 $u_n(x) \in C[a,b]$, $n \in \mathbf{N}$,且对 $\forall x \in [a,b]$,部分和函数列 $\{S_n(x)\}$ 单调,又 $S_n(x) \xrightarrow{[a,b]} f(x) \in C[a,b]$,则 $S_n(x) \overset{[a,b]}{\rightrightarrows} f(x)$.

特别地,当函数级数中的通项 $u_n(x)$ 均在 $[a,b]$ 上非负连续时,由 $S_n(x) \xrightarrow{[a,b]} f(x) \in C[a,b]$ 可直接得出 $S_n(x) \overset{[a,b]}{\rightrightarrows} f(x)$.

例 5.2.5   研究下列函数级数在 $[0,1]$ 上的一致收敛性:

(1) $\sum_{n=1}^{\infty} x^n (\ln x)^2$;   (2) $\sum_{n=1}^{\infty} x^n \ln x$.

分析   (1) 对 $\forall n \in \mathbf{N}$, $\forall x \in [0,1]$,有 $u_n(x) \geqslant 0$. 补充定义

$$u_n(0) = \lim_{x \to 0^+} x^n (\ln x)^2 = 0,$$

则 $u_n(x) \in C[0,1]$. 计算和函数.

当 $x = 0,1$ 时,显见有 $S(0) = S(1) = 0$;

当 $x \in (0,1)$ 时,有

$$S(x) = \ln^2 x \sum_{n=1}^{\infty} x^n = \ln^2 x \frac{x}{1-x}.$$

于是得出

$$S(x) = \begin{cases} \ln^2 x \dfrac{x}{1-x}, & x \in (0,1), \\ 0, & x = 0,1. \end{cases}$$

注意到 $\lim\limits_{x \to 0^+} S(x) = \lim\limits_{x \to 1^-} S(x) = 0$,可见 $S(x) \in C[0,1]$. 由 Dini 定理可知函数级数在 $[0,1]$ 上一致收敛.

(2) 类似可计算和函数为

$$S(x) = \begin{cases} \ln x \dfrac{x}{1-x}, & x \in (0,1), \\ 0, & x = 0,1. \end{cases}$$

此例中 $u_n(x) \in C[0,1]$(仍须补充定义 $u_n(0) = 0$),但 $S(x) \notin C[0,1]$(请读者验证),Dini 定理不能用! 但可以换一种处理方法:从连续性定理出发(见本节"用连续性定理判断不一致收敛性"),由和函数的不连续性立即可判定函数级数在 $[0,1]$ 上不一致收敛.

例 5.2.6 设函数 $f(x) = \sin x$，而函数列 $\{f_n(x)\}$ 定义为

$$f_1(x) = \sin x, \qquad f_{n+1}(x) = f(f_n(x)), \quad n \in \mathbf{N}.$$

证明 $\{f_n(x)\}$ 在 $\mathbf{R}$ 上一致收敛.

分析 由所给函数列的周期性，只要证明 $\{f_n(x)\}$ 在 $[0, 2\pi]$ 上一致收敛就行了.

不难验证对 $\forall\, x \in [0, 2\pi]$，$\{|f_n(x)|\}$ 单调递减，且有

$$|f(x)| = \lim_{n \to \infty} |f_n(x)| = 0 \;\Rightarrow\; f(x) = 0.$$

而 $f(x), f_n(x) \in C[0, 2\pi] (n \in \mathbf{N})$，可见 Dini 定理条件均能满足，故有

$$|f_n(x)| \xrightarrow{[0,2\pi]} 0 \;\Rightarrow\; f_n(x) \xrightarrow{[0,2\pi]} 0.$$

此例不用 Dini 定理也同样可证，读者不妨用"确界极限"方法再验证一次.

更一般性的结果可参见习题五第 20 题.

4. 用连续性定理判断不一致收敛.

5.2.1 节第 6 部分已对这一方法有所说明，下面通过例题进一步看具体应用.

例 5.2.7 研究函数列 $f_n(x) = (\sin x)^{\frac{1}{n}}$ 在区间

(i) $[0, \pi]$,   (ii) $[\delta, \pi - \delta]$ $(0 < \delta < \pi)$

上的一致收敛性.

分析 对 $\forall\, x \in [0, \pi]$，有

$$f(x) = \lim_{n \to \infty} f_n(x) = \lim_{n \to \infty} (\sin x)^{\frac{1}{n}} = \begin{cases} 1, & 0 < x < \pi, \\ 0, & x = 0, \pi. \end{cases}$$

可见 $f(x) \notin C[0, \pi]$. 由连续性定理即可知 $\{f_n(x)\}$ 在 $[0, \pi]$ 上必定不一致收敛.

对 $\forall\, x \in [\delta, \pi - \delta]$，有

$$f(x) = \lim_{n \to \infty} f_n(x) = \lim_{n \to \infty} (\sin x)^{\frac{1}{n}} = 1.$$

用"确界极限"方法可验证 $\{f_n(x)\}$ 在 $[\delta, \pi - \delta]$ 上一致收敛.

例 5.2.8 证明函数级数 $\sum\limits_{n=0}^{\infty} (-1)^n (1-x) x^n$ 在 $[0, 1]$ 上绝对收敛、一致收敛，但不绝对一致收敛.

分析 若记 $S(x) = \sum\limits_{n=0}^{\infty} (1-x) x^n$，不难计算出

$$S(x) = \begin{cases} 1, & 0 \leqslant x < 1, \\ 0, & x = 1. \end{cases}$$

可见 $\sum\limits_{n=0}^{\infty} (-1)^n (1-x) x^n$ 在 $[0, 1]$ 上绝对收敛. 但因 $S(x) \notin C[0, 1]$，由连续性定

理可知它在$[0,1]$上不绝对一致收敛.

验证 $\sum\limits_{n=0}^{\infty}(-1)^n(1-x)x^n$ 在$[0,1]$上的一致收敛性可用 Dirichlet 方法.

5.2.2.2 证明问题举例

例 5.2.9 设函数列 $f_n(x)\in C[a,b]$, $n\in \mathbf{N}$, $f_n(x)\xrightarrow{[a,b]}f(x)>0$. 证明

(1) 当 n 充分大后有 $f_n(x)>0$, $x\in[a,b]$;

(2) $\dfrac{1}{f_n(x)}\xrightarrow{[a,b]}\dfrac{1}{f(x)}$.

分析 此例的题型与证法都与函数极限问题有相似处,可按定义证明.

关键是在前一问中,应证明当 n 充分大后 $f_n(x)$ 恒大于某个正常数.

事实上,由函数列 $\{f_n(x)\}$ 的连续性以及在 $[a,b]$ 上的一致收敛性,可知 $f(x)\in C[a,b]$. 而 $f(x)$ 恒正,故在$[a,b]$上必定有正的最小值,记为

$$f(x)\geqslant m>0, \quad \forall\, x\in[a,b].$$

对 $\varepsilon_0=\dfrac{m}{2}>0$, $\exists\, N\in\mathbf{N}$,使得 $\forall\, n>N$, $\forall\, x\in[a,b]$有

$$|f_n(x)-f(x)|<\frac{m}{2} \ \Rightarrow\ f_n(x)>f(x)-\frac{m}{2}\geqslant\frac{m}{2}>0.$$

用(1)的结论证明(2)是顺理成章的.

例 5.2.10 设正数列 $\{a_n\}$ 单调递减,又函数级数 $\sum\limits_{n=1}^{\infty}a_n\sin nx$ 在 $\mathbf{R}$ 上一致收敛,证明 $\lim\limits_{n\to\infty}na_n=0$.

分析 数项级数中有类似问题:若正数列 $\{a_n\}$ 单调递减,且级数 $\sum\limits_{n=1}^{\infty}a_n$ 收敛,则有 $\lim\limits_{n\to\infty}na_n=0$. 证明方法是分别考虑 $\{na_n\}$ 的奇、偶子列 $\{2na_{2n}\}$ 与 $\{(2n+1)a_{2n+1}\}$,验证它们均收敛于 0,我们不妨借用这一思想.

由条件 $\forall\,\varepsilon>0$, $\exists\, N\in\mathbf{N}$,使得 $\forall\, n>N$, $\forall\, x\in\mathbf{R}$有

$$|a_n\sin nx+a_{n+1}\sin(n+1)x+\cdots+a_{2n}\sin 2nx|<\varepsilon.$$

取 $x=\dfrac{1}{2n}$,即有

$$a_n\sin\frac{1}{2}+a_{n+1}\sin\left(1+\frac{1}{n}\right)\frac{1}{2}+\cdots+a_{2n}\sin 1<\varepsilon.$$

注意到

$$a_n\sin\frac{1}{2}\geqslant a_{2n}\sin\frac{1}{2},\ a_{n+1}\sin\left(1+\frac{1}{n}\right)\frac{1}{2}\geqslant a_{2n}\sin\frac{1}{2},\ \cdots,\ a_{2n}\sin 1\geqslant a_{2n}\sin\frac{1}{2},$$

代入上一式即得

$$0 < 2na_{2n} < \frac{2}{\sin\frac{1}{2}}\varepsilon \quad\Rightarrow\quad \lim_{n\to\infty}2na_{2n} = 0.$$

同样可证 $\lim\limits_{n\to\infty}(2n+1)a_{2n+1}=0$.

顺便说明,命题中的条件也是充分的. 即若正数列 $\{a_n\}$ 单调递减,且 $\lim\limits_{n\to\infty}na_n=0$,则

函数级数 $\sum\limits_{n=1}^{\infty}a_n\sin nx$ 在 **R** 上一致收敛. 但是证明有一定难度,有兴趣的读者可参见文献[9].

还要指出,充分性结论对函数级数 $\sum\limits_{n=1}^{\infty}a_n\cos nx$ 并不成立. 如果令 $a_n=\dfrac{1}{n\ln n}$,

$n=2,3,\cdots$,则正数列 $\{a_n\}$ 单调递减,且有

$$\lim_{n\to\infty}na_n = \lim_{n\to\infty}\frac{1}{\ln n} = 0.$$

但函数级数 $\sum\limits_{n=2}^{\infty}\dfrac{\cos nx}{n\ln n}$ 在 $(0,\pi]$ 上却不是一致收敛的. 为了说明这一点,读者不妨先看下一个问题. 实际上例 5.2.11 给出了一个重要的结果,用它可以很方便地推导出 $\sum\limits_{n=2}^{\infty}\dfrac{\cos nx}{n\ln n}$ 在 $(0,\pi]$ 上的不一致收敛性.

例 5.2.11 设 $u_n(x)\in C[a,b],n\in\mathbf{N}$. 函数级数 $\sum\limits_{n=1}^{\infty}u_n(x)$ 在 (a,b) 内一致收敛,证明

(1) $\sum\limits_{n=1}^{\infty}u_n(a),\sum\limits_{n=1}^{\infty}u_n(b)$ 均收敛;

(2) $\sum\limits_{n=1}^{\infty}u_n(x)$ 在 $[a,b]$ 上一致收敛.

证明 用 Cauchy 一致收敛准则.

(1) 由条件 $\forall\,\varepsilon>0,\exists\,N\in\mathbf{N}$,使得 $\forall\,n>N,\forall\,p\in\mathbf{N},\forall\,x\in(a,b)$ 有

$$|u_{n+1}(x)+u_{n+2}(x)+\cdots+u_{n+p}(x)|<\varepsilon. \tag{5.2.2}$$

利用 $u_n(x)$ 在 $[a,b]$ 上的连续性,在(5.2.2)中令 $x\to a^+$,即有

$$|u_{n+1}(a)+u_{n+2}(a)+\cdots+u_{n+p}(a)|\leqslant\varepsilon.$$

由数项级数的 Cauchy 收敛准则可知 $\sum\limits_{n=1}^{\infty}u_n(a)$ 收敛.

同理可证 $\sum\limits_{n=1}^{\infty}u_n(b)$ 收敛.

(2) 由上述证明可知,$\forall\,\varepsilon>0,\exists\,N\in\mathbf{N}$,使得 $\forall\,n>N,\forall\,p\in\mathbf{N},\forall\,x\in[a,b]$

有

$$| u_{n+1}(x) + u_{n+2}(x) + \cdots + u_{n+p}(x) | \leqslant \varepsilon.$$

由 Cauchy 一致收敛准则可知 $\sum\limits_{n=1}^{\infty} u_n(x)$ 在 $[a,b]$ 上一致收敛.

这个例题可作为命题使用,特别是在验证函数级数在 (a,b) 内不一致收敛时,有时显得特别方便. 例如在上一题中,倘若函数级数 $\sum\limits_{n=2}^{\infty} \dfrac{\cos nx}{n\ln n}$ 在 $(0,\pi]$ 上一致收敛,则可推出级数 $\sum\limits_{n=2}^{\infty} \dfrac{1}{n\ln n}$ 必定收敛. 但这显然是不正确的. 同样地,我们也很容易说明函数级数 $\sum\limits_{n=1}^{\infty} \dfrac{1}{n^x}$ 在 $(1,+\infty)$ 上不一致收敛.

事实上若 $\sum\limits_{n=1}^{\infty} \dfrac{1}{n^x}$ 在 $(1,+\infty)$ 上一致收敛,仍由此题结论便可得出级数 $\sum\limits_{n=1}^{\infty} \dfrac{1}{n}$ 收敛,而这明显不能成立.

例 5.2.12 设函数 $f(x) = \sum\limits_{n=1}^{\infty} \left(x + \dfrac{1}{n} \right)^n$,

(1) 确定 $f(x)$ 的定义域 D;

(2) 证明 $\sum\limits_{n=1}^{\infty} \left(x + \dfrac{1}{n} \right)^n$ 在 D 上不一致收敛;

(3) 证明 $f(x) \in C(D)$.

分析 (1) 所谓 $f(x)$ 的定义域,即是指函数级数 $\sum\limits_{n=1}^{\infty} \left(x + \dfrac{1}{n} \right)^n$ 的收敛域. 当 x 给定后,$\sum\limits_{n=1}^{\infty} \left(x + \dfrac{1}{n} \right)^n$ 可看做是数项级数,故可用数项级数判敛方法确定 x 的取值范围,由

$$\lim_{n\to\infty} \sqrt[n]{\left| \left(x + \dfrac{1}{n} \right)^n \right|} = \lim_{n\to\infty} \left| x + \dfrac{1}{n} \right| = | x |,$$

于是当 $| x | < 1$ 时级数收敛;当 $| x | > 1$ 时级数发散;当 $| x | = 1$ 时,原级数分别成为

$$\sum_{n=1}^{\infty} \left(1 + \dfrac{1}{n} \right)^n \quad \text{与} \quad \sum_{n=1}^{\infty} (-1)^n \left(1 - \dfrac{1}{n} \right)^n.$$

可见通项当 $n \to \infty$ 时均不趋于 0,这两个级数都发散. 从而函数级数 $\sum\limits_{n=1}^{\infty} \left(x + \dfrac{1}{n} \right)^n$ 的收敛域(即 $f(x)$ 的定义域)为 $(-1,1)$.

(2) 只要用反证法,再结合上题的结果即可.

(3) 对 $\forall x_0 \in (-1,1)$,要证 $f(x)$ 在点 x_0 处连续. 事实上总 $\exists \delta (| x_0 | < \delta < 1)$,因对 $\forall n \in \mathbf{N}, \forall x \in [-\delta, \delta]$,有

$$\left| \left(x + \frac{1}{n} \right)^n \right| \leqslant \left(|x| + \frac{1}{n} \right)^n \leqslant \left(\delta + \frac{1}{n} \right)^n.$$

而级数 $\displaystyle\sum_{n=1}^{\infty} \left(\delta + \frac{1}{n} \right)^n$ 收敛,由 M 判别法可知 $\displaystyle\sum_{n=1}^{\infty} \left(x + \frac{1}{n} \right)^n$ 在 $[-\delta, \delta]$ 上一致收

敛. 又 $\left(x + \frac{1}{n} \right)^n \in \mathrm{C}[-\delta, \delta]$, $n \in \mathbf{N}$. 由连续性定理可知 $f(x) = \displaystyle\sum_{n=1}^{\infty} \left(x + \frac{1}{n} \right)^n$ 在

$[-\delta, \delta]$ 上连续. 特别地, $f(x)$ 在点 x_0 处连续. 由 x_0 取法的任意性即有
$f(x) \in \mathrm{C}(-1, 1)$.

请读者注意此题中证明和函数 $f(x)$ 在区间内连续的方法. 这一手法相当典型. 在验证这一类在区间内不具有一致收敛性的和函数连续时,用"包点"的思想将讨论的范围缩小到点 x_0 的某邻域,由此得出 $f(x)$ 在点 x_0 处的连续性,这种做法是重要的,也是经常有效的.

例 5.2.13 设正项级数 $\displaystyle\sum_{n=1}^{\infty} a_n$ 发散, $S_n = \displaystyle\sum_{k=1}^{n} a_k$, 记

$$f(x) = \sum_{n=1}^{\infty} a_n \mathrm{e}^{-S_n x}.$$

(1) 确定 $f(x)$ 的定义域 D;

(2) 证明 $\displaystyle\sum_{n=1}^{\infty} a_n \mathrm{e}^{-S_n x}$ 在 D 上不一致收敛;

(3) 证明 $f(x) \in \mathrm{C}(D)$.

分析 我们只说明(1). 后两问的证明思想与上题几乎完全一样,读者可作为练习.

若 $x \leqslant 0$, 则有

$$\lim_{n \to \infty} \frac{a_n \mathrm{e}^{-S_n x}}{a_n} = \lim_{n \to \infty} \mathrm{e}^{-S_n x} = \begin{cases} 1, & x = 0, \\ +\infty, & x < 0. \end{cases}$$

由 $\displaystyle\sum_{n=1}^{\infty} a_n$ 发散可见 $\displaystyle\sum_{n=1}^{\infty} a_n \mathrm{e}^{-S_n x}$ 此时也发散;

若 $x > 0$, 则对 $\forall n \in \mathbf{N}$ 有

$$a_n \mathrm{e}^{-S_n x} = \frac{a_n}{\mathrm{e}^{S_n x}} \leqslant \frac{2 a_n}{S_n^2 x^2} = \frac{2}{x^2} \cdot \frac{a_n}{S_n^2}.$$

现因 $\{S_n\}$ 严格递增趋于 $+\infty$, 故有

$$\frac{a_n}{S_n^2} = \frac{S_n - S_{n-1}}{S_n^2} \leqslant \int_{S_{n-1}}^{S_n} \frac{\mathrm{d}x}{x^2} = \frac{1}{S_{n-1}} - \frac{1}{S_n}.$$

由此得出

$$\sum_{n=2}^{\infty} \frac{a_n}{S_n^2} \leqslant \sum_{n=2}^{\infty} \left[\frac{1}{S_{n-1}} - \frac{1}{S_n} \right] = \frac{1}{S_1} = \frac{1}{a_1}.$$

于是 $\displaystyle\sum_{n=1}^{\infty} \frac{a_n}{S_n^2}$ 收敛,从而 $\displaystyle\sum_{n=1}^{\infty} a_n \mathrm{e}^{-S_n x}$ 此时也收敛.因此 $f(x)$ 的定义域为 $(0,+\infty)$.

现在提出,如果将题设条件改为"设正项级数 $\displaystyle\sum_{n=1}^{\infty} a_n$ 收敛"而其余不变,试问问题的结论将会有什么变化?

例 5.2.14 设函数 $f(x) \in C(\mathbf{R})$, $f_n(x) = \displaystyle\sum_{k=1}^{n} \frac{1}{n} f\left[x + \frac{k}{n} \right]$, $n \in \mathbf{N}$. 证明函数列 $\{ f_n(x) \}$ 在任意有限区间上一致收敛.

证明 注意到 $\displaystyle\sum_{k=1}^{n} \frac{1}{n} f\left[x + \frac{k}{n} \right]$ 是连续函数 $f(x)$ 的积分 $\displaystyle\int_0^1 f(x+t) \mathrm{d}t$ 的一个 Riemann 和,因此对 $\forall [a,b] \subset \mathbf{R}$,有

$$f_n(x) \xrightarrow{[a,b]} \int_0^1 f(x+t) \mathrm{d}t.$$

往证 $f_n(x) \xRightarrow{[a,b]} \displaystyle\int_0^1 f(x+t) \mathrm{d}t$. 由条件有

$$\left| f_n(x) - \int_0^1 f(x+t) \mathrm{d}t \right|$$

$$= \left| \sum_{k=1}^{n} \int_{\frac{k-1}{n}}^{\frac{k}{n}} f\left[x + \frac{k}{n} \right] \mathrm{d}t - \sum_{k=1}^{n} \int_{\frac{k-1}{n}}^{\frac{k}{n}} f(x+t) \mathrm{d}t \right|$$

$$= \left| \sum_{k=1}^{n} \int_{\frac{k-1}{n}}^{\frac{k}{n}} \left[f\left[x + \frac{k}{n} \right] - f(x+t) \right] \mathrm{d}t \right|$$

$$\leqslant \sum_{k=1}^{n} \int_{\frac{k-1}{n}}^{\frac{k}{n}} \left| f\left[x + \frac{k}{n} \right] - f(x+t) \right| \mathrm{d}t.$$

因为 $t \in \left[\dfrac{k-1}{n}, \dfrac{k}{n} \right]$,故有

$$\left| \left[x + \frac{k}{n} \right] - (x+t) \right| = \left| \frac{k}{n} - t \right| \leqslant \frac{1}{n}.$$

现有 $f(x) \in C(\mathbf{R})$,故 $f(x)$ 在 $[a, b+1]$ 上一致连续. $\forall \varepsilon > 0$, $\exists \delta > 0$,使得 $\forall x'$, $x'' \in [a, b+1] (|x' - x''| < \delta)$ 有

$$|f(x') - f(x'')| < \varepsilon.$$

取 $N = \left[\dfrac{1}{\delta} \right] + 1$,则对 $\forall n > N$ 有 $\dfrac{1}{n} < \delta$. 此时即有

$$\sum_{k=1}^{n} \int_{\frac{k-1}{n}}^{\frac{k}{n}} \left| f\left[x + \frac{k}{n} \right] - f(x+t) \right| \mathrm{d}t < \varepsilon, \quad \forall x \in [a,b].$$

也即 $\{f_n(x)\}$ 在 $[a,b]$ 上一致收敛.

例 5.2.15 设可导函数列 $\{f_n(x)\}$ 在 $[a,b]$ 上收敛,且 $\{f_n'(x)\}$ 在 $[a,b]$ 上一致有界,证明 $\{f_n(x)\}$ 在 $[a,b]$ 上一致收敛.

分析 本例给出两种证明方法:用微分中值定理和用有限覆盖定理. 我们主要说明前一种证法的思想. 后一证明方法尽管有所变化,但关键部分与前一方法其实是一致的.

用 Cauchy 一致收敛准则对 $|f_n(x)-f_m(x)|$ 作分析. 仍采用插项估计的常规手法:

$$|f_n(x)-f_m(x)| \leqslant |f_n(x)-f_n(x_k)| + |f_n(x_k)-f_m(x_k)| + |f_m(x_k)-f_m(x)|,$$
$$(5.2.3)$$

其中 x_k 是对 $[a,b]$ 等分后的分点(至多有限个).

先看 (5.2.3) 右端的前、后两项. 因为对 $\forall x \in [a,b]$,点 x 总位于某个小区间 $[x_{k-1},x_k]$ 上,可见当分法充分细(小区间长度充分小)时,这两项可以用微分中值定理估值,使其任意小.

再看中间一项,利用 $\{f_n(x)\}$ 在点 x_k 处收敛性,当 m,n 充分大时,由 Cauchy 收敛准则也可使其任意小.

证法一(用微分中值定理) 由条件 $\exists M>0$,使得 $\forall n \in \mathbf{N}$,$\forall x \in [a,b]$ 有 $|f_n'(x)| \leqslant M$. 对 $\forall \varepsilon>0$,将 $[a,b]$ 作等分

$$a = x_0 < x_1 < \cdots < x_p = b,$$

其中 $|x_k-x_{k-1}| < \dfrac{\varepsilon}{3M}$ $(k=1,2,\cdots,p)$. 对 $\forall x \in [a,b]$,$\exists k(0 \leqslant k \leqslant p)$,使 $x_{k-1} \leqslant x \leqslant x_k$,利用 Lagrange 中值定理,有

$$|f_n(x)-f_n(x_k)| = |f_n'(\xi)| |x-x_k|$$
$$< M\frac{\varepsilon}{3M} = \frac{\varepsilon}{3}, \quad \xi \text{ 介于 } x_k \text{ 与 } x \text{ 之间}.$$

现已知 $\{f_n(x)\}$ 在点 x_k 处收敛,对上述 $\varepsilon>0$,$\exists N_k \in \mathbf{N}$,使得 $\forall m,n>N_k$ 有

$$|f_n(x_k)-f_m(x_k)| < \frac{\varepsilon}{3}.$$

取 $N = \max(N_1,N_2,\cdots,N_p)$,则对 $\forall m,n>N$,$\forall x \in [a,b]$,有

$$|f_n(x)-f_m(x)| \leqslant |f_n(x)-f_n(x_k)| + |f_n(x_k)-f_m(x_k)| + |f_m(x_k)-f_m(x)|$$
$$< \frac{\varepsilon}{3} + \frac{\varepsilon}{3} + \frac{\varepsilon}{3} = \varepsilon.$$

从而 $\{f_n(x)\}$ 在 $[a,b]$ 上一致收敛.

证法二（用有限覆盖定理）　$\forall\,\varepsilon>0$，对 $\forall\,x'\in[a,b]$，$\exists\,N'=N'(\varepsilon,x')$，使得 $\forall\,m,n>N'$ 有

$$|f_n(x')-f_m(x')|<\frac{\varepsilon}{2}.$$

记 $|f'_n(x)|\leqslant M,\forall\,n\in\mathbf{N},\forall\,x\in[a,b].$ 取 $\delta'=\dfrac{\delta}{4M}$，则 $\forall\,x\in U(x',\delta')$，有

$$|f_n(x)-f_m(x)|\leqslant|f_n(x)-f_n(x')|+|f_n(x')-f_m(x')|+|f_m(x')-f_m(x)|$$
$$\leqslant 2M|x-x'|+|f_n(x')-f_m(x')|$$
$$<2M\frac{\varepsilon}{4M}+\frac{\varepsilon}{2}=\varepsilon.$$

记 $G=\{U(x',\delta')\mid\forall\,x'\in[a,b]\}$，则 G 为 $[a,b]$ 的一个开覆盖. 由有限覆盖定理可知 G 中存在有限个开区间

$$G^{*}=\{U(x_i,\delta_i)\mid 1\leqslant i\leqslant k\},$$

即可完全覆盖 $[a,b]$. 取 $N=\max\limits_{1\leqslant i\leqslant k}\{N_i\}$，则对 $\forall\,m,n>N,\forall\,x\in[a,b]$，有

$$|f_n(x)-f_m(x)|<\varepsilon.$$

从而 $\{f_n(x)\}$ 在 $[a,b]$ 上一致收敛.

例 5.2.16　设函数列 $\{f_n(x)\}$ 在点 x_0 某邻域内一致收敛于 $f(x)$，且 $\lim\limits_{x\to x_0}f_n(x)=a_n,n\in\mathbf{N}.$ 证明 $\lim\limits_{n\to\infty}a_n$ 与 $\lim\limits_{x\to x_0}f(x)$ 存在且相等，即有

$$\lim\limits_{n\to\infty}\lim\limits_{x\to x_0}f_n(x)=\lim\limits_{x\to x_0}\lim\limits_{n\to\infty}f_n(x).$$

证明　要证 $\lim\limits_{n\to\infty}a_n$ 与 $\lim\limits_{x\to x_0}f(x)$ 存在且相等，即

$$\lim\limits_{n\to\infty}a_n\triangleq a=\lim\limits_{x\to x_0}f(x).$$

由条件 $f_n(x)\overset{U(x_0)}{\Longrightarrow}f(x)$，$\forall\,\varepsilon>0$，$\exists\,N\in\mathbf{N}$，使得 $\forall\,n>N,\forall\,p\in\mathbf{N},\forall\,x\in U(x_0)$ 有

$$|f_{n+p}(x)-f_n(x)|<\varepsilon.$$

令 $x\to x_0$，就有

$$|a_{n+p}-a_n|\leqslant\varepsilon.$$

由 Cauchy 收敛准则可知数列 $\{a_n\}$ 收敛，记为 $\lim\limits_{n\to\infty}a_n=a.$

往证 $\lim\limits_{x\to x_0}f(x)=a.$ 由题设条件和已证结果，$\forall\,\varepsilon>0$，$\exists\,N\in\mathbf{N}$，使

$$|f_N(x)-f(x)|<\frac{\varepsilon}{3},\qquad|a_N-a|<\frac{\varepsilon}{3}.$$

又因为 $\lim\limits_{x \to x_0} f_N(x) = a_N$，对上述 $\varepsilon > 0$，$\exists \delta > 0$，使得 $\forall x(0 < |x - x_0| < \delta)$ 有

$$|f_N(x) - a_N| < \frac{\varepsilon}{3}.$$

此时即有

$$|f(x) - a| \leqslant |f(x) - f_N(x)| + |f_N(x) - a_N| + |a_N - a|$$

$$< \frac{\varepsilon}{3} + \frac{\varepsilon}{3} + \frac{\varepsilon}{3} = \varepsilon.$$

也即 $\lim\limits_{x \to x_0} f(x) = a$.

注 请读者考虑类似的问题：设函数级数 $\sum\limits_{n=1}^{\infty} u_n(x)$ 在 $[a, +\infty)$ 上一致收敛，且 $\lim\limits_{x \to +\infty} u_n(x) = a_n$，$n \in \mathbf{N}$. 证明级数 $\sum\limits_{n=1}^{\infty} a_n$ 收敛，且有

$$\lim_{x \to +\infty} \sum_{n=1}^{\infty} u_n(x) = \sum_{n=1}^{\infty} a_n.$$

下面两个例题涉及函数级数和函数的分析性质.

例 5.2.17 设 $\{x_n\}$ 是 $(0,1)$ 内的全体有理数，记

$$f(x) = \sum_{n=1}^{\infty} \frac{\operatorname{sgn}(x - x_n)}{2^n}.$$

证明 $f(x)$ 在 $(0,1)$ 内任一无理点处连续，而在任一有理点处不连续.

分析 记 $u_n(x) = \dfrac{\operatorname{sgn}(x - x_n)}{2^n}$，$n \in \mathbf{N}$. 不难验证 $\sum\limits_{n=1}^{\infty} u_n(x)$ 在 $(0,1)$ 内收敛的（事实上是"一致收敛"），因此 $f(x)$ 在 $(0,1)$ 内有定义.

1° 若 $\forall x_0 \in (0,1) \setminus \{x_n\}$，则对每个 $n \in \mathbf{N}$，$u_n(x)$ 在点 x_0 处连续，又 $\sum\limits_{n=1}^{\infty} u_n(x)$ 在 $(0,1)$ 内一致收敛，可见 $f(x)$ 在点 x_0 处连续（见 5.2.1 节第 6 部分）.

2° 当 $x = x_n (n \in \mathbf{N})$ 时，记

$$f(x) = u_n(x) + \sum_{k \neq n} u_k(x) \triangleq u_n(x) + \tilde{f}(x).$$

由 1° 中的分析可见 $\tilde{f}(x)$ 在点 x_n 处连续，从而只要说明 $u_n(x)$ 在点 x_n 处不连续就行了. 容易看出

$$\lim_{x \to x_n^+} \frac{\operatorname{sgn}(x - x_n)}{2^n} = \frac{1}{2^n}, \qquad \lim_{x \to x_n^-} \frac{\operatorname{sgn}(x - x_n)}{2^n} = -\frac{1}{2^n}.$$

结论已明显可以得到.

注 类似地，我们有以下的问题：设 $\{x_n\}$ 是 $(0,1)$ 内的全体有理数，记

$$f(x) = \sum_{n=1}^{\infty} \frac{|x - x_n|}{2^n}.$$

证明 $f(x) \in C[0,1]$,且在 $(0,1)$ 内任一无理点处可导,而在任一有理点处不可导.

例 5.2.18   设函数 $f(x) = \sum_{n=0}^{\infty} \frac{1}{2^n + x}$,

(1) 讨论 $f(x)$ 在 $[0,+\infty)$ 上的连续性、一致连续性与可导性;

(2) 证明当 $x \to +\infty$ 时,$f(x)$ 与 $\dfrac{\ln x}{x}$ 是同阶无穷小.

分析   前一问可通过逐一验证相关定理条件,完全按"套路"进行,我们不再作具体介绍,下面说明(2).

利用函数级数 $\sum_{n=0}^{\infty} \dfrac{1}{2^n + x}$ 在 $[0,+\infty)$ 上的一致收敛性,有

$$\int_x^{2x} f(t) \mathrm{d}t = \sum_{n=0}^{\infty} \int_x^{2x} \frac{1}{2^n + t} \mathrm{d}t = \sum_{n=0}^{\infty} \ln \frac{2^n + 2x}{2^n + x}$$
$$= \lim_{n \to \infty} \left[\ln(1 + 2x) + n\ln 2 - \ln(2^n + x) \right]$$
$$= \ln(1 + 2x). \tag{5.2.4}$$

注意到 e^x 与 $xf(x)$ 均为单调递增,故 $e^x f(e^x)$ 也单调递增. 于是有

$$xf(x)\ln 2 \leqslant \int_x^{2x} f(t) \mathrm{d}t = \int_{\ln x}^{\ln 2x} e^s f(e^s) \mathrm{d}s \leqslant 2xf(2x)\ln 2.$$

由 $f(x)$ 的连续性,对(5.2.4)两端同时求导数,得到

$$2f(2x) - f(x) = \frac{2}{1 + 2x}.$$

于是有

$$xf(x)\ln 2 \leqslant \ln(1 + 2x) \leqslant 2xf(2x)\ln 2 = \left[xf(x) + \frac{2x}{1 + 2x} \right] \ln 2.$$

由此得出

$$\frac{1}{\ln 2} - \frac{2x}{1 + 2x} \cdot \frac{1}{\ln(1 + 2x)} \leqslant \frac{xf(x)}{\ln(1 + 2x)} \leqslant \frac{1}{\ln 2}.$$

从而有

$$\lim_{x \to +\infty} \frac{xf(x)}{\ln(1 + 2x)} = \frac{1}{\ln 2} \quad \Rightarrow \quad f(x) \sim \frac{\ln(1 + 2x)}{x\ln 2} \quad (x \to +\infty).$$

也即当 $x \to +\infty$ 时,$f(x)$ 与 $\dfrac{\ln x}{x}$ 为同阶无穷小.

5.2.2.3   函数列的等度连续性

下面介绍函数列的等度连续性及其重要性质.

等度连续 设$\{f_n(x)\}$是定义在区间 I 上的函数列,称$\{f_n(x)\}$在 I 上等度连续,是指:$\forall\,\varepsilon>0,\exists\,\delta>0$,使得 $\forall\,x',x''\in I(|x'-x''|<\delta)$有

$$|f_n(x')-f_n(x'')|<\varepsilon,\quad\forall\,n\in\mathbf{N}.$$

例 5.2.19 设函数列$\{f_n(x)\}$在 I 上等度连续,且 $f_n(x)\xrightarrow{I}f(x)$,证明 $f(x)$在 I 上一致连续.

证明 由条件 $\forall\,\varepsilon>0,\exists\,\delta>0$,使得 $\forall\,x',x''\in I(|x'-x''|<\delta)$有

$$|f_n(x')-f_n(x'')|<\varepsilon,\quad\forall\,n\in\mathbf{N}.$$

令 $n\to\infty$,就有

$$|f(x')-f(x'')|\leqslant\varepsilon.$$

即有 $f(x)$在 I 上一致连续.

此例的结果表明,若 $f_n(x)\xrightarrow{I}f(x)$,而 $f(x)$在 I 上不一致连续,则函数列$\{f_n(x)\}$必定不是等度连续的.

例 5.2.20 设函数列$\{f_n(x)\}$在$[a,b]$上等度连续,且 $f_n(x)\xrightarrow{[a,b]}f(x)$,证明 $f_n(x)\xrightrightarrows{[a,b]}f(x)$.

分析 此例的证明思路与例 5.2.15 十分相似.我们采用插项估计的方法,考察

$$|f_n(x)-f(x)|\leqslant|f_n(x)-f_n(x_k)|+|f_n(x_k)-f(x_k)|+|f(x_k)-f(x)|,$$
$$(5.2.5)$$

其中 x_k 是对$[a,b]$作等分后的分点(至多有限个).

由等度连续性(5.2.5)右端的前一项当分法充分细时可任意小,而由上题结论可知 $f(x)$在$[a,b]$上一致连续,可见后一项也可以任意小.对中间一项则利用函数列$\{f_n(x)\}$在点 x_k 处的收敛性.

同样地,类似于例 5.2.15 的不同处理手法,本题还可以用有限覆盖的思想证明.

作为逆命题,我们又有下面的结果.

例 5.2.21 设 $f_n(x)\in\mathrm{C}[a,b],n\in\mathbf{N}$,且 $f_n(x)\xrightrightarrows{[a,b]}f(x)$.证明函数列$\{f_n(x)\}$在$[a,b]$上等度连续.

证明 由条件 $f_n(x)\in\mathrm{C}[a,b],n\in\mathbf{N}$ 且 $f_n(x)\xrightrightarrows{[a,b]}f(x)$,故 $f(x)\in\mathrm{C}[a,b]$,从而 $f(x)$在$[a,b]$上一致连续.于是 $\forall\,\varepsilon>0,\exists\,\delta_0>0$,使得 $\forall\,x',x''\in[a,b]$$(|x'-x''|<\delta_0)$有

$$|f(x')-f(x'')|<\frac{\varepsilon}{3}.$$

对上述 $\varepsilon > 0$，$\exists\, N \in \mathbf{N}$，使得 $\forall\, n > N$，$\forall\, x \in [a, b]$ 有

$$| f_n(x) - f(x) | < \frac{\varepsilon}{3}.$$

由此得出

$$| f_n(x') - f_n(x'') | \leqslant | f_n(x') - f(x') | + | f(x') - f(x'') | + | f(x'') - f_n(x'') |$$

$$< \frac{\varepsilon}{3} + \frac{\varepsilon}{3} + \frac{\varepsilon}{3} = \varepsilon.$$

又因为 $f_k(x) \in C[a, b]$ $(k = 1, 2, \cdots, N)$，从而 $f_k(x)$ 在 $[a, b]$ 上一致连续，于是对上述 $\varepsilon > 0$，$\exists\, \delta_k > 0$，使得 $\forall\, x', x'' \in [a, b]$ $(| x' - x'' | < \delta_k)$ 有

$$| f_k(x') - f_k(x'') | < \varepsilon.$$

取 $\delta = \min(\delta_0, \delta_1, \cdots, \delta_N)$，则 $\forall\, x', x'' \in [a, b]$ $(| x' - x'' | < \delta)$，有

$$| f_n(x') - f_n(x'') | < \varepsilon, \quad \forall\, n \in \mathbf{N}.$$

例 5.2.22　设函数列 $\{ f_n(x) \}$ 在 $[a, b]$ 上等度连续且一致有界，证明 $\{ f_n(x) \}$ 中必定存在在 $[a, b]$ 上一致收敛的子函数列.

分析　由例 5.2.20 的结果可知，在题设条件下若有 $\{ f_{n_k}(x) \} \subset \{ f_n(x) \}$，而 $f_{n_k}(x) \xrightarrow{[a, b]} f(x)$，就必定有 $f_{n_k}(x) \overset{[a, b]}{\rightrightarrows} f(x)$.

利用 $\{ f_n(x) \}$ 的一致有界性可先设法证明能够选出 $\{ f_n(x) \}$ 的某一子列，使其在 $[a, b]$ 上任一有理点处收敛，再证明该子列在 $[a, b]$ 上任一无理点处也收敛就行了.

证明　记 $\{ x_k \}$ 为 $[a, b]$ 上的全体有理数，因 $\{ f_n(x_1) \}$ 有界，由致密性定理可选出 $\{ f_n(x) \}$ 的子函数列 $\{ f_{1, n}(x) \}$，使其在点 x_1 处收敛.

又因 $\{ f_{1, n}(x_2) \}$ 有界，再可选出 $\{ f_{1, n}(x) \}$ 的子函数列 $\{ f_{2, n}(x) \}$，使其在点 x_1, x_2 处收敛. 如此继续，得到子函数列 $\{ f_{m, n}(x) \}$，使其在点 $x_1, x_2, \cdots, x_m$ 处收敛. $\cdots$

现考虑函数列表

$$f_{1,1}(x), f_{1,2}(x), f_{1,3}(x), \cdots, f_{1, n}(x), \cdots$$

$$f_{2,1}(x), f_{2,2}(x), f_{2,3}(x), \cdots, f_{2, n}(x), \cdots$$

$$\cdots\cdots\cdots\cdots\cdots$$

$$f_{m,1}(x), f_{m,2}(x), f_{m,3}(x), \cdots, f_{m, n}(x), \cdots$$

$$\cdots\cdots\cdots\cdots\cdots$$

取主对角线项构成子函数列 $\{ f_{n, n}(x) \}$，则 $\{ f_{n, n}(x) \}$ 在 $[a, b]$ 上任意有理点 x_k 处都收敛. 事实上，对任意有理数 $x_k \in [a, b]$ $(k \in \mathbf{N})$，$\{ f_{k, n}(x) \}$ 在点 x_k 处收敛，而

$f_{k+1, k+1}(x), f_{k+2, k+2}(x), \cdots$ 是 $\{f_{k, n}(x)\}$ 的子函数列,从而 $\{f_{n, n}(x)\}$ 在点 x_k 处必定收敛.

往证对任意无理数 $z \in [a, b]$,$\{f_{n, n}(z)\}$ 也收敛.

由 $\{f_n(x)\}$ 的等度连续性,$\forall \varepsilon > 0, \exists \delta > 0$,使得 $\forall x(|x-z| < \delta)$ 有

$$|f_n(x) - f_n(z)| < \frac{\varepsilon}{3}, \quad \forall n \in \mathbf{N}.$$

在无理数 z 的近旁取有理数 x_k,使 $|x_k - z| < \delta$. 再利用子函数列 $\{f_{n, n}(x)\}$ 在点 x_k 处收敛,考虑充分大 $m, n(>N)$,使

$$|f_{n, n}(x_k) - f_{m, n}(x_k)| < \frac{\varepsilon}{3}.$$

此时就有

$$|f_{n, n}(z) - f_{m, m}(z)| \leqslant |f_{n, n}(z) - f_{n, n}(x_k)| + |f_{n, n}(x_k) - f_{m, m}(x_k)| + |f_{m, m}(x_k) - f_{m, m}(z)|$$

$$< \frac{\varepsilon}{3} + \frac{\varepsilon}{3} + \frac{\varepsilon}{3} = \varepsilon.$$

由 Cauchy 收敛准则可知 $\{f_{n, n}(z)\}$ 收敛,从而 $\{f_{n, n}(x)\}$ 在 $[a, b]$ 上处处收敛. 再由例 5.2.20 的结果便可得出 $\{f_{n, n}(x)\}$ 在 $[a, b]$ 上一致收敛.

5.2.2.4　处处连续、处处不可导的"坏"函数

长期以来,人们习惯于用微分学的方法研究那些可导,甚至是连续可导(即"光滑")的函数,并总结出它们的种种特性. 而相当一部分不光滑、不规则的函数则被当作"坏"函数一类,并未引起足够重视.

在近代科学技术的研究中,人们越来越发现这些不光滑、不规则的函数更能真实地反映客观自然,因此有必要对这一类"坏"函数进行分析研究. 新兴学科"分形几何"正是由于这一实际需要应运而生,并在近十几年来得到蓬勃的发展.

我们下面所介绍的"处处连续、处处不可导"的例子只是"分形几何"中关于"分形集"的一个最基本和最典型的例子. 它的构造思想是:用一系列三角波 $u_n(x)(n = 0, 1, 2, \cdots)$ 作叠加,这些三角波的振幅和周期均以等比数列形式无限缩小. 设法使所构造的函数级数 $f(x) = \sum\limits_{n=0}^{\infty} u_n(x)$ 在所论区间上一致收敛,从而 $f(x)$ 处处连续. 但从 $f(x)$ 的图形看,又由于这无穷多个三角波的叠加而变得无限"粗糙",从而 $f(x)$ 处处不可导(见图 5.1).

例 5.2.23　讨论函数

$$f(x) = \sum_{n=0}^{\infty} \frac{(10^n x)}{10^n}$$

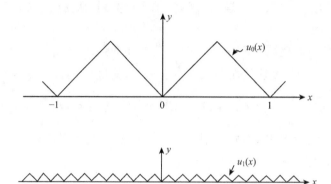

图 5.1

在 **R** 上的连续性与可导性,其中记号(y)表示常数 y 与离它最接近的整数之间距离.

解 显见 $f(x)$ 以 1 为周期,因此可只对 $x\in[0,1)$ 作分析. 将 $x\in[0,1)$ 记成无穷小数形式 $x=0.\,\alpha_1\,\alpha_2\cdots\alpha_n\cdots$,则有

$$(10^n x)=\begin{cases}0.\,\alpha_{n+1}\,\alpha_{n+2}\cdots\alpha_{n+k}\cdots, & \text{当}\ 0.\,\alpha_{n+1}\,\alpha_{n+2}\cdots\leqslant\dfrac{1}{2}\ \text{时},\\[4mm]1-0.\,\alpha_{n+1}\,\alpha_{n+2}\cdots\alpha_{n+k}\cdots, & \text{当}\ 0.\,\alpha_{n+1}\,\alpha_{n+2}\cdots>\dfrac{1}{2}\ \text{时}.\end{cases}$$

可见对 $\forall\,n\in\mathbf{N}$, $\forall\,x\in[0,1)$,总有 $|(10^n x)|\leqslant1$. 即函数级数 $\displaystyle\sum_{n=0}^{\infty}\frac{(10^n x)}{10^n}$ 有优级数 $\displaystyle\sum_{n=0}^{\infty}\frac{1}{10^n}$,从而 $\displaystyle\sum_{n=0}^{\infty}\frac{(10^n x)}{10^n}$ 在 $[0,1]$ 上一致收敛,由此得出 $f(x)\in C[0,1]$.

往证 $f(x)$ 在 $(0,1)$ 内不可导. 即证对任意给定的 $x\in(0,1)$,存在趋于 0 的数列 $\{h_m\}$,使极限

$$\lim_{m\to\infty}\frac{f(x+h_m)-f(x)}{h_m}$$

不存在.

仍记 $x=0.\,\alpha_1\,\alpha_2\cdots\alpha_n\cdots$,取

$$h_m=\begin{cases}-10^{-m}, & \text{当}\ \alpha_m=4,9\ \text{时};\\[2mm]10^{-m}, & \text{其他}.\end{cases}$$

则显见有 $\displaystyle\lim_{m\to\infty}h_m=0$. 而

$$\frac{f(x+h_m)-f(x)}{h_m}=\frac{\displaystyle\sum_{n=0}^{\infty}\frac{(10^n(x\pm10^{-m}))}{10^n}-\sum_{n=0}^{\infty}\frac{(10^n x)}{10^n}}{\pm10^{-m}}$$

$$= \pm 10^m \sum_{n=0}^{\infty} \frac{(10^n (x \pm 10^{-m})) - (10^n x)}{10^n}.$$

当 $n \geqslant m$ 时,有

$$(10^n (x \pm 10^{-m})) = (10^n x \pm 10^{n-m}) = (10^n x);$$

当 $n < m$ 时,又有

$$(10^n (x \pm 10^{-m})) = (10^n x \pm 10^{n-m}) = (10^n x) \pm 10^{n-m}.$$

于是有

$$\pm 10^m \sum_{n=0}^{\infty} \frac{(10^n (x \pm 10^{-m})) - (10^n x)}{10^n}$$

$$= \pm 10^m \left[\sum_{n=0}^{m-1} \frac{(10^n (x \pm 10^{-m})) - (10^n x)}{10^n} + \sum_{n=m}^{\infty} \frac{(10^n (x \pm 10^{-m})) - (10^n x)}{10^n} \right]$$

$$= \pm 10^m \left[\sum_{n=0}^{m-1} \frac{\pm 10^{n-m}}{10^n} + \sum_{n=m}^{\infty} 0 \right] = \sum_{n=0}^{m-1} (\pm 1).$$

上式为 m 个 ± 1 相加,且当 m 为偶数时其值为偶数,当 m 为奇数时其值也是奇数. 可见 $\left\{ \dfrac{f(x + h_m) - f(x)}{h_m} \right\}$ 是一个奇偶相间的整数列,必定不收敛,于是极限

$$\lim_{m \to \infty} \frac{f(x + h_m) - f(x)}{h_m}$$

不存在,即 $f(x)$ 在点 x 处不可导. 由 x 取法的任意性可知 $f(x)$ 在 $(0,1)$ 内处处不可导. 而 $f(x)$ 在点 $x = 0$ 处的不可导性是明显的.

5.3 幂 级 数

5.3.1 概念辨析与问题讨论

1. 幂级数有哪些重要的特性?

幂级数是一类特殊的函数级数,也是理论上最简单、应用上最重要的一类函数级数. 因此,凡是函数级数所具有的性质它都同样具备,但由于幂级数的任何一个部分和函数都是多项式,它又有许多类似于多项式的良好特性.

1° 任何一个幂级数 $\sum\limits_{n=0}^{\infty} a_n (x - x_0)^n$ 都存在一个以 x_0 为中心,R 为半径 $(0 \leqslant R \leqslant + \infty)$ 的收敛区间,其中

$$\frac{1}{R} = \varlimsup_{n \to \infty} \sqrt[n]{|a_n|} \quad \text{或} \quad \frac{1}{R} = \lim_{n \to \infty} \left| \frac{a_{n+1}}{a_n} \right|.$$

而一般的函数级数并无此结论成立. 例如函数级数 $\sum\limits_{n=1}^{\infty}\dfrac{\cos nx}{n}$ 在数集 $D=\{x\mid x=2k\pi,k\in\mathbf{Z}\}$ 上发散, 但在 $\mathbf{R}\setminus D$ 上处处收敛.

2° 若幂级数 $\sum\limits_{n=0}^{\infty}a_n(x-x_0)^n$ 在点 $x=\xi$ 处收敛, 则它在 $\forall\,x(\mid x-x_0\mid<\mid\xi-x_0\mid)$ 处绝对收敛; 若幂级数在点 $x=\xi$ 处发散, 则它在 $\forall\,x(\mid x-x_0\mid>\mid\xi-x_0\mid)$ 处也发散.

这条性质也即所谓"Abel 第一定理".

3° 若幂级数 $\sum\limits_{n=0}^{\infty}a_n(x-x_0)^n$ 的收敛半径为 $R>0$, 则它在区间 (x_0-R,x_0+R) 内闭一致收敛. 若幂级数在点 x_0+R 处收敛, 则它在 $[x_0,x_0+R]$ 上一致收敛; 若幂级数在点 x_0-R 处收敛, 则它在 $[x_0-R,x_0]$ 上一致收敛.

这条性质即所谓"Abel 第二定理". 这一性质不仅保证了幂级数的和函数在收敛区间 (x_0-R,x_0+R) 内连续, 而且还具有任意阶导数.

4° 若幂级数 $\sum\limits_{n=0}^{\infty}a_n(x-x_0)^n$ 的收敛半径为 $R>0$, 则其和函数 $f(x)\in C(x_0-R,x_0+R)$. 若幂级数在点 x_0+R(或 x_0-R)处收敛, 则 $f(x)\in C(x_0-R,x_0+R]$(或 $f(x)\in C[x_0-R,x_0+R))$.

这条性质的一个直接推论是关于和函数在收敛区间的端点性态, 即所谓"Abel 第三定理": 若幂级数在收敛区间端点 x_0+R(或 x_0-R)处收敛, 就有

$$\lim_{x\to(x_0+R)^-}\sum_{n=0}^{\infty}a_n(x-x_0)^n=\sum_{n=0}^{\infty}a_nR^n,$$

或

$$\lim_{x\to(x_0-R)^+}\sum_{n=0}^{\infty}a_n(x-x_0)^n=\sum_{n=0}^{\infty}a_n(-R)^n.$$

用 Abel 第三定理可以方便地计算或证明某些幂级数的和式. 例如, 要证明

$$\lim_{x\to1^-}\sum_{n=1}^{\infty}\frac{(-1)^{n-1}}{n}x^n=\ln2,$$

容易计算幂级数 $\sum\limits_{n=1}^{\infty}\dfrac{(-1)^{n-1}}{n}x^n$ 的收敛半径 $R=1$, 且当 $x=1$ 时级数 $\sum\limits_{n=1}^{\infty}\dfrac{(-1)^{n-1}}{n}$ 收敛. 于是由 Abel 第三定理即有

$$\lim_{x\to1^-}\sum_{n=1}^{\infty}\frac{(-1)^{n-1}}{n}x^n=\sum_{n=1}^{\infty}\frac{(-1)^{n-1}}{n}=\ln2,$$

其中最后一步用到习题一第 12 题的结果.

自然会想到,如果当 $x \to R^-$ 时有 $f(x) = \sum\limits_{n=0}^{\infty} a_n x^n \to S$,是否必定成立 $\sum\limits_{n=0}^{\infty} a_n R^n = S$?

但这个结论是不成立的. 反例是

$$f(x) = \sum_{n=0}^{\infty} (-1)^n x^n = \frac{1}{1+x}, \quad x \in (-1,1).$$

当 $x \to 1^-$ 时显见有 $f(x) \to \dfrac{1}{2}$,而 $\sum\limits_{n=0}^{\infty} (-1)^n$ 却是发散的. 这说明 Abel 第三定理的逆命题不成立.

那么,要添加什么条件可以使这一逆命题成立? 读者不妨参见 5.3.1 节第 4 部分——Tauber 定理.

5° 若幂级数 $\sum\limits_{n=0}^{\infty} a_n (x - x_0)^n$ 的收敛半径为 $R > 0$,则其和函数 $f(x)$ 在 $(x_0 - R, x_0 + R)$ 内任意阶可导,

$$f^{(k)}(x) = \sum_{n=k}^{\infty} n(n-1) \cdots (n-k+1) a_n (x - x_0)^{n-k}, \quad k \in \mathbf{N},$$

而且逐项求导后的幂级数收敛区间不变.

这条性质最能体现出幂级数与多项式的相似之处.

6° 若幂级数 $\sum\limits_{n=0}^{\infty} a_n (x - x_0)^n$ 的收敛半径为 $R > 0$,则对 $\forall x \in (x_0 - R, x_0 + R)$,有

$$\int_{x_0}^{x} \sum_{n=0}^{\infty} a_n (t - x_0)^n \mathrm{d}t = \sum_{n=0}^{\infty} \frac{a_n}{n+1} (x - x_0)^{n+1},$$

而且逐项积分后的幂级数收敛区间不变.

幂级数在收敛区间内的逐项可导性和逐项可积性经常用于计算幂级数的和式,或者将一些初等函数展开成为幂级数.

2. 若幂级数 $\sum\limits_{n=0}^{\infty} a_n x^n$,$\sum\limits_{n=0}^{\infty} b_n x^n$ 的收敛半径分别为 R_a, R_b,如何讨论幂级数 $\sum\limits_{n=0}^{\infty} (a_n + b_n) x^n$,$\sum\limits_{n=0}^{\infty} (a_n b_n) x^n$ 的收敛半径?

我们分别记幂级数 $\sum\limits_{n=0}^{\infty} (a_n + b_n) x^n$ 与 $\sum\limits_{n=0}^{\infty} (a_n b_n) x^n$ 的收敛半径为 R_{a+b} 与 R_{ab}.

首先看 R_{a+b}. 对 R_a, R_b 要分情况讨论.

若 $R_a = R_b \triangleq R$,则对 $\forall x (|x| < R)$ 有 $\sum\limits_{n=0}^{\infty} a_n x^n$,$\sum\limits_{n=0}^{\infty} b_n x^n$ 均收敛,故

$$\sum_{n=0}^{\infty}(a_n+b_n)x^n=\sum_{n=0}^{\infty}a_nx^n+\sum_{n=0}^{\infty}b_nx^n$$

也收敛,说明必定有 $R_{a+b}\geqslant R$.

但是这并不表示就有 $R_{a+b}=R$. 反例很简单,只要考虑在幂级数 $\sum\limits_{n=0}^{\infty}a_nx^n$,

$\sum\limits_{n=0}^{\infty}b_nx^n$ 中取 $a_n=\dfrac{1}{n}$, $b_n=-\dfrac{1}{n}$, $n\in\mathbf{N}$ 就行了.

若 $R_a\neq R_b$(不妨设 $R_a<R_b$),则对 $\forall\,x(|x|<R_a)$ 有 $\sum\limits_{n=0}^{\infty}(a_n+b_n)x^n$ 收敛;

而对 $\forall\,x(R_a<|x|<R_b)$,必定有 $\sum\limits_{n=0}^{\infty}(a_n+b_n)x^n$ 发散. 倘若不然,则可得出

$$\sum_{n=0}^{\infty}a_nx^n=\sum_{n=0}^{\infty}(a_n+b_n)x^n-\sum_{n=0}^{\infty}b_nx^n$$

也收敛,与条件矛盾. 从而 $\sum\limits_{n=0}^{\infty}(a_n+b_n)x^n$ 对 $\forall\,x(|x|>R_a)$ 都发散,即有 $R_{a+b}=R_a$.

综上所述,应有 $R_{a+b}\geqslant\min(R_a,R_b)$.

对于已学过上、下极限的读者来说,可以利用上、下极限的运算性质采用另一种计算方法.

记 $c_n=a_n+b_n$, $n\in\mathbf{N}$. 则有

$$\sqrt[n]{|c_n|}=\sqrt[n]{|a_n+b_n|}\leqslant\sqrt[n]{|a_n|+|b_n|}\leqslant\sqrt[n]{2\max(|a_n|,|b_n|)}$$
$$=\sqrt[n]{2}\sqrt[n]{\max(|a_n|,|b_n|)}=\sqrt[n]{2}\max(\sqrt[n]{|a_n|},\sqrt[n]{|b_n|}).$$

因为 $\lim\limits_{n\to\infty}\sqrt[n]{2}=1$,于是

$$\varlimsup_{n\to\infty}\sqrt[n]{|c_n|}\leqslant\varlimsup_{n\to\infty}\left[\sqrt[n]{2}\max(\sqrt[n]{|a_n|},\sqrt[n]{|b_n|})\right]$$
$$=\varlimsup_{n\to\infty}\left[\max(\sqrt[n]{|a_n|},\sqrt[n]{|b_n|})\right]=\max(\varlimsup_{n\to\infty}\sqrt[n]{|a_n|},\varlimsup_{n\to\infty}\sqrt[n]{|b_n|})$$
$$=\max\left(\frac{1}{R_a},\frac{1}{R_b}\right).$$

从而得到

$$R_{a+b}=\frac{1}{\varlimsup\limits_{n\to\infty}\sqrt[n]{|c_n|}}\geqslant\frac{1}{\max\left(\dfrac{1}{R_a},\dfrac{1}{R_b}\right)}=\min(R_a,R_b).$$

用同样的方法可判定幂级数 $\sum\limits_{n=0}^{\infty}(a_nb_n)x^n$ 的收敛半径 $R_{ab}\geqslant R_aR_b$.

3. 若函数 $f(x)$ 在 $(x_0 - R, x_0 + R)$ 内任意阶可导，$f(x)$ 是否能在该区间上展开成幂级数？

这一断语未必成立. 事实上，只要函数 $f(x)$ 在点 x_0 处有任意阶导数，就可以写出 $f(x)$ 的 Taylor 级数 $\sum\limits_{n=0}^{\infty} \dfrac{f^{(n)}(x_0)}{n!}(x - x_0)^n$. 但我们并不能保证这级数必定收敛. 退一步说，即使级数收敛，是否它必定就表示 $f(x)$ 的幂级数？这也未必能够确定. 例如，对函数 $f(x) = \sum\limits_{n=0}^{\infty} \dfrac{\sin(2^n x)}{n!}$，$x \in \mathbf{R}$，我们有

$$f^{(k)}(x) = \sum_{n=0}^{\infty} \frac{2^{kn} \sin\left(2^n x + \dfrac{k\pi}{2}\right)}{n!}, \quad k \in \mathbf{N}$$

及

$$f^{(k)}(0) = \sum_{n=0}^{\infty} \frac{2^{kn} \sin \dfrac{k\pi}{2}}{n!} = \begin{cases} 0, & k = 0, 2, 4, \cdots \\ \mathrm{e}^{2^k} \sin \dfrac{k\pi}{2}, & k = 1, 3, 5, \cdots \end{cases}$$

于是 $f(x)$ 的 Maclaurin 级数是

$$f(x) \sim \sum_{n=1}^{\infty} \frac{\sin \dfrac{n\pi}{2}}{n!} \mathrm{e}^{2^n} x^n.$$

但是，因为

$$\varlimsup_{n\to\infty} \sqrt[n]{\left| \frac{\sin \dfrac{n\pi}{2}}{n!} \right| \mathrm{e}^{2^n}} = \lim_{n\to\infty} \sqrt[n]{\frac{\mathrm{e}^{2^n}}{n!}} \geqslant \lim_{n\to\infty} \frac{1}{n} \mathrm{e}^{\frac{2^n}{n}} \geqslant \lim_{n\to\infty} \frac{2^n}{n^2} = +\infty,$$

故收敛半径 $R = 0$！可见 $f(x)$ 的 Maclaurin 级数仅仅在点 $x = 0$ 处收敛，它自然不能作为 $f(x)$ 的幂级数.

另一个典型的反例是函数

$$f(x) = \begin{cases} \mathrm{e}^{-\frac{1}{x^2}}, & x \neq 0, \\ 0, & x = 0. \end{cases}$$

在 $x = 0$ 的任一邻域内任意阶可导，且按定义可计算 $f^{(n)}(0) = 0$，$n = 0, 1, 2, \cdots$. 于是 $f(x)$ 的 Maclaurin 级数 $\sum\limits_{n=0}^{\infty} \dfrac{f^{(n)}(0)}{n!} x^n$ 在 $\mathbf{R}$ 上处处收敛于常数 0！它仅仅在 $x = 0$ 处与 $f(x)$ 相合，而当 $x \neq 0$ 时，这一级数并不收敛于 $f(x)$.

4. 关于 Tauber 定理.

5.3.1 节第 1 部分提出，若函数 $f(x) = \sum\limits_{n=0}^{\infty} a_n x^n$ 在 $x \to R^-$ 时有 $f(x) \to S$，

但 $\sum\limits_{n=0}^{\infty} a_n R^n$ 却未必收敛于 S. 应添加什么条件才能保证结论成立？Tauber 定理回答了这一问题.

定理 5. 3. 1（Tauber 定理） 设幂级数 $\sum\limits_{n=0}^{\infty} a_n x^n$ 的收敛半径为 R＝1，且 $\lim\limits_{x\to 1^-} \sum\limits_{n=0}^{\infty} a_n x^n = S$，若 $a_n = o\left(\dfrac{1}{n}\right)$（$n\to\infty$），则有 $\sum\limits_{n=0}^{\infty} a_n = S$.

我们令 $m = \left[\dfrac{1}{1-x}\right]$，往证

$$\lim_{x\to 1^-} \left(\sum_{n=0}^{\infty} a_n x^n - \sum_{n=0}^{m} a_n \right) = 0.$$

因为

$$\sum_{n=0}^{\infty} a_n x^n - \sum_{n=0}^{m} a_n = \sum_{n=0}^{m} a_n(x^n - 1) + \sum_{n=m+1}^{\infty} a_n x^n \triangleq \sum{}' + \sum{}'',$$

考虑到 $m \leqslant \dfrac{1}{1-x} < m+1$ 以及 $x^n - 1 = (x-1)(x^{n-1} + x^{n-2} + \cdots + 1)$，于是有

$$\left| \sum{}' \right| \leqslant |x-1| \sum_{n=0}^{m} |na_n| = (1-x) m \cdot \frac{1}{m} \sum_{n=0}^{m} |na_n|$$

$$\leqslant \frac{|a_1| + |2a_2| + \cdots + |ma_m|}{m}.$$

由条件 $\lim\limits_{n\to\infty} na_n = 0$ 以及 Cauchy 第一定理（见例 1.1.4），就有 $\lim\limits_{m\to\infty} |\sum{}'| = 0$. 又

$$\left| \sum{}'' \right| \leqslant \sum_{n=m+1}^{\infty} \frac{|na_n x^n|}{m+1} \leqslant \frac{\beta_{m+1}}{m+1} \sum_{n=m+1}^{\infty} x^n$$

$$\leqslant \frac{\beta_{m+1}}{(m+1)(1-x)} < \beta_{m+1},$$

其中 $\beta_{m+1} = \sup\{|na_n| \,\big|\, n \geqslant m+1\}$. 由 $\lim\limits_{n\to\infty} na_n = 0$，故 $\lim\limits_{m\to\infty} \beta_{m+1} = 0$. 于是当 $x\to 1^-$ 时 $m\to\infty$，就得出 $\lim\limits_{x\to 1^-} \left(\sum{}' + \sum{}'' \right) = 0$.

5. 幂级数经逐项求导或逐项积分后，其收敛区间和收敛域有什么变化？

如所熟知（见 5.3.1 节第 1 部分），幂级数在其收敛区间内可以逐项求导或逐项积分，同时保持其收敛半径（即收敛区间）不变.

但是，幂级数经逐项求导或逐项积分后，得到的导数级数或积分级数在其收敛区间端点处的收敛性是有可能改变的. 换句话说，其收敛域可能会发生变化. 一个明显的反例是：考虑幂级数

$$f(x) = \sum_{n=1}^{\infty} \frac{x^n}{n^2}, \text{收敛域为} [-1,1];$$

$$f'(x) = \sum_{n=1}^{\infty} \frac{x^{n-1}}{n}，收敛域为[-1,1);$$

$$f''(x) = \sum_{n=2}^{\infty} \frac{n-1}{n} x^{n-2}，收敛域为(-1,1).$$

5.3.2 解题分析

5.3.2.1 幂级数的收敛半径和收敛域

例 5.3.1 求下列幂级数的收敛半径和收敛域：

(1) $\displaystyle\sum_{n=0}^{\infty} \frac{(n!)^2}{(2n)!} x^n$；　　　　　　　(2) $\displaystyle\sum_{n=0}^{\infty} \frac{x^{n^2}}{2^n}$；

(3) $\displaystyle\sum_{n=1}^{\infty} \frac{1+\frac{1}{2}+\cdots+\frac{1}{n}}{n} x^n$；　　　(4) $\displaystyle\sum_{n=0}^{\infty} \left(\frac{a^n}{n} + \frac{b^n}{n^2} \right) x^n$　（$a,b>0$）

解　(1) 计算收敛半径

$$R = \lim_{n\to\infty} \left| \frac{a_n}{a_{n+1}} \right| = \lim_{n\to\infty} \frac{(2n+1)(2n+2)}{(n+1)^2} = 4.$$

当 $|x|=4$ 时，级数成为 $\displaystyle\sum_{n=0}^{\infty} \frac{(n!)^2}{(2n)!}(\pm 4)^n$. 此时因通项

$$\frac{(n!)^2}{(2n)!} 4^n = \frac{[2 \cdot 4 \cdots \cdot (2n)]^2}{(2n)!} = \frac{(2n)!!}{(2n-1)!!}$$

$$> \sqrt{2n+1} \to +\infty \quad (n \to \infty),$$

从而级数发散，故收敛域为 $(-4,4)$.

(2) 此例为"缺项"幂级数，收敛半径应按上极限计算

$$\frac{1}{R} = \overline{\lim_{n\to\infty}} \sqrt[n]{|a_n|} = \lim_{n\to\infty} \sqrt[n^2]{\frac{1}{2^n}} = \lim_{n\to\infty} \frac{1}{2^{\frac{1}{n}}} = 1.$$

当 $|x|=1$ 时，级数 $\displaystyle\sum_{n=0}^{\infty} \frac{(\pm 1)^{n^2}}{2^n}$ 均收敛，故收敛域为 $[-1,1]$.

(3) 计算收敛半径

$$\frac{1}{R} = \lim_{n\to\infty} \sqrt[n]{|a_n|} = \lim_{n\to\infty} \sqrt[n]{\frac{1+\frac{1}{2}+\cdots+\frac{1}{n}}{n}}.$$

注意到 $\lim\limits_{n\to\infty} \sqrt[n]{n} = 1$，而

$$1 \leqslant \lim_{n\to\infty} \sqrt[n]{1+\frac{1}{2}+\cdots+\frac{1}{n}} \leqslant \lim_{n\to\infty} \sqrt[n]{n} = 1,$$

于是 $R=1$.

当 $x=1$ 时,级数成为 $\sum\limits_{n=1}^{\infty} \dfrac{1+\dfrac{1}{2}+\cdots+\dfrac{1}{n}}{n}$,显见是发散的;

当 $x=-1$ 时,级数成为 $\sum\limits_{n=1}^{\infty}(-1)^n\dfrac{1+\dfrac{1}{2}+\cdots+\dfrac{1}{n}}{n}$,由例 5.1.10 的结果可知此时级数收敛. 故收敛域为 $[-1,1)$.

(4) 计算收敛半径,因含有参数 a,b,应分情况讨论.

当 $a \geqslant b$ 时,

$$\frac{1}{R}=\lim_{n\to\infty}\sqrt[n]{\frac{a^n}{n}+\frac{b^n}{n^2}}=\lim_{n\to\infty}a\sqrt[n]{\frac{1}{n}+\frac{1}{n^2}\left(\frac{b}{a}\right)^n}=a;$$

当 $a<b$ 时,

$$\frac{1}{R}=\lim_{n\to\infty}\sqrt[n]{\frac{a^n}{n}+\frac{b^n}{n^2}}=\lim_{n\to\infty}b\sqrt[n]{\frac{1}{n}\left(\frac{a}{b}\right)^n+\frac{1}{n^2}}=b.$$

由此得出 $R=\min\left[\dfrac{1}{a},\dfrac{1}{b}\right]$.

当 $x=-R$ 时,若 $a<b$,级数 $\sum\limits_{n=1}^{\infty}(-1)^n\left[\dfrac{1}{n}\left(\dfrac{a}{b}\right)^n+\dfrac{1}{n^2}\right]$ 收敛(绝对收敛);若 $a \geqslant b$,级数 $\sum\limits_{n=1}^{\infty}(-1)^n\left[\dfrac{1}{n}+\dfrac{1}{n^2}\left(\dfrac{b}{a}\right)^n\right]$ 也收敛(条件收敛);

当 $x=R$ 时,类似可讨论得出若 $a<b$ 级数收敛;若 $a \geqslant b$ 级数发散.

例 5.3.2 求下列广义幂级数的收敛域:

(1) $\sum\limits_{n=1}^{\infty}\dfrac{(-1)^n}{n\sqrt[n]{n}}\left[\dfrac{x}{2x+1}\right]^n$;　　　　(2) $\sum\limits_{n=1}^{\infty}\left(1+\dfrac{1}{n}\right)^{-n^2}e^{-nx}$.

解 (1) 令 $t=\dfrac{x}{2x+1}$,对辅助幂级数 $\sum\limits_{n=1}^{\infty}\dfrac{(-1)^n}{n\sqrt[n]{n}}t^n$ 计算收敛半径

$$\frac{1}{R}=\lim_{n\to\infty}\sqrt[n]{|a_n|}=\lim_{n\to\infty}\frac{1}{\sqrt[n]{n\sqrt[n]{n}}}=\lim_{n\to\infty}e^{\left(\frac{1}{n}+\frac{1}{n^2}\right)\ln n}=1.$$

当 $t=1$ 时,级数成为 $\sum\limits_{n=1}^{\infty}\dfrac{(-1)^n}{n\sqrt[n]{n}}$,由 Abel 方法可判定其收敛;

当 $t=-1$ 时,级数成为 $\sum\limits_{n=1}^{\infty}\dfrac{1}{n\sqrt[n]{n}}$,由 p 判别法可判定其发散,故辅助幂级数收敛域为 $(-1,1]$,原广义幂级数收敛域为

$$-1<\frac{x}{2x+1}\leqslant 1,$$

即 $\left\{ x \mid x > -\dfrac{1}{3} \text{ 或 } x \leqslant -1 \right\}$.

(2) 令 $t = \mathrm{e}^{-x}$,对辅助幂级数 $\displaystyle\sum_{n=1}^{\infty} \left(1 + \dfrac{1}{n}\right)^{-n^2} t^n$ 计算收敛半径

$$\dfrac{1}{R} = \lim_{n\to\infty} \sqrt[n]{|a_n|} = \lim_{n\to\infty} \left(1 + \dfrac{1}{n}\right)^{-n} = \dfrac{1}{\mathrm{e}}.$$

故辅助幂级数收敛区间为 $(-\mathrm{e}, \mathrm{e})$,于是原广义幂级数当

$$\mathrm{e}^{-x} < \mathrm{e}$$

即 $x > -1$ 时收敛.

当 $x = -1$ 时,级数成为 $\displaystyle\sum_{n=1}^{\infty} \left(1 + \dfrac{1}{n}\right)^{-n^2} \mathrm{e}^n$. 此时通项为 $\left[\dfrac{\mathrm{e}}{\left(1 + \dfrac{1}{n}\right)^n}\right]^n$. 可计算

$$\lim_{x\to 0^+} \left[\dfrac{(1 + x)^{\frac{1}{x}}}{\mathrm{e}}\right]^{\frac{1}{x}} = \mathrm{e}^{-\frac{1}{2}} \quad\Rightarrow\quad \lim_{n\to\infty} \left[\dfrac{\mathrm{e}}{\left(1 + \dfrac{1}{n}\right)^n}\right]^n = \sqrt{\mathrm{e}}.$$

从而级数发散,故原广义幂级数收敛域为 $(-1, +\infty)$.

5.3.2.2 函数展开为幂级数

将一个初等函数 $f(x)$ 在点 x_0 处展开为形如 $\displaystyle\sum_{n=0}^{\infty} a_n (x - x_0)^n$ 的幂级数,通常有两条途径.

(1) 通过直接计算 $f(x)$ 在点 x_0 处的各阶导数,写出它的 Taylor 公式,并讨论余项的极限以确定其收敛域. 但计算 $f^{(n)}(x_0)$ 往往非常麻烦,要证明余项极限为 0 事实上也很困难,因此,对于一般函数而言不适合用这种方法求其幂级数展开式.

(2) 利用某些已知的函数幂级数展开式(特别是五个基本初等函数 e^x, $\sin x$, $\cos x$, $\ln(1 + x)$ 与 $(1 + x)^\alpha$ 的幂级数展开式),通过它们的变换、四则运算、复合运算、逐项求导或逐项积分等手段导出所求函数的幂级数展开式. 这种间接的方法是最常用的.

例 5.3.3 将下列函数展开为 x 的幂级数,并确定收敛域:

(1) $f(x) = \sin^3 x$;   (2) $f(x) = \ln(x + \sqrt{1 + x^2})$.

解 (1) 利用基本展开式

$$\sin x = \sum_{n=0}^{\infty} \dfrac{(-1)^n x^{2n+1}}{(2n+1)!}, \quad x \in \mathbf{R},$$

就有

$$\sin^3 x = \frac{3}{4}\sin x - \frac{1}{4}\sin 3x = \frac{3}{4}\sum_{n=0}^{\infty}\frac{(-1)^n x^{2n+1}}{(2n+1)!} - \frac{1}{4}\sum_{n=0}^{\infty}\frac{(-1)^n(3x)^{2n+1}}{(2n+1)!}$$

$$= \frac{3}{4}\sum_{n=0}^{\infty}\frac{(-1)^n}{(2n+1)!}(1-3^{2n})x^{2n+1}, \quad x \in \mathbf{R}.$$

（2）注意到

$$f'(x) = \frac{1}{\sqrt{1+x^2}} = (1+x^2)^{-\frac{1}{2}}$$

$$= 1 + \sum_{n=1}^{\infty}(-1)^n\frac{(2n-1)!!}{(2n)!!}x^{2n}, \quad x \in (-1,1),$$

对 $\forall\, x \in (-1,1)$，逐项积分上式就有

$$f(x) - f(0) = \int_0^x f'(t)\mathrm{d}t = x + \sum_{n=1}^{\infty}(-1)^n\frac{(2n-1)!!}{(2n)!!}\int_0^x t^{2n}\mathrm{d}t.$$

而 $f(0)=0$，由此即得

$$f(x) = x + \sum_{n=1}^{\infty}(-1)^n\frac{(2n-1)!!}{(2n)!!}\cdot\frac{x^{2n+1}}{2n+1}, \quad x \in (-1,1). \quad (5.3.1)$$

当 $|x|=1$ 时，(5.3.1) 右端级数成为 $\pm\left[1 + \sum_{n=1}^{\infty}(-1)^n\frac{(2n-1)!!}{(2n)!!}\cdot\right.$

$\left.\dfrac{1}{2n+1}\right]$. 用 Raabe 方法可判定其为绝对收敛，故有

$$\ln(x+\sqrt{1+x^2}) = x + \sum_{n=1}^{\infty}(-1)^n\frac{(2n-1)!!}{(2n)!!}\cdot\frac{x^{2n+1}}{2n+1}, \quad x \in [-1,1].$$

例 5.3.4 设函数 $f(x) = \dfrac{\arcsin x}{\sqrt{1-x^2}}$，

（1）证明 $f(x)$ 满足方程

$$(1-x^2)f'' - xf' = 1, \qquad (5.3.2)$$

并由此计算 $\dfrac{f^{(n)}(0)}{n!}$，$n \in \mathbf{N}$；

（2）将 $f(x) = \dfrac{\arcsin x}{\sqrt{1-x^2}}$ 展开为 x 的幂级数，并确定收敛域；

（3）将 $(\arcsin x)^2$ 展开为 x 的幂级数，并确定收敛域.

分析 （1）对 $\dfrac{f^{(n)}(0)}{n!}$ 的计算，(5.3.2) 明显提示应利用高阶导数的 Leibniz 公式，并得出

$$f^{(n)}(0) = \begin{cases} \dfrac{(2k-2)!!}{(2k-1)!!}, & n = 2k-1, \\[2mm] 0, & n = 2k, \end{cases} \qquad k \in \mathbf{N}.$$

（2）因 $\arcsin x$ 可在 $[-1,1]$ 上展开为 x 的幂级数,而 $(1-x^2)^{-\frac{1}{2}}$ 可在 $(-1,1)$ 内展开为 x 的幂级数,故 $f(x)=\dfrac{\arcsin x}{\sqrt{1-x^2}}$ 可在 $(-1,1)$ 内展开为 x 的幂级数.由展开式的惟一性,必定有

$$f(x)=\sum_{n=0}^{\infty}\frac{f^{(n)}(0)}{n!}x^n=\sum_{n=1}^{\infty}\frac{(2n-2)!!}{(2n-1)!!}x^{2n-1},\quad x\in(-1,1).$$

（3）注意到 $\left[(\arcsin x)^2\right]'=\dfrac{2\arcsin x}{\sqrt{1-x^2}}$,由（2）的结果用逐项积分方法,将 $(\arcsin x)^2$ 展开为 x 的幂级数,解得结果为 $\displaystyle\sum_{n=1}^{\infty}\frac{(2n-2)!!}{(2n-1)!!}\cdot\frac{x^{2n}}{n}$, $x\in[-1,1]$.

5.3.2.3　幂级数求和

例 5.3.5　求下列幂级数的和函数:

（1）$\displaystyle\sum_{n=1}^{\infty}nx^n$;　　　　　　（2）$\displaystyle\sum_{n=1}^{\infty}(-1)^{n-1}\frac{x^{2n+1}}{(2n+1)(2n-1)}$;

（3）$\displaystyle\sum_{n=1}^{\infty}(-1)^n n^2 x^n$.

分析　这几个例子有共同特点:x^n 前的常系数形式较为简单,若设法"消去" x^n 前的常系数,便成为等比级数,在 $|x|<1$ 时可求和.不难验证这几个幂级数的收敛半径都是 1,而在收敛区间内我们总可以用逐项求导(消去分母中系数)或逐项积分(消去分子中系数)的方法,达到这一目的,然后再通过逆运算求出和函数.

解　（1）可计算收敛区间为 $(-1,1)$.令

$$S(x)=\sum_{n=1}^{\infty}nx^n=x\sum_{n=1}^{\infty}nx^{n-1}\triangleq xS_1(x),\quad x\in(-1,1).$$

对 $\forall\,x\in(-1,1)$,有

$$\int_0^x S_1(t)\,\mathrm{d}t=\sum_{n=1}^{\infty}n\int_0^x t^{n-1}\,\mathrm{d}t=\sum_{n=1}^{\infty}x^n=\frac{x}{1-x}.$$

于是

$$S_1(x)=\left(\frac{x}{1-x}\right)'=\frac{1}{(1-x)^2}.$$

从而有

$$S(x)=xS_1(x)=\frac{x}{(1-x)^2},\quad x\in(-1,1).$$

当 $|x|=1$ 时,级数显见发散.

下面再给出另一种不用逐项积分的简单处理方法.令

$$S(x)=x+2x^2+\cdots+nx^n+\cdots,\quad x\in(-1,1).$$

则

$$xS(x) = x^2 + 2x^3 + \cdots + nx^{n+1} + \cdots$$

两式相减即得

$$(1 - x)S(x) = x + x^2 + \cdots + x^n + \cdots = \frac{x}{1 - x}, \quad x \in (-1, 1).$$

由此即得

$$S(x) = \sum_{n=1}^{\infty} nx^n = \frac{x}{(1 - x)^2}, \quad x \in (-1, 1).$$

(2) 可计算收敛区间为 $(-1, 1)$. 令

$$S(x) = \sum_{n=1}^{\infty} (-1)^{n-1} \frac{x^{2n+1}}{(2n+1)(2n-1)}, \quad x \in (-1, 1).$$

逐项求导数, 有

$$S'(x) = \sum_{n=1}^{\infty} \frac{(-1)^{n-1}}{2n-1} x^{2n} = x \sum_{n=1}^{\infty} \frac{(-1)^{n-1}}{2n-1} x^{2n-1} \triangleq xS_1(x).$$

而

$$S_1'(x) = \sum_{n=1}^{\infty} (-1)^{n-1} x^{2n-2} = 1 - x^2 + x^4 - \cdots = \frac{1}{1 + x^2}, \quad x \in (-1, 1).$$

因 $S_1(0) = 0$, 故有

$$S_1(x) = \int_0^x \frac{1}{1 + t^2} \mathrm{d}t = \arctan x.$$

即 $S'(x) = x\arctan x$. 又因 $S(0) = 0$, 从而得出

$$S(x) = \int_0^x t\arctan t \, \mathrm{d}t = \frac{1}{2}(x^2 \arctan x + \arctan x - x), \quad x \in (-1, 1).$$

当 $|x| = 1$ 时, 级数均收敛. 故有

$$\sum_{n=1}^{\infty} (-1)^{n-1} \frac{x^{2n+1}}{(2n+1)(2n-1)} = \frac{1}{2}(x^2 \arctan x + \arctan x - x), \quad x \in [-1, 1].$$

(3) 我们给出三种解法.

解法一 类似于前面第 (1) 小题的方法, 用两次逐项积分计算. 思路较自然, 但计算量很大;

解法二 利用熟知的等比级数 $\displaystyle\sum_{n=0}^{\infty} (-1)^{n-1} x^n = -\frac{1}{1+x}$, $x \in (-1, 1)$ 逐项求导数, 有

$$\sum_{n=1}^{\infty} (-1)^{n-1} nx^{n-1} = \frac{1}{(1+x)^2}, \quad x \in (-1, 1).$$

两端同乘 x 后, 再逐项求导数一次即得解.

解法三 直接利用前面第(1)小题的结果. 令

$$S(x) = \sum_{n=1}^{\infty} (-1)^{n-1} n^2 x^n, \quad x \in (-1,1).$$

对 $\forall\, x \in (-1,1)$, 逐项积分就有

$$\int_0^x \frac{S(t)}{t} dt = \int_0^x (1 - 4t + 9t^2 - \cdots) dt$$

$$= x - 2x^2 + 3x^3 - \cdots$$

$$= -[(-x) + 2(-x)^2 + 3(-x)^3 + \cdots]$$

$$= -\frac{(-x)}{(1+x)^2} = \frac{x}{(1+x)^2}.$$

于是有

$$\frac{S(x)}{x} = \frac{1-x}{(1+x)^3} \quad \Rightarrow \quad S(x) = \frac{x(1-x)}{(1+x)^3}, \quad x \in (-1,1).$$

当 $|x| = 1$ 时, 级数显见发散.

例 5.3.6 求下列幂级数的和函数:

(1) $\displaystyle\sum_{n=0}^{\infty} \frac{n^2+1}{2^n n!} x^n$;   (2) $1 + \displaystyle\sum_{n=1}^{\infty} \frac{(2n-1)!!}{(2n)!!} x^n$.

分析 (1) 要注意分母中的"2^n"是不能用逐项求导数方法"消去"的,可将它与 x^n 合并看成 $\left(\dfrac{x}{2}\right)^n$. 此外分母中的"$n!$"也不好处理,但基本初等函数 e^x 的幂级数展开式正好与阶乘有关,故考虑如何将和式向指数函数转化.

可计算收敛区间为 $\mathbf{R}$, 于是

$$\sum_{n=0}^{\infty} \frac{n^2+1}{2^n n!} x^n = \sum_{n=0}^{\infty} \frac{n^2+1}{n!} \left(\frac{x}{2}\right)^n = \sum_{n=0}^{\infty} \frac{n(n-1)+n+1}{n!} \left(\frac{x}{2}\right)^n$$

$$= \sum_{n=2}^{\infty} \frac{1}{(n-2)!} \left(\frac{x}{2}\right)^n + \sum_{n=1}^{\infty} \frac{1}{(n-1)!} \left(\frac{x}{2}\right)^n + \sum_{n=0}^{\infty} \frac{1}{n!} \left(\frac{x}{2}\right)^n$$

$$= \left(\frac{x}{2}\right)^2 \sum_{n=0}^{\infty} \frac{1}{n!} \left(\frac{x}{2}\right)^n + \frac{x}{2} \sum_{n=0}^{\infty} \frac{1}{n!} \left(\frac{x}{2}\right)^n + \sum_{n=0}^{\infty} \frac{1}{n!} \left(\frac{x}{2}\right)^n$$

$$= \left(\frac{x^2}{4} + \frac{x}{2} + 1\right) \sum_{n=0}^{\infty} \frac{1}{n!} \left(\frac{x}{2}\right)^n = \left(\frac{x^2}{4} + \frac{x}{2} + 1\right) \mathrm{e}^{\frac{x}{2}}, \quad x \in \mathbf{R}.$$

(2) 分子、分母中均有双阶乘,很难"消去",现改为设法证明其和函数满足某一微分方程式再求解.

可计算收敛区间为 $(-1,1)$. 令

$$S(x) = 1 + \sum_{n=1}^{\infty} \frac{(2n-1)!!}{(2n)!!} x^n, \quad x \in (-1,1).$$

逐项求导数,有

$$S'(x) = \frac{1}{2} + \frac{1 \cdot 3}{2 \cdot 4} \cdot 2x + \frac{1 \cdot 3 \cdot 5}{2 \cdot 4 \cdot 6} \cdot 3x^2 + \cdots \qquad (5.3.3)$$

两端同乘 x 后与(5.3.3)相减,即得

$$(1-x)S'(x) = \frac{1}{2} + \frac{1}{2} \cdot \frac{1}{2}x + \frac{1}{2} \cdot \frac{1 \cdot 3}{2 \cdot 4}x^2 + \frac{1}{2} \cdot \frac{1 \cdot 3 \cdot 5}{2 \cdot 4 \cdot 6}x^3 + \cdots$$

$$= \frac{1}{2}S(x).$$

由此推出 $\dfrac{S'(x)}{S(x)} = \dfrac{1}{2(1-x)}$,且有 $S(0) = 1$. 对 $\forall\, x \in (-1,1)$ 将前式两端同时积分,即得出 $S(x) = \dfrac{1}{\sqrt{1-x}}$, $x \in (-1,1)$.

当 $x = -1$ 时,可用 Leibniz 方法判定级数收敛;当 $x = 1$ 时可用 Raabe 方法判定级数发散,故有

$$1 + \sum_{n=1}^{\infty} \frac{(2n-1)!!}{(2n)!!} x^n = \frac{1}{\sqrt{1-x}}, \quad x \in [-1,1).$$

例 5.3.7 求级数 $\displaystyle\sum_{n=0}^{\infty} (-1)^n \frac{1}{3n+1}$ 的和.

解 考虑幂级数

$$S(x) = \sum_{n=0}^{\infty} (-1)^n \frac{1}{3n+1} x^{3n+1}.$$

可计算其收敛半径 $R = 1$,且当 $x = 1$ 时级数收敛,由 Abel 第三定理(见 5.3.1 节第 1 部分),就有

$$\sum_{n=0}^{\infty} (-1)^n \frac{1}{3n+1} = \lim_{x \to 1^-} S(x).$$

因 $S(0) = 0$, $S'(x) = \displaystyle\sum_{n=0}^{\infty} (-1)^n x^{3n} = \dfrac{1}{1+x^3}$, $x \in (-1,1)$,于是有

$$\sum_{n=0}^{\infty} (-1)^n \frac{1}{3n+1} = \lim_{x \to 1^-} S(x) = \lim_{x \to 1^-} \int_0^x S'(t)\,\mathrm{d}t$$

$$= \int_0^1 \frac{1}{1+t^3}\,\mathrm{d}t = \frac{1}{3}\int_0^1 \left[\frac{1}{1+t} + \frac{2-t}{t^2-t+1} \right]\mathrm{d}t$$

$$= \frac{1}{3}\left[\ln(1+t) - \frac{1}{2}\ln(t^2-t+1) + \sqrt{2}\arctan\frac{2}{\sqrt{3}}\left[t - \frac{1}{2} \right] \right]_0^1$$

$$= \frac{1}{3}\left[\ln 2 + \frac{\pi}{\sqrt{3}} \right].$$

5.3.2.4　幂级数证明问题

例 5.3.8　设正项级数 $\sum\limits_{n=1}^{\infty} a_n$ 发散，记 $S_n=\sum\limits_{k=1}^{n} a_k$，有 $\lim\limits_{n\to\infty}\dfrac{a_n}{S_n}=0$. 证明幂级数 $\sum\limits_{n=0}^{\infty} a_n x^n$ 的收敛半径 $r=1$.

分析　首先指出，对于两个幂级数 $\sum\limits_{n=0}^{\infty} a_n x^n$ 与 $\sum\limits_{n=0}^{\infty} b_n x^n$，若有 $|a_n|\leqslant|b_n|$，$n\in\mathbf{N}$，则 $\sum\limits_{n=0}^{\infty} a_n x^n$ 的收敛半径不小于 $\sum\limits_{n=0}^{\infty} b_n x^n$ 的收敛半径.

现在明显有 $a_n\leqslant S_n$，$n\in\mathbf{N}$，故可利用题设条件先计算幂级数 $\sum\limits_{n=0}^{\infty} S_n x^n$ 的收敛半径 $R=1$，就有 $r\geqslant1$. 只要再证明 $r\leqslant1$ 就行了.

例 5.3.9　设函数 $f(x)=\dfrac{1}{1-x-x^2}$，证明级数 $\sum\limits_{n=0}^{\infty}\dfrac{n!}{f^{(n)}(0)}$ 收敛.

证法一　记 $a=\dfrac{\sqrt{5}-1}{2}$，$b=\dfrac{\sqrt{5}+1}{2}$，则有

$$f(x)=\frac{1}{\sqrt{5}}\left[\frac{1}{a-x}+\frac{1}{b+x}\right]=\frac{1}{\sqrt{5}\,a}\sum_{n=0}^{\infty}\left[\frac{x}{a}\right]^n+\frac{1}{\sqrt{5}\,b}\sum_{n=0}^{\infty}\left[-\frac{x}{b}\right]^n$$

$$=\sum_{n=0}^{\infty}\left[\frac{1}{\sqrt{5}\,a^{n+1}}+\frac{(-1)^n}{\sqrt{5}\,b^{n+1}}\right]x^n,\quad x\in(-a,a).$$

由此得出

$$\frac{f^{(n)}(0)}{n!}=\frac{1}{\sqrt{5}\,a^{n+1}}+\frac{(-1)^n}{\sqrt{5}\,b^{n+1}},\quad n=0,1,2,\cdots$$

注意到 $ab=1$，故有

$$\frac{f^{(n)}(0)}{n!}=\frac{1}{\sqrt{5}}b^{n+1}+\frac{(-1)^n}{\sqrt{5}}a^{n+1}=\frac{b^{n+1}}{\sqrt{5}}\left[1+(-1)^n\left[\frac{a}{b}\right]^{n+1}\right]$$

$$\geqslant\frac{b^{n+1}}{\sqrt{5}}\left[1-\left[\frac{a}{b}\right]^{n+1}\right]>0,$$

说明 $\sum\limits_{n=0}^{\infty}\dfrac{n!}{f^{(n)}(0)}$ 为正项级数. 再考虑

$$\lim_{n\to\infty}\frac{\dfrac{n!}{f^{(n)}(0)}}{a^{n+1}}=\lim_{n\to\infty}\frac{\sqrt{5}}{1+(-1)^n\left[\dfrac{a}{b}\right]^{n+1}}=\sqrt{5}.$$

因 $\sum\limits_{n=0}^{\infty} a^{n+1}$ 收敛$(0<a<1)$,故 $\sum\limits_{n=0}^{\infty} \dfrac{n!}{f^{(n)}(0)}$ 也收敛.

证法二 仍记 $a=\dfrac{\sqrt{5}-1}{2}$, $b=\dfrac{\sqrt{5}+1}{2}$,则有

$$f(x) = \frac{1}{\sqrt{5}}\left[\frac{1}{a-x}+\frac{1}{b+x}\right].$$

由此直接可推出

$$f^{(n)}(x) = \frac{1}{\sqrt{5}}\left[\frac{n!}{(a-x)^{n+1}}+\frac{(-1)^n n!}{(b+x)^{n+1}}\right].$$

于是有

$$\frac{f^{(n)}(0)}{n!} = \frac{1}{\sqrt{5}\,a^{n+1}}+\frac{(-1)^n}{\sqrt{5}\,b^{n+1}}, \quad n=0,1,2,\cdots$$

以下同证法一.

证法三 将 $f(x)$ 表示式改写为

$$f(x) - xf(x) - x^2 f(x) = 1.$$

用 Leibniz 公式对上式两端同时求 n 阶导数,并以 $x=0$ 代入,就有

$$f^{(n)}(0) - nf^{(n-1)}(0) - n(n-1)f^{(n-2)}(0) = 0.$$

由此得出

$$\frac{f^{(n)}(0)}{n!} = \frac{f^{(n-1)}(0)}{(n-1)!}+\frac{f^{(n-2)}(0)}{(n-2)!}, \quad n=2,3,\cdots$$

又 $f(0)=1$, $f'(0)=1$,记 $a_n=\dfrac{f^{(n)}(0)}{n!}$,则有

$$a_{n+1} = a_n + a_{n-1},\ n=2,3,\cdots \quad 及 \quad a_0 = a_1 = 1. \tag{5.3.4}$$

往证正项级数 $\sum\limits_{n=0}^{\infty} \dfrac{1}{a_n}$ 收敛. 由$(5.3.4)$可得到

$$a_{n+1} = a_n + a_{n-1} = 2a_{n-1} + a_{n-2} > 2a_{n-1}.$$

于是有

$$\frac{\dfrac{1}{a_{2k+1}}}{\dfrac{1}{a_{2k-1}}} = \frac{a_{2k-1}}{a_{2k+1}} < \frac{1}{2} \quad 及 \quad \frac{\dfrac{1}{a_{2k}}}{\dfrac{1}{a_{2k-2}}} = \frac{a_{2k-2}}{a_{2k}} < \frac{1}{2}.$$

可见级数 $\sum\limits_{k=0}^{\infty} \dfrac{1}{a_{2k+1}}$ 与 $\sum\limits_{k=0}^{\infty} \dfrac{1}{a_{2k}}$ 均收敛,从而级数 $\sum\limits_{n=0}^{\infty} \dfrac{1}{a_n} = \sum\limits_{k=0}^{\infty}\left[\dfrac{1}{a_{2k}}+\dfrac{1}{a_{2k+1}}\right]$ 也收敛.

例 5.3.10 设函数 $f(x) = \sum\limits_{n=1}^{\infty} \dfrac{x^n}{n^2 \ln(1+n)}$，证明

(1) $f(x) \in C[-1,1]$；　　(2) $f(x)$ 在 $x=-1$ 处可导；

(3) $\lim\limits_{x \to 1^-} f'(x) = +\infty$；　　(4) $f(x)$ 在 $x=1$ 处不可导.

分析　若记 $u_n(x) = \dfrac{x^n}{n^2 \ln(1+n)}$，$n \in \mathbf{N}$. 由幂级数的性质可分析得出

$\sum\limits_{n=1}^{\infty} u_n(x)$ 在 $[-1,1]$ 上一致收敛，以及 $\sum\limits_{n=1}^{\infty} u'_n(x)$ 在 $[-1,0]$ 上一致收敛，因此

(1)、(2) 两问的结论不难得到. 我们只说明 (3) 和 (4).

(3) 当 $x \in (0,1)$ 时，$f'(x) = \sum\limits_{n=1}^{\infty} \dfrac{x^{n-1}}{n \ln(1+n)}$. 可见 $f'(x)$ 恒为正值，且在

$(0,1)$ 内严格递增，可记

$$\lim_{x \to 1^-} f'(x) = A \ (\text{有限常数或正无穷}).$$

往证 $A = +\infty$，用反证法. 若 $A < +\infty$，则 $f'(x)$ 在 $(0,1)$ 内有界. 对 $\forall\, n \in \mathbf{N}$，

有

$$\sum_{k=1}^{n} \frac{1}{k \ln(1+k)} = \lim_{x \to 1^-} \sum_{k=1}^{n} \frac{x^{k-1}}{k \ln(1+k)} \leqslant \lim_{x \to 1^-} \sum_{n=1}^{\infty} \frac{x^{n-1}}{n \ln(1+n)}$$

$$= \lim_{x \to 1^-} f'(x) = A.$$

可见正项级数 $\sum\limits_{n=1}^{\infty} \dfrac{1}{n \ln(1+n)}$ 收敛. 但事实上有

$$\frac{1}{n \ln(1+n)} \sim \frac{1}{n \ln n} \quad (n \to \infty).$$

而 $\sum\limits_{n=1}^{\infty} \dfrac{1}{n \ln n}$ 是发散的，从而推出矛盾. 说明只能是 $A = +\infty$.

(4) 由 L'Hospital 法则及 (3) 的结果，有

$$\lim_{x \to 1^-} \frac{f(x) - f(1)}{x - 1} = \lim_{x \to 1^-} f'(x) = +\infty.$$

可见 $f'(1)$ 不存在.

例 5.3.11 设幂级数 $f(x) = \sum\limits_{n=0}^{\infty} a_n x^n$ 的收敛半径 $R = +\infty$，记 $f_n(x) =$

$\sum\limits_{k=0}^{n} a_k x^k$，证明对 $\forall\, [a,b] \subset \mathbf{R}$，有

$$f(f_n(x)) \stackrel{[a,b]}{\Longrightarrow} f(f(x)).$$

分析　不难判断 $f(x)$ 在任意有限区间上一致连续. 因此，关键问题是验证

两条:

1° 要验证 $f_n(x) \xrightarrow{[a,b]} f(x)$,从而当 n 充分大后,对 $\forall\, x \in [a,b]$ 总可使 $|f_n(x) - f(x)|$ 充分小,使之能满足一致连续中对"δ"的要求;

2° 要验证 $f(x)$ 在 $[a,b]$ 上有界,以及 $\{f_n(x)\}$ 在 $[a,b]$ 上一致有界,从而可据此确定 $f(x)$ 一致连续的范围.

例 5.3.12 设幂级数 $f(x) = \sum\limits_{n=0}^{\infty} a_n x^n\ (a_n > 0,\ n = 0, 1, 2, \cdots)$ 的收敛半径 $R = +\infty$,级数 $\sum\limits_{n=0}^{\infty} a_n n!$ 收敛,证明广义积分 $\int_0^{+\infty} \mathrm{e}^{-x} f(x)\mathrm{d}x$ 收敛,且有

$$\int_0^{+\infty} \mathrm{e}^{-x} f(x)\mathrm{d}x = \sum_{n=0}^{\infty} a_n n! .$$

分析 自然想到将 $f(x)$ 用幂级数形式代入积分式,并考虑能否利用逐项可积性进行计算.但此处积分为无穷限,不符合逐项可积的要求.因此,应先将积分区间改为 $[0, A]$,再令 $A \to +\infty$.但这又涉及到极限运算与求和运算须交换次序(逐项求极限)问题.验证这两处的条件是否成立便成了解决这一问题的关键.

证明 我们先作形式运算,最后逐一验证运算条件成立.

$$\int_0^{+\infty} \mathrm{e}^{-x} f(x)\mathrm{d}x = \int_0^{+\infty} \left(\mathrm{e}^{-x} \sum_{n=0}^{\infty} a_n x^n \right)\mathrm{d}x = \lim_{A \to +\infty} \int_0^A \left(\sum_{n=0}^{\infty} a_n x^n \mathrm{e}^{-x} \right)\mathrm{d}x$$

$$= \lim_{A \to +\infty} \sum_{n=0}^{\infty} a_n \int_0^A x^n \mathrm{e}^{-x}\mathrm{d}x \tag{5.3.5}$$

$$= \sum_{n=0}^{\infty} a_n \lim_{A \to +\infty} \int_0^A x^n \mathrm{e}^{-x}\mathrm{d}x \tag{5.3.6}$$

$$= \sum_{n=0}^{\infty} a_n \int_0^{+\infty} x^n \mathrm{e}^{-x}\mathrm{d}x = \sum_{n=0}^{\infty} a_n n! . \tag{5.3.7}$$

先验证 (5.3.5) 成立.因对 $\forall\, n \in \mathbf{N}$,$\forall\, x \in [0, +\infty)$,有

$$|a_n x^n \mathrm{e}^{-x}| = a_n x^n \left(1 + x + \frac{1}{2!}x^2 + \cdots + \frac{1}{n!}x^n + \cdots \right)^{-1}$$

$$\leqslant \frac{a_n x^n}{\dfrac{x^n}{n!}} = a_n n! ,$$

而条件已给出 $\sum\limits_{n=0}^{\infty} a_n n!$ 收敛,故 $\sum\limits_{n=0}^{\infty} a_n x^n \mathrm{e}^{-x}$ 在 $[0, A]$ 上一致收敛,逐项可积.

再验证 (5.3.6) 成立.因对 $\forall\, n \in \mathbf{N}$,$\forall\, A \in [0, +\infty)$,有

$$\left| a_n \int_0^A x^n \mathrm{e}^{-x}\mathrm{d}x \right| = a_n \int_0^A x^n \mathrm{e}^{-x}\mathrm{d}x \leqslant a_n \int_0^{+\infty} x^n \mathrm{e}^{-x}\mathrm{d}x = a_n n! ,$$

同样由 $\sum\limits_{n=0}^{\infty} a_n n!$ 收敛,可知 $\sum\limits_{n=0}^{n} a_n \int_0^A x^n e^{-x} dx$ 关于 A 在 $[0,+\infty)$ 上一致收敛,

逐项可求极限,其中 $\int_0^{+\infty} x^n e^{-x} dx = n!$,即(5.3.7)可用 n 次分部积分计算得出.

5.4 Fourier 级数

5.4.1 概念辨析与问题讨论

1. Fourier 系数有哪些性质?

Fourier 系数有如下性质:

1° 若函数 $f(x)$ 与 $g(x)$ 均以 2π 为周期,在 $[-\pi,\pi]$ 上可积,其 Fourier 系数分别为 a_0, a_n, b_n 与 $\alpha_0, \alpha_n, \beta_n (n \in \mathbf{N})$,则 $F(x) = c_1 f(x) \pm c_2 g(x)$ 的 Fourier 系数 $A_0, A_n, B_n (n \in \mathbf{N})$ 分别为

$$A_n = c_1 a_n \pm c_2 \alpha_n, \quad n = 0, 1, 2, \cdots$$
$$B_n = c_1 b_n \pm c_2 \beta_n, \quad n = 1, 2, \cdots$$

2° 若函数 $f(x) \in C(\mathbf{R})$,且在 $[-\pi,\pi]$ 上分段光滑,则 $f'(x)$ 的 Fourier 系数 $a'_0, a'_n, b'_n (n \in \mathbf{N})$ 分别为

$$a'_0 = 0, \qquad a'_n = n b_n, \qquad b'_n = -n a_n, \quad n \in \mathbf{N}.$$

3° 若函数 $f(x)$ 在 $[-\pi,\pi]$ 上分段连续,则 $F(x) = \int_0^x \left[f(t) - \frac{a_0}{2} \right] dt$ 的 Fourier 系数 $A_n, B_n (n \in \mathbf{N})$ 分别为

$$A_n = -\frac{b_n}{n}, \qquad B_n = \frac{a_n}{n}, \quad n \in \mathbf{N},$$

以及有 $A_0 = 2 \sum\limits_{n=1}^{\infty} \frac{b_n}{n}$.

2. 若函数 $f(x)$ 以 2π 为周期,在 $(-\pi,\pi)$ 内可积(f 有界时)或绝对可积(f 无界时),$f(x)$ 的 Fourier 级数是否必定收敛?

如所熟知,当周期函数 $f(x)$ 满足可积性条件时,总可以计算其 Fourier 系数 $a_0, a_n, b_n (n \in \mathbf{N})$,从而有对应的 Fourier 级数

$$\frac{a_0}{2} + \sum_{n=1}^{\infty} (a_n \cos nx + b_n \sin nx),$$

但并不能保证这一级数必定收敛,即使收敛也不能保证它必定收敛于 $f(x)$.

后一点比较容易说明. 一个简单的反例是:$f(x) = x, x \in [-\pi, \pi)$. 将它以 2π 为周期进行延拓,并计算出

$$f(x) \sim \sum_{n=1}^{\infty} (-1)^{n-1} \frac{2}{n} \sin nx.$$

按收敛定理,这一 Fourier 级数在 $(-\pi, \pi)$ 内收敛于 x(即 $f(x)$ 自身),但在 $x = \pm\pi$ 处收敛于 0(不等于 $f(\pm\pi)$)!

前一点同样有反例可以佐证. 顺便指出,即使加强条件为 $f(x) \in C[-\pi, \pi]$,仍不能保证 $f(x)$ 相应的 Fourier 级数在 $[-\pi, \pi]$ 上收敛. 但是这一类反例构造都非常繁复,不适宜在这里介绍. 有兴趣的读者可参阅菲赫金哥尔茨所著《微积分学教程》中译本第三卷第三分册内"傅里叶级数的奇异性质"与"奇异性质作法"两节.

3. 若三角级数 $\dfrac{a_0}{2} + \sum\limits_{n=1}^{\infty} (a_n \cos nx + b_n \sin nx)$ 处处收敛,是否它的 Fourier 级数就是它自身?

这一断语未必成立. 三角级数 $\dfrac{a_0}{2} + \sum\limits_{n=1}^{\infty} (a_n \cos nx + b_n \sin nx)$ 要成为某个函数的 Fourier 级数,至少应满足两个必要条件:

$1°$ $\lim\limits_{n \to \infty} a_n = \lim\limits_{n \to \infty} b_n = 0$;

$2°$ $\sum\limits_{n=1}^{\infty} \dfrac{b_n}{n}$ 收敛.

前一个条件由 Bessel 不等式可直接得出,后一个条件可参见 5.4.1 节第 1 部分的性质 $3°$.

例如对三角级数 $\sum\limits_{n=2}^{\infty} \dfrac{\sin nx}{\ln n}$,用 Dirichlet 方法不难判定这一级数在 $\mathbf{R}$ 上处处收敛,但它不是其和函数的 Fourier 级数. 因为级数 $\sum\limits_{n=2}^{\infty} \dfrac{b_n}{n} = \sum\limits_{n=2}^{\infty} \dfrac{1}{n \ln n}$ 是发散的. 读者应注意在这一点上 Fourier 级数与幂级数是有区别的,对幂级数而言,在收敛区间内它必定收敛于其和函数.

4. 关于收敛定理的证明要点.

Fourier 级数的收敛定理因其涉及内容较多,证明的叙述又很冗长,使它成为数学分析学习中的一个难点. 为了帮助读者理清思路,下面将收敛定理的证明要点作简要说明. 我们着重分析最基本、最重要的 Dini 方法,其他几种方法有些是 Dini 方法的应用和推广,有些则证明思想与 Dini 方法类似. 为叙述简便计,我们采用通常的习惯写法,记

$$D_n(x) = \frac{\sin\left[n + \dfrac{1}{2}\right]x}{2\pi \sin \dfrac{x}{2}} \quad \text{(Dirichlet 核)},$$

$$\varphi(u) = f(x + u) - f(x - u) - 2S \quad (S \in \mathbf{R}).$$

定理条件：

基本条件：$f(x)$以 2π 为周期，在$[-\pi,\pi]$上可积或绝对可积；

附加条件：$\exists\, \delta\in(0,\pi)$，使$\dfrac{\varphi(u)}{u}$在$[0,\delta]$上可积或绝对可积(用于 Dini 法).

主要工具：Riemann 引理　若 $f(x)$ 在$[a,b]$上可积或绝对可积，则有

$$\lim_{p\to+\infty}\int_a^b f(x)\sin px\,\mathrm{d}x = 0 \quad \text{和} \quad \lim_{p\to+\infty}\int_a^b f(x)\cos px\,\mathrm{d}x = 0.$$

最后结论：$f(x)$的 Fourier 级数在点 x 处收敛于 S.

证明要点：1° 利用三角函数恒等变形，写出 Fourier 级数在点 x 处的部分和函数 $S_n(f,x)$ 表示式

$$S_n(f,x) = \frac{1}{\pi}\int_0^\pi \big[f(x+u)+f(x-u)\big]D_n(u)\mathrm{d}u.$$

2° 利用等式 $1=2\displaystyle\int_0^\pi D_n(u)\mathrm{d}u$，说明

$$S_n(f,x) - S = \frac{1}{\pi}\int_0^\pi \varphi(u)D_n(u)\mathrm{d}u. \qquad (5.4.1)$$

考察(5.4.1)是否收敛于 0；

3° 用一次 Riemann 引理，说明(5.4.1) 收敛于 0 等价于 $\exists\,\delta(0<\delta<\pi)$，使

$\dfrac{1}{\pi}\displaystyle\int_0^\delta \dfrac{\varphi(u)}{u}\sin\left(n+\dfrac{1}{2}\right)u\,\mathrm{d}u$ 收敛于 0.同时也推出了局部性定理；

4° 利用题设中的附加条件，再用一次 Riemann 引理就得出了 Dini 判别法.

我们从 Dini 判别法出发，并记 $S=\dfrac{f(x+0)+f(x-0)}{2}$，又可以得出收敛性的几个充分条件，它们都是 Dini 定理的重要推论.

例如，利用基本条件并加上 $f(x)$ 在点 x 处满足 α 阶广义 Lipschitz 条件，即对充分小 $u(0<u<\delta)$，有

$$|f(x\pm u)-f(x\pm 0)|\leqslant Lu^\alpha, \quad 0<\alpha\leqslant 1,$$

则 $f(x)$ 的 Fourier 级数在点 x 处收敛于 $\dfrac{f(x+0)+f(x-0)}{2}$，这称之为 Lipschitz 判别法.

又如，利用基本条件并加上 $f(x)$ 在点 x 处广义单侧导数

$$\lim_{u\to 0^+}\frac{f(x+u)-f(x+0)}{u}, \qquad \lim_{u\to 0^+}\frac{f(x-u)-f(x-0)}{u}$$

存在，则 $f(x)$ 的 Fourier 级数在点 x 处收敛 $\dfrac{f(x+0)+f(x-0)}{2}$.

说得更明确一点，事实上只要 $f(x)$ 以 2π 为周期，在$[-\pi,\pi]$上分段光滑，则

$f(x)$的Fourier级数在点 x 处就收敛于$\dfrac{f(x+0)+f(x-0)}{2}$. 这是条件验证相对比较容易，从而应用范围十分广泛的一种收敛性判别法. 同时也说明与幂级数相比，Fourier 级数的收敛要求很低——只要是周期函数并且分段光滑，就足以保证其在 **R** 上处处收敛.

5. 若函数 $f(x)$在$[-\pi,\pi]$上可积（f有界时）或平方可积（f无界时），当三角多项式

$$T_n(x)=\frac{A_0}{2}+\sum_{k=1}^{n}(A_k\cos kx+B_k\sin kx)$$

的系数 $A_0,A_k,B_k(k=1,2,\cdots,n)$取何值时可使积分

$$I=\int_{-\pi}^{\pi}\left[f(x)-T_n(x)\right]^2\mathrm{d}x$$

取最小值？

这一问题通常称之为"平方平均偏差的最小值". 换句话说，当我们用三角多项式 $T_n(x)$近似表示 $f(x)$时，是用两者在区间$[-\pi,\pi]$上的平均偏差（又称为距离）

$$\delta(f,T_n)=\sqrt{\frac{1}{2\pi}\int_{-\pi}^{\pi}\left[f(x)-T_n(x)\right]^2\mathrm{d}x}$$

来度量两者间的近似程度. 可以看出，这样定义下的"偏差"或"距离"，有可能会使 $|f(x)-T_n(x)|$在某些点处差值很大，但这并不影响问题的讨论，我们只关心什么时候 $\delta(f,T_n)$（或 $\delta^2(f,T_n)$）可取最小，这对于许多问题是有实际意义的.

记 $a_0,a_k,b_k(k=1,2,\cdots,n)$为 $f(x)$ 的 Fourier 系数，利用三角函数系在 $[-\pi,\pi]$上的正交性，就有

$$
\begin{aligned}
I &= \int_{-\pi}^{\pi}\left[f(x)-T_n(x)\right]^2\mathrm{d}x \\
&= \int_{-\pi}^{\pi}f^2(x)\mathrm{d}x-2\int_{-\pi}^{\pi}f(x)T_n(x)\mathrm{d}x+\int_{-\pi}^{\pi}T_n^2(x)\mathrm{d}x \\
&= \int_{-\pi}^{\pi}f^2(x)\mathrm{d}x-2\int_{-\pi}^{\pi}\frac{A_0}{2}f(x)\mathrm{d}x-2\int_{-\pi}^{\pi}f(x)\sum_{k=1}^{n}(A_k\cos kx+B_k\sin kx)\mathrm{d}x \\
&\quad +\int_{-\pi}^{\pi}\left[\frac{A_0}{2}+\sum_{k=1}^{n}(A_k\cos kx+B_k\sin kx)\right]^2\mathrm{d}x \\
&= \int_{-\pi}^{\pi}f^2(x)\mathrm{d}x-\pi a_0 A_0-2\pi\sum_{k=1}^{n}(a_kA_k+b_kB_k)+\frac{\pi}{2}A_0^2+\pi\sum_{k=1}^{n}(A_k^2+B_k^2) \\
&= \int_{-\pi}^{\pi}f^2(x)\mathrm{d}x+\frac{\pi}{2}(A_0-a_0)^2+\pi\sum_{k=1}^{n}\left[(A_k-a_k)^2+(B_k-b_k)^2\right]
\end{aligned}
$$

$$-\frac{\pi}{2} a_0^2 - \pi \sum_{k=1}^{n} (a_k^2 + b_k^2).$$

可见,当且仅当 $A_0 = a_0, A_k = a_k, B_k = b_k (k=1,2,\cdots,n)$时,$I$ 取最小值

$$I_0 = \int_{-\pi}^{\pi} f^2(x)\mathrm{d}x - \frac{\pi}{2} a_0^2 - \pi \sum_{k=1}^{n} (a_k^2 + b_k^2).$$

顺便说明,从这一问题的结论中又可以得出一些重要的结果.

(1) 因积分值 I 非负,故 $I_0 \geqslant 0$. 于是对 $\forall\, n \in \mathbf{N}$,有

$$\frac{a_0^2}{2} + \sum_{k=1}^{n} (a_k^2 + b_k^2) \leqslant \frac{1}{\pi} \int_{-\pi}^{\pi} f^2(x)\mathrm{d}x. \tag{5.4.2}$$

上述不等式(5.4.2)说明正项级数 $\dfrac{a_0^2}{2} + \displaystyle\sum_{n=1}^{\infty} (a_n^2 + b_n^2)$ 的部分和有上界,从而收敛,

且有 Bessel 不等式

$$\frac{a_0^2}{2} + \sum_{n=1}^{\infty} (a_n^2 + b_n^2) \leqslant \frac{1}{\pi} \int_{-\pi}^{\pi} f^2(x)\mathrm{d}x$$

成立;

(2) 不等式(5.4.2)同时还说明,由任何一个在$[-\pi,\pi]$上可积或平方可积函数的 Fourier 系数平方所组成的级数 $\dfrac{a_0^2}{2} + \displaystyle\sum_{n=1}^{\infty} (a_n^2 + b_n^2)$ 必定是收敛的;

(3) 按级数收敛的必要条件,应有

$$\lim_{n\to\infty} a_n^2 = \lim_{n\to\infty} b_n^2 = 0,$$

或即 $\lim\limits_{n\to\infty} a_n = \lim\limits_{n\to\infty} b_n = 0$.

5.4.2 解题分析

1. Fourier 系数

有关函数 Fourier 系数的主要性质可参见 5.4.1 节第 1 部分,下面的几个例题均与 Fourier 系数有关.

例 5.4.1 设周期为 2π 的可积函数 $f(x)$ 的 Fourier 系数为 $a_0, a_n, b_n, n \in \mathbf{N}$. 试计算

(1) 平移函数 $f(x+h)$(h 为常数)的 Fourier 系数 $\alpha_0, \alpha_n, \beta_n, n \in \mathbf{N}$;

(2) 卷积函数 $F(x) = \dfrac{1}{\pi} \displaystyle\int_{-\pi}^{\pi} f(t) f(x+t)\mathrm{d}t$ 的 Fourier 系数 A_0, A_n, B_n, $n \in \mathbf{N}$(有关的积分次序可交换).

分析 (1) 可利用 Fourier 系数公式及 $f(x)$ 的周期性直接计算,得出

$$\alpha_0 = a_0,$$

$$\alpha_n = a_n \cos nh + b_n \sin nh, \beta_n = - a_n \sin nh + b_n \cos nh, \quad n \in \mathbf{N}.$$

(2) 注意到 $F(x+2\pi) = F(x)$，即 $F(x)$ 仍以 2π 为周期. 于是有

$$A_0 = \frac{1}{\pi} \int_{-\pi}^{\pi} F(x) dx = \frac{1}{\pi^2} \int_{-\pi}^{\pi} dx \int_{-\pi}^{\pi} f(t) f(x+t) dt$$

$$= \frac{1}{\pi^2} \int_{-\pi}^{\pi} f(t) dt \int_{-\pi+t}^{\pi+t} f(u) du$$

$$= \frac{1}{\pi^2} \left[\int_{-\pi}^{\pi} f(t) dt \right]^2 = a_0^2,$$

$$A_n = \frac{1}{\pi} \int_{-\pi}^{\pi} F(x) \cos nx dx = \frac{1}{\pi^2} \int_{-\pi}^{\pi} \cos nx dx \int_{-\pi}^{\pi} f(t) f(x+t) dt$$

$$= \frac{1}{\pi^2} \int_{-\pi}^{\pi} f(t) dt \int_{-\pi}^{\pi} f(x+t) \cos nx dx$$

$$= \frac{1}{\pi^2} \int_{-\pi}^{\pi} f(t) dt \int_{-\pi+t}^{\pi+t} f(u) (\cos nu \cos nt + \sin nu \sin nt) du$$

$$= \frac{1}{\pi} \int_{-\pi}^{\pi} \left[a_n f(t) \cos nt + b_n f(t) \sin nt \right] dt = a_n^2 + b_n^2.$$

类似可计算

$$B_n = \frac{1}{\pi} \int_{-\pi}^{\pi} F(x) \sin nx dx = b_n a_n - a_n b_n = 0, \quad n \in \mathbf{N}.$$

例 5.4.2 设周期为 2π 的可积函数 $f(x)$，其图形关于原点及 $\left[\pm \frac{\pi}{2}, 0\right]$ 对称，试问 $f(x)$ 的 Fourier 系数有何特征?

解 因 $f(x)$ 的图形关于原点对称，故 $f(x)$ 为奇函数，于是有 $a_n = 0$, $n = 0$, $1, 2 \cdots$.

又 $f(x)$ 的图形关于点 $\left[\frac{\pi}{2}, 0\right]$ 对称，故 $f(x) = - f(\pi - x)$. 于是又有

$$b_n = \frac{2}{\pi} \int_0^{\pi} f(x) \sin nx dx = \frac{2}{\pi} \left[\int_0^{\frac{\pi}{2}} f(x) \sin nx dx + \int_{\frac{\pi}{2}}^{\pi} f(x) \sin nx dx \right]$$

$$= \frac{2}{\pi} \left[\int_0^{\frac{\pi}{2}} f(x) \sin nx dx + \int_{\frac{\pi}{2}}^{\pi} (- f(\pi - x)) \sin nx dx \right]$$

$$= \frac{2}{\pi} \left[\int_0^{\frac{\pi}{2}} f(x) \sin nx dx + \int_0^{\frac{\pi}{2}} f(t) (-1)^n \sin nt dt \right]$$

$$= \frac{2}{\pi} \int_0^{\frac{\pi}{2}} \left[1 + (-1)^n \right] f(x) \sin nx dx.$$

从而 $b_{2n-1} = 0$, $n \in \mathbf{N}$. 即 $f(x)$ 的 Fourier 系数特征为

$$a_0 = 0, \qquad a_n = b_{2n-1} = 0, \quad n \in \mathbf{N}.$$

例 5.4.3 设 $f(x)$ 是以 2π 为周期的函数，$a_n, b_n(n \in \mathbf{N})$ 为其 Fourier 系数.

(1) 若 $f(x) \in C[-\pi, \pi]$ 且分段光滑，$f(-\pi) = f(\pi)$，证明

$$a_n = o\left[\frac{1}{n}\right], \qquad b_n = o\left[\frac{1}{n}\right] \quad (n \to \infty).$$

(2) 若 $f(x)$ 在 $[-\pi, \pi]$ 上单调，证明

$$a_n = O\left[\frac{1}{n}\right], \qquad b_n = O\left[\frac{1}{n}\right].$$

(3) 若 $f(x)$ 满足 α 阶 Lipschitz 条件，即

$$|f(x) - f(y)| \leqslant L |x - y|^{\alpha} \quad (0 < \alpha \leqslant 1),$$

证明

$$a_n = O\left[\frac{1}{n^{\alpha}}\right], \qquad b_n = O\left[\frac{1}{n^{\alpha}}\right].$$

证明 (1) 用分部积分，有

$$na_n = \frac{n}{\pi}\int_{-\pi}^{\pi} f(x)\cos nx \, dx = \frac{1}{\pi}\left[f(x)\sin nx \Big|_{-\pi}^{\pi} - \int_{-\pi}^{\pi} f'(x)\sin nx \, dx\right]$$

$$= -\frac{1}{\pi}\int_{-\pi}^{\pi} f'(x)\sin nx \, dx.$$

由条件 $f'(x) \in R[-\pi, \pi]$，由 Riemann 引理有 $\lim\limits_{n \to \infty}\int_{-\pi}^{\pi} f'(x)\sin nx \, dx = 0$. 即有

$$\lim_{n \to \infty} na_n = 0 \quad \Rightarrow \quad a_n = o\left[\frac{1}{n}\right] \quad (n \to \infty).$$

同理可证 $b_n = o\left[\dfrac{1}{n}\right]$ $(n \to \infty)$.

(2) 用积分第二中值定理，有

$$a_n = \frac{1}{\pi}\int_0^{2\pi} f(x)\cos nx \, dx = \frac{1}{\pi}\left[f(0)\int_0^{\xi}\cos nx \, dx + f(2\pi)\int_{\xi}^{2\pi}\cos nx \, dx\right]$$

$$= \frac{f(0) - f(2\pi)}{n\pi}\sin n\xi, \quad \xi \in [0, 2\pi].$$

于是有

$$|na_n| \leqslant \frac{|f(0) - f(2\pi)|}{\pi}|\sin n\xi| \leqslant \frac{|f(0) - f(2\pi)|}{\pi}.$$

类似可证

$$|nb_n| \leqslant \frac{2|f(0) - f(2\pi)|}{\pi}.$$

从而 $\{na_n\}$，$\{nb_n\}$ 均为有界数列，即

$$a_n = O\left(\frac{1}{n}\right), \qquad b_n = O\left(\frac{1}{n}\right).$$

(3) 用积分变量替换，有

$$a_n = \frac{1}{\pi}\int_{-\pi}^{\pi} f(x)\cos nx \mathrm{d}x \tag{5.4.3}$$

$$= \frac{1}{\pi}\int_{-\pi-\frac{\pi}{n}}^{\pi-\frac{\pi}{n}} f\left(t+\frac{\pi}{n}\right)\cos(nt+\pi)\mathrm{d}t$$

$$= -\frac{1}{\pi}\int_{-\pi}^{\pi} f\left(t+\frac{\pi}{n}\right)\cos nt \mathrm{d}t = -\frac{1}{\pi}\int_{-\pi}^{\pi} f\left(x+\frac{\pi}{n}\right)\cos nx \mathrm{d}x. \tag{5.4.4}$$

由 (5.4.3)，(5.4.4) 取均值，便得出

$$a_n = \frac{1}{2\pi}\int_{-\pi}^{\pi}\left[f(x)-f\left(x+\frac{\pi}{n}\right)\right]\cos nx \mathrm{d}x.$$

于是有

$$|a_n| \leqslant \frac{1}{2\pi}\int_{-\pi}^{\pi}\left|f(x)-f\left(x+\frac{\pi}{n}\right)\right||\cos nx|\mathrm{d}x$$

$$\leqslant \frac{1}{2\pi}L\left(\frac{\pi}{n}\right)^{\alpha}\int_{-\pi}^{\pi}|\cos nx|\mathrm{d}x \leqslant L\left(\frac{\pi}{n}\right)^{\alpha},$$

即 $a_n = O\left(\dfrac{1}{n^{\alpha}}\right)$.

同理可证 $b_n = O\left(\dfrac{1}{n^{\alpha}}\right)$.

5.4.2.2　函数的 Fourier 级数展开

1. 一个周期为 $2l$ 的可积函数 $f(x)$ 总可以展开为 Fourier 级数

$$f(x) \sim \frac{a_0}{2} + \sum_{n=1}^{\infty}\left(a_n\cos\frac{n\pi x}{l} + b_n\sin\frac{n\pi x}{l}\right), \tag{5.4.5}$$

其中 $a_0, a_n, b_n (n\in \mathbf{N})$ 为 $f(x)$ 的 Fourier 系数，且

$$a_n = \frac{1}{l}\int_{-l}^{l} f(x)\cos\frac{n\pi x}{l}\mathrm{d}x, \quad n = 0,1,2,\cdots$$

$$b_n = \frac{1}{l}\int_{-l}^{l} f(x)\sin\frac{n\pi x}{l}\mathrm{d}x, \quad n = 1,2,\cdots$$

常见是 $l=\pi$ 的情况，因此下面我们均以 $f(x)$ 以 2π 为周期作说明.

特别地，当 $f(x)$ 为 $[-\pi,\pi]$ 上奇函数时，$a_n=0$，$n=0,1,2\cdots$，此时 $f(x)$ 展开成正弦级数；当 $f(x)$ 为 $[-\pi,\pi]$ 上偶函数时，$b_n=0$，$n=1,2,\cdots$，此时 $f(x)$ 展开成

余弦级数.

2. 由收敛定理,当 $f(x)$ 在 $[-\pi,\pi]$ 上分段光滑时,(5.4.5)右端的级数收敛,其和函数 $S(x)$ 可表示为

$$S(x) = \begin{cases} f(x), & \text{当 } x \in (-\pi,\pi) \text{ 且为 } f(x) \text{ 连续点时};\\[2mm] \dfrac{f(x-0)+f(x+0)}{2}, & \text{当 } x \in (-\pi,\pi) \text{ 且为 } f(x) \text{ 间断点时};\\[2mm] \dfrac{f(-\pi+0)+f(\pi-0)}{2}, & \text{当 } x = \pm\pi \text{ 时}. \end{cases}$$

3. 函数的 Fourier 级数展开可以利用逐项积分或逐项求导数方法.

命题 5.4.1(逐项积分)　设以 2π 为周期的函数 $f(x)$ 在 $[-\pi,\pi]$ 上可积(f 有界时)或绝对可积(f 无界时),且有

$$f(x) \sim \frac{a_0}{2} + \sum_{n=1}^{\infty}(a_n\cos nx + b_n\sin nx), \tag{5.4.6}$$

则对 $\forall\, x \in [-\pi,\pi]$,(5.4.6)恒可以通过逐项积分得出

$$\int_0^x \left[f(t) - \frac{a_0}{2}\right]\mathrm{d}t = \sum_{n=1}^{\infty}\int_0^x (a_n\cos nt + b_n\sin nt)\mathrm{d}t. \tag{5.4.7}$$

(5.4.7)即为函数 $F(x) = \displaystyle\int_0^x \left[f(t) - \frac{a_0}{2}\right]\mathrm{d}t$ 在 $[-\pi,\pi]$ 上的 Fourier 展开式.

命题 5.4.2(逐项求导数)　设函数 $f(x) \in C[-\pi,\pi]$,分段光滑,$f(\pi) = f(-\pi)$,且对 $\forall\, x \in [-\pi,\pi]$ 有

$$f(x) = \frac{a_0}{2} + \sum_{n=1}^{\infty}(a_n\cos nx + b_n\sin nx), \tag{5.4.8}$$

则 $f'(x)$ 的 Fourier 级数可通过对(5.4.8)逐项求导数得出

$$f'(x) \sim \sum_{n=1}^{\infty}(a_n\cos nx + b_n\sin nx)'.$$

例 5.4.4　将函数 $f(x) = x^2$ 按指定要求展开为 Fourier 级数

(1) 在 $[-\pi,\pi]$ 上按余弦展开;

(2) 在 $[-\pi,\pi]$ 上按正弦展开;

(3) 在 $(0,2\pi)$ 内展开.

并由此计算 $\displaystyle\sum_{n=1}^{\infty}\frac{1}{n^2}$, $\displaystyle\sum_{n=1}^{\infty}\frac{1}{(2n-1)^2}$, $\displaystyle\sum_{n=1}^{\infty}\frac{(-1)^{n-1}}{n^2}$.

解　(1) 按余弦(偶函数)展开,有 $b_n = 0$, $n \in \mathbf{N}$. 而

$$a_0 = \frac{2}{\pi}\int_0^\pi x^2\mathrm{d}x = \frac{2}{3}\pi^2,$$

$$a_n = \frac{2}{\pi}\int_0^\pi x^2\cos nx\,\mathrm{d}x = \frac{2}{\pi}\left(\frac{x^2}{n}\sin nx + \frac{2x}{x^2}\cos nx - \frac{2}{n^3}\sin nx\right)\bigg|_0^\pi$$

$$= (-1)^n \frac{4}{n^2}, \quad n \in \mathbf{N}.$$

因 $f(x) \in C[-\pi, \pi]$，分段光滑，且 $f(\pi) = f(-\pi)$，于是有

$$f(x) \sim \frac{\pi^2}{3} + 4 \sum_{n=1}^{\infty} \frac{(-1)^n}{n^2} \cos nx = x^2, \quad x \in [-\pi, \pi]. \tag{5.4.9}$$

（2）按正弦（奇函数）展开，有 $a_n = 0, n = 0, 1, 2, \cdots$，而

$$b_n = \frac{2}{\pi} \int_0^\pi x^2 \sin nx \, dx = \frac{2}{\pi} \left[-\frac{x^2}{n} \cos nx + \frac{2x}{n^2} \sin nx + \frac{2}{n^3} \cos nx \right] \Big|_0^\pi$$

$$= \frac{2\pi}{n} (-1)^{n+1} + \frac{4}{n^3 \pi} [(-1)^n - 1], \quad n \in \mathbf{N}.$$

因 $f(x) \in C[-\pi, \pi]$，分段光滑，于是有

$$f(x) \sim 2\pi \sum_{n=1}^{\infty} \frac{(-1)^{n+1}}{n} \sin nx - \frac{8}{\pi} \sum_{n=1}^{\infty} \frac{\sin(2n-1)x}{(2n-1)^3} = \begin{cases} x^2, & x \in (-\pi, \pi); \\ 0, & x = \pm \pi. \end{cases}$$

（3）计算

$$a_0 = \frac{1}{\pi} \int_0^{2\pi} x^2 \, dx = \frac{8}{3} \pi^2,$$

$$a_n = \frac{1}{\pi} \int_0^{2\pi} x^2 \cos nx \, dx = \frac{4}{n^2},$$

$$b_n = \frac{1}{\pi} \int_0^{2\pi} x^2 \sin nx \, dx = -\frac{4\pi}{n}, \quad n \in \mathbf{N}.$$

因 $f(x) \in C(0, 2\pi)$，分段光滑，于是有

$$f(x) \sim \frac{4}{3} \pi^2 + 4 \sum_{n=1}^{\infty} \left[\frac{1}{n^2} \cos nx - \frac{\pi}{n} \sin nx \right] = \begin{cases} x^2, & x \in (0, 2\pi), \\ 2\pi^2, & x = 0, 2\pi. \end{cases}$$

在 $(5.4.9)$ 中分别令 $x = 0, \pi$，即得出

$$\frac{\pi^2}{3} + 4 \sum_{n=1}^{\infty} \frac{(-1)^n}{n^2} = 0 \quad \Rightarrow \quad \sum_{n=1}^{\infty} \frac{(-1)^{n-1}}{n^2} = \frac{1}{12} \pi^2,$$

$$\frac{\pi^2}{3} + 4 \sum_{n=1}^{\infty} \frac{1}{n^2} = \pi^2 \quad \Rightarrow \quad \sum_{n=1}^{\infty} \frac{1}{n^2} = \frac{1}{6} \pi^2.$$

两式相加，整理即得出 $\sum_{n=1}^{\infty} \frac{1}{(2n-1)^2} = \frac{1}{8} \pi^2$.

例 5.4.5　设函数 $f(x) = \dfrac{\pi - x}{2}$，

（1）将 $f(x)$ 在 $[0, 2\pi]$ 上展开为 Fourier 级数；

（2）证明 $\sum_{n=1}^{\infty} \dfrac{\sin nx}{n^3} = \dfrac{1}{12} x^3 - \dfrac{\pi}{4} x^2 + \dfrac{\pi^2}{6} x, \ x \in [0, 2\pi]$；

（3）计算 $\sum\limits_{n=1}^{\infty}\dfrac{1}{n^4}$．

分析　$f(x)$ 在 $[0,2\pi]$ 上的 Fourier 展开式为

$$f(x) \sim \sum_{n=1}^{\infty}\frac{\sin nx}{n} = \begin{cases} \dfrac{\pi-x}{2}, & x \in (0,2\pi), \\[2mm] 0, & x = 0, 2\pi. \end{cases} \tag{5.4.10}$$

对（5.4.10）逐项积分两次可得出

$$\sum_{n=1}^{\infty}\frac{\sin nx}{n^3} = \frac{1}{12}x^3 - \frac{\pi}{4}x^2 + \frac{\pi^2}{6}x, \quad x \in [0,2\pi].$$

再积分一次，又有

$$\sum_{n=1}^{\infty}\frac{1-\cos nx}{n^4} = \frac{1}{48}x^4 - \frac{\pi}{12}x^3 + \frac{\pi^2}{12}x^2, \quad x \in [0,2\pi].$$

令 $x=\pi$，可得出 $\sum\limits_{n=1}^{\infty}\dfrac{1}{(2n-1)^4} = \dfrac{1}{96}\pi^4$．若记 $S = \sum\limits_{n=1}^{\infty}\dfrac{1}{n^4}$，则有

$$S = 1 + \frac{1}{2^4} + \frac{1}{3^4} + \cdots = \left(1 + \frac{1}{3^4} + \frac{1}{5^4} + \cdots\right) + \left(\frac{1}{2^4} + \frac{1}{4^4} + \frac{1}{6^4} + \cdots\right)$$

$$= \left(1 + \frac{1}{3^4} + \frac{1}{5^4} + \cdots\right) + \frac{1}{2^4}\left(1 + \frac{1}{2^4} + \frac{1}{3^4} + \cdots\right)$$

$$= \frac{1}{96}\pi^4 + \frac{1}{16}S.$$

由此即得出 $\sum\limits_{n=1}^{\infty}\dfrac{1}{n^4} = \dfrac{1}{90}\pi^4$．

顺便说明，最后计算 $\sum\limits_{n=1}^{\infty}\dfrac{1}{n^4}$ 的方法虽有技巧性，但并不十分简洁．若改用 Parseval 等式求解（见 5.4.2.3 节），则计算过程将更为方便．

例 5.4.6　将 $[0,\pi]$ 上的函数 $f(x) = \dfrac{\pi^2}{2} - x^2$

（1）在 $[-\pi,\pi]$ 上按余弦展开；

（2）计算 $\sum\limits_{n=1}^{\infty}\dfrac{(-1)^{n-1}}{n^2}$，$\sum\limits_{n=1}^{\infty}\dfrac{(-1)^{n-1}}{(2n-1)^3}$；

（3）计算 $\displaystyle\int_0^1 \frac{\ln(1+x^2)}{x}\,\mathrm{d}x$．

分析　$f(x)$ 在 $[-\pi,\pi]$ 按余弦的 Fourier 展开式为

$$f(x) \sim \frac{\pi^2}{6} + 4\sum_{n=1}^{\infty}\frac{(-1)^{n+1}}{n^2}\cos nx = \frac{\pi^2}{2} - x^2, \quad x \in [-\pi,\pi].$$

$$\tag{5.4.11}$$

用直接赋值和对（5.4.11）逐项积分的方法，不难计算 $\displaystyle\sum_{n=1}^{\infty}\frac{(-1)^{n-1}}{n^2}$ 与

$\displaystyle\sum_{n=1}^{\infty}\frac{(-1)^{n-1}}{(2n-1)^3}.$

因级数 $\displaystyle\sum_{n=1}^{\infty}\frac{(-1)^{n+1}}{n^2}$ 收敛，由 Abel 第三定理有

$$\int_0^1\frac{\ln(1+x^2)}{x}\mathrm{d}x=\int_0^1\sum_{n=1}^{\infty}\frac{(-1)^{n+1}x^{2n}}{nx}\mathrm{d}x=\sum_{n=1}^{\infty}\frac{(-1)^{n+1}}{n}\int_0^1 x^{2n-1}\mathrm{d}x$$

$$=\sum_{n=1}^{\infty}\frac{(-1)^{n+1}}{2n^2}=\frac{1}{24}\pi^2.$$

5.4.2.3　Parseval 等式及其应用

命题 5.4.3　设可积函数 $f(x)$ 的 Fourier 级数在 $[-\pi,\pi]$ 上一致收敛于 $f(x)$，则有 Parseval 等式

$$\frac{1}{\pi}\int_{-\pi}^{\pi}f^2(x)\mathrm{d}x=\frac{a_0^2}{2}+\sum_{n=1}^{\infty}(a_n^2+b_n^2) \tag{5.4.12}$$

成立.

证法一　用 Bessel 不等式的证明思想.

由条件 $\forall\,\varepsilon(0<\varepsilon<1)$，$\exists\,N\in\mathbf{N}$，使得 $\forall\,n>N$，$\forall\,x\in[-\pi,\pi]$ 有

$$|f(x)-S_n(x)|<\frac{\varepsilon}{2},$$

其中 $S_n(x)$ 为 $f(x)$ Fourier 级数的前 $2n+1$ 项部分和. 于是

$$0\leqslant\frac{1}{\pi}\int_{-\pi}^{\pi}\big[f(x)-S_n(x)\big]^2\mathrm{d}x$$

$$=\frac{1}{\pi}\int_{-\pi}^{\pi}f^2(x)\mathrm{d}x-\frac{2}{\pi}\int_{-\pi}^{\pi}f(x)S_n(x)\mathrm{d}x+\frac{1}{\pi}\int_{-\pi}^{\pi}S_n^2(x)\mathrm{d}x$$

$$=\frac{1}{\pi}\int_{-\pi}^{\pi}f^2(x)\mathrm{d}x-\Big[\frac{1}{2}a_0^2+\sum_{k=1}^{n}(a_k^2+b_k^2)\Big]$$

$$<\frac{1}{\pi}\int_{-\pi}^{\pi}\Big[\frac{\varepsilon}{2}\Big]^2\mathrm{d}x=\frac{1}{2}\varepsilon^2<\varepsilon^2<\varepsilon.$$

令 $n\to\infty$，就有

$$0\leqslant\frac{1}{\pi}\int_{-\pi}^{\pi}f^2(x)\mathrm{d}x-\Big[\frac{1}{2}a_0^2+\sum_{n=1}^{\infty}(a_n^2+b_n^2)\Big]\leqslant\varepsilon.$$

由 ε 任意性即有（5.4.12）成立.

证法二　用一致收敛函数级数的逐项可积性.

因有 $\dfrac{a_0}{2} + \sum\limits_{k=1}^{n} (a_k \cos kx + b_k \sin kx) \overset{[-\pi,\pi]}{\rightrightarrows} f(x)$，于是有

$$f(x)\left[\frac{a_0}{2} + \sum_{k=1}^{n} (a_k \cos kx + b_k \sin kx) \right] \overset{[-\pi,\pi]}{\rightrightarrows} f^2(x)$$

即

$$f^2(x) = \frac{a_0}{2} f(x) + \sum_{n=1}^{\infty} \left[a_n f(x) \cos nx + b_n f(x) \sin nx \right]. \quad (5.4.13)$$

对(5.4.13)在$[-\pi,\pi]$上逐项积分，即得到

$$\frac{1}{\pi} \int_{-\pi}^{\pi} f^2(x)\mathrm{d}x = \frac{a_0}{2} \cdot \frac{1}{\pi} \int_{-\pi}^{\pi} f(x)\mathrm{d}x$$

$$+ \sum_{n=1}^{\infty} \left[a_n \cdot \frac{1}{\pi} \int_{-\pi}^{\pi} f(x)\cos nx\,\mathrm{d}x + b_n \cdot \frac{1}{\pi} \int_{-\pi}^{\pi} f(x)\sin nx\,\mathrm{d}x \right]$$

$$= \frac{a_0^2}{2} + \sum_{n=1}^{\infty} (a_n^2 + b_n^2).$$

下面对 Parseval 等式作进一步分析.

首先说明，命题的提法可改变，改为"函数 $f(x) \in C(\mathbf{R})$，且在$[-\pi,\pi]$上分段光滑，则有 Parseval 等式成立". 事实上，这一条件保证了 $f(x)$ 的 Fourier 级数在$[-\pi,\pi]$上必定具有一致收敛性.

其次指出，命题的条件可减弱，改为"函数 $f(x) \in R[-\pi,\pi]$，则有 Parseval 等式成立". 这一条件相当弱，几乎就是熟知的 Bessel 不等式的条件. 自然，因为条件很弱，所以证明就十分困难. 有兴趣的读者可查阅赵显增《数学分析》(高等教育出版社,1991 年)的相关章节.

我们再来看 Parseval 等式的一些具体应用.

例 5.4.7 将函数 $f(x) = x, x \in (-\pi,\pi)$ 展开为 Fourier 级数，并计算 $\sum\limits_{n=1}^{\infty} \dfrac{1}{n^2}$.

分析 $f(x)$ 在$[-\pi,\pi]$上的 Fourier 展开式为

$$f(x) \sim 2 \sum_{n=1}^{\infty} \frac{(-1)^{n+1}}{n} \sin nx = \begin{cases} x, & x \in (-\pi,\pi), \\ 0, & x = \pm\pi. \end{cases}$$

可见有 $a_0 = 0$，$a_n = 0$，而 $b_n = \dfrac{2(-1)^{n+1}}{n}$，$n \in \mathbf{N}$. 利用 Parseval 等式，就有

$$\frac{1}{\pi} \int_{-\pi}^{\pi} x^2 \mathrm{d}x = \frac{a_0^2}{2} + \sum_{n=1}^{\infty} (a_n^2 + b_n^2) = \sum_{n=1}^{\infty} \frac{4}{n^2}.$$

由此即得 $\sum\limits_{n=1}^{\infty} \dfrac{1}{n^2} = \dfrac{1}{6}\pi^2$.

例 5.4.8 将函数 $f(x) = x(\pi - x), x \in [0,\pi]$在$[-\pi,\pi]$上按正弦级数展开，

并计算 $\displaystyle\sum_{n=1}^{\infty} \frac{1}{n^6}$.

分析 $f(x)$ 在 $[-\pi, \pi]$ 上按正弦级数的 Fourier 展开式为

$$f(x) \sim \frac{8}{\pi} \sum_{n=1}^{\infty} \frac{\sin(2n-1)x}{(2n-1)^3} = \begin{cases} x(\pi + x), & x \in (-\pi, 0]; \\ x(\pi - x), & x \in (0, \pi]. \end{cases}$$

可见有 $a_0 = 0$，$a_n = b_{2n} = 0$，而 $b_{2n-1} = \dfrac{8}{\pi} \cdot \dfrac{1}{(2n-1)^3}$，$n \in \mathbf{N}$. 利用 Parseval 等式，就有

$$\frac{\pi^4}{15} = \frac{1}{\pi} \int_{-\pi}^{\pi} f^2(x) \mathrm{d}x = \frac{a_0^2}{2} + \sum_{n=1}^{\infty} (a_n^2 + b_n^2) = \frac{64}{\pi^2} \sum_{n=1}^{\infty} \frac{1}{(2n-1)^6}.$$

由此得出 $\displaystyle\sum_{n=1}^{\infty} \frac{1}{(2n-1)^6} = \frac{\pi^6}{960}$. 仿照例 5.4.5 的方法可计算 $\displaystyle\sum_{n=1}^{\infty} \frac{1}{n^6} = \frac{\pi^6}{945}$.

例 5.4.9 以 2π 为周期的函数 $f(x) \in C(\mathbf{R})$，在 $[-\pi, \pi]$ 上分段光滑，而 $g(x) \in R[-\pi, \pi]$. 证明

$$\frac{1}{\pi} \int_{-\pi}^{\pi} f(x) g(x) \mathrm{d}x = \frac{1}{2} a_0 \alpha_0 + \sum_{n=1}^{\infty} (a_n \alpha_n + b_n \beta_n), \qquad (5.4.14)$$

其中 a_0, a_n, b_n 与 $\alpha_0, \alpha_n, \beta_n$ 分别是 $f(x)$ 与 $g(x)$ 的 Fourier 系数.

分析 问题的结论（即(5.4.14)）与 Parseval 等式十分相似，自然会想到：能否借用 Parseval 等式的证明思想？实际上，这种类比与借鉴正是数学证明的基本方法之一. 甚至更进一步，能否直接借用 Parseval 等式的结果？下面介绍的三种证法正是出于上述的考虑.

证法一 用 Parseval 等式的证明思想.

因 $g(x) \in R[-\pi, \pi]$，从而 $g(x)$ 在 $[-\pi, \pi]$ 上有界，可记为 $|g(x)| \leqslant M$，$x \in [-\pi, \pi]$. 又 $f(x) \in C(\mathbf{R})$，在 $[-\pi, \pi]$ 上分段光滑，故有

$$\frac{1}{2} a_0 + \sum_{k=1}^{n} (a_k \cos kx + b_k \sin kx) \overset{[-\pi, \pi]}{\Longrightarrow} f(x).$$

于是 $\forall \varepsilon > 0$，$\exists N \in \mathbf{N}$，使得 $\forall n > N$，$\forall x \in [-\pi, \pi]$ 有

$$\left| f(x) - \left[\frac{1}{2} a_0 + \sum_{k=1}^{n} (a_k \cos kx + b_k \sin kx) \right] \right| < \frac{\varepsilon}{2M}.$$

从而

$$\left| \frac{1}{\pi} \int_{-\pi}^{\pi} f(x) g(x) \mathrm{d}x - \left[\frac{1}{2} a_0 \alpha_0 + \sum_{k=1}^{n} (a_k \alpha_k + b_k \beta_k) \right] \right|$$

$$= \left| \frac{1}{\pi} \int_{-\pi}^{\pi} f(x) g(x) \mathrm{d}x - \frac{1}{\pi} \int_{-\pi}^{\pi} g(x) \left[\frac{1}{2} a_0 + \sum_{k=1}^{n} (a_k \cos kx + b_k \sin kx) \right] \mathrm{d}x \right|$$

$$\leqslant \frac{1}{\pi}\int_{-\pi}^{\pi} \mid g(x)\mid \cdot \left| f(x) - \left[\frac{1}{2}a_0 + \sum_{k=1}^{n}(a_k\cos kx + b_k\sin kx) \right] \right| \mathrm{d}x$$

$$< \frac{1}{\pi}\int_{-\pi}^{\pi} M \cdot \frac{\varepsilon}{2M}\mathrm{d}x = \varepsilon.$$

令 $n\to\infty$ 即有(5.4.14)成立.

证法二 用一致收敛函数级数的逐项可积性(仍然是 Parseval 等式的证明思想).

由条件有

$$\frac{a_0}{2} + \sum_{k=1}^{n}(a_k\cos kx + b_k\sin kx) \xrightarrow{[-\pi,\pi]} f(x).$$

而 $g(x)\in R[-\pi,\pi]$ 必定有界,故又有

$$g(x)\left[\frac{a_0}{2} + \sum_{k=1}^{n}(a_k\cos kx + b_k\sin kx) \right] \xrightarrow{[-\pi,\pi]} f(x)g(x). \qquad (5.4.15)$$

对(5.4.15)在 $[-\pi,\pi]$ 上逐项积分,即得

$$\frac{1}{\pi}\int_{-\pi}^{\pi} f(x)g(x)\mathrm{d}x = \frac{1}{2}a_0 \cdot \frac{1}{\pi}\int_{-\pi}^{\pi} g(x)\mathrm{d}x$$

$$+ \sum_{n=1}^{\infty}\left[a_n \cdot \frac{1}{\pi}\int_{-\pi}^{\pi} g(x)\cos nx\mathrm{d}x + b_n \cdot \frac{1}{\pi}\int_{-\pi}^{\pi} g(x)\sin nx\mathrm{d}x \right]$$

$$= \frac{1}{2}a_0\alpha_0 + \sum_{n=1}^{\infty}(a_n\alpha_n + b_n\beta_n).$$

证法三 用 Parseval 等式的结果.

易知 $f(x)\pm g(x)$ 的 Fourier 系数为

$$a_0 \pm \alpha_0, a_n \pm \alpha_n, b_n \pm \beta_n, \quad n\in \mathbf{N}.$$

由 $f(x)\pm g(x)$ 的可积性,利用 Parseval 等式有

$$\frac{1}{\pi}\int_{-\pi}^{\pi}[f(x)+g(x)]^2\mathrm{d}x = \frac{(a_0+\alpha_0)^2}{2} + \sum_{n=1}^{\infty}[(a_n+\alpha_n)^2 + (b_n+\beta_n)^2],$$

$$\frac{1}{\pi}\int_{-\pi}^{\pi}[f(x)-g(x)]^2\mathrm{d}x = \frac{(a_0-\alpha_0)^2}{2} + \sum_{n=1}^{\infty}[(a_n-\alpha_n)^2 + (b_n-\beta_n)^2].$$

两式相减整理即得(5.4.14).

我们利用这一结果重证 Fourier 级数的逐项可积定理.

定理 5.4.1 设以 2π 为周期的函数 $f(x)$ 在 $[-\pi,\pi]$ 上分段连续,其 Fourier 级数为

$$f(x) \sim \frac{a_0}{2} + \sum_{n=1}^{\infty}(a_n\cos nx + b_n\sin nx),$$

则对 $\forall [a,b] \subset [-\pi, \pi]$,有

$$\int_a^b f(x)\mathrm{d}x = \int_a^b \frac{a_0}{2}\mathrm{d}x + \sum_{n=1}^\infty \int_a^b (a_n\cos nx + b_n\sin nx)\mathrm{d}x.$$

证明　设 $g(x)$ 为任一可积函数,其 Fourier 级数为

$$g(x) \sim \frac{\alpha_0}{2} + \sum_{n=1}^\infty (\alpha_n\cos nx + \beta_n\sin nx),$$

由上例结果有

$$\frac{1}{\pi}\int_{-\pi}^\pi f(x)g(x)\mathrm{d}x = \frac{a_0\alpha_0}{2} + \sum_{n=1}^\infty (a_n\alpha_n + b_n\beta_n)$$

$$= \frac{a_0}{2} \cdot \frac{1}{\pi}\int_{-\pi}^\pi g(x)\mathrm{d}x$$

$$+ \sum_{n=1}^\infty \left[a_n\frac{1}{\pi}\int_{-\pi}^\pi g(x)\cos nx\mathrm{d}x + b_n\frac{1}{\pi}\int_{-\pi}^\pi g(x)\sin nx\mathrm{d}x \right].$$

$$(5.4.16)$$

特别地,令

$$g(x) = \begin{cases} 1, & x \in [a,b], \\ 0, & x \in [-\pi,\pi] \setminus [a,b], \end{cases}$$

代入(5.4.16)有

$$\int_a^b f(x)\mathrm{d}x = \int_a^b \frac{a_0}{2}\mathrm{d}x + \sum_{n=1}^\infty \int_a^b (a_n\cos nx + b_n\sin nx)\mathrm{d}x.$$

5.4.2.4　综合性问题

例 5.4.10　设 $x \neq k\pi (k \in \mathbf{Z})$,证明

$$\cot x = \frac{1}{x} + \sum_{n=1}^\infty \left[\frac{1}{x-n\pi} + \frac{1}{x+n\pi} \right].$$

分析　先将 $f(x)=\cos \alpha x(\alpha \notin \mathbf{Z})$ 在 $[-\pi,\pi]$ 上展开成 Fourier 级数,有

$$\cos \alpha x \sim \frac{2\sin \alpha\pi}{\pi}\left[\frac{1}{2\alpha} + \sum_{n=1}^\infty (-1)^n \frac{\alpha}{\alpha^2 - n^2}\cos nx \right].$$

因 $\cos \alpha x \in C(\mathbf{R})$,故上式中"$\sim$"可改为"$=$".再令 $x=\pi$,并记 $\alpha\pi = x$ 即得证。

例 5.4.11　设函数 $f(x) \in C[-\pi,\pi]$,分段光滑.证明

$$f'(x) \sim \frac{c}{2} + \sum_{n=1}^\infty \left[(nb_n + (-1)^n c)\cos nx - na_n\sin nx \right],$$

其中 $c = \frac{1}{\pi}[f(\pi) - f(-\pi)]$.由此证明

$$c = \lim_{n \to \infty} \big[(-1)^{n+1} n b_n \big].$$

分析　若记 $f'(x)$ 的 Fourier 级数为

$$f'(x) \sim \frac{A_0}{2} + \sum_{n=1}^{\infty} (A_n \cos nx + B_n \sin nx).$$

由系数公式不难用 a_n, b_n 及 c 表示 $A_0, A_n, B_n (n \in \mathbf{N})$，由此可证明前一问. 后一问可借助于 Riemann 引理来解决.

例 5.4.12　设以 2π 为周期的函数 $f(x)$ 在 $\mathbf{R}$ 上二阶连续可导，$b_n, b''_n (n \in \mathbf{N})$ 分别为 $f(x), f''(x)$ 的 Fourier 系数，若 $\sum_{n=1}^{\infty} b''_n$ 绝对收敛，证明

$$\sum_{n=1}^{\infty} \sqrt{|b_n|} < \frac{1}{2} \Big(2 + \sum_{n=1}^{\infty} |b''_n| \Big).$$

分析　用两次分部积分可计算得出

$$b_n = -\frac{1}{n^2} b''_n,$$

即 $\sqrt{|b_n|} = \frac{1}{n} \sqrt{|b''_n|}$. 只要再用 AG 不等式对 $\frac{1}{n} \sqrt{|b''_n|}$ 进行"放大"即得证.

例 5.4.13　设函数 $f(x) \in C(\mathbf{R})$，在 $[-\pi, \pi]$ 上分段光滑，证明对 $\forall x \in [-\pi, \pi]$，有

$$|f(x) - S_n(x)| \leqslant \frac{c}{\sqrt{n}}, \quad n \in \mathbf{N},$$

其中 $S_n(x)$ 为 $f(x)$ Fourier 级数的前 $2n+1$ 项部分和，而

$$c^2 = \frac{1}{\pi} \int_{-\pi}^{\pi} [f'(x)]^2 \mathrm{d}x.$$

证明　设 a_0, a_n, b_n 与 $a'_0, a'_n, b'_n (n \in \mathbf{N})$ 分别是 $f(x)$ 与 $f'(x)$ 的 Fourier 系数，则有

$$a_n = -\frac{1}{n} b'_n, \qquad b_n = \frac{1}{n} a'_n, \quad n \in \mathbf{N}.$$

由 Bessel 不等式有

$$\frac{a'^2_0}{2} + \sum_{n=1}^{\infty} (a'^2_n + b'^2_n) \leqslant \frac{1}{\pi} \int_{-\pi}^{\pi} [f'(x)]^2 \mathrm{d}x \quad (a'_0 = 0).$$

对 $\forall m, n \in \mathbf{N}(m > n)$，有

$$|S_m(x) - S_n(x)| = \Big| \sum_{k=n+1}^{m} (a_k \cos kx + b_k \sin kx) \Big|$$

$$\leqslant \sum_{k=n+1}^{m} |a_k \cos kx + b_k \sin kx| \leqslant \sum_{k=n+1}^{m} \sqrt{a_k^2 + b_k^2}$$

$$= \sum_{k=n+1}^{m} \frac{1}{k} \sqrt{a_k'^2 + b_k'^2}.$$

由 Schwarz 不等式,又有

$$\sum_{k=n+1}^{m} \frac{1}{k} \sqrt{a_k'^2 + b_k'^2} \leqslant \left(\sum_{k=n+1}^{m} \frac{1}{k^2} \right)^{\frac{1}{2}} \left[\sum_{k=n+1}^{m} (a_k'^2 + b_k'^2) \right]^{\frac{1}{2}}.$$

注意到在上式中

$$\sum_{k=n+1}^{m} \frac{1}{k^2} \leqslant \sum_{k=n+1}^{\infty} \frac{1}{(k-1)k} = \frac{1}{n}, \qquad \sum_{k=n+1}^{m} (a_k'^2 + b_k'^2) \leqslant \frac{1}{\pi} \int_{-\pi}^{\pi} [f'(x)]^2 \, dx.$$

于是对 $\forall x \in [-\pi, \pi]$ 有

$$| S_m(x) - S_n(x) | \leqslant \frac{c}{\sqrt{n}}. \tag{5.4.17}$$

从而由 Cauchy 一致收敛准则得出 $S_n(x) \xrightarrow{[-\pi, \pi]} f(x)$. 在(5.4.17)中令 $m \to \infty$,就有

$$| f(x) - S_n(x) | \leqslant \frac{c}{\sqrt{n}}, \quad n \in \mathbf{N}.$$

5.4.2.5　Fourier 级数在函数逼近论中的应用

设 $f(x)$ 是定义在 $[a, b]$ 上的函数,如果对 $\forall \varepsilon > 0$,存在多项式 $p_n(x) = a_0 + a_1 x + \cdots + a_n x^n$,使当 n 充分大后对 $\forall x \in [a, b]$ 有

$$| f(x) - p_n(x) | < \varepsilon,$$

称 $f(x)$ 在 $[a, b]$ 上可用多项式 $p_n(x)$ 一致逼近.

什么样的函数在 $[a, b]$ 上可用多项式一致逼近? Weierstrass 指出:闭区间 $[a, b]$ 上的连续函数必定能用多项式一致逼近.

这一在数学分析中十分重要的定理有许多种证法,通常采用的是 Bernstein 的证明方法,例如参见文献[1]、[2]、[5].下面给出的证明步骤较多,但思路相对而言较为清晰和直观,也许更容易为读者所理解.

首先证明,闭区间 $[a, b]$ 上的连续函数可以用分段光滑的连续函数(折线段函数)一致逼近.

命题 5.4.4　设函数 $f(x) \in C[a, b]$,则 $\forall \varepsilon > 0$,存在分段光滑的连续函数 $L(x)$,使对 $\forall x \in [a, b]$,有

$$| f(x) - L(x) | < \varepsilon.$$

证明　因 $f(x) \in C[a, b]$,故 $f(x)$ 在 $[a, b]$ 上一致连续.于是 $\forall \varepsilon > 0$, $\exists \delta > 0$,对 $[a, b]$ 的任意分法 T:

$$a = x_0 < x_1 < \cdots < x_n = b,$$

当 $\max\limits_{1\leqslant k\leqslant n}|x_k-x_{k-1}|<\delta$ 时,在子区间 $[x_{k-1},x_k]$ 上 $f(x)$ 的振幅

$$w_k=M_k-m_k<\varepsilon,\quad k=1,2,\cdots,n,$$

其中 M_k,m_k 分别为 $f(x)$ 在 $[x_{k-1},x_k]$ 上的最大值与最小值.

对上述确定的分法 T,作 $[a,b]$ 上的折线段函数 $L(x)$

$$L(x)=f(x_{k-1})+\frac{f(x_k)-f(x_{k-1})}{x_k-x_{k-1}}(x-x_{k-1}),\quad x\in[x_{k-1},x_k],k=1,2,\cdots,n.$$

显见 $L(x)$ 在 $[x_{k-1},x_k]$ 上的值介于 $f(x_{k-1})$ 与 $f(x_k)$ 之间,从而有

$$|f(x)-L(x)|\leqslant M_k-m_k<\varepsilon,\quad x\in[x_{k-1},x_k],k=1,2,\cdots n.$$

由此即得出

$$|f(x)-L(x)|<\varepsilon,\quad x\in[a,b].$$

而 $[a,b]$ 上的折线段函数 $L(x)$ 显然是连续和分段光滑的.

下面的定理指出,以 2π 为周期的连续函数可以用三角多项式一致逼近.

定理 5.4.2(第一逼近定理) 设以 2π 为周期的函数 $f(x)\in C(\mathbf{R})$,则 $\forall\varepsilon>0$,存在三角多项式

$$T_n(x)=\frac{a_0}{2}+\sum_{k=1}^{n}(a_k\cos kx+b_k\sin kx),$$

使当 n 充分大后,对 $\forall x\in\mathbf{R}$,有

$$|f(x)-T_n(x)|<\varepsilon. \tag{5.4.18}$$

证明 由 $f(x)$ 与 $T_n(x)$ 的周期性,只要证明在 $[-\pi,\pi]$ 上有 (5.4.18) 成立.

$\forall\varepsilon>0$,由前一个命题可知存在分段光滑的连续函数 $L(x)$,使对 $\forall x\in[-\pi,\pi]$,有

$$|f(x)-L(x)|<\frac{\varepsilon}{2}. \tag{5.4.19}$$

因 $L(x)\in C(\mathbf{R})$ 且分段光滑,由 Fourier 级数的一致收敛定理可知 $L(x)$ 的 Fourier 级数

$$\frac{1}{2}a_0+\sum_{n=1}^{\infty}(a_n\cos nx+b_n\sin nx)$$

在 $[-\pi,\pi]$ 上一致收敛于 $L(x)$.

记 $L(x)$ 的 Fourier 级数前 $2n+1$ 项部分和为 $T_n(x)$,则当 n 充分大后,对 $\forall x\in[-\pi,\pi]$ 有

$$|L(x)-T_n(x)|<\frac{\varepsilon}{2}. \tag{5.4.20}$$

由 (5.4.19),(5.4.20) 即得出当 n 充分大后,对 $\forall x\in[-\pi,\pi]$ 有

$$| f(x) - T_n(x) | \leqslant | f(x) - L(x) | + | L(x) - T_n(x) |$$

$$< \frac{\epsilon}{2} + \frac{\epsilon}{2} = \epsilon.$$

最后证明定义在$[a,b]$上的连续函数可以用多项式一致逼近.

定理 5.4.3(Weierstrass,第二逼近定理)　设函数 $f(x) \in C[a,b]$,则 $\forall \epsilon > 0$,存在多项式 $p_n(x)$,使当 n 充分大后,对 $\forall x \in [a,b]$有

$$| f(x) - p_n(x) | < \epsilon.$$

证明　1° 对 $\forall x \in [a,b]$,总可以作变量替换

$$x = a + \frac{x'}{\pi}(b-a) \quad 或 \quad x' = \frac{\pi(x-a)}{b-a}, \tag{5.4.21}$$

使 $f(x)$成为关于 x'在$[0,\pi]$上的连续函数,且线性变换(5.4.21)将多项式仍变为多项式,因此不妨假定 $f(x) \in C[0,\pi]$.

2° 对 $f(x)$作偶延拓到$[-\pi,\pi]$,再展开为周期 2π 的函数,从而延拓为 **R** 上连续的周期函数 $\tilde{f}(x)$.由第一逼近定理可知,$\forall \epsilon > 0$,存在三角多项式 $T_m(x)$,使当 m 充分大后,对 $\forall x \in [-\pi,\pi]$有

$$| \tilde{f}(x) - T_m(x) | < \frac{\epsilon}{2}. \tag{5.4.22}$$

现将 $T_m(x)$展开为幂级数

$$T_m(x) = \sum_{k=0}^{\infty} c_k x^k, \tag{5.4.23}$$

注意到 $T_m(x)$是有限项余弦函数之和,而任何一个余弦函数 $\cos kx$ 的幂级数收敛半径均为 **R**,故幂级数(5.4.23)在任何有限区间$[-A,A]$($A>0$)上一致收敛.

对上述 $\epsilon > 0$,考虑充分大 $n \in \mathbf{N}$,取(5.4.23)右端幂级数前 n 项和 $p_n(x)$,则在$[-A,A]$($A \geqslant \pi$)上一致地有

$$| T_m(x) - p_n(x) | < \frac{\epsilon}{2}. \tag{5.4.24}$$

由(5.4.22),(5.4.24)即得出,当 n 充分大后对 $\forall x \in [-\pi,\pi] \subset [-A,A]$,有

$$| \tilde{f}(x) - p_n(x) | \leqslant | \tilde{f}(x) - T_m(x) | + | T_m(x) - p_n(x) |$$

$$< \frac{\epsilon}{2} + \frac{\epsilon}{2} = \epsilon.$$

特别地,在$[0,\pi]$上一致地有 $| f(x) - p_n(x) | < \epsilon$ 成立.

例 5.4.14　函数 $f(x)$的 n 次矩定义为 $\int_a^b f(x) x^n \mathrm{d}x$, $n = 0,1,2,\cdots$. 设 $f(x) \in C[a,b]$,且它的所有次矩全为 0,证明 $f(x) = 0$, $x \in [a,b]$.

证明 由 Weierstrass 逼近定理,对连续函数 $f(x)$,$\forall\, \varepsilon>0$,存在多项式 $p(x)$,使对 $\forall\, x\in[a,b]$,有

$$|f(x)-p(x)|<\varepsilon.$$

由条件有 $\displaystyle\int_a^b f(x)\,p(x)\mathrm{d}x=0$,于是

$$\int_a^b f^2(x)\mathrm{d}x = \int_a^b f(x)[f(x)-p(x)]\mathrm{d}x + \int_a^b f(x)\,p(x)\mathrm{d}x$$

$$= \int_a^b f(x)[f(x)-p(x)]\mathrm{d}x$$

$$\leqslant \max_{x\in[a,b]}|f(x)-p(x)|\int_a^b|f(x)|\,\mathrm{d}x$$

$$< \varepsilon\int_a^b|f(x)|\,\mathrm{d}x.$$

由 ε 的任意性必定有 $\displaystyle\int_a^b f^2(x)\mathrm{d}x=0$,再由 $f(x)$ 的连续性得出 $f(x)=0$, $x\in[a,b]$.

习 题 五

1. 判断下列级数的敛散性:

(1) $\displaystyle\sum_{n=1}^{\infty}\frac{\sqrt{n!}}{n^{\frac{n}{2}}}$;

(2) $\displaystyle\sum_{n=2}^{\infty}\frac{n^{\ln n}}{(\ln n)^n}$;

(3) $\displaystyle\sum_{n=1}^{\infty}(\sqrt[n]{n}-1)^p\ (p>0)$;

(4) $\displaystyle\sum_{n=1}^{\infty}\ln(2-\mathrm{e}^{-\frac{1}{n^p}})\ \ (p>0)$.

2. 判断下列级数的敛散性(含条件收敛与绝对收敛):

(1) $\displaystyle\sum_{n=2}^{\infty}\frac{\sin nx}{\ln n}$;

(2) $\displaystyle\sum_{n=1}^{\infty}(-1)^n\frac{\sin^2 n}{n}$;

(3) $\displaystyle\sum_{n=1}^{\infty}\frac{(-1)^{n-1}}{n^p+(-1)^{n-1}}\ \ (p>0)$;

(4) $\displaystyle\sum_{n=1}^{\infty}(-1)^{n-1}\left[\frac{(2n-1)!!}{(2n)!!}\right]^p\ \ (p>0)$.

3. 在调和级数 $\displaystyle\sum_{n=1}^{\infty}\frac{1}{n}$ 中去除分母中含 0 的项,证明由此得到的新级数收敛.

4. 设正项级数 $\displaystyle\sum_{n=1}^{\infty}a_n$ 发散,证明级数 $\displaystyle\sum_{n=1}^{\infty}\frac{a_n}{1+n^p a_n}$ 当且仅当 $p>1$ 时收敛.

5. 设 $\{a_n\}$ 为正数列,且 $\displaystyle\lim_{n\to\infty}\frac{\ln a_n}{\ln\frac{1}{n}}=r$,证明当 $0<r<1$ 时级数 $\displaystyle\sum_{n=1}^{\infty}a_n$ 发散;当 $r>1$ 时 $\displaystyle\sum_{n=1}^{\infty}a_n$ 收敛.

6. 证明 Cauchy 凝聚判别法:设数列 $\{a_n\}$ 非负且单调递减,则级数 $\displaystyle\sum_{n=1}^{\infty}a_n$ 与 $\displaystyle\sum_{n=1}^{\infty}2^n a_{2^n}$ 同敛散.

7. 设非负函数 $f(x)$ 单调递减,证明级数 $\displaystyle\sum_{n=1}^{\infty} f(n)$ 与 $\displaystyle\sum_{n=1}^{\infty} a^n f(a^n)$ 同敛散($a>1$).

提示:在题设条件下, $\displaystyle\sum_{n=1}^{\infty} f(n)$ 与 $\displaystyle\int_{1}^{+\infty} f(x)\mathrm{d}x$ 同敛散.

8. 设正数列 $\{a_n\}$ 严格递增,证明级数 $\displaystyle\sum_{n=1}^{\infty} \frac{1}{a_n}$ 收敛的充要条件是 $\displaystyle\sum_{n=1}^{\infty} \frac{n}{a_1+a_2+\cdots+a_n}$ 收敛.

9. 设正项级数 $\displaystyle\sum_{n=1}^{\infty} \frac{1}{a_n}$ 收敛,证明级数 $\displaystyle\sum_{n=1}^{\infty} \frac{n^2}{(a_1+a_2+\cdots+a_n)^2} \cdot a_n$ 也收敛.

10. 设函数 $f(x)$ 在点 $x=0$ 某邻域内定义, $f''(0)$ 存在,若记 $a_n=f\left(\dfrac{1}{n}\right)$, $n\in\mathbf{N}$,证明当且仅当 $f(0)=f'(0)=0$ 时级数 $\displaystyle\sum_{n=1}^{\infty} a_n$ 收敛.

11. 设函数 $f_1(x)\in C[0,1]$,对 $\forall\ n\in\mathbf{N}$ 定义

$$f_{n+1}(x) = \int_{0}^{x} f_n(t)\mathrm{d}t, \quad x\in[0,1].$$

证明级数 $\displaystyle\sum_{n=1}^{\infty} f_n(x)$ 在 $[0,1]$ 上绝对收敛.

12. 设对 $\forall\ \{a_{n_k}\}\subset\{a_n\}$,级数 $\displaystyle\sum_{k=1}^{\infty} a_{n_k}$ 均收敛,证明级数 $\displaystyle\sum_{n=1}^{\infty} a_n$ 绝对收敛.

13. 设 $f'(x)\in R[0,1]$,而周期为 1 的函数 $g(x)\in C(\mathbf{R})$,且 $\displaystyle\int_{0}^{1} g(x)\mathrm{d}x=0$. 记

$$a_n = \int_{0}^{1} g(nx) f(x)\mathrm{d}x, \quad n\in\mathbf{N}.$$

证明级数 $\displaystyle\sum_{n=1}^{\infty} a_n^2$ 收敛.

14. 设数列 $\{a_n\}$ 满足

$$a_0\in\mathbf{R}, \qquad a_{n+1}=\cos a_n, \quad n\in\mathbf{N}.$$

试判断级数 $\displaystyle\sum_{n=1}^{\infty} \frac{1}{n^{1+a_n}}$ 的敛散性.

15. 设级数 $\displaystyle\sum_{n=1}^{\infty} a_n$ 收敛,证明

(1) $\displaystyle\lim_{n\to\infty} \frac{1}{n}\sum_{k=1}^{n} ka_k=0$;

(2) $\displaystyle\sum_{n=1}^{\infty} \frac{a_1+2a_2+\cdots+na_n}{n(n+1)} = \sum_{n=1}^{\infty} a_n.$

16. 设 $f_n(x)=\dfrac{x(\ln n)^{\alpha}}{n^{x}}$, $n=2,3,4,\cdots$. 问 α 在何范围内取值时,可使

(1) $\{f_n(x)\}$ 在 $[0,+\infty)$ 上收敛?

(2) $\{f_n(x)\}$ 在 $[0,+\infty)$ 上一致收敛?

17. 设函数列 $\{f_n(x)\}$ 定义为

$$f_1(x)=\sqrt{x}, \qquad f_{n+1}(x)=\sqrt{xf_n(x)}, \quad n\in\mathbf{N}.$$

证明$\{f_n(x)\}$在$[0,1]$上一致收敛.

18. 设函数列$\{f_n(x)\}$在$[0,1]$上定义

$$f_n(x) = \begin{cases} 1, & \text{当 } x = \dfrac{p}{q}(p,q \in \mathbf{N} \text{ 且 } p \leqslant q \leqslant n) \text{ 及 } x = 0, \\ 0, & \text{其他.} \end{cases}$$

试问$\{f_n(x)\}$在$[0,1]$上是否收敛？是否一致收敛？

19. 设函数$f(x) \in C[0,1]$，$f(1)=0$，记 $g_n(x)=f(x)x^n$，$n \in \mathbf{N}$. 证明函数列$\{g_n(x)\}$在$[0,1]$上一致收敛.

20. 设函数$f(x) \in C(\mathbf{R})$，且$|f(x)| < |x|(x \neq 0)$. 记

$$f_1(x) = f(x), \qquad f_{n+1}(x) = f(f_n(x)), \qquad n \in \mathbf{N}.$$

证明函数列$\{f_n(x)\}$在$[-a,a]$上一致收敛$(a>0)$.

21. 设函数$f(x)$在(a,b)内连续可导，记

$$f_n(x) = n\left[f\left(x+\frac{1}{n}\right) - f(x)\right], \qquad n \in \mathbf{N}.$$

证明对$\forall [\alpha,\beta] \subset (a,b)$，有 $f_n(x) \xrightarrow{[\alpha,\beta]} f'(x)$.

22. 设 $f_n(x) \in \mathrm{R}[a,b]$，$n \in \mathbf{N}$，且 $f(x), g(x) \in \mathrm{R}[a,b]$. 又

$$\lim_{n\to\infty} \int_a^b |f_n(x) - f(x)|^2 \mathrm{d}x = 0.$$

证明

$$\int_a^x f_n(t)g(t)\mathrm{d}t \xrightarrow{[a,b]} \int_a^x f(t)g(t)\mathrm{d}t.$$

23. 设对每一个 $n \in \mathbf{N}$，$f_n(x)$是$[a,b]$上的单调递增函数，又 $f_n(x) \xrightarrow{[a,b]} f(x) \in C[a,b]$. 证明 $f_n(x) \xrightarrow{[a,b]} f(x)$.

24. 设 $f_n(x)$在区间 I 上一致连续$(n \in \mathbf{N})$，且 $f_n(x) \xrightarrow{I} f(x)$. 证明 $f(x)$ 在 I 上一致连续.

25. 设$\{f_n(x)\}$是$[a,b]$上的有界函数列，且 $f_n(x) \in C[a,b]$，$n \in \mathbf{N}$. 证明 $\exists [\alpha,\beta] \subset [a,b]$，使$\{f_n(x)\}$在$[\alpha,\beta]$上一致有界.

26. 设函数 $f(x) = \sum_{n=1}^{\infty} \dfrac{\mathrm{e}^{-nx}}{1+n^2}$，证明

(1) $f(x) \in C[0,+\infty)$；

(2) $f'(x) \in C(0,+\infty)$.

27. 设函数 $f(x) = \sum_{n=1}^{\infty} \dfrac{\left|x-\dfrac{1}{n}\right|}{2^n}$，证明 $f(x) \in C(0,1)$，且在$(0,1)$内除去点 $x_n = \dfrac{1}{n}$ $(n=2,3,\cdots)$外处处可导.

28. 设 $f_n(x) \in C[0,+\infty)$，$n \in \mathbf{N}$. 又

(i) $|f_n(x)| \leqslant g(x)$，$\forall n \in \mathbf{N}$，$\forall x \in [0,+\infty)$，且 $\int_0^{+\infty} g(x)\mathrm{d}x$ 收敛；

(ii) 对 $\forall A > 0$,有 $f_n(x) \overset{[0,A]}{\rightrightarrows} f(x)$.

证明

$$\lim_{n\to\infty}\int_0^{+\infty} f_n(x)\mathrm{d}x = \int_0^{+\infty} f(x)\mathrm{d}x.$$

29. 设 $f_n(x) \in C[a,b]$,$n \in \mathbf{N}$,且函数列 $\{f_n(x)\}$ 在 $[a,b]$ 上一致收敛. 令 $g(x) = \sup\limits_n \{f_n(x)\}$,证明 $g(x) \in C[a,b]$.

30. 求下列幂级数(或广义幂级数)的收敛半径与收敛域:

(1) $\sum\limits_{n=1}^{\infty} \left(1+\sin\dfrac{1}{n}\right)^{-n} x^n$;

(2) $\sum\limits_{n=0}^{\infty} \dfrac{x^{n^2}}{2^n + (-1)^n n^2}$;

(3) $\sum\limits_{n=0}^{\infty} \dfrac{1}{2n+1}\left(\dfrac{1-x}{1+x}\right)^n$;

(4) $\sum\limits_{n=0}^{\infty} \sin\dfrac{\pi}{2^n}\left(\dfrac{1}{x}\right)^n$.

31. (1) 将函数 $\arctan x$ 展开为 x 的幂级数;

(2) 将函数 $(\arctan x)^2$ 展开为 x 的幂级数;

(3) 计算 $\sum\limits_{n=0}^{\infty} \dfrac{(-1)^n}{2n+1}$,$\sum\limits_{n=0}^{\infty} \dfrac{(-1)^n}{n+1}\left(1+\dfrac{1}{3}+\cdots+\dfrac{1}{2n+1}\right)$.

32. 证明函数级数

$$\sin x + \sum_{n=1}^{\infty} \frac{(2n-1)!!}{(2n)!!} \cdot \frac{\sin^{2n+1} x}{2n+1}$$

在 $\left[0, \dfrac{\pi}{2}\right]$ 上一致收敛于 x,并计算 $\sum\limits_{n=1}^{\infty} \dfrac{1}{(2n-1)^2}$,$\sum\limits_{n=1}^{\infty} \dfrac{1}{n^2}$.

33. 设函数 $f(x) = \sum\limits_{n=1}^{\infty} \dfrac{x^n}{n^2}$,$x \in [0,1]$. 证明

$$f(x) + f(1-x) + \ln x \ln(1-x) = \sum_{n=1}^{\infty} \frac{1}{n^2}.$$

34. 设幂级数 $f(x) = \sum\limits_{n=0}^{\infty} a_n x^n$($a_n \geqslant 0$,$n \in \mathbf{N}$)的收敛半径 $R = 1$,且 $\lim\limits_{x\to 1^-} f(x) = A$. 证明 $\sum\limits_{n=0}^{\infty} a_n = A$. 又问,若去除条件"$a_n \geqslant 0$,$n \in \mathbf{N}$",结论是否仍然成立?

35. 设函数 $f(x) \in R[a,b]$,$\varphi_n(x) \in C[a,b]$,$n \in \mathbf{N}$,且

$$\int_a^b \varphi_n(x)\varphi_m(x)\mathrm{d}x = \begin{cases} 0, & n \neq m, \\ 1, & n = m. \end{cases}$$

令 $a_n = \displaystyle\int_a^b f(x)\varphi_n(x)\mathrm{d}x$,$n \in \mathbf{N}$. 证明级数 $\sum\limits_{n=1}^{\infty} a_n^2$ 收敛,且有

$$\sum_{n=1}^{\infty} a_n^2 \leqslant \int_a^b f^2(x)\mathrm{d}x.$$

36. 设 $f'(x) \in R[0,2\pi]$,证明

$$\lim_{n\to\infty} na_n = 0, \qquad \lim_{n\to\infty} nb_n = \frac{f(0)-f(2\pi)}{\pi},$$

其中 a_n,b_n 为 $f(x)$ 的 Fourier 系数.

37. 设周期为 2π 的函数

$$f(x) = \begin{cases} 1 - \dfrac{|x|}{2}, & 0 \leqslant |x| < 2, \\ 0, & 2 \leqslant |x| \leqslant \pi. \end{cases}$$

(1) 将 $f(x)$ 展开为 Fourier 级数;

(2) 计算 $\displaystyle\sum_{n=1}^{\infty} \frac{\sin^2 n}{n^2}$, $\displaystyle\sum_{n=1}^{\infty} \frac{\cos^2 n}{n^2}$ 与 $\displaystyle\sum_{n=1}^{\infty} \frac{\sin^4 n}{n^4}$.

38. 将周期为 2π 的函数

$$f(x) = \frac{1}{4} x(2\pi - x), \quad x \in [0, 2\pi]$$

展开为 Fourier 级数,并计算 $\displaystyle\sum_{n=1}^{\infty} \frac{1}{n^2}$, $\displaystyle\sum_{n=1}^{\infty} \frac{1}{n^4}$.

39. 证明函数 $\operatorname{sgn} x$ 在 $[-\pi, \pi]$ 上的 Fourier 级数前 $2n+1$ 项部分和 $S_n(x)$ 可表示为

$$S_n(x) = \frac{2}{\pi} \int_0^x \frac{\sin 2nt}{\sin t} dt,$$

且有 $\displaystyle\lim_{n \to \infty} S_n\left(\frac{\pi}{2n}\right) = \frac{2}{\pi} \int_0^x \frac{\sin t}{t} dt$.

40. 设周期为 2π 的函数 $f(x) \in R[-\pi, \pi]$,用 Dirichlet 积分形式表示其 Fourier 级数的部分和 $S_n(x)$

$$S_n(x) = \frac{1}{\pi} \int_0^\pi [f(x+u) + f(x-u)] \frac{\sin\left(n + \dfrac{1}{2}\right)u}{2\sin \dfrac{u}{2}} du.$$

记 $S_n(x)$ 的平均值为 $\sigma_n(x) = \dfrac{1}{n} \displaystyle\sum_{k=0}^{n-1} S_k(x)$. 证明

(1) $\sigma_n(x) = \dfrac{1}{2n\pi} \displaystyle\int_0^\pi [f(x+u) + f(x-u)] \left(\dfrac{\sin \dfrac{nu}{2}}{\sin \dfrac{u}{2}}\right)^2 du$;

(2) $\dfrac{1}{n\pi} \displaystyle\int_0^\pi \left(\dfrac{\sin \dfrac{nu}{2}}{\sin \dfrac{u}{2}}\right)^2 du = 1$;

(3) 若 $f(x+0)$ 与 $f(x-0)$ 存在,则有

$$\lim_{n \to \infty} \sigma_n(x) = \frac{1}{2}[f(x+0) + f(x-0)];$$

(4) 若 $f(x) \in C(\mathbf{R})$,则有

$$\sigma_n(x) \overset{[-\pi, \pi]}{\rightrightarrows} f(x).$$

参 考 文 献

[1] 方企勤等.数学分析(一、二、三).北京:高等教育出版社,1986

[2] 陈纪修等.数学分析(上、下).北京:高等教育出版社,1999

[3] 章仰文等.数学分析(上、下).上海:上海交通大学出版社,1999

[4] 李成章等.数学分析(上、下).北京:科学出版社,1999

[5] 常庚哲等.数学分析教程(一、二、三).南京:江苏教育出版社,1999

[6] 裴礼文.数学分析中的典型问题与方法.北京:高等教育出版社,1993

[7] 刘玉琏等.数学分析讲义学习指导书(上、下).北京:高等教育出版社,1987

[8] 吴良森等.数学分析习题精解.北京:科学出版社,2002

[9] 汪林.数学分析中的问题与反例.昆明:云南科技出版社,1990

[10] 强文久.数学分析的基本概念与方法.北京:高等教育出版社,1989

[11] 贾建华等.微积分证明方法初析.天津:南开大学出版社,1989

[12] 孙本旺等.数学分析中的典型例题与解题方法.长沙:湖南科技出版社,1981

[13] 方企勤等.数学分析习题课教材.北京:北京大学出版社,1990

[14] 张志军.数学分析中的一些新思想与新方法.兰州:兰州大学出版社,1998

[15] G. Klambauer. Mathematical Analysis. Marcel Dekker, Inc. ,1975

[16] T. M. Apostol. Mathematical Analysis. Addison-Wesley Publishing Campany, Inc. ,1974

[17] J. Bass. Exercises in Mathematics. Academic Press, Inc. ,1966

[18] American Mathematical Monthly(1981 年至 1998 年间的部分卷期)